石油和石油产品试验方法行业标准汇编2020

第十分册

中国石油化工集团有限公司科技部　编

中国石化出版社

图书在版编目(CIP)数据

石油和石油产品试验方法行业标准汇编．2020．第十分册／中国石油化工集团有限公司科技部编．—北京：中国石化出版社，2020.9
ISBN 978-7-5114-5977-0

Ⅰ．①石…　Ⅱ．①中…　Ⅲ．①石油-试验方法-行业标准-汇编-中国-2020 ②石油产品-试验方法-行业标准-汇编-中国-2020　Ⅳ．①TE622.5-65②TE626-65

中国版本图书馆 CIP 数据核字（2020）第 173936 号

未经本社书面授权，本书任何部分不得被复制、抄袭，或者以任何形式或任何方式传播。
版权所有，侵权必究。

中国石化出版社出版发行
地址:北京市东城区安定门外大街 58 号
邮编:100011　电话:(010)57512500
发行部电话:(010)57512575
http://www.sinopec-press.com
E-mail:press@sinopec.com
北京富泰印刷有限责任公司印刷
全国各地新华书店经销
*
880×1230 毫米 16 开本 39.75 印张 1196 千字
2020 年 10 月第 1 版　2020 年 10 月第 1 次印刷
定价:180.00 元

出版说明

《石油和石油产品试验方法行业标准汇编2016》出版至今已有四年多的时间。根据国标委综合〔2016〕28号《国家标准委关于印发〈推荐性标准集中复审工作方案〉的通知》的要求，全国石油产品和润滑剂标准化技术委员会(SAC/TC280)对2015年12月底前已归口的标准进行了集中复审，并提交复审结论。根据集中复审结论，有些标准进行了修订，有些标准已经废止，同时有新的试验方法标准发布实施。为满足石油产品生产和销售企业、科研和教学单位以及广大用户的使用需求，中国石油化工集团有限公司科技部组织相关单位重新编辑出版了《石油和石油产品试验方法行业标准汇编2020》。

本汇编全面系统地反映了石油和石油产品试验方法行业标准的最新情况，可为使用者提供最新的试验方法标准信息。

本汇编分第一~第十共10个分册，收录了截至2020年6月底之前发布的石油和石油产品试验方法行业标准626项。因受篇幅限制，SH/T 0506—1998、SH/T 0510—1995、SH/T 0512—1992、SH/T 0513—1992、SH/T 0514—1992、SH/T 0519—1992和SH/T 0672—1998共7项润滑油评定方法标准未收入本汇编中。根据相关要求，复审后继续有效的标准均不再标注确认年代号，故与前一版汇编相比，本汇编删除了标准号中的确认年代号。

本汇编包括的标准，由于出版年代不同，其格式、计量单位及术语不尽相同。本汇编对原标准中的印刷错误一并作了校正。如有疏漏之处，恳请指正。

中国石油化工集团有限公司科技部

2020年6月

目　录

ICS 75.100
E 34

SH

中华人民共和国石油化工行业标准

NB/SH/T 0926—2016

内燃机油节能性能的评定程序ⅥD法

Standard test method for measurement of effects of automotive engine oils on fuel economy of passenger cars and light-duty trucks in sequence ⅥD spark ignition engine

2016-12-05 发布　　2017-05-01 实施

国家能源局　发布

目　　次

前　言

本标准按照GB/T 1.1—2009给出的规则起草。

本标准使用重新起草法修改采用美国试验与材料协会标准ASTM D7589-15a《用程序ⅥD火花点火式发动机测量乘用车和轻负荷卡车发动机油燃油经济性效果的标准试验方法》。

为了更适合我国国情，本标准在采用ASTM D7589-15a时进行了修改。本标准与ASTM D7589-15a的主要技术差异如下：

——引用标准采用我国现行国家标准和石化行业标准；

——增加了推荐的国内试验燃油典型数据。因完全采用原方法燃油规格，需进口大量燃油，不符合国情。因此，调制了与其接近的国产试验燃油。经过发动机台架参比油标定试验验证，能够满足试验要求；

——考虑到我国的实际应用情况，试验台架和发动机参比油标定试验改为前3个标定周期为非参比油试验时间累计达1750h或非参比油试验10次后标定1次。3个标定周期以后的标定周期，非参比油试验时间累计达1225h或非参比油试验7次后标定1次。

本标准由中国石油化工集团公司提出。

本标准由全国石油产品和润滑剂标准化技术委员会石油燃料和润滑剂分技术委员会（SAC/TC280/SC1）归口。

本标准起草单位：中国石油天然气股份有限公司兰州润滑油研究开发中心、中国石油化工股份有限公司石油化工科学研究院。

本标准主要起草人：杨国峰、李文华、邢建强、谢惊春、金志良、刘顺涛、李少玉、卢文彤、林磊、冯振文、王彦海、张振华。

内燃机油节能性能的评定　程序ⅥD法

警告：本标准的应用可能涉及到某些有危险性的材料、操作和设备，但未对与此有关的所有安全问题都提出建议。因此，用户在使用本标准之前有责任制定相应的安全和防护措施（见附录A），并确定相关规章限制的适用性。

1　范围

本标准规定了乘用汽车和轻负荷卡车汽油机油燃油经济性的评定方法。

本标准适用于GF-5级汽油机油燃油经济性的评定。

2　规范性引用文件

下列文件对于本文件的应用是必不可少的。凡是注日期的引用文件，仅所注日期的版本适用于本文件。凡是不注日期的引用文件，其最新版本（包括所有的修改单）适用于本文件。

GB/T 265　石油产品运动黏度测定法和动力黏度计算法

GB 1922—2006　油漆及清洗用溶剂油

GB/T 5096　石油产品铜片腐蚀试验法

GB/T 5487　汽油辛烷值的测定　研究法

GB/T 6536　石油产品常压蒸馏特性测定法

GB/T 8017　石油产品蒸气压的测定　雷德法

GB/T 8018　汽油氧化安定性的测定　诱导期法

GB/T 8019　燃料胶质含量的测定　喷射蒸发法

GB/T 8020　汽油铅含量的测定　原子吸收光谱法

GB/T 11132　液体石油产品烃类的测定　荧光指示剂吸附法

GB/T 17476　使用过的润滑油中添加剂元素、磨损金属和污染物以及基础油中某些元素测定法（电感耦合等离子体发射光谱法）

GB/T 17754—2012　摩擦学术语

SH/T 0020　汽油中磷含量测定法（分光光度法）

SH/T 0604　原油和石油产品密度测定法（U型振动管法）

SH/T 0656　石油产品及润滑剂中碳、氢、氮测定法（元素分析仪法）

SH/T 0689　轻质烃及发动机燃料和其他油品的总硫含量测定法（紫外荧光法）

ASTM D4485　发动机油性能标准规范（Standard specification for performance of active API service category engine oils）

3　术语和定义、缩略语

下列术语和定义、缩略语适用于本文件。

3.1　术语和定义

表 4　程序ⅦD 试验运行参数—冲洗阶段和老化阶段

参数[a]	冲洗阶段	老化阶段Ⅰ和老化阶段Ⅱ
转速/($r \cdot min^{-1}$)	1500±5	2250±5
扭矩/(N·m)	70±0.1	110±0.1
主油道油温/℃	115±2	120±2
冷却液进口温度/℃	109±2	110±2
机油循环温度/℃	记录	记录
冷却液出口温度/℃	记录	记录
进气温度/℃	29±2	29±2
燃油到燃油流量计处温度[b]/℃	20~32	20~32
燃油到燃油轨处温度/℃	22±2	22±2
进气压力/kPa	0.05±0.02	0.05±0.02
燃油到燃油流量计处压力/kPa	110±10	110±10
燃油到燃油轨处压力/kPa	405±10	405±10
进气歧管压力（绝压）/kPa	记录	记录
排气背压/kPa	4±0.20	4±0.20
发动机油压力/kPa	记录	记录
发动机冷却液/($L \cdot min^{-1}$)	80±4	80±4
燃油流量/($kg \cdot h^{-1}$)	记录	记录
湿度，进气	记录	记录
干燥度空气/($g \cdot kg^{-1}$)	11.4±0.8	11.4±0.8
空燃比	（14.00：1）~（15.00：1）	（14.00：1）~（15.00：1）
曲轴箱压力	不要求	0.0±0.25

[a] 控制参数目标应该在标准范围中间。

[b] ±3℃范围内。

6.4.1　测功机：使用 Midwest 或 Eaton 功率 37 kW，型号 758 的干式测功机。试验期间不允许更换测功机（参比油或非参比油）。如果在试验期间更换测功机，本次试验作废。

6.4.2　测功机扭矩：

6.4.2.1　测功机负载池：使用 0~45 kg 砝码测量测功机负载。测功机负载池需要具备下列特征：

a）良好的温度稳定性：零点≤0.001%满刻度输出（FSO）每度，并且量程范围≤0.001%满刻度输出（FSO）每度；

b）非线性≤0.05%满刻度输出（FSO）每度；

c）实验室（21℃~40℃）超出要求的温度范围需要温度补偿，Lebow 生产的型号为 3397 负载池经验证满足要求。

6.4.2.2　测功机负载池制动：不使用负载池制动。

6.4.2.3　测功机负载池温度控制：控制负载池温度使控制负载池内空气温度不随环境温度变化而变化，负载池内空气温度变化控制在 6℃之内。

6.4.2.4　测功机与发动机连接：使用万向节型连接轴对测功机和发动机进行连接。

6.5　发动机冷却系统：为了保持试验期间夹套冷却液温度和流量，使用外部发动机冷却系统，如图

B. 1～图 B. 5 所示。可替代的冷却系统，如图 B. 3 所示。本系统需要具备如下特征：

6. 5. 1　在冷却液储罐顶部安装加压的冷却液系统。控制系统压力在 70 kPa±10 kPa。安装一个压力帽或减压阀（PC-1 如图 B. 1～图 B. 3），使系统保持在要求压力范围之内。

6. 5. 2　冷却液泵系统应能达到 80 L/min±4 L/min 的流量。Gould’ G&L 离心泵（P-1 如图 B. 1～图 B. 3），模型 NPE、尺寸 1ST、机械密封、功率 1. 4914 kW、马达转速 3450r/min 的离心泵满足要求。马达的电压和相位可选择。

6. 5. 3　虽然冷却液系统体积未作具体规定，但是专门指定了某些冷却系统部件，如图 B. 1～图 B. 3。管线内径大小，如图 B. 1～图 B. 3 所示。

6. 5. 4　热交换器（HX-1 如图 B. 1）规定采用 ITT 公司生产的标准板式换热器，型号为 320-20，部件编号为 5-686-06-020-001 或 ITT 公司贝尔和 Gossett 板式换热器，模型 BP-75H-20，部件编号为 5-686-06-020-001。热交换器允许平行或反向流过。

6. 5. 4. 1　经过验证可替换的热交换器：ITT 公司贝尔和 Gossett 板式换热器，模型为 BP-420-20，部件编号为 5-686-06-020-005 或 ITT 公司贝尔和 Gossett 板式换热器，模型为 BP-422-20，部件编号为 5-686-06-020-007。

6. 5. 4. 2　可替换的冷却液循环系统（见图 B. 2 和图 B. 3）是模型为 BCF 5-030-06-048-001 的 ITT 公司贝尔或美国工业编号为 AA-1248-3-6SP 的热交换器。

6. 5. 5　专门规定了孔板（OP-1 如图 B. 1）。建议提供压降与热交换器 HX-1 提供压降相等。当使用可替换的冷却系统（见图 B. 2 和图 B. 3），不需要孔板（OP-1）。

6. 5. 6　在冷却液循环系统中加装另一个节流板（PE-103，如图 B. 1～图 B. 3）。该节流板为 Daniel 系列 30RT，1½美国国家管螺纹（NPT）。要求流量 80 L/min 时压降为 11. 21 kPa±0. 50 kPa。入口直径为出口直径的一倍，光滑部分没有增压泄压。按照要求的尺寸，边缘尺寸和管径一致。

6. 5. 7　安装冷却液流量控制阀（TCV-104，见图 B. 1 和图 B. 2）控制通过冷却液热交换器和旁通的冷却液流量。

6. 5. 7. 1　使用 Badger Meter 型号为 9003TCW36SV3AxxL36 气动阀（气动关），或者型号为 9003TCW-36SV1AxxL36 的三向气动球形转向阀（气动开）。

6. 5. 7. 2　使用 Badger Meter 型号为 9003TCW36SV3A29L36 气动阀（气动关），或者 CV 值 16 的型号 9003TCW36SV1A29L36 的气动阀（气动开）。

6. 5. 7. 3　安装压力控制阀的目的是控制冷却液流过热交换器而不是热交换器的旁通。阀的气动开或气动关是可以选择的。

6. 5. 7. 4　当使用可替代的冷却系统时不需控制阀（TCV-104），见图 B. 2 和图 B. 3。

6. 5. 8　为了控制冷却液流量在 80 L/min±4 L/min 范围内，（FCV-103，如图 B. 1～图 B. 3）需要控制阀。使用 Badger Meter 公司型号 9003GCW36SV3A29L36，双向、直径 50. 8 mm，空气关闭阀。

6. 5. 9　使用 Viatran 型号为 274/374，Validyne 型号为 DP15，或 Rosemount 型号为 1151 的压力传感器（DPT-1）测量冷却液的流量。

6. 5. 10　使用编号为 OHT6D-005-1 的水泵板更换发动机水泵，如图 B. 4。

6. 5. 11　安装冷却储水罐，溢出容器和观察窗（如图 B. 1～图 B. 3 和图 B. 5）。这些项目的设计或模型是可选的。

6. 5. 12　如图 B. 2 和图 B. 3 所示，安装冷却液流量控制阀 TCV-101，控制通过热交换器 HX-1 的冷却水流量，使用 Badger Meter Inc. 公司的型号为 9001GCW36SV3Axxx36（气动关）或者 9001GCW36SV1Axxx36（气动开）的双向控制阀。

6. 5. 13　将 38. 1 mm 标准管螺纹（NPT）玻璃观察管安装在主冷却液循环上（SG-1，如图 B. 1～图 B. 3），型号可选择。

6. 5. 14　冷却系统的硬管道，推荐使用黄铜，铜，镀锌或不锈钢材料。

6.5.15　冷却水、热水、冷冻水、工艺空气、发动机冷却液溢流和发动机冷却液传感器管所用的材料，由实验室自行选择配置。

6.5.16　加冷却液前，系统应该具有将冲洗水全部排出的能力（例如，低点排水）。

6.6　外部机油系统，如图 B.6～图 B.10。虽然所有系统都以某种方式相互连接，但是整个外部机油系统由两个独立的循环组成：（1）不停机换油系统，可以在发动机运行时进行换油；（2）为了控制机油温度的循环系统，发动机油底壳（OHT6D-001-1）应视为外部机油系统的一部分，如图 B.9 所示。尽量减小外部机油系统的体积，以及连接管线的长度和表面积，确保冲洗效果。

6.6.1　冲洗系统具有较高的扫线能力，不停机换油系统配有大功率抽油泵和一个 6.0L 的废油储存罐，当新油进入发动机时将废油抽入储存罐。油底壳装有浮子控制开关，确保新油进入量达到试验要求。

6.6.2　外循环温度控制系统通过比例控制阀控制流经加热器和冷却器的机油量，将机油温度控制在要求的范围内，系统对程序要求的四种主油道温度可快速的响应。当进行不停机换油时，将控制阀置于中间位置，避免外循环温度控制系统在换油时存油。在试验油老化阶段，仍保持适量的试验油流经机油冷却器。

6.6.3　本方法中除非要求强制使用含亚铜的材料，否则在任何的机油系统中不应使用含亚铜的材料（废油放油系统除外）。

6.6.4　不停机换油系统，应有下面特征（见图 B.6）。

6.6.4.1　抽油泵为威肯（Viking）475 系列的 H475M 紧耦合型齿轮泵。泵应是电子马达驱动，转速 1140 r/min～1150 r/min，最小功率 0.56 kW。电机的电压和相位可选择。

6.6.4.2　推荐使用三个储油罐，每个容积至少 19 L，分别存放 BL 油、FO 油和试验油。

6.6.4.3　每个机油储油罐装配一个搅拌器。

6.6.4.4　每个机油储油罐装配一个加热系统（带有适当的控制），具备加热机油温度在 93℃～107℃范围内的能力。

6.6.4.5　废油罐容积至少为 6.0L。

6.6.4.6　废油罐需要浮子开关（FLS-136，见图 B.8）。可选择浮子开关生产厂家和型号。带有观察液位，型号为 GEMS 系列的 OHT-6D001-04 高温浮子开关，经验证满足要求。

6.6.5　机油温度循环控制系统应具备下列特征：

6.6.5.1　包含油底壳至满刻度的机油系统总体积为 5.4 L。

6.6.5.2　使用正排量机油循环泵。4125 无减压阀系列，并专门规定基座型号的 G4125 威肯（Viking）循环泵满足要求。机油外循环泵应使用 V 型皮带传动或者直接传动。泵应是电子马达驱动，转速范围 1140 r/min～1150 r/min，最小功率 0.56 kW。

注：如果使用 V 型带传动，V 型皮带传动比为 1∶1，使最终泵额定转速是 1150r/min。

6.6.5.3　使用 FCV-150A，FCV-150C，FCV-150D 和 FCV-150E 的电磁阀（见图 B.6）。

a）FCV—150F 和与其相连的管线可选；

b）FCV—150A 是宝德（Burkert）型号为 251 的柱塞式阀，配合使用型号为 312 的电磁阀（或宝德生产的型号为 2000 的柱塞式阀，配合使用型号为 311 或 330 的电磁阀），供给空气控制气动柱塞阀使电磁阀直接耦合柱塞阀，通常状态为关闭。接头使用 19.05 mm 管径的双向防爆、防水的标准管螺纹不锈钢接头；

c）FCV-150C 是 Burkert 生产的型号为 251 柱塞式阀，配合使用型号为 312 的电磁阀（或使用 Burkert 生产的型号为 2000 柱塞式阀，配合使用型号为 311、312 或 330 的电磁阀），供给空气控制气动柱塞阀使电磁阀直接耦合柱塞阀，通常状态开启。接头使用 12.70 mm（1/2 in）管径的双向防爆、防水的标准管螺纹不锈钢接头；

d）FCV-150D 和 FCV-150E 是 Burkert 生产的型号为 251 柱塞式阀，配合使用型号为 312 的电磁阀（或使用 Burkert 生产的型号为 2000 柱塞式阀，配合使用型号为 311、312 或 330 的电磁阀），使用空气控制气动柱塞阀使电磁阀直接耦合柱塞阀，通常状态关闭。接头使用 12.70 mm 管径的双向防爆、防水的标准管螺纹不锈钢接头；

e）一个试验台上只能使用一种类型的 Burkert 生产的柱塞阀和电磁阀。

6.6.5.4　使用 TCV－144 控制阀（如图 B.6 所示）。该阀是 Badger Meter 公司生产的型号为 1002TBN36SVOSALN36 的三向球形阀，管径为 12.70 mm，气动开启。

6.6.5.5　使用 HX-6 热交换器冷却机油（如图 B.6 所示）。它为 ITT 公司生产的型号 310-20 或 ITT 公司 Bell&Gossett 生产的型号 BP-25-20（零件号为 5-686-04-020-001）的铜制板式热交换器。

注：ITT 公司和 ITT 公司 Bell&Gossett 生产的热交换器，新替代件模型是 BP410-20，零件号为 5-686-04-020-002。

6.6.5.6　使用 EH-5 电子加热器加热机油（如图 B.6 所示）。机油加热器元件浸入液态低熔点铅合金中并置于 Labeco 生产的加热器底座中。将 3000 W 功率的加热元件安装在 Labeco 生产的加热器底座中。推荐使用的加热元件如下：

a）带三元件 Incaloy 外壳 Chromolox 生产的零件号为 GIC-MTT-330XX，230V 单项的加热元件；

b）威格（Wiegland）实业公司/Chromolox，Emerson 生产的型号为 MTS-230A、零件号为 156-019136-014，240V 单项的加热元件。

6.6.5.7　外部机油加热器中要求安装热电偶以便监控温度。热电偶要求插入低熔点铅合金中，见图 B.7，插入深度为 245 mm±3 mm。不能超过最大温度 205℃。

6.6.5.8　更换加热元件程序，见附录 C。

6.6.5.9　在机油外循环系统中安装 2 个机油滤清器，滤清器 1 和滤清器 2（见图 B.6）。滤清器编号指定为 OHT6A-012-3，不锈钢滤芯过滤等级为 28μm，部件编号 OHT6A-013-2。将 1 个机油滤清器置于机油外循环泵出口后端，另一个置于发动机油泵与机油主油道入口前端。

6.6.5.10　使用改装后的机油滤清器总成，部件编号 OHT6D-003-1（见图 B.6）。

6.6.5.11　发动机油管线应使用不锈钢管线或弹性耐高温软管，如图 B.6。当外部机油系统使用弹性软管时（废油罐的连接管线除外），使用美国爱力克（Aeroquip）8 号（零件号 2807-8）或美国爱力克（Aeroquip）10 号（零件号 2807-10）弹性软管。

6.6.5.12　外部机油循环系统应使用隔热材料。

6.6.5.13　发动机油底壳要求使用编号 OHT6D-001-1 的油底壳。为了监控机油液位安装了可视玻璃管以判断机油耗。见 E.2 机油耗测量/标定说明。

6.7　燃油系统：典型的燃油供给系统如附录 B 中图 B.11 所示。燃油系统应包括燃油流量测量、燃油温度和压力控制设备，并保证燃油以规定的温度和压力进入发动机油轨。

6.7.1　在燃油流量计的出口和入口连接处至少保留 100 mm 的软管，将流量计与软管紧密连接。燃油供油管线从流量计出口至燃油油轨应为不锈钢管或汽油供油软管。燃油回油管的内径至少为 6.35 mm。

6.7.2　燃油流量计：要求整个试验过程对关键试验参数燃油流量进行测量。使用 Micro Motion 型号为 CMF010 质量流量计，编号为 RFT9739，2500MVD，2700MVD 或 1700MVD 的变送器。Micro Motion 传感器应在垂直或水平位置安装。

6.7.3　燃油流量计处燃油温度和压力控制：燃油在燃油流量计处的温度和压力值保持在表 1～表 4 范围内。为了保证试验精度不允许压力波动或燃油充气，需执行精确的燃油压力控制。燃油压力调节器应安装安全压力减压阀。

6.7.4　燃油油轨入口处温度和压力控制：燃油在燃油轨处的温度和压力值保持在表 1、表 3 和表 4 范围内。试验要求严格控制燃油油轨入口处燃油压力和温度。

6.7.5　燃油泵：实验室可以自行选择将燃油提供到流量计的供油方式，但是应保证到流量计的燃油满足压力和温度的要求。发动机平均燃油压力是 405 kPa。

6.7.6　燃油过滤：供给试验台架的燃油须过滤，以减少燃油喷射系统的故障。

6.8　发动机进气供给：要求发动机进气系统向进气空气滤清器提供 4.0 m^3/min 流量的空气。进气要求控制温度、湿度和压力，要求见表1、表3和表4。进气湿度为11.4 g/kg±0.8 g/kg，进气温度为29℃±2℃，进气压力0.05 kPa±0.02 kPa。规定的发动机进气系统组件应视为实验室进气系统的一部分。

6.8.1 进气湿度：使用实验室的湿度测量系统对进气湿度进行测量。对于每一个正确的非标准气压条件下的读数。用式（1）计算进气湿度：

$$S = 621.98 \times [P_{sat}/(P_{bar} - P_{sat})] \quad (1)$$

式中：

S——湿度，单位为克每千克（g/kg）；

P_{sat}——饱和蒸气压，单位为毫米汞柱（mmHg）；

P_{bar}——大气压力，单位为毫米汞柱（mmHg）。

6.8.2 进气过滤：进气系统应对进入空气管道的空气提供水洗或过滤功能。使用任何的过滤装置应保证充足的进气流量，以便对进入发动机的空气压力进行控制。

6.8.3 进气压力泄压：在进气滤芯前段安装进气压力泄压装置。

6.9 温度测量：试验要求精确测量机油、冷却液和燃油温度。并且应采取保证温度测量准确的措施。

6.9.1 在测量范围内检查所有温度测量装置的准确性。尤其要保证机油主油道、进气管和燃油油轨处的热电偶温度测量准确。推荐使用Constanine生产的J型热偶，也可使用K型热偶或E型热偶。

6.9.2 所有热电偶（不包括机油加热器中的热电偶）都应是优级品，同时配有补偿线。热电偶直径为3.2 mm。未规定热偶长度，但是在任何情况下热偶尖端应插入流体的中部，热偶在外露出的部分不应超过50 mm。

6.9.3 Leeds、Northrup、Conax、Omega和Revere生产的热电偶经验证满足使用要求。

6.9.4 系统应具有将热电偶标定到±0.56℃的能力。

6.9.5 热偶位置：除特殊要求外，所有热电偶尖端应置于待测量流体的中部。

6.9.5.1 主油道入口温度：将热电偶插入改造过的机油滤清器座，使其尖端与滤清器座表面平齐并在流体中部。

6.9.5.2 机油循环温度：将测量机油循环温度的热电偶安装在油底壳后部的外循环系统回油接头上。

6.9.5.3 发动机冷却液入口温度：将热电偶尖端置于回流管弯头处的冷却液流体中部，距离OHT6D-005-1水泵适配器入口外侧不超过150 mm。

6.9.5.4 发动机冷却液出口温度：将热电偶尖端置于回流管弯头处的冷却液流体中部，距离出口不超过80 mm。

6.9.5.5 进气温度：热偶位于GM油门执行器前的塑料弯头处（见图B.12）。

6.9.5.6 燃油流量计处燃油温度：热电偶位于燃油流量计进口流体上部，长度在100 mm～500 mm范围内。

6.9.5.7 发动机燃油轨处燃油温度：将热电偶置于三通或十字接头的中部，距离燃油油轨进口中心点550 mm以内。

6.9.5.8 测功机负载池：将热电偶置于测功机负载池内。

6.10 空燃比（AFR）测定：通过空燃比分析仪测定发动机空燃比。

6.10.1 空燃比（AFR）分析仪应满足以下要求：

测量范围　　AFR：10～30，（H/C=1.85）

测量精度　　当AFR=14.7时，精度为±0.1（H/C=1.85；O/C=0.00）

空燃比分析仪传感器适用排气温度为-7℃～900℃。Horiba生产的型号为MEXA 700和ECM AFM1000的空燃比分析仪满足要求。

6.10.2 在排气系统指定位置安装空燃比分析仪传感元件（如图B.13所示）。

6.11 排气和排气背压系统如下：

6.11.1 排气歧管：使用铸铁排气歧管。左排气管零件号为12571102；右排气管零件号为福特

12571101。防热罩为通用编号 12617267 和 12580706，排气歧管组为 OHT 编号左#OHT6D-010-1 和右#OHT6D-009-1。排气歧管组可能需要改短，以便于安装实验室氧传感器，OHT 部件编号 OHT6D-047-1 将安装在排气歧管组第二个孔下游。堵住不用的孔洞。排气歧管组，如图 B. 14 和图 B. 15。

6. 11. 2　实验室排气系统：排气系统如图 B. 13 所示。部件可修改以便灵活移动的安装，但是所有部件按照安装顺序安装。排气系统下游部分由实验室进行设计和安装（见图 B. 13）。

6. 11. 3　排气背压：排气系统应该具有控制排气背压的能力，压力大小要求控制在表 1、表 3 和表 4 范围内。指定的排气背压传感器如图 B. 16 所示。在排气系统中规定的排气背压传感器位置，如图 B. 13。

6. 12　压力测量和压力传感器位置：试验方法规定了压力测量系统的精度和分辨率及详细的传感器安装位置。

6. 12. 1　压力测量点和传感器间的管线上安装冷凝器，当连接试验台架与仪表柜的测量管线经过较低位置且测量压力低时，这种预防措施尤其重要。压力传感器高度应尽量与测压点高度一致。

6. 12. 2　发动机油压力：测量主油道压力的测量点在机油滤清器座上，精度为 1%。

6. 12. 3　燃油到燃油流量计处压力—燃油流量计处压力测量点距燃油流量计入口处 5m 以内，要求精度为 3. 5 kPa。

6. 12. 4　燃油油轨处燃油压力：燃油油轨处燃油压力测量点距离燃油轨进口中心 235 mm±30 mm，要求精度为 3. 5 kPa。

6. 12. 5　排气背压：排气背压传感器测量点见图 B. 13。要求精度在满量程的 2%以内，分辨率为 25 Pa。

6. 12. 6　进气压力：进气压力测量点如图 B. 12。满量程时要求精度在 2%以内，分辨率为 5. 0 Pa。

6. 12. 7　进气歧管真空度/绝对压力：在节气门体底座上测量进气歧管真空度/绝对压力。满量程时要求精度在 1%以内，分辨率为 0. 68 kPa。

6. 12. 8　冷却液流动压差：见 6. 5. 9。

6. 12. 9　曲轴箱压力：曲轴箱压力测量点位置见附录 D。

6. 13　发动机硬件和相关设备：本部分主要介绍发动机及相关设备，需要购买、组装、制造和改造。无特殊说明的零件号为 GM 售后零件号。

6. 13. 1　试验发动机配置：试验发动机为通用 2009 款、排量 3. 6L（LY7，HFV6）、配置燃油喷射器，编号为 OHT6D-099-3 V-6 发动机。当上述发动机不能从 CPD 获得时，可接受使用 2008 款通用（LY7）OHT6D-099-01 和 2009 款通用（LY7）OHT6D-099-2 V-6 发动机作为试验单元。试验单元允许修改固定正时齿轮、凸轮位置执行器和冷却液系统孔板。

6. 13. 2　发动机控制单元 ECU（发动机控制单元）：使用专门修改的 ECU，部件编号 OHT6D-012-4 发动机控制模块。该模块用于控制发动机的点火和燃油供给。

6. 13. 3　恒温器/固定板：使用编号为 OHT6D0004-1 的固定板代替恒温器（见图 B. 5）。

6. 13. 4　线束：使用部件编号为 OHT6D-011-2 测功机线束，其中包括发动机测功机油门控制线束，部件编号 OHT3H-011-1。

6. 13. 5　油底壳：油底壳，部件编号 OHT6D-001-1。

6. 13. 6　发动机水泵适配器：部件编号 OHT6D-005-1。

6. 13. 7　恒温器挡板：部件编号 OHT6D-004-1。

6. 13. 8　机油滤清器座：部件编号 OHT6D-003-1。

6. 13. 9　修改的节气门总成：部件编号 OHT6D-050-1。

6. 13. 10　燃油轨：从通用部件经销商处购买，部件编号 12572886。为了连接实验室燃油供给系统，可以修改燃油轨进口连接头。

6. 14　发动机运行相关的其他设备：

6.14.1 从 CPD 处购买专用工具：

6.14.1.1 飞轮扭矩专用工具，从 CPD 处购买，部件编号 OHT3H-002-1（见图 B.18）。

6.14.1.2 平衡器力矩工具，从 CPD 购买，部件编号 OHT3H-003-1（见图 B.19）。

6.14.2 附加传感器和其他硬件可从 CPD 处购买：

6.14.2.1 空气流量传感器：从 CPD 购买，部件编号 OHT6D-040-1。

6.14.2.2 燃油喷嘴：从 CPD 购买，部件编号 OHT6D-042-1。

6.14.2.3 火花塞：从 CPD 购买，部件编号 OHT6D-043-1。

6.14.2.4 曲轴位置传感器：从 CPD 购买，部件编号 OHT6D-044-1。

6.14.2.5 凸轮轴位置传感器：从 CPD 购买，部件编号 OHT6D-045-1。

6.14.2.6 爆震传感器：从 CPD 购买，部件编号 OHT6D-046-1。

6.14.2.7 冷却液温度传感器：从 CPD 购买，部件编号 OHT6D-048-1。

7 试剂和材料

7.1 发动机油

7.1.1 BL 油用于新发动机磨合和作为基准参比油用于试验油的评价。黏度级别 SAE 20W-30，每次试验需要约 49L。

7.1.2 FO 油是一种特殊冲洗油（增加溶解性能的 BL 油），每次试验需要约 11L。

7.2 试验燃油

7.2.1 使用汽油的技术指标见表 5。

警告：危险！极易燃烧。吸入蒸汽有害健康。蒸汽可促使急剧燃烧（见附录 A）。

表 5 程序ⅥD 试验燃油规格

项目		质量指标	国产燃油典型数据	试验方法
辛烷值（研究法）	不小于	96	98	GB/T 5487
铅含量/(mg·L^{-1})	不大于	0.01	0.008	GB/T 8020
辛烷值敏感度	不小于	7.5	9.1	
馏程/℃				GB/T 6536
初馏点		23.9~35	34.8	
10%蒸馏温度		48.9~57.2	55.7	
50%蒸馏温度		93.3~110	101.3	
90%蒸馏温度		148.9~162.8	156.0	
终馏点	不大于	212.8	184.6	
雷德蒸气压（RVP）/kPa		60~63.4	48.8	GB/T 8017
硫含量（质量分数）/%		0.003~0.015	0.009	SH/T 0689
磷含量/(mg·L^{-1})	不大于	1.32	1.2	SH/T 0020
烃类组成（体积分数）/%				GB/T 11132
芳烃含量		26~32.5	32	
烯烃含量	不大于	10	9.7	
饱和烃含量		报告	58.3	

表 5 程序ⅥD 试验燃油规格（续）

项目		质量指标	国产燃油典型数据	试验方法
铜片腐蚀（50℃、3h）/级	不大于	1	1a	GB/T 5096
溶剂洗胶质含量/(mg·100mL^{-1})	不大于	5	1	GB/T 8019
氧化安定性/min	不小于	240	865	GB/T8018
碳含量（质量分数）/%		报告	86.41	SH/T 0656
氢含量（质量分数）/%		报告	13.47	SH/T 0656
密度（20℃）/(g·cm^{-3})		0.734～0.744	0.742	SH/T 0604

7.2.2 保证所有用于存储燃油的油罐在装燃料油前是清洁的。

7.2.3 燃油批次：运行一次完整的试验应使用同一批次燃油。

7.3 发动机冷却液

使用通用（GM）Dex-Cool 的 100%防冻液或其他同等性能的防冻液。

7.4 清洗溶剂

用满足 GB 1922—2006 中的 2 号溶剂油作为清洗溶剂。

8 试验装置的准备

8.1 试验发动机台架和硬件按照第 6 章的要求进行安装。

8.2 试验台的准备

8.2.1 仪器准备：执行温度测量系统、测功机扭矩测量系统、燃油流量测量系统、压力测量系统和机油满刻度的标定。机油满刻度标定，见附录 E。

8.2.2 外部机油系统清洗：每次安装新的发动机使用清洗剂清洗整个外部机油系统。

8.2.3 排气背压传感器更换：排气背压传感器在破裂、变形前可以继续使用。安装传感器前应清洗传感器和全部孔外表面，检查传感器可能的内部堵塞，然后在排气管上重新安装传感器。不锈钢传感器一般可以使用多次试验，中碳钢传感器易于损坏在较少次数试验后需要更换。

8.2.4 空燃比（AFR）传感器更换：检查 AFR 传感器，如损坏应进行更换。

8.2.5 软管更换：检查所有软管并更换损坏的软管。检查软管是否存在内壁分离，如果发生内壁分离会妨碍流体的流动。

8.2.6 其他试验前设备检查维护内容见附录 F。

9 试验发动机的准备

9.1 从 CPD 购买编号为 OHT6D-099-3 发动机作为试验单元。

9.2 台架建立组件，包括发动机支架和其他可重复使用的配件，它们可以从 CPD 购买，编号为 OHT6D-100-S1。

9.3 发动机零件清洗：

9.3.1 清洗：使用溶剂油浸泡需要清洗的零件。

9.3.2 冲洗：使用热水彻底冲洗零件。

9.4 发动机装配程序：

9.4.1 装配概述：按照2008版程序ⅥD发动机装配手册的详细描述装配外围部件。为了防止二者有差别，在本标准中明确说明了安装细则，本标准中的安装细则优先于2008版程序ⅥD发动机装配手册。

9.4.2 螺栓力矩规范：安装发动机组件需使用标定后的力矩扳手，规范见2008版ⅥD发动机装配手册。

9.4.3 密封材料：密封材料在2008版程序ⅥD发动机装配手册中进行了特殊规定。不可使用带状密封材料（带状密封材料的碎片可能在发动机内部循环流动，堵塞关键油道孔）。

9.4.4 新试验台架应安装新零件，在附录G中列出了这些新零件。

9.4.5 谐振平衡器：谐振平衡器的零件编号为GM12603810，谐振平衡器安装在发动机上，由发动机供应商直接提供。

9.4.6 恒温器：拆除恒温器并且替换成挡板，零件号为OHT6D-004-1。

9.4.7 冷却液进口：安装水泵挡板，零件号为OHT6D-005-1。

9.4.8 机油滤清器座：安装机油滤清器座，零件编号OHT6D-003-1。

9.4.9 油尺套管：油尺套管，零件编号GM12612349，油尺套管安装在发动机上，由发动机供应商直接提供。

9.4.10 传感器、转换器、阀和位置传感器：

9.4.10.1 凸轮轴位置传感器（2个）（CMP）：凸轮轴位置传感器，零件编号OHT6D-045-1，凸轮轴位置传感器安装在发动机上，由发动机供应商直接提供。

9.4.10.2 曲轴位置传感器（CKP）：曲轴位置传感器，零件编号OHT6D-044-1，曲轴位置传感器安装在发动机上，由发动机供应商直接提供。

9.4.10.3 发动机冷却液温度传感器（ECT）：安装发动机冷却液温度传感器，零件编号OHT6D-048-1。

9.4.10.4 加热型排气氧传感器（HEGO）：使用加热型排气氧传感器，零件编号OHT6D-047-1。确保加热型排气氧传感器正确连接。

9.4.10.5 拆除PCV阀和安装OHT6D-013-1，将PCV阀各个连接点与曲轴箱压力控制系统相连，见附录D和图B.17。

9.4.10.6 空气流量传感器：使用空气流量传感器，零件编号OHT6D-040-1。

9.4.11 点火系统：

9.4.11.1 点火线圈：在发动机上安装GM 12618542点火线圈，由发动机供应商提供。

9.4.11.2 火花塞：使用火花塞，零件编号OHT6D-043-1。

9.4.12 燃油喷射系统：

9.4.12.1 燃油喷嘴：使用燃油喷嘴，零件编号OHT6D-042-1。关于喷嘴流量规范（参见附录H）、使用前校验每个喷嘴。

9.4.12.2 燃油轨：安装修改的燃油轨，零件编号GM 12572886。

9.4.12.3 燃油压力调节器：安装压力调节器。经验证Paxton生产的型号为8F002-004满足要求。

9.4.13 进气系统：发动机进气系统组件可根据实验室要求进行安装配置。

9.4.13.1 进气滤清器座—使用GM 15147455进气滤清器座，下盖编号为19151528 。使用编号15147463和编号15147462夹具以及编号11588831螺栓。

9.4.13.2 曲轴箱通风管：在导管处堵住曲轴箱通风管。

9.4.13.3 空气滤清器修改：为了安装热偶和压力传感器修改编号为25733251通用弯头。

9.4.13.4 空气滤清器芯：使用通用编号为25798271的空气滤清器芯。

9.4.13.5 节气门体：使用两个节气门体。编号为OHT6D-050-1节气门连接杆安装在发动机上。第二个节气门体与线束相连，并安装台架上，零件编号OHT6D-041-1。

9.4.13.6 节气门体风管：使用节气门体风管，编号GM25733251。

9.4.14 发动机管理系统：使用 ECU E77 带有版本 3 的软件。

9.4.14.1 发动机线束：使用专用发动机/测功机线束，零件编号 OHT6D-011-2。

9.4.14.2 发动机控制单元：使用 ECU 发动机控制单元，零件编号 OHT6D-012-4。该单元具备控制点火和燃油供给功能。

9.4.15 附件驱动器：不使用外部驱动器，包括交流发动机、燃油泵、动力转向器、气动泵、空气压缩机等。

9.4.16 排气歧管：使用排气歧管，右排气歧管通用（GM）编号 12571102，左排气歧管通用（GM）编号 12571101，隔热罩使用通用（GM）编号 12617267 和通用（GM）编号 12580706。螺栓所需力矩安装程序，参见 2008VID 安装手册。

9.4.17 发动机飞轮和护罩：使用编号为 OHT6D-020-X（实验室相应的适配器板）飞轮。可以从 CPD 购买这个零件，安装发动机飞轮防护罩和防护外壳满足试验台要求。

9.4.18 发动机的吊装：不应在进气歧管处吊装发动机，防止引起冷却液泄露。吊装方法和位置参见 2008 版ⅥD 发动机安装手册。

9.4.19 发动机支架：使用编号 OHT3H-026-1 前发动机支架和编号为 OHT3H-025-1 后发动机支架。

9.4.20 非相控凸轮轴齿轮：在新发动机磨合运行之前需要最终用户安装这些齿轮（编号 OHT6D-016-1 齿轮、凸轮轴-排气 OHT6D-017-1 齿轮、凸轮轴-进气）；这些齿轮随发动机一起提供。根据附录 I 对这些齿轮进行安装。

9.4.21 内部冷却液孔板：该孔板（编号 OHT6D-025-1 孔板）需要最终用户在进行磨合发动机前进行安装，该孔板随发动机一起提供。

9.4.22 凸轮轴位置执行器修改：对于程序ⅥD 试验，凸轮轴位置执行器应该在适当位置向前凸轮轴颈提供润滑。由氩弧焊焊接，在发动机运行期间通过控制阀关闭制动器的排油孔减少过多的机油漏失，以定位的方式通过短管阀使机油完全排出（见图 B.21）。

10 发动机台架标定

10.1 台架标定：为确保各种参数正确的响应，在更换新发动机或发动机达到试验次数时，需要进行参数标定和参比油试验。

10.2 试验台架标定的参数和标定周期见表 6 和表 7。

10.3 试验台架参比油试验标定周期如下：

10.3.1 前 3 个标定周期为 10 次完整非参比油或发动机运行 1750h。

10.3.2 3 个标定周期以后的标定周期为试验台架进行 7 次非参比油试验或发动机运行 1225h。

10.3.3 一旦发动机从试验台上移下或重新安装应重新进行参比油试验。

表 6 每 6 个月执行程序ⅥD 仪表标定

温度/℃
进气温度
机油道温度
油底壳温度
冷却液进口温度
冷却液出口温度
燃油轨处温度
燃油流量计温度

表 6　每 6 个月执行程序ⅥD 仪表标定（续）

负载池温度
压力/kPa
曲轴箱压力
发动机油压力
燃油轨处压力
燃油流量计压力
排气背压
进气压力
进气歧管压力（绝对压力）
其他参数
冷却液/(L · min^{-1})
燃油流量/(kg · h^{-1})
进气湿度/(g · kg^{-1})
转速/(r · min^{-1})
扭矩/(N · m)
空燃比

表 7　进行参比油试验前执行程序ⅥD 仪表标定

流量/(kg · h^{-1})
燃油流量
压力/kPa
排气背压
其他参数
转速/(r · min^{-1})
扭矩/(N · m)
空燃比

11　试验程序

11.1　外部机油系统：每次新发动机安装到试验台后，清洗外部机油系统。若试验台是新试验台，需验证冲洗效果。

11.2　冲洗效果验证：新建的台架或台架对换油系统进行了改造，实验室应验证不停机换油系统的冲洗效果。使用至少 400 mg/kg 钼含量的 BL 油，实验室应该检验其是否达到 99%的冲洗效果，使用 ICP 方法分析含清净剂冲洗油冲洗后的油品。验证使用 ASTM 标准中的 FEE-103 润滑油（用 FM 油表示）或其他含有钼元素的合适润滑油，程序如下：

11.2.1　发动机中加入 5.4 L 的 BL 油，发动机升温至冲洗阶段（见表 4）。

11.2.2　从机油储存罐中取 118 mL FM 新油油样。

11.2.3　用 5.4L FM 油作为冲洗油进行冲洗，发动机中机油排除，5.4 L 的 FM 油进入发动机，发动机在冲洗工况运行 30 min。

11.2.4　再次用 5.4LFM 油作为冲洗油进行冲洗，发动机中机油排除，5.4 L 的 FM 油进入发动机，发动机在冲洗工况运行 30 min。

11.2.5　最后用 5.4LFM 油作为冲洗油冲洗，发动机中机油排除，5.4 L 的 FM 油进入发动机，这就完成了 FM 油更换。

11.2.6　发动机在冲洗工况运行 30 min，放 118 mL 死区油，在取 118 mL 油样作为油样 1，并将死区油加回发动机。

11.2.7　用 FO 油作为冲洗油冲洗，发动机在冲洗工况运行 30 min。

11.2.8　用 FO 油作为冲洗油冲洗，发动机在冲洗工况运行 2 h。放 118 mL 死区油，在取 118 mL 油样作为油样 2，并将死区油加回发动机。

11.2.9　用 BL 油作为冲洗油冲洗，发动机在冲洗工况运行 30 min。放 118 mL 死区油，在取 118 mL 油样作为油样 3，并将死区油加回发动机。

11.2.10　用 BL 油作为冲洗油冲洗，发动机在冲洗工况运行 30 min。放 118 mL 死区油，在取 118 mL 油样作为油样 4，并将死区油加回发动机。

11.2.11　用 BL 油作为冲洗油冲洗，发动机在冲洗工况运行 30 min。放 118 mL 死区油，在取 118 mL 油样作为油样 5，并将死区油加回发动机。

11.2.12　油样分析：使用 GB/T 17476 试验方法分析新油油样及油样 1、油样 2、油样 3、油样 4 和油样 5 中钼元素的含量（对比油样 5 和油样 1）。

11.3　加油前准备：检查设备确保润滑油管线正确安装，接头拧紧并对正。这些设备包括不停机换油系统。

11.4　初次启动发动机：连接燃油管线至燃油油轨并打开燃油截流阀。启动控制柜（打开发动机点火、打开机油外循环泵、启动电源）。启动发动机，当发动机进入怠速状态（约 700 r/min，零负荷状态）检查燃油、机油、冷却液、水和排气管是否有泄漏。

11.5　新发动机磨合：按照如下程序对新发动机进行磨合：

11.5.1　使用 BL 油对新发动机进行磨合，磨合时间至少 150 h。记录每个小时的 BSFC。磨合阶段对控制精度无特殊要求。

11.5.2　磨合油加注：检查两个机油滤清器，确保滤清器清洁，将原发动机油放干净，向发动机加入 5.4 L 的 BL 油。并在整个新发动机磨合期间使用这些加注的机油。

11.5.3　磨合工况：按照表 1 所示工况进行新发动机的磨合。建议循环阶段采用阶梯函数形式，而不采用斜坡函数形式。如果用斜坡函数形式，注意工况变化不要太缓和，否则不利于磨合的完成。

11.5.4　台架磨合要求：发动机磨合要求台架使用 Midwest 或 Eaton 生产的功率 37 kW，型号为 758 的干式测功机，满足表 1 标准要求。

11.5.5　在 1 h、75 h 和 149 h 开始参比油试验任务前记录爬坡曲线。当有必要延长磨合时间超过 150 h，采集终止磨合 1h 前的爬坡曲线，提供爬坡曲线。转速、歧管压力和负荷时间间隔记录最小 1 s。

11.6　正常试验操作程序和进度，见表 8。

表 8　程序ⅥD 试验进度表

项　目	步骤	大约需要的时间/h[a]
BL 油第一次试验（BLB1）		
1	BLB1 油两次冲洗	1：30
2	S60，阶段 1BSFC/燃油流量×6[b]	1：30
3	S60，阶段 2BSFC/燃油流量×6	1：30

表8 程序ⅥD试验进度表（续）

项 目	步骤	大约需要的时间/h[a]
4	S60，阶段 3BSFC/燃油流量×6	1：30
5	S60，阶段 4BSFC/燃油流量×6	1：30
6	S60，阶段 5BSFC/燃油流量×6	1：30
7	S60，阶段 6BSFC/燃油流量×6	1：30
	升温到冲洗阶段	0：30
	累计时间	11：00
BL 油第二次试验（BLB2）		
1	BLB2 油两次冲洗	1：30
2	S60，阶段 1 BSFC/燃油流量×6[b]	1：30
3	S60，阶段 2 BSFC/燃油流量×6	1：30
4	S60，阶段 3BSFC/燃油流量×6	1：30
5	S60，阶段 4BSFC/燃油流量×6	1：30
6	S60，阶段 5BSFC/燃油流量×6	1：30
7	S60，阶段 6BSFC/燃油流量×6	1：30
	升温到冲洗阶段	0：30
	累计时间	11：00
BL 油第三次试验（BLB3）		
1	BLB3 油两次冲洗	1：30
2	S60，阶段 1BSFC/燃油流量×6[b]	1：30
3	S60，阶段 2BSFC/燃油流量×6	1：30
4	S60，阶段 3BSFC/燃油流量×6	1：30
5	S60，阶段 4BSFC/燃油流量×6	1：30
6	S60，阶段 5BSFC/燃油流量×6	1：30
7	S60，阶段 6BSFC/燃油流量×6	1：30
	升温到冲洗阶段	0：30
	累计时间	11：00
阶段 I 老化		
1	试验油两次冲洗	1：30
2	16h 老化	16：00
3	S60，阶段 1BSFC/燃油流量×6[b]	1：30
4	S60，阶段 2BSFC/燃油流量×6	1：30
5	S60，阶段 3BSFC/燃油流量×6	1：30
6	S60，阶段 4BSFC/燃油流量×6	1：30
7	S60，阶段 5BSFC/燃油流量×6	1：30
8	S60，阶段 6BSFC/燃油流量×6	1：30
	累计时间	26：30

表 8 程序ⅥD 试验进度表（续）

项　目	步骤	大约需要的时间/h[a]
阶段Ⅱ老化		
1	84 h 老化	84：00
2	S60，阶段 1BSFC/燃油流量×6[b]	1：30
3	S60，阶段 2BSFC/燃油流量×6	1：30
4	S60，阶段 3BSFC/燃油流量×6	1：30
5	S60，阶段 4BSFC/燃油流量×6	1：30
6	S60，阶段 5BSFC/燃油流量×6	1：30
7	S60，阶段 6BSFC/燃油流量×6	1：30
8	升温到冲洗阶段	
	累计时间	93：30
冲洗油（FO）到 BL 冲洗		
	冲入 FO 油运行	0：30
	冲入 FO 油运行	2：00
1	两次冲洗 BL 油后	1：30
2	S60，阶段 1BSFC/燃油流量×6[b]	1：30
3	S60，阶段 2BSFC/燃油流量×6	1：30
4	S60，阶段 3BSFC/燃油流量×6	1：30
5	S60，阶段 4BSFC/燃油流量×6	1：30
6	S60，阶段 5BSFC/燃油流量×6	1：30
7	S60，阶段 6BSFC/燃油流量×6	1：30
	累计时间	13：00

[a] 估算时间，包括测量、预热、冷却和冲洗。

[b] 例如：60 min 的稳定阶段，然后开始每 5 min（前 3 min 稳定，后 2 min 测量在这 2 min 内的平均值）一次测量 BSFC，重复 6 次。

11.6.1　启动和关机程序：为完成正常发动机关机，当发动机被关闭后拆开燃油管线或关闭燃油供给阀。非计划停机和重启：在整个试验过程中，应避免非正常停机的发生。从开始升温到试验油前 BL 油冲洗，再到试验油后 BL 油试验阶段，整个试验过程连续运行。当出现非正常停机时，允许最长的停机时间为 18 h。每次试验最多允许出现 4 次非正常停机。报告中记录每次试验的停机的次数和停机的时间。如果出现非正常停机，按照以下步骤进行操作：

a）试验阶段重启和继续试验程序；

b）稳定运行期间试验重启后回到该阶段的起点；

c）测量 BSFC 运行期间试验重启后重新进入稳定阶段，稳定阶段过后，重新测量 BSFC 数据；

d）冲洗阶段或老化阶段期间试验重启后回到原来的阶段，继续原有的步骤，保持原来的试验时间。

11.6.2　不停机换油程序：在不停机的情况下更换发动机油。换油前，先将试验发动机运行至换油工况，见表 4。

11.6.2.1　试验油换为 BL 油时 FO 油冲洗：为了试验油换为 BL 油时减小试验油对 BL 油的影响。按以下步骤完成冲洗油冲洗：

a）加热油罐中的 FO 油和 BL 油至 93℃～107℃；

b）发动机运行至冲洗阶段，见表 4；

c）将换油系统转换到冲洗状态，当外置抽油泵从发动机油底壳抽出 5.4 L 试验油时，发动机从储油罐抽出 5.4 L 的 FO 油进入发动机。从油底壳抽出的试验油达到 5.4 L 时，抽油罐的浮子控制开关关闭抽油泵和放油阀。当发动机抽入 FO 油达到 5.4 L 时，油底壳的浮子控制开关关闭进油开关，发动机即换为 FO 油，然后 FO 油在发动机中充分循环；

d）发动机在冲洗工况运转 30 min；

e）使用 FO 油，重复步骤 C 的操作；

f）发动机在冲洗工况运行 2 h；

g）当 BL 油温度达到冲洗要求的温度时，按照第 3 步的换油方法，将 FO 油换为 BL 油（冲洗，添加，运行）；

h）发动机在冲洗工况运行 30 min；

i）使用 BL 油，重复步骤 c 的操作；

j）发动机在冲洗工况运行 30 min；

k）使用 BL 油，重复步骤 c 的操作；

l）当达到冲洗条件并完成冲洗后，补加或放出部分机油调整发动机油至满液位；

m）发动机返回阶段 1，见表 2，接下来进入 BL 油的 BSFC 数据测量稳定阶段。

11.6.2.2 从 BL 油换为试验油两次试验油冲洗：为了减小 BL 油对试验油的影响，按以下步骤进行两次冲洗：

a）加热油罐中的试验油至 93℃～107℃；

b）发动机运行至冲洗工况；

c）将换油系统转换到冲洗状态，当外置抽油泵从发动机抽出 5.4 L BL 油时，发动机从储油罐抽出 5.4 L 的非参比油进入发动机。抽出油底壳中的 BL 油达到 5.4 L 时，抽油罐的浮子控制开关关闭抽油泵和放油阀。当发动机油底壳非参比油达到 5.4 L 时，油底壳的浮子控制开关关闭进油开关，发动机即换为非参比油，然后非参比油在发动机中充分循环；

d）发动机在冲洗工况运转 30 min；

e）使用非参比油，重复步骤 c 的操作；

f）发动机在冲洗工况运行 30 min；

g）使用非参比油，重复步骤 c 的操作；

h）使发动机达到冲洗条件；

i）当达到冲洗条件并完成冲洗，补加或放出部分机油调整发动机油达到满液位。

11.6.2.3 从 BLA 油换为 BLB1 油两次试验油冲洗：为了减小 BLA 油对 BLB1 油的影响，按以下步骤进行两次冲洗：

a）加热油罐中的 BL 油至 93℃～107℃；

b）发动机运行至冲洗工况；

c）将换油系统转换到冲洗状态，当外置抽油泵从发动机抽出 5.4 L 用过的 BL 油时，发动机从储油罐抽出 5.4 L 的 BLB1 进入发动机。抽出 BL 油达到 5.4 L 时，抽油罐的浮子控制开关关闭抽油泵和放油阀。当发动机油底壳 BLB1 油达到 5.4 L 时，油底壳的浮子控制开关关闭进油开关，发动机即换为 BLB1，然后 BLB1 油在发动机中充分循环；

d）发动机在冲洗工况运转 30 min；

e）使用 BLB1 油，重复步骤 c）的操作；

f）发动机在冲洗工况运行 30 min；

g）使用 BLB1 油，重复步骤 c）的操作；

h）发动机返回阶段1，接下来进入BL油的BSFC数据稳定测量阶段。

11.6.2.4　从BLB1油换为BLB2油两次试验油冲洗：为了减小BLB1油对BLB2油的影响，按以下步骤进行两次冲洗：

a）加热油罐中的BL油至93℃～107℃；

b）发动机运行至冲洗工况；

c）将换油系统转换到冲洗状态，当外置抽油泵从发动机抽出5.4 L用过的BL油时，发动机从储油罐抽出5.4 L的BL油进入发动机。抽出的BL油达到5.4 L时，抽油罐的浮子控制开关关闭抽油泵和放油阀。当发动机抽BL油达到5.4 L时，油底壳的浮子控制开关关闭进油开关，发动机即换为BL油，然后BL油在发动机中充分循环；

d）发动机在冲洗工况运转30 min；

e）使用BLB2油，重复步骤c的操作；

f）发动机在冲洗工况运行30 min；

g）使用BLB2油，重复步骤c的操作；

h）发动机返回阶段1，接下来进入BL油的BSFC数据稳定测量阶段；

i）比较BLB1和BLB2之间总的燃油消耗。BLB1和BLB2之间总的燃油消耗百分数之差应在-0.20%～0.40%范围内。如果总的燃油消耗百分数之差在此范围之外，重复步骤a)～i）进行BLB3试验。如果BLB2和BLB3总的燃油消耗之差仍在-0.20%～0.40%范围之外，检查潜在促使原因并重新进行BLB1试验。

11.6.3　试验运行阶段：表3描述试验运行阶段的条件，表8描述了运行计划。试验发动机完成磨合并完成参比油试验，台架标机合格后，可进行非参比油相对于BL油试验。用两个阶段老化后（16 h和84 h老化）六个状态下的燃油消耗数据与两次BL油数据相对比，得出试验结论。

11.6.4　稳定阶段条件：不停机换油后（BL油和试验油），每个阶段测量BSFC前都需要1 h的稳定阶段。稳定时间从转速、扭矩和各个温度达到设定点起，进入BSFC测量阶段前。控制转速、扭矩、冷却液和机油温度系统循环，使上述参数达到设定点要求。

11.6.5　稳定的BSFC测量循环：1 h稳定阶段后，对于6个每5 min期间的测量中每1 s获取数据1次。使用每5 min期间获得数据提供300±10个转速、扭矩和燃油流量数据点的平均值。然后这些数值被用作BSFC的计算。读取的300个数据点不允许平均和过滤。试验的BSFC测量循环期间，如果表2中任何关键参数平均值超出该阶段对应范围，并且本阶段未完成第6次读数，需要重新运行该阶段。如果任何阶段第6次读数已经完成，并且关键参数平均值超出该阶段要求范围，本次试验考虑无效。如表8所示，每6个测量阶段中，只有一个阶段允许重新启动，并且每次试验重新启动阶段数量不允许超过4个。

11.6.6　BLB1油冲洗程序：试验开始后升温发动机至冲洗条件（见表4）在不关闭发动机条件下将BL油冲入发动机。冲洗步骤如下（见11.6.2.3）：

11.6.6.1　升温发动机至冲洗阶段。

11.6.6.2　用BL新油对上次试验后的BL油冲洗两次。

11.6.6.3　继续BLB1油试验，进行BLB1油的BSFC数据采集。

11.6.7　试验油测试前对BLB1油的BSFC测量：运行阶段1～阶段6，详见表2。每个阶段根据严格数据采集周期获取6个BSFC测量值，详见11.6.5。

11.6.8　BLB2油冲洗程序：试验开始后升温发动机至冲洗条件见表4。在不关闭发动机条件下将BL油冲入发动机。冲洗步骤如下（见11.6.2.4）：

11.6.8.1　升温发动机至冲洗阶段。

11.6.8.2　用新BL油对上次试验后的BL油冲洗两次。

11.6.8.3　继续BLB2油试验，进行BLB2油的BSFC数据采集。

11.6.9 试验油测试前对 BLB2 油的 BSFC 测量：运行阶段 1~阶段 6，详见表 2。每个阶段根据严格数据采集周期获取 6 个 BSFC 测量值，详见 11.6.5。

11.6.10 计算 BLB1 与 BLB2 百分数之差：完成 BLB2 后接着使用附录 J 中公式计算二者之间总燃油耗（非加权）。

11.6.10.1 基准油 BLB1 和 BLB2 之间总的燃油消耗之差接受范围为-0.20%~0.40%。如果总的燃油消耗百分数之差在此范围之外，需要运行第 3 次 BLB3 试验。

11.6.10.2 如果 BLB2 和 BLB3 总的燃油消耗之差仍在-0.20%~0.40%范围之外，检查潜在促使原因并重新开始 BLB1 试验。

11.6.11 试验油冲洗程序：试验油开始前 BL 油测试后，升温发动机至冲洗条件，见表 4。在不关闭发动机条件下将试验油冲入发动机。冲洗步骤如下（见 11.6.2.2）：

11.6.11.1 试验油冲洗两次。

11.6.11.2 在冲洗阶段调整试验油至满刻度。第 1h 老化后不允许补加机油。

11.6.11.3 继续试验油老化。

11.6.12 试验油老化阶段Ⅰ：按表 4 老化阶段Ⅰ的工况对试验油进行 16 h 的老化试验。完成两次冲洗程序后开始 16h 老化试验。老化阶段Ⅰ最长停机时间为 2 h，超过 2 h 则试验无效。老化阶段Ⅰ老化结束后，开始试验油第一次燃油经济性测量。

11.6.13 老化阶段Ⅰ老化试验油的 BSFC 测量：完成 16 h 老化阶段Ⅰ老化后按照表 2 参数，运行阶段 1~阶段 6，每一个阶段根据关键参数采集周期获得 6 个 BSFC 测量结果，详见 11.6.5。

11.6.14 试验油老化阶段Ⅱ：按照表 4 条件运行 84 h 老化试验。老化阶段Ⅱ允许的最长停机时间为 2h，如果停机时间超过 2 h，本次试验无效。完成老化阶段Ⅱ老化后，运行第二次试验油燃油经济性测量。

11.6.15 老化阶段Ⅱ老化试验油的 BSFC 测量：完成 84 h 老化阶段Ⅱ老化后按照表 2 参数，运行阶段 1~阶段 6，每一个阶段根据关键参数采集周期获得 6 个 BSFC 测量结果，详见 11.6.5。

11.6.15.1 老化试验期间机油耗：84 h 老化期间通过观测发动机机油玻璃管，监控试验油耗。完成第二次燃油经济性测量（老化阶段Ⅱ），记录最终机油耗。

11.6.16 机油耗和取样：完成老化阶段Ⅱ FEI2 测量阶段 6，试验将进入冲洗条件；第一次冲洗前应记录机油耗。参比油和非参比油试验最大允许机油耗是 1400 mL。记录机油液位后，在机油加热器上端出口处采集油样 120 mL。

11.6.16.1 试验机油运动黏度测量：测量新试验油和老化试验油（老化阶段Ⅱ）在 40℃和 100℃的运动黏度，根据试验方法 GB/T 265 测量运动黏度。

11.6.17 试验油后 BL 机油（BLA）冲洗程序：完成试验油试验后，在不停机条件下冲入 FO 机油。关于冲洗程序见 11.6.2.1。

11.6.17.1 FO 油排除，同时冲入 BL 油。

11.6.17.2 继续进行 BL 油 BSFC 数据采集。

11.6.17.3 试验油后 BL 油的 BSFC 测量：按照表 2 运行阶段 1~阶段 6。当 BLA 试验完成后，用式（2）计算 BL 油变化百分率，即 ΔBL%（为非加权结果）。

$$\Delta BL\% = [(b-c)/b] \times 100 \quad \cdots\cdots (2)$$

式中：

b——BLB2 燃油耗，单位为千克（kg）；

c——BLA 燃油耗，单位为千克（kg）。

11.6.18 试验数据记录：采用合适的表格形式记录数据。

11.6.19 诊断检查程序：为了确保试验的有效性，在试验期间应定期地对关键数据进行检查。尽早发现设备的故障十分重要，并且记录发现的主要控制参数问题的信息参数区域。下列参数的响应特性十分重要。

——稳定性趋向；

——空燃比稳定性；

——燃油流量稳定性；

——进气歧管绝对压力；

——发动机转速；

——发动机扭矩；

——排气背压；

——燃油轨温度。

12 计算

按照附录 K 计算燃油经济性改进百分率 FEI1 和 FEI2。

13 结果报告

试验报告格式，参见附录 L。

14 精密度和偏差

14.1 精密度

按下述规定判断试验结果的可靠性（95%的置信水平）。

14.1.1 中间精密度 *i. p.*

在相同的实验室、使用相同的试验方法，可以改变操作者、测量设备、试验台架、试验发动机和时间的条件下，对同一试样进行测定得到的两个试验结果之差应不超过表 9 中规定的数值。

14.1.2 再现性 *R*

不同操作者，在不同实验室，使用不同的仪器，按照相同的方法，对同一试样分别进行测定得到的两个单一、独立的试验结果之差应不超过表 9 中规定的值。

表 9 程序ⅥD 参比油精密度统计

项目	中间精密度		再现性	
	$S_{i.p.}$[a]	$i.p$	S_R[a]	R
16 h（FEI1）	0.13	0.36	0.16	0.45
100 h（FEI2）	0.14	0.39	0.17	0.40
注：这些统计基于程序ⅥD GF5A、GF5B、GF5C、GF5D、GF5X、540、541-1、542、542-1、542-2 和 1010 油正交试验结果而获得。				
[a]标准偏差。				

14.2 偏差

本标准尚未确定偏差。

附 录 A
（规范性附录）
安全防护措施

A.1 发动机台架试验具有一定的危险性，实验室应制定有关的安全操作规程，采取有效的安全措施，避免造成人体伤害和设备损坏。因此，建议只有对发动机试验有经验或经过培训的人员，才能从事发动机试验台架的安装和操作。

A.2 试验台架的所有传动和发热部件应加防护罩。裸露的发动机传动件和连接轴周围要加防护罩。正确安装燃油管线、机油管线，电源线接地并保持良好的秩序，要经常进行检查和维修。

A.3 试验台架周围禁放障碍物、机油和燃油等物品。在试验过程中，操作人员要时刻注意燃油、排气、机油和冷却液可能发生的泄漏现象。以清洗为目的使用易燃溶剂时，应遵守正常的预防措施。

A.4 工作人员在试验台旁工作时，应佩戴安全口罩、眼镜并进行听力保护。在运转的发动机旁，操作人员不允许留长发，应穿紧身工作服装。发动机运转时，工作人员应小心远离发动机和传动系统工作。

A.5 在发生如下情况时，联锁装置应能自动停机：发动机和测功机冷却液温度过高、测功机电源断路、发动机超速、发动机低油压、排气系统出问题和发动机震动过大等。联锁装置应包含一个切断供应到发动机喷油器泵燃油（包括返回线）方法。建议配备远程切断燃油站（外接到发动机台架）。

A.6 当使用化学试剂清洁发动机时，操作人员需佩戴防护面罩，防尘器具及手套。应提供淋浴和脸部清洗装置。

A.7 常见物理危害和化学危害如下：

A.7.1 物理危害为发动机热的部件及排气管、转动部件、触电和噪声。

A.7.2 化学危害：

A.7.2.1 燃油（无铅）为易燃品。蒸气吸入对身体有害，同时容易引发火灾，应远离热源、火花和明火，保持燃油容器关闭，燃油管线安装截止阀，保持通风。避免燃油蒸汽与火花、电火花和加热器接触。避免长时间吸入燃油蒸气或反复与皮肤接触。

A.7.2.2 打开有机溶剂容器前，释放压力。不用时保持容器密封，常温状态保存，远离高温、火花、火焰和强氧化剂。使用干粉、泡沫或二氧化碳灭火器。使用时带护目镜和手套。在密封空间使用需安装通风装置。保持空气流通。避免沾到眼睛。

A.7.2.3 清洗溶剂易燃且吸入人体有害。应远离高温、火花和火焰。保持空气流通，避免吸入或沾到眼睛。使用水或干粉、泡沫、二氧化碳灭火器。避免长时间或反复与皮肤接触。

A.7.2.4 常温状态保存冷却系统清洗剂，不用时密封保存。使用水或干粉、泡沫、二氧化碳灭火器。使用时带护目镜和手套，保证空气流通。避免沾到眼睛、皮肤和衣物。

A.7.2.5 草酸为有毒物质。避免沾到眼睛、皮肤和衣物。避免吸入或接触食物。

A.7.2.6 新油和旧油油样的采集，常温状态保存，远离高温、火花、火焰和强氧化剂。如发生火灾使用干粉、泡沫、二氧化碳灭火器进行灭火。使用时带护目镜和手套，避免沾到眼睛、皮肤和衣物。

A.8 实验室应配备干式灭火设备。

A.9 采用其他安全措施的法律、法规。

附　录　B
(规范性附录)
设备的详细规格和示意图

B.1　图 B.1～图 B.21 为设备的图解和详细规格。

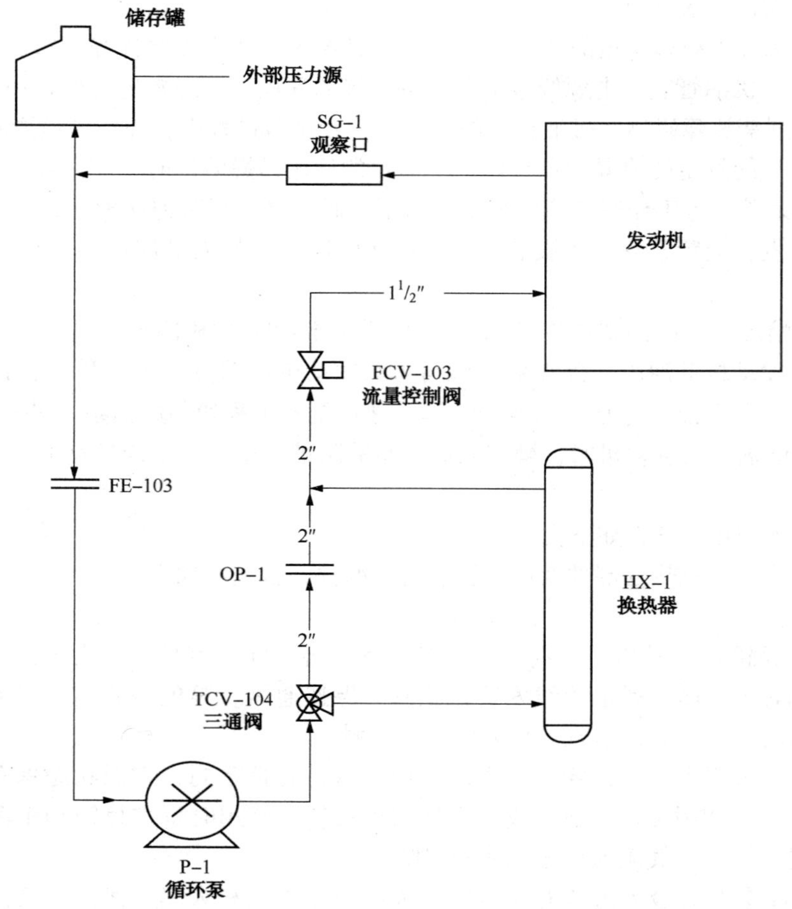

图 B.1　典型发动机冷却液循环系统

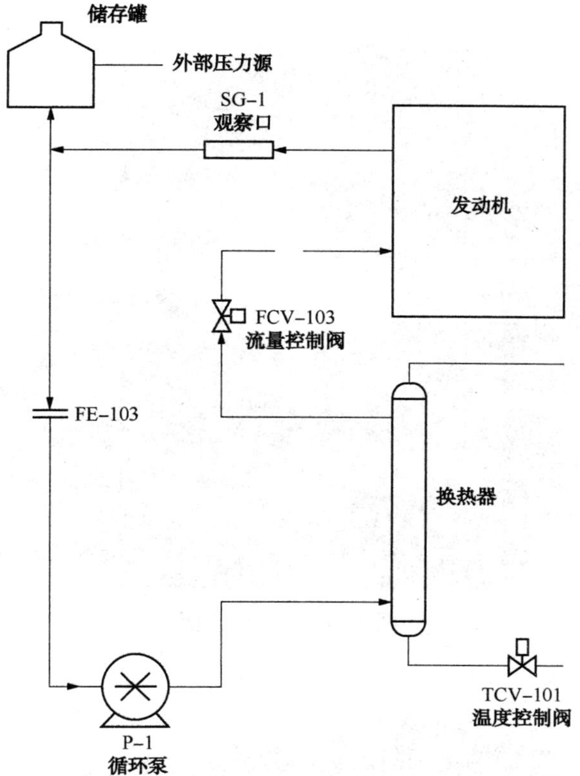

图 B.2　可选的发动机冷却液循环系统

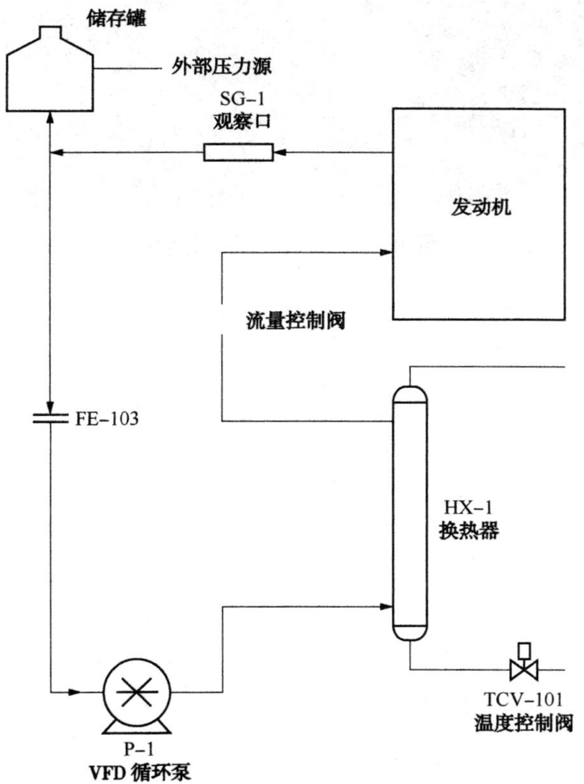

图 B.3　VFD 供选择的发动机冷却液循环系统

图 B.4　水泵挡板

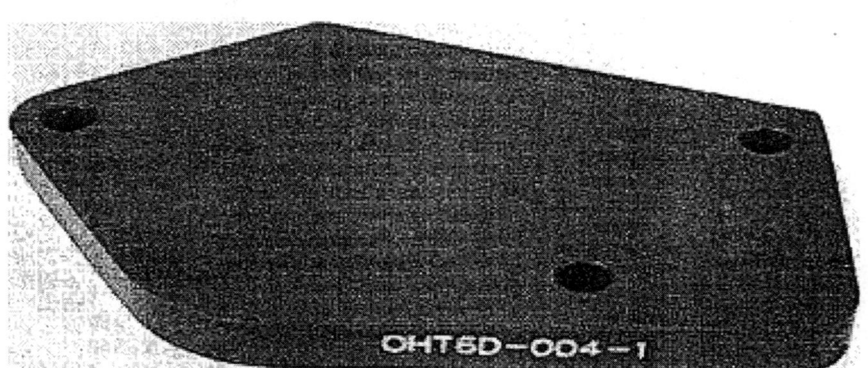

图 B.5　冷却液系统挡板

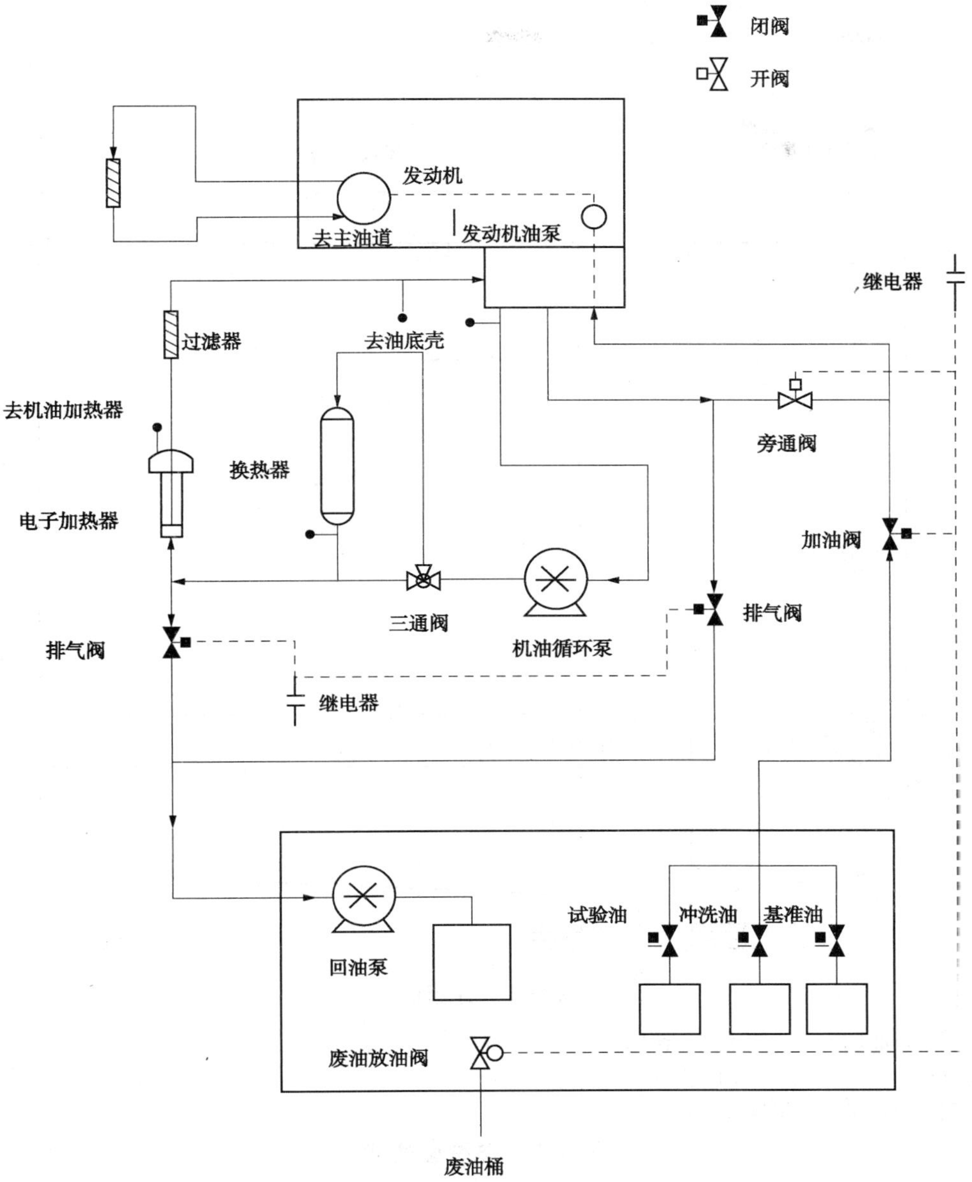

闭阀
开阀
发动机
去主油道
发动机油泵
继电器
过滤器
去油底壳
去机油加热器
换热器
旁通阀
电子加热器
加油阀
三通阀
机油循环泵
排气阀
排气阀
继电器
试验油
冲洗油
基准油
回油泵
废油放油阀
废油桶

图 B.6　外部机油系统

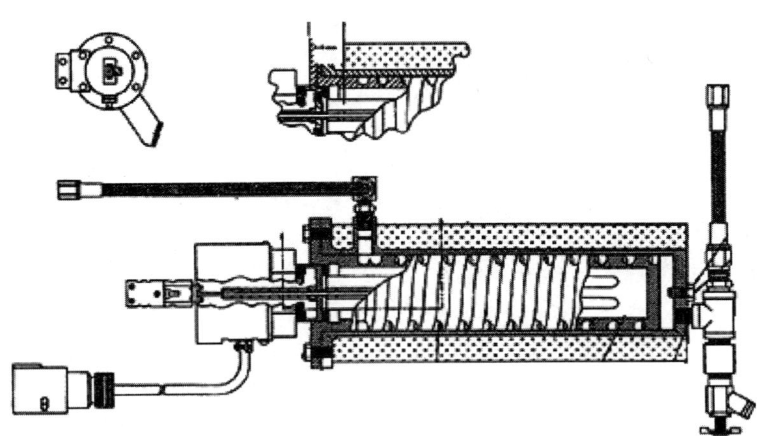

图 B.7　机油加热器中的热偶

单位为毫米

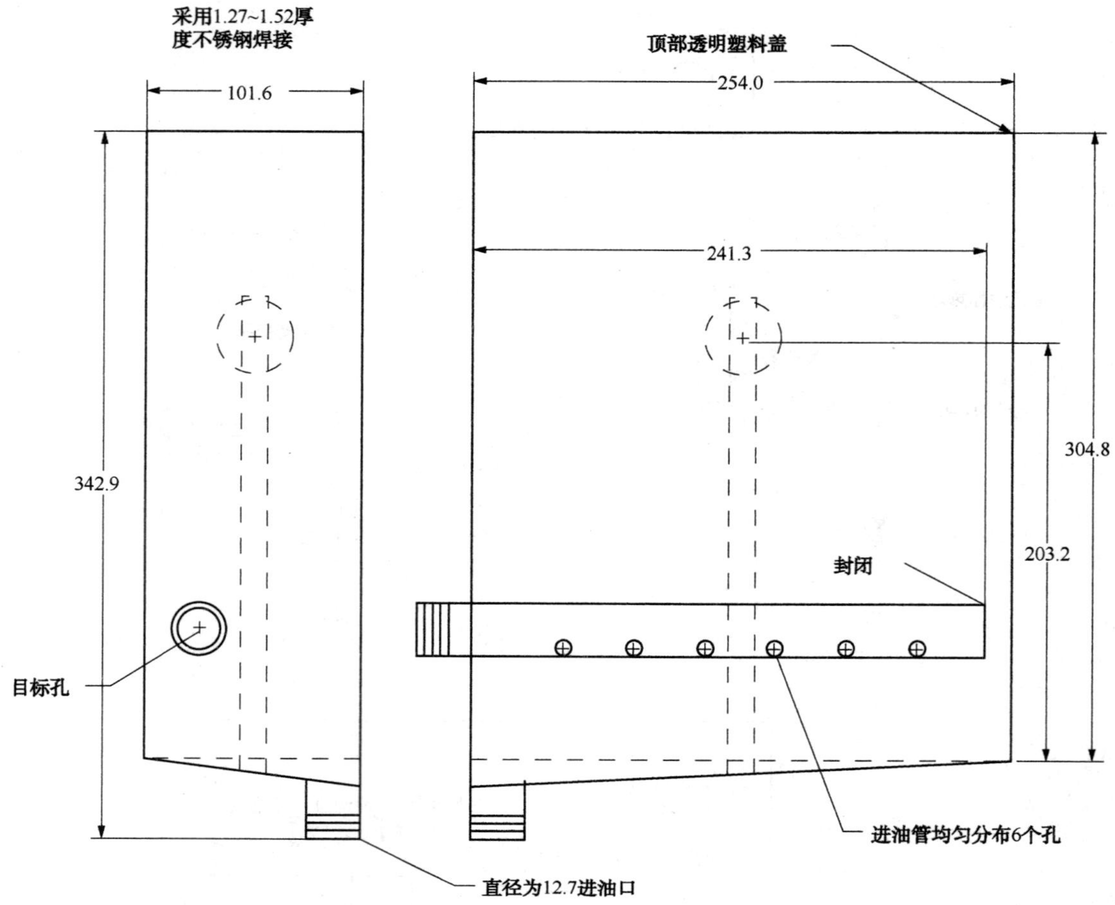

注 1：储油罐底面成一定的角度，使放油口置于油罐低点；

注 2：进口为 13 mm 管，放油口为 13 mm 管；

注 3：固定废油罐，并保持储油罐水平。

图 B.8　典型废油罐

图 B.9 改装后的程序ⅥD 油底壳

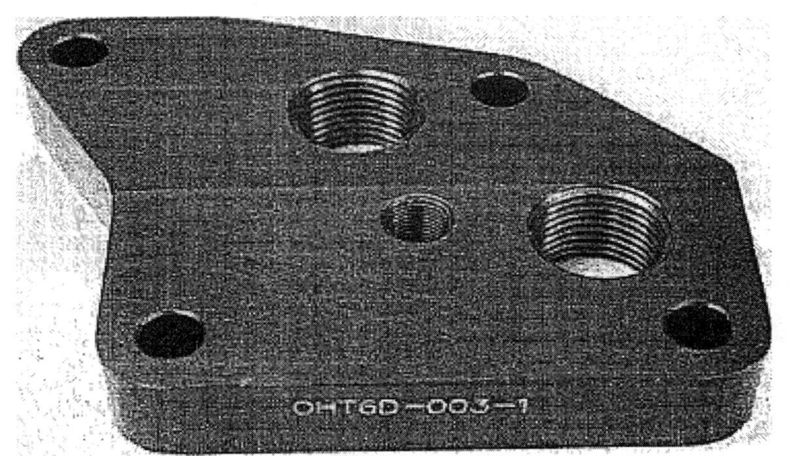

图 B.10 机油滤清器适配器总成

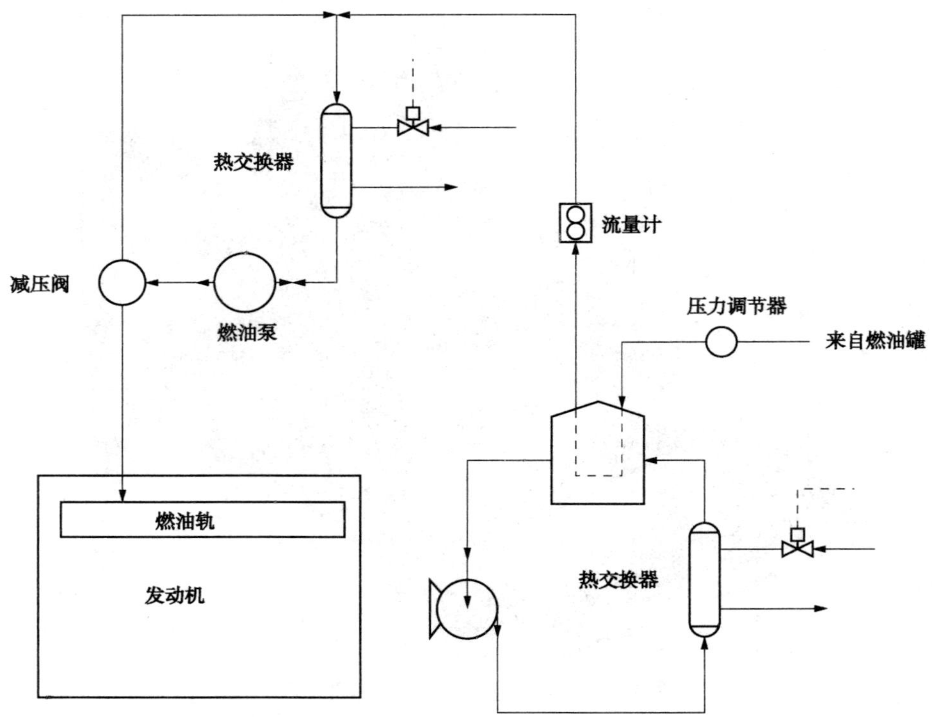

图 B.11　典型的燃油供给系统

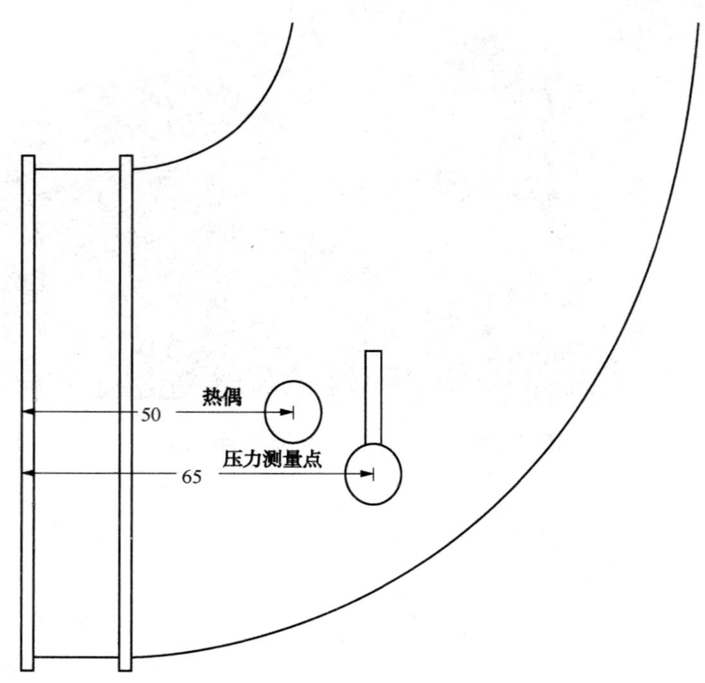

注：距离拐角法兰尺寸为±6.4 mm，压力传感器顶点可以根据需要安装在空气流中。

图 B.12　进气测量点位置

单位为毫米

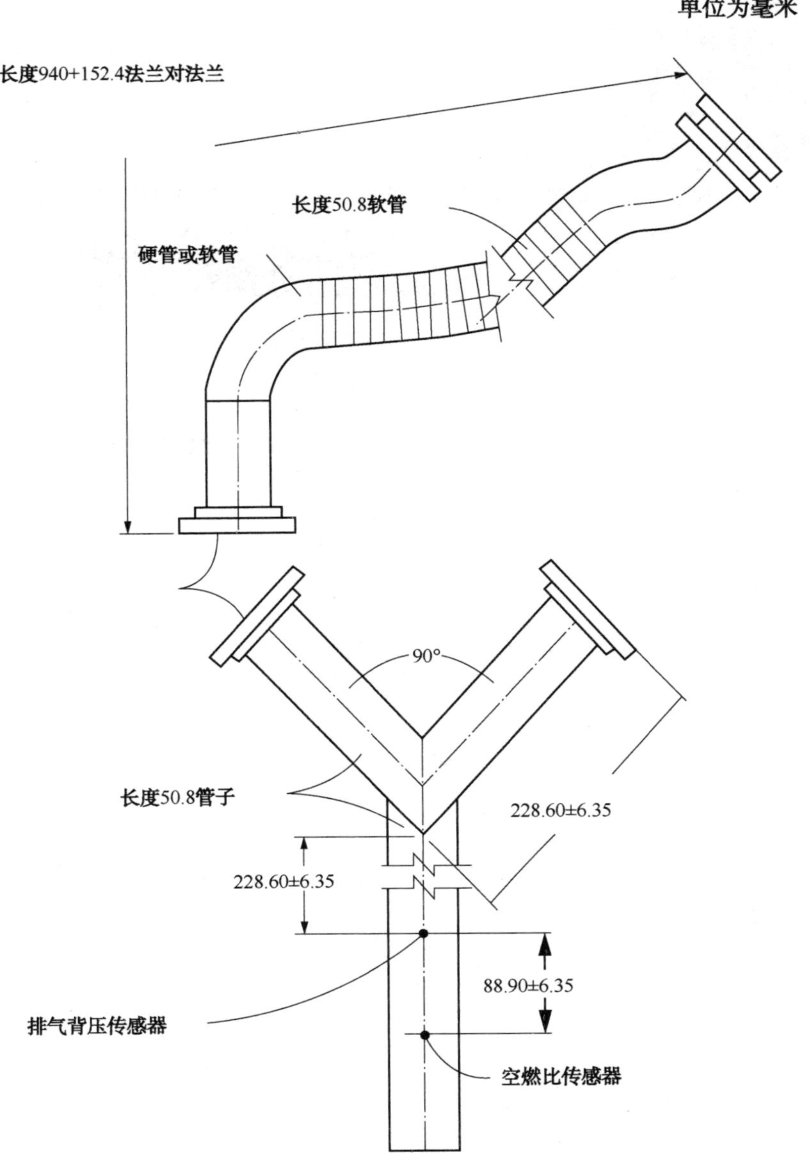

图 B.13　VID 实验室排气系统

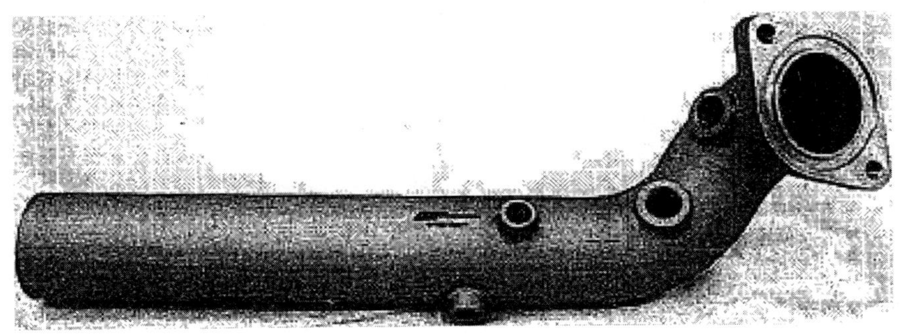

图 B.14　右排气歧管

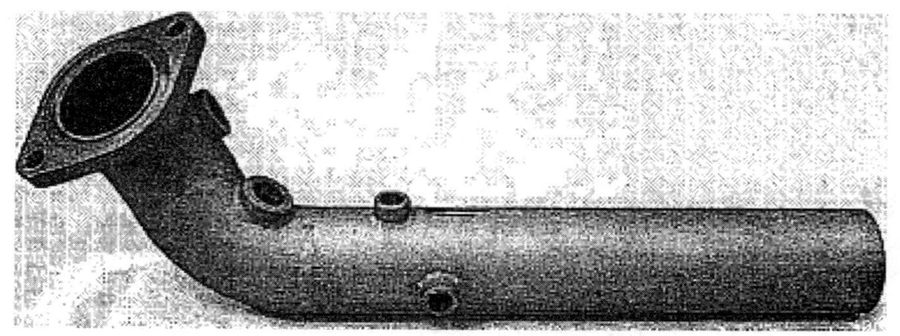

图 B.15　左排气歧管

单位为毫米

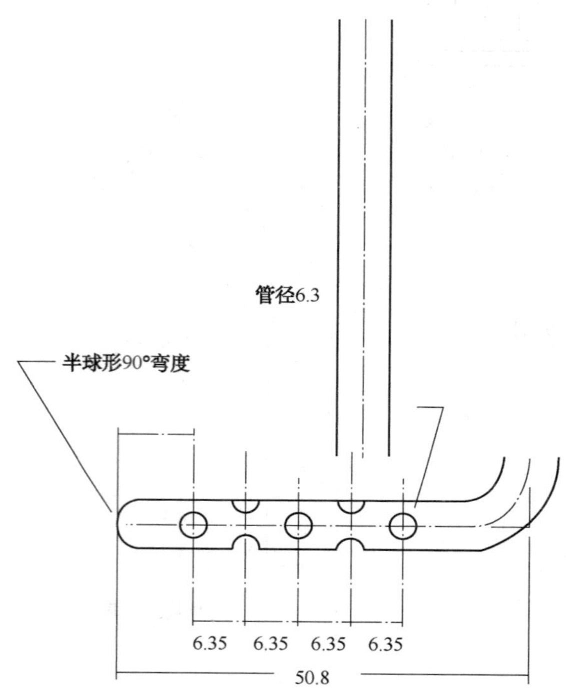

图 B.16.1　压力测量探头

单位为毫米

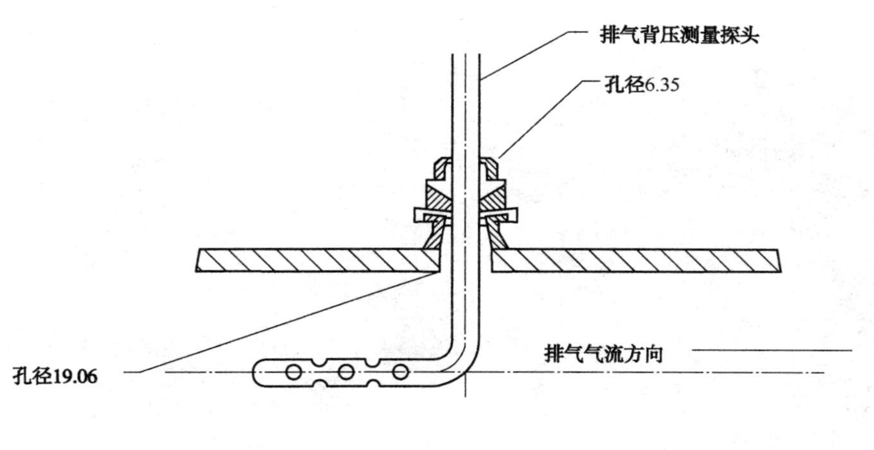

注：排气背压测量探头插入排气管中部。

图 B.16.2　排气背压取样管

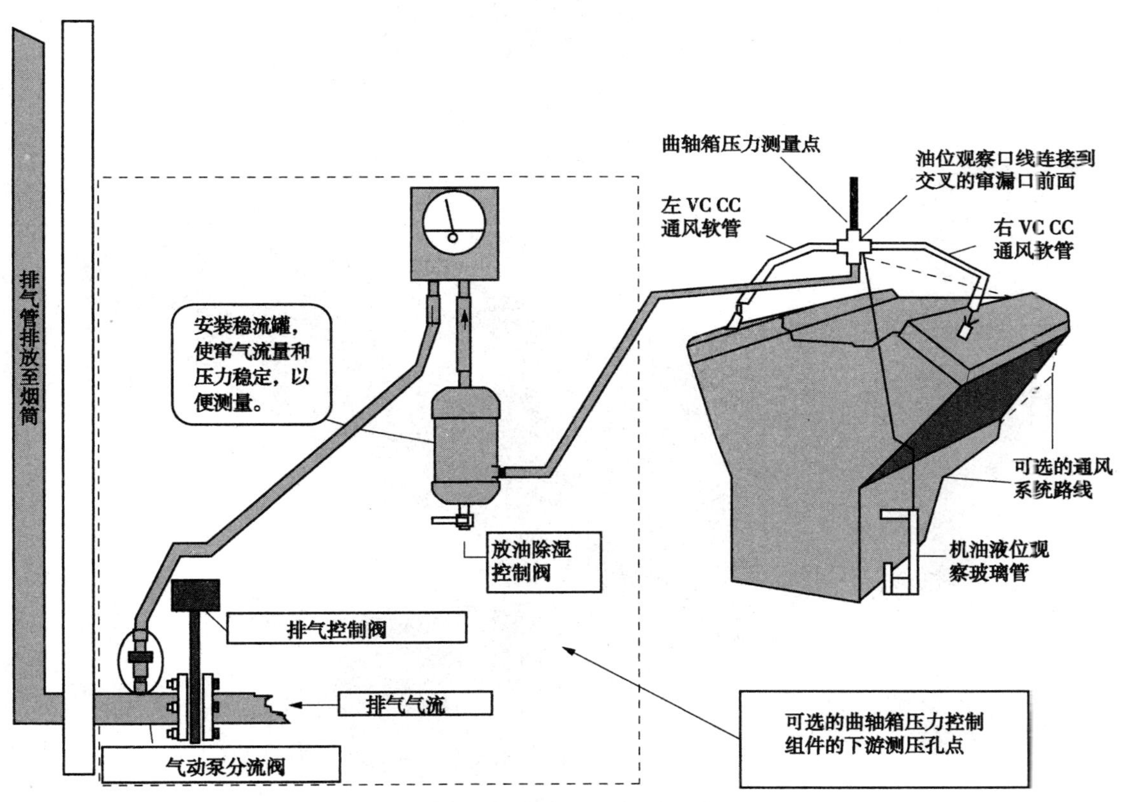

图 B.17　曲轴箱压力和窜气通风系统

图 B.18　飞轮盘扭矩工具

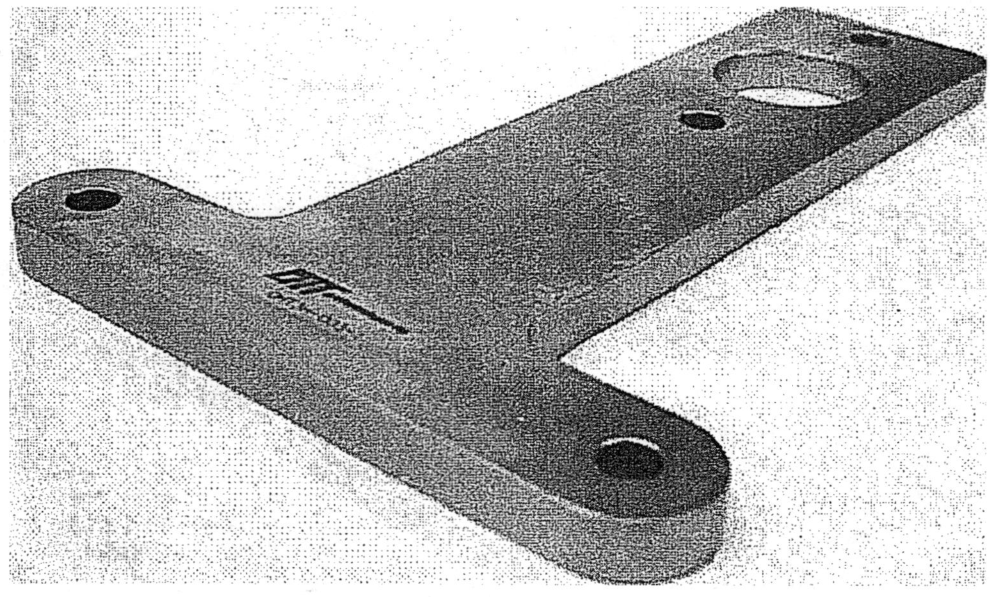

图 B.19　曲轴固定工具

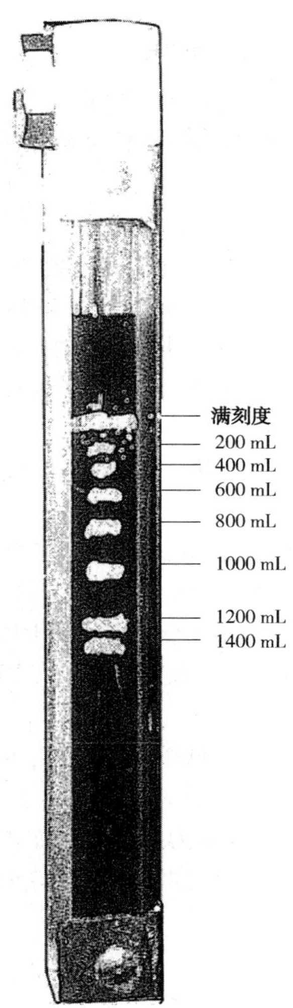

图 B.20　机油液位观察管

单位为毫米

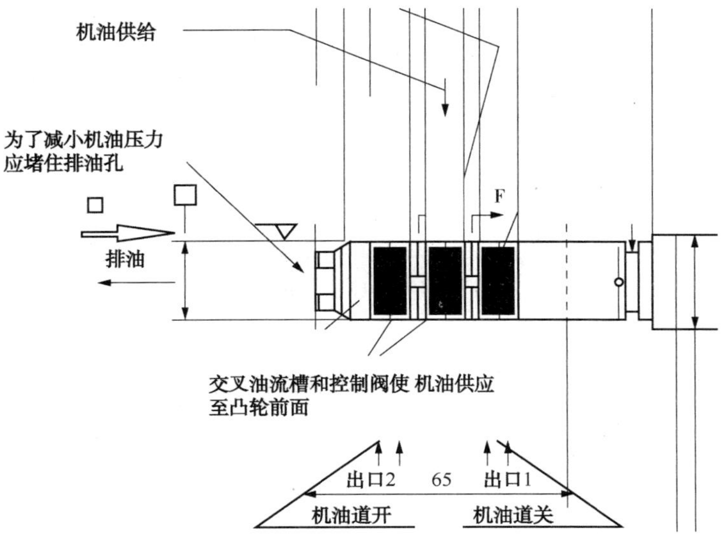

图 B.21　修改后的凸轮轴位置执行器

附　录　C
（规范性附录）
机油加热器低熔点铅合金加注过程

C.1　将筒形的机油加热器从台架上取下，竖直固定在夹具上。

C.2　将机油加热元件帽和连接线拆除，使筒中的低熔点合金与大气充分接触。

C.3　使用乙炔焰加热机油加热器筒。低熔点合金熔点为 124℃，不要强行拆卸加热器元件。筒中的低熔点合金加热至完全融化液态，尝试用扳手将加热元件拧动。持续加热，直到将加热元件取下。

C.4　取下加热元件，继续加热加热器筒，将熔点合金倒入合适的容器，用铜丝刷清理加热器筒内表面。

C.5　固定加热元件，取下热电偶，继续加热，将低熔点合金除去，如需要用铜丝刷除去表面氧化物。

C.6　将加热器筒固定在夹具上，用乙炔焰加热，若低熔点合金干净和明亮，则继续使用，否则更换。将 3.9 kg 低熔点合金熔化，填充到加热器筒 2/3 的位置，操作时避免溅出。

C.7　预加热加热元件，将其浸入低熔点合金，将加热元件固定（不可用力过度）。

C.8　观察低熔点合金液面高度，继续加热入低熔点合金，当其液面距加热元件底面 57.15 mm～60.33 mm 时停止加入。

C.9　用冰水冷却一根焊条，擦干表面，浸入低熔点合金中，拔出后擦掉表面合金。重复进行去掉多余的液态金属。

C.10　使用一个新的热电偶。确定低熔点合金为液态，预加热热电偶，将其插入低熔点合金中。

C.11　等机油加热器温度冷却至室温，安装机油加热器元件帽和连接线，将加热器装回到发动机。

附　录　D
（规范性附录）
窒气通风系统要求

D.1　9.525 mm（3/8 in）美国国家管螺纹（NPT）十字接头。

D.2　三个 9.525 mm（3/8 in）NPT 十字接头，用于内径 12.7 mm 或 15.8 mm 的软管连接 9.525 mm（3/8 in）NPT 十字接头。

D.3　OHT6D-013-1 模拟 PCV 阀接头安装在摇臂罩右侧。

D.4　左摇臂罩使用发动机原有 45°弯头。

D.5　右侧摇臂罩盖应使用长 304.8 mm±127 mm、内径 12.7 mm 或 15.8 mm 的软管连接 9.525 mm（3/8 in）NPT 十字接头。

D.6　左侧摇臂罩盖应使用长 304.8 mm±127 mm、内径 12.7 mm 或 12.8 mm 的软管连接 9.525 mm（3/8 in）NPT 十字接头。

D.7　通过 9.525 mm（3/8 in）NPT 十字接头顶部监控曲轴箱压力。

附　录　E
(规范性附录)
机油满刻度及观察窗标定程序

E.1　油底壳机油满刻度设定

E.1.1　确认发动机在台架上的安装位置。
E.1.1.1　发动机正放（偏角 0.0°±0.5°）
E.1.1.2　飞轮面垂直度为 3.0°±0.5°。
E.1.1.3　连接轴的万向节角度相对于垂直面不大于 2°，不小于 1°，相对水平面保持 0°。
E.1.2　向发动机内加注 5.4 L 的 BL 油。
E.1.3　开机并进入冲洗阶段，1500 r/min，70 N · m，冷却液进口温度 109℃，机油温度 115℃，稳定 15 min。
E.1.4　停机。
E.1.5　用抽油泵将机油抽出。
E.1.6　将油底壳所有连接管断开放油。
E.1.7　按照正常机油的流动方向，按顺序连接外部机油系统，包括机油滤清器。如需要，使用附加的管线将发动机滤清器连入外部机油系统。
E.1.8　设置三项控制阀（TCV-144），使得 100%的流量流经热交换器（HX-6）。
E.1.9　连接至少 138 kPa 的压缩空气。

警告：将机油外循环泵轴锁住，防止机油泵损坏。

E.1.10　使用压缩空气吹扫外部机油冲洗系统管线，使得大部分的机油从系统中流出。
E.1.11　往复调节三项控制阀（TCV-144）几次，使得发动机油流出热交换器（HX-6）旁通部分。
E.1.12　断开压缩空气。将溶剂油冲洗系统与外部机油冲洗系统相连接。
E.1.13　用清洗溶剂（至少 8L）循环清洗至少 30 min。
E.1.14　往复调节三项控制阀（TCV-144）几次，使得 100%的流量流经热交换器（HX-6）。
E.1.15　断开清洗溶剂冲洗系统，从外部机油系统放出溶剂油。
E.1.16　使用至少 138 kPa 的压缩空气，吹扫外部机油冲洗系统管线至少 1h，设置三项控制阀（TCV-144），使得 100%的流量流经热交换器（HX-6），期间往复调节三项控制阀（TCV-144）几次，使得清洗剂流出热交换器（HX-6）旁通部分。
E.1.17　分别检查热交换器（HX-6）、机油加热器、外循环泵和机油滤清器，确保将清洗溶剂除去。
E.1.18　量取 5.4L 的 BL 油，加入发动机。
E.1.19　开机并进入第一阶段的老化工况。
E.1.20　进入稳定状态，在机油液位测量管（如图 B.20）上做标记，记为满刻度。

E.2　记录油底壳机油液面测量管刻度

E.2.1　记录满刻度线后，发动机在第一阶段的老化工况运转，在机油加热器放油口放出 200 mL 的机油，经几分钟油底壳液面稳定后，在机油液面测量管上做-200 mL 标记。
E.2.2　重复以上的步骤，每 200 mL 记录一次，最大记录至-2000 mL。
E.2.3　将放出的 2000 mL 机油加回发动机，运转几分钟，液面将回复到满刻度线，若不能回到满刻度线，重复以上步骤，重新标记。

E. 2. 4 使用加水的聚乙烯管水平尺，确定油底壳液面高度，将机油液面测量管满刻度标记作为参考点。

E. 2. 5 使用油性笔在油底壳侧面标记液面高度。

E. 2. 6 油性笔记录位置应距离油底壳后端第二个螺丝孔 38 mm 处。与油底壳垫定位上沿齐平。

E. 2. 7 测量油底壳边缘底面到油性笔记录满刻度位置，应为 43 mm±5 mm。

附　录　F
(规范性附录)
试验前维护检查清单

F.1　试验前检查维护清单，见表F.1。

表F.1　试验前检查维护清单

更换火花塞	A
检修滤清器	B
验证喷嘴流量	C
清洗节气门体	A
清洗冷却液热交换器	A
清洗冲洗机油热交换器	C
换燃油滤清器	A
检查/维护传动系统	B
转动测功机支撑轴承	A
清洁/更换排气背压取样管	A
注：表中A表示根据实验室的实际需要；B表示每次试验前；C表示新发动机安装后。	

附 录 G
(规范性附录)
发动机部件列表

G.1 表 G.1 列出其他规定使用零件的零件号。表 G.2 是程序ⅥD 零件列表。

表 G.1 其他规定使用的零件

零件名称	零件号
质量流量计	OHT6D-040-1
油门执行器体	OHT6D-041-1
双油门执行器体	OHT6D-050-1
燃油喷嘴	OHT6D-042-1
火花塞	OHT6D-043-1
曲轴位置传感器	OHT6D-044-1
爆震传感器	OHT6D-046-1
Pre-cat 传感器	OHT6D-047-1
冷却液传感器	OHT6D-048-1
排气罩（左）	GM12617267
排气罩（右）	GM12580706
燃油轨	GM12572886
发动机空气滤清器组	见标准描述
空气滤清器元件	GM2598271
发动机线束	OHT6D-011-2
发动机控制模块	OHT6D-012-4
排气歧管（右）	GM12571101
排气歧管（左）	GM12571102
排气垫片（右）	OHT6D-010-1
排气垫片（左）	OHT6D-009-1
发动机飞轮盘	OHT6D-020-X
发动机前支架	OHT3H-026-1
发动机后支架	OHT3H-025-1
发动机支架隔离器	实验室灵活配置
齿轮，凸轮轴，排气	OHT6D-016-1
齿轮，凸轮轴，进气	OHT6D-017-1
冷却液孔板	OHT6D-025-1

表 G.2 程序ⅥD 零件列表

零件名称	零件号
ⅥD 台架安装包	OHT6D-100-S1
安装包，包括如下内容：	
缸体，飞轮力矩	OHT3H-002-1
工具，平衡器力矩	OHT3H-003-1
支架，后	OHT3H-025-1
支架，前	OHT3H-026-1
右排气歧管	OHT6D-009-1
左排气歧管	OHT6D-010-1
飞轮，通用程序 IIIH/VID	OHT6D-020-X
适配器，飞轮	6D020-0X
E77 点火线束	6D020-05
连接头，ECT 传感器，程序ⅥD E77 线束部分	6D020-06
螺栓，飞轮	6D020-03
油底壳	OHT6D-001-1
挡板，适配器，机油滤清器	OHT6D-003-1
挡板，堵头，节温器	OHT6D-004-1
挡板，水泵	OHT6D-005-1
PCV 阀，模拟	OHT6D-013-1
线束，发动机，为 E77 控制器	OHT6D-011-2
E77 ECU，HFV6 PFI，LY7	OHT6D-012-4
油门控制，发动机测功机	OHT3H-011-2
空气质量流量计	OHT6D-040-1
燃油喷嘴	OHT6D-042-1
火花塞	OHT6D-043-1
曲轴位置传感器	OHT6D-044-1
凸轮轴位置传感器	OHT6D-045-1
爆震传感器	OHT6D-046-1
Pre-cat 氧传感器	OHT6D-047-1
冷却液温度传感器	OHT6D-048-1
双节气门体	OHT6D-050-1
2008 LY7 HFV6 发动机	OHT6D-099-1
2009 LY7 HFV6 发动机	OHT6D-099-2
LY7 HFV6 发动机试验活塞和活塞环组	OHT6D-099-3

附　录　H
（规范性附录）
燃油喷嘴检查

H.1　燃油喷嘴试验设备

适合的能对燃油喷嘴进行精确、重复测量的设备。燃油喷嘴应满足 H.2 的要求，实验室可自行设计燃油喷嘴的试验设备。试验设备使用溶剂油作为试验流体。

H.2　燃油喷嘴

H.2.1　在安装试验发动机之前，使用 H.1 中的设备检查所有燃油喷嘴的喷油雾化能力和燃油流量。使用过的燃油喷嘴清洗后达到使用要求依然可以继续使用。

H.2.2　目测检查所有的燃油喷嘴是否干净，是否被油污污染。

H.2.3　目测检查所有的燃油喷嘴的 O 型圈，是否有损坏，若出现损坏按要求更换。

H.2.4　进行试验前，冲洗燃油喷嘴 30 s，去除杂质。

H.2.5　将燃油喷嘴安装在试验设备上，开启设备，使供给喷嘴液态压力达到 290 kPa±3.4 kPa，并在整个试验中保持该压力，压力保持十分重要，因为微小的压力波动会对燃油流量和喷射状态产生巨大影响。压力稳定后，将体积测量装置清零。

H.2.6　每个喷嘴试验进行 60 s，喷嘴喷油时，观察喷油状态。

H.2.7　六个喷嘴间的液体流量差应在 5 mL 内，筛除不合格的喷嘴。

H.2.8　60 s 的测试结束后，关闭燃油喷嘴，保持压力至少 30 s，观察燃油喷嘴是否泄漏，筛除不合格的喷嘴。

附 录 I
（规范性附录）
非相控凸轮齿轮和位置执行器安装程序

I.1 确保全部四个凸轮轴平头平板面与摇臂罩盖密封表面平行而固定。确保凸轮突起部在基圆的一部分，并且发动机可以自由旋转，这样你就能在活塞不撞击气阀的情况下转动曲轴，见图 I.1。

I.2 安装全部四个凸轮轴链齿，例如进气内置凸轮轴和排气的外置凸轮轴，见图 I.2。

I.3 左侧齿轮安装后，用十六进制扳手夹住凸轮轴，四个齿轮的力矩大小为 58 N·m±7 N·m，见图 I.3。

I.4 使用左中间齿轮固定左链条组，在链条组上使用白色点做标记，同时在凸轮齿上做相同标记作为左侧和右侧凸轮齿校准的基准。左侧中间齿轮力矩 58 N·m±7 N·m，见图 I.4。

I.5 安装左侧链条挡板，左侧张紧器和垫圈。张紧器和链条挡板紧固件 23 N·m±3 N·m，见图 I.5。

I.6 安装右侧链条挡板 58 N·m±7 N·m，并检查左侧链条挡板固定在链条组恰当的位置，见图 I.6。

I.7 安装曲轴并校准左侧链条组，见图 I.7。

I.8 安装主链装配组，右中间齿和曲轴齿做白色识别标记，对三个齿轮进行找正，见图 I.8。

I.9 安装主链条挡板，主链条张紧器和垫片。张紧器和链条挡板紧固件力矩 23 N·m±3N·m。右侧中间齿轮力矩 58 N·m±7 N·m，见图 I.9。

I.10 从左侧中间齿轮旋转曲轴到右侧校准标记处，并拆除固定销，并使用正时链和机油泵座检查曲轴齿校准点，见图 I.8 和图 I.10。

I.11 通过记号笔和右对齐侧链在右边中间齿轮和孔的链接位置做标记，在“R”右排气和“R”右进气凸轮齿轮做白色标记，见图 I.11。

I.12 安装链条轨和张紧器。注意，在安装过程中右侧链是最难保持张紧状态的。力矩张紧器和链条轨安装力矩为 23 N·m±3 N·m，见图 I.12。

I.13 从右侧链张紧器拆除销子，见图 I.13。

I.14 检查 4 个凸轮齿轮，主链齿轮和曲轴齿轮的校准，见图 I.14 和图 I.15。

I.15 向后旋转曲轴，逆时针方向旋转刚刚超过左对齐位置，然后回到左边对齐位置，为了对齐需要检查白色标记。顺时针旋转曲轴至右侧对齐，并检查标记。确保链条组不跳上齿轮。

I.16 安装 8 mm 定位销至气缸座位置，见图 I.16。

I.17 检查前罩盖与缸体之间的垫片。安装原有垫片，如果原有垫片损坏或不能使用需更换新的垫片，见图 I.17。

I.18 在发动机前端罩盖涂抹编号为 GM P/N 12378521 的 RTV 密封剂，厚度为 3 mm，见图 I.18。

I.19 安装发动机前盖，将导销滑到相应安装位置进行固定，见图 I.19。

I.20 松开前盖螺栓并安装发动机前盖消音器，见图 I.20。

I.21 按照顺序拧紧发动机前盖螺栓，见图 I.21（1~22）。先以力矩大小为 20 N·m 拧紧螺栓，然后按顺序（1~22）将螺栓继续旋转 60°。

I.22 安装修改的凸轮轴位置执行器，见图 I.22。螺栓力矩为 10 N·m。

图 I.1 平头凸轮轴位置

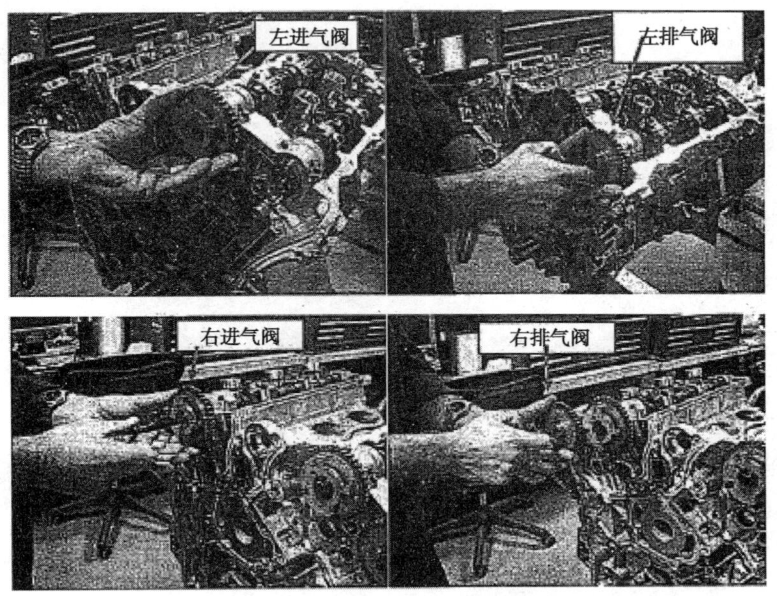

图 I.2 凸轮轴链齿轮安装

图 I.3　凸轮轴链齿轮安装力矩

图 I.4　左侧凸轮轴链齿轮正时校准

图 I.5　安装左侧链条板、张紧器和垫片

图 I.6　安装右侧中间齿轮

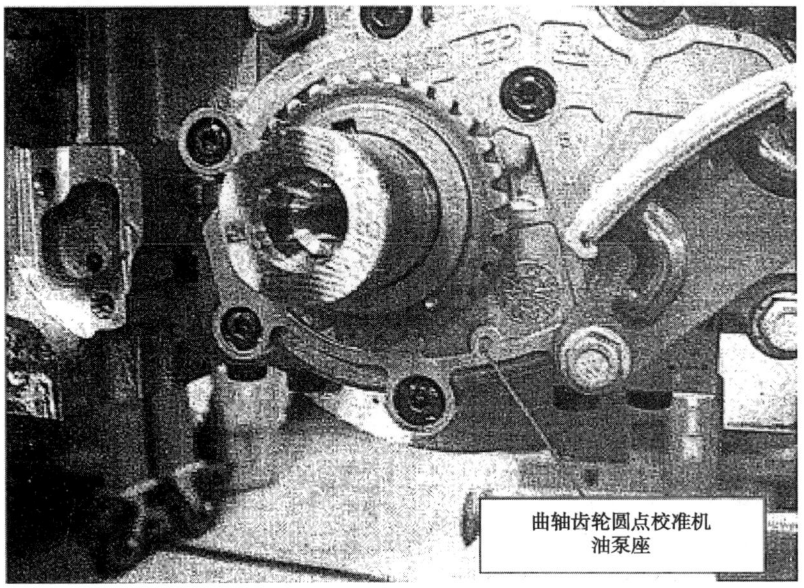

图 I.7　安装和校准标记图

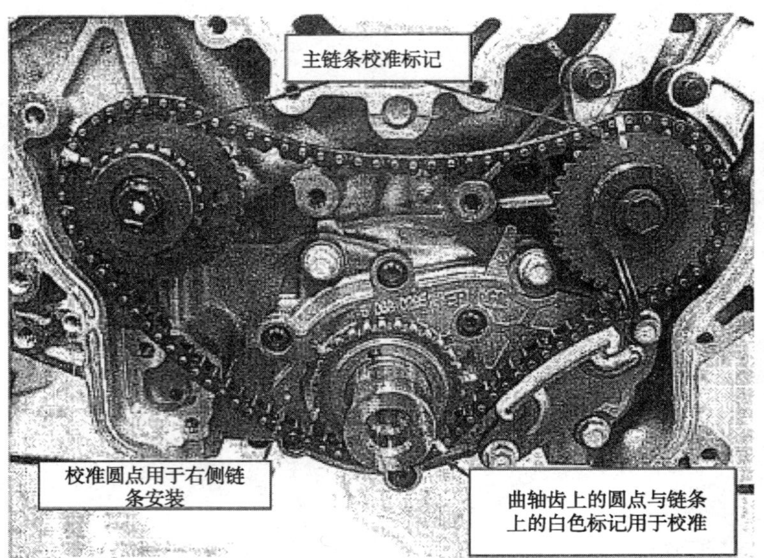

图 I.8　主链条校准标记

图 I.9　主链条张紧器和链条轨安装图

图 I.10　正确的正时校准图

图 I.11　右侧齿轮校准图

图 I. 12　链条轨和张紧器安装图

图 I. 13　右侧张紧器移除后的销子图

图 I.14　恰当的左侧和右侧链条校准图

图 I.15　右侧链条与中间齿轮校准标记

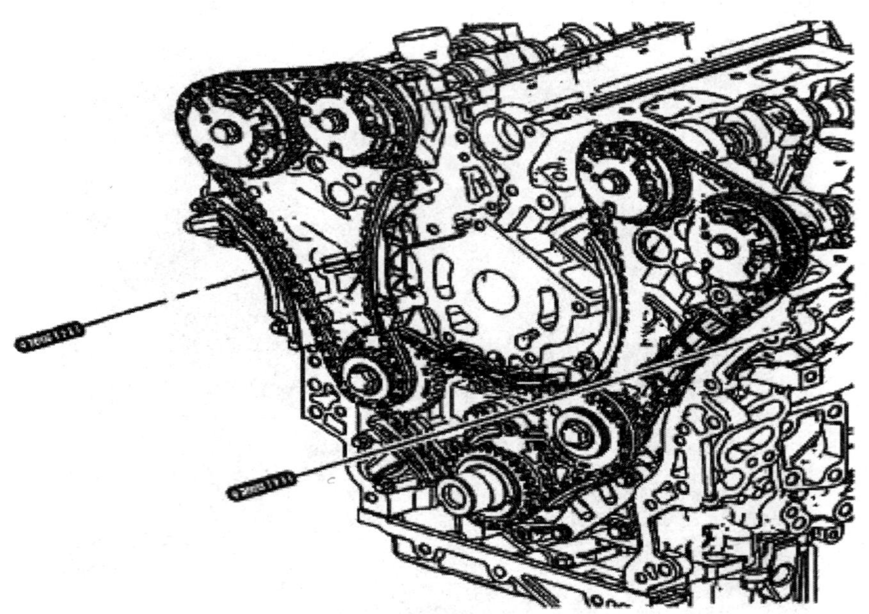

图 I.16　定位销的位置

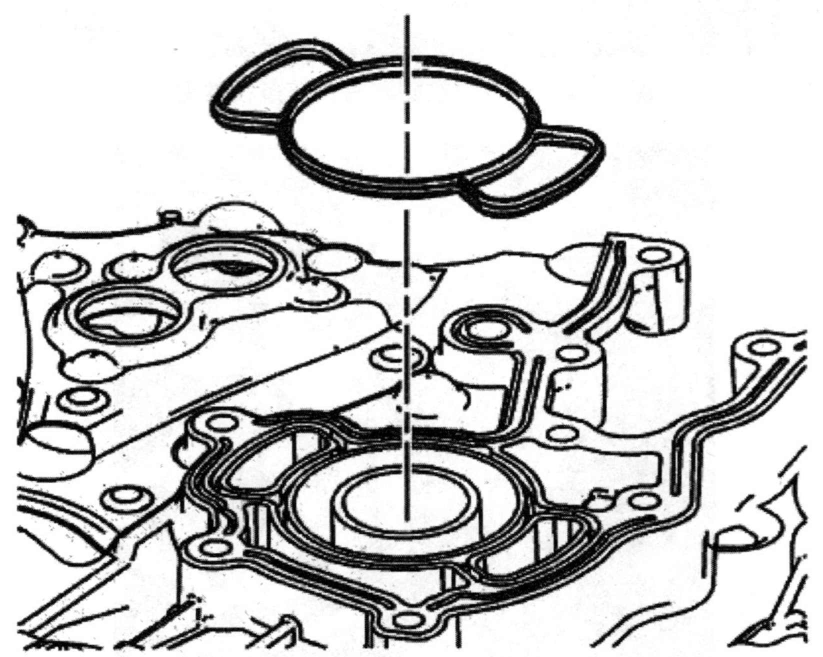

图 I.17　前罩盖垫片位置

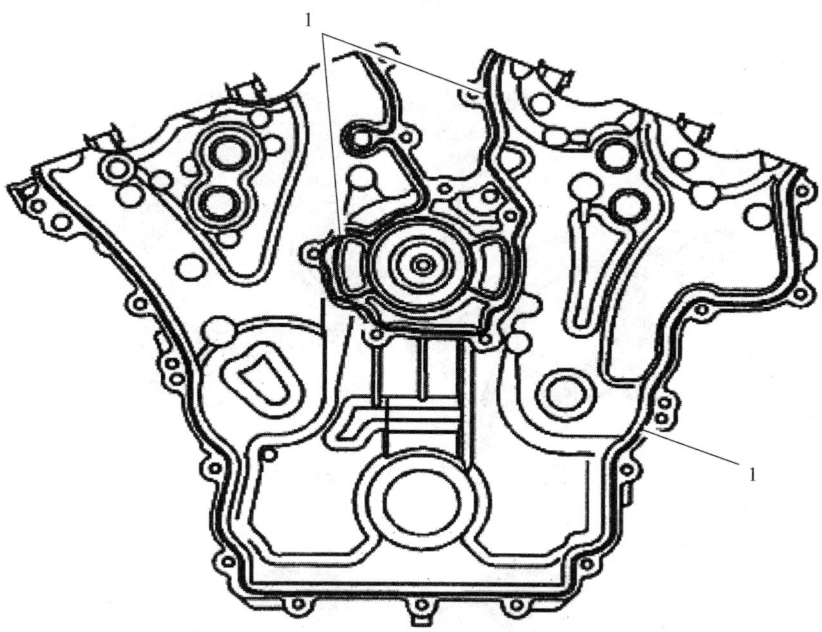

图 I.18　RTV 密封剂涂抹位置

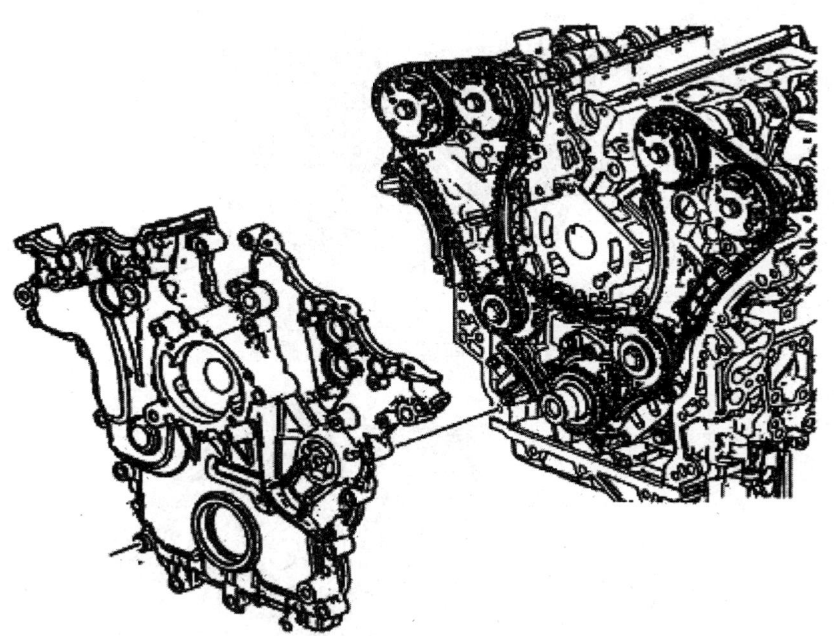

图 I.19　前盖安装

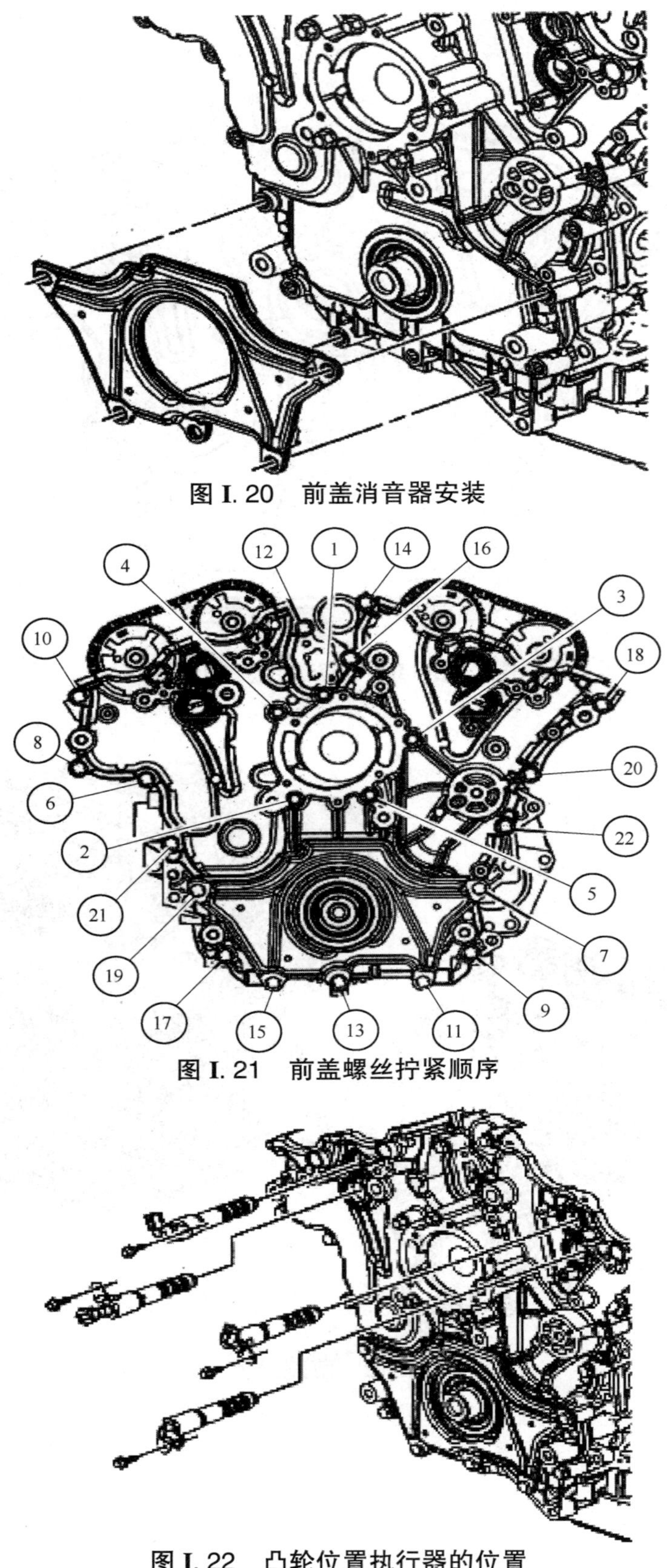

图 I.20 前盖消音器安装

图 I.21 前盖螺丝拧紧顺序

图 I.22 凸轮位置执行器的位置

附 录 J
(规范性附录)
非加权基准油变化的计算

J.1 在稳定的燃油比消耗(E)测量循环期间,用式(J.1)计算每5 min测量平均转速、扭矩和燃油流量,E的计算如下:

$$E = F \times 9549.3 / (V \times T) \quad \cdots\cdots (J.1)$$

式中:

E——燃油比消耗(BSFC),单位为千克每千瓦小时(kg/kW·h);

F——平均燃油流量,单位为千克每小时(kg/h);

V——平均转速,单位为转每分钟($r \cdot min^{-1}$);

T——平均扭矩,单位为牛顿米(N·m)。

J.1.1 平均转速保留小数点后一位。

J.1.2 平均扭矩保留小数点后两位。

J.1.3 平均燃油流量保留小数点后三位。

J.2 对于阶段1记录每5 min的测量数据,保留小数点后4位,取6个数据平均值。

J.3 6个阶段的平均BSFC保留小数点后五位。

J.4 用式(J.2)计算6个试验阶段下的"燃油耗(R)"单位为千克(kg),总燃油耗的计算结果如表J.1所示。

$$R = V \times P \times L \times W \quad \cdots\cdots (J.2)$$

式中:

R——燃油耗,单位为千克(kg);

V——平均转速,单位为转每分钟($r \cdot min^{-1}$);

P——功率,单位为千瓦(kW);

L——阶段时长,单位为小时(h);

W——权重。

表 J.1 总燃油耗计算

阶段	转速/($r \cdot min^{-1}$)	×	功率/kW	×	阶段时长/h	×	权重	=	燃油耗/kg
1	2000	×	21.99	×	0.5	×	0.300	=	
2	2000	×	21.99	×	0.5	×	0.032	=	
3	1500	×	16.49	×	0.5	×	0.310	=	
4	695	×	1.46	×	0.5	×	0.174	=	
5	695	×	1.46	×	0.5	×	0.011	=	
6	695	×	2.91	×	0.5	×	0.172	=	
6个阶段总的燃油耗								=	

J.5 按照步骤J.1~J.4各自的功率、阶段时间长度和权重因子进行计算。

J.6 计算六个阶段总的燃油耗质量。

J.7 按照上述公式计算出第一次基准油a、第二次基础准参比油b,最后再用试验油后基准油c作一遍试验的燃油耗。

J.8 计算基准参比油燃油耗结果差值,用式(J.2)计算a~b的变化,用式(J.3)计算b~c的变化。

$$\Delta_{a\sim b}\% = [(a-b)/a] \times 100 \quad \cdots\cdots (J.3)$$

$$\Delta_{b\sim c}\% = [(b-c)/b] \times 100 \quad \cdots\cdots (J.4)$$

式中：

a——BLB1 燃油耗，单位为千克（kg）；

b——BLB2 燃油耗，单位为千克（kg）；

c——BLA 燃油耗，单位为千克（kg）。

附　录　K
（规范性附录）
试验结果计算

K.1　在稳定的 E 测量循环期间，根据 11.6.5 用式（K.1）计算每 5 min 测量平均转速、扭矩和燃油流量，E 计算如下：

$$E = F \times 9549.3 / (V \times T) \quad \cdots\cdots \text{(K.1)}$$

式中：

E——燃油比消耗（BSFC），单位为千克每千瓦小时（kg/kW·h）；

F——平均燃油流量，单位为千克每小时（kg/h）；

V——平均转速，单位为转每分钟（$r \cdot min^{-1}$）；

T——平均扭矩，单位为牛顿米（N·m）。

K.1.1　平均扭矩保留小数点后两位。

K.1.2　平均燃油流量保留小数点后三位。

K.2　对于阶段 1 记录每 5 min 的测量数据，保留小数点后 4 位，取 6 个数据平均值。

K.3　6 个阶段的平均 BSFC 保留小数点后 5 位。

K.4　用 6 个试验阶段下的燃油耗计算出总燃油耗，见公式（J.2），计算结果如表 K.1 所示。

表 K.1　总燃油耗计算

阶段	转速/（$r \cdot min^{-1}$）	×	功率/kW	×	阶段时长/h	×	权重	=	燃油耗/kg
1	2000	×	21.99	×	0.5	×	0.300	=	
2	2000	×	21.99	×	0.5	×	0.032	=	
3	1500	×	16.49	×	0.5	×	0.310	=	
4	695	×	1.46	×	0.5	×	0.174	=	
5	695	×	1.46	×	0.5	×	0.011	=	
6	695	×	2.91	×	0.5	×	0.172	=	
6 个阶段总的燃油耗								=	

K.5　按照步骤 K.1～K.4 各自的功率、阶段时间长度和权重因子进行计算。

K.6　6 个阶段总的燃油耗质量。

K.7　按照上述公式计算出第一次基准参比油 a 和第二次基础准参比油 b 的燃油耗，试验油在老化阶段 1 之后的燃油耗，试验油在老化阶段 2 之后的燃油耗，最后再用试验油后基准油 c 作一遍试验的燃油耗。

K.8　试验结果用燃油经济性改进百分率 *FEI* 表示。计算公式见式（K.2）和式（K.3）：

$$FEI_1 = \{[(b \times 80\%) + (c \times 20\%) - d] \div [(b \times 80\%) + (c \times 20\%)]\} \times 100 \quad \cdots\cdots \text{(K.2)}$$

$$FEI_2 = \{[(b \times 10\%) + (c \times 90\%) - e] \div [(b \times 10\%) + (c \times 90\%)]\} \times 100 \quad \cdots\cdots \text{(K.3)}$$

根据发动机运行时间对 FEI 结果进行调整，见式（K.4）和式（K.5）：

$$FEI_{1_{SA}} = FEI_1 + 0.28897 \times \ln(f) - 7.377 \quad \cdots\cdots \text{(K.4)}$$

$$FEI_{2_{SA}} = FEI_2 + 0.27207 \times \ln(f) - 7.377 \quad \cdots\cdots \text{(K.5)}$$

式中：

$FEI_{1_{SA}}$——根据发动机运行时间调整后的试验油老化阶段 1 后燃油经济性改进百分率；

$FEI_{2_{SA}}$——根据发动机运行时间调整后的试验油老化阶段 2 后燃油经济性改进百分率；
FEI_1——试验油老化阶段 1 后燃油经济性改进百分率；
FEI_2——试验油老化阶段 2 后燃油经济性改进百分率；
a——BLB1 燃油耗，单位为千克（kg）；
b——BLB2 燃油耗，单位为千克（kg）；
c——BLA 燃油耗，单位为千克（kg）；
d——试验油阶段 1 燃油耗，单位为千克（kg）；
e——试验油阶段 2 燃油耗，单位为千克（kg）；
f——发动机运行时间，单位为小时（h）。

附 录 L
(资料性附录)
试验报告

内燃机油节能性能的评定
程序ⅥD 台架
试验报告

送样单位：______________________

油样名称：______________________

试验编号：______________________

试验日期：______________________

试验方法：______________________

试验时间：______________________

燃 料 油：______________________

试验单位：______________________

单位：××××

L.1 试验方法简介

程序ⅧD 试验用于评定润滑油的燃油经济性，通过 6 个不同阶段的运行，对试验油和 BL 油进行 BSFC 测量，比较试验油相对 BL 油的节能性能。

试验发动机为 GM（HF）3.6 L、V6 四冲程发动机，顶置凸轮轴，每缸 4 气门，电控燃油喷射。

程序ⅧD 试验包括冲洗阶段和试验阶段。试验阶段至少包括 3 次 BL 油试验和 2 次试验油试验（在 2 次基准参比油试验之间进行）。试验油先在发动机转速为 2250 r/min 和机油温度为 120℃ 的条件下老化 16 h，然后进行 6 个试验阶段的 BSFC 测量。之后试验油在发动机转速为 2250 r/min 和机油温度为 120℃ 的条件下老化 84 h，再进行 6 个试验阶段的燃油经济测量。试验结果用试验油相对 BL 油的 FEI（节能率）表示。测量阶段与老化阶段试验条件见下表：

测量阶段	转速/(r/min)	扭矩/(N·m)	机油温度/℃	冷却液温度/℃
1	2000	105	115	109
2	2000	105	65	65
3	1500	105	115	109
4	695	20	115	109
5	695	20	35	35
6	695	40	115	109

老化阶段	转速/(r/min)	扭矩/(N·m)	机油温度/℃	冷却液温度/℃
1	2250	110	120	110
2	2250	110	120	110

L.2 试验结果总结

	BL 油				试验油	
	第 1 次	第 2 次	第 3 次	试验油测量后	16h 老化后	84 h 老化后
燃油消耗（未加权）/ kg						
燃油消耗（加权）/ kg						
变化率[a]/%						
FEI（节能率）/%						
FEI 发动机运行时间调整/ %						
FEI 最终结果/ %						
FEI 总和，FEI_1 和 FEI_2 最终结果相加						
总机油消耗/ mL						
[a]计算 BL 变化使用未加权的数值，计算第 3 次的使用第 2 次和第 3 次的结果。						

日　　期：________

试验工程师：________

试验负责人：________

室　主　任：________

L.3 试验数据汇总

L.3.1 BLB1 的 BSFC 数据分析

计算平均值							
机油	测量阶段	BSFC/(kg/(kW·h))	BSFC 变异系数/%	阶段时间/h	额定功率/kW	加权系数	加权后的燃油耗量/kg
BLB1	1			0.5	21.99	0.300	
	2			0.5	21.99	0.032	
	3			0.5	16.49	0.310	
	4			0.5	1.46	0.174	
	5			0.5	1.46	0.011	
	6			0.5	2.91	0.172	
燃油总消耗量:							

L.3.2 BLB2 的 BSFC 数据分析

计算平均值							
机油	测量阶段	BSFC/(kg/(kW·h))	BSFC 变异系数/%	阶段时间/h	额定功率/kW	加权系数	加权后的燃油耗量/kg
BLB2	1			0.5	21.99	0.300	
	2			0.5	21.99	0.032	
	3			0.5	16.49	0.310	
	4			0.5	1.46	0.174	
	5			0.5	1.46	0.011	
	6			0.5	2.91	0.172	
燃油总消耗量:							

L.3.3 BLB3 的 BSFC 数据分析

计算平均值							
机油	测量阶段	BSFC/(kg/(kW·h))	BSFC 变异系数/%	阶段时间/h	额定功率/kW	加权系数	加权后的燃油耗量/kg
BLB3	1			0.5	21.99	0.300	
	2			0.5	21.99	0.032	
	3			0.5	16.49	0.310	
	4			0.5	1.46	0.174	
	5			0.5	1.46	0.011	
	6			0.5	2.91	0.172	
燃油总消耗量:							

L. 3. 4 试验油（16h 老化后）BSFC 数据分析

计算平均值							
机油	测量阶段	BSFC/(kg/(kW·h))	BSFC 变异系数/%	阶段时间 /h	额定功率 /kW	加权系数	加权后的燃油耗量/kg
试验油（16h 老化后）	1			0. 5	21. 99	0. 300	
	2			0. 5	21. 99	0. 032	
	3			0. 5	16. 49	0. 310	
	4			0. 5	1. 46	0. 174	
	5			0. 5	1. 46	0. 011	
	6			0. 5	2. 91	0. 172	
燃油总消耗量：							

L. 3. 5 试验油（84 h 老化后）BSFC 数据分析

计算平均值							
机油	测量阶段	BSFC/(kg/(kW·h))	BSFC 变异系数/%	阶段时间 /h	额定功率 /kW	加权系数	加权后的燃油耗量/kg
试验油（84 h 老化后）	1			0. 5	21. 99	0. 300	
	2			0. 5	21. 99	0. 032	
	3			0. 5	16. 49	0. 310	
	4			0. 5	1. 46	0. 174	
	5			0. 5	1. 46	0. 011	
	6			0. 5	2. 91	0. 172	
燃油总消耗量：							

L. 3. 6 BL 油（试验油测量后）BSFC 数据分析

计算平均值							
机油	测量阶段	BSFC/(kg/(kW·h))	BSFC 变异系数/%	阶段时间 /h	额定功率 /kW	加权系数	加权后的燃油耗量/kg
BL 油（试验油测量后）	1			0. 5	21. 99	0. 300	
	2			0. 5	21. 99	0. 032	
	3			0. 5	16. 49	0. 310	
	4			0. 5	1. 46	0. 174	
	5			0. 5	1. 46	0. 011	
	6			0. 5	2. 91	0. 172	
燃油总消耗量：							

L.4 试验操作条件汇总

L.4.1 16 h老化普通参数列表

	范围	平均值[a]	最大[a]	最小[a]
发动机转速/(r·min^{-1})	2250±5			
发动机扭矩/（N·m)	110.00±0.10			
主油道机油温度/℃	120±2			
冷却液进口温度/℃	110±2			
机油循环温度/℃	记录			
冷却液出口温度/℃	记录			
进气温度/℃	29±2			
燃油流量计处燃油温度/℃	20~32			
油轨燃油温度/℃	22±2			
负载池温度/℃	记录			
机油加热器温度/℃	205（最高）			
进气压力/kPa	0.05±0.02			
燃油流量计处燃油压力/kPa	110±10			
油轨燃油压力/kPa	405±10			
进气歧管压力（绝对压力）/kPa	记录			
排气背压/kPa	4±0.20			
发动机机油压力/kPa	记录			
冷却液流量/(L·min^{-1})	80±4			
燃油流量/(kg·h^{-1})	记录			
进气湿度/(g·kg^{-1})	11.4±0.8			
空燃比	记录			
曲轴箱压力/kPa	0.00±0.25			
[a]基于最少每小时确定一次。				

L.4.2 84 h老化普通参数列表

	范围	平均值[a]	最大[a]	最小[a]
发动机转速/（r·min^{-1})	2250±5			
发动机扭矩/（N·m)	110.00±0.10			
主油道机油温度/℃	120±2			
冷却液进口温度/℃	110±2			
机油循环温度/℃	记录			
冷却液出口温度/℃	记录			
进气温度/℃	29±2			

表（续）

	范围	平均值[a]	最大[a]	最小[a]
燃油流量计处燃油温度/℃	20～32			
油轨燃油温度/℃	22±2			
负载池温度/℃	记录			
机油加热器温度/℃	205（最高）			
进气压力/kPa	0.05±0.02			
燃油流量计处燃油压力/kPa	110±10			
油轨燃油压力/kPa	405±10			
进气歧管压力（绝对压力）/kPa	记录			
排气背压/kPa	4±0.20			
发动机机油压力/kPa	记录			
冷却液流量/(L·min^{-1})	80±4			
燃油流量/(kg·h^{-1})	记录			
进气湿度/(g·kg^{-1})	11.4±0.8			
空燃比	记录			
曲轴箱压力/kPa	0.00±0.25			
[a]基于最少每小时确定一次。				

L.4.3 BLB1 普通参数列表

		阶段平均值					
	范围	1	2	3	4	5	6
机油循环温度/℃	记录						
冷却液出口温度/℃	记录						
燃油流量计处燃油温度/℃	20～32						
燃油流量计处燃油温差[a]/℃	≤4						
实验室温度/℃	记录						
负载池温度/℃	记录						
负载池温差[a]/℃	≤12						
机油加热器温度/℃	205（最高）						
进气压力/kPa	0.05±0.02						
燃油流量计处燃油压力/kPa	110±10						
油轨燃油压力/kPa	405±10						
进气歧管压力（绝对压力）/kPa	记录						
发动机机油压力/kPa	记录						
冷却液流量/(L·min^{-1})	80±4						
进气湿度/(g·kg^{-1})	11.4±0.8						
曲轴箱压力/kPa	0.00±0.25						
窜气量/(L·min^{-1})	记录						
[a]整个试验最大的试验阶段平均值与各个试验阶段平均值的差值。							

L. 4. 4 BLB2 普通参数列表

		阶段平均值					
	范围	1	2	3	4	5	6
机油循环温度/℃	记录						
冷却液出口温度/℃	记录						
燃油流量计处燃油温度/℃	20~32						
燃油流量计处燃油温差[a]/℃	≤4						
实验室温度/℃	记录						
负载池温度/℃	记录						
负载池温差[a]/℃	≤12						
机油加热器温度/℃	205（最高）						
进气压力/kPa	0. 05±0. 02						
燃油流量计处燃油压力/kPa	110±10						
轨燃油压力/kPa	405±10						
进气歧管压力（绝对压力）/kPa	记录						
发动机机油压力/kPa	记录						
冷却液流量/(L · min^{-1})	80±4						
进气湿度/(g · kg^{-1})	11. 4±0. 8						
曲轴箱压力/kPa	0. 00±0. 25						
窜气量/(L · min^{-1})	记录						
[a]整个试验最大的试验阶段平均值与各个试验阶段平均值的差值。							

L. 4. 5 BLB3 普通参数列表

		阶段平均值					
	范围	1	2	3	4	5	6
机油循环温度/℃	记录						
冷却液出口温度/℃	记录						
燃油流量计处燃油温度/℃	20~32						
燃油流量计处燃油温差[a]/℃	≤4						
实验室温度/℃	记录						
负载池温度/℃	记录						
负载池温差[a]/℃	≤12						
机油加热器温度/℃	205（最高）						

表（续）

		阶段平均值					
	范围	1	2	3	4	5	6
进气压力/kPa	0.05±0.02						
燃油流量计处燃油压力/kPa	110±10						
油轨燃油压力/kPa	405±10						
进气歧管压力（绝对压力）/kPa	记录						
发动机机油压力/kPa	记录						
冷却液流量/(L·min^{-1})	80±4						
进气湿度/(g·kg^{-1})	11.4±0.8						
曲轴箱压力/kPa	0.00±0.25						
窜气量/(L·min^{-1})	记录						
[a]整个试验最大的试验阶段平均值与各个试验阶段平均值的差值。							

L.4.6 试验油（16h 老化后）普通参数列表

		阶段平均值					
	范围	1	2	3	4	5	6
机油循环温度/℃	记录						
冷却液出口温度/℃	记录						
燃油流量计处燃油温度/℃	20~32						
燃油流量计处燃油温差[a]/℃	≤4						
实验室温度/℃	记录						
负载池温度/℃	记录						
负载池温差[a]/℃	≤12						
机油加热器温度/℃	205（最高）						
进气压力/kPa	0.05±0.02						
燃油流量计处燃油压力/kPa	110±10						
油轨燃油压力/kPa	405±10						
进气歧管压力（绝对压力）/kPa	记录						
发动机机油压力/kPa	记录						
冷却液流量/(L·min^{-1})	80±4						
进气湿度/(g·kg^{-1})	11.4±0.8						
曲轴箱压力/kPa	0.00±0.25						
窜气量/(L·min^{-1})	记录						
[a]整个试验最大的试验阶段平均值与各个试验阶段平均值的差值。							

L. 4. 7　试验油（84 h 老化后）普通参数列表

		阶段平均值					
	范围	1	2	3	4	5	6
机油循环温度/℃	记录						
冷却液出口温度/℃	记录						
燃油流量计处燃油温度/℃	20～32						
燃油流量计处燃油温差[a]/℃	≤4						
实验室温度/℃	记录						
负载池温度/℃	记录						
负载池温差[a]/℃	≤12						
机油加热器温度/℃	205（最高）						
进气压力/kPa	0. 05±0. 02						
燃油流量计处燃油压力/kPa	110±10						
油轨燃油压力/kPa	405±10						
进气歧管压力（绝对压力）/kPa	记录						
发动机机油压力/kPa	记录						
冷却液流量/$(L \cdot min^{-1})$	80±4						
进气湿度/$(g \cdot kg^{-1})$	11. 4±0. 8						
曲轴箱压力/kPa	0. 00±0. 25						
窜气量/$(L \cdot min^{-1})$	记录						

[a]整个试验最大的试验阶段平均值与各个试验阶段平均值的差值。

L. 4. 8　BL 油（试验油测量后）普通参数列表

		阶段平均值					
	范围	1	2	3	4	5	6
机油循环温度/℃	记录						
冷却液出口温度/℃	记录						
燃油流量计处燃油温度/℃	20～32						
燃油流量计处燃油温差[a]/℃	≤4						
实验室温度/℃	记录						
负载池温度/℃	记录						

表（续）

		阶段平均值					
	范围	1	2	3	4	5	6
负载池温差[a]/℃	≤12						
机油加热器温度/℃	205（最高）						
进气压力/kPa	0.05±0.02						
燃油流量计处燃油压力/kPa	110±10						
油轨燃油压力/kPa	405±10						
进气歧管压力（绝对压力）/kPa	记录						
发动机机油压力/kPa	记录						
冷却液流量/(L·min^{-1})	80±4						
进气湿度/(g·kg^{-1})	11.4±0.8						
曲轴箱压力/kPa	0.00±0.25						
窜气量/(L·min^{-1})	记录						
[a]整个试验最大的试验阶段平均值与各个试验阶段平均值的差值。							

L.5 试验关键汇总

L.5.1 阶段1平均值

	范围	BLB1	BLB2	BLB3	试验油（16h 老化后）	试验油（84 h 老化后）	BL 油（试验油测量后）
发动机转速/(r·min^{-1})	2000±5						
发动机扭矩/(N·m)	105.00±0.10						
主油道机油温度/℃	115±2						
冷却液进口温度/℃	109±2						
进气温度/℃	29±2						
油轨燃油温度/℃	22±2						
排气背压/kPa	4±0.17						
燃油流量/(kg/h)	记录						
空燃比	14.00~15.00						
空燃比差值[a]	≤0.50						
BSFC/(kg/(kW·h))	记录						
BSFC 标准偏差	记录						
BSFC 变异系数/%	记录						
[a]整个试验最大的试验阶段平均值与各个试验阶段平均值的差值。							

L.5.2 阶段2平均值

	范围	BLB1	BLB2	BLB3	试验油（16h 老化后）	试验油（84 h 老化后）	BL 油（试验油测量后）
发动机转速/(r·min^{-1})	2000±5						
发动机扭矩/(N·m)	105.00±0.10						
主油道机油温度/℃	65±2						
冷却液进口温度/℃	65±2						
进气温度/℃	29±2						
油轨燃油温度/℃	22±2						
排气背压/kPa	4±0.17						
燃油流量/(kg/h)	记录						
空燃比	14.00~15.00						
空燃比差值[a]	≤ 0.50						
BSFC/(kg/(kW·h))	记录						
BSFC 标准偏差	记录						
BSFC 变异系数/%	记录						
[a]整个试验最大的试验阶段平均值与各个试验阶段平均值的差值。							

L.5.3 阶段3平均值

	范围	BLB1	BLB2	BLB3	试验油（16h 老化后）	试验油（84 h 老化后）	BL 油（试验油测量后）
发动机转速/(r·min^{-1})	1500±5						
发动机扭矩/(N·m)	105.00±0.10						
主油道机油温度/℃	115±2						
冷却液进口温度/℃	109±2						
进气温度/℃	29±2						
油轨燃油温度/℃	22±2						
排气背压/kPa	4±0.17						
燃油流量/(kg/h)	记录						
空燃比	14.00~15.00						
空燃比差值[a]	≤0.50						
BSFC/(kg/(kW·h))	记录						
BSFC 标准偏差	记录						
BSFC 变异系数/%	记录						
[a]整个试验最大的试验阶段平均值与各个试验阶段平均值的差值。							

L.5.4 阶段4平均值

	范围	BLB1	BLB2	BLB3	试验油 (16h 老化后)	试验油 (84 h 老化后)	BL 油 (试验油测量后)
发动机转速/(r·min^{-1})	695±5						
发动机扭矩/(N·m)	20.00±0.10						
主油道机油温度/℃	115±2						
冷却液进口温度/℃	109±2						
进气温度/℃	29±2						
油轨燃油温度/℃	22±2						
排气背压/kPa	3±0.17						
燃油流量/(kg/h)	记录						
空燃比	14.00~15.00						
空燃比差值[a]	≤ 0.50						
BSFC/(kg/(kW·h))	记录						
BSFC 标准偏差	记录						
BSFC 变异系数/%	记录						
[a]整个试验最大的试验阶段平均值与各个试验阶段平均值的差值。							

L.5.5 阶段5平均值

	范围	BLB1	BLB2	BLB3	试验油 (16h 老化后)	试验油 (84 h 老化后)	BL 油 (试验油测量后)
发动机转速/(r·min^{-1})	695±5						
发动机扭矩/(N·m)	20.00±0.10						
主油道机油温度/℃	35±2						
冷却液进口温度/℃	35±2						
进气温度/℃	29±2						
油轨燃油温度/℃	22±2						
排气背压/kPa	3±0.17						
燃油流量/(kg/h)	记录						
空燃比	14.00~15.00						
空燃比差值[a]	≤ 0.50						
BSFC/(kg/(kW·h))	记录						
BSFC 标准偏差	记录						
BSFC 变异系数/%	记录						
[a]整个试验最大的试验阶段平均值与各个试验阶段平均值的差值。							

L.5.6 阶段6平均值

	范围	BLB1	BLB2	BLB3	试验油（16h 老化后）	试验油（84 h 老化后）	BL 油（试验油测量后）
发动机转速/($r\cdot min^{-1}$)	695±5						
发动机扭矩/(N·m)	40.00±0.10						
主油道机油温度/℃	115±2						
冷却液进口温度/℃	109±2						
进气温度/℃	29±2						
油轨燃油温度/℃	22±2						
排气背压/kPa	3±0.17						
燃油流量/(kg/h)	记录						
空燃比	14.00~15.00						
空燃比差值[a]	≤ 0.50						
BSFC/(kg/(kW·h))	记录						
BSFC 标准偏差	记录						
BSFC 变异系数/%	记录						
[a]整个试验最大的试验阶段平均值与各个试验阶段平均值的差值。							

L.6 故障停机和维修记录

停机次数				
试验时间	日期	停机时间	停机原因	
停机总时间				

备注		
备注项行数		

编者注：本标准中引用标准的标准号和标准名称变动如下。

原标准号	现标准号	现 标 准 名 称
SH/T 0656	NB/SH/T 0656	石油产品及润滑剂中碳、氢、氮的测定　元素分析仪法

ICS 75.140
E 43

SH

中华人民共和国石油化工行业标准

NB/SH/T 0928—2016

乳化沥青残留物黏度测定法 真空毛细管法

Standard test method for apparent viscosity of asphalt emulsion residues by vacuum capillary viscometer

2016-12-05 发布　　2017-05-01 实施

国家能源局　发布

前　言

本标准按照 GB/T 1.1—2009 给出的规则起草。

本标准使用重新起草法修改采用美国材料与试验协会标准 ASTM D4957-08《用真空毛细管测定乳化沥青残留物和非牛顿沥青表观黏度试验法》（英文版）。

本标准与 ASTM D4957-08 的主要差异如下：

——本标准按照我国标准的表述形式进行表述；

——本标准中涉及的标准均采用我国的相应标准，删除 ASTM D2171 对应的我国的标准号；

——本标准的规范性引用文件中增加 SH/T 0099.4、SH/T 0099.16、NB/SH/T 0890；

——本标准将 1.3 中的“本标准采用直型开口端试管型黏度计进行试验”修改为“本标准采用直型开口端试管型黏度计和 U 型管型黏度计进行试验”；

——本标准 6 试验设备中的 6.1.1 中增加“推荐等同使用的一种黏度计，详见附录 B”的内容；

——本标准 6.4 真空系统中真空度的显示增加“控制精度为 0.5mmHg 的真空压力表”内容。

——本标准增加 7 试剂和材料一章；

——本标准 8.1 中增加 SH/T 0099.4、NB/SH/T 0890 得到的残留物制备样品的相关说明；

——在试验步骤中增加 U 型管型黏度计相关的试验步骤；

——本标准增加 SH/T 0099.4、SH/T 0099.16、NB/SH/T 0890 得到的牛顿流体残留物的重复性精密度的要求，暂不规定非牛顿流体残留物重复性和再现性精密度的要求；

本标准由中国石油化工集团公司提出。

本标准由全国石油产品和润滑剂标准化技术委员会石油沥青分技术委员会技术归口。

本标准负责起草单位：中国石油大学（华东）重质油国家重点实验室。

参加起草单位：中海油（青岛）重质油加工工程技术研究中心有限公司、中华人民共和国泰州出入境检验检疫局、中国石油化工股份有限公司石油化工科学研究院、中国石油克拉玛依石化公司、中国石油化工股份有限公司齐鲁分公司胜利炼油厂、山东省交通科学研究院

本标准主要起草人：张小英、李福起、才洪美。

标准参加起草人：王翠红、王金勤、陈鹤龄、樊亮、车金良。

本标准为首次发布。

乳化沥青残留物黏度测定法　真空毛细管法

警告：本标准的应用可能涉及某些有危害性的材料、操作和设备，但未对与此有关的所有安全问题都提出建议。用户在使用本标准前有责任制定相应的安全和保护措施，并确定相关规章限制的适用性。

1　范围

1.1　本标准规定了用真空毛细管测定乳化沥青残留物黏度的方法。

1.2　在试验设备允许的能力范围内，本标准也可用于测定非牛顿流体的黏度。

1.3　本标准可用于表征试验条件下作为剪切速率函数的非牛顿流体的流变性质。本标准采用直型开口端试管型黏度计和U型管型黏度计进行试验。本标准未经特殊说明，通常试验条件为温度为60℃，真空度为300 mmHg±0.5 mmHg。本标准黏度的测量范围为5 Pa·s~50000 Pa·s。

注：本标准也适用于在其他温度和真空度下使用，但本标准的精确度是以60℃的黏度数据为依据得到的。

2　规范性引用文件

下列文件对于本文件的应用是必不可少的。凡是注日期的引用文件，仅注日期的版本适用于本文件。凡是不注日期的引用文件，其最新版本（包括所有的修改单）适用于本文件。

GB/T 514　石油产品试验用玻璃液体温度计技术条件

SH/T 0099.4　乳化沥青蒸发残留物含量测定法

SH/T 0099.16　乳化沥青残留物含量测定法（低温减压蒸馏法）

SH/T 0099.17　乳化沥青残留物与馏出油含量蒸馏测定法

NB/SH/T 0890　低温蒸发回收乳化沥青残留物试验法

3　术语和定义

下列术语和定义适用于本文件。

3.1

牛顿流体　Newtonian fluid

黏度与剪切速率无关的流体即为牛顿流体。对于牛顿流体剪切应力与剪切速率的比值为常数，这个常数就是牛顿流体的黏度。

3.2

非牛顿流体　non-Newtonian fluid

剪切应力与剪切速率的比值不是常数的流体。

3.3

表观黏度　apparent viscosity

非牛顿流体内部的变形阻力和内摩擦力的量度。表观黏度为剪切应力和剪切速率的比值。

4 方法概要

在设定的真空度和温度下，测定一定体积的液体流过一端开口的直型毛细管或 U 型管型黏度计所需的时间。表观黏度是流动时间的秒数与黏度计校正系数的乘积。

5 意义和用途

本试验用来表征乳化液残留物的流动行为。因为非牛顿流体的黏度值取决于剪切应力水平，剪切过程和剪切历程，不是材料独有的性质。在测量过程的试验条件下，非牛顿流体的黏度是一个具有流体-黏度计系统的特性参数，因此，对比非牛顿流体的材料的行为应该只在剪切应力和剪切历程相似的条件下，在相似的黏度计中测定表观黏度才能进行对比。样品制备过程对于试验结果的重复性和再现性非常重要。

6 仪器设备

6.1 黏度计：毛细管型，由硼硅酸盐玻璃淬火制成，符合下列条件的适合本试验。

6.1.1 MK 型真空黏度计，如附录中 A 中描述。可以从供应商购买校正好的黏度计。推荐等同使用的一种黏度计，称为 U 型管型黏度计，详见附录 B。关于黏度计的校正见附录 C。

6.2 温度计：校正好的玻璃液态温度计，符合 GB/T 514 中的 GB-20 沥青黏度 1 号玻璃液态温度计的要求。或具有相同精度的其他测温设备均可用。本标准中使用的温度计设备最少每 6 个月校准一次。

注：专用的温度计为标准全浸式温度计，这就意味着水银柱的顶端浸入，温度计杆的剩余部分和膨胀室暴露在空气中。不推荐将温度计完全浸入。当温度计采用完全浸入时，每个温度计都必须在完全浸入的条件下进行校正。如果温度计完全浸入到水浴中，膨胀室中气体的压力就会高于或低于标定过程中的压力，这就会引起温度计读数偏高或偏低。

6.3 水浴：水浴应适合于浸没黏度计，使黏度计最上面的计时标志刻度浸没水浴液面以下至少 20 mm，且便于观察黏度计和温度计。黏度计应有牢固的支撑。水浴应充分搅拌，以保证热量输入与热量损失之间的平衡，保证在整个黏度计高度范围内或不同位置的黏度计之间水浴介质温度波动不大于 0.03℃。

6.4 真空系统：真空系统应能使真空度保持在 39996 Pa±67 Pa（300 mmHg±0.5 mmHg）范围内。系统的基本组成部分如图 1 所示。真空系统的线路应采用内径 6.35 mm 的管，所有的接头应密封不漏。当系统密闭时，开口式水银压差计（刻度 1 mm）或控制精度为 0.5 mmHg 的真空压力表指示的真空度不应降低。真空源可以采用合适的真空泵或吸气泵。真空测量系统至少每 6 个月校准一次。

6.5 计时器：采用刻度为 0.1 s（或更小），误差在 0.05%以内，整个计时范围不少于 15 min 的秒表或其他计时装置均可，也可以使用电子线圈的频率控制在精确度为 0.05%的范围内或精度更高的电子计时设备。用于本方法的计时设备至少每 6 个月校准一次。

注：交流电的频率是间歇的，没有被连续控制。将公共电力系统提供的交流电用于精密的电子计时设备时，尤其是用于短时间的测量时，可能会引起很大的误差。

6.6 制备样品的烘箱：采用一个可以将温度控制在 202℃±2℃ 范围内半连续操作的烘箱。烘箱应具有较快的加热速率，目的是需要短时间对样品进行观测时不拖延试验时间。

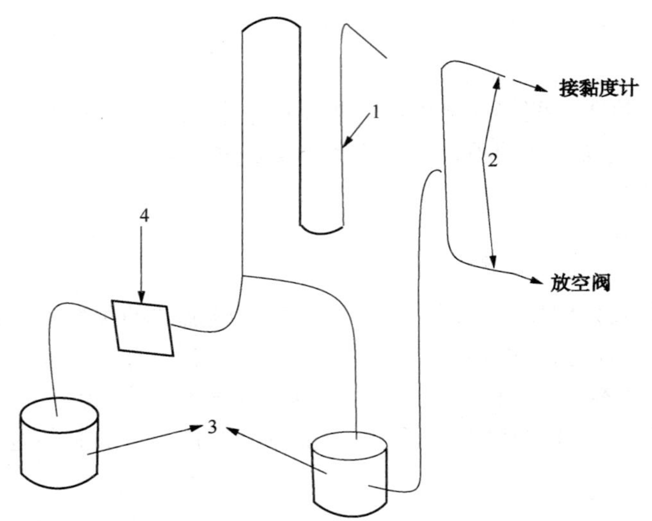

1—开口式水银压差计或真空压力表；2—调节阀或旋塞阀；3—1 升缓冲罐；4—压力稳定器

图 1　真空系统基本组成部分

7　试剂与材料

7.1　试剂

7.1.1　石油醚：60℃～90℃，化学纯。

7.1.2　甲苯或与甲苯具有相似功能的其他洗液：甲苯为化学纯。与甲苯具有相似功能的其他洗液宜为无毒且能溶解乳化沥青残留物的其他石油产品或洗液。

7.1.3　蒸馏水或去离子水。

7.1.4　铬酸洗液或符合要求的溶液：见 9.9 中的注。

7.1.5　丙酮：化学纯。

7.2　材料

7.2.1　烧杯：50 mL。

7.2.2　玻璃棒。

8　样品制备

8.1　乳化沥青残留物

如果样品是从乳液通过 SH/T 0099.4、SH/T 0099.16、SH/T 0099.17 得到的热残留物，直接向 50 mL烧杯中倒入一部分样品。然后将烧杯中的残留物样品加热或冷却到 195℃±5℃，并以每秒钟 1 转的速度搅拌样品 10 s，然后按照 9 试验步骤的要求向黏度计中倒入正确数量的样品。或者将这部分样品完全冷却放在一边留作以后试验用，以后试验时这些样品按照 8.2 的要求进行处理。

8.2　室温样品

如果残留物是室温样品或者是通过 NB/SH/T0890 制备的残留物，在已恒温到 195℃±5℃的烘箱中加热样品。偶尔搅拌样品直到样品均匀，并将样品倒入已预热过的 50 mL 烧杯中以每秒钟 1 转的速率搅拌样品 10 s。然后按照 9 试验步骤的要求向黏度计中倒入正确数量的样品。

注 1：对于一些沥青和一些乳化沥青残留物，试验前的剪切过程和加热历程可能会引起试验结果的变化。仔细制备样品对保持试验结果的一致性非常重要。

注 2：如果在 195℃±5℃的温度下，沥青流动性不够好不能倾倒或将样品转移到黏度计过程中样品流动性太强易飞溅，在协议双方达成一致的情况下也可以采用其他倾倒温度。

9 试验步骤

9.1 使恒温浴温度保持在试验温度±0.03℃范围内，必要时对所有的温度计读数进行校正。

9.2 选择干净的、干燥好的黏度计，使黏度计 C 区流动时间在 50 s~200 s 范围内。将 MK 型黏度计的装料管和毛细管或整个 U 型黏度计放入 195℃±2℃的烘箱中预热 5 min，以消除倾倒过程中进入残留物样品中的气泡。

9.3 将准备好的样品倒入装料管装料线 E 的±2 mm 以内（见图 2）。

注：对黏度较高的样品进行试验，为了避免气泡圈留在样品中，可以在毛细管放入黏度计之前，用真空源对装料管施加 30 s 轻微的真空。

单位为毫米

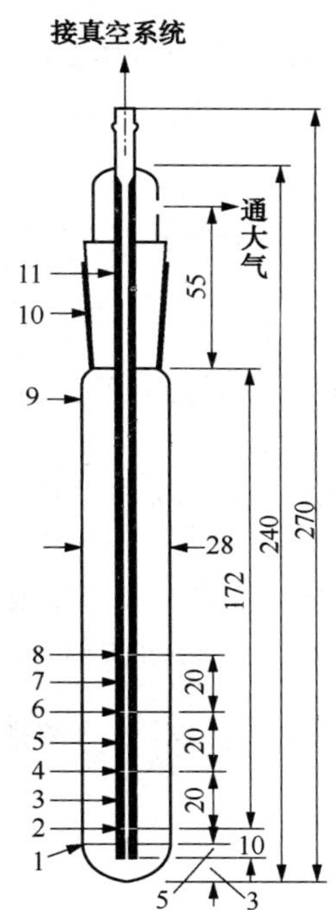

1—装料线 E；2—第一计时标志 F；3—B 段；4—第二计时标志 G；5—C 段；6—第三计时标志 H；7—D 段；8—第四计时标志 I；9—装料管 A；10—24/40 磨口；11—真空管

图 2 MK 型黏度计

9.4 将装好样品的 MK 黏度计的装料管或 U 型管黏度计放在 195℃±2℃的烘箱中维持 10 min±2 min，赶走大气泡。

9.5 从烘箱中移除 U 型毛细管或 MK 黏度计的装料管和毛细管，将毛细管装入装料管中并调整好位置。将黏度计插入黏度计夹中并在恒温浴中固定好，确保其最上部的计时刻度位于水浴液面以下最少 20 mm。

注：小直径的黏度计管的毛细运动会引起样品升高，且高于第一个计时刻度线。如果产生这种问题，在进行试验前几分钟应避免毛细管接触到样品，然后快速放好位置平衡 1 min~2 min。

9.6 在真空系统中建立试验所需的真空度，用装在黏度计管路上的调节阀或旋塞阀将真空系统与黏度计连接起来。使系统真空度维持在试验所需真空度的±0.5 mmHg 范围内。

9.7 黏度计在恒温浴中恒温 30 min±5 min 后，打开通向真空系统管路上的调节阀或旋塞阀，使残留物流入毛细管中。

9.8 测量残留物弯月面前沿通过两个相邻计时刻度线之间的距离所需时间，精确到 0.1 s。报告两个计时标志刻度线间第一个超过 60 s 的流动时间，并注明这对标准刻度线的标号。

9.9 试验完成后，从恒温浴中取出黏度计。并倒放在 175℃±5℃的烘箱中，直至残留物从黏度计中全部流出。从装料管中取出毛细管，多次通过毛细管吸入甲苯或具有相同效果的其他洗液彻底洗出残留物，然后再用石油醚冲洗。向毛细管内通入小流量的干净的干燥空气（时间约 2 min 或直到溶剂完全挥发）使毛细管干燥。或者将黏度计放在玻璃清洗烘箱中，烘箱温度不超过 500℃，接着用去离子水或者蒸馏水、无残渣丙酮冲洗并用干净、干燥的空气吹干。如果观察到有沉淀物出现，用铬酸洗涤溶液去除有机沉淀物，再用去离子水或者蒸馏水、无残渣丙酮冲洗，并用干燥的空气吹干。

注：铬酸洗液的制备：将 92 g 重铬酸钾溶解到 458 mL 的水中，将 800 mL 浓硫酸加入到该重铬酸钾的水溶液中。也可以使用商业上相似的硫酸洗液。不含铬的强氧化酸性洗液可以避免含铬溶液的处理问题。用碱性洗液会造成黏度计毛细管的变化，故不推荐使用。

10 计算

10.1 对于任何一个计时刻度从设备生产商给定的校正常数中选择合适的黏度常数。

10.1.1 选择与计时标志刻度（如 8.9）所对应的校正系数，用公式（1）计算并报告黏度 $\eta_{区}$（Pa·s），保留三位有效数字：

$$\eta_{区} = K_{区} \cdot t \qquad (1)$$

式中：

$\eta_{区}$——选用计时区内的表观黏度，Pa·s；

t——沥青弯月面穿过选用计时区域所消耗的时间，s；

$K_{区}$——选用计时区的黏度计常数，Pa·s/s。

注：如果黏度计常数或校正系数（K_{cgs}）用 cgs 单位制表示（即 P/s），则用 SI 国际单位制表示的 K_{si}（Pa·s/s）与 K_{cgs} 换算关系如下：

$$K_{si}\ (\text{Pa}\cdot\text{s/s}) = K_{cgs}/10\ 或\ (\text{P/s})\ /10$$

10.1.2 根据方程（2）计算与表观黏度相关的剪切速率：

$$剪切速率\ \gamma_{区} = \frac{4L}{Rt} = 剪切常数/t \qquad (2)$$

式中：

$\gamma_{区}$——剪切速率，s^{-1}；

R——毛细管半径，mm；

L——计时区的长度，mm；

t——残留物弯月面穿过选用计时区域所消耗的时间，s。

剪切常数值见附录 A 中的表 A.1。

注：如果科研需要计算剪切速率，建议用 MK 型黏度计；如果需要用 U 型管型黏度计进行剪切速率的计算，请与黏度计生产商联系确定相关的剪切常数。

10.1.3 如果需要的话，从公式（3）计算平均剪切应力：

$$\tau = \eta \cdot \gamma \qquad (3)$$

式中：

τ——以达因/每平方厘米表示的剪切应力；

η——以 Pa·s 表示的表观黏度；

γ——以秒的倒数表示的剪切速率。

用这种方式可以计算计时区的表观黏度、剪切速率和剪切应力。

10.2 如果需要的剪切速率范围较宽，在后续的试验中真空度的增加或降低和新的黏度常数的计算可以根据关系（4）进行计算：

$$[K_{区}]_2=\frac{P_2-h}{P_1-h}\cdot[K_{区}]_1 \quad \cdots\cdots(4)$$

式中：

h——在附录A1中表A1.1中的区域的中点处液柱压力，mmHg；

$[K_{区}]_1$——黏度常数以Pa·s表示；

$[K_{区}]_2$——以Pa·s表示，应用的真空度下的黏度常数；

P_1——标准的真空度，一般为300 mmHg；

P_2——应用的真空度，mmHg。

对于新的真空度下得到的时间重复进行9.1的计算过程。对流动性好的材料降低真空度以增加材料的流动时间。或者对于太粘的材料增加真空度以减少材料的流动时间。报告得到的结果及试验条件。

11 报告

报告黏度试验的试验温度和真空度，以及由此得到的表观黏度，例如在60℃和150 mmHg真空度下的黏度，单位为Pa·s。同时报告中残留物的制备方法。

12 精密度和偏差

12.1 精密度

用下列规则判断在60℃和300 mmHg下试验结果的可接受性（95%的置信水平）

12.1.1 重复性

对SH/T 0099.04、SH/T 0099.16、SH/T 0099.17、NB/SH/T 0890方法制备的残留物，对同一操作者采用同一规格的毛细管的重复性试验结果之间的差：

a）对牛顿流体不应大于他们平均值的7%；

b）对非牛顿流体本标准未规定其重复性精密度。

12.1.2 再现性

对两个不同的试验室采用同一规格的黏度计提交的再现性试验结果之间的差：

a）对SH/T 0099.04、SH/T 0099.16、SH/T 0099.17得到的牛顿流体残留物，不应大于他们平均值的10%；NB/SH/T 0890方法制备的牛顿流体残留物暂不规定再现性精密度。

b）对非牛顿流体本标准未规定其再现性精密度。

12.2 偏差

在本试验方法中没有标准材料用于决定标准偏差，所以本标准没有偏差。

13 关键词

沥青；毛细管；真空度；黏度计；黏度

附 录 A
(规范性附录)
MK 型黏度计规格

A.1 范围

MK 型真空毛细管黏度计有 5 种规格，60℃黏度测定范围为 4.2 Pa · s~20000 Pa · s（42 泊~200000 泊)，50 号~200 号最适合于测定沥青 60℃的黏度。

A.2 仪器

A.2.1 MK 型真空毛细管的设计及制造尺寸见图 2。该黏度计的系列规格号，近似半径、近似毛细管校正系数和黏度测定范围见表 A.1。

表 A.1 MK 真空毛细管黏度计规格、毛细管半径和近似校正系数

黏度计规格		50	100	200	400
剪切常数/（Pa · s/s）		320	160	80	40
半径/mm		0.25	0.50	1.0	2.0
区	h	K	K	K	K
B	1.1	0.80	3.2	12.8	50
C	2.6	0.44	1.6	6.4	25
D	4.1	0.26	1.0	4.2	16
E	5.5	0.20	0.78	3.1	12.5
F	7.0	0.16	0.62	2.5	10

注 1：精确的毛细管校正系数必须用黏度标准样品测得。

注 2：本表所示的黏度范围是对应于流动时间为 60 s~400 s 的。可以使用较长的流动时间（1000 s 以下）。

A.2.2 本黏度计包括一个单独的装样管 *A*，和一个精确孔径的玻璃毛细管。这两部分用一个标准锥度 24/40 的硅酸硼玻璃磨口接头联接在一起，玻璃毛细管分 *B*、*C*、*D* 三个测量段被计时标志 *F*、*C*、*H* 和 *I* 隔开，每段长 20 mm。

A.2.3 可在一个 11 号橡皮塞上钻出一个直径约 28 mm 的孔，把孔与边缘之间切开，做成一个简易的黏度计架，当把这个塞子放入水浴盖上直径为 51 mm 的孔中时，这个架将把黏度计固定住。

附　录　B
(规范性附录)
U 型管型黏度计规格

B.1　范围

U 型管型黏度计有 7 种规格，黏度测定范围为 4.2 Pa·s~580000 Pa·s，50 号~200 号最适合于测定沥青 60℃的黏度。

B.2　仪器

B.2.1　U 型管型真空毛细管黏度计的设计及制造尺寸见图 B.1，黏度计规格、近似半径、近似校正系数及黏度测定范围见表 B.1。

B.2.2　在该黏度计臂 M 上有 *B*、*C*、*D* 三个测量段，它们是具有精密孔径的毛细管，三个测量段用 *F*、*G*、*H*、*I* 隔开，每段长 20 mm。

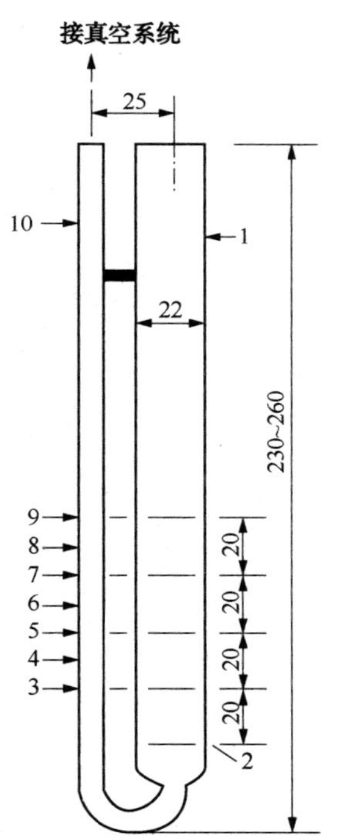

图 B.1　U 型管型黏度计

1—装料管 A；2—装料线 E；3—第一计时标志 F；4—B 段；5—第二计时标志 G；
6—C 段；7—第三计时标志 H；8—D 段；9—第四计时标志 I；10—真空管 M

B.2.3　在一个 11 号橡皮塞上钻出两个直径分别为 22 mm 和 8 mm 的孔，两个孔中间距离为 25 mm，将两孔之间及 8 mm 孔与边缘之间切开，做成一个简易的黏度计架。当把这个塞子放入水浴盖上直径为 51 mm 的孔中时，这个架将把黏度计固定住。

表 B.1 U 型管型黏度计规格、毛细管半径、近似校正系数和黏度测量范围

黏度计规格	毛细管半径/mm	近似毛细管系数[a]/(Pa·s/s)			黏度测定范围[b]/(Pa·s)
		B	C	D	
25	0.125	2	1	0.7	4.2~80
50	0.25	8	4	3	18~320
100	0.50	32	16	10	60~1280
200	1.0	128	64	40	240~5200
400	2.0	500	250	160	960~20000
400R[c]	2.0	500	250	160	960~140000
800R[c]	4.0	2000	1000	640	3800~580000

[a] 精确的毛细管校正系数必须用黏度标准样品测得。

[b] 表中所示的黏度范围是对应 60 s~400 s 的，也可以使用较长的流动时间。

[c] 为屋面沥青设计的一种特殊规格，在计时标志 F 以上增加了 5 mm 和 10 mm 计时线，用这一计时标志和 B 段的校正系数，可以增加黏度的测定范围。

附 录 C
(规范性附录)
黏度计的校正

C.1 范围

本附录介绍校正或检验本方法所使用的黏度计所需要的材料和步骤。

C.2 材料

具有表 C.1 所列近似黏度值的黏度标准样品。

C.3 校正

C.3.1 利用黏度标准样校正黏度计步骤

C.3.1.1 从表 C.1 中选择一个在校正温度下最小流动时间为 60 s 的黏度标准样品。
C.3.1.2 将该标准样品倒入干净、干燥的待校黏度计中，至装料线 E±2 mm（见图 2）。
C.3.1.3 将装有样品的黏度计放入温度精确至±0.01℃的水浴中。
C.3.1.4 建立真空系统，使真空度保持在 39996 Pa±67 Pa（300 mmHg±0.5 mmHg）。用旋塞阀把黏度计与真空系统连接起来。
C.3.1.5 黏度计放入水浴中 30 min±5 min 后，打开旋塞阀，使黏度标准样品流入毛细管。
C.3.1.6 用秒表测量弯月面前沿通过计时标志 F 和 G 所需的时间（精确到 0.1 s）和通过计时标志 G 和 H 所需的时间（精确到 0.1 s）。
C.3.1.7 毛细管校正系数按式（C.1）计算：

$$k=\rho_v/t \tag{C.1}$$

式中：

ρ_v——校正温度下黏度标准样品的黏度，Pa·s；

t——流动时间，s；

k——真空度为 39996 Pa±67 Pa（300 mmHg±0.5 mmHg）下黏度计的校正系数，Pa·s/s。

C.3.1.8 利用同一黏度标准样品或另一黏度标准样品重复这些校正步骤，计算各毛细管和平均校正系数 K。每一个毛细管两次测定的校正系数 K 必须在它们平均值的 2%以内。毛细管的校正系数与温度无关。

C.3.2 利用标准真空黏度计校正真空黏度计的具体校正步骤

C.3.2.1 任意选择一种流动时间至少为 60 s 的石油沥青，再挑选一支已知毛细管系数的标准黏度计。
C.3.2.2 将标准黏度计与要校正的黏度计一起安装在同一个水浴中（60℃），按照 9.1~9.9 节中所叙述的步骤测定沥青的流动时间。

表 C.1　黏度标准样品

黏　度　号	近似黏度/（Pa·s）	
	20℃	40℃
N30000	150	21
N190000	800	140
S30000	—	21

C.3.2.3　校正系数 k_1 按式（C.2）计算：

$$k_1=(t_2 \cdot k_2)/t_1 \qquad (C.2)$$

式中：

k_1——被校正的黏度计的校正系数；

t_1——被校正的黏度计的流动时间，s；

k_2——标准黏度计的毛细管系数；

t_2——标准黏度计的相应流动时间，s。

ICS 75.100
E 40

SH

中华人民共和国石油化工行业标准

NB/SH/T 0929—2016

润滑油中氯元素含量的测定 电感耦合等离子体发射光谱法

Standard test method for determination of chlorine in lubricating oils by inductively coupled plasma atomic emission spectrometry

2016-12-05 发布　　2017-05-01 实施

国家能源局 发布

前　　言

本标准按照 GB/T 1.1—2009《标准化工作导则　第 1 部分：标准的结构和编写》给出的规则起草。

本标准由中国石油化工集团公司提出。

本标准由全国石油产品和润滑剂标准化技术委员会合成油脂分技术委员会（SAC/TC280/SC5）归口。

本标准主要起草单位：中国石化润滑油有限公司重庆分公司。

本标准参加起草单位：北京飞机维修工程有限公司、深圳市计量质量检测研究院、中国广州分析测试中心、润英蓝地计量检测（上海）有限公司、国家石油石化产品质量监督检验中心（广东）、中国石油东北销售公司、厦门太古飞机工程有限公司校准检测中心。

本标准主要起草人：李萍、罗玉兰、胡晓明、张琴、张世元、余树楷、刘建刚、张文媚、杨丽华、尤培勇。

润滑油中氯元素含量的测定　电感耦合等离子体发射光谱法

警告：本标准可能涉及某些危险性的材料、操作和设备，但是无意对与此有关的所有安全问题都提出建议。因此，使用者在应用本标准之前应建立适当的安全和防护措施，并确定相关规章限制的适用性。

1　范围

本标准规定了采用电感耦合等离子体发射光谱（ICP-AES）法测定润滑油中氯元素含量的方法。

本标准的测定范围为：0.0039%~13.56%（质量分数）。此范围是在实验室间研究的样品浓度范围。氯元素含量低于此范围的样品，可以采取增加样品量的方法进行测定，可测定浓度的下限取决于仪器的灵敏度和样品的稀释因子；氯元素含量高于此范围的样品，可以采取减少样品量或者样品溶解后增大稀释倍数的方法进行测定，可测定浓度的上限取决于校准曲线的最高浓度和样品稀释因子。但是，尚未确定这些条件下的精密度。这些条件下的精密度可能与表2所给出的不同。

本标准不适用于硅油中氯含量的测定。

2　规范性引用文件

下列文件对于本文件的应用是必不可少的。凡是注日期的引用文件，仅所注日期的版本适用于本文件。凡是不注日期的引用文件，其最新版本（包括所有的修改单）适用于本文件。

GB/T 4756　石油液体手工取样法

GB/T 4901　常规控制图

GB/T 6683　石油产品试验方法精密度数据确定法

GB/T 17476　使用过的润滑油中添加剂元素、磨损金属和污染物以及基础油中某些元素测定法（电感耦合等离子体发射光谱法）

NB/SH/T 0843　石化行业分析测试系统的评价　统计技术法

ASTM D6792　石油产品和润滑油测试实验室的质量体系指南

3　方法概要

将一份经过准确称量的充分均匀的试样，以一定的质量比稀释于混合二甲苯或其他合适溶剂中。如果需要，将内标直接称量加入试样溶液或预先将内标与稀释溶剂混合。再以同样的方式制备校准溶液。用自由吸入或蠕动泵将试样溶液导入电感耦合等离子体发射光谱仪（ICP-AES）进行测定。通过比较试样溶液与标准溶液中氯元素的发射强度，计算试样溶液中氯元素的含量。

4　干扰

4.1　光谱干扰：各种润滑油中常见的添加剂元素对氯134.724 nm及135.165 nm谱线无光谱干扰。硅对氯134.724 nm谱线有光谱干扰，可选择氯的其他谱线进行测定，如果在样品中含有硅时使用氯134.724 nm谱线，可按照GB/T 17476的技术校正，也可按照仪器制造商的操作指南，确定并应用校正因子对干扰进行校准。

4.2 基体干扰：硅对氯的测定有基体干扰，导致结果偏低，硅油中氯元素的测定不适宜用本标准。除硅外的其他润滑油添加剂元素均无基体干扰。

5 仪器

5.1 电感耦合等离子体发射光谱仪：无论顺序扫描型或同时测定型，只要具备 ICP 石英炬管和射频发生器，能产生和维持等离子体，光谱仪波长范围达到 130 nm 均可使用。氯元素的推荐波长见表 1。

表 1 氯元素的推荐波长

元素	波长[a]/nm		
氯	134.724	135.165	136.345
注：这些波长仅为建议，并不代表全部可能的选择。			
[a]氯元素的所有谱线的波长均低于 190 nm，需要真空光室或用惰性气体吹扫光路。			

5.2 蠕动泵（推荐使用）：为了提供稳定的进样操作，推荐使用蠕动泵进样，泵速范围为 0.5 mL/min~3 mL/min。蠕动泵进样管应确保与有机溶剂接触至少 6 h 性质不变。推荐使用氟橡胶管。

5.3 试样溶液容器：适当大小带内盖的玻璃瓶或塑料瓶。

5.4 天平：感量为 0.0001 g，量程能够满足样品称取及配制溶液的需要。

5.5 超声波均化器（选用）：可用于均化试样溶液的水浴型或探针型超声波均化器。

6 试剂和材料

6.1 稀释溶剂：混合二甲苯（分析纯）；煤油及其他合适溶剂如果事先经过验证，有足够的纯度而不影响测定准确性，也可以使用。在稀释溶剂使用前应对其中的氯元素进行检测，确认不含氯方可使用。

警告：有机溶剂易燃，长时间吸入有机溶剂的蒸气会引起慢性中毒。

6.2 基础油：不含氯元素的润滑油基础油或白油（轻质油品），室温下黏度尽可能接近于被分析样品的黏度。

6.3 内标物质（根据需要）：需选用油溶性内标物，建议选择油溶性的钴（Co）或钇（Y）作内标元素。

6.4 氯标准物质：推荐使用商品化的氯标准物质，常用氯标准物质的浓度有 0.05%（质量分数）、0.1%（质量分数）0.5%（质量分数）、5%（质量分数）。

7 取样

按照 GB/T 4756 的规定进行取样。

8 仪器准备

8.1 仪器参数设置：由于各种仪器及电感耦合等离子体激发源设计上的不同，不能给出详细的（统一固定的）仪器参数，参考仪器手册中用有机溶剂进样的操作条件，根据选用的稀释溶剂设置仪器参数。这些参数包括：波长、背景校正（建议单边扣背景）、元素干扰系数（见 4.1 条）、积分方式（建议采用峰高法）、积分时间及内标校正（根据需要）。每次测量要求多次积分（一般为 3 次，含量较低的样品建议（4~6）次)。

8.2 蠕动泵：如果需要使用蠕动泵，每次启动前先检查泵进样管，必要时进行更换。检查溶液提升率并将其调节到所需要的进样速率。

8.3 ICP 激发源：在试样分析前至少 30 min 点燃等离子体，在预热期间雾化稀释溶剂，并检查炬管点燃后是否积炭，一旦发现有积炭，应立即更换炬管并按照仪器操作手册采取适当的处理措施。

8.4 谱线轮廓：按仪器操作说明进行谱线轮廓扫描。

9 内标溶液的制备（可选择）

9.1 要求试样溶液具有相同的内标元素浓度，并在原始样品中不存在该元素。通常将内标元素加入稀释溶剂中，内标补偿可用以下两种方法：

a) 通过测量氯元素的谱线强度与单位浓度的内标元素强度比建立比值校准曲线，试样溶液中氯元素的浓度可直接从校准曲线读得；

b) 基于氯元素和内标元素的强度建立校准曲线时，从校准曲线读出试样溶液中氯元素未校正的浓度。该浓度需乘以一个校正因子进行修正，校正因子等于内标的实际浓度除以内标的测定浓度。

9.2 将作为内标的油溶性的钴（Co）或钇（Y）溶解于稀释溶剂后转移到合适的容器中定容。要监控溶液的稳定性（通常每周一次），当内标元素有明显变化时，应重新配制。内标元素浓度应当至少是其检测限的 100 倍，典型的浓度范围在 10 mg/kg~20 mg/kg 之间。

10 试样制备

10.1 称取适量的样品（精确到 0.0001 g），记录其质量 W_1。称样量根据样品中氯含量确定，加入合适的稀释溶剂，以质量百分比稀释，混合均匀后密封保存。记录加入稀释溶剂后试液的总质量 W_2。

10.2 氯含量较高的样品，可减少称样量，然后加入一定量的基础油，再用稀释溶剂稀释该混合物，混合均匀。

10.3 记录所有的质量，按式（1）计算稀释因子 K。

$$K=\frac{W_2}{W_1} \qquad (1)$$

式中：

K——稀释因子；

W_1——试样质量，单位为克（g）；

W_2——试样加上稀释溶剂后试液的总质量，单位为克（g）。

11 校准标样和核查标样的制备

11.1 空白溶液：用稀释溶剂稀释基础油制备空白溶液。

11.2 校准标样：称取 1 g~3 g（精确到 0.0001 g）合适浓度的氯标准物质到合适的容器中，用稀释溶剂以质量百分比进行稀释。根据试样中氯元素含量的高低制备不同浓度的工作标准溶液。

注 1：如果需要制备浓度较低的校准标样，可以减少标准物质的称样量，加入一定量的基础油，再用稀释溶剂以质量百分比进行稀释。

注 2：校准标样的制备与试样溶液的制备相同，两种溶液中稀释溶剂的质量百分比应相等。

11.3 核查标样：以制备校准标样的方法制备仪器检查所需要的核查标样，浓度接近于试样溶液的浓度。

12 校准

12.1 仪器使用时，必须考察氯元素校准曲线的线性范围。通过测定空白溶液和校准标样系列溶液，建立氯元素的校准曲线，试样溶液的测量浓度必须落在校准曲线的线性范围内。

12.2 在开始每组试样溶液的测试之前，用空白和校准标样建立一条二点校准曲线。

12.3 用校准曲线测定核查标样中氯元素，如果测试结果与该核查标样确认值之差不超过±5%（相对值），可进行样品测试，否则需要对仪器进行必要的调整。

12.4 根据内标补偿方式建立不同的校准曲线：

当采用分析元素的发射强度与内标元素发射强度的比值相对于分析元素浓度建立校准曲线时，分析元素相对强度 $I\ (R_{Cl})$ 的表述见式（2）：

$$I\ (\mathrm{R_{Cl}}) = \frac{I\ (\mathrm{Cl}) - I\ (\mathrm{B_{Cl}})}{I\ (\mathrm{is})} \quad \cdots\cdots (2)$$

式中：

$I\ (\mathrm{R_{Cl}})$ ——元素氯的相对强度；

$I\ (\mathrm{Cl})$ ——元素氯的强度；

$I\ (\mathrm{B_{Cl}})$ ——元素氯的空白强度；

$I\ (\mathrm{is})$ ——内标元素的强度。

当采用内标实际浓度与其测定浓度的比值乘以某个试样的测试结果进行内标补偿时，校准曲线事实上是 $[I\ (\mathrm{Cl}) - I\ (\mathrm{B_{Cl}})]$ 相对于分析元素的关系曲线。

13 质量保证/质量控制

13.1 通过分析质量控制（QC）样品确认仪器性能和试验过程的有效性：

a）如果在测试设备中带有质量保证/质量控制协议文件，则可采用，以确认测试结果可靠性；

b）如果在测试设备中未附质量保证/质量控制协议文件，则可参照附录 A 进行质量保证/质量控制控制。

13.2 协议用户，可执行附录 A 的内容。

14 试验步骤

14.1 按照建立校准曲线的操作条件（即相同的积分时间、背景校正点及等离子体维持的条件等），以相同的方式测定试样溶液。在两个试样测量之间至少要用稀释溶剂喷雾清洗 60 s。

14.2 如果试样溶液中氯元素浓度超过了校正曲线的线性范围，就应减少样品的称样量，加入适量基础油后再用稀释溶剂稀释，重新分析试样溶液。

14.3 每分析 5 个样品后测试一次核查标样。如果所得结果超过预期浓度的±5%（相对值）时，需要重新校正仪器，并重新分析待测样品。

15 计算

按式（3）计算试样浓度。通常 ICP-AES 仪器软件会自动计算结果。

$$C = KS \tag{3}$$

式中：

C——试样中氯元素浓度，单位为毫克/千克（mg/kg）；

K——稀释因子；

S——测试液中氯元素浓度，单位为毫克/千克（mg/kg）。

16 结果报告

氯含量不小于10.00%，结果取四位有效数字，单位为质量分数（%）；氯含量小于10.00%，结果取三位有效数字，单位为毫克/千克（mg/kg）或质量分数（%）。

17 精密度

17.1 概述：本方法的精密度是根据GB/T 6683，通过统计分析实验室间分析结果而确定。8个协作实验室对14个不同类型的润滑油样品进行分析，协作试验结果按照GB/T 6683方法进行统计分析和计算。部分实验室采用内标法，其他实验室采用普通的标准曲线法。大多数实验室采月10%（质量分数）稀释比。按下述规定判断试验结果的可靠性（95%置信水平）。

17.2 重复性：同一实验室，同一操作者使用同一仪器按相同方法对同一试样连续测定两个试验结果之差不超过表2的要求，典型值见表3。

17.3 再现性：不同的实验室，由不同操作者使用不同仪器按相同方法对同一试样测定的两个单一、独立结果之差不超过表2的要求，典型值见表3。

表2 氯含量测定的精密度 单位为毫克/千克

含量范围	重复性	再现性
39.1～<1304	$0.893x^{0.494}$	$1.504x^{0.688}$
≥1304～135564	$0.031x^{1.003}$	$0.221x^{1.010}$
注：x为用毫克/千克表示的两个结果的平均值。		

表3 典型浓度下的精密度 单位为毫克/千克

浓 度	100	500	1000	5000	10000	50000	100000
重复性	8.69	19.2	27.1	159	319	1601	3209
再现性	35.7	108	174	1203	2423	12113	24797

附　录　A
(资料性附录)
质量控制方法

A.1　通过分析质量控制样品（QC）来确认仪器性能和测试过程可靠性（如果可能用经分析过的代表性样品）。

A.2　在测量程序开始前，方法使用者需要测定 QC 样品的平均值和控制限（见 GB/T 4091 和 NB/SH/T 0843）。

A.3　记下 QC 结果，分析控制表或其他相关的统计技术，确定整个实验过程的统计控制状态（见 GB/T 4091 和 NB/SH/T 0843）。任何超出控制范围的数据都应查找根本原因，其结果可能（并非必须）会导致仪器重新校准。

A.4　如果试验方法中无明确要求，质量控制测量的频率应由被测样品质量的临界状态、测试过程表现出来的稳定性以及顾客的要求而定。通常，QC 样品在每次测试时宜与常规样品一起进行分析。如果常规分析的样品数量大，就应增加 QC 样品的分析频次。然而，如果测试表明在统计控制范围内，就应减少 QC 测量的频次（见 ASTM D6792 中减少 QC 测试频次指南）。QC 样品的精密度应符合方法的精密度要求，以确保数据可靠。

A.5　定期分析的 QC 样品的类型应能代表常规分析的样品。充足的作为 QC 样品的材料应能满足预期的使用，同时在预期的储存条件下必须是均匀和稳定的。

A.6　如果在质量控制及控制图表技术方面有进一步的了解，查阅相关文件（见 GB/T 4091，NB/SH/T 0843 和 ASTM D 6792）。

编者注：本标准中引用标准的标准号和标准名称变动如下。

原标准号	现标准号	现标准名称
GB/T 4901	GB/T 4091	常规控制图

ICS 75.140
E 38

SH

中华人民共和国石油化工行业标准

NB/SH/T 0930—2016

热应力下绝缘液体产气特性测定法

Standard test method for the determination of gassing characteristics of insulating liquids under thermal stress

2016-12-05 发布 2017-05-01 实施

国家能源局 发布

前　　言

本标准按照 GB/T 1.1—2009 给出的规则起草。

本标准使用重新起草法修改采用 ASTM D7150-13《热应力下绝缘液体产气特性的标准测试方法》。

本标准与 ASTM D7150-13 的技术性差异及其原因如下：

——本标准未采用 ASTM D7150-13 中方法 B“绝缘液体经过白土柱进行处理”的内容，因 B 法对样品的处理方式会影响检测结果；

——规范性引用文件采用我国相应的国家标准，以方便标准的使用；

——补充“仪器和材料”部分，以方便标准的使用；

——本标准中油中溶解气分析检测部分不采用 ASTM D3612，采用国家标准 GB/T 17623，并相应修改注射器规格和绝缘液体用量；

——本标准未采用 ASTM D7150-13 中的精密度，因其精密度要求符合 ASTM D3612 精密度，而 ASTM D3612 精密度不适用于本标准。

本标准由中国石油化工集团公司提出。

本标准由全国石油产品和润滑剂标准化技术委员会石油燃料和润滑剂分技术委员会（SAC/TC280/SC1）归口。

本标准起草单位：中国石油天然气股份有限公司兰州润滑油研究开发中心、中国电力科学研究院、广东电网有限责任公司电力科学研究院、中国石化润滑油有限公司上海分公司。

本标准主要起草人：王会娟、于会民、马书杰、王健一、钱艺华、张金芳、张绮。

本标准为首次发布。

热应力下绝缘液体产气特性测定法

警告：本标准涉及某些有危险性的材料、操作和设备，但是无意对与此有关的所有安全问题都提出建议。因此，使用者在应用本标准之前应建立适当的安全和保护措施，并确定相关规章限制的适用性。

1 范围

本标准规定了在热应力下（120℃），没有电力设备材料影响或电场作用时，绝缘液体产气特性的测定方法。

本标准适用于矿物绝缘油，也可适用于其他需要测试油中溶解气体组分的绝缘液体。

2 规范性引用文件

下列文件对于本文件的应用是必不可少的。凡是注日期的引用文件，仅所注日期的版本适用于本文件。凡是不注日期的引用文件，其最新版本（包括所有的修改单）适用于本文件。

GB/T 7597 电力用油（变压器油、汽轮机油）取样方法

GB/T 8979 纯氮、高纯氮和超纯氮

GB/T 17623 绝缘油中溶解气体组分含量的气相色谱测定法

GB/T 24624 绝缘套管 油为主绝缘（通常为纸）浸渍介质套管中溶解气体分析（DGA）的判断导则

DL/T 722 变压器油中溶解气体分析和判断导则

3 术语和定义

下列术语和定义适用于本文件。

3.1

产气 stray gassing

绝缘液体由于受热、污染或二者综合因素而产生气体的现象。

4 方法概要

用混合纤维素酯过滤膜对绝缘液体进行过滤后，分别用干燥的空气或氮气吹扫 30 min，然后转移至注射器中，密封，120℃±2℃下老化 164 h 后依据 GB/T 17623 检测油中溶解气体含量。

5 方法应用

5.1 油中溶解气体的产生可用来判断油浸式电气设备的运行状态，见 GB/T 24624，DL/T 722。行业经验表明油中气体产生一般来源于充油电气设备的电气故障和热故障。但经验显示，在热应力或被污染但没有任何其他影响因素时，变压器油也会产生一些气体。

5.2　加热 164 h 足以使油中溶解气含量达到平衡稳定状态。

5.3　本标准使用干燥空气和干燥氮气作为吹扫气体。可反映电气设备保护系统允许绝缘油与氧气接触或者与外界空气隔离密闭两种方式。通常空气吹扫油样与氮气吹扫油样相比，氢气/总可燃气体百分比含量更高。

6　仪器和材料

6.1　混合纤维素酯过滤膜：由 1 μm 或 1.2 μm 孔径组成，直径要适合于 6.2 条中的过滤器。

6.2　真空过滤器：由漏斗（不小于 250 mL），夹钳，底座，塞子和抽滤瓶组成。漏斗内径约 47 mm。

6.3　气体流量计：适合 200 mL/min。

6.4　干燥氮气：满足 GB/T 8979 超纯氮的要求。

6.5　干燥空气：满足下列要求：氧气（体积分数）20%～22%，水分<3 μL/L 并且总烃<1 μL/L。

6.6　烘箱：热风循环，可调至 120℃±2℃。干燥箱：热风循环，可调至 100℃±5℃。

6.7　注射器：玻璃材质，100 mL，带标准三通阀。相匹配的活塞与针筒之间的最大间距为 0.006 mm±0.001 mm。气密性检查可用玻璃注射器取可检出氢气含量的油样，储存至少两周，在储存开始和结束时，分别分析样品中的氢气含量，以检验注射器的气密性。合格的注射器，每周允许损失的氢气含量应小于 2.5%。

6.8　注射器密封头：为金属材质，镀镍黄铜，有内螺纹。

6.9　锥形瓶：250 mL。

6.10　量筒：250 mL。

7　取样

7.1　依照 GB/T 7597 进行取样。

7.2　充分混合后取一定量的有代表性的样品，待分析样品应是均相，且外观清澈透明。

8　试验步骤

8.1　试验准备：

8.1.1　将用蒸馏水洗涤后的锥形瓶，抽滤瓶，注射器，量筒放入烘箱中，在 100℃±5℃下保持至少 4 h，然后放入干燥器或干燥箱冷却至室温备用，使用前所有瓶口用铝箔覆盖。

8.1.2　用装有 1 μm 或 1.2 μm 膜的真空过滤器过滤约 325 mL 试样。弃掉前 25 mL 滤液，并将剩余 300 mL 试样平均收集到两个干净锥形瓶中，分别用于空气吹扫（见 8.2）和氮气吹扫（见 8.5）。

8.1.3　试样也可直接在玻璃注射器中处理。取走玻璃注射器芯塞，并用金属头密封，注入 75 mL 过滤后的试样，注射器垂直放置。

8.2　用干燥空气吹扫试样 30 min±3 min，空气流速约 200 mL/min，见图 1 和图 2。

8.3　如果是在锥形瓶中进行气体吹扫，则迅速将吹扫后的试样转移到两支玻璃注射器中（每支注射器约装 70 mL）。每个玻璃注射器的针筒和活塞应是匹配的，以避免在试验加热过程中漏气或进气。

8.4　按照 GB/T 17623 所述步骤立刻排出注射器中的气泡，推出部分试样，准确调节注射器芯至 55.0 mL，并用内螺纹金属头将注射器口密封。不可使用塑料堵头，以免在试验加热过程中漏气和熔化。

8.5　用干燥氮气吹扫试样 30 min±3 min，氮气流速约 200 mL/min。

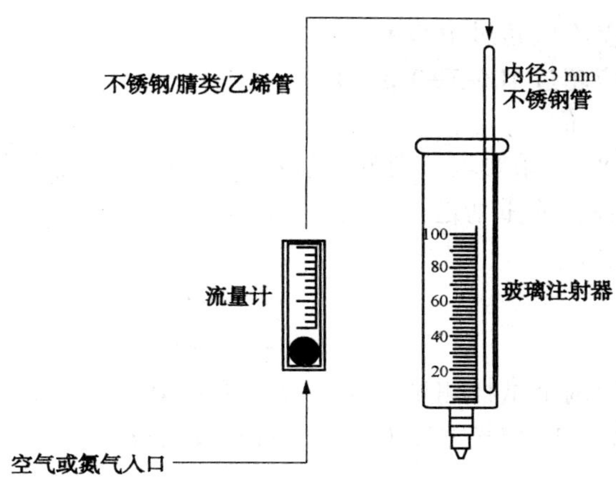

图1　注射器中气体吹扫试样装置图

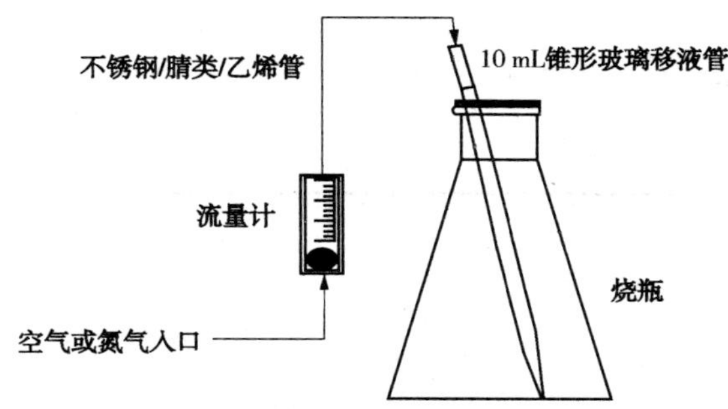

图2　锥形瓶中气体吹扫试样装置图

8.6　氮气吹扫后的试样，重复8.3条和8.4条操作步骤。

8.7　将装有试样的注射器平放在烘箱里，注射器头略高于水平面。在120℃±2℃下保持164 h±15 min。

8.8　将注射器从烘箱中取出，冷却至室温。取下内螺纹金属密封头，更换上标准三道阀，并立即排出少量试样（2 mL~5 mL）防止更换过程中空气进入。

注：在注射器冷却过程中定期检查空气是否进入，如有明显的气泡存在时，重新进行试验。

8.9　对以上四个试样按照GB/T 17623测试方法进行油中溶解气体分析，并满足表1列出的最小检测浓度：

表1　油中气体组分最小检测浓度

气体	最小检测浓度（20℃）/（μL/L）
氢气	2
烃类	0.1
一氧化碳	5.0
二氧化碳	10
空气	50
注：一般来说，新油和乙炔含量<50 μL/L的运行油没有必要在试样加热前进行油中溶解气分析。实验室结果表明含有50 μL/L乙炔气体的试样经空气或氮气吹扫后，其所有可燃气体可完全除掉。	

8.10　同种吹扫气体所得两个测试结果应满足下列要求：

氮气和氧气：两个结果之差不应超过12%X；

烃类气体：两个结果之差不应超过 10%X±2 μL/L；

氢气：两个结果之差不应超过 10%X±3 μL/L。

注：X——两个测试结果的平均值。

8.11 如果测试结果不满足 8.10 条要求，则测试结果无效，应重新进行试验。

8.12 如果检测到有乙炔气体，应重新进行试验。

9 报告

分别取同种吹扫气体所得两个试样测试结果的算术平均值，作为试样的产气特性结果。报告内容还包括试验方法、样品信息、吹扫气体种类、试验日期及人员。

10 精密度

本标准的精密度有待确定。

ICS 75.100
E 34

SH

中华人民共和国石油化工行业标准

NB/SH/T 0931—2016

在用石油基和烃基润滑油氧化状态监测傅里叶变换红外光谱（FT-IR）趋势分析法

Standard test method for condition monitoring of oxidation in in-service petroleum and hydrocarbon based lubricants by trend analysis using Fourier transform infrared (FT-IR) spectrometry

2016-12-05 发布　　2017-05-01 实施

国家能源局　发布

前　　言

本标准按照 GB/T 1.1—2009 给出的规则起草。

本标准修改采用美国材料与试验协会标准 ASTM D7414-09《在用石油基和烃基润滑油氧化状态监测 傅里叶变换红外光谱（FT-IR）趋势分析法》。

本标准与 ASTM D7414-09 的主要差异如下：

——引用标准采用我国现行的国家标准和行业标准。

——删除了引用标准 E131。

本标准将 ASTM 编排格式修改为符合我国标准的编排格式，并在语言文字上进行了编辑性修改：

——删除了 3.1 中“本试验方法中相关的红外光谱术语定义请参阅 E131”的叙述。

——增加 11.2 注。

本标准由中国石油化工集团公司提出。

本标准由全国石油产品和润滑剂标准化技术委员会润滑油换油指标分技术委员会（SAC/TC280/SC6）归口。

本标准起草单位：中国石化润滑油有限公司上海研究院。

本标准参加起草单位：中国石油天然气股份有限公司兰州润滑油研究开发中心。

本标准主要起草人：丁义丽、陈璐、吕文继、郎需进。

本标准首次发布。

在用石油基和烃基润滑油氧化状态监测 傅里叶变换红外光谱（FT-IR）趋势分析法

警告：本标准涉及某些与标准使用有关的安全问题，但是无意对所有安全问题都提出建议。因此，用户在使用本标准之前应建立适当的安全和保护措施，并制定相关的管理制度。

1 范围

1.1 本标准适用于测定在用石油基和烃基润滑油的氧化值，如柴油机曲轴箱、发动机、液压、齿轮和压缩机润滑油，以及其他有氧化倾向的润滑油。本标准适用于测定在用石油基和烃基润滑油的氧化值，如柴油机曲轴箱、发动机、液压、齿轮和压缩机润滑油，以及其他有氧化倾向的润滑油。

1.2 本标准利用傅里叶变换红外光谱（FT-IR）监测设备正常运行中所使用的石油基和烃基润滑油中不断产生的氧化产物。石油基和烃基润滑油与空气中的氧气反应，产生一系列的氧化产物，包括醛，酮，酯和羧酸。本标准提供了一种快速、简单的光谱检查方法，监控在用石油基和烃基润滑油氧化状态，帮助诊断设备运行工况。

1.3 本标准按照 NB/SH/T 0911 对在用石油基和烃基润滑油的红外光谱数据进行采集。本标准中氧化值的测量可使用直接趋势分析法和差谱（光谱差减）趋势分析法。

1.4 本标准基于在用石油基和烃基润滑油与氧化有关的吸收光谱的变化趋势，警告值或界限值可以通过设定固定最小值或变化率来实现。

1.4.1 直接趋势分析采用吸收光谱数值，单位为吸光度/0.100 mm。

1.4.2 差谱趋势分析采用在用油的谱图减去参比油的谱图所得差谱的数值，单位为吸光度/cm。

1.4.3 无论直接趋势分析还是差谱趋势分析，都必须根据相同或相似设备的历史经验、循环比对试验结果、数据统计结果或其他能反映氧化值变化与设备性能之间关系的方法，来设定需要维护保养的限值。

注：本标准不推荐任何机械设备的正常、警告、预警或报警限值，该限值应由机械设备生产商和维护团队建立或指导建立。

1.5 本标准适用于石油基和烃基润滑油，不适用于酯基（包括多元醇酯或磷酸酯）润滑油。

1.6 本标准采用国际单位制［SI］单位。

注：例外，波数的单位是 cm^{-1}。

2 规范性引用文件

下列文件对于本文件的应用是必不可少的。凡是注日期的引用文件，仅所注日期的版本适用于本文件。凡是不注日期的引用文件，其最新版本（包括所有的修改单）适用于本文件。

GB/T 4945 石油产品和润滑剂酸值和碱值测定法（颜色指示剂法）

GB/T 7304 石油产品和润滑剂酸值测量法（电位滴定法）

GB/T 11137 深色石油产品运动黏度测定法（逆流法）和动力黏度的计算法

GB/T 17476 使用过的润滑油中添加剂元素、磨损金属和污染物以及基础油中某些元素测量法（电感耦合等离子体发射光谱法）

SH/T 0251 石油产品碱值测量法（高氯酸电位滴定法）

SH/T 0688 石油产品和润滑剂碱值测定法（电位滴定法）

NB/SH/T 0853 在用润滑油状态监测法 傅里叶变换红外（FT-IR）光谱趋势分析法

NB/SH/T 0907 在用石油产品和烃基润滑油中磷酸盐（酯）抗磨剂状态监测试验法 傅里叶变换红外光谱法

NB/SH/T 0935 在用石油产品和烃基润滑油磺化状态的监控 傅里叶变换红外光谱（FT-IR）趋势分析法

NB/SH/T 0911 在用油状态监测用傅里叶变换红外光谱仪的设置和操作规程

ASTM D6304 用卡尔费歇尔库仑滴定法测定石油产品、润滑油和添加剂中水分的试验方法

3 术语和定义

本标准中在用在用油状态监测的相关术语定义参阅 NB/SH/T 0911。

机械状态 machinery health

机械的零部件、部件和整机的运行状况的定性表述。用于表达维修和操作的建议或要求，以确定机械是否继续运行，或制定维修计划，或立即维修。

4 方法概要

本标准采用 FT-IR 光谱监测在用石油基和烃基润滑油的氧化程度。在用油 FT-IR 光谱采集根据 NB/SH/T 0911 规定的直接趋势分析或差谱趋势分析方法获取，采用峰高或峰面积表达润滑油的氧化值。

5 意义和应用

润滑油与空气中的氧气发生反应时，会产生大量的氧化产物，如醛、酮、酯和羧酸。这些产物都是含羰基的物质，通过 FT-IR 测定 1800 cm^{-1} ~ 1670 cm^{-1}范围内羰基基团所引起的特征吸收，来衡量润滑油氧化程度。润滑油的氧化产物可能引起黏度增加（造成油品变稠）、酸值增加（引起酸性腐蚀）和油泥及漆膜的形成（导致过滤器堵塞，油膜结焦和阀门磨损）。因此，氧化值监测成为判断整个机械状态一项重要参数，并应考虑与其他试验方法所得结果相结合，如原子发射光谱和原子吸收光谱的磨损金属分析（GB/T 17476）结合，黏度和水分（GB/T 11137，ASTM D6304）、碱值（SH/T 0251，SH/T 0688）、酸值（GB/T 7304，GB/T 4945），以及红外光谱法测定的硝化值（SH/T 0853）、磺化值（NB/SH/T 0935）添加剂的损耗（SH/T 0907），分解产物和外来污染物（SH/T 0853）也是评价油液状态的因素。

6 干扰因素

6.1 多种类型的复合剂，特别是那些含有酯和羧酸的复合剂，如某些黏度指数改进剂、降凝剂、防锈剂可能会对氧化值的测定带来误差。此外，油品中混有合成酯类基础油，会产生非常高的氧化值。在测定过程中需要对比新油的趋势变化来鉴别在用油中是否存在这些干扰。某些油中，由于所含添加剂和合成酯类基础油对氧化值的贡献过大，不能可靠地测定氧化值。

6.2 含水量和烟炱过高也会干扰氧化值的测量。

7 仪器

7.1 傅里叶变换红外光谱仪，配样品池，过滤器（可选）和自动进样系统（可选），符合 NB/SH/T 0911 要求。

7.2 FT-IR 光谱采集参数——依据 NB/SH/T 0911 要求设定 FT-IR 光谱采集参数。

8 取样

按照 NB/SH/T 0911 采集在用油和参比油样品（仅差谱趋势分析时需要）。

9 仪器的准备和维护

9.1 按照 NB/SH/T 0911 中相关条款的规定冲洗样品池、管路和过滤器。

9.2 按照 NB/SH/T 0911 规定测定样品池的光程。

10 操作步骤

10.1 按照 NB/SH/T 0911 规定程序采集背景光谱。

10.2 差谱趋势分析：按照 NB/SH/T 0911 规定程序采集参比油的吸收光谱。

10.3 按照 NB/SH/T 0911 规定程序采集在用油的吸收光谱。

10.4 数据处理：按照 NB/SH/T 0911 的规定步骤，将所有数据的光程标准化为 0.100 mm。

11 计算

11.1 氧化值计算

11.1.1 方法 A（直接趋势分析）：利用直接趋势法计算氧化值。所采用的测量面积和基线点见表 1。图 1 举例说明了柴油机曲轴箱油光谱中氧化值测定所用的面积。

11.1.2 方法 B（差谱趋势分析）：利用差谱趋势法计算氧化值。所采用的测量峰高和基线点见表 1。图 2 举例说明了柴油机曲轴箱油差谱图中氧化值测定的波长范围。

表 1 在用石油基和烃基润滑油氧化值的测量参数

方法	测量范围/cm^{-1}	基线点/cm^{-1}
方法 A（直接趋势分析）	面积测量，1800~1670	2200~1900 和 650~550 最小吸收波长点
方法 B（差谱趋势分析）	1800~1660 间最大峰高点	单点基线，1950

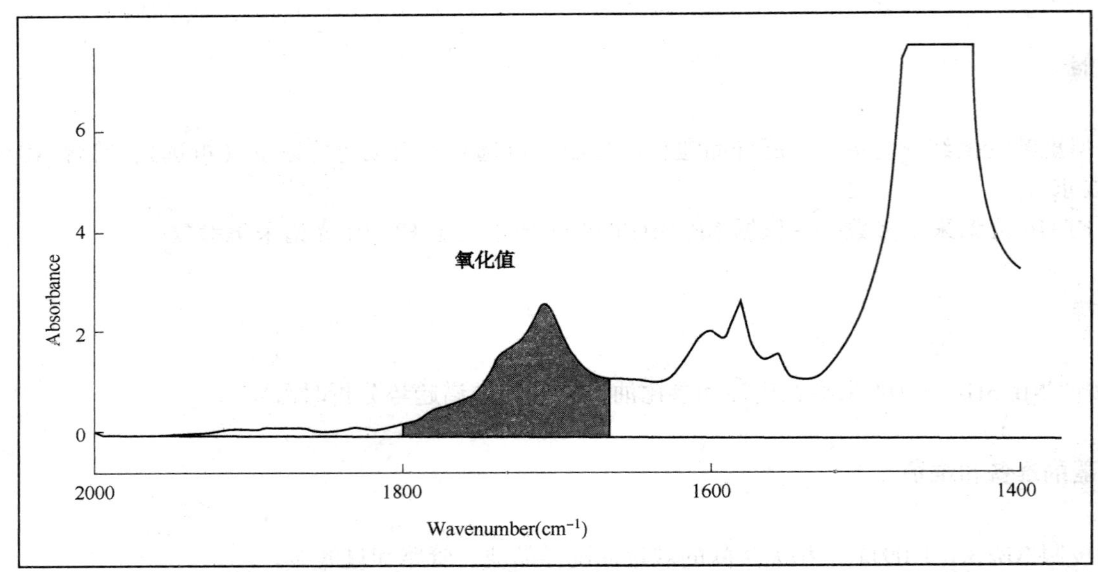

图 1 柴油机曲轴箱油氧化值直接趋势分析（方法 A）的测量

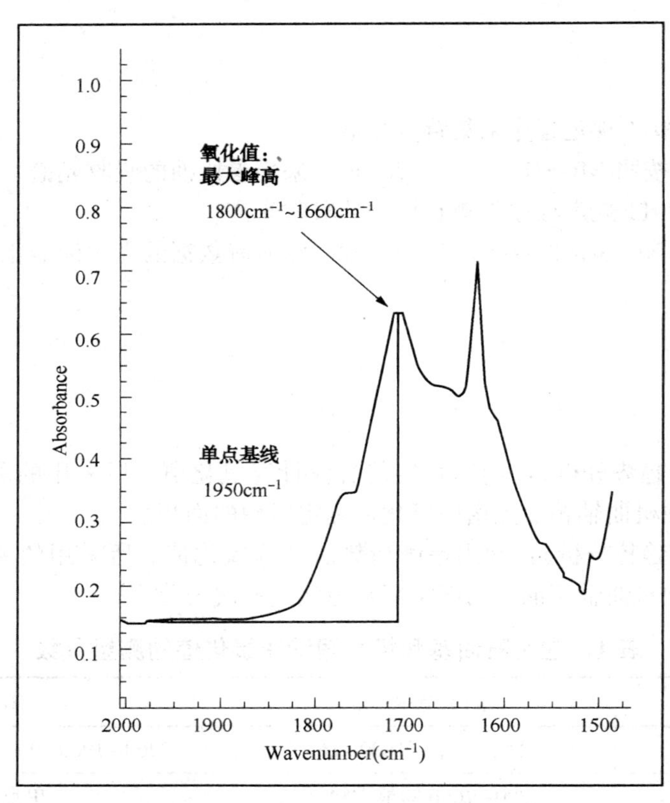

图 2 曲轴箱油氧化值差谱趋势分析（方法 B）的测量

11.2 样品残留

为了防止样品间交叉污染和确保样品残留量降到最低，用少量的下一个样品或易挥发溶剂冲洗前一个样品。冲洗效果可以通过以下方式评估：依次分析一个低水平氧化值油样 A（L_1）和一个高水平氧化值的在用油样 B（H_1）后，再次分析低水平氧化值的油样 A（L_2），按下计算残留百分含量（PC），PC 值应小于 5%。

$$PC=\frac{L_2-L_1}{H_1}\times 100 \quad (1)$$

式中：

L_1、H_1 和 L_2——按表 1 条件和规定顺序测定油样所得的氧化值。

注：一般采用石油醚等溶剂清洗样品池后再采用以上操作步骤和公式进行样品冲洗效果评估。

12 报告

12.1 方法 A（直接趋势分析）：测量值以吸光度/0.100 mm 为单位报告。

12.2 方法 B（差谱趋势分析）：测量值以吸光度/cm 为单位报告，计算方法如下：

$$A=A_0\times 100 \quad (2)$$

式中：

A——氧化值，吸光度/cm；

A_0——氧化值，吸光度/0.100 mm

12.3 趋势：尽管其他指标可能指示需要早换油，理论上，氧化值应该与新油进行比较，并标绘氧化值随时间的变化曲线，以便直观的观察其相对变化，确定何时换油。取样及报告的时间间隔应根据设备类型和该参数相关的历史经验来确定。

12.4 统计分析和界限值：对于数据的统计分析和设定界限值，请参考标准 NB/SH/T 0853 附录 C“分布图和统计学分析”。

12.5 润滑油配方的影响：不同的润滑油配方会对氧化值产生影响，不同配方的润滑油的测量值无法进行比较。所得结果应与新油做对比，或与历史数据作对比，看变化情况。

13 精密度和偏差

13.1 精密度：本标准的精密度未通过实验室间研究确定。对重复性的初步检查表明，同一实验室同一个操作者采用同一方法使用同一设备仪器在较短的时间间隔内，在正确操作方法前提下，获得的重复性结果不应超过以下数值（95%置信水平）：

重复性=0.68 吸光度　单位/0.100 mm（直接趋势分析）

重复性=0.70 吸光度　单位/cm（差谱趋势分析）

13.2 偏差：本标准方法无偏差。因为氧化值只能用本标准方法进行测定，没有其他可用的参考方法和参考值。

14 关键词

状态监测；差谱趋势分析；直接趋势分析；傅里叶变换红外光谱；FT-IR；烃基润滑油；在用油；红外；IR；润滑油；氧化值。

编者注：本标准中引用标准的标准号和标准名称变动如下。

原标准号	现标准号	现 标 准 名 称
GB/T 7304	GB/T 7304	石油产品酸值的测定　电位滴定法
NB/SH/T 0935	NB/SH/T 0935	在用石油基和烃基润滑油磺化状态监测　傅里叶变换红外光谱（FT-IR）趋势分析法

ICS 75.160.20
E 31

中华人民共和国石油化工行业标准

NB/SH/T 0933—2016

费托合成油中正构低碳酸含量的测定 液液萃取-离子色谱法

Standard test method for determination of low molecular normal alkanoic acids in Fischer-Tropsch liquids by liquid-liquid extraction-ion chromatography

2016-12-05 发布　　　　2017-05-01 实施

国家能源局　发布

前　言

本标准按照 GB/T 1.1—2009 给出的规则起草。

本标准由中国石油化工集团公司提出。

本标准由全国石油产品和润滑剂标准化技术委员会石油燃料和润滑剂分技术委员会（SAC/TC 280/SC 1）归口。

本标准起草单位：中国石油化工股份有限公司石油化工科学研究院。

本标准参加起草单位：中科合成油技术有限公司、北京低碳清洁能源研究所。

本标准主要起草人：张月琴、李英、盖青青。

本标准为首次发布。

费托合成油中正构低碳酸含量的测定　液液萃取-离子色谱法

警告：本标准的使用可能涉及某些有危险性的材料、操作和设备，但并未对与此有关的所有安全问题都提出建议。用户在使用本标准之前有责任制定相应的安全和保护措施，并确定相关规章限制的适用性。

1　范围

本标准规定了采用离子色谱法测定费托合成油中甲酸、乙酸、丙酸、正丁酸、正戊酸五种正构低碳酸质量浓度的方法。

本标准适用于测定沸点不大于240℃的费托合成油中的质量浓度为15 mg/L～1500 mg/L的甲酸、乙酸、丙酸、正丁酸、正戊酸五种正构低碳酸。

2　规范性引用文件

下列文件对于本文件的应用是必不可少的。凡是注日期的引用文件，仅所注日期的版本适用于本文件。凡是不注日期的引用文件，其最新版本（包括所有的修改单）适用于本文件。

GB/T 4756　石油液体手工取样法

GB/T 6683　石油产品试验方法精密度数据确定法

GB/T 9008　液相色谱法术语　柱色谱法和平面色谱法

GB/T 14642—2009　工业循环冷却水及锅炉水中氟、氯、磷酸根、亚硝酸根、硝酸根和硫酸根的测定　离子色谱法

ASTM D5622　用还原高温分解法测定汽油和甲醇燃料中总氧的试验方法（Standard Test Methods for Determination of Total Oxygen in Gasoline and Methanol Fuels by Reductive Pyrolysis）

3　术语和定义

下列术语和定义适用于本文件。

3.1

费托合成　Fischer-Tropsch synthesis

以合成气（CO和H_2）为原料在催化剂（主要是铁系）和适当反应条件下合成以石蜡烃为主的液态燃料的工艺过程。

3.2

费托合成油　Fischer-Tropsch liquids

费托合成工艺过程中生成的以石蜡烃为主的沸点不大于240℃的液态燃料。

3.3

正构低碳酸　low molecular normal alkanoic acids

在本方法中，包括甲酸、乙酸、丙酸、正丁酸、正戊酸五种正构有机酸。

3.4

抑制器　suppressor device

安装在分析柱和检测器之间，用来降低淋洗液中离子组分的检测响应，增加被测离子的检测响应，进而提高信噪比的一种专用装置。

[GB/T 14642—2009，定义 3.5]

4 方法概要

试样用碱性溶液对其进行液液萃取，将目标组分正构低碳酸萃取到碱性溶液中，然后将萃取液导入离子色谱仪中，在淋洗液的带动下经离子色谱柱进行分离，抑制性电导检测器检测，并由色谱工作站采集并记录数据信号。根据离子色谱峰的保留时间定性，峰面积外标法定量。最后根据液液萃取正构低碳酸的萃取效率、试样体积以及离子色谱法测得正构低碳酸的质量浓度计算试样中正构低碳酸的质量浓度。

5 方法应用

5.1 费托合成油最大的优点是无硫、无氮、低芳，属于清洁燃料，由于其特殊的工艺，其产物包括油相和水相，油相组成为烷烃、烯烃及含氧化合物（包括醇、醛、酮、酯、酸）。其中低碳酸类含氧化合物在后续加工过程中，对设备的腐蚀以及后续工艺的结构等都有影响。因此，有必要准确测定费托合成油中低碳酸的含量。

5.2 费托合成油中主要存在的是正构低碳酸，如甲酸、乙酸、丙酸、正丁酸、正戊酸等，异构低碳酸含量相对较低，本标准主要测定费托合成油中五种正构低碳酸的含量。

6 仪器

6.1 离子色谱仪。

6.1.1 分析柱：氢氧化物选择性，可兼容梯度洗脱的高容量阴离子交换柱。

6.1.2 抑制器：连续自动再生膜阴离子抑制器，或等效抑制装置。

6.1.3 检测器：电导检测器。

6.1.4 淋洗液：氢氧化钾或氢氧化钠溶液。

6.2 天平：精确至 0.0001 g。

6.3 移液管：1 mL，5 mL，10 mL。

6.4 分液漏斗：50 mL。

6.5 烧杯：200 mL，500 mL。

6.6 容量瓶：100 mL，1 L。

7 试剂和材料

除另有说明外，所用试剂均为分析纯，水为超纯水：电阻率大于或等于 18.2 MΩ·cm。

7.1 氢氧化钠：优级纯。

7.2 甲酸。

7.3 乙酸。

7.4 丙酸。

7.5 正丁酸。

7.6 正戊酸。

7.7　0.22 μm 水系纤维素微孔滤膜。

8　取样

8.1　按 GB/T 4756 进行取样。
8.2　对于类似汽油馏分的费托合成油试样，应低温（4℃以下）储存，尽快测定。
8.3　费托合成油试样的测定和液液萃取效率的测定应同时进行。

9　准备工作

9.1　溶液的配制

9.1.1　浓度 0.01 mol/L 氢氧化钠溶液：称取 0.4 g（准确至 0.01 g）氢氧化钠，超纯水定容于 1 L 容量瓶中，摇匀备用。
9.1.2　浓度 0.05 mol/L 氢氧化钠溶液：称取 2.0 g（准确至 0.01 g）氢氧化钠，超纯水定容于 1 L 容量瓶中，摇匀备用。
9.1.3　质量浓度 1 g/L 正构低碳酸储备液：分别称取 1 g（准确至 0.0001 g）甲酸、乙酸、丙酸、正丁酸、正戊酸，用 0.01 mol/L 的氢氧化钠溶液（9.1.1）定容于 1 L 容量瓶中，摇匀备用。

9.2　典型离子色谱工作条件

9.2.1　柱温箱温度：30℃。
9.2.2　抑制器电流：仪器推荐电流 90 mA。
9.2.3　检测池：温度 35℃。
9.2.4　淋洗液：氢氧化钾溶液，梯度淋洗。淋洗液 OH^- 浓度变化梯度程序见表 1。

表 1　淋洗液梯度程序

时间/min	OH^-浓度/（mmol/L）
0	5
10	5
25	15
30	30
35	30
40	5

9.2.5　淋洗液流速：1.0 mL/min。
9.2.6　进样体积：60 μL，可根据测试溶液中被测离子含量进行调整。

9.3　离子色谱法工作曲线

9.3.1　在 1 个 100 mL 容量瓶中，加入 10 mL 正构低碳酸储备液（9.1.3），用超纯水定容。该溶液中低碳酸质量浓度为 100 mg/L。
9.3.2　在 6 个 100 mL 容量瓶中，分别加入 0.00 mL、0.50 mL、1.00 mL、2.00 mL、5.00 mL、10.00 mL 质量浓度为 100 mg/L 的正构低碳酸溶液，超纯水定容。离子色谱分析。以正构低碳酸的质量浓度为横坐标，离子色谱峰面积为纵坐标绘制二次方程工作曲线。方程的相关系数 r 达到 0.999 可以使用，否则重新绘制工作曲线。

9.4 液液萃取效率测定

9.4.1 待加标试样的选择：从待测样品中选择用于加标试验的样品：

a）一批待测样品的来源一致，且馏程范围也相近，从中随机选取一个样品作为待加标试样；

b）一批待测样品的来源一致，但馏程范围不同，从中选取馏程居于中间段的一个样品作为待加标试样；

c）待测样品的来源不一致，分批按照上述 a）和 b）选择待加标试样。

9.4.2 质量浓度 750 mg/L 正构低碳酸模拟油样按下述方法配制：

9.4.2.1 质量浓度 15 g/L 正构低碳酸加标试样储备液：分别称取 1.5 g（准确至 0.0001 g）甲酸、乙酸、丙酸、正丁酸、正戊酸，用待加标试样（9.4.1）定容于 100 mL 容量瓶中，摇匀备用。

9.4.2.2 在 100 mL 容量瓶中，加入 5 mL 正构低碳酸加标试样储备液（9.4.2.1），并用待加标试样（9.4.1）定容，摇匀得到正构低碳酸模拟油样，其中正构低碳酸的质量浓度为 M_{si}。

9.4.3 液液萃取处理：

9.4.3.1 待加标试样的液液萃取：取待加标试样（9.4.1）按 10.1 条进行液液萃取，得到待加标试样萃取液 1。

9.4.3.2 正构低碳酸模拟油样的液液萃取：取正构低碳酸模拟油样（9.4.2.2）按 10.1 条进行液液萃取，得到正构低碳酸模拟油样萃取液 2。

9.4.4 离子色谱测定：

9.4.4.1 将待加标试样萃取液 1（9.4.3.1）按照 10.2 条进行处理并离子色谱测定，得到待加标试样萃取液 1 中正构低碳酸的质量浓度 C_{oi}。

9.4.4.2 正构低碳酸模拟油样萃取液 2（9.4.3.2）按照 10.2 条进行处理并离子色谱测定，得到正构低碳酸模拟油样萃取液 2 中正构低碳酸的质量浓度 C_{mi}。

9.4.5 用式（1）计算甲酸、乙酸、丙酸、正丁酸、正戊酸的液液萃取效率 f_i（精确到 0.1%）。

$$f_i=\frac{(C_{mi}-C_{oi})\times V_w}{V_o\times M_{si}}\times 100 \qquad (1)$$

式中：

f_i——甲酸、乙酸、丙酸、正丁酸、正戊酸的萃取效率，以%表示；

C_{mi}——离子色谱测得正构低碳酸模拟油样萃取液 2 中甲酸、乙酸、丙酸、正丁酸、正戊酸的质量浓度，单位为毫克每升（mg/L）；

C_{oi}——离子色谱测得待加标试样萃取液 1 中甲酸、乙酸、丙酸、正丁酸、正戊酸的质量浓度，单位为毫克每升（mg/L）；

M_{si}——正构低碳酸模拟油样中加入的甲酸、乙酸、丙酸、正丁酸、正戊酸的质量浓度，单位为毫克每升（mg/L）；

V_w——液液萃取过程中 0.05 mol/L 的氢氧化钠溶液（9.1.2）体积（见 10.1），单位为毫升（mL）；

V_o——待测试样体积（见 10.1），单位为毫升（mL）。

10 试验步骤

10.1 液液萃取

用移液管准确移取 5 mL（V_o）待测试样于 50 mL 分液漏斗中，移液管准确移取 10 mL（V_w）浓度为 0.05 mol/L 的氢氧化钠溶液（9.1.2），手动振摇分液漏斗，每分钟振摇约 120 下，振摇 5 min，静置半小时，取下层水样为萃取液。同样方法萃取两次。合并萃取液，经 0.22 μm 水系纤维素微孔滤膜

（7.7）过滤，为待测萃取液。

10.2 待测萃取液的离子色谱测定

取待测萃取液（10.1）1 mL，用超纯水定容到 100 mL 容量瓶中，为萃取稀释液。离子色谱测定萃取稀释液中正构低碳酸，依据 9.3 条工作曲线计算萃取稀释液中正构低碳酸的质量浓度。萃取稀释液中正构低碳酸的质量浓度与其稀释倍数相乘得到待测萃取液（10.1）中正构低碳酸的质量浓度 C_i。

如果萃取稀释液中正构低碳酸的质量浓度不在 9.3 条离子色谱的工作曲线范围内，根据萃取稀释液中正构低碳酸的测定值估算待测萃取液（10.1）的稀释倍数，重新取待测萃取液（10.1）进行稀释，保证萃取稀释液中正构低碳酸质量浓度在离子色谱的工作曲线范围内。

10.3 定性

质量浓度为 5 mg/L 的五种正构低碳酸的离子色谱图见图 1。根据保留时间对五种正构低碳酸进行定性，正构低碳酸的保留时间见表 2。图 2 为实际费托合成油样中甲酸、乙酸、丙酸、正丁酸、正戊酸的离子色谱参考图。

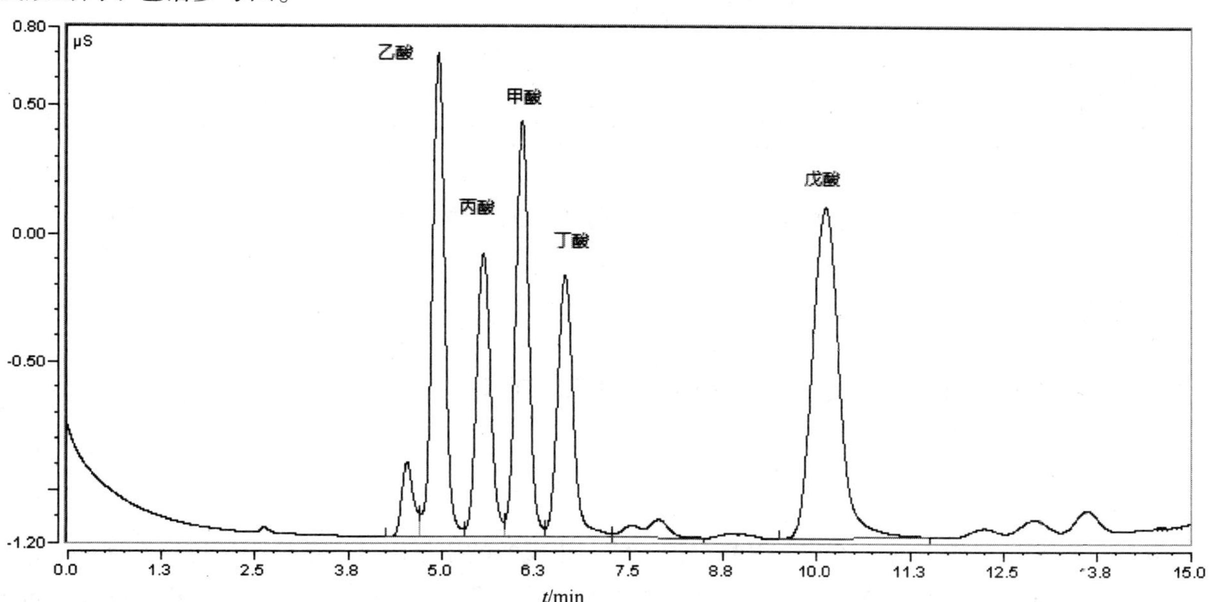

图 1 甲酸、乙酸、丙酸、正丁酸、正戊酸的离子色谱图

表 2 五种正构低碳酸的参考保留时间

峰号	组分 i	保留时间 t_R/min
1	乙酸	4.957
2	丙酸	5.557
3	甲酸	6.073
4	正丁酸	6.650
5	正戊酸	10.123

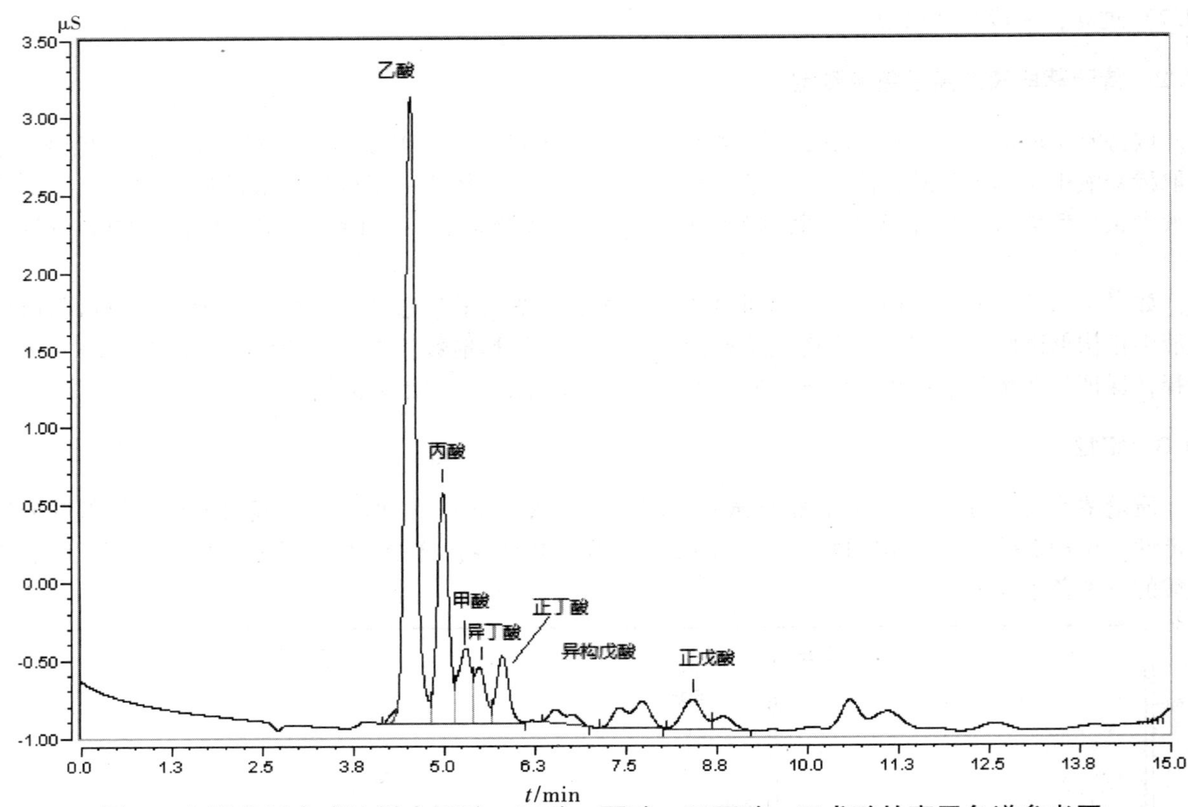

图2　实际费托合成油样中甲酸、乙酸、丙酸、正丁酸、正戊酸的离子色谱参考图

10.4　定量

用式（2）计算试样中甲酸、乙酸、丙酸、正丁酸、正戊酸的质量浓度。

$$M_i = \frac{C_i \times V_w}{V_o \times f_i} \qquad (2)$$

式中：

M_i——待测试样中甲酸、乙酸、丙酸、正丁酸、正戊酸的质量浓度，单位为毫克每升（mg/L）；

C_i——待测萃取液中甲酸、乙酸、丙酸、正丁酸、正戊酸的质量浓度，单位为毫克每升（mg/L）；

V_w——液液萃取过程中 0.05 mol/L 的氢氧化钠溶液（9.1.2）体积，单位为毫升（mL）；

V_o——待测试样体积，单位为毫升（mL）；

f_i——甲酸、乙酸、丙酸、正丁酸、正戊酸的萃取效率，以%表示。

11　报告

报告试样中甲酸、乙酸、丙酸、正丁酸、正戊酸的质量浓度，精确到 0.1 mg/L。

12　精密度和偏差

12.1　精密度

精密度是在 6 个实验室，采用不同的仪器，分别选取正构低碳酸浓度水平在 15 mg/L～1500 mg/

L 的范围内共计 14 个样品进行试验。按照 GB/T 6683 的规定，对试验结果进行统计计算得到的。按照下述规定判断试验结果的可靠性（95%置信水平）。

12.1.1　重复性（r）：同一操作者，使用同一台仪器，在同一操作条件下，对同一试样连续测定正构低碳酸所得两个结果之差不应超过表 3 中 r 值。

12.1.2　再现性（R）：不同实验室工作的不同操作者，采用不同仪器，对同一试样测定正构低碳酸所得的两个单一，独立的试验结果之差不应超过表 3 中 R 值。

表 3　方法的精密度

组分	重复性（r）/（mg/L）	再现性（R）/（mg/L）
甲酸	$0.0597(X_1)^{1.0801}$	$0.1015(X_2)^{1.0803}$
乙酸	$0.2238(X_1)^{0.8563}$	$0.3810(X_2)^{0.8563}$
丙酸	$0.2162(X_1)^{0.8640}$	$0.3681(X_2)^{0.8640}$
正丁酸	$0.1887(X_1)^{0.8416}$	$0.3230(X_2)^{0.8404}$
正戊酸	$0.2380(X_1)^{0.8044}$	$0.4138(X_2)^{0.7994}$
注：X_1——两次重复测定结果的平均值； X_2——两个单一、独立结果的平均值。		

12.2　偏差

由于正构低碳酸仅为本方法定义，且无合适的参考物质，本方法偏差尚未确定。

ICS 75.140
E 44

SH

中华人民共和国石油化工行业标准

NB/SH/T 0934—2016

石油焦中痕量金属元素的测定 波长色散X射线荧光光谱法

Standard test method for determination of trace elements in petroleum coke by wavelength dispersive X-ray fluorescence spectroscopy

2016-12-05 发布　　2017-05-01 实施

国家能源局　发布

前　言

本标准按照 GB/T 1.1—2009 给出的规则起草。

本标准使用重新起草法修改采用美国试验与材料协会标准 ASTM D6376-10《石油焦中痕量金属元素测定的标准实验方法　波长色散 X 射线荧光光谱法》。

为了适合我国国情，本标准在采用 ASTM D6376-10 时进行了修改。本标准与 ASTM D6376-10 的主要技术差异及原因如下：

——在第 2 章“规范性引用文件”中，部分采用我国相应的国家标准和行业标准，提高了可操作性；

——增加了“报告”一章；

——删除了第 14 章关键词，因该内容不属于我国标准的内容。

本标准由中国石油化工集团公司提出。

本标准由全国石油产品和润滑剂标准化技术委员会石油燃料和润滑剂分技术委员会（SAC/TC280/SC1）归口。

本标准起草单位：中国石油化工股份有限公司石油化工科学研究院。

本标准主要起草人：高萍、戴新。

石油焦中痕量金属元素的测定　波长色散 X 射线荧光光谱法

警告：本标准的使用可能涉及某些有危险性的材料、操作和设备，但并未对与此有关的所有安全问题都提出建议。用户在使用本标准之前有责任制定相应的安全和保护措施，并确定相关规章限制的适用性。

1　范围

本标准规定了采用波长色散 X 射线荧光光谱法测定石油焦中痕量金属元素和硫含量的试验方法。

本标准适用于生石油焦或煅烧过的石油焦样品，测定元素及其含量范围列于表 1 中。

本标准的检出限、灵敏度和元素的最佳测量范围会由于样品的基体、光谱仪的类型、分析晶体以及其他的仪器条件和参数的不同而改变。

以元素的形式测定并报告所有痕量金属，表 1 给出了方法的适用元素及其测定范围。如果有足够的标准校准样品制作正确的校准曲线，此方法还适用于表 1 以外的元素或含量范围，但本方法提供的精密度值不适合于超出本方法的测定范围。

表 1　适用的元素质量分数范围

元素	质量分数范围
Na	50 mg/kg～500 mg/kg
Al	50 mg/kg～500 mg/kg
Si	20 mg/kg～500 mg/kg
Ca	20 mg/kg～500 mg/kg
Ti	10 mg/kg～200 mg/kg
V	20 mg/kg～2000 mg/kg
Mn	10 mg/kg～200 mg/kg
Fe	20 mg/kg～1000 mg/kg
Ni	20 mg/kg～500 mg/kg
S	0.10%～7.0%

2　规范性引用文件

下列文件对于本文件的应用是必不可少的。凡是注日期的引用文件，仅所注日期的版本适用于本文件。凡是不注日期的引用文件，其最新版本（包括所有的修改单）适用于本文件。

GB/T 26310.2—2010　原铝生产用煅后石油焦检测方法　第 2 部分：微量元素含量的测定　火焰原子吸收光谱法

SH/T 0313　石油焦检测法

YS/T 587.4—2006　炭阳极用煅后石油焦检测方法　第 4 部分：硫含量的测定

YS/T 587.5—2006　炭阳极用煅后石油焦检测方法　第 5 部分：微量元素的测定

ASTM D346　实验室分析用石油焦样品制样的实用方法（Practice for Collection and Preparation of Coke Samples for Laboratory Analysis）

ASTM D6969　分析用煅烧石油焦样品的准备（Practice for Preparation of Calcined Petroleum Coke Samples for Analysis）

ASTM D6970　分析用煅烧石油焦样品的收集（Practice for Collection of Calcined Petroleum Coke Samples for Analysis）

3　术语和定义

下列术语和定义适用于本文件。

3.1　通用术语和定义

3.1.1

石油焦　petroleum coke

固体，重质油经热裂化过程转化而成的碳质产品。

3.1.2

生石油焦　raw petroleum coke

未煅烧过的石油焦。

3.1.3

煅烧过的石油焦　calcined petroleum coke

生石油焦通过热处理去除易挥发组分并形成晶体结构。

3.1.4

未加工的石油焦　green petroleum coke

同生石油焦。

3.2　专用术语和定义

3.2.1

α 系数　alpha

用于消除干扰的校正因子。

3.2.2

分析样品　analytical sample

从大量的石油焦中取出具有代表性的少量部分并磨细，使之能通过 75 μm 的筛子。

3.2.3

样片　pellet

将样品与粘结剂混合磨匀，然后压制成圆片。

3.2.4

标准校准样品　reference samples

用于校准 X 射线荧光光谱仪的已知含量样品。

4　方法概要

4.1　将具有代表性的石油焦样品在 110℃±10℃ 下干燥至恒重，然后粉碎通过 75μm 的筛子。称取一部分此分析样品与硬脂酸或其他适宜的粘结剂混合，研磨并压制成光滑的适合分析的圆片。此片被

X 射线照射，元素的特征 X 射线被激发，该信号被仪器分离并接收，用于含量计算。测定标准校准样品得到校准方程，被检测到的样品 X 射线强度通过校准方程转化为元素含量。不同的 X 射线光谱仪其校准方程限定的灵敏度和背景有所不同。

4.2 本方法中全部元素的测定都使用 K_{α} 谱线。

5 方法应用

5.1 石油焦中硫及各种金属元素的存在及其含量是确定石油焦用途的主要因素。本方法提供了石油焦样品中硫及痕量金属元素含量的快速检测方法。

5.2 硫含量可以用于评估潜在的大气污染源氧化硫（SO_x）含量。

6 干扰

6.1 检查所有列于表 2 中元素可能存在的光谱干扰。按照制造商提供的操作指南使用 α 校正系数（经验系数）去消除这些干扰。

6.2 使用仪器软件提供的回归方程计算 α 系数，消除元素间的影响。

6.3 样品中硫含量的变化会影响 X 射线强度。因此，考察硫元素对每一个金属元素强度的影响并以适当的方法进行校正。

7 仪器

7.1 天平：感量为 0.01 g。

7.2 压片机：能够产生不低于 276 MPa 的压力。

7.3 研磨机：能够在 10 min 内将 20 g 石油焦制成粒度小于 75 μm 的样品，并且无污染。

7.4 混合器：用于混合样品和粘结剂。

7.5 样品盒：铝制（或其他材质），盛装压片用的样品粉末。

7.6 压片模具：用于将样品粉末压制成适合光谱仪的圆片。

7.7 筛子：75 μm。

7.8 干燥炉：能够保持 110℃±10℃ 的最低温度。

7.9 波长色散 X 射线荧光光谱仪（WDXRF）：配置了用于测定本方法所有元素的 K_{α} 谱线的 X 射线探测器。为了提高灵敏度，仪器应配备以下部件。

7.9.1 分光晶体：根据被检测的元素确定。所选的晶体应同时具备最佳的灵敏度和最低的检出限，标准校准样品和待测样品使用相同的晶体。表 2 给出了推荐使用的晶体。

7.9.2 探测器：适用于所要分析的元素，应包括流气正比计数器和闪烁计数器。

7.9.3 光路：真空

7.9.4 脉冲高度分析器：或其他的能量检测方法。

7.9.5 X 射线管：铬、钼、铂、铑和钨靶以及双靶都适用。钪靶 X 射线管对测定轻元素非常有利。

表 2 仪器操作条件

元素	2θ[a]/（°）	背景[a]/（°）	分光晶体[a]
Na	25.05	26.75，24.35	多层，2d~50A
Al	145.13	143.13	PET

表2 仪器操作条件（续）

元素	2θ[a]/（°）	背景[a]/（°）	分光晶体[a]
Si	144.95	147.05，142.85	InSb
S	110.68	113.18	Ge
Ca	113.08	116.00	LiF（200）
Ti	86.13	84.13	LiF（200）
V	76.93	78.93	LiF（200）
Mn	62.97	60.97	LiF（200）
Fe	57.52	59.02	LiF（200）
Ni	48.66	49.92，47.40	LiF（200）

[a]表中所列的角度和分光晶体是由于其灵敏度为一般行业接受的，是根据所检测的元素确定的。其他仪器操作条件也可以使用，但仅在使用这些条件的情况下才会产生最佳的灵敏度及最小的干扰。应向仪器制造商咨询关于所用仪器的最佳靶材、晶体选择以及测量范围方面的建议。

8 试剂和材料

8.1 试剂的纯度：除另有规定外，所用试剂均为分析纯。

8.2 探测器气体：体积分数为90%的氩气与体积分数为10%甲烷的混合气体。

8.3 粘结剂：硬脂酸，或其他适合的粘结剂，无光谱干扰。

8.4 标准校准样品：涵盖了待测样品中元素范围的石油焦。可从多个来源获得此类标准校准样品。

9 取样和样品制备

9.1 基本假设

本方法检测的石油焦样品应是具有代表性的生石油焦或煅烧过的石油焦。按照SH/T 0313中方法A和ASTM D346、ASTM D6969和ASTM D6970进行取样和制样，待测样品的粒度应小于75 μm。用于本方法的一个待测样品至少应有50 g，以确保有足够的样品量去制备样品，用于所有的分析测试，以及用本方法重复测定硫元素与金属元素含量。

注：如果待测样品与标准校准样品粒度不同，则可能得到错误的数据，应确保待测样品和标准校准样品在相同的条件下进行测定，若待测样品与标准校准样品粒度相差较大，应把待测样品磨碎，使其粒度与标准校准样品相近。

9.2 样品类型

9.2.1 标准校准样品：具有和待测样品相近的成分和物理性质。用回归软件计算元素间的干扰因子时要求标准校准样品有较宽的元素含量范围，元素含量范围应涵盖待测样品中元素含量的预期值。

9.2.2 待测样品：样品中硫元素和金属元素含量待测。

9.3 制备标准校准样品和待测样品

9.3.1 取足量的待测样品在110℃±10℃下干燥到恒重。

9.3.2 称取适量（精确至0.01 g）干燥后的待测样品。

9.3.3 如果石油焦样品不能直接压制成片，按样品与粘结剂质量比 5∶1 加入粘结剂并混匀。粘结剂与石油焦的比例在标准校准样品和待测样品中应该相同。

9.3.3.1 适当的研磨时间取决于粘结剂和石油焦的类型，研磨后的粉末要能通过 75μm 的筛子。更长的研磨时间会影响元素的 X 射线强度。对研磨时间进行充分的考察优化是非常重要的。

注：样品制备过程（包括样品质量、粘结剂质量及比例、研磨过程等等）都应该遵循精确的原则，包括所有的待测样品和标准校准样品。即使一个小小的改变也需要按改变后的流程制备全套标准校准样品。全部标准校准样品及分析样品应精确地用相同方法制备。所有称重精确到 0.01 g。

9.3.4 把样品盒放入模具中，然后放到压片机上。样品盒中装入足够的混合物粉末，最高不超过样品盒边沿。用一把小平铲将混合物粉末弄平直至与样品盒边沿齐平。

9.3.5 施加足够的压力以获得一个稳定的样片。持续足够的时间使压力到达约 276 MPa（约 5000 kg）并至少保持 5 s。

9.3.6 缓慢地释放压力，并将样片从模具中取出。

警告：缓慢地释放压力，防止压力表受到损坏。

9.3.7 检查样品片的表面，确保其光滑、无裂缝。圆柱形片应该是 3 mm~7 mm 厚。

9.3.8 样品片太薄时，重复 9.3.2~9.3.7 的内容，增加石油焦样品量。

9.3.9 用干净的布或者纸巾清理样品盒的外表面。正确地标记并保持干燥以便保存样片。

9.3.10 用上述方法制备并保存的未使用过样片可以保持稳定状态多年。标准校准样品片可以经常用来校准仪器。如果使用过的参考样品片中任何一个元素的观察结果变化超过质量分数 3%（硅超过质量分数 10%）时，应该重新制备样片。如果偏差仍然存在，应重新校准仪器。

10 仪器的准备

10.1 根据仪器的操作说明对 XRF 仪器进安装调试，使其处于正常状态。

10.2 遵循仪器的控制设置和操作规程。

10.3 测量峰和背景强度：在完成全部标准校准样品的测定和已知灵敏度的情况下确定计数时间。根据标准校准样品确定计数时间的方法如下：

10.3.1 计数时间按式（1）得出：

$$\text{相对误差}(\%)=100/(T_t)^{1/2}\{1/[(R_p)^{1/2}-(R_b)^{1/2}]\} \quad \cdots\cdots (1)$$

式中：

T_t——峰和背景总计数时间。T_t可以像其他条件一样计算出来（无论是已知的还是测量的）；

R_p——峰的计数率；

R_b——背景的计数率。

10.3.2 按式（2）估计出的峰和背景计数时间：

$$T_p/T_b=(R_p/R_b)^{1/2} \quad \cdots\cdots (2)$$

式中：

T_p——峰的计数时间；

T_b——背景计数时间；

R_p和 R_b——用于反映强度数据的数值，这个强度是从中到低含量的标准校准样品中获得的。

11 标准校准样品和校准

11.1 用于校准的样品

11.1.1 校准用的标准校准样品可以购买或自制。

注：建议使用符合 YS/T 587.4—2006 要求的方法制备测硫的标准校准样品，用符合 YS/T 587.5—2006 或 GB/T 26310.2—2010 要求的方法制备测定金属的标准校准样品。

11.1.2 标准校准样品的含量范围应涵盖分析样品的含量范围。校准样品的最少数量按式（3）计算：

$$样品数=3(2+N) \quad (3)$$

式中：

N——回归方程中校正系数的个数。

11.1.2.1 校准样品太少可能使得线性超出限定范围，比如硫和钒，两者之间高度相关。

11.2 校准

11.2.1 使用第 12 章的步骤收集数据。

11.2.2 硫的校正因子，斜率，校准曲线的截距是通过 XRF 光谱仪软件的回归计算或式（4）给出的类似模型获得的。

$$C_i=(D_i+E_iR_i)(1+\alpha_{is}C_s) \quad (4)$$

式中：

C_i——分析元素 i 的含量。

D_i——元素 i 校准曲线的截距。

E_i——元素 i 校准曲线的斜率。

R_i——元素 i 的测量净强度。

α_{is}——硫对分析元素 i 的基体校正系数。

C_s——硫含量。

11.2.3 每一种金属元素都应该计算斜率、截距和硫的校正系数。

11.2.4 硫的校正系数 α_{is} 也可用特定的软件进行计算。

11.2.5 用稳定的样品片（监控样）定期监测仪器漂移。漂移系数发生的变化超过±10%，表明仪器发生了重大变化或者出现问题，必须要检查并再进行校准。每个元素的漂移因子 d 是按式（5）计算的：

$$d=R_1/R_n \quad (5)$$

式中：

R_1——校准步骤中测得的监控样强度。

R_n——测量未知样品时测得的监控样强度。

12 试验步骤

12.1 把待测样品片放入仪器的专用样品盒并放入 XRF 光谱仪。避免接触，否则可能污染样品表面。

12.2 光路抽真空。

12.3 从表 2 或合适的资料中找到测定角度，在此条件下收集强度数据。

12.4 调节流气正比计数器的脉冲高度识别区。

通过数据收集和计算软件得到计算结果，再通过第 11 章中的校正方程获得分析结果，计算过程存储在计算机中。

13 报告

报告从第 12 章中得到的试样分析结果，金属含量精确至质量分数 1 mg/kg，硫含量精确至质量分数 0.01%。

14 精密度和偏差

14.1 精密度

按下述规定判断试验结果的可靠性（95%置信水平）。

14.1.1 重复性

同一个操作者，在同一实验室，使用同一台仪器，对同一试样进行连续测定，所得两个试验结果之差不应超过表 3 中的数值。

14.1.2 再现性

由不同的操作者，在不同的实验室，使用不同的仪器，对同一试样进行测定，所得两个单一和独立的试验结果之差不应超过表 3 中的数值。

14.2 偏差

由本方法得到的分析结果与实际值间的差别没有超过方法的再现性。

表 3 重复性与再现性

元素	重复性质量分数	再现性质量分数
Na	26 mg/kg	36 mg/kg
Al	8 mg/kg	11 mg/kg
Si	45 mg/kg	66 mg/kg
Ca	9 mg/kg	11 mg/kg
Ti	2 mg/kg	2 mg/kg
V	24 mg/kg	32 mg/kg
Mn	2 mg/kg	3 mg/kg
Fe	19 mg/kg	28 mg/kg
Ni	10 mg/kg	14 mg/kg
S	0.12%	0.22%

ICS 75.100
E 34

SH

中华人民共和国石油化工行业标准

NB/SH/T 0935—2016

在用石油基和烃基润滑油磺化状态监测傅里叶变换红外光谱（FT-IR）趋势分析法

Standard practice for condition monitoring of sulfate by-products in in-service petroleum and hydrocarbon based lubricants by trend analysis using Fourier transform infrared (FT-IR) spectrometry

2016-12-05 发布　　　　2017-05-01 实施

国家能源局　发布

前　言

本标准按照 GB 1.1—2009 给出的规则起草。

本标准修改采用美国材料与试验协会标准 ASTM D7415-09《在用石油基和烃基润滑油磺化状态监测傅里叶变换红外光谱（FT-IR）趋势分析法》。

本标准与 ASTM D7415-09 的主要差异如下：

——引用标准采用我国现行的国家标准和行业标准；

——删除了引用标准 ASTM E131 分子光谱学相关术语；

——精密度文字表述按我国习惯进行改写。

本标准将 ASTM 编排格式修改为符合我国标准的编排格式，并在语言文字上进行了编辑性修改。

本标准由中国石油化工集团公司提出。

本标准由全国石油产品和润滑剂标准化技术委员会润滑油换油指标分技术委员会（SAC/TC280/SC6）归口。

本标准起草单位：中国石油天然气股份有限公司兰州润滑油研究开发中心。

本标准参加起草单位：中国石化润滑油有限公司上海研发中心。

本标准主要起草人：郎需进、周亚斌、李源春、唐友云、丁义丽。

本标准为首次发布。

在用石油基和烃基润滑油磺化状态监测
傅里叶变换红外光谱（FT-IR）趋势分析法

警告：本标准涉及某些可能有危险性的材料、操作和设备，但无意对与此有关的所有安全问题都提出建议。因此，用户在使用本标准之前应建立适当的安全和保护措施，并确定相关规章限制的适用性。

1 范围

1.1 本标准适用于监测硫含量大于 500 μg/g 的在用石油基和烃基柴油发动机曲轴箱油等发动机油的磺化值。本标准不适用于使用低硫燃料设备的在用油磺化值监测。
1.2 本标准采用 FT-IR 光谱监测在用石油基和烃基润滑油的磺化值的逐渐增加量，作为一项判断机械操作的参数。磺化产物来源于含硫燃料的燃烧或含硫基础油、添加剂的氧化。本测试方法快速、简单，通过测量石油基和烃基润滑油中磺化产物水平来帮助诊断机械的运行状态。
1.3 润滑油和在用油样品的 FT-IR 光谱数据的采集参见 NB/SH/T 0911。本标准提供了直接趋势分析法和差谱（光谱差减）趋势分析法两种测量磺化值的方式。
1.4 本标准仅为一种基于石油基和烃基润滑油磺化光谱差异的趋势分析方法，警告值或界限值可以通过设定固定最小值或变化率来实现。
1.4.1 对于直接趋势分析，测量值由样品吸收光谱读出，以吸光度/0.100 mm 为单位报告。
1.4.2 对于差谱趋势分析，测量值由差谱（在用油与参比油进行光谱差减获得的光谱）读出，以 100 ×吸光度/0.100 mm（吸光度/cm）为单位报告。
1.4.3 任何情况下，都必须根据统计分析、相同或相似设备的历史、循环测试或者结合其他与磺化值相关的反映设备运行状况的方法来确定设备维修限值。

注：对任何机械设备建立或推荐正常的、警告的、预警或报警的限值不是本标准的目的，该限值的建立应结合设备生产商和维修团队的建议及指导。

1.5 本标准适用于石油基和烃基润滑油，不适用于酯基润滑油，包括多元醇酯或磷酸酯。
1.6 本标准采用国际单位制（SI）单位。

2 规范性引用文件

下列文件对于本文件的应用是必不可少的。凡是注日期的引用文件，仅所注日期的版本适用于本文件。凡是不注日期的引用文件，其最新版本（包括所有的修改单）适用于本文件。

GB/T 265 石油产品运动黏度测定法和动力黏度计算法

GB/T 4945 石油产品和润滑剂酸值和碱值测定法（颜色指示剂法）

GB/T 11137 深色石油产品运动黏度测定法（逆流法）和动力黏度计算法

GB/T 17476 使用过的润滑油中添加剂元素、磨损金属和污染物以及基础油中某些元素测定法（电感耦合等离子体发射光谱法）

SH/T 0251 石油产品碱值测定法（高氯酸电位滴定法）

SH /T 0688 石油产品和润滑剂碱值测定法（电位滴定法）

NB/SH/T 0853 在用润滑油状态监测法 傅里叶变换红外（FT-IR）光谱趋势分析法

NB/SH/T 0907 在用石油产品和烃基润滑油中磷酸盐（酯）抗磨剂状态监测试验法 傅里叶变换红外光谱法

NB/SH/T0911 在用油状态监测用傅里叶变换红外（FT-IR）光谱仪的设置和操作规程

NB/SH/T 0931 在用石油基和烃基润滑油氧化状态监测 傅里叶变换红外光谱（FT-IR）趋势分析法

ASTM D6304 石油产品和润滑油及添加剂中水分测定 卡尔·费歇尔库仑滴定法

3 术语和定义

NB/SH/T 0911 界定的以及下列术语和定义适用于本文件。

机械状态 machinery health

机器的零部件、部件和整机的运行状况的定性表达。用于表达维修和操作的建议或要求，以便决定机器是否继续运行、制定维修时间或立即维修。

4 方法概要

本标准采用 FT-IR 光谱监测在用石油基和烃基润滑油的磺化值。在用油 FT-IR 光谱的采集按照 NB/SH/T 0911 中制定的直接趋势分析或差谱趋势分析法获得，并采用峰高或峰面积描述磺化值的水平。

5 意义和应用

润滑油和燃料中的硫氧化生成的硫酸盐物质可以导致油品的衰变，磺化值的增长可以作为这种衰变的一种指示。磺化值还可以指示润滑油中一些抗磨、极压等关键添加剂的分解或氧化。并且，由于窜气进入润滑油的氧化态硫消耗高碱值添加剂生成磺化产物，因此磺化值也能反映发动机窜气问题。可见，润滑油磺化值可作为判断机械状态是否健康和添加剂耗解水平的重要参数，当然应考虑与其他反映润滑油状态的评估参数的结合。如用于磨损金属分析的原子发射（AE）和原子吸收（AA）光谱（例如 GB/T 17476），润滑油的理化性质测试方法（例如 GB/T 265、GB/T 11137、GB/T 4945、SH /T 0688 和 SH/T 0251）以及硝化状态（NB/SH/T 0853）、氧化状态（NB/SH/T 0931）、添加剂耗解（NB/SH/T 0907）和外部污染物（NB/SH/T 0853）等其他的 FT-IR 分析方法。

6 干扰因素

6.1 含有清净剂、分散剂、破乳剂和高碱值添加剂的多种复合剂将对磺化值的测定产生干扰。

6.2 酯、多元醇、乙二醇和双醇类物质对磺化值的测定产生干扰。

6.3 氧化产物是干扰磺化值测定的一个重要因素，这正是本方法不能测定低硫燃料产生的低水平磺化值的原因。

7 仪器

7.1 傅里叶变换红外光谱仪及其装配的样品池、过滤器（可选）和泵送系统（可选）参见标准 NB/SH/T 0911。

7.2 FI-IR 光谱采集参数：根据标准 NB/SH/T 0911 设定 FT-IR 光谱采集参数。

8 取样

按照标准 NB/SH/T 0911 中相关条款的规定对在用油和参比油（仅在差谱趋势分析中需要）进行取样。

9 仪器的准备和维护

9.1 按照标准 NB/SH/T 0911 中相关条款的规定冲洗样品池、管路和过滤器。
9.2 按照标准 NB/SH/T 0911 中相关条款的规定测定样品池的光程。

10 操作步骤

10.1 按照标准 NB/SH/T 0911 中相关条款的规定采集背景光谱。
10.2 差谱趋势分析：按照标准 NB/SH/T 0911 中相关条款的规定采集参比油的吸收光谱。
10.3 按照标准 NB/SH/T 0911 中相关条款的规定程序采集在用油的吸收光谱。
10.4 数据处理：按照标准 NB/SH/T 0911 的规定，将所有数据的光程标准化为 0.100mm。

11 计算

11.1 磺化值的计算

11.1.1 方法 A（直接趋势分析）：采用直接趋势法计算磺化值时，光谱测量的面积和基线点见表 1。图 1 举例说明了柴油机曲轴箱油光谱中磺化值的面积测量方式。

表 1 石油基和烃基润滑油的磺化值测量参数

方法	测量/cm^{-1}	基线点/cm^{-1}
方法 A（直接趋势分析）	1180~1120 区间的积分面积	2200~1900 和 650~550 最小吸收波数点
方法 B（差谱趋势分析）	1150 处峰高	单点基线，1950 处

11.1.2 方法 B（差谱趋势分析）：采用差谱趋势法计算磺化值时，光谱测量的面积和基线点见表 1。图 2 举例说明了差谱趋势分析法测量柴油机曲轴箱油磺化值的方式。

11.2 样品残留

为了防止样品的交叉污染（样品携带量达到最小），用少量的下一个样品或易挥发的溶剂冲洗前一个样品。冲洗效果通过以下方式评估：连续分析一个低磺化值水平的油样 A（L_1，例如，新油）和一个高磺化值水平的油样 B（H_1），接着再分析一次低磺化值水平的油样 A（L_2），按式（1）计算残留百分含量（PC），PC 值应小于 5%。

$$PC=\frac{L_2-L_1}{H_1}\times 100 \qquad (1)$$

式中：

L_1、H_1 和 L_2——以指定顺序操作所测量的油样磺化值水平。

注：一般采用石油醚等溶剂清洗样品池后再采用以上操作步骤和公式进行样品冲洗效果评估。

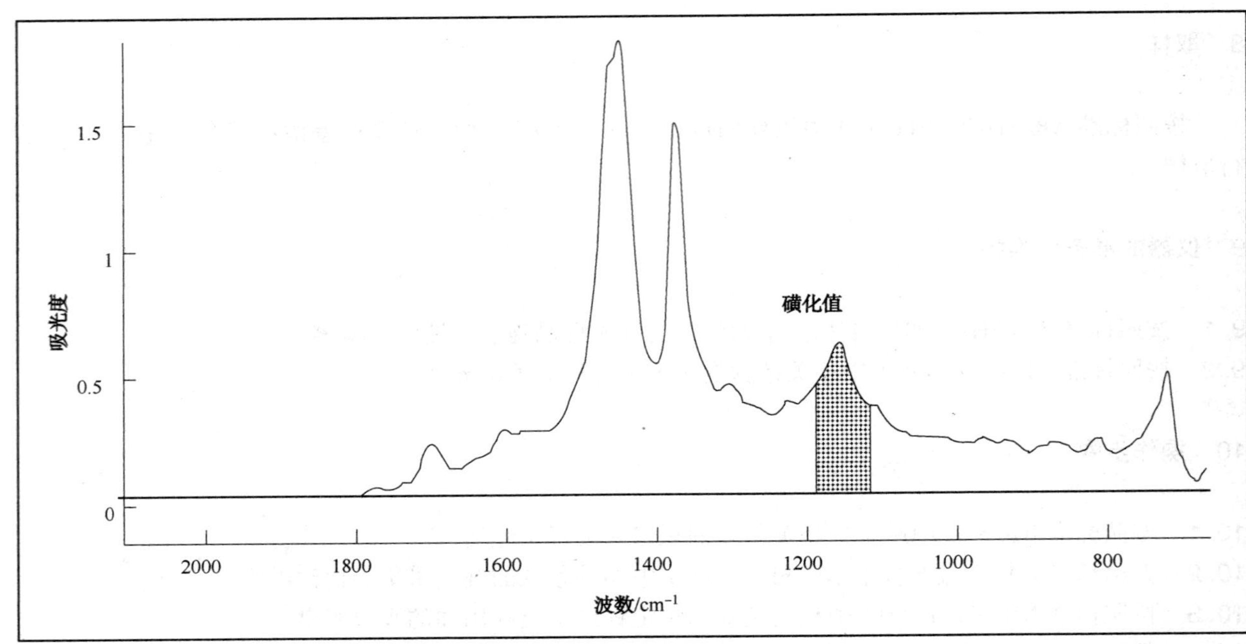

图 1　直接趋势法测量柴油机曲轴箱油的磺化值（方法 A）

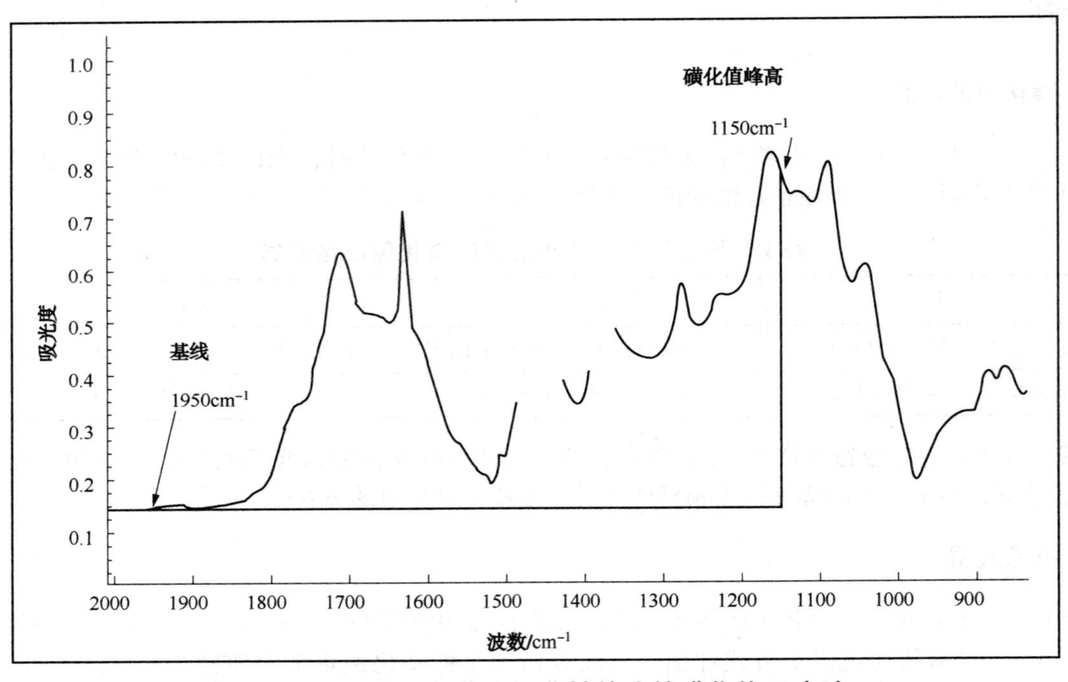

图 2　差谱趋势法测量柴油机曲轴箱油的磺化值（方法 B）

12　报告

12.1　方法 A（直接趋势分析）：测量值以吸光度/0.100 mm 为单位报告。

12.2　方法 B（差谱趋势分析）：测量值以吸光度/cm 为单位报告，计算方法如下：

$$A = A_0 \times 100 \qquad (2)$$

式中：

A——磺化值，吸光度/cm；

A_0——磺化值，吸光度/0.100mm。

12.3 趋势：在润滑油使用寿命期间，按照既定时间间隔记录和报告测量数据。理论上，测量的磺化值需与新油进行比较，绘出磺化值随时间的相对变化趋势，以确定何时换油。当然，其他参数有可能指示出更早的换油时间。取样和报告时间间隔取决于机械的类型和与该参数相关的历史经验。

12.4 统计分析和界限值：对于统计分析和设定界限值，参考标准 NB/SH/T 0853 附录 C“分布图和统计学分析”。

12.5 润滑油配方的影响：润滑油配方对磺化值存在影响，不同配方润滑油的磺化值无法进行比较。磺化值的测定结果应相对于相同配方的新油测定值进行说明，或直接与历史样品值进行趋势分析。

13 精密度和偏差

13.1 精密度：本标准的精密度未通过实验室间研究确定。暂定检验方法重复性的方式为：同一个操作者在给定实验室中采用相同的测试方法并使用同样的仪器设备在较短的实验间隔内采用正确的操作方法进行重复试验，获得的重复性结果不应超过以下数值（95%置信水平）：

重复性=0.30 吸光度 单位/0.100 mm（直接趋势分析）

重复性=0.31 吸光度 单位/cm（差谱趋势分析）

13.2 偏差：本标准方法无偏差。因为磺化值水平只能用本标准方法进行测定，没有其他可用的参考方法或参考值。

14 关键词

状态监测；差谱趋势分析；直接趋势分析；傅里叶变换红外；FT-IR；烃基润滑油；在用润滑油；红外；IR；润滑油；磺化副产物

ICS 75.140
E 38

SH

中华人民共和国石油化工行业标准

NB/SH/T 0936.1—2016

未使用和使用过的绝缘液中腐蚀性硫化物的测定 第1部分：二苄基二硫醚（DBDS）测定法

Test methods for quantitative determination of corrosive sulfur compounds in unused and used insulating liquids—
Part 1: Test method for quantitative determination of dibenzyldisulfide (DBDS)

（IEC 62697-1：2012，MOD）

2016-12-05 发布 2017-05-01 实施

国家能源局 发布

目　次

前　言

本部分按照 GB/T 1.1—2009 给出的规则起草。

NB/SH/T 0936《未使用和使用过的绝缘液中腐蚀性硫化物的测定》分为三个部分：

——第 1 部分：二苄基二硫醚（DBDS）测定法；

——第 2 部分：总腐蚀性硫（TCS）测定法；

——第 3 部分：总硫醇和二硫化物（TMD）及其他目标腐蚀性硫化物的测定法。

本部分为 NB/SH/T 0936 第 1 部分。

本部分使用重新起草法，修改采用 IEC 62697-1：2012《定量测定未使用和使用过的绝缘液中腐蚀性硫化物的试验方法第 1 部分：定量测定二苄基二硫醚（DBDS）的试验方法》编制。

本部分在资料性附录 A 中列出了本部分章条编号与 IEC62697-1：2012 章条编号对照一览表。

本部分与 IEC 62697-1：2012 的主要差异及原因如下：

——在规范性引用文件中删除了引用标准 IEC 62535：2008，因本部分中未涉及；将部分引用标准改为采用我国相应国家标准；

——删除了第 3 章与本部分无关的术语和定义；

——增加了 SCD 检测器介绍（6.6），同时在标准相应处增加了 SCD 检测器参数设定、响应因子测定及结果计算；

——增加了氢气（8.6）和空气（8.7）纯度的要求；

——增加了典型 ECD 检测器操作参数（10.4）；

——增加了加标试样的制备（12.2）；

——增加了 B.5，用 GC-SCD 获得的白矿油和矿物绝缘油中 DBDS 和 DPDS（内标物）的色谱图。

本部分由中国石油化工集团公司提出。

本部分由全国石油产品和润滑剂标准化技术委员会石油燃料和润滑剂分技术委员会（SAC/TC280/SC1）归口。

本部分起草单位：中国石油天然气股份有限公司兰州润滑油研究开发中心。

本部分参加起草单位：中国石油克拉玛依石化公司炼油化工研究院、广东电网有限责任公司电力科学研究院。

本部分主要起草人：马利花、马书杰、王鹏、王毅、钱艺华、赵小峰、罗翔、峦立新、陈天生。

本部分为首次发布。

引　言

硫以各种形式存在于绝缘液中，包括元素硫，有机硫化物和无机硫化物。由于不同异构体及其衍生物的存在，硫化物的数量可达数百种。绝缘液中总硫浓度取决于油源，炼油工艺，精制深度及包含在基础油中的添加剂的剂型。基础油包括矿物石蜡基和环烷基油，天然气液化工艺（GTL-费托工艺）合成异构石蜡基油，酯类，聚 α 烯烃，聚烯烃基乙二醇等。添加剂有抗静电添加剂，金属减活剂，金属钝化剂，酚类或硫类抗氧剂如多硫化物，二硫化物，二苄基二硫醚（DBDS）等。

绝缘液中某些硫化物表现出很好的抗氧化性能和金属钝化性能，且没有腐蚀现象发生。但有些硫化物会与金属表面反应。尤其硫醇类硫化物对电气设备的金属部件会产生很强的腐蚀性。这些腐蚀性硫的存在已经导致运行数十年的发电，输电，配电电气设备发生故障。因此，国内外矿物绝缘油标准（如 GB 2536）都不允许腐蚀性硫化物存在，尤其是在 IEC 60296—2012 标准中要求 DBDS 未检出。

近年来，腐蚀性硫的不利影响与高腐蚀性硫化物 DBDS 的出现有关。已经在某些矿物绝缘油中发现该化合物的存在；在变压器正常运行条件下，DBDS 的存在会使铜表面形成硫化铜。

现行的测定未使用和使用过的绝缘油中腐蚀性硫（SH/T 0304，GB/T 25961，SH/T 0804）和潜在腐蚀性硫的标准测试方法（DL/T 285）均为经验方法且只是定性。这些方法主要依赖于肉眼观察和与色板的主观判断。关于绝缘液中 DBDS 或其他腐蚀性硫化物的浓度均无定量结果。

此外，绝缘液中腐蚀性硫和潜在腐蚀性硫的检测方法（GB/T 25961 和 DL/T 285）只适用于不含金属减活剂的矿物绝缘油，否则当绝缘液中有腐蚀性硫化物存在时会产生假阴性结果——从而提供错误试验结果。另一方面，当用于年久的绝缘油时（如有相对高的酸值），这些方法可能给出引起歧义的结果，导致假阳性试验结果。因此需要对绝缘液进行进一步的分析，如 DL/T 285 规定对绝缘纸结果解释存在任何疑问时，需用其他方法分析沉积物的组成（如配有能谱分析的扫描电镜 SEM-EDX）。

因此，IEC TC10 WG 37 组成立，制定未使用和使用过的绝缘液中腐蚀性硫化物的准确定量检测方法。鉴于测定的复杂性，该标准分成三个部分：

第 1 部分——二苄基二硫醚（DBDS）测定法。

第 2 部分——总腐蚀性硫（TCS）测定法。

第 3 部分——总硫醇和二硫化物（TMD）及其他目标腐蚀性硫化物的测定法。

未使用和使用过的绝缘液中腐蚀性硫化物的测定
第1部分：二苄基二硫醚（DBDS）测定法

警告：本标准涉及某些有危险性的材料、操作和设备，但是无意对与此有关的所有安全问题都提出建议。因此，使用者在应用本标准之前应建立适当的安全和保护措施，并确定相关规章限制的适用性。

1 范围

本部分规定了定量测定绝缘液中腐蚀性硫化物二苄基二硫醚（DBDS）的试验方法。

本部分适用于测定未使用和使用过的绝缘液，二苄基二硫醚（DBDS）浓度范围为5 mg/kg~600 mg/kg。

2 规范性引用文件

下列文件对于本文件的应用是必不可少的。凡是注日期的引用文件，仅注日期的版本适用于本文件。凡是不注日期的引用文件，其最新版本（包括所有的修改单）适用于本文件。

GB/T 7597 电力用油（变压器油、汽轮机油）取样方法

3 术语和定义

下列术语和定义适用于本文件。

3.1

添加剂 additive

为提高某些性能，人为添加到矿物绝缘油中的化学物质。

注：添加剂包括：抗氧剂、降凝剂、带电倾向抑制剂如苯并三氮唑（BTA）、金属减活剂或钝化剂、抗泡剂、精炼过程改进剂等。

3.2

原子发射检测器 atomic emission detector，AED

以微波诱导等离子体作激发光源，同时检测由此产生的原子光谱，可定量测定由气相色谱色谱柱中洗提出的杂原子化合物。

注：AED可提供杂原子谱图，如复杂试样绝缘液的“指纹图谱”。

3.3

污染物 contaminants

对绝缘液或绝缘气的某一个或多个性能有害的外来杂质。

3.4

腐蚀性硫 corrosive sulfur

在标准化条件下，使金属如铜与绝缘液接触，所检测到的单质硫或腐蚀性硫化物。

3.5

二苄基二硫醚 dibenzyl disulfide，DBDS

含有两个苄基的芳香基二硫化物，分子式为 $C_{14}H_{14}S_2$，相对分子质量为246，熔点为71℃~72℃。

3.6

二苯基二硫醚　diphenyl disulfide，DPDS

含有两个苯基的芳香族二硫化物，分子式为 $C_{12}H_{10}S_2$，相对分子质量为 218，熔点为 61℃～62℃。

3.7

电子捕获检测器　electron capture detector，ECD

用于定量检测高电子亲和性物质如多氯芳烃，硝基芳香化合物及芳香基二硫化物等化合物的装置，且这些化合物以很低的浓度从气相色谱仪中流出。

注：ECD 内有放射性电离源（如^{63}Ni）或光离子化产生的热电子（如氦放电-HD 或光化电离-PID）。

3.8

火焰光度检测器　flame photometric detector，FPD

检测器用于含硫化合物在冷氢或空气火焰中燃烧时，生成激发态 S_2，其发射出的波长为 394nm 的特征光可经干涉滤光片和光电倍增管后检测。

3.9

内标物　internal standard，IS

与某待测物化学性质（化学结构—极性）相似，能用于解析待测物的物质。

注：将一定量的内标物同时加到试样和标样中，以使其浓度相同。

3.10

气相色谱仪　gas chromatograph，GC

用于分离混合物中挥发和半挥发化合物的设备，载气通过色谱柱使其以不同速度先后气化（且不分解）带出。

3.11

质谱仪　mass spectrometer，MS

用于电离中性化学物质，并且依据不同质荷比将离子碎片分离的装置。

注：可以用于测定复杂混合物，如绝缘液中目标化合物的浓度。

3.12

硫醇和二硫化物　mercaptans（thiols）and disulfides

含硫氢键（—SH）官能团的腐蚀性有机物；二硫化物是指含一对 S 原子（S—S 双硫键）的腐蚀性化合物。

3.13

潜在腐蚀性硫　potentially corrosive sulfur

绝缘油中可能会导致形成硫化铜的有机硫化物。

注：这类化合物可能初期即具腐蚀性，或在一定运行条件下变为具有腐蚀性。

3.14

硫化学发光检测器　sulfur chemiluminescence detector，SCD

该检测器使用双等离子燃烧器，使含硫化合物燃烧生成一氧化硫（SO）。

注：光电倍增管可以检测到 SO 与臭氧化学发光反应时产生的光。且与硫化合物成线性等摩尔数响应，大部分试样基质对此检测无干扰。

3.15

串联质谱仪　tandem mass spectrometer，MS/MS

系统可对母离子进行选择，且母离子能裂解产生特征碎片离子。

注：碎片离子检测可对无基体干扰的复杂试样中的目标化合物进行定量。

3.16

总腐蚀性硫　total corrosive sulfur，TCS

在一定运行条件下，绝缘液中所有与金属如铜反应的单质硫和含硫化合物中硫的总和。

3.17

总硫　total sulfur，TS

绝缘液中存在的所有单质硫和含硫化合物的总和。

3.18

未使用的矿物绝缘油　unused mineral insulating oil

供应商交付的矿物绝缘油。

注：未投入使用，且未与生产，存储或运输无关的电气设备有过任何接触的油。未使用绝缘油的生产商和供应商要尽可能采取一切预防措施以确保油品不被多氯联苯或三联苯（PCBs，PCTs），运行油，回收油，脱氯油或其他污染物污染。

3.19

光离子化检测器　Photo Ionization Detectors，PID

依靠入射光子能量和化学物质的电离能，PID 对化学物质的离子化信号具有选择性。

4　方法概要

4.1　试样用合适的溶剂以大约 1∶20（质量比）比例稀释，加入一定量内标物如 DPDS 后，注入气相色谱仪的分流/不分流进样器中，该气相色谱仪配有合适的检测器，包括电子捕获检测器（ECD），原子发射检测器（AED），硫化学发光检测器（SCD），火焰光度检测器（FPD），质谱仪 MS 或串联质谱仪（MS/MS）。

4.2　使用合适的色谱柱如（30 m～60 m）×0.25 mm（内径）的熔融石英柱，以 5%聚苯基硅氧烷和 95%甲基聚硅氧烷或其他适合的固定相，以氦气或其他适合气体做载气，分离试样中的 DBDS（如有）和 DPDS。通过合适温度范围程序升温有利于试样分离。DBDS 由检测器检测，由内标物定量。

注：也可使用其他合适的检测器如原子发射检测器（AED），火焰光度检测器（FPD），串联质谱仪（MS/MS）。不过在精密度验证中未使用这些检测器。

5　方法应用

5.1　本方法用于分析检测绝缘液中的 DBDS。DBDS 是芳香基有机硫化物，可能会存在于绝缘液中，有利于提高绝缘液体的氧化安定性。然而，DBDS 会与变压器、电抗器或其他类似设备中的铜或其他金属反应生成硫化铜或其他金属硫化物，因此，这类化合物被归为潜在腐蚀性硫。

5.2　矿物绝缘油中发现的 DBDS 浓度范围为 5 mg/kg～600 mg/kg，但是对于污染或由于与铜或其他金属反应消耗后，DBDS 的浓度也可能会超出此范围。本方法用于检测和定量未使用和使用过的绝缘液中 DBDS 的浓度。

6　干扰

6.1　共洗脱化合物

用气相色谱柱分离后采用检测器定量，测定 DBDS 含量时所遇到的干扰，因所采用的检测器的不同而不同。

6.2　电子捕获检测器 ECD

ECD 具有高灵敏度高选择性，对于高电子亲和性的挥发和半挥发化合物有响应。由于其对某些化合物包括卤代烃，有机金属化合物，腈类或硝基化合物及二硫化物的高灵敏度和选择性，ECD 得到了广泛的认可和使用。特别是绝缘液中存在多氯联苯（PCBs）时会产生干扰，这种情况下需使用其他检测器。

6.3 原子发射检测器 AED

AED 对气相色谱仪分离后的挥发和半挥发化合物有响应，这类化合物含有碳原子和杂原子，包括硫、氮、氧和卤素（氟、氯、溴、碘）。因此 AED 可提供复杂混合物如绝缘液中的碳原子和杂原子的指纹图谱。AED 可以最小的干扰定量测定部分添加剂及其同系物，也可用于通过图谱识别来鉴定其原料和结构。干扰因素来源于共洗脱硫化合物。

6.4 质谱仪 MS

质谱具有高灵敏度和高选择性，对挥发半挥发化合物有响应。因其对许多种类化合物都具有高灵敏度和选择性而得到了广泛的认可及应用。从气相色谱流出的化合物产生 m/z 为 246 或 m/z 为 218 的离子碎片，如果其保留时间与 DBDS 和 DPDS（IS）相近时，则会对测定有干扰。

6.5 串联质谱仪 MS/MS

MS/MS 是高灵敏度检测器，对从气相色谱仪分离得到的目标挥发和半挥发化合物具有更高的特征性。它可将由复杂基质引起的背景干扰最小化，增强定量检测绝缘液体中的 DBDS，其他化合物及它们的同分异构体和同系物的准确度。该检测器具有最大程度的抗干扰响应。

6.6 硫化学发光检测器 SCD

SCD 是目前分析硫化物最灵敏和最具选择性的色谱检测器。SCD 使用双等离子体燃烧室使含硫化合物在高温下燃烧生成一氧化硫（SO）。光电倍增管检测由一氧化硫和臭氧发生连续化学发光反应而产生的光。可产生线性、等摩尔的硫化物响应，大部分试样基质都不会对其产生干扰。

6.7 基质干扰

绝缘液基质由烃类组成，且 ECD 对其响应值不大，因此，在 GC-ECD 中基质干扰应该很低。AED 对有机化合物中的杂原子具有高选择性，因此不存在基质干扰。某些绝缘液中的分子有可能产生m/z 246和 m/z 218 的离子碎片，这类分子在 GC-MS 中会产生干扰。MS/MS 对目标化合物的响应非常高，因此，不存在基质干扰。

7 仪器

7.1 气相色谱仪

7.1.1 进样器：温度稳定性优于 0.5℃，最高运行温度超过 300℃的分流/不分流进样器。

7.1.2 注射器：适合注入 1 μL~10 μL 试样的注射器（最好是自动进样系统）。

7.1.3 色谱柱：（30 m~60 m）×0.25 mm（内径）的石英毛细管色谱柱，5%苯基聚硅氧烷和 95%甲基聚硅氧烷或其他合适的固定相。

7.1.4 柱箱：操作温度范围超过 30℃~300℃，升温速率可达 20℃/min 的柱温箱。

7.1.5 ECD：ECD 含^{63}Ni 金属薄皮探测器，运行温度可达 300℃，温度稳定性≤0.5℃。

7.1.6 SCD：灵敏度小于 0.5pg/s，线性大于 10^4。

7.1.7 MS：四极杆或其他合适的 MS，配有电子电离源（EI），可在阳离子选择性离子探测（SIM）模式运行，电子能量 70 eV，GC-MS 接口温度 270℃，温度稳定性≤0.5℃，离子源温度 200℃或制造商推荐。

7.2 天平

天平有自动归零功能，精确到 0.001 g，最大称量范围需≥100 g。

7.3 数据系统

用于控制、监测、获取、存储分析数据。

8 试剂及材料

8.1 试剂：本方法中的所有试剂均使用分析纯试剂。可使用甲苯制备储备溶液；用异辛烷或其他合适溶剂稀释；不使用低沸点溶剂如正己烷，因其挥发性会造成称量误差。

8.2 二苄基二硫醚（DBDS）：DBDS 室温下为固体（熔点 71℃~72℃）；纯度≥97%。DBDS 应存放于带盖的褐色玻璃瓶的安全地方，远离热源。

8.3 二苯基二硫醚（DPDS）：DPDS 室温下为固体（熔点 61℃~62℃）；纯度≥97%。DPDS 应存放于带盖的褐色玻璃瓶的安全地方，远离热源。

8.4 空白油：使用不含 DBDS 和 DPDS 的矿物绝缘油制备标准溶液和空白试样。

注：可使用黏度与矿物绝缘油在同一级别的白矿油。

8.5 载气，建议使用纯度大于 99.99%的氦气或其他合适气体作为载气。ECD 用补充气应为氮气或制造商说明的其他气体。

警告：高压气体。

8.6 氢气（H_2）：纯度大于 99.99%。

警告：易燃气体。

8.7 空气：纯度大于 99.99%。

9 取样

9.1 按照 GB/T 7597 进行取样。

9.2 充分混合后取有代表性的试样。取样技术会影响本部分的准确性。

注：在取样过程中避免交叉污染。

10 仪器工作参数配置

10.1 总则

由于不同制造商的气相色谱仪和检测器不同，本部分无法提供详细的操作条件。向制造商咨询仪器操作说明，以更好的分离检测 DBDS。

10.2 进样器

使用分流/不分流进样器，将已知量的试样注入到气相色谱柱中。综合考虑色谱柱性能和试样稀释程度来选择分流/不分流进样器参数。对于稀释 20 倍的试样，分流进样器更适合一些。进样器温度应保持在 275℃，以避免油凝结。

注：建议使用带有玻璃棉的硼硅玻璃衬管以加快注入试样的蒸发速度。

10.3 分离参数

30 m~60 m，内径 0.25 mm，5%苯基聚硅氧烷和 95%甲基聚硅氧烷固定相厚度 0.32 μm 的毛细管柱适合气相色谱分离 DBDS。使用其他合适固定相（如甲基聚硅氧烷）的色谱柱也可以达到好的分离效果。如果使用其他固定相的色谱柱，在进行 DBDS 分析前，应首先检测有机硫化物的分离情况以确保充分分离。表 1 中列出的柱温箱程序升温参数可以很好地实现 DBDS 分离；不过，用其他色谱柱也可选择其他参数。可调整升温速率以优化分离条件和洗脱时间。合适的载气流速为 0.8 mL/min~1.5 mL/min。

表 1　柱箱程序升温参数

初始温度/℃	初始恒温时间/min	升温速率/（℃/min）	终态温度/℃	终态恒定时间/min
90	0	10	275	10

10.4 ECD 检测

设置 ECD 检测器温度为 280℃~340℃。使用氮气或其他合适气体作为尾吹气。遵循制造商建议操作 ECD。典型 ECD 检测器操作参数见表 2。

表 2　ECD 典型操作参数

检测器温度/℃	载气	分流比	尾吹气	流速/（mL/min）
300	氮气	20：1	氮气	60

10.5 AED 检测

AED 可以检测在 181nm 处的硫发射谱线（或其他合适的硫发射谱线）。调整 AED 检测器以检测在 181 nm（或其他合适波长）处的硫发射谱线。使用氢气和氧气作为载气。考虑到在 179 nm 处碳的干扰，建议使用背景自动校正。遵循 AED 制造商建议进行操作。

10.6 SCD 检测

SCD 检测器，硫在 355nm 处检测，燃烧器温度设为 800℃，H_2流量 100 mL/min，空气流量 40 mL/min。设置仪器需循遵制造商说明。

10.7 MS 检测

MS 在阳离子模式下运行，使用电子电离源（EI），调整电子能量为 70 eV。GC-MS 接口温度和源温度分别设置为 270℃和 200℃。设置 MS 为阳离子选择性离子探测（SIM）模式，定量检测 DBDS 和 DPDS 离子，见表 3。设置仪器需循遵制造商说明。

表 3　质谱参数

离子	分子离子质荷比	停留时间/ms
DBDS 离子	246	100
DPDS 离子	218	100

10.8 MS/MS 检测

三重四极杆或其他合适的 MS，配有电子电离源，可在阳离子选择性离子探测（SIM）模式运行；

电子能量 70eV；GC-MS 接口温度 270℃，温度稳定性≤0.5℃；离子源温度 200℃或制造商推荐。系统应允许选择母离子，母离子分裂为特征碎片离子，并对碎片离子进行定量。

将串联质谱仪在阳离子模式下运行，使用 EI 源，调整电子能量为 70eV。使用阳离子模式下 EI 源运行的三重四极杆质谱仪进行检测。GC-MS 接口温度和源温度分别设置为 270℃和 200℃。在三重四极杆系统中，第一个四极杆（Q1）质量过滤器设置为 DPDS 离子 m/z 218 和 DBDS 离子 m/z 246。离子能设置为 15 eV。第二个四极杆（Q2）应在碰撞室中运行，通过碰撞诱导解离（CID）使选择的母离子与氩原子碰撞产生离子碎片。碰撞气压力设置为 0.03Pa。第三个四极杆（Q3）主要输送 m/z 91 和 m/z 109 的产物离子。仪器设置遵循制造商说明。

典型色谱图和结果参见附录 B。其他合适检测器的操作参数参见附录 C。

11 准备工作

11.1 储备溶液的制备：制备浓度为 1000 mg/kg 的甲苯-DBDS 储备溶液。建议每 3 个月重新配制一次储备溶液。储备溶液应存放在带有聚四氟乙烯（PTFE）内衬螺帽的褐色玻璃瓶中，置于约 4℃冰箱里。使用前溶液需放置到室温（约 25℃）。1000 mg/kg 的储备溶液可稳定储存至少 3 个月，超过 3 个月的新配置标准溶液需验证其稳定性。

11.2 内标溶液的制备：建议用二苯基二硫醚（DPDS）作为内标物。配制浓度为 500 mg/kg 的甲苯-DPDS 内标储备溶液。建议每 3 个月重新配制内标储备溶液。储备溶液应存放在带有聚四氟乙烯（PTFE）内衬螺帽的褐色玻璃瓶中，置于约 4℃冰箱里。使用前溶液需放置到室温（约 25℃）。

12 校准

12.1 总则

DBDS 响应值与已知量的 DPDS（IS）响应值相比。

12.2 校准步骤

12.2.1 将已知量的储备溶液（见 11.1）加到不含 DBDS 的矿物油中，制备不同浓度的标准溶液。

12.2.2 将已知量的标准溶液加到试样中，制备加标试样（浓度范围选定参照试样中所含 DBDS 实际浓度）。称取 0.25 g 加标试样，精确到 0.001 g，然后用 5 mL 异辛烷或其他合适溶剂稀释。

12.2.3 向校准用标准溶液中加入已知量的内标溶液（见 11.2）。校准用标准溶液应每月重新配制一次。如果标准溶液过期，则应与新配制溶液比较。标准溶液浓度应涵盖 5 mg/kg~600 mg/kg 范围，建议内标溶液浓度为 50 mg/kg。

12.3 测定响应因子（ECD、AED 和 SCD）

通过称量或用带刻度注射器加入已知量的 IS 溶液（见 11.2）（浓度为 50 mg/kg）。采用与分析试样相同的步骤分析加标试样，一式三份。按式（1）计算响应因子 k：

$$k=(A_{IS}\times m_{DBDS})/(m_{IS}\times A_{DBDS}) \qquad (1)$$

式中：

A_{IS}——DPDS 或其他合适内标溶液的峰面积；

A_{DBDS}——DBDS 峰面积；

m_{DBDS}——添加到试样中的 DBDS 质量，单位为毫克（mg）；

m_{IS}——添加到试样中的 DPDS 或其他内标物质量，单位为毫克（mg）。

12.4 测定响应因子（MS）

通过称量或用带刻度注射器加入已知量的 IS 溶液（见 11.2）（浓度为 50 mg/kg）。采用与分析试样相同的步骤分析加标试样，一式三份。按式（2）计算响应因子 k：

$$k=(A_{IS}\times m_{DBDS})/(m_{IS}\times A_{DBDS}) \qquad (2)$$

式中：

A_{IS}——DPDS 分子离子峰 m/z 218 峰面积；如使用不同 IS，需监测合适的离子；

A_{DBDS}——DBDS 分子离子峰 m/z 246 峰面积；

m_{DBDS}——添加到试样中的 DBDS 质量，单位为毫克（mg）；

m_{IS}——添加到试样中的 DPDS 或其他内标物质量，单位为毫克（mg）。

12.5 测定响应因子（MS/MS）

通过称量或用带刻度注射器加入已知量的 IS 溶液（见 11.2）（浓度为 50 mg/kg）。采用与分析试样相同的步骤分析加标试样，一式三份。按式（3）计算响应因子 k：

$$k=(A_{IS}\times m_{DBDS})/(m_{IS}\times A_{DBDS}) \qquad (3)$$

式中：

A_{IS}——DPDS 分子离子峰 m/z 218 通过 CID 产生的 m/z 109 碎片离子峰面积；如使用不同 IS，需监测合适的离子；

A_{DBDS}——DBDS 分子离子峰 m/z 246 通过 CID 产生的 m/z 91 碎片离子峰面积；

m_{DBDS}——添加到试样中的 DBDS 质量，单位为毫克（mg）；

m_{IS}——添加到试样中的 DPDS 或其他内标物质量，单位为毫克（mg）。

13 试验步骤

13.1 试样前处理

称量 0.25 g 均匀试样至玻璃容器中，精确至 0.001 g。记下试样质量 W_{oil}。用 5 mL 异辛烷或其他合适溶剂稀释。加入（称重或体积）一定量 DPDS（建议 50 μg）。通过简单的手摇将溶液混合均匀，取小量进行分析。

13.2 试样注入

用微升注射器将 1 μL 试样溶液注入到气相色谱仪中，优选自动进样器。如使用分流进样器，需调整分流比和注入体积。

13.3 色谱运行

启动设定好的程序升温程序，采用合适的色谱数据系统获取并存储检测器（ECD，SCD 或其他合适的检测器）信号。

13.4 峰积分

数据处理系统具有峰面积积分功能。核实积分是否恰当，如有错误，使用手动积分进行调节。记录 DBDS 峰面积 A_{DBDS} 和 DPDS 峰面积 A_{IS}，用此计算 DBDS 浓度 C_{DBDS}。

13.5 计算

13.5.1 ECD、AED 和 SCD

用式（4）校正试样中 DBDS 浓度：

$$C_{\text{DBDS}}=(k\times m_{\text{IS}}\times A_{\text{DBDS}})/(A_{\text{IS}}\times W_{\text{oil}}) \quad \cdots\cdots (4)$$

式中：

C_{DBDS}——试样中 DBDS 的浓度，单位为毫克每千克（mg/kg）；

A_{IS}——DPDS 峰面积；

A_{DBDS}——DBDS 峰面积（如有检测到）；

m_{IS}——添加到试样中的 DPDS 质量，单位为微克（μg）；

W_{oil}——试样质量，单位为克（g）。

13.5.2 MS

用式（5）计算 DBDS 浓度：

$$C_{\text{DBDS}}=(k\times m_{\text{IS}}\times A_{\text{DBDS}(m/z\ 246)})/(A_{\text{IS}(m/z\ 218)}\times W_{\text{oil}}) \quad \cdots\cdots (5)$$

式中：

C_{DBDS}——试样中 DBDS 的浓度，单位为毫克每千克（mg/kg）；

A_{IS}——DPDS 分子离子峰 m/z 218 峰面积；如使用不同 IS，需监测合适的离子峰；

A_{DBDS}——DBDS 分子离子峰 m/z 246 峰面积；

m_{IS}——添加到试样中的 DPDS 或其他合适 IS 的质量，单位为微克（μg）；

W_{oil}——试样质量，单位为克（g）。

13.5.3 MS/MS

用式（6）计算 DBDS 浓度：

$$C_{\text{DBDS}}=(k\times m_{\text{IS}}\times A_{\text{DBDS}(m/z91)})/(A_{\text{IS}(m/z\ 109)}\times W_{\text{oil}}) \quad \cdots\cdots (6)$$

式中：

C_{DBDS}——试样中 DBDS 的浓度，单位为毫克每千克（mg/kg）；

A_{IS}——DPDS 分子离子峰 m/z 218 通过 CID 产生的 m/z 109 碎片离子峰面积；如使用不同 IS，需监测合适的离子峰；

A_{DBDS}——DBDS 分子离子峰 m/z 246 通过 CID 产生的 m/z 91 碎片离子峰面积；

m_{IS}——添加到试样中的 DPDS 或其他合适 IS 的质量，单位为微克（μg）；

W_{oil}——试样质量，单位为克（g）。

13.6 结果

报告 DBDS 浓度，结果保留至整数位，单位为毫克每千克（mg/kg）。

14 精密度

按下述规定判断试验结果的可靠性（95%置信水平）。

检测限：本部分 DBDS 的检测限为 5 mg/kg，每个实验室需建立自己的检测限。

14.1 重复性：同一操作者使用同一仪器按相同的方法对同一种试样测定，所得的两次结果之差不应超过表 4 的要求。

14.2 再现性：不同的操作者在不同的实验室按相同的方法对同一试样测定，所得的两个单一、独立的结果之差不应超过表 4 的要求。

表 4 重复性和再现性

浓度/（mg/kg）	重复性 r	再现性 R
17	15%X	20%X
150	10%X	15%X
350	10%X	15%X
430	10%X	15%X
注：X 为两个结果的平均值，单位为毫克每千克（mg/kg）。		

15 报告

报告下列信息

15.1 测试实验室名称。

15.2 测试试样的类型及相关信息。

15.3 注明本标准编号。

15.4 试验结果（见 13.6）。

15.5 所用程序，包括检测器类型。

15.6 注明按协议或其他原因，与规定试验步骤存在的任何差异。

15.7 测试日期。

附 录 A
(资料性附录)
本部分章条编号与 IEC 62697-1:2012 章条编号对照一览表

A.1 表 A.1 给出了本部分章条编号与 IEC 62697-1:2012 章条编号对照一览表。

表 A.1 本部分章条编号与 IEC 62697-1:2012 章条编号对照表

本部分章条编号	IEC 62697-1:2012 章条编号
4	5.1
5	5.2
6	5.3
6.1	5.3.1
6.2	5.3.2
6.3	5.3.3
6.4	5.3.4
6.5	5.3.5
6.7	5.3.6
7	5.4
7.1	5.4.2
7.2	5.4.1
7.3	5.4.3
8	5.5、5.6
8.1	5.5.1、5.5.3
8.2	5.6.1
8.3	5.6.2
8.4	5.6.3
8.5	5.5.2
8.6	—
8.7	—
9	4
10	6
10.1	6.1
11	5.7
12	6.2
12.1	6.2.1
12.2	6.2.2
12.3	6.2.3
13	6.3
13.1	6.3.1
13.2	6.3.2
13.3	6.3.3
13.4	6.3.4
13.5	6.4
13.6	6.5

表 A.1　本部分章条编号与 IEC 62697-1：2012 章条编号对照表（续）

本部分章条编号	IEC 62697-1：2012 章条编号
14	7
14.1	7.2
14.2	7.3
15	8
附录 A	—
附录 B	附录 A
附录 C	附录 B
注：表中的章条以外的本部分其他章条编号与 IEC62697-1：2012 其他章条编号均相同内容相对应。	

附　录　B
(资料性附录)
典型色谱图和结果

B.1　用GC-ECD获得的白矿油和矿物绝缘油中DBDS和DPDS（内标物）的色谱图，见图B.1~图B.5。

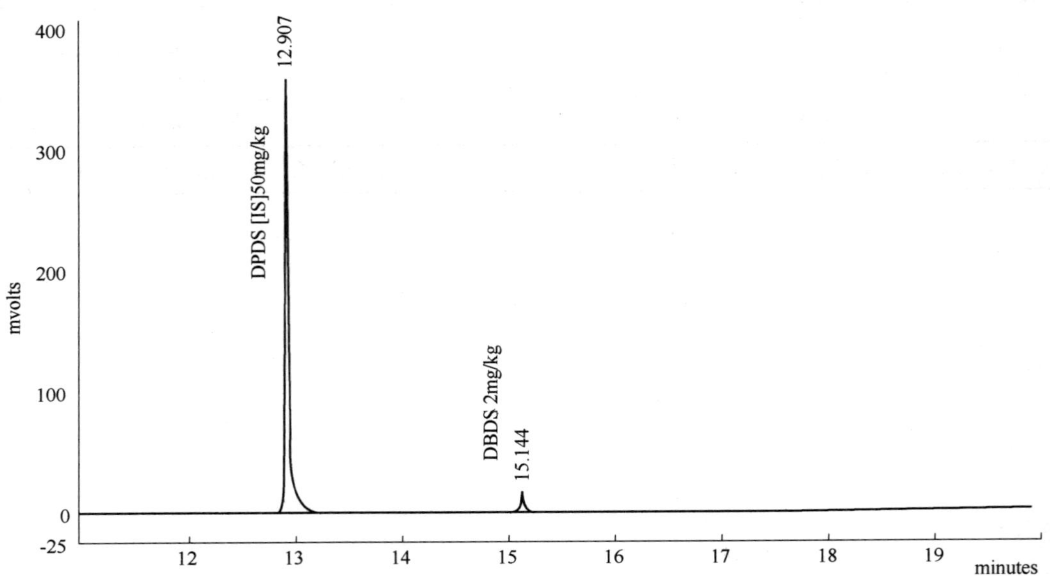

图B.1　白矿油中2mg/kg DBDS和内标物DPDS的GC-ECD色谱图

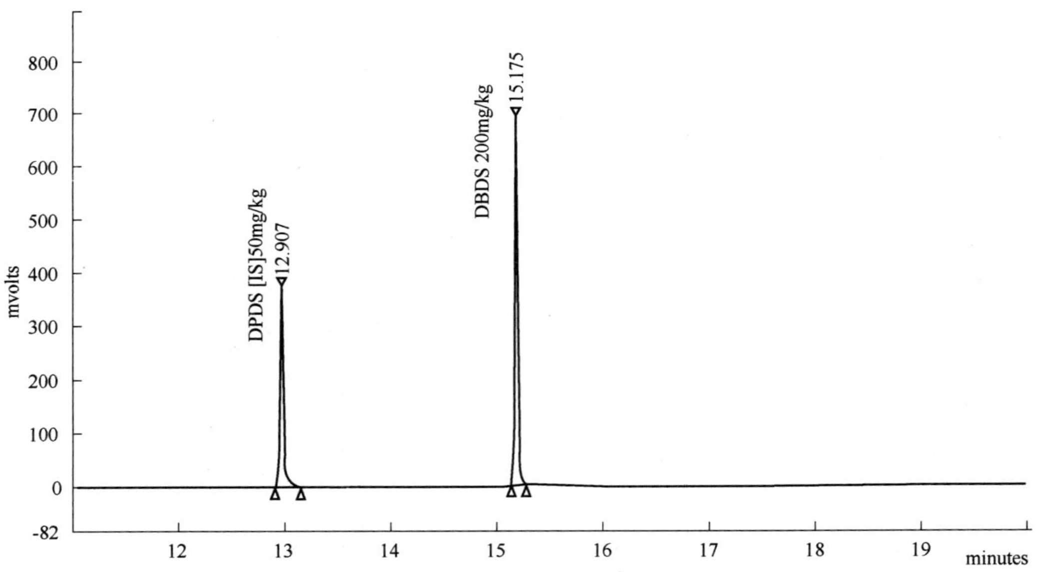

图B.2　白矿油中200 mg/kg DBDS和内标物DPDS的GC-ECD色谱图

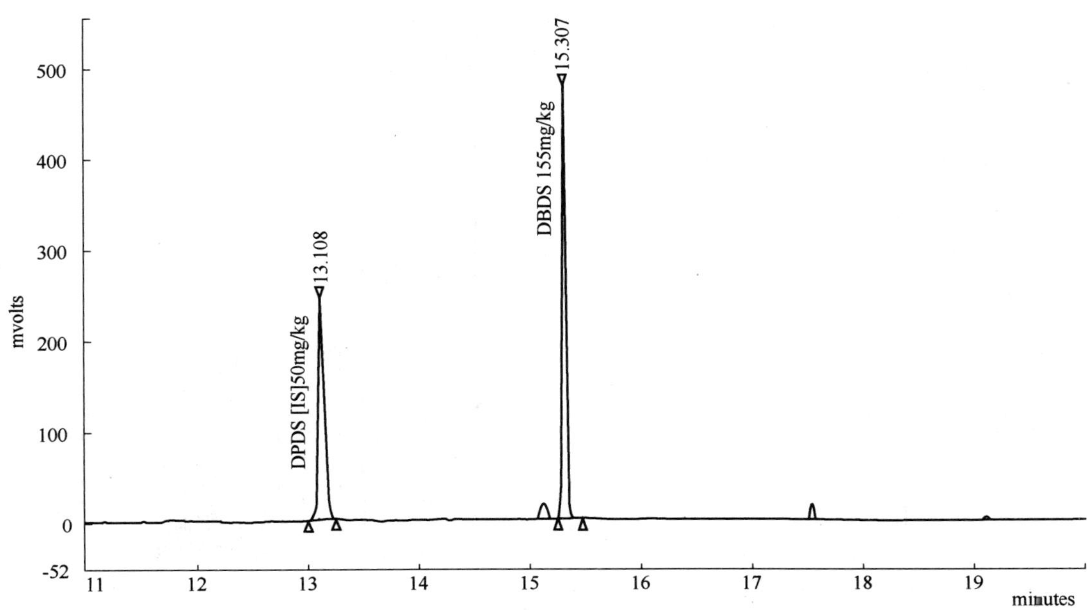

图 B.3 已知 DBDS 污染物的商业矿物绝缘油的 GC-ECD 色谱图

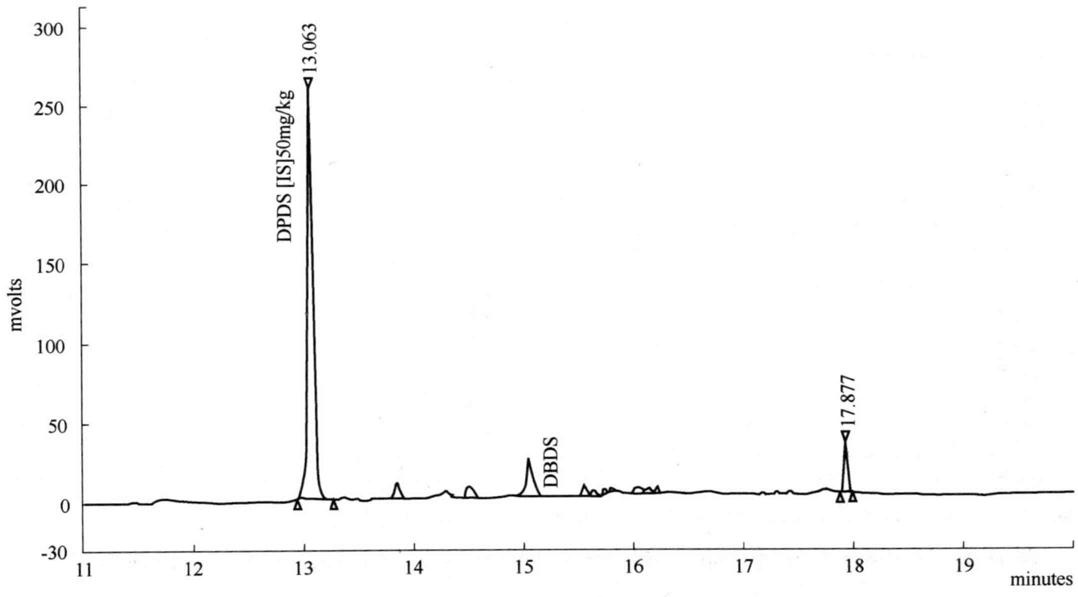

图 B.4 未知 DBDS 污染物的商业矿物绝缘油的 GC-ECD 色谱图

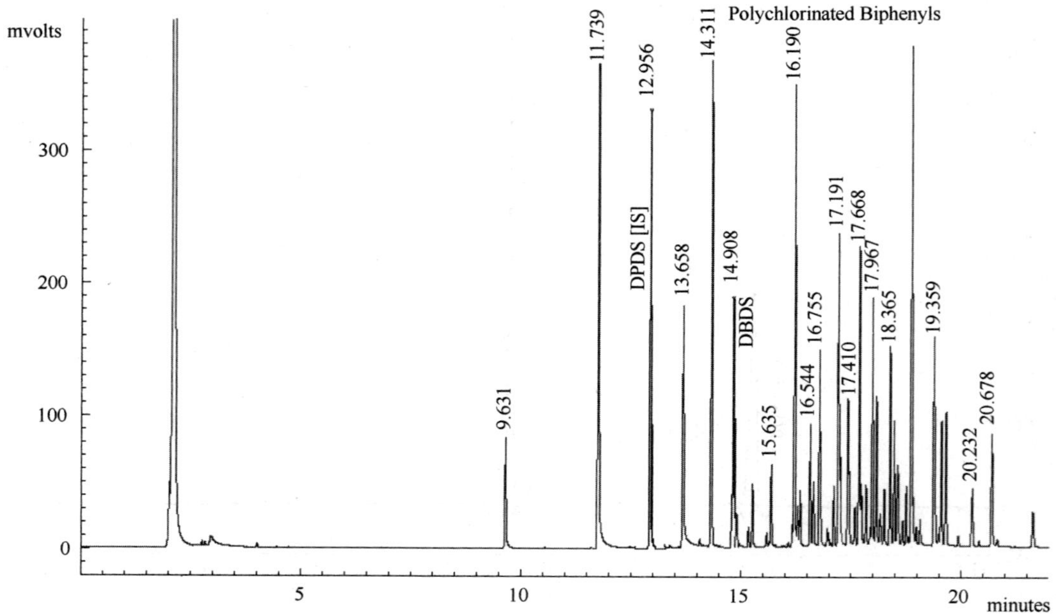

图 B.5 已知 DBDS 污染物（PCBs）影响的商业矿物绝缘油的 GC-ECD 色谱图

B.2 用 GC-AED 获得的矿物绝缘油中的 DBDS 色谱图，见图 B.6～图 B.8。

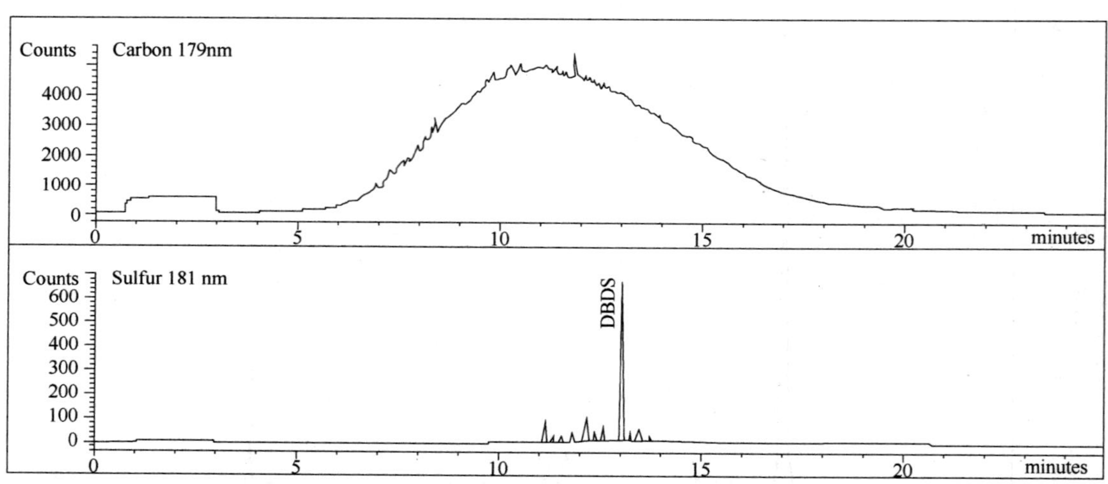

注：上面的是碳在波长 179nm 的发射谱，下面的是硫在 181nm 的发射谱。

图 B.6 用 GC-AED 获得的已知 DBDS 污染物的商业矿物绝缘油的碳硫油指纹图

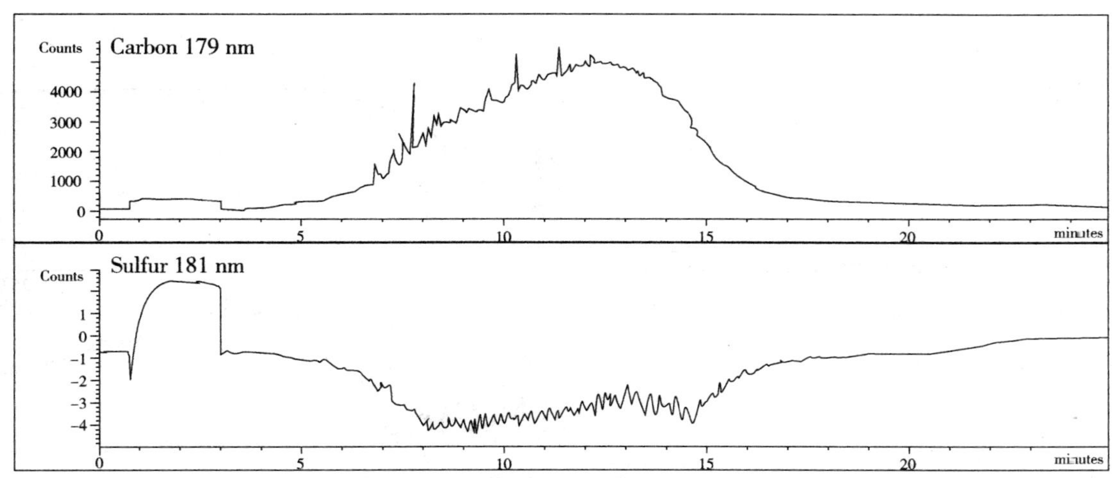

注： 上面的是碳在波长 179nm 的发射谱，下面的是硫在 181nm 的发射谱。

图 B.7　用 GC-AED 获得的未知 DBDS 污染物的商业矿物绝缘油的碳硫油指纹图

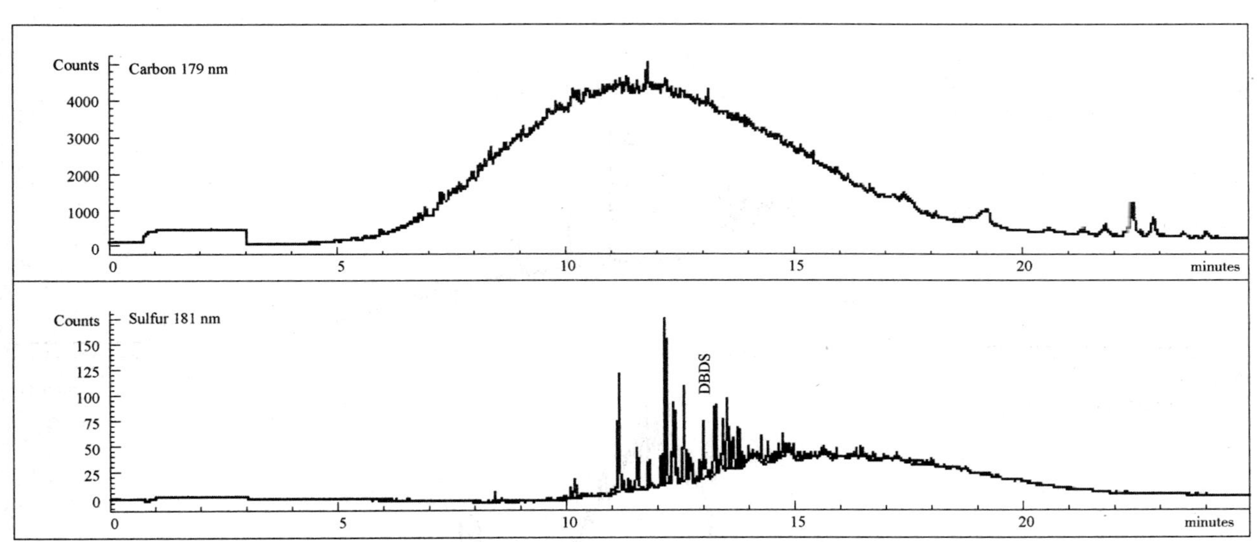

注： 油中存在其他的含硫物质（腐蚀性和非腐蚀性硫化物）。

图 B.8　用 GC-AED 获得的已知含 DBDS 污染物的商业矿物绝缘油的碳硫油指纹图

B.3 用 GC-MS 获得的矿物绝缘油中的提取离子色谱图，见图 B.9、图 B.10。

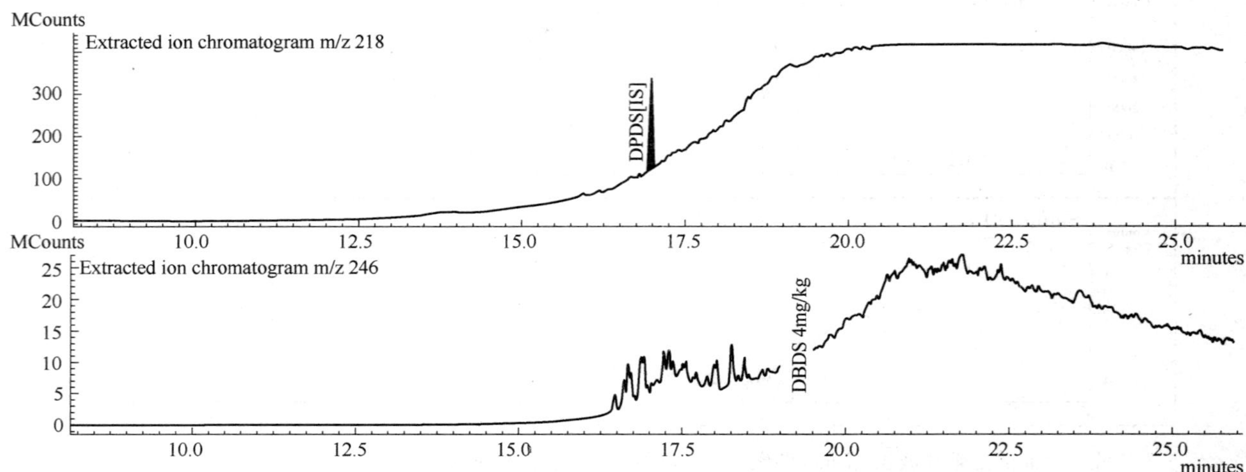

图 B.9 含 4 mg/kg DBDS 的白矿油中的 DPDS（IS）分子离子 *m/z* 218 的提取离子色谱图和 DBDS 分子离子 *m/z* 246 的提取离子色谱图

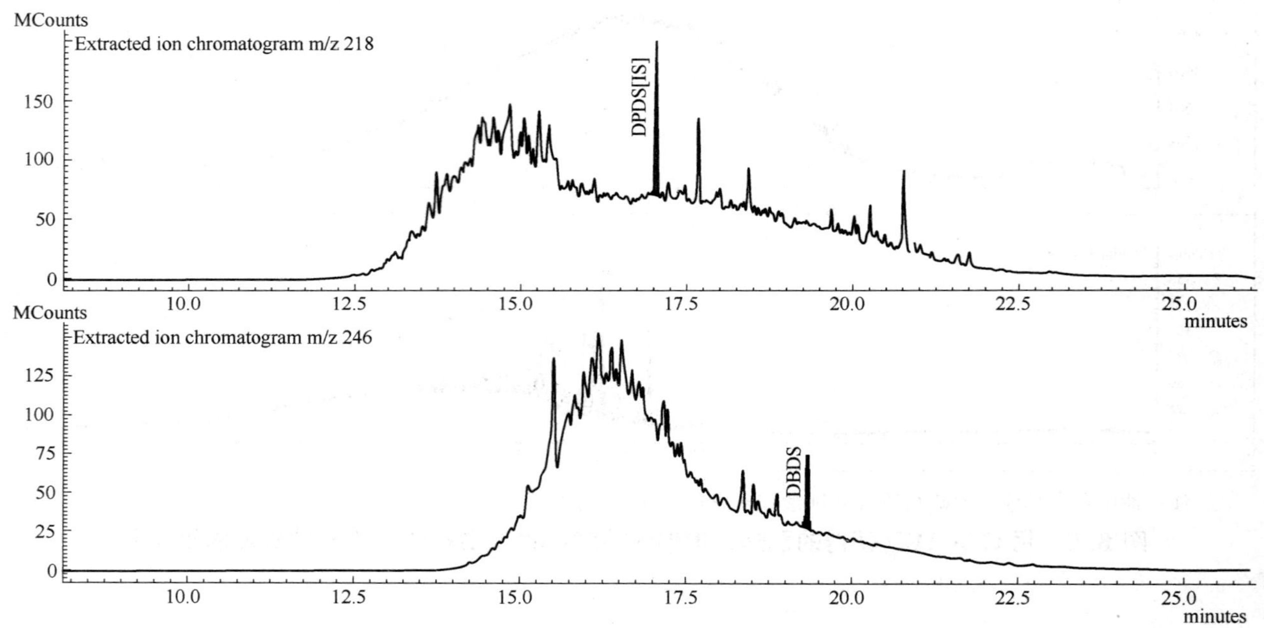

图 B.10 已知含 DBDS 污染物的商业矿物绝缘油中的 DPDS（IS）分子离子 *m/z* 218 的提取离子色谱图和 DBDS 分子离子 *m/z*246 的提取离子色谱图

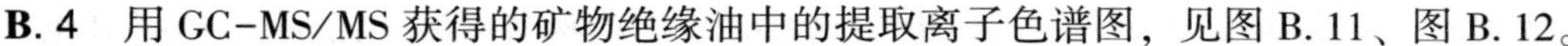

B.4 用 GC-MS/MS 获得的矿物绝缘油中的提取离子色谱图，见图 B.11、图 B.12。

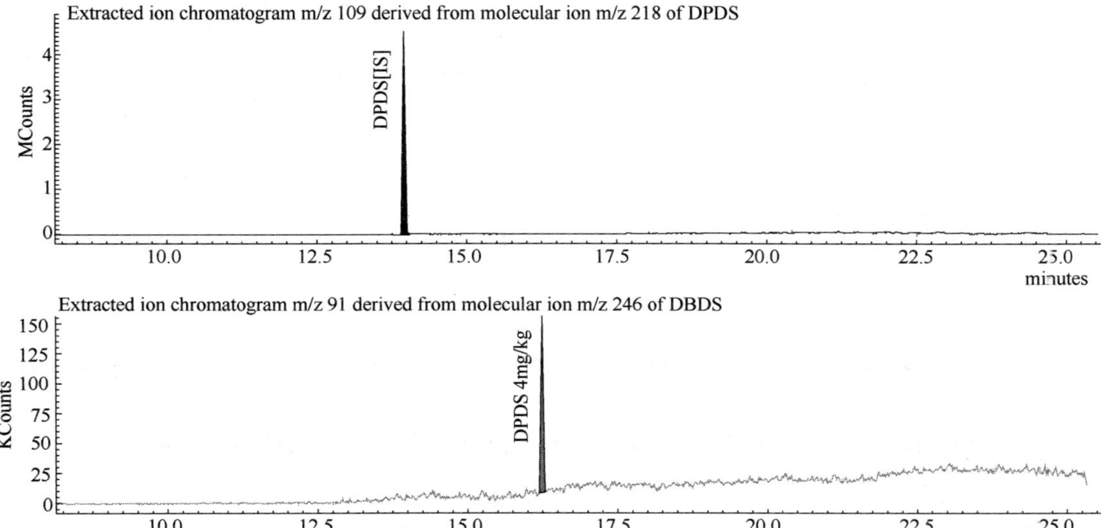

图 B.11　含 4 mg/kg DBDS 的白矿油中的 DPDS（IS）分子离子 *m/z* 218 通过 CID 产生的 *m/z* 109 碎片离子的提取离子色谱图和 DBDS 分子离子 *m/z* 246 通过 CID 产生的 *m/z* 91 的碎片离子的提取离子色谱图

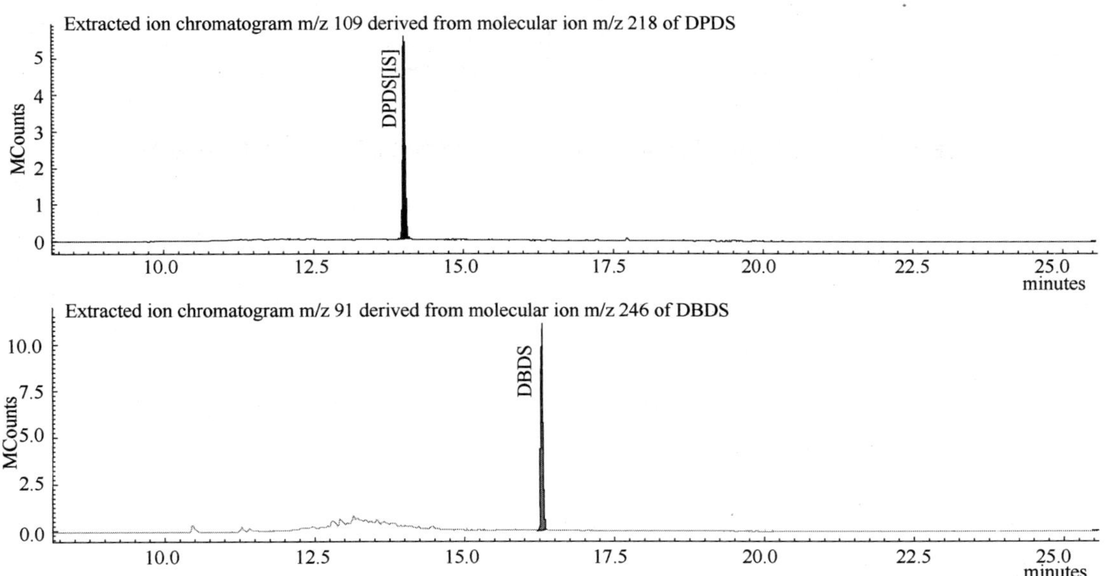

图 B.12　已知含 DBDS 污染物的商业矿物绝缘油中的 DPDS（IS）分子离子 *m/z* 218 通过 CID 产生的 *m/z* 109 碎片离子的提取离子色谱图和 DBDS 分子离子 *m/z* 246 通过 CID 产生的 *m/z* 91 的碎片离子的提取离子色谱图

B. 5 用 GC-SCD 获得的白矿油和矿物绝缘油中 DBDS 和 DPDS（内标物）的色谱图，见图 B. 13、图 B. 14。

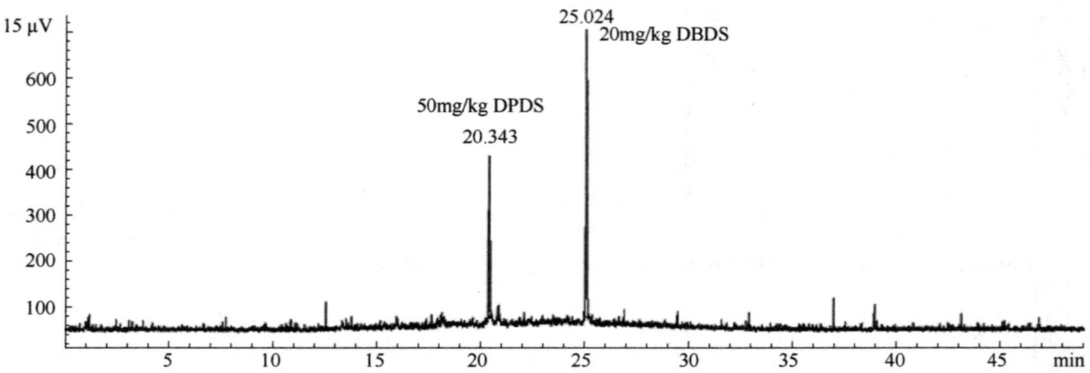

图 B. 13 白矿油中 20 mg/kg DBDS 和内标物 DPDS 的 GC-SCD 色谱图

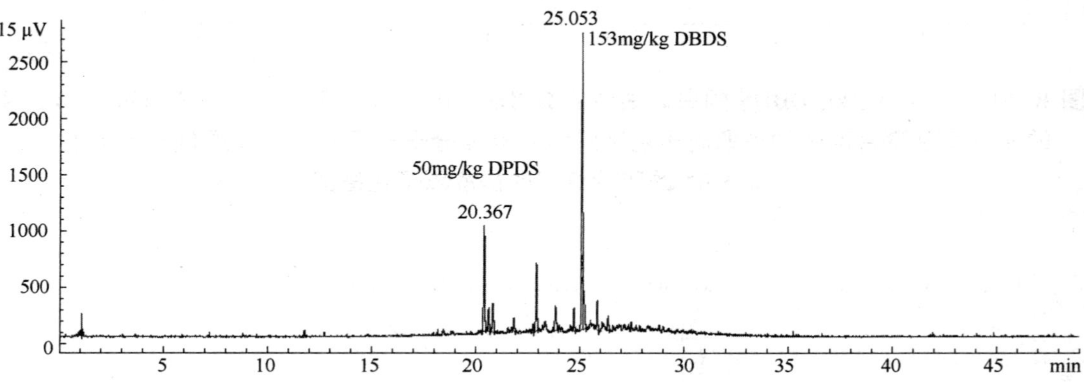

图 B. 14 已知 DBDS 污染物的商业矿物绝缘油的 GC-SCD 色谱图

附　录　C
（资料性附录）
其他合适检测器的操作参数

C.1　火焰光度检测器（FPD）

FPD对信号具有选择性，对包含在DBDS中的硫在393 nm周围产生发射光。发射光在393 nm最高峰下传播，然后通过20 nm干涉滤波分离。滤波器安装在光电管前面，光电管把光信号转换为电信号线性放大。下面是典型的检测器操作条件：

（a）温度250℃；

（b）H_2流量75 mL/min；

（c）空气流量100 mL/min；

依照制造商的推荐优化操作条件。

C.2　光离子化检测器（PID）

依靠入射光子能量和化学物质的电离能，PID对化学物质的离子化信号具有选择性。当化学物质的电离能小于光子能量时，产生电离。这个检测器可以用于选择性测定芳香分子，因其具有较低的电离能，烃类背景具有较高的电离能。检测器在250℃操作，光电离灯输出能量在10eV下检测DBDS比较适合。依照制造商的推荐优化操作条件。

参 考 文 献

[1] GB2536 电工流体变压器油和开关用的未使用过的矿物绝缘油

[2] GB/T 25961 电气绝缘油中腐蚀性硫的试验法

[3] DL/T 285 矿物绝缘油腐蚀性硫检测法 裹绝缘纸铜扁线法

[4] SH/T 0304 电气绝缘油腐蚀性硫试验法

[5] SH/T 0804 电气绝缘油腐蚀性硫试验 银片试验法

[6] IEC 60296, Fluids for electrotechnical applications-Unused mineral insulating oils fortransformers and switchgea

ICS 75.100
E 34

SH

中华人民共和国石油化工行业标准

NB/SH/T 0937—2016

冷冻机油耐氨性能测定法

Standarded test method for determination of resistance performance to ammonia for refrigerator lubricants

2016-12-05 发布　　2017-05-01 实施

国家能源局　发布

前　　言

本标准按照 GB/T 1.1—2009 给出的规则起草。

本标准使用重新起草法修改采用德国工业标准 DIN 51538-1998《润滑剂试验．冷冻机油耐氨性能的试验》编制。

为了适合我国国情，本标准在采用 DIN 51538-1998 时作了部分修改。本标准与 DIN 51538-1998 的主要技术差异及原因如下：

——为使用方便，将部分引用标准修改为我国相应国家标准或行业标准；

——为了便于操作，在仪器一章增加了加热设备的相关内容；并补充了部分仪器设备的示意图；

——为符合我国国情，本标准增加了一种催化剂试片规格（A 型试片）：普通碳素钢 A3，尺寸为 72.4 mm±0.1 mm×11.5 mm±0.1 mm×2.0 mm±0.1 mm，表面粗糙度为 R_a = 0.63μm ~ 1.25μm。但规定仲裁试验应使用符合 DIN 51538-1998 规定的催化剂试片（B 型试片）；

——本标准的碱值按照 SH/T 0251 进行测定；DIN 51538-1998 中规定的碱值按照 ISO 3771 进行测定。SH/T 0251 和 ISO 3771 的试验结果具有较好的一致性，为方便起见，本标准采用 SH/T 0251 测定试样的碱值，并以其作为试验报告值。

本标准由中国石油化工集团公司提出。

本标准由全国石油产品和润滑剂标准化技术委员会石油燃料和润滑剂分技术委员会（SAC/TC280/SC1）归口。

本标准起草单位：中国石油天然气股份有限公司兰州润滑油研究开发中心。

本标准主要起草人：王鹏、李雁秋、张守杰、张秀娟。

冷冻机油耐氨性能测定法

警告：本标准的使用可能涉及某些有危险性的材料、操作和设备，但并未对与其有关的所有安全问题都提出建议。因此，用户在使用本标准之前有责任制定相应的安全和防护措施，并确定相关规章限制的适用性。

1 范围

本标准规定了测定在空气中制冷压缩机用冷冻机油耐氨性能的试验方法。

本标准适用于以氨为制冷剂的符合 GB/T 16630—2012 中 L-DRA 类的冷冻机油。

2 规范性引用文件

下列文件对于本文件的应用是必不可少的。凡是注日期的引用文件，仅所注日期的版本适用于本文件。凡是不注日期的引用文件，其最新版本（包括所有的修改单）适用于本文件。

GB/T 514—2005 石油产品试验用玻璃液体温度计技术条件

GB 1922—2006 油漆及清洗用溶剂油

GB/T 4756 石油液体手工取样法

GB/T 6682—2008 分析实验室用水规格和试验方法

GB/T 9258.1—2000 涂附磨具用磨料 粒度分析 第1部分：粒度组成

GB/T 16630—2012 冷冻机油

HG/T 3523—2008 冷却水化学处理标准腐蚀试片技术条件

SH/T 0251 石油产品碱值测定法（高氯酸电位滴定法）

DIN 51373-1984 抗燃载热油的检验 抗氧化稳定性的测定 包括对催化剂片的评估（Determining the oxidation stability of non-readily flammable governor fluids including assessment of catalyst metal sheets）

3 术语和定义

下列术语和定义适用于本文件。

碱值 base number

滴定 1 g 试样到规定终点所需的酸量，以毫克氢氧化钾每克（mgKOH/g）表示。

4 方法概要

用钢作催化剂，在 120℃的条件下，向被测试样中通 168 h 的空气流进行老化试验。测定老化后被测试样的碱值及其碱值变化，作为试样在氧气存在的条件下耐氨性能的测定结果。

5 仪器

5.1 老化管

5.1.1 老化管由耐热硬质玻璃制成，带有 ϕ24/29 磨口接头，尺寸与形状见表 1 和图 1。

表 1 氧化管尺寸

氧化管外管总长/mm	210±2	氧化管外径/mm	26±0.5
氧化管外管壁厚/mm	1.4±0.2	氧化管头部高/mm	28±2
氧化管进气管外径/mm	5.0±0.4	氧化管进气管壁厚/mm	0.8±0.1

5.1.2 氧化管有一个带弯管和磨口塞的进气管，进气管伸入距氧化管底部 2.5mm±0.5mm 以内，其末端与水平轴成 60°角（见图 1）。

单位为毫米

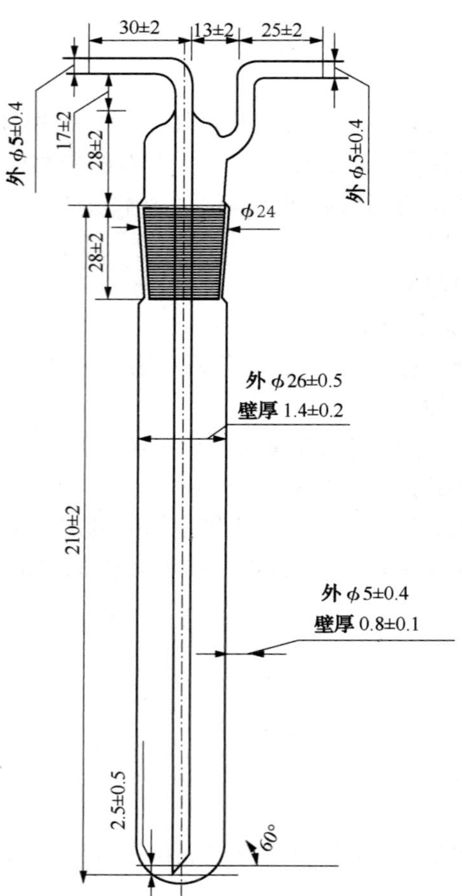

图 1 老化管的尺寸及形状

5.2 气体洗涤瓶

玻璃制，250 mL，供装浓氨水用，形状见图 2。

图 2　气体洗涤瓶

5.3　催化剂试片

5.3.1　A 型试片：普通碳素钢 A3，尺寸为 72.4 mm±0.1 mm×11.5 mm±0.1 mm×2.0 mm±0.1 mm，表面粗糙度全部为 R_a=0.63 μm ~1.25 μm；试片总面积为 20 cm^2，符合 HG/T 3523—2008 中Ⅱ型试片的规格。

5.3.2　B 型试片：普通碳素钢，St37K（碳含量≤0.20%，磷含量≤0.06%，硫含量≤0.05%），尺寸为 60.0 mm×10.0 mm×2.0 mm，符合 DIN 51373-1984 中试片的规格。

注：仲裁试验推荐使用 B 型试片。

5.4　加热设备

5.4.1　用恒温控制铝合金加热器或油浴将氧化管中的试样保持在 120℃±0.5℃（见图 3 和图 4）。氧化管中装填的试样应浸没温度计，使温度计距氧化管内底部 5 mm 以内，再放入加热浴中，读出温度计读数。

5.4.2　绝热层上表面的温度应保持在 60℃±0.5℃，此温度由铝块（见图 5）测温孔中的温度计测量。测温铝块的表面，除与加热器直接接触的表面以外，都由 4 mm 厚的适当的绝热材料保护，绝热材料的性能应适于达到所规定的温度。本测温块应放在接近使用口的加热浴的上表面。

5.4.3　当使用恒温控制铝合金加热器时，氧化管插入孔的最大长度为 150 mm，加热部分中孔的深度应至少为 125 mm，并且用铝合金环穿过绝缘盖包围氧化管，以保证 150 mm 长的氧化管受热。当使用油浴加热时，氧化管应在油中浸没 137 mm，在浴中最长达 150 mm（见图 4）。

5.4.4　对于两种加热装置，氧化管位于上表面以外的长度应为 60 mm，孔的直径应为刚好能插入该规格氧化管的尺寸。如果比较松，可使用一个内径为 25 mm 的 O 形环套在氧化管上，插进绝热层或将其塞入氧化管和绝热层的缝隙中。加热器应配备能支撑吸收管的支架。

注：当使用加热器时，应避免日晒或空气流通。当使用油浴时，出于安全上的考虑，建议把该油浴放在通风橱中。

单位为毫米

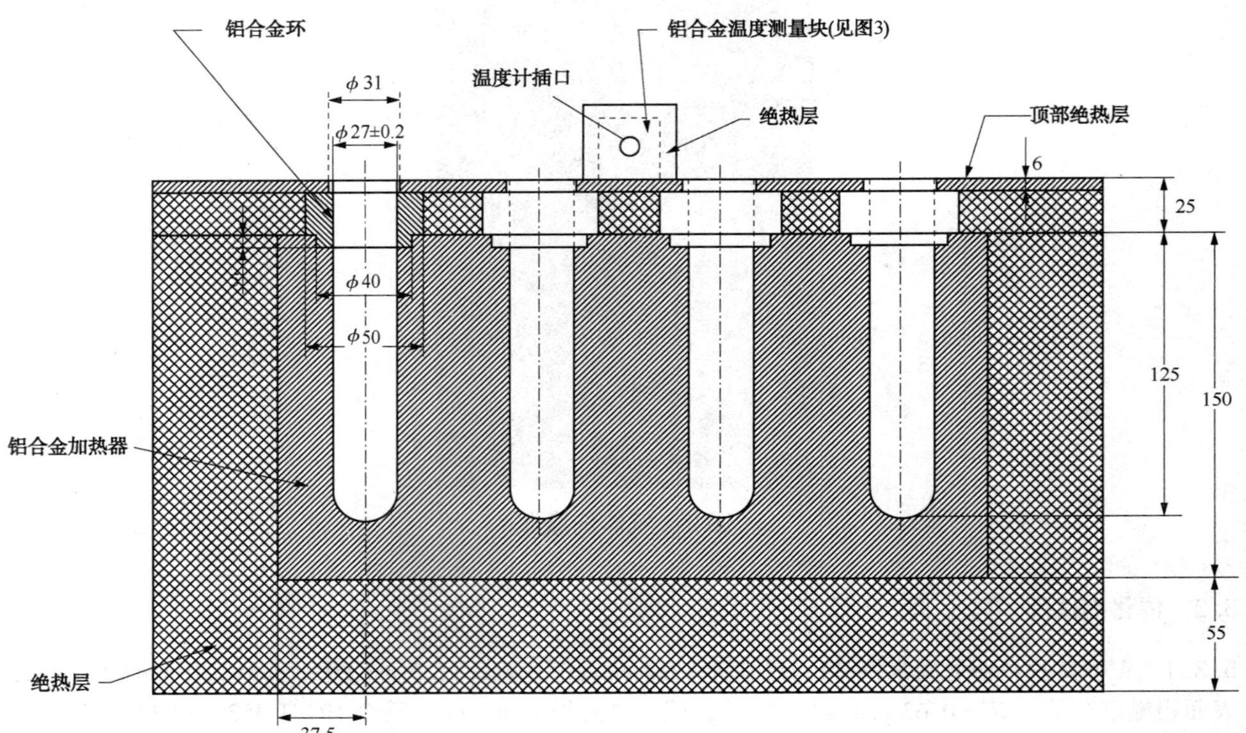

图3　典型8个孔（4×2）铝合金加热器

单位为毫米

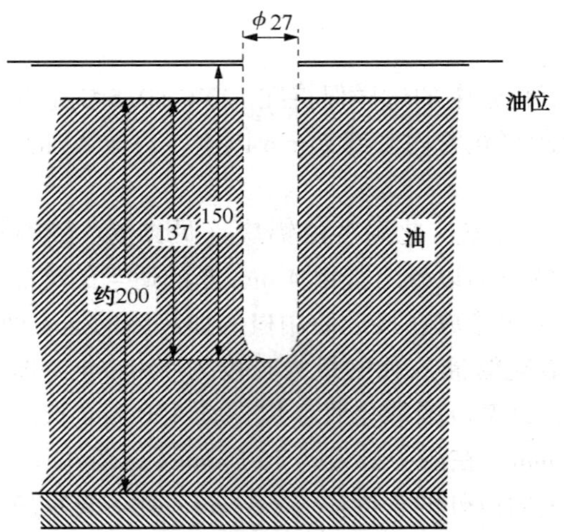

图4　试验管在油浴中的位置

单位为毫米

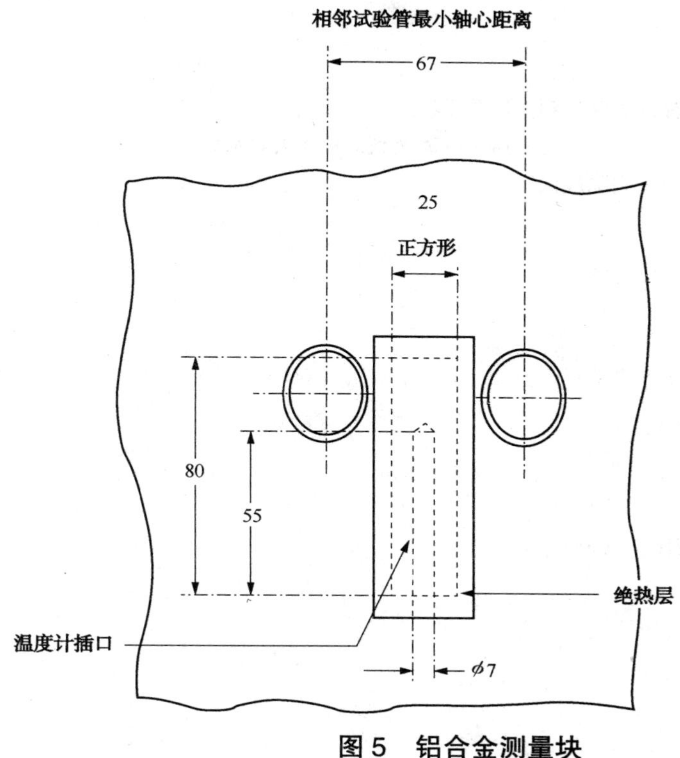

图 5　铝合金测量块

5.5　温度计

符合 GB/T 514—2005 中 GB-59 号温度计的要求。

5.6　烘箱

温度控制在 105℃±2℃，最好使用循环式鼓风恒温烘箱。

5.7　电子天平

精确到 0.01 g。

5.8　浮子流量计

流量范围 0~2 L/h。

5.9　氮气钢瓶

附氮气减压装置。

5.10　离心机

转速 100 r/min~15000 r/min。

5.11　离心管

100 mL，不锈钢或硬质玻璃制。

5.12 空气压缩机

用于产生压缩空气。

注：压缩空气应通过如下净化：

a）压缩空气通过填满玻璃棉的洗涤瓶去除油和其他悬浮物。

b）压缩空气通过浓硫酸的洗涤瓶，再通过空洗涤瓶来分离液滴，从而去除水分。

c）通过使用氢氧化钠塔或碱石灰塔来去除酸性气体。

5.13 水滴分离器（缓冲瓶）

可用老化管代替。

5.14 烧杯

玻璃制，150 mL。

5.15 干燥器

玻璃制，下部装有碱石灰，用于干燥试样。

5.16 漏斗

玻璃制。

5.17 细口瓶

带磨口塞，用于盛装丙酮。

5.18 广口瓶

玻璃制。

6 试剂和材料

6.1 试剂

6.1.1 丙酮：分析纯。

6.1.2 溶剂油：符合 GB 1922—2006 中 2 号溶剂油。

6.1.3 石油醚：分析纯。

6.1.4 水：符合 GB/T 6682—2008 中三级水的要求。

6.1.5 浓硫酸：质量分数为 98%。

警告：浓硫酸具有强氧化性，切勿吸入、食入。如果不慎溅到皮肤上，应立即用水彻底地清洗。

6.1.6 浓氨水：质量分数为 25%~28%。

警告：浓氨水具有强刺激性，切勿吸入、食入。如果不慎溅到皮肤上，应立即用水彻底地清洗。

6.2 材料

6.2.1 甘油：开口闪点不低于 150℃，供油浴用。

6.2.2 氮气：工业用，纯度不小于 99.5%。

6.2.3 磨光材料：65 μm（P220）的碳化硅砂纸，23 μm（P600）的碳化硅砂纸，符合 GB/T 9258.1—2000 的要求。

6.2.4 镊子：不锈钢制，扁平头。
6.2.5 滤纸：中速定量滤纸。
6.2.6 药用脱脂棉或棉纸。

7 取样

除非另有规定取样应按照 GB/T 4756 的规定进行。

8 准备工作

8.1 老化管的准备

老化管先用丙酮清洗，再用水进行冲洗，晾干，然后至少在浓硫酸中浸泡 16 h。取出，直接用自来水冲洗，再用水冲洗干净。最后将洗净的老化管放置在 105℃ 的烘箱中干燥 3 h，取出，放置在干燥器中冷却备用。

8.2 催化剂试片的准备

将准备好的催化剂试片先用 65 μm（P220）的碳化硅砂纸打磨一遍，然后再用 23 μm（P600）碳化硅砂纸打磨一遍，最后再分别用 65 μm（P220）和 23 μm（P600）碳化硅砂纸打磨一遍；打磨好的试片用药用脱脂棉或蘸有溶剂油的药用脱脂棉或棉纸擦拭干净，去除催化剂试片表面的游离颗粒物。最后将试片放入装有丙酮的磨口瓶中存放。

8.3 试样的准备

试样用中速定量滤纸进行过滤，以除去试样中的游离杂质和颗粒物。

9 试验步骤

9.1 试样的老化

9.1.1 在清洁、干燥的老化管中，称取已滤好的试样 30.0 g±0.1 g，老化管两侧放入两个催化剂试片。
9.1.2 试验装置连接示意图见图 6。依次将气体流量计、装有 150 mL 浓氨水的气体洗涤瓶、水滴分离器（缓冲瓶）、老化管、气体回收器（盛有浓硫酸的广口瓶，用于回收氨气）连接起来，老化管放入已加热至 120℃±0.5℃ 的加热设备（金属浴或油浴）中。

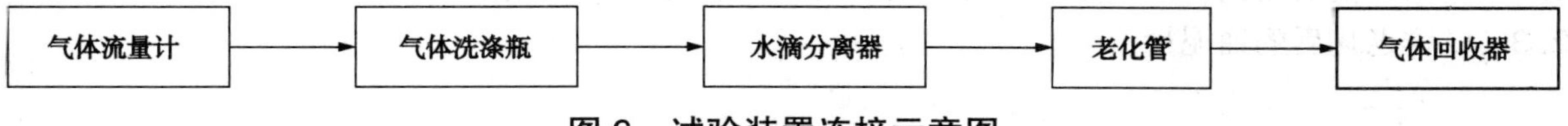

图 6 试验装置连接示意图

9.1.3 空气流量设置在 1.0 L/h±0.1 L/h，开始老化之前，使用校准的流量计测量气体流量并 24 h 检查一次。当老化管放置到加热设备中时，老化试验开始，并记下开始时间。试样在试验条件下连续老化 168 h。

注：老化试验开始 15 min 内，将气体流量稳定至设定值。

9.2 老化结束后试样的处理

9.2.1 老化结束后，切断空气源。将氮气瓶接入气体流量计，并将流量计直接连接到老化管上，老化管出口直接通大气。氮气流量设置在2.0 L/h±0.1 L/h，清洗试样2 h。

9.2.2 切断氮气源，从加热设备中取出老化管，在清洁、干燥的暗处冷却2 h。用镊子将老化管中的试片取出，石油醚洗涤至无油迹；然后将老化管中的试样全部倒入清洁、干燥的100 mL离心管中，在1500倍重力加速度下，处理30 min，小心倒出上层清液至洁净、干燥的烧杯中，备用。

9.3 碱值测定

称取10 g±0.01 g的老化试样（9.2.2烧杯中试样）以及新油，依照SH/T 0251分别测定其碱值（BZ）。

10 计算

用式（1）计算碱值的变化，试样碱值的变化ΔBZ是试样老化后的碱值BZ_a与新油的碱值BZ_f之差。

$$\Delta BZ = BZ_a - BZ_f \quad \cdots\cdots (1)$$

式中：

ΔBZ——试样碱值的变化，单位为毫克氢氧化钾每克（mgKOH/g）；

BZ_a——试样老化后的碱值，单位为毫克氢氧化钾每克（mgKOH/g）；

BZ_f——新油的碱值，单位为毫克氢氧化钾每克（mgKOH/g）。

11 结果表示

11.1 新油的碱值BZ_f，以毫克氢氧化钾每克（mgKOH/g）表示，精准到0.01毫克氢氧化钾每克（mgKOH/g）；

11.2 试样老化后的碱值BZ_a，以毫克氢氧化钾每克（mgKOH/g）表示，精准到0.01毫克氢氧化钾每克（mgKOH/g）；

11.3 试样碱值的变化ΔBZ，以毫克氢氧化钾每克（mgKOH/g）表示，精准到0.01毫克氢氧化钾每克（mgKOH/g）；

11.4 试样老化后的油泥量，目测并表示为“无/少量/大量”。

12 报告

12.1 新油的碱值，取重复测定两个结果的算术平均值作为试验结果。

12.2 试样碱值的变化，取重复测定两个结果的算术平均值作为试验结果。

12.3 试样老化后的油泥量。

13 精密度

本标准尚未确定精密度，碱值的测定能够达到SH/T 0251精密度要求即可。

ICS 75.160.20
E 31

SH

中华人民共和国石油化工行业标准

NB/SH/T 0938—2016

用于挥发性测定的燃料取样及处理规程

Standard practice for sampling and handling of fuels for volatility measurement

2016-12-05 发布　　2017-05-01 实施

国家能源局　发布

前　　言

本标准按照 GB/T 1. 1—2009 给出的规则起草。

本标准使用重新起草法修改采用美国试验与材料协会标准 ASTM D5842-2014《用于挥发性测定的燃料取样及处理规程》。

本标准与 ASTM D5842-2014 的主要技术差异及其原因如下：

——本标准将部分引用标准用我国相应的国家标准或石化行业标准代替，以方便使用；

——取消了第 9 章关键词，因其不属于我国标准的内容。

本标准由中国石油化工集团公司提出。

本标准由全国石油产品和润滑剂标准化技术委员会石油静态和轻烃计量分技术委员会（SAC/TC280/ SC2）归口。

本标准起草单位：中石化炼化工程（集团）股份有限公司洛阳技术研发中心。

本标准主要起草人：刘峰阳、王艳星、李怿、吕大伟、白正伟。

用于挥发性测定的燃料取样及处理规程

警告：本标准未对使用中涉及的所有安全问题都提出建议。因此在使用本标准前，用户有责任建立合适的安全和防护措施，并确定相关规章限制的适用性。

1 范围

本规程规定了从挥发性燃料中获取、混合和处理代表性样品的程序和设备，样品用于与挥发性有关的试验以确定其与产品规格的相符性。

本规程适用于干蒸气压等效值（*DVPE*）在 13 kPa～105 kPa 的燃料，其中包括含有含氧化合物的燃料。

注：$DVPE = (0.965X) - A$

式中：

X——总蒸气压，kPa；

$A = 3.78$kPa。

2 规范性引用文件

下列文件对于本文件的应用是必不可少的。凡是注日期的引用文件，仅所注日期的版本适用于本文件。凡是不注日期的引用文件，其最新版本（包括所有的修改单）适用于本文件。

GB/T 4756 石油液体手工取样法

GB/T 27867 石油液体管线自动取样法

ASTM D5854 石油和石油产品液体样品混合和处理规程（Practice for Mixing and Handling of Liquid Samples of Petroleum and Petroleum Products）

ASTM D7717 用于实验室分析的变性乙醇和汽油调和组分油的体积型混合样的制备规程（Practice for Preparing Volumetric Blends of Denatured Fuel Ethanol and Gasoline Blendstocks for Laboratory Analysis）

3 术语和定义

下列术语和定义以及 GB/T 4756 中的相关术语和定义适用于本规程。

3.1

底部样 bottom sample

在储罐、容器或者管线最低点的物料中取得的样品。

注：底部样有多种含义。因此，当使用本术语时，建议标明准确的取样点（例如，距离底部 150mm）。

3.2

盲管 dead legs

设计上不允许有物料流过的部分管段。

注：从盲管处不适合获取有代表性的样品。

3.3

泄压管 relief lines

通向减压阀/真空泄压阀的部分管道。

注：泄压管不适合获取有代表性的样品。

3.4

计量管　stand pipes

从计量台延伸到外浮顶罐或内浮顶罐罐底附近的竖管。船或驳船上也有计量管。

注：从未开槽或未打孔的计量管中不能获取代表性样品。正确的计量管设计的详细信息见6.4.3。

4　方法概要

取样程序的基本原则是从储罐或其他容器中取样的方法和位置应使获取的样品具有代表性。取样程序及适用范围见表1。每个取样程序适用于特定的贮存、运输或容器条件。为了确保样品的代表性，需要注意的地方很多，取决于储罐、槽车、容器或管线的取样位置、样品容器的类型及清洁度和所使用的取样程序。

表1　取样程序和适用范围

<table>
<tr><th>容器类型</th><th>程序</th><th>章节</th></tr>
<tr><td rowspan="5">储罐、船舱、汽车罐车和铁路罐车</td><td>全层样</td><td>7.2.1.2</td></tr>
<tr><td>例行样</td><td>7.2.1.2</td></tr>
<tr><td>上部、中部和底部样</td><td>7.2.1.2</td></tr>
<tr><td>顶部样</td><td>7.2.1.2</td></tr>
<tr><td>攫取样</td><td>7.5</td></tr>
<tr><td>带有阀门的储罐</td><td>阀门取样</td><td>7.2.2</td></tr>
<tr><td rowspan="5">管道和管线</td><td>管线取样</td><td>7.3</td></tr>
<tr><td rowspan="3">自动取样：
按照时间比例取样
按照流量比例取样</td><td>7.4</td></tr>
<tr><td>7.4.1</td></tr>
<tr><td>7.4.2</td></tr>
<tr><td>攫取样</td><td>7.5</td></tr>
<tr><td>加油机（油枪）</td><td>油枪取样</td><td>7.6</td></tr>
</table>

5　方法应用

一些燃料标准对挥发性燃料规定了蒸气压限值。在测定这些性质时，对取样、保管、测试必须非常精细。

6　通用要求

6.1　样品容器

6.1.1　样品容器可以是无色或棕色的玻璃瓶、聚四氟乙烯瓶或金属容器。无色玻璃瓶的优点是很容易目测其洁净程度，也可以目测样品中是否有游离水或固体杂质。棕色玻璃瓶可以避免样品受到光照。金属容器的接缝在外表面焊合才可以使用。

6.1.2　对于玻璃瓶，可用软木塞、带螺纹的塑料或金属盖。对于金属容器，需用嵌入式的带螺纹的塑料盖或金属盖以确保密封不漏气。软木塞质量要好、清洁、没有孔洞和松动的部分。不能用橡胶塞。在将软木塞塞入玻璃瓶之前，将软木塞用锡箔或铝箔裹住，以避免软木塞和样品接触。带螺纹的盖要带有表面裹有锡箔或铝箔的软木塞垫片，或者用倒圆锥形的聚乙烯或其他不会影响石油及石油产品的材料做密封保护。聚四氟乙烯瓶一般配有带螺纹的聚丙烯盖子。

6.1.3 样品量取决于所用的试验方法。手动蒸气压实验一般用 1 L 的玻璃瓶或容器。有些蒸气压测试方法允许较少的样品量，如用 125mL 的瓶，见图 1。

6.1.4 所有样品容器应绝对干净、无杂物。容器重复使用前，先用强力清洗剂清洗，再用自来水彻底冲洗，最后用蒸馏水冲洗。容器完全干燥后，立即塞住或盖住容器口。

单位为毫米

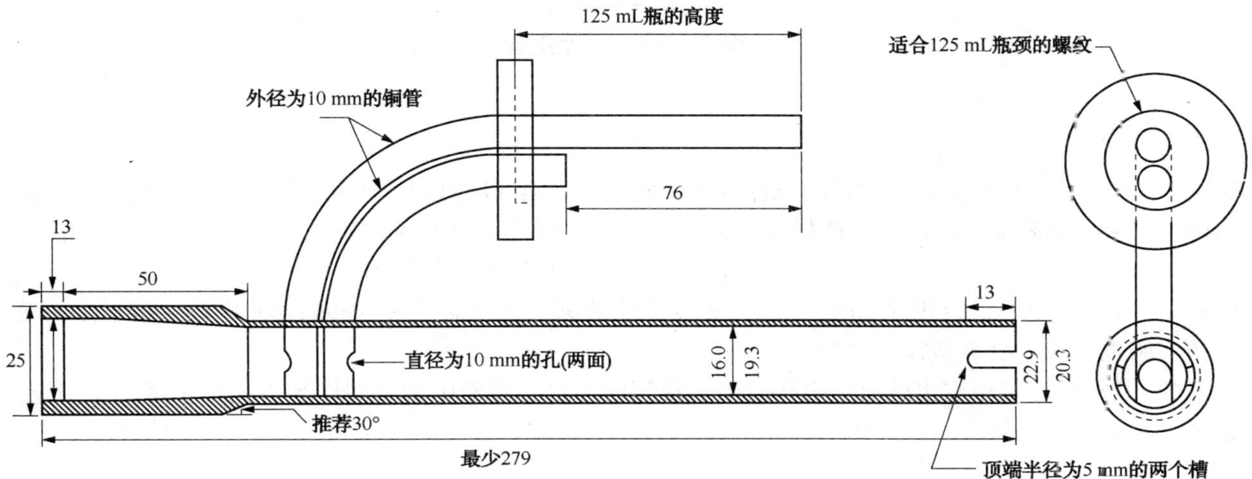

注：带小数的尺寸标注有最小值和最大值，其他尺寸标注的公差值为±0.8mm。该油枪加长管由有色金属材料（例如铜）制成，不受汽油的影响。

图 1 用 125 mL 瓶取样时的油枪加长管

6.2 取样设备

第 7 章对每一个取样程序都详细地介绍了取样设备。取样设备要干净、干燥并远离任何可能污染样品的物质。如果必要，使用 6.4 的清洗程序清洗。

6.3 取样时间和地点

6.3.1 储罐取样：储罐收油和发油时，从输出罐和接收罐都要取样，如需要，还要从输油管线取样。

6.3.2 船舱取样：船舱装满后或者卸船前需对每种产品取样。

6.3.3 罐车取样：罐车装满后或者卸车前都要取样。

注：本规程未涉及的取样时间、地点和其他细节，通常视合同或法规要求而定。

6.4 取样

6.4.1 取样规程不足以详细描述所有的情形。为了确保所取样品能够反映其总体特性和平均水平，取样时要极其小心。擦拭器具时要使用无绒布，防止污染样品。

6.4.2 许多石油产品的蒸气有毒、易燃。不要吸入，避免明火。取样时要遵循所有特定的安全措施。

6.4.3 不要在盲管或泄压管处取样，不要在未开孔的计量管处取样。图 2 给出了开孔足够多的计量管的示例，计量管的垂直面至少应该有两排交错的孔。

6.4.4　取样前，用待取样品冲洗样品容器并倒净。如果样品要被转移到另外一个容器（不用于DVPE试验），同样要用待取样品冲洗容器并倒净。如果要把取样容器中的样品完全倒入另外一个容器时，将取样容器口放入另外的样品容器口内，把取样容器倒立，进行倾倒。

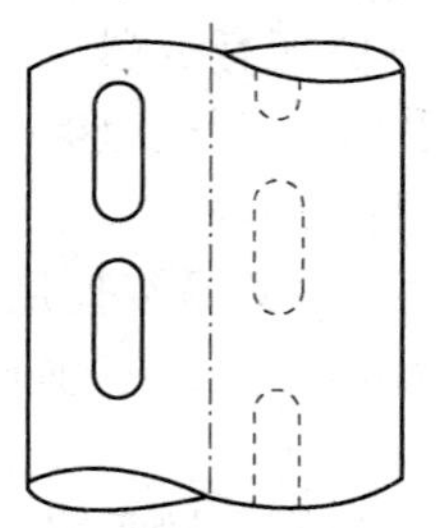

图2　开孔的计量管

6.5　样品保管

6.5.1　轻质燃料样品要避免挥发。取样容器要使用测试蒸气压时用的样品容器。取样后要保持容器密闭，如果样品容器有泄漏，则该样品不能用于试验。将样品送到实验室后，打开样品容器前需要将其冷却至0℃~1℃。如果可能，在转移和保管过程中也要维持这个温度。

6.5.2　样品装至容器容积的70%~85%，不要完全装满，为样品保留足够的膨胀空间。接下来的蒸气压实验也要求装至容器容积的70%~85%。

6.5.3　从样品容器中取出的第一份样品用于蒸气压测定。容器中剩余的样品不能用于蒸气压测定，但可以用于其他试验。

6.6　样品运输

为了避免样品运输过程中液体和蒸气的损失，金属容器要密封，拧紧盖子，检查渗漏。遵守所有易燃液体运输的规定。

6.7　标记样品容器

取样后立即给样品容器做标记。使用防水、防油墨水或足够硬的铅笔做标记，因为软铅笔和普通墨水标记易被水汽、样品、油污、搬运等消除。典型的标记包含以下信息：

a）取样的日期和时间（持续取样所用的时间）；

b）样品名称（或位置）；

c）取样的船舶、罐车、容器的名称或编号；

d）样品的牌号和等级；

e）参考符号或者识别码；

f）标记应符合所有适用的标记规则。

7　特定的取样程序

7.1　取样程序

本规程描述的标准取样程序见表1。如果相关各方已经达成一致的协议，并且这个协议已经形成文本并经授权签字，也可以使用其他的取样程序。

7.2　储罐取样

7.2.1　瓶取样：瓶取样程序适用于储罐、铁路罐车、汽车罐车、船舱中样品的雷德等效蒸气压不大于 105 kPa 的燃料。

7.2.1.1 取样设备：合适的取样瓶如图 3 所示。推荐的取样瓶或取样器的开口直径为 19mm。

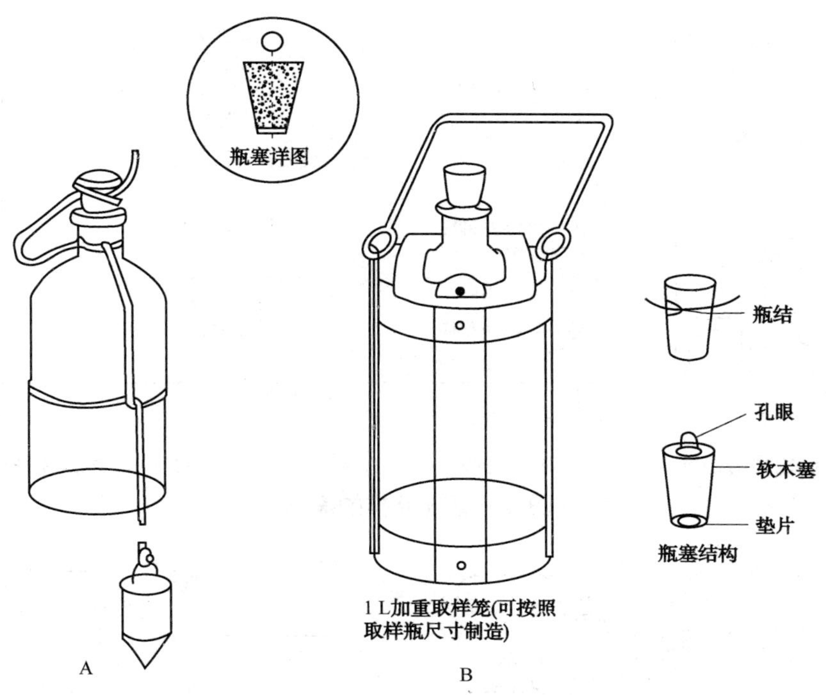

图 3 瓶取样装置图

7.2.1.2 取样程序：

7.2.1.2.1 全层样：把加重的带塞取样瓶（见图 3）尽可能降到接近排水液面位置，猛拉绳或链拔出塞子，以较为均匀的速度提升取样瓶，使取样瓶露出液面时取样瓶内液面达到容积的 70%～85%。

7.2.1.2.2 例行样：把带塞的取样瓶（塞上有孔或槽）匀速的降到接近罐底出口连接线底部位置，立即以匀速提回至液面，使取样瓶露出液面时取样瓶内液面达到容积的 70%～85%。

注：例行样或全层样并不一定具有代表性，因为储罐容积和深度不一定成比例，并且操作者不一定能以需要的速度放下或提升取样瓶。

7.2.1.2.3 上部、中部、下部样：把加重的带塞取样瓶降到适当的深度（见图 4）如下：

a）上部样：在储罐内液体的上三分之一的中间位置取得的样品；

b）中部样：在储罐内液体的中间位置取得的样品；

c）下部样：在储罐内液体的下三分之一的中间位置取得的样品。

将取样瓶放入选定的位置，猛拉绳或链子拔出塞子，让取样瓶装满，以不冒气泡为准。装满样品后，提升取样瓶，倒出少量（15%～30%）样品，立即塞住取样瓶。

7.2.1.2.4 顶部样：在储罐内液面下 150 mm 处取得样品（见图 4）。

7.2.1.2.5 样品保管：取完样品后立即盖紧瓶盖，做好标记，并把该取样瓶送到实验室。如果对同一样品取了多份样品，应分别测试蒸气压，混合样只能用于其他试验。倒置样品瓶检查容器是否渗漏。如果有条件的话，立即将样品瓶放置于冰中冷却。

7.2.2 阀门取样：阀门取样程序适用于存储在有通气装置的浮顶罐等罐内产品干蒸气压等效值不大于 105 kPa 的液体石油产品的取样，储罐应配有合适的取样阀门或管线。阀门取样装置见图 5。

7.2.2.1 取样设备：

7.2.2.1.1 储罐取样阀门：按照储罐高度至少等距安装 3 个取样阀门。带阀门的 6.4 mm 标准管也可以满足要求。储罐应有足够数量的取样阀门以保证可以在不同的液面取样。

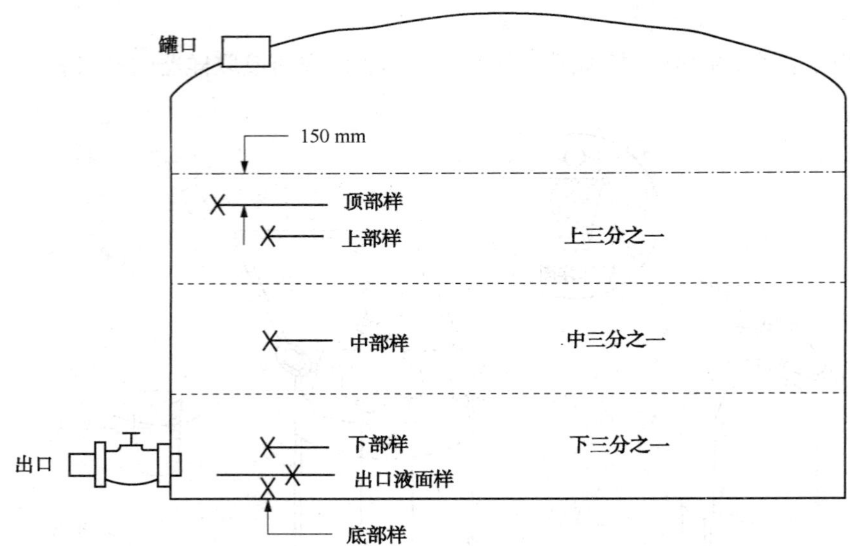

注：图中所示的出口液面样的位置只适用于有侧面出口的罐，不适用于出口在底部或者转到排污池的罐。

图4 储罐取样的深度

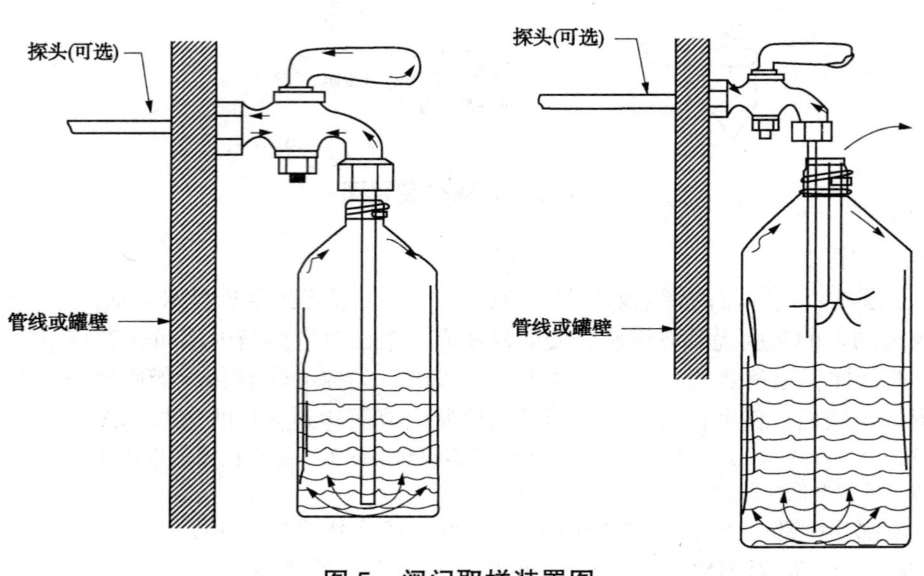

图5 阀门取样装置图

7.2.2.1.2 管子：使用不会污染待取样品的输送管，管子应足够长，可以伸至样品容器的底部进行淹没取样。

7.2.2.1.3 管子冷却器装置（可选）：取样冷却器是一个盘绕的管子，当样品装入样品容器时，将其浸在冰浴中来冷却样品。

7.2.2.1.4 样品容器：使用清洁、干燥、容积大小合适、强度适中的玻璃瓶或者金属容器来接收样品。

7.2.2.2 取样程序：取样前，用大约三倍于取样阀门和管子体积的样品冲洗取样阀门和管子。如果样品用于测定雷德等效蒸气压，将样品容器冷却至罐内样品温度或0℃中较高的一个（样品冷却装置见图6）。将样品装入样品容器并倒掉，重复三次，可以满足温度要求。样品容器冲洗完成后，直接从上部、中部和下部取样阀门向样品容器中注入样品。取样完成后，立即用塞子或盖子密封样品容器，贴上标签，并送到实验室。

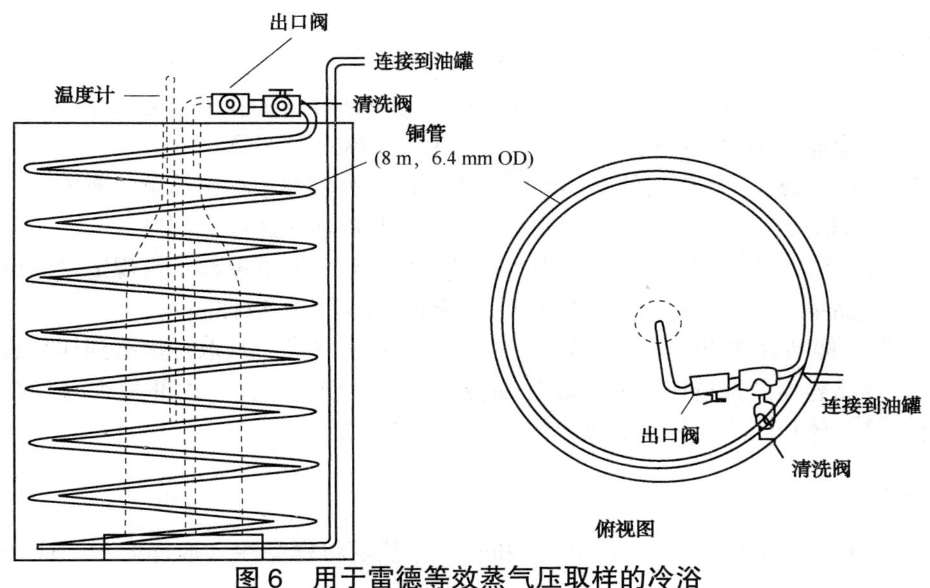

图 6　用于雷德等效蒸气压取样的冷浴

7.3　管线取样

连续取样程序适用于管道、收油管线和输油管线中产品雷德蒸气压不大于 105 kPa 的液体或者半流体的取样。管线取样可以用手动或者自动设备完成。为了从管线中获得有代表性的样品，应充分混合以确保所有组分和杂质均匀分布。如果要在管线中进行此操作，应在取样点的上游并离取样点四到六倍管径的地方进行。

7.3.1　取样设备：

7.3.1.1　取样探头：取样探头的功能是允许有代表性的部分液体流出。动态管线取样装置见图 7。静态系统取样推荐使用取样探头，但不是必需的。常用的取样探头设计如下：

a）取样探头的一头封闭，靠近封闭端开有一个圆孔［见图 7（a）］；

b）取样探头末端带有大弯曲半径的弯头，或管子弯曲并在进口处扩孔，以利于样品进入取样探头［见图 7（b）］；

c）取样探头的进口为 45°斜角［见图 7（c）］。

7.3.1.2　取样探头的位置：取样探头开口延伸至输油管道靠近中心的三分之一横截面面积区域内，垂直于流体的流向插入，并使取样口面向液体的流动方向。取样管线尽可能短，并在取样前彻底清洗。

7.3.1.3　阀门：为了控制样品的流出速度，取样探头都配有球阀、门阀、针阀或者大口径阀门。

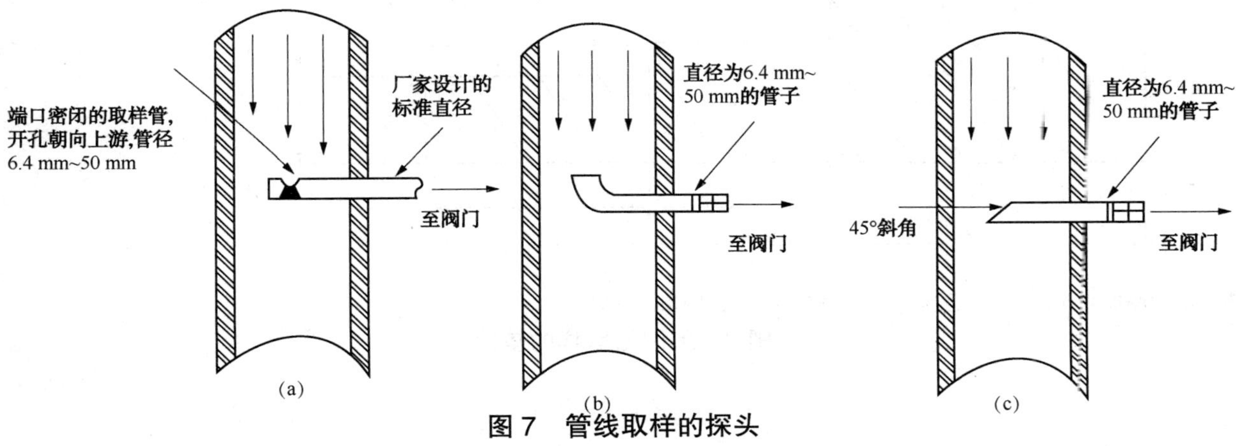

图 7　管线取样的探头

7.4 自动取样器

自动取样器不仅包括从管线中抽取样品的设备，还包括合适的探头、连接管线以及辅助设备、样品收集容器。它应能够确保样品的完整性。参阅 GB/T 27867 第 8 章。

7.4.1 时间比例型取样器：在相同的时间间隔从管线向样品容器中输出等量的液体。

7.4.2 流量比例型取样器：自动调整取样速率，以保证与液体流速成比例。

7.4.3 校准：第一次使用自动取样器前，用可接受的校准程序验证取样量与规定量的误差在±5%之内。此外，所需样品量应在一个取样周期内取得，以便满足规定的取样间隔。

7.4.4 样品容器：样品容器应清洁、干燥、大小合适以接收样品。从取样探头到样品容器的所有连接点应无泄漏。样品容器的构造应能够防止样品蒸发损失、便于清洗、内部检查并且在倒出样品前可以完全混合样品。体积不变的样品容器要配备一个泄压装置。

7.5 攫取样或点样

用大约三倍体积的待取样品清洗取样阀门和管子，然后将样品注入取样容器，取样量应足够用于分析。

7.6 加油机（油枪）取样

7.6.1 取样设备：使用符合第 6 章的样品容器。取样时，如果合适的话，使用图 8 和图 9 所示的垫片和油枪加长管。

7.6.2 取样程序：加油机刚输完燃料并且关掉后，立即给油枪（蒸气回收型）带上垫片（需要时，见图 8）。将油枪加长管（图 9）插入到预先冷却的样品容器中，然后把油枪插入加长管中，加长管的开槽在空气流入感应口上。通过油枪加长管向样品容器中慢慢注入样品至容器的 70%～85%（图 10）。移走油枪加长管，立即盖上或者将塞子插入样品容器。检查是否泄漏。如果发生泄漏，舍弃这个样品容器并重新取样。如果不漏，将样品容器贴上标签，送到实验室。

单位为毫米

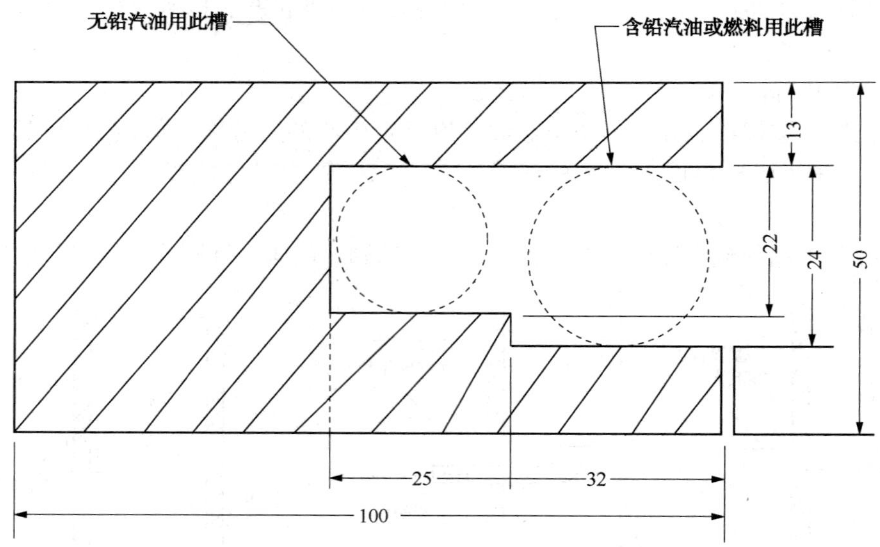

注：使用厚度 6.4 mm 的有色金属板（例如铜板），倒角。

图 8　加油枪取样的垫片

单位为毫米

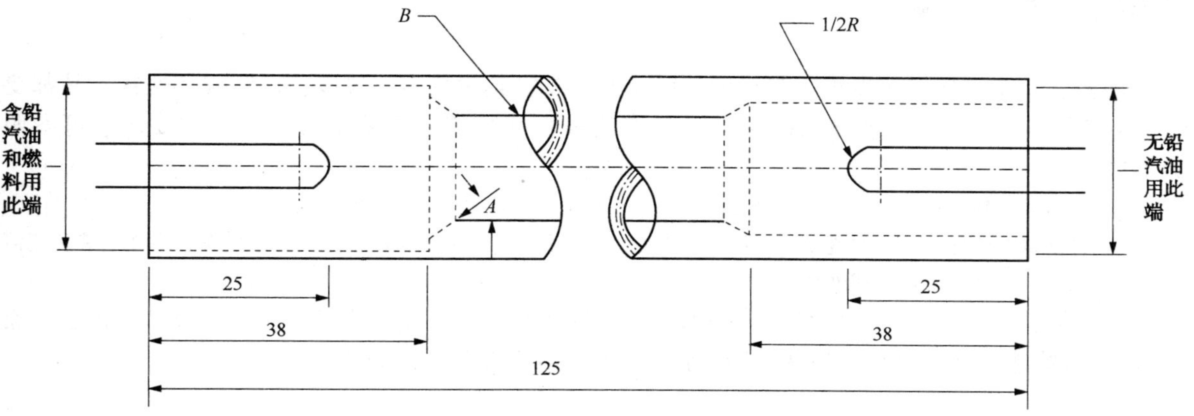

注：用公称直径为 20 mm（可根据加油枪的尺寸做适当调整）的 schedule. 80 的有色金属管（例如铜管）。所有的公差值为±0. 2 mm。A 推荐为 30°。

图 9　加油枪取样的加长管

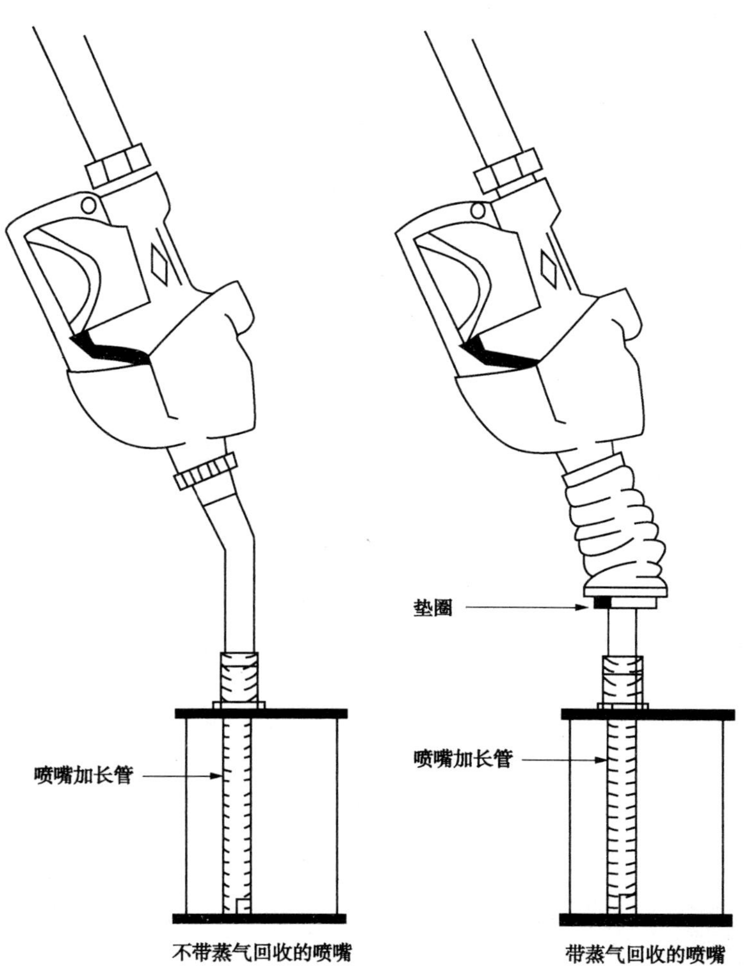

图 10　加油枪取样装置图

8 特殊预防措施和操作说明

8.1 预防措施：蒸气压对蒸发损失和组成的微小变化是极其敏感的。取样、存储或者处置样品都要非常小心，采取必要的预防措施以确保样品具有代表性并且符合雷德蒸气压试验的要求。可参照ASTM D7717。

注1：当用普通车辆运输时，容器要符合相应的国家安全法规或石油行业公认的安全规定。

注2：当冲洗管线或容器时，要遵循相关规程及火灾、爆炸和其他危害的预防措施。收集所有管线冲洗液和瓶清洗液并进行适当的回收或处理。

8.2 样品容器：样品容器的强度足以能够承受样品带来的压力，容器的盖子或塞子可以用合适的连接件替换，这些连接件可以将样品从容器中转移到蒸气压测量装置的汽油室中。

ICS 75.160.20
E 31

SH

中华人民共和国石油化工行业标准

NB/SH/T 0939—2016

航空燃料和石油馏分中芳烃含量的测定 示差折光检测器高效液相色谱法

Standard test method for determination of aromatic hydrocarbon types in aviation fuels and petroleum distillates—High performance liquid chromatography method with refractive index detection

2016-12-05 发布　　　　2017-05-01 实施

国家能源局　发布

前　言

本标准按照 GB/T 1.1—2009 给出的规则起草。

本标准使用重新起草法修改采用美国材料与试验协会标准 ASTM D6379-11《航空燃料和石油馏分中芳烃含量的测定　示差折光检测器高效液相色谱法》，本标准与 ASTM D6379-11 的主要技术差异及其原因如下：

——在第 2 章规范性引用文件中，采用了我国相应的国家标准和行业标准，以方便使用；

——增加了资料性附录 A“色谱图示例”。

本标准由中国石油化工集团公司提出。

本标准由全国石油产品和润滑剂标准化技术委员会石油燃料和润滑剂分技术委员会（SAC/TC280/SC1）归口。

本标准起草单位：中国石油天然气股份有限公司兰州石化分公司、中国石油天然气股份有限公司兰州润滑油研发中心和中石化炼化工程（集团）股份有限公司技术研发中心。

本标准主要起草人：艾宏承、徐元德、钱梅、宋昕、欧彦伟、周鸿刚、张大华、贾苒、王小为、齐洪涛。

航空燃料和石油馏分中芳烃含量的测定 示差折光检测器高效液相色谱法

警告：本标准的使用可能涉及某些有危险性的材料、操作和设备，但并未对与此有关的所有安全问题都提出建议。用户在使用本标准之前有责任制定相应的安全和保护措施，并确定相关规章限制的适用性。

1 范围

本标准规定了高效液相色谱法测定航空煤油和50℃~300℃沸程范围内石油馏分中单环芳烃和双环芳烃含量的方法。总芳烃含量由单环芳烃和双环芳烃含量加和求得。

注：样品中含有终馏点温度在300℃以上的三环芳烃和多环芳烃时不适合用此法分析，应采用SH/T 0806或其他合适的与之等同的分析方法。

本标准适用于单环芳烃含量为10%（质量分数）~25%（质量分数）、双环芳烃含量为0%~7%（质量分数）的航空燃料及其馏分的测定。

本方法的精密度是由单环芳烃含量为10%（质量分数）~25%（质量分数）、双环芳烃0%~7%（质量分数）的煤油馏分检测结果建立的。

含有硫、氮和氧元素的化合物可能造成干扰。单烯烃对测定结果无影响，但是如果存在共轭双烯和多烯，可能会造成干扰。

2 规范性引用文件

下列文件对于本文件的应用是必不可少的。凡是注日期的引用文件，仅所注日期的版本适用于本标准。凡是不注日期的引用文件，其最新版本（包括所有的修改单）适用于本标准。

GB/T 1884 原油和液体石油产品密度实验室测定法（密度计法）

GB/T 1885 石油计量表

GB/T 4756 石油液体手工取样法

GB/T 27867 石油液体管线自动取样法

SH/T 0604 原油和石油产品密度测定法（U形振动管法）

SH/T 0806 中间馏分芳烃含量的测定 示差折光检测器高效液相色谱法

3 术语和定义

下列术语和定义适用于本文件。

3.1

双环芳烃 di-aromatic hydrocarbons，DAHs

在特定极性柱上，保留时间比单环芳烃长的化合物。

3.2

单环芳烃 mono-aromatic hydrocarbons，MAHs

在特定极性柱上，保留时间比非芳烃长、比双环芳烃短的化合物。

3.3

非芳烃化合物　non-aromatic hydrocarbons

在特定极性柱上，保留时间比单环芳烃短的化合物。

3.4

总芳烃　total aromatic hydrocarbons

所有单环芳烃（3.2）和双环芳烃（3.1）化合物之和。

注：在特定的极性柱上芳烃和非芳烃的洗脱性质未进行专门测定。已公开的和未公开的数据表明各种类型的烃类主要组成如下：(1) 非芳烃：链烷烃和环烷烃（石蜡和环烷烃）、单烯烃（如果存在）。(2) 单环芳烃：苯类、四氢萘、茚满、噻吩、共轭多烯。(3) 双环芳烃：萘、联苯、茚、芴、苊、苯并噻吩。

4　方法概要

4.1　试样用流动相，如正庚烷，进行 1：1 稀释，取一定量试样溶液注入装有极性柱的高效液相色谱仪。极性色谱柱对非芳烃亲和性较小，但是对芳烃有显著的选择性，基于该选择性，芳烃得以与非芳烃分离，并根据单环芳烃和双环芳烃的结构差异形成不同的色谱带。

4.2　色谱柱与示差折光检测器相连，以检测色谱中洗脱出的组分。检测器的电信号由数据处理器连续监测，试样中芳烃的信号强度（峰面积）与之前绘制的校正曲线比较，得到样品中单环芳烃和双环芳烃的质量分数。单环芳烃和双环芳烃的含量之和报告为样品总芳烃的质量分数。

5　方法应用

芳烃化合物类型的精确定量信息有助于判定各类成品燃料的加工工艺效果，也可用于表征燃料的质量，评估成品燃料的相关燃烧性能。

6　仪器设备

6.1　高效液相色谱仪（HPLC）：能将流动相流速控制在 0.5 mL/min~1.5 mL/min 范围内，且流速精度高于 0.5%，在第 9 章所述的检测条件下，波动小于满刻度 1%。

6.2　进样系统：能够注射 10 μL（标称）试样溶液，且重复性优于 2%。

6.2.1　能将等量且固定体积的标准溶液和试样溶液注入色谱仪中。在正确操作的情况下，满足 6.2 重复性要求的手动进样或自动进样系统（可以是部分充满进样环也可以使全部充满进样环）。当使用部分充满进样模式时，进样量宜小于环体积的一半。当采用全部充满进样方式时，需充满进样环 6 次以上才能获得最佳结果。

6.2.2　进样量不一定采用 10 μL，通常 3 μL~20 μL 范围内都可以采用，但应满足进样重复性（见 6.2）、示差折光检测器的灵敏度和线性要求（见 9.4 和 10.1），以及柱分离度要求（见 9.4）。

6.3　样品过滤器（可选择）：如果需要，推荐使用孔径为 0.45 μm 或者更小的微孔过滤器以滤除试样溶液中的颗粒，要求过滤器对烃类溶剂是惰性的。

6.4　柱系统：满足 9.4.3 中所列分离度要求，填充有氨基键合（或者极性氨基/氰基键合）硅胶固定相的不锈钢高效液相色谱柱。通常柱长 150 mm~300 mm，内径 4 mm~5 mm，以粒径 3 μm 或 5 μm 的固定相填充的色谱柱均适用。推荐使用填充硅胶或者氨基键合硅胶的保护柱，柱长 30 mm，内径 4.6 mm。

6.5　高效液相色谱柱温箱：能够在 20℃~40℃ 维持恒定的温度（±1℃），可以是局部加热或者空气循环控温模式。

注1：示差折光检测器对流动相温度突然的和逐渐的变化都很敏感，应采取必要的措施保持高效液相色谱系统温度恒定。

注2：允许使用其他控温方式，如恒温实验室。

6.6 示差折光检测器：折光指数检测范围在1.3~1.6，灵敏度满足9.4.2的要求，在检测范围内得到线性响应，且能够为数据系统输出合适的信号。如果示差折光检测器有独立的温控设备，宜将其设置到与柱箱相同的温度。

6.7 计算机或积分仪：与示差折光检测器匹配，最小采集速率为1 Hz，能测量峰面积和保留时间。具备基线校正和重积分等后处理基本功能。推荐使用能够自动进行峰检测和识别，并可通过峰面积计算得到样品浓度的数据处理系统。

6.8 容量瓶：10 mL和100 mL。

6.9 天平：精确至0.0001 g。

7 试剂

7.1 环己烷：纯度大于99%。

注：环己烷可能含有苯杂质。

7.2 正庚烷：HPLC级，作为高效液相色谱流动相。

警告：烃类溶剂极易燃，通过吸入、摄取或皮肤接触可能对人体引起刺激。

注：建议使用前，对液相色谱流动相进行脱气处理。

7.3 1-甲基萘：纯度大于98%。

警告：处理芳香族化合物时，需要戴上手套，如一次性塑胶手套。

注：试剂的纯度通过带有火焰离子化检测器的气相色谱仪测得。应使用可得到的最高纯度标准物质。

7.4 邻二甲苯（1,2-二甲基苯）：纯度大于98%。

8 取样

用于实验室分析的样品应具有代表性。取样按照GB/T 4756、GB/T 27867或者等效的方法进行。

9 仪器准备

9.1 根据相应的仪器手册连接色谱仪、进样系统、色谱柱、柱温箱、示差折光检测器和数据处理系统，高效液相色谱柱安装在柱温箱内。

注：柱温箱是可选的，也可以使用其他维持恒定环境温度的措施，如恒温实验室（见6.5）。

9.2 调节流动相流速至1.0 mL/min±0.2 mL/min，保证示差折光检测器的参比池内充满流动相。保持柱箱温度稳定，如果示差折光检测器有单独的温控装置，也使其温度稳定。为了使漂移最小，应保证参比池充满流动相溶剂。最佳方法有：（1）在分析前使流动相通过参比池，然后隔离参比池以防止溶剂挥发；或（2）使流动相以稳定的流速通过参比池以持续补充挥发的溶剂。补充流速需要进行优化，以便使由液体挥发、温度或压力变化引起的参比池和分析池的不匹配降至最低。通常可以把补充流速设置为分析流速的十分之一。

注：流速应控制在最佳值（一般为0.8 mL/min~1.2 mL/min）以满足9.4.3的分离度要求

9.3 配制系统性能验证标准溶液（SRS）：称量1.0 g±0.1 g环己烷、0.5 g±0.05 g邻二甲苯、0.05 g±0.005 g 1-甲基萘，置于100 mL容量瓶中，用正庚烷稀释至刻度。

注：如果瓶子密封较好，且在5℃~25℃下暗处保存，SRS可保存一年。

9.4 操作条件稳定（基线水平）后，进10 μL SRS标准溶液（见9.3），记录色谱图。

注：在高效液相色谱仪运行期间，基线漂移不应超过环己烷峰高的 0.5%。如果超出此值，可能是柱子和示差折光检测器的温控有问题，或者是极性材料流失，也可能二者都有。仪器稳定约需 1 h。

9.4.1 确保标准溶液 SRS 的三个组分达到基线分离。

9.4.2 确保数据系统能准确测量 1-甲基萘峰面积。

注：1-甲基萘峰面积的信噪比不应小于 3：1。

9.4.3 确保环己烷和邻二甲苯的分离度不小于 5。如果分离度小于 5，要检查系统各部分是否运转正常，色谱的死体积是否已经最小。调节流速看分离度是否提高，检查流动相质量是否满足要求。若仍未解决，再生或更换色谱柱。环己烷和邻二甲苯的分离度按式（1）计算。

$$分离度=\frac{2\times(t_2-t_1)}{1.699\times(y_2+y_1)} \quad (1)$$

式中：

t_1——环己烷保留时间，单位为秒（s）；

t_2——邻二甲苯保留时间，单位为秒（s）；

y_1——环己烷的半峰宽，单位为秒（s）；

y_2——邻二甲苯的半峰宽，单位为秒（s）。

9.5 重复 9.4，确保邻二甲苯和 1-甲基萘峰面积的重复性在方法规定的范围内。

注：如果峰面积的重复性较差，检查进样系统是否在最佳条件下工作，即基线稳定（漂移最小）、无噪音。

10 试验步骤

10.1 绘制标准曲线

10.1.1 准备四个标准溶液（A，B，C 和 D），按照表 1 的浓度称量标准物质（精确至 0.0001 g），置于 100 mL 容量瓶，用正庚烷稀释至刻度。

注 1：表 1 推荐的浓度范围覆盖了大多数煤油馏程范围内的试样。只要满足方法要求（如线性、检测器灵敏度和柱分离度），也可以使用其他浓度的标准溶液。

注 2：标准溶液应在密封较好的瓶子（如 100 mL 容量瓶）中，于 5℃～25℃下暗处保存。在此条件下，标准溶液可保存 6 个月以上。

表 1　标准溶液的浓度

标准样品	环己烷/（g/100 mL）	邻二甲苯/（g/100 mL）	1-甲基萘/（g/100 mL）
A	5.0	15.0	5.0
B	2.0	5.0	1.0
C	0.5	1.0	0.2
D	0.1	0.1	0.05

10.1.2 操作条件稳定后（见 9.4），注射 10 μL 的标准溶液 A。记录色谱图，测量各个标准物质的峰面积。保证三个组分实现基线分离。标准溶液的色谱图示例和色谱条件参见附录 A 中图 A.1 和表 A.1。

10.1.3 按照 10.1.2 的步骤测定标准溶液 B、C 和 D。

10.1.4 分别以邻二甲苯和 1-甲基萘的质量体积浓度（g/100 mL）对峰面积作图。校正曲线的线性相关系数应该大于 0.999，且截距在±0.01 范围内。可用计算机绘制校正曲线。

注 1：日常分析时只需要对示差折光检测器进行校准。

注 2：建议在每分析 5 个样品后使用标准溶液中的一个或参考样品检查仪器的稳定性。

注 3：以标准溶液的体积分数（%，即 mL/100 mL）代替质量体积浓度（g/100 mL）绘制标准曲线可得到芳烃的体积分数。将邻二甲苯和1-甲基萘的质量体积浓度（g/100 mL）除以其在20℃下的密度即可转换为体积分数。

10.2 试样分析

10.2.1 称量4.9 g~5.1 g试样至10 mL容量瓶中，称准至0.001 g，用正庚烷稀释至刻度，充分摇匀。静置10 min，如果有必要，过滤除去试样中的不溶物。对芳烃浓度超出校正曲线范围的试样，根据情况制备更浓（如10 g/10 mL）或者更稀（2 g/10 mL）的试样溶液。

注：为了确定芳烃的体积分数（%），可对试样以体积比按如下方法稀释：（1）准确移取5 mL的试样至10 mL容量瓶，用正庚烷稀释至刻度；或（2）采用GB/T 1884、GB/T 1885或SH/T 0604方法确定试样的密度，以试样的质量除以密度换算得到体积。

10.2.2 当操作条件稳定（见9.4）且与绘制标准曲线的条件相同时（见10.1），注射10 μL的试样溶液（见10.2.1），开始数据采集。

10.2.3 参照图1，设计合适的方法正确鉴别单环芳烃和双环芳烃。图1是典型的航空燃料色谱图，实际样品的典型色谱图及其色谱条件参见附录A中图A.2和表A.1。

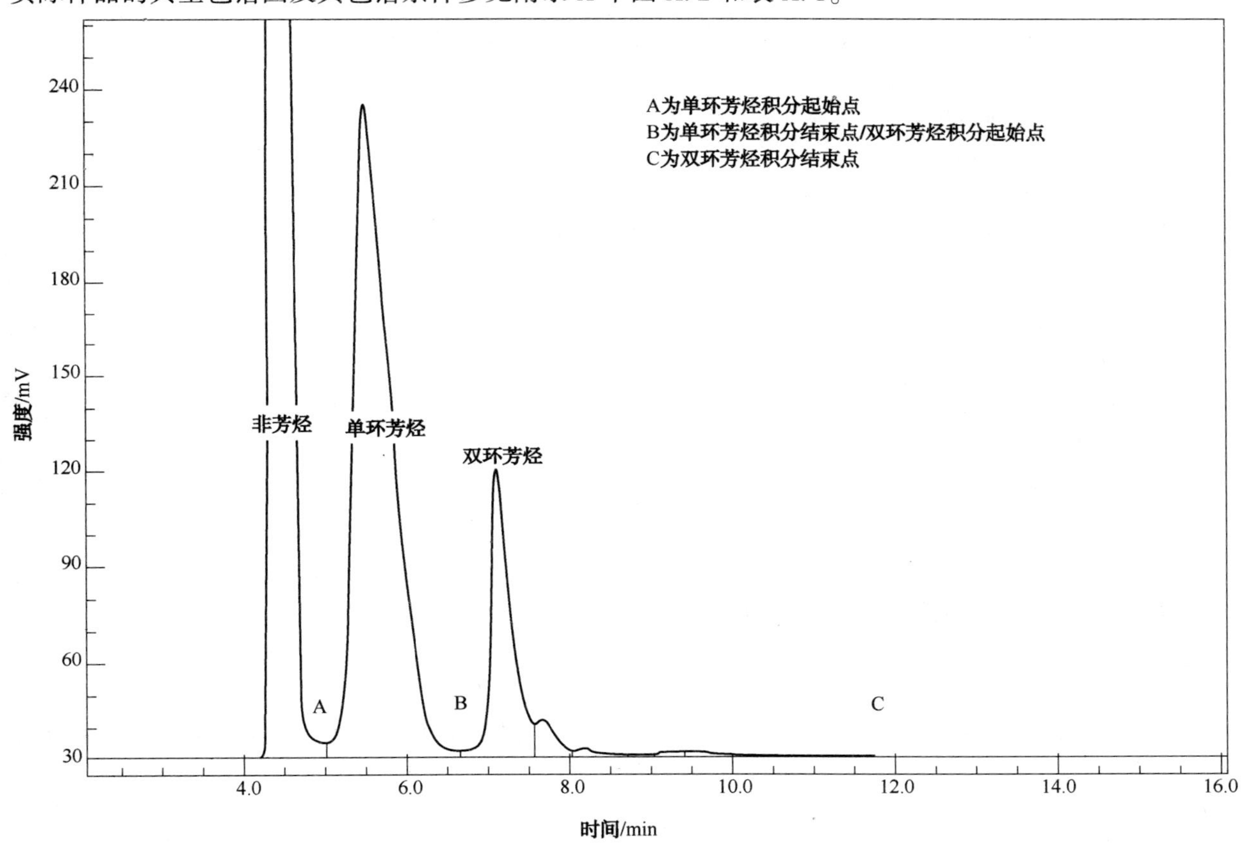

图1 航空燃料中芳烃种类和积分点色谱图例

10.2.4 从非芳烃峰开始之前，到所有化合物出峰、基线平稳的位置作基线。从峰谷向基线做垂直线（见图1），测量单环芳烃和双环芳烃的峰面积。

注：如果色谱数据处理是自动进行的，要检查峰识别和峰面积积分是否正确。

11 计算

11.1 按式（2）计算单环芳烃和双环芳烃的质量分数X_i（%）。

$$X_i=\frac{(A_i\times S_i+I)\times V}{m} \qquad\cdots\cdots(2)$$

式中：

A_i——试样中单环芳烃或双环芳烃的峰面积；

S_i——单环芳烃或双环芳烃质量体积浓度校正曲线的斜率；

I——单环芳烃或双环芳烃质量体积浓度校正曲线的截距；

m——试样的质量，单位为克（g）；

V——试样的总体积，单位为毫升（mL）。

注1：该计算过程可由数据处理系统完成。

注2：用体积分数标准曲线的斜率、截距和试样体积取代 S_i、I 和 m，可得到芳烃化合物的体积分数（%）。

11.2　试样总芳烃含量为每种芳烃（单环芳烃和双环芳烃）含量之和。

12　报告

12.1　报告试样中单环芳烃、双环芳烃和总芳烃含量，结果精确至0.1%（质量分数）。

12.2　报告中至少包含以下信息：

——对本标准的引用；

——试样的类型和标识；

——试验结果（见第11章，12.1）；

——经协议或其他规定，任何与本标准步骤不一致的偏离。

——试验日期。

13　精密度和偏差

13.1　精密度

用下述规定判断试验结果的可靠性（95%置信水平）。

13.1.1　重复性

同一操作者用同一仪器对同一试样重复测定的两个结果之差不应大于表2列出的值。

13.1.2　再现性

不同操作者在不同的实验室对同一试样各自测定，所得两个单一、独立结果之差不应大于表2列出的值。

表2　精密度

芳烃种类	含量/%（质量分数）	重复性/%（质量分数）	再现性/%（质量分数）
双环芳烃	0.10~6.64	$0.337X^{0.333}$	$0.514X^{0.333}$
单环芳烃	10.5~24.1	$0.129X^{0.667}$	$0.261X^{0.667}$
总芳烃	10.6~29.8	$0.147X^{0.667}$	$0.278X^{0.667}$
注：其中 X 为两个试验结果的平均值，%（质量分数）。			

13.2　偏差

由于试验结果是由本方法定义的，因此不存在偏差。

附　录　A
（资料性附录）
色谱图示例

图 A.1 展示了标准溶液的色谱图，图 A.2 展示了典型 3 号喷气燃料的色谱图，其相应的色谱条件见表 A.1。

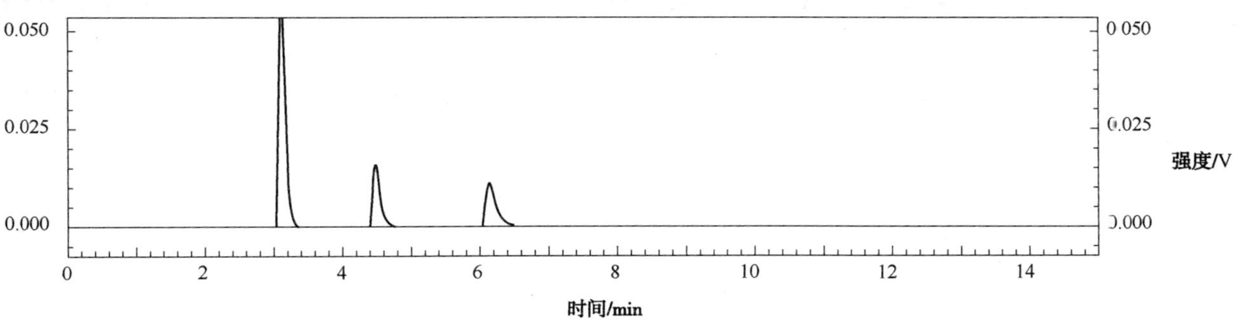

图 A.1　标准溶液色谱图

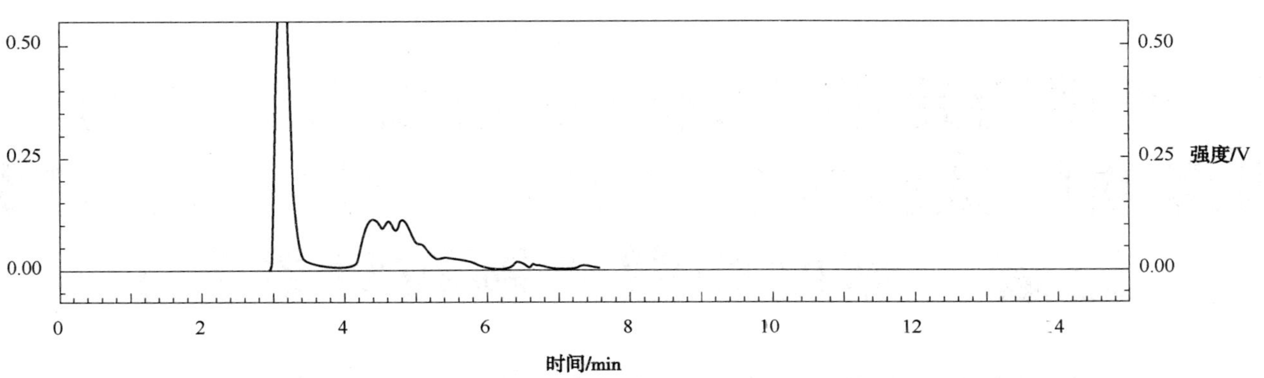

图 A.2　典型样品色谱图

表 A.1　色谱条件

色谱柱	填充 5 μm 氨基键合硅胶固定相，4.6 mm×250 mm
进样方式	手动定量环全充满
进样量	10 μL
流动相流速	1.0 mL/min
柱温	35℃

ICS 75.100
E 34

SH

中华人民共和国石油化工行业标准

NB/SH/T 0940—2016

使用特定的四合一试验仪分析在用润滑油的试验方法（原子发射光谱、红外光谱、黏度和激光颗粒计数器）

Standard test method for analysis of in-sevice lubicants using particular four-part integrated tester（Atomic emission spectroscopy，infrared spectroscopy，viscosity，and laser particle counter）

2016-12-05 发布 2017-05-01 实施

国家能源局 发布

前　言

本标准按照 GB/T 1.1—2009 给出的规定起草。

本标准修改采用美国试验与材料协会标准 ASTM D7417-10《使用特定的四合一试验仪分析在用润滑油的试验方法（原子发射光谱、红外光谱、黏度和激光颗粒计数器）》。

本标准与 ASTM D7417-10 的主要差异：

——规范性引用文件采用国内对应的国家标准和行业标准；

——将 ASTM D7417-10 中 1.6 条作为警示内容，列于标准正文前；

——6.1 样品量修改为 120 mL；

——精密度按中国表述习惯进行修改；

——根据分析项目的不同，将 ASTM D7417-10 中第 17 章的表 3 划分为表 3 和表 4，便于直观查询方法的重复性范围；

——删除了第 18 章关键词；

——删除了资料性附录。

本标准由中国石油化工集团公司提出。

本标准由全国石油产品和润滑剂标准化技术委员会润滑油换油指标分技术委员会（SAC/TC280/SC6）归口。

本标准起草单位：中国石油天然气股份有限公司兰州润滑油研究开发中心。

本标准主要起草人：唐友云、李丽霞、郎需进、周亚斌、张大华。

本标准为首次发布。

使用特定的四合一试验仪分析在用润滑油的试验方法（原子发射光谱、红外光谱、黏度和激光颗粒计数器）

警告：本标准涉及某些有危险性的材料、操作和设备，但无意对与此有关的所有安全问题都提出建议。因此，用户在使用本标准之前应建立适当的安全和保护措施，并确定相关规章限制的适用性。

1 范围

1.1 本标准适用于使用自动四合一试验仪（原子发射光谱、红外光谱、黏度和激光颗粒计数器）对在用润滑油进行的定量分析。
1.2 本标准适用于分析 ISO 黏度等级范围在 10 mm^2/s～320 mm^2/s 的在用润滑油，所测油品性质范围参照表 1 和表 2。
1.3 本标准用于在用油磨损和污染的趋势分析，但测试结果与现行国家标准、行业标准、国际标准相应测试方法的试验结果可能不一致。
1.4 本标准不适用于原油分析。

2 规范性引用文件

下列文件对于本文件的应用是必不可少的。凡是注日期的引用文件，仅所注日期的版本适用于本文件。凡是不注日期的引用文件，其最新版本（包括所有的修改单）适用于本文件。

GB/T 265 石油产品运动黏度测量法和动力黏度计算法

GB/T 1995 石油产品黏度指数计算法

GB/T 4756 石油液体手工采样法

GB/T 11137 深色石油产品运动黏度测定法（逆流法）和动力黏度计算法

GB/T 14039 液压传动 油液 固体颗粒污染等级代号

GB/T 17476 使用过的润滑油中添加剂元素、磨损金属和污染物以及基础油中某些元素测定法（电感耦合等离子体发射光谱法）

GB/T 18854 液压传动 液体自动颗粒计数器的校准

SH/T 0251 石油产品碱值测定法（高氯酸电位滴定法）

SH/T 0688 石油产品和润滑剂碱值测定法（电位滴定法）

NB/SH/T 0853 在用润滑油状态监测法 傅里叶变换红外光谱（FT-IR）趋势分析法

NB/SH/T 0865 使用过的润滑油及液压油中磨损金属及污染物含量测定法 旋转圆盘电极原子发射光谱法

NB/SH/T 0870 石油产品的动力黏度和密度的测定及运动黏度的计算 斯塔宾格黏度计法

3 术语和定义

下列术语和定义适用于本文件。

3.1 定义

3.1.1

电极 electrode

试验仪中，在发射光谱测试过程中激发磨损金属的一对电极（上、下）。

3.1.2

发射光谱仪 emission spectrometer

该部件以 mg/kg 为单位报告润滑油中的元素含量，可分析在用润滑中含有的 20 种不同的磨损、添加剂、污染元素的含量。参考 NB/SH/T 0865 的定义。

3.1.3

红外光谱仪 infrared spectrometer

该部件用来报告润滑油的状态和污染（如水分、氧化、燃油稀释（汽油和柴油）、硝化、乙二醇、烟炱、模拟计算黏度和碱值）。可参考 NB/SH/T 0853 的定义。

3.1.4

四合一试验仪 integrated tester

为设备维修、预防性维修和推荐换油而进行在用油分析的仪器。这种仪器可由以下任何几个部件组成：发射光谱仪、红外设备、黏度计和颗粒计数器。

3.1.5

样品传输系统 sample tansport systemas

综合试验仪中，由计算机控制的组件。引导油样流经综合试验仪。

3.1.6

激发室 spark chamber

综合试验仪中，发射光谱仪上、下电极的空间。

3.1.7

黏度计 viscometer

四合一试验仪中的一个黏度计，用类似于运动黏度的校准测试进行黏度测试，以 mm^2/s 为单位报告 40℃和 100℃黏度，并提供计算的黏度指数。这个结果也可用于确定燃油稀释。黏度的定义可参考 GB/T 1995、GB/T 265、NB/SH/T 0870。四合一试验仪在测定黏度时，不能打印出 SI 单位，但测试结果以 mm^2/s 为单位。

3.2 本标准的特殊术语定义

3.2.1

电极间隙 electrode gap

四合一试验仪中，激发室上、下电极间的距离。

3.2.2

颗粒计数器 particle counter

特定四合一试验仪中的一个部件，使用激光和高分辨数字计数器计算颗粒数目，并以 4 μm（c）、6 μm（c）、14 μm（c）或者 2 μm、5 μm、15 μm 报告结果。该部件按照 GB/T 18854 校验，按照GB/T 14039报告结果。

3.2.3

清洁的干净棉签 sanitized cleaning swabs

四合一试验仪分析完每个样品后，用于清洁电极。

表 1　元素分析的测量范围

元素	低范围/（mg/kg）	高范围/（mg/kg）	元素	低范围/（mg/kg）	高范围/（mg/kg）
铝	5~100	NA	钼	10~1000	NA
钡	25~150	150~2000	镍	5~100	NA
硼	5~100	100~1000	磷	100~600	600~4000
钙	25~500	500~9000	钾	10~1000	1000~4000
铬	8~100	NA	硅	5~150	150~3000
铜	5~500	500~1000	钠	10~1000	NA
铁	6~1000	1000~3000	锡	6~100	NA
铅	6~150	NA	钛	8~100	NA
镁	5~100	100~3000	钒	7~100	NA
锰	5~100	NA	锌	8~100	100~4000

表 2　物理性质测量范围

物理性质	范围
水分（质量分数）/%	0.1~3
乙二醇（质量分数）/%	0.1~2
烟炱（质量分数）/%	0.1~4
燃油稀释（质量分数）/%	0.1~15
氧化值/（Abs/mm）	0.1~50
硝化值/（Abs/mm）	0.1~35
模拟计算黏度（IR）（100℃）/（mm^2/s）	4~35
40℃黏度/（mm^2/s）（可选）	30~320
100℃黏度/（mm^2/s）（可选）	5~25
黏度指数	5~150
碱值/（mgKOH/g）	1.0~17

4　方法概要

从被监测的设备中采集在用油样品到一个新的干净的 120 mL 的样品瓶中，取样应在设备停机后 30 分钟内进行。为了得到正确的评价信息，需要记录油品型号和使用信息。根据操作手册和屏幕提示，进行四合一试验仪的准备工作。将样品放置在样品传输系统进行分析。应用软件将指导整个过程，控制样品传输、数据保存、屏幕显示和结果打印。

5　意义和用途

5.1　四合一试验仪主要用于汽车、卡车、矿山、建筑、越野车、海运、发电、农业、工业和制造工业在用润滑油的现场分析。

5.2　进行主动维修和预维修时，及时的在用油分析结果至关重要。进行现场油品分析时，可通过持续的系统监测和潜在污染控制，延长设备的正常运行时间和设备寿命。

6 干扰

6.1 样品量：样品量少于要求的 120 mL 可能会导致错误结果。
6.2 高浓度：红外装置中的污染物水分和烟炱会引起红外波段中其他的参数被遮掩，导致这些参数默认返回值“没有分析”或者是“N/A”。

7 设备

7.1 四合一试验仪：特定的四合一试验仪应由以下两个或两个以上的传感器构成：发射光谱仪、红外设备、黏度计和颗粒计数器。
7.2 发射光谱仪：由一个激发源、激发台和光路系统构成。
7.3 红外设备：由一个红外源、样品池和光路系统构成。
7.4 双温度黏度计：由温度控制样品储备室和电子控制系统构成。
7.5 颗粒计数器：使用红光激光消光技术的精密传感器池，按照 GB/T 18854 进行校验，按照 GB/T 14039 报告结果。
7.6 样品瓶：样品瓶容量不小于 120 mL，样品瓶不能被污染，使用后应丢弃。样品瓶的最大尺寸为：高 10.8 cm，直径 8.9 cm。样品瓶的开口尺寸不得小于 1.6 cm。
7.7 超声波水浴：超声浴中装水，用于振荡样品，确保所有的污染物悬浮在润滑油样中。当润滑油样进行颗粒计数分析时通常要进行此步骤。
7.8 计算机应用软件和操作手册：计算机应用软件为四合一试验仪提供应用程序；带帮助界面的电子用户和简化版参考手册提供快速参考，分等级的设备数据库用于存储、分析、管理数据、解释数据，自动生成报告。伴随软件应用有一个完整的操作手册和故障解决指南。

8 试剂和材料

8.1 四合一试验仪使用如下材料（可从仪器生产商购买）可确保综合试验仪的精确操作。
8.1.1 电极：高纯度银电极对（上、下电极）。
8.1.2 清洗油：环境友好的矿物型或合成油，用于清洗仪器的内部系统。在大多数情况下，干净的清洗油可作为基础油用于仪器校验。清洗油为不易燃的白油。
8.1.3 测试标准油：作为校验标准校验四合一试验仪。是一种多元素的特定浓度溶液，须为有证标准物质。证书浓度是根据原材料的化验浓度和重量分析程序制备的标准溶液。每种元素证书浓度的相关不确定性为±2 mg/kg，为了验证这些标准值，可进行等离子体发射光谱（ICP）分析确认。建议使用之前将溶液充分摇匀。

注：制造商保证有效期内该溶液的准确性。即在正常实验室条件下只要保持瓶盖拧紧，存储在原包装瓶中。不要冷藏或存放于阳光直射的地方，尽量减少暴露在潮湿或湿度高的环境中。

8.1.4 高黏度流体：仅用于黏度计。此流体为已知黏度的液体，通过定期分析该液体校准或重新校准黏度计。它由高度精制的矿物油和含清净分散剂的内燃机油复合剂组成。
8.1.5 低黏度流体：仅用于黏度计。此流体为已知黏度的液体，通过定期分析该液体校准或重新校准黏度计。它由高度精制的矿物油和含清净分散剂的内燃机油复合剂组成。
8.1.6 参比油：验证红外设备物理性能测试结果的准确性。参考油的物理性能已知，通过这些已知物理性能与红外设备测试结果的对比来校验。参比油由高度精制的矿物油加 ZDDP（二烷基二硫代磷酸锌）组成。

8.1.7　干净的清洁棉签：用于电极清洁。操作者应使用没有被污染的棉签，并且所用棉签没有经过含钠的次氯酸盐漂白。在使用清洁棉签前要核查生产商的说明书，确认棉签在生产过程是否进行过漂白处理。

9　危害

在用油中可能含有来源于部件或者污染过程的有害物质。佩戴适当的个人护具，以防止反复或长期接触在用油。在采样和整个分析过程中，遵循正确的油品处理程序，按照适用的法规和程序处理在用油。

10　采样

在设备停机后 30 分钟内采样，使磨损金属保持悬浮状态，确保样品不受外界污染。四合一试验仪可以分析 ISO 黏度等级范围在 10 mm^2/s～320 mm^2/s 的在用润滑油，包括液压油、传动油和动力转向油等。具体过程可参考 GB/T 4756。

11　仪器的准备

11.1　打开四合一试验仪主电源开关，按下复位按钮激活计算机和所有组件。

11.2　在预热过程中，四合一试验仪将运行自检程序。在自检页面出现后，应让四合一试验仪预热 10 min。

11.3　在盛放清洗液的容器中装满干净的清洗油，清洗油为不易燃产品。（**警告：根据当地法律，废弃的清洗油应倒入经批准的废物处理容器。**）

11.4　如果计算机连有打印机，保证打印机的纸盒中有打印纸。

11.5　检查电极间隙：上、下电极之间的间隙应定期检查，确保发射光谱仪正常工作。可使用为四合一试验仪专门设计的间隙工具设定适当的电极间隙，电极间隙只能在元素校准前进行调整。

11.6　清理电极：使用干净的清洁棉签清理上、下电极的外表面和内表面。

11.6.1　打开四合一试验仪激发室的盖子。用干净的干棉签擦拭电极，清理所有样品残留。

11.6.2　用另外一根干净的干棉签，插入黄铜保持器的中心孔，擦拭上部电极保持器的内壁。

注：禁止使用清洗液清洗电极。清洁电极时始终使用清洁的干棉签。

11.6.3　测试黏度时油样准备没有特殊要求。

11.6.4　使用颗粒计数测试时，装在用油的样品瓶需放入超声波水浴中超声 1 min（非现场分析时，可适当延长超声时间），这一步为样品的准备过程。

12　校验和标定

12.1　基线检验：使用既定的系统清洗程序，运行基线检验以检查系统的清洁性。此过程在四合一试验仪主屏幕上的“标定”按钮下执行。基线检验确保原子发射光谱仪不受污染，并会在电脑屏幕上给出一个合格或不合格的提示，让操作员知道是否可以继续分析下一个样品。磷元素基线检验过程的具体合格指标是±10 mg/kg，其他所有磨损和添加剂元素是±5 mg/kg。

12.2　如果基线检验不能满足原子发射光谱仪的清洁度范围要求，冲洗系统直到基线检验合格。基线检验程序应每隔 24 h 运行一次。

12.3 标定：使用8.1.3条规定的原子发射测试标准油标定设备的原子发射光谱仪。

12.3.1 如果特定的四合一试验仪中的任何设备不能满足标定试验的精度范围要求，应执行完整的标定程序。

注：可以在任何时间运行标准的核查程序以确认四合一试验仪是否校准和清洁。操作手册中有详细的核查程序。

12.3.2 当参比油测试不合格时，必须根据操作手册的描述运行标定程序。

12.4 参比油检验见8.1.6。建议此程序每96 h运行一次。此程序用于确定四合一试验仪的红外光谱组件中样品残留的烟炱、固体或其他磨损颗粒是否被冲洗干净。四合一试验仪的软件将判定合格/不合格，并在电脑屏幕上显示检验是否已成功完成。

12.5 错误：如果仪器反馈出“错误”的信息，参考操作手册中的故障排除指南。

12.6 颗粒计数器的标定：由制造商进行标定。每分析约1000个颗粒计数样品或每两年对颗粒计数器标定一次，以先到者为准。

13 预处理

除需要使用颗粒计数外，润滑油样品不需要进行预处理。如果需要颗粒计数测试，则应在监测设备停机后30min内采集热的润滑油样品。润滑油样品在分析前必须在超声波浴中振荡，以确保所有物质均匀地悬浮在润滑油样品中。

14 试验步骤

14.1 采集润滑油样品到一个干净的、新的采样瓶中，建议至少采集118 mL测试样品。

14.2 确保四合一试验仪在适当的应用软件测试模式下进行分析（例如汽车，卡车，越野，工业等）。

14.3 将装有样品的瓶子放置在四合一试验仪的吸管或引出管的下方。吸管或引出管位于综合试验试验仪的中间单元或右上角。

14.4 按照屏幕说明进行操作。按顺序应答屏幕上所有的提示。这个过程将引导操作者完成设备和油品使用信息的输入：设备类型、油品类型、油品黏度、油品运行里程或小时数、设备采样时间等。

14.5 信息输入的准确性非常重要，它决定了软件对油样进行处理的正确程度。检查所有输入的设备和在用润滑油信息，如有需要则进行必要的更改。

14.6 点击“开始”，然后按照屏幕上的提示，使润滑油样品进入传输系统。

14.7 使用仪器内部的阀门和泵，四合一试验仪有两套可选的传输系统。如果四合一试验仪有颗粒计数器，其传输系统是与原子发射光谱仪、黏度计和红外的传输系统分开运行的。

14.8 完成整个分析过程需要约15 min。仪器自动传输油样到四合一试验仪的选定部件。应用软件会监控整个过程：控制样品传输、储存数据、在屏幕上生成并打印结果，结果包括润滑油质量状态等建议信息。

15 计算或结果分析

15.1 根据之前输入的信息处理样品，通过分析样品得到测试结果。所有必要的计算通过软件程序执行，并生成数据报告。可以选择打印诊断报告和结果解释报告。

15.2 测试结果可以包括设备的磨损评级（例如：正常、不正常或重度）和维修建议。

16 报告

16.1 报告测试结果如下：

16.1.1 磨损元素、污染元素和添加剂元素：以 mg/kg 为单位报告整数。

16.1.2 水分、乙二醇、烟炱和燃油稀释：报告质量百分数或者用简化形式报告“存在”或“不存在”。

16.1.3 碱值：以 mgKOH/g 为单位报告。可参考 SH/T 0688 对碱值的定义。

16.1.4 氧化值和硝化值：以吸光度为单位（Abs/mm）报告。

16.1.5 黏度：以 mm^2/s 为单位报告 100℃或 40℃黏度，或者 100℃和 40℃黏度。如果两个温度下的黏度都进行了测量，报告黏度指数。

16.1.6 颗粒计数：报告发现的颗粒大小和数目。

16.2 计算机软件可在屏幕上显示测试结果。结果可以在多种打印格式中选择一种自动打印。

17 精密度及偏差

17.1 本方法的精密度依据 4 个实验室、5 个样品（5 台仪器，5 个操作者）的分析结果统计得出。使用过的油样包括不同使用条件下的在用油。统计分析结果反映了光谱及仪器的差异。这种差异性计入重复性。

17.2 重复性 r：

同一操作者使用同一仪器，在相同试验条件下，对同一试样测定的两个连续的试验结果之差不应超过表 3 和表 4 的数值（95%置信水平）。

表 3 元素分析重复性

元素	低范围/（mg/kg）（ppm）	低范围重复性/（mg/kg）（ppm）	高范围/（mg/kg）（ppm）	高范围重复性/（mg/kg）（ppm）
铝	5~100	5	NA	NA
钡	25~150	25	150~2000	±20%
硼	5~100	5	100~1000	±15%
钙	25~500	25	500~9000	±20%
铬	8~100	8	NA	NA
铜	5~500	5	500~1000	±20%
铁	6~1000	6	1000~3000	±20%
铅	6~150	6	NA	NA
镁	5~100	5	100~3000	±20%
锰	5~100	5	NA	NA
钼	10~1000	10	NA	NA
磷	100~600	40	600~4000	±20%
钾	10~1000	10	1000~4000	±20%
硅	5~150	5	150~3000	±15%
钠	10~1000	10	NA	NA
锡	6~100	6	NA	NA
钛	8~100	8	NA	NA
钒	7~100	7	NA	NA
锌	8~100	8	100~4000	±20%

表 4　物理性质分析重复性

物理性质	范围	重复性
水分（质量分数）/%	0.1~3	0.2
乙二醇（质量分数）/%	0.1~2	0.2
烟炱（质量分数）/%	0.1~4	0.2
燃油稀释（质量分数）/%	0.1~15	0.4
氧化值/（Abs/mm）	0.1~50	0.2
硝化值/（Abs/mm）	0.1~35	0.2
模拟计算黏度（IR）（100℃）/（mm^2/s）	4~35	2
40℃黏度/（mm^2/s）（可选）	30~320	2.5
100℃黏度/（mm^2/s）（可选）	5~25	1
黏度指数	5~150	1
碱值/（mgKOH/g）	1.0~17	1

17.3　再现性 R：

本方法的再现性目前未确定。

17.4　偏差：

本方法未能确定偏差。

编者注：本标准中引用标准的标准号和标准名称变动如下。

原标准号	现标准号	现 标 准 名 称
NB/SH/T 0865	NB/SH/T 0865	在用润滑油中磨损金属和污染物元素测定　旋转圆盘电极原子发射光谱法

ICS 71.100.99
G 74

SH

中华人民共和国石油化工行业标准

NB/SH/T 0943—2017

FCC催化剂磨损性能的测定 空气喷射法

Standard test method for determination of attrition of FCC catalysts by air jets

2017-12-27 发布　　2018-06-01 实施

国家能源局　发布

前　　言

本标准按照 GB/T 1.1—2009 给出的规则起草。

本标准使用重新起草法修改采用美国试验与材料协会标准 ASTM D5757-11《空气喷射法测定 FCC 催化剂的磨损》。

本标准与 ASTM D5757-11 技术性差异及原因如下：

——在 ASTM D5757-11 中 3.1 的术语中的 AJI 前加上了磨损指数；

——本标准取消了 ASTM D5757-11 中 6.1.1 中的注 1，注 1 推荐了一种管子，而管子的要求在标准正文中已有详细的规定；

——把 ASTM D5757-11 第 9 章中的部分“细粉收集装置”改为“收集管”；

——对 ASTM D5757-11 第 10 章中的式（1）、式（2）和式（3）中的注释进行了补充；

——在第 12 章中的表 1 下增加了注。

本标准由中国石油化工集团公司提出。

本标准由全国石油产品和润滑剂标准化技术委员会石油燃料和润滑剂分技术委员会（SAC/TC280/SC1）归口。

本标准起草单位：中石化炼化工程（集团）股份有限公司洛阳技术研发中心、中国科学院大连化学物理研究所。

本标准主要起草人：白正伟、李怿、刘旭辉、李铭芝。

本标准为首次发布。

FCC 催化剂磨损性能的测定　空气喷射法

警告：本标准涉及某些有危险性的材料、操作和设备，但是未对使用中涉及的所有安全问题都提出建议。因此在使用本标准前，用户有责任建立合适的安全和健康措施，并确定相关规章限制的适用性。

1　范围

本标准规定了用空气喷射法使催化裂化催化剂（FCC 催化剂）发生磨损，从而测定其相对磨损性能的方法。

本标准适用于球状或者不规则状的、粒度在 10μm～180μm、骨架密度在 $2400kg/m^3$～$3000kg/m^3$（$2.4g/cm^3$～$3.0g/cm^3$）、且不溶于水的催化剂。其他的粉状催化剂也可用本方法测定，但是本方法的精密度仅适用于 FCC 催化剂。粒度小于 20μm 的颗粒被认为是细粉。

2　规范性引用文件

下列文件对于本文件的应用是必不可少的。凡是注日期的引用文件，仅注日期的版本适用于本文件。凡是不注日期的引用文件，其最新版本（包括所有的修改单）适用于本文件。

ASTM E177　ASTM 标准中精密度和偏倚术语的应用准则（Practice for use of the terms precision and bias in ASTM test methods）

ASTM E456　质量和统计相关的术语（Terminology relating to quality and statistics）

ASTM E691　采用协同试验确定方法精密度的准则（Practice for conducting an interlaboratory study to determine the precision of a test methods）

3　术语和定义

下列术语和定义适用于本文件。

3.1

磨损指数（AJI）　air jet index

无量纲的数值，其值等于催化剂磨损 5h 后的质量损失百分数。

4　方法概要

4.1　干燥的粉状样品被三股高速的湿润空气润湿并磨损。细粉被持续从磨损区分离，并收集起来。

4.2　用收集到的细粉的质量计算催化剂的磨损指数（AJI），用它来估计粉状催化剂在工业应用时的相对抗磨损特性。

5 方法应用

5.1 本标准旨在提供有关粉状催化剂在流态化环境中的抗颗粒减小能力的信息。
5.2 本标准可用于规定验收标准、生产控制以及研究开发。

6 仪器

6.1 空气喷射磨损系统组成如下：
6.1.1 磨损管：不锈钢管，长 710mm，内径 35mm。
6.1.2 3 个边长 2mm 的方形蓝宝石喷嘴，中间钻有孔径 0.381mm±0.005mm 的孔。它们镶嵌在一块厚 6.4mm 的圆形盘上，距离圆心 10mm 等距离分布，喷嘴的上端与盘面平齐。圆形盘在空气输送总管内，可以连接到磨损管的底部。
6.1.3 沉降室：中间是圆柱体，高 300mm、内径 110mm；两端是锥体，锥口内径 30mm。上面的锥体高约 100mm，下面的锥体高约 230mm。沉降室安装在磨损管的顶部。
6.1.4 细粉收集装置：包括 1 个 250mL 的抽滤瓶、1 根收集管和一根长 200mm、内径 13mm 的金属管。收集管连接到抽滤瓶的侧管上，金属管弯成 125°角，一端连接到抽滤瓶的瓶口，一端连接到沉降室的出口。

注：如果磨损率较低，不会造成收集管堵塞，在沉降室的出口没有形成背压，可以不用抽滤瓶，直接将收集管连到金属管上。

6.1.5 橡胶连接器和密封圈：大小合适，保证系统连接紧密，不漏气。
6.2 空气供应装置：可以调节压力和流速，能够维持空气压力 200kPa、流速 10.00 L/min±0.05L/min。空气的相对湿度应在 30%~40%，以消除静电效应。

注：可以使空气在室温下鼓泡通过一段高度为 0.25m 的去离子水柱，以获得需要的湿度。

6.3 膜式流量计（干式流量计）或者转鼓流量计（湿式流量计）：最小流量 30L/min，最小刻度不超过 0.1L。
6.4 天平：可称重 400g，感量 0.01g。
6.5 干燥器：带有干燥剂级的分子筛，如 4A 分子筛。
6.6 马弗炉：最高工作温度 800℃以上，温控精度±10℃。
6.7 相对湿度计。

7 取样和试样准备

7.1 通过摇晃混匀或者分堆取代表性样品的方式，从较大量样品中取出 65g 有代表性的样品。
7.2 使样品轻柔地通过孔径 180μm 的筛（ASTM 80 号），筛出粒径大于 180μm 的颗粒。
7.3 新鲜的 FCC 催化剂按照 7.4 条的步骤进行处理。其他类型的样品要在 35%的相对湿度下进行平衡，以免在测定过程中吸湿。其具体步骤为：把过筛后的样品放在一个浅且宽的盘中，放进装有氯化钙饱和溶液的增湿器中 16h。
7.4 对新鲜的 FCC 催化剂，要按照 7.4.1~7.4.4 的步骤来获得合适的湿度，以免在测定过程中湿度改变。
7.4.1 把过筛后的样品放在一个浅且宽的盘中，放进预先加热到 565℃±10℃的马弗炉中 1h。
7.4.2 取出样品，在干燥器中放置使其冷却到室温。
7.4.3 取 45g 已达到室温的样品，与 5g 去离子水完全混合，确保水完全分散进催化剂，且没有结块现象出现。

7.4.4 把样品放进装有氯化钙饱和溶液的增湿器中 1h。

8 仪器准备

8.1 敲击仪器，使残留在仪器内的物料变松，然后用气吹出或者用真空泵抽出，使仪器干净。重新组装仪器，但是不要装上细粉收集装置。

8.2 打开空气开关，调节相对湿度，使沉降室出口处的空气的相对湿度为 30%~40%。

8.3 在沉降室的出口处接上湿式流量计，调节空气流速为 10.00L/min±0.05L/min（在 273.15K 和 101.325kPa 下）。背压应该在 130kPa~180kPa 之间。如果该条件达不到，检查空气喷嘴是否干净、孔径是否在规定范围、仪器连接部分是否漏气。

8.4 准备两个细粉收集装置，把收集管连接到仪器上，用增湿的空气吹 30min，以调节其含水量。

9 试验步骤

9.1 称量第一个调节过含水量的收集管，准确到 0.01g，记录其质量（m_0）。

9.2 保持空气流速为 10.00L/min±0.05L/min，从沉降室的上口加入用水平衡过的试样 50g（m_s）（见 7.3 和 7.4），立刻装上细粉收集装置，开始计时。

9.3 称量第二个调节过含水量的收集管，准确到 0.01g，记录其质量（m_0'）。

9.4 从计时开始正好经过 1h 后，用第二个细粉收集装置换掉第一个细粉收集装置，称量第一个收集管，记录质量（m_1）。

9.5 从计时开始正好经过 5h 后，去掉第二个收集管，称量，并记录其质量（m_5）。

9.6 关掉仪器，断开连接。

9.7 从磨损管和沉降室中回收试样，称准至 0.01g，记录其质量（m_r）。

9.8 清洗仪器。

10 计算

10.1 第 1 小时内的细粉损失百分数（L_{1h},%）按式（1）计算：

$$L_{1h} = \frac{m_1 - m_0}{m_S} \times 100 \quad \cdots\cdots (1)$$

式中：

L_{1h}——细粉损失率，第 1 小时内收集的催化剂质量占加入仪器中的试样质量的比例,%；

m_1——第一个收集管在试验进行 1h 后的质量，单位为克（g）；

m_0——第一个空收集管调节过含水量后的质量，单位为克（g）；

m_S——加入仪器中的试样质量，单位为克（g）。

10.2 在 5h 内磨损造成的细粉损失百分数（L_{5h},%，其数值为磨损指数 *AJI*）按式（2）计算：

$$L_{5h} = \frac{m_1 - m_0 + m_5 - m_0'}{m_S} \times 100 \quad \cdots\cdots (2)$$

式中：

L_{5h}——在 5h 内收集的催化剂质量占加入仪器中的试样质量的比例,%，其数值等于磨损指数（AJI）；

m_5——第二个收集管在试验进行 5h 后的质量，单位为克（g）；

m_0'——第二个空收集管调节过含水量后的质量，单位为克（g）。

10.3 试样回收率（R,%）按式（3）计算：

$$R=\frac{m_1-m_0+m_r+m_5-m_0'}{m_S}\times 100 \qquad (3)$$

式中：

R——回收率，在5h内细粉收集装置收集的和装置中回收的催化剂质量之和占加入仪器中的试样质量的比例,%；

m_r——从磨损管和沉降室中回收的试样的质量，单位为克（g）。

11 报告

报告以下信息：

11.1 磨损指数（AJI）。

11.2 第1小时内的细粉损失百分数（L_{1h}）。

11.3 回收率（R）。

12 精密度和偏差

12.1 精密度

重复性和再现性数据是采用4个不同样品、在4个~7个独立实验室进行协同试验得到的。然后按照ASTM E691，筛除离群值，计算精密度（定义和用法分别见ASTM E456和ASTM E177）。按下述规定判断试验结果的可靠性（95%置信水平）。

12.1.1 重复性

由同一操作者，在同一实验室，用同一台仪器，按照相同的方法，对同一试样进行连续测定得到的两个单一和独立的结果之差，不应超出表1中的值 。

12.1.2 再现性

不同操作者，在不同实验室，使用不同仪器，按照相同的方法，对同一试样进行测定得到的两个单一和独立的试验结果之差，不应超出表1中的值。

表1 重复性和再现性

磨损指数（AJI）（平均值）	重复性	再现性
2.530	0.226（平均值的8.95%）	0.907（平均值的35.9%）
4.209	0.279（平均值的6.64%）	1.939（平均值的46.1%）
20.353	1.121（平均值的5.51%）	11.370（平均值的55.9%）
39.945	1.414（平均值的3.54%）	12.029（平均值的30.1%）

注：从表1的数据发现，当AJI在4.209~39.945之间时，重复性相对差值与AJI呈较好的线性关系，相关系数为-0.995。重复性相对差值与AJI的关系式为$y_1=-0.08723x_1+7.1057$。y_1为重复性相对差值，x_1为AJI。当AJI在2.53~20.353之间时，再现性绝对差值与AJI呈较好的线性关系，相关系数为0.9999，再现性绝对差值与AJI的关系式为$y_2=0.5859x_2-0.5524$。y_2为再现性绝对差值，x_2为AJI。

12.2 偏差

由于本标准所得的磨损指数（*AJI*）是按照本标准定义的程序测定的，因此没有偏差。

ICS 75.100
E 34

SH

中华人民共和国石油化工行业标准

NB/SH/T 0944.1—2017

润滑剂抗磨损性能的测定 FE8 滚动轴承磨损试验机法 第1部分：润滑油

Standard test method for wear preventive characteristics of lubricating fluid —FE8 rolling bearing method—Part 1：Lubricating oil

2017-12-27 发布　　2018-06-01 实施

国家能源局　发布

目　　次

前　言

NB/SH/T 0944《润滑剂抗磨损性能的测定　FE8 滚动轴承磨损试验机法》分为两部分：

——第 1 部分：润滑油；

——第 2 部分：润滑脂。

本部分为 NB/SH/T 0944 的第 1 部分。

本部分按照 GB/T 1.1—2009 给出的规则起草。

本部分使用重新起草法修改采用德国国家标准 DIN 51819-1：1999 和 DIN 51819-3：2005《润滑剂的试验—用 FE8 滚动轴承测试机械-动力润滑试验》。

本部分与 DIN 51819-1：1999 和 DIN 51819-3：2005 的主要技术差异及原因如下：

——为了使用方便，将部分引用标准修改为我国相应的国家标准；

——根据实际需要本部分只采用了 DIN 722 中规定的 81212 型一种试验轴承，未采用其他三种试验轴承。

本部分由中国石油化工集团公司提出。

本部分由全国石油产品和润滑剂标准化技术委员会石油燃料和润滑剂分技术委员会（SAC/TC280/SC1）归口。

本部分起草单位：中国石油天然气股份有限公司兰州润滑油研究开发中心。

本部分主要起草人：张宽德、朱登锋、谢惊春、王鹏、魏铁生、翟国容。

本部分为首次发布。

润滑剂抗磨损性能的测定　FE8滚动轴承磨损试验机法
第1部分：润滑油

警告：本部分的应用可能涉及到某些有危险性的材料、操作和设备。但并未对与此有关的所有安全问题都提出建议。用户在使用本部分之前有责任制定相应的安全和保护措施，并确定相关规章限制的适用性（详见附录A）。

1　范围

本部分规定了在FE8轴承磨损试验机上，使用推力圆柱滚动轴承测定润滑油磨损性能的试验方法。

本部分适用于混合摩擦条件下润滑油的轴承磨损性能评价。

2　规范性引用文件

下列文件对于本文件的应用是必不可少的。凡是注日期的引用文件，仅所注日期的版本适用于本文件。凡是不注日期的引用文件，其最新版本（包括所有的修改单）适用于本文件。

GB 1922—2006　油漆及清洗用溶剂油

GB/T 6391　滚动轴承　额定动载荷和额定寿命

GB/T 17754—2012　摩擦学术语

DIN 722　单向推力圆柱滚动轴承

3　术语和定义

下列术语和定义适用于本文件。

3.1

承载时间　loading time

从试验开始，到任何一个试验轴承失效或完成规定的时间，用 t 表示。

注：对润滑油进行评定，承载试验时间建议为80h。

3.2

试验周期　test duration

连续运转过程中未发生失效的情况下所用的时间，用 t_p 表示。对于完成规定时间的试验，它等于承载时间。

3.3

摩擦扭矩　friction torque

轴承旋转产生摩擦力，进而产生的摩擦扭矩。

3.4

试验轴承的摩擦扭矩　friction torque of test bearing

驱动两个试验轴承和辅助轴承所需的扭矩，用 M_r 表示。它等于摩擦力与力作用点到轴心的距离的乘积（这个距离等于图1中滑轮（6）直径的一半）。

3.5

启动摩擦扭矩　starting friction torque

试验启动 1min 后试验轴承所产生的最大扭矩，用 M_{rs} 表示。

3.6

稳态操作摩擦扭矩　operating friction torque

试验运转 50h 后，摩擦扭矩不再发生变化。此时的摩擦扭矩即稳态摩擦扭矩，用 M_{rb} 表示。

3.7

滚子部件磨损　rolling parts wear

承载时间内滚子部件的磨损量，用 m_w 表示。

3.8

轴承保持架磨损　cage wear

承载时间内轴承保持架的磨损量，用 m_k 表示。

3.9

试验速度　test speed

试验轴承的转动速度，用 n 表示。

3.10

轴承轴向负荷　axial bearing load

施加在试验轴承的轴向负荷，用 F_a 表示。

3.11

试验温度　test temperature

试验期间在试验轴承的外圈弹簧总成位置所测得的温度（T）。

注：由于试验轴承驱动端热量损耗较高，此处所测得的温度可能会偏低 2℃～5℃。

3.12

操作温度　operating temperature

磨合时间结束时的试验温度（T_b）。

3.13

磨合时间　running-in time

从试验开始到建立起稳定状态所用的时间。

注：在磨合期内，润滑脂随电机运转均匀分散到各试验件表面，同时产生一定量的磨损。由于轴承试验件在作用面上的相互接触，作用面逐渐趋于平滑，导致润滑膜厚度与接触面粗糙度之间的比率增加，润滑膜的隔离作用也随之增强。这种平滑作用所造成的滑动摩擦力的降低，使磨合期间的摩擦扭矩呈下降趋势。在负荷时间内，磨损通常也会下降。

3.14

磨损　wear

由于摩擦造成表面的变形、损伤或表层材料逐渐流失的现象和过程。

[GB/T 17754—2012，定义 2.3 条]

3.15

磨损量　wear loss

在磨损过程中摩擦副的材料接触表面变形或表层材料流失的量。

[GB/T 17754—2012，定义 5.1 条]

4　方法概要

4.1　使用 FE 8 轴承磨损试验机进行润滑油试验时，首先在试验机上安装两个试验轴承，将一定量的试验油加入润滑油循环系统中，通过润滑油循环系统，以0.1L/min±0.02L/min的流量向每个试验轴承供油，并在规定条件下（电机转速7.5r/min、轴向负荷80kN、试验温度80℃）进行试验，试验前后称量试验轴承各部件的质量，以磨损质量损失来评价润滑剂的磨损性能。

4.2 试验过程中，当轴承由于润滑不良而导致的摩擦扭矩连续超过60N·m持续10s以上，或连续运转时间达到80h时，试验结束。试验结束后称量轴承部件的质量并计算磨损量（mg）。每个油样进行两次试验，以轴承部件的磨损量来评价润滑油的磨损性能。

5 试验设备

5.1 FE8试验机

5.1.1 试验设备采用FE8轴承磨损试验机，试验机由试验头、驱动单元和控制系统组成。试验头（见图1）以可拆卸方式通过试验头轴（7）的锥座与驱动单元相连。驱动单元的驱动轴（1）安装在两个辅助轴承（2）内，由电机（图中未显示）以7.5r/min~3000r/min范围内不同的速度直接驱动或者经过齿轮啮合驱动。测试轴承（3）安装在试验头中，通过碟形弹簧总成（4）施加一定轴向负荷。

5.1.2 试验机的最大工作温度为200℃。试验头中有线状排列的孔，用于安装温度传感器。在进行润滑油试验时，则将润滑油循环系统和试验头连接，通过润滑油循环系统给试验轴承供油。如果要在较高的温度下进行试验，应使用加热装置。

5.1.3 在试验头的驱动端，装有一滑轮（6），用于连接摩擦力测量绳索。施力点与试验头轴轴线距离为0.12m（等于滑轮直径的一半）。

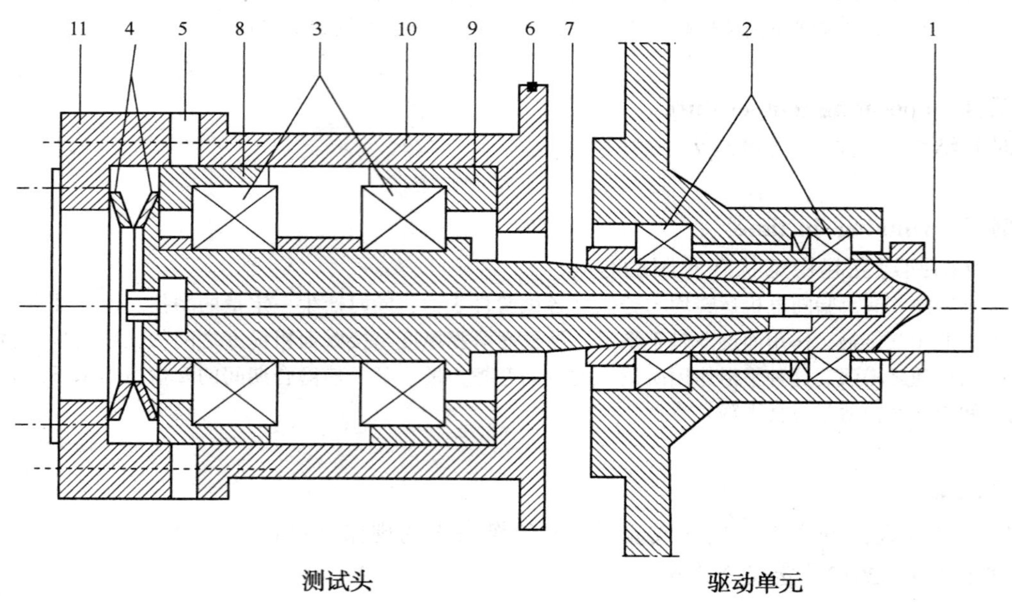

1—驱动单元轴；2—辅助轴承；3—试验轴承；4—碟形弹簧总成；5—隔离物；6—滑轮；7—试验头轴；8—驱动端轴承护圈；9—负载端轴承护圈；10—外壳；11—护帽

图1 试验头与驱动单元示意图

5.2 试验轴承

使用FE8轴承磨损试验机进行润滑油磨损性能的测定试验时，所用试验轴承为推力圆柱滚动轴承（装配示意图见图2），符合DIN 722要求，型号为81212。它包含一个铜锌实心保持架，可在

200℃以下使用。

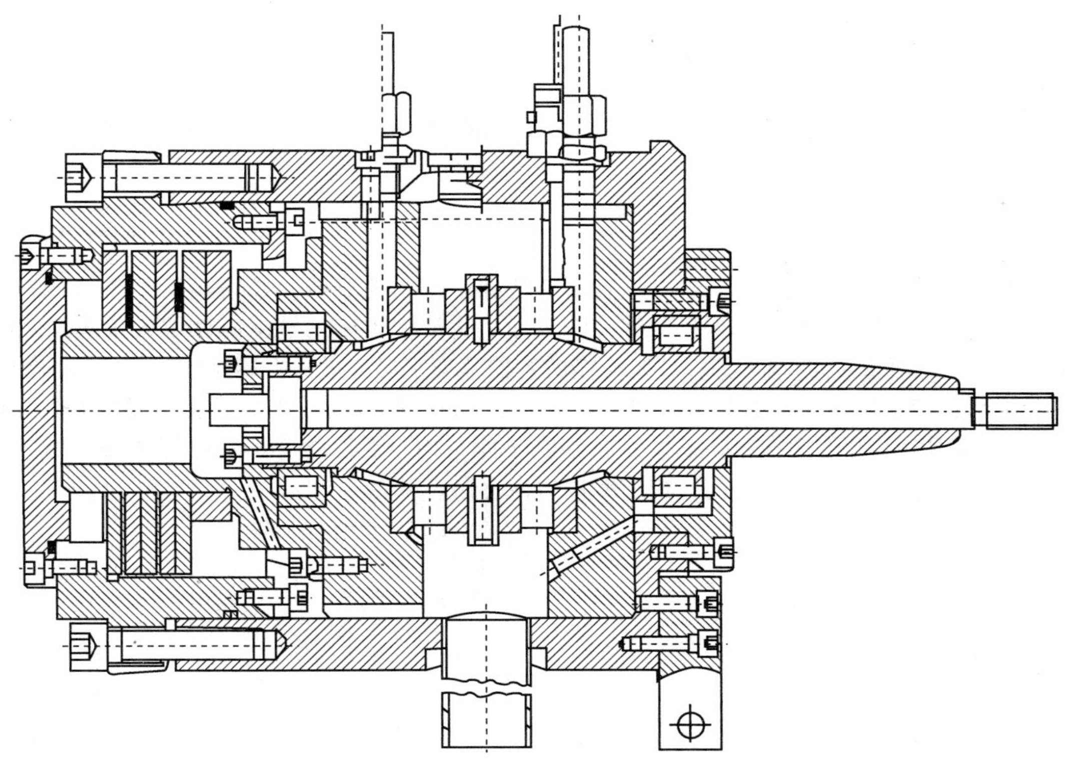

图2　安装推力圆柱滚动轴承的试验头

5.3　试验测量

5.3.1　摩擦力的测量：两个试验轴承运转产生的摩擦力通过负荷传感器测量，采用试验摩擦力记录系统记录摩擦力变化。试验前后应对负荷传感器用校正砝码进行校准。

5.3.2　温度测量：使用温度传感器测量试验轴承温度及试验油温，采用温度记录系统记录。试验轴承的温度测量点在试验轴承的外环上，带有弹簧以产生适当的接触力。温度测量需考虑环境温度对测量结果的影响，测量系统应定期进行校准。

5.3.3　轴承磨损称重：为确定轴承滚子部件和轴承保持架的失重，应在试验前后使用精密天平（精确至0.001g）对滚子、保持架进行称重。

注：为防止金属部件受磁性影响而产生称重结果误差，在称重时不能将滚子、保持架等试验件零部件直接放在天平上称量，应该用退磁器进行退磁处理，然后按步骤进行称量。

5.4　试验用具

5.4.1　保护手套：拿取试验轴承时防止与手直接接触。

5.4.2　加热板：用于加热试验轴承。

5.4.3　清洗器：用于清洗试验轴承。

5.4.4　毛刷：尺寸要适于试验轴承清洗。

5.4.5　专用抹布：使用过程中不起毛，不能有纤维脱落。

5.4.6　天平：用于称量试验件重量。推荐称量范围0 kg~2 kg，分度值1mg。

5.4.7　退磁器：用于试验件被磁化后的退磁处理。通电持续率60%。功率100W，电压220V。

6 试剂与材料

清洗溶剂：清洗用溶剂油满足 GB 1922—2006 中 2 号溶剂油的要求。

警告：易燃物品，易挥发的气体有害，应远离火源、火花和明火，避免长时间或频繁的皮肤接触。

7 试验轴承的准备

7.1 将试验轴承的滚子从保持架中取出，放入清洗杯中，用毛刷蘸取清洗溶剂清洗。用同样的方法，将轴承外圈、轴承内圈和轴承保持架等清洗干净。将清洗干净的轴承部件放入预热到 80℃ 的干燥箱中干燥 30min。干燥后的轴承部件放入干净的容器晾至室温。进行上述操作时应使用保护手套。

7.2 用天平称量滚子和保持架的质量并记录，称准至 1mg。在室温下将滚子装入保持架外壳内。在安装之前，用清洗溶剂和专用抹布将安装工具清洗干净。检查温度传感器和摩擦扭矩测量连接线路能否自由活动。在试验运行开始之前，校准摩擦力传感器。

8 试验步骤

8.1 试验条件的设定

设定转速为 7.5r/min±0.5r/min，温度为 80℃±1℃，对试验轴承施加 80kN±3kN 轴向负荷。

8.2 试验轴承的安装

8.2.1 将轴承间隔垫片、试验轴承内圈、装有滚子的保持架、轴承外圈依次安装在试验轴上（见图 1），轴承内圈安装前需加热至 80℃。将装好轴承的试验轴装入试验头外壳内。然后将加载弹簧片安装到试验头内，将组装好的试验头通过高压压床施加一定的试验负载，并用螺栓拧紧（拧紧力矩为 40N·m）。将组装好的试验头与试验机连接。

8.2.2 依次安装温度传感器、摩擦力传感器、润滑油循环软管、加热器、冷却风扇。

注：加热器和冷却风扇根据试验温度要求进行配置。

8.3 润滑系统的准备

润滑油循环系统由油箱和带有过滤及流量调节装置的油泵组成，通过润滑油循环系统以 0.1L/min±0.02L/min 的体积流速给每个轴承供油。油箱的容积为 4L。润滑油循环系统通过软管与试验头相连。连接软管应处于自由状态。每次进行新的油样试验时应采用新的过滤滤芯（过滤精度为 0~100μm）。试验前将试验油加满油箱，在同一个油样的第二次试验时过滤滤芯和试验油不需要更换。

8.4 启动试验

试验启动后，调节外部加热装置，使试验油达到所需的稳定试验温度。合理布置加热器和冷却风扇相对位置，以便进行温度控制。温度调节通过温度传感器和与之相连的数据处理系统来实现。如果试验油的试验设定温度高于 130℃，则在启动之前应通过一段持续 15min 的预热，使油温达到 100℃ 时启动试验。在启动后 1min 时间内，可以不限制摩擦扭矩最大边界值。试验温度参考值及调节温度值以静止的轴承环温度为基准。加热是通过一个外置的加热装置来完成。

8.5 摩擦扭矩变化状况的监测

如果摩擦扭矩大于边界值 60N·m，并持续超过 10s 以上，应立即结束试验。试验结果报告实际试验时间。通过相应的记录系统记录摩擦扭矩的变化，试验结束可以得出启动摩擦扭矩和稳态摩擦扭矩。

8.6 试验结束

试验结束后停机，依次拆下冷却风扇、加热器、润滑油循环软管、摩擦力传感器和温度传感器。断开试验头和驱动单元的连接，拆下试验头并解体，取出试验轴承。将试验轴承的滚子从保持架中取出，放入清洗杯中，用清洗溶剂清洗干净。用天平称量滚子和保持架的质量并计算出每个轴承的磨损量，准确至 1mg。

8.7 试验次数的要求

润滑油试验应进行两次，保养与维修详见附录 B。

8.8 结果计算与评价

将两次试验的 4 个轴承滚子和保持架的磨损值分别输入到韦伯（Welbull）图分布软件中，利用软件概率分布值功能得出磨损概率分布图，如图 3 所示。纵坐标是磨损概率值 V_w，横坐标是磨损值。按照式（1）计算磨损概率值 V_w。从磨损概率图读出磨损概率为 50%的磨损值。

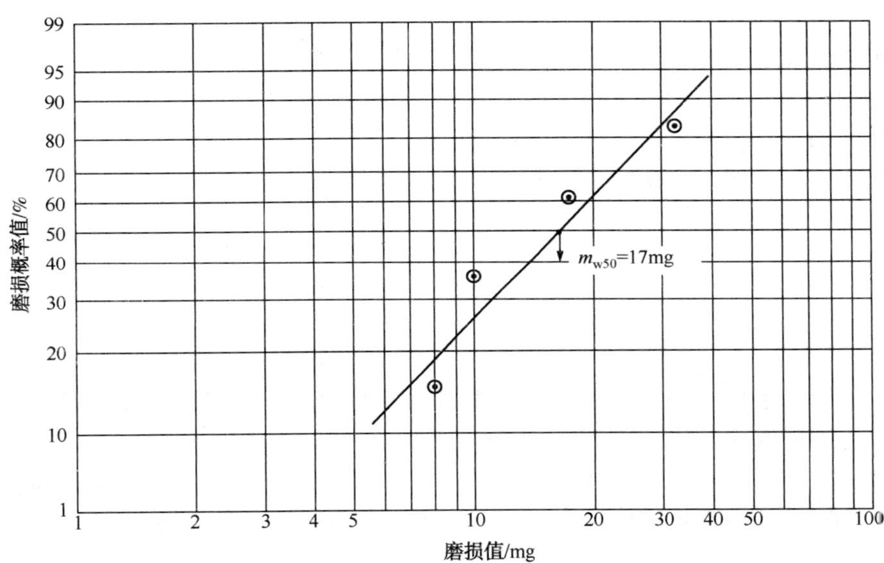

注：横坐标为磨损值；纵坐标为试验轴承的磨损概率值。

图 3 磨损概率图

$$V_w = \frac{i - 0.3}{n + 0.4} \quad \cdots\cdots (1)$$

式中：

n——每次试验的轴承数量，本部分中 $n=4$；

i——试验轴承的数量，当试验轴承数量分别为 1、2、3、4 时，计算出对应的 V_w 值，4 个 V_w 值分别对应按照升序排列的磨损值。

9 结果报告

9.1 试验信息

9.1.1 润滑油试验信息至少应包括下列内容：

——样品名称；
——试验方法名称；
——检测依据；
——试验轴承标志；
——转速，r/min；
——轴承负载，kN；
——试验温度,℃。

9.1.2　试验信息示例：试验标识为“检测方法-D-7.5/80-80”。即为“本部分规定的润滑油试验是在轴向力80kN、试验转速7.5 r/min和试验温度80℃的情况下进行的”。

9.2　报告

9.2.1　磨损率值为50%的情况下的滚子磨损值（m_{w50}）和保持架磨损值（m_{k50}），单位为毫克（mg）；同时给出试验条件以及两次试验的启动摩擦扭矩（M_{rs}）和稳态摩擦扭矩（M_{rb}）的算术平均值，单位为牛顿（N）。

9.2.2　结果报告示例：

检测方法-D-7.5/80-80；
滚子磨损值为：$m_{w50}=15$mg ；
保持架磨损值为：$m_{k50}=110$mg ；
启动摩擦扭矩的平均值为：$M_{rs}=38.5$Nm ；
稳态摩擦扭矩的平均值为：$M_{rb}=33.5$Nm 。

10　精密度

10.1　概述

在方法规定的同一条件下进行试验，使用不同的试验油品，可以得到磨损量范围在0~1000mg之间的不同的滚子磨损值m_{w50}和保持架磨损值m_{k50}。

注：在实际状况中，只有当滚子磨损值小于等于100mg、保持架磨损值小于等于200mg时，试验结果才有意义。如果滚子或者保持架的磨损值超过200mg的时候，则无法对试验结果做出分析。

10.2　重复性，*r*

本部分无法确定试验方法的重复性。因为重复试验应更换新的试验轴承，会由于不同轴承加工状况和尺寸差别而对评价结果产生影响。

10.3　再现性，*R*

10.3.1　在不同的试验室，使用相同的试验条件进行试验，得到两组不同的磨损结果，如果不超过表1给出的用于比较磨损结果的偏差边界百分比值范围，则这两组结果均被认可，并且符合本部分要求。这条再现性规定对于滚子磨损值和保持架磨损值均适用。

10.3.2　如果滚子或保持架的磨损值小于20mg，试验结果亦可被认可并且符合本部分要求。

10.3.3　在不同的实验室，使用相同的试验条件进行试验，得到两组不同的稳态摩擦扭矩结果，如果不超过表2给出的用于比较稳态摩擦扭矩的偏差边界百分比值范围，则这两组结果均被认可，并且符合本部分要求。

表1　用于比较磨损结果的偏差边界百分比值

试验轴承	滚子磨损值的相对偏差/%	保持架磨损值的相对偏差/%
D	≤60	≤60

表2　用于比较稳态摩擦扭矩结果的偏差边界百分比值

试验用轴承的编号	启动摩擦扭矩 M_{rs} 的相对偏差/%	稳态摩擦扭矩 M_{rb} 的相对偏差/%
81212	≤30	≤20

附 录 A
（规范性附录）
安全措施及注意事项

A.1 清洗溶剂使用：

A.1.1 在60℃以下清洗试验机和轴承。

A.1.2 清洗时禁止产生火花或使用加热器、火花和明火等火源。

A.1.3 清洗完成后立即盖好盛清洗溶剂的容器。

A.1.4 使用合适的通风设备。

A.1.5 避免吸入清洗溶液蒸气和薄雾。

A.1.6 避免清洗溶剂反复或长时间接触皮肤。

A.2 启动电动机前，盖好防护罩。

A.3 应遵守所有与其有关的安全规定。

附　录　B
（规范性附录）
保养与维修

B.1　每次在进行试验运转之前应检查以下内容

B.1.1　热电偶，检查是否有损伤。
B.1.2　外壳清洁程度。
B.1.3　O 形环（检查是否有损伤）。
B.1.4　试验头轴锥形接头和驱动单元轴（检查是否清洁和存在损伤）。
B.1.5　测量摩擦力所用绳索状况。
B.1.6　驱动单元状况。
B.1.7　试验头内部轴承保持架（检查其是否安装正确）。
B.1.8　安装推力圆柱滚动轴承时，试验头各辅助轴承的清洁程度。

B.2　每隔 18 个月执行一遍下列操作

B.2.1　热电偶校准（J 型校准在±2，5%以内，L 型校准在±3%以内）。
B.2.2　试验轴承轴的公差检查（直径：$60^{+0,015}_{+0,008}$ mm、轴承护圈公差（直径）：$130^{+0,02}_{0}$ mm 和 $150^{-0,03}_{-0,05}$ mm）；轴承接触表面状况检查。
B.2.3　试验头镗孔公差检查（直径：$150^{+0,04}_{0}$ mm）。

B.3　每两年还应附加执行下列检查

B.3.1　轴向负荷：±5%；
B.3.2　摩擦力：±2%；
B.3.3　试验速度：±10%。

B.4　每隔 12 年还应执行下列更新

B.4.1　传动装置中的辅助轴承、蝶形弹簧。
B.4.2　驱动电机上的滚动轴承。

ICS 75.080
E 40

中华人民共和国石油化工行业标准

NB/SH/T 0946—2017

多元醇酯和双酯燃气涡轮发动机润滑油总酸值测定　自动电位滴定法

Test method for the determination of total acidity in polyol ester and diester gas turbine lubricants by automatic potentiometric titration

2017-12-27 发布　　2018-06-01 实施

国家能源局　发布

前　言

本标准按照 GB/T 1.1—2009 给出的规则起草。

本标准使用重新起草法修改采用 SAE ARP5088B-2014《多元醇酯和双酯燃气涡轮发动机润滑油总酸值测定方法 自动电位滴定法》。

本标准与 SAE ARP5088B-2014 相比有以下技术性差异：

——规范性引用文件采用我国相应的国家标准或行业标准。

——规范性引用文件增加 SH/T 0079《石油产品试验用试剂溶液配制方法》。

——增加附录 B《仪器设置终点模式推荐参数》。

请注意本文件的某些内容可能涉及专利。本文件的发布机构不承担识别这些专利的责任。

本标准由中国石油化工集团公司提出。

本标准由全国石油产品和润滑剂标准化技术委员会合成油脂分技术委员会（SAC/TC280/SC5）归口。

本标准起草单位：中国石化润滑油有限公司重庆分公司、中国航空工业集团公司北京航空材料研究院、中国石油化工股份有限公司石油化工科学研究院。

本标准主要起草人：张瑛、姜克娟、胡海豹。

本标准为首次发布。

多元醇酯和双酯燃气涡轮发动机润滑油总酸值测定 自动电位滴定法

1 范围

本标准规定了采用自动电位滴定法测定新油或用过的多元醇酯和双酯类燃气涡轮发动机润滑油总酸值的试验方法。

本标准适用于测定新油或用过的多元醇酯和双酯类燃气涡轮发动机润滑油的总酸值，测定的酸值范围为 0. 05mgKOH/g~6. 0mgKOH/g。也适用于测定酸值在该范围外和其他类型的润滑剂，但方法的精密度不适用。

2 规范性引用文件

下列文件对于本文件的应用是必不可少的。凡是注日期的引用文件，仅所注日期的版本适用于本文件。凡是不注日期的引用文件，其最新版本（包括所有的修改单）适用于本文件。

GB/T 6682 分析实验室用水规格和试验方法（GB/T 6682—1992，neq ISO 3696—1987）

SH/T 0079 石油产品试验用试剂溶液配制方法

3 术语和定义

下列术语和定义适用于本文件。

3. 1

总酸值（TAN） total acid number

将试样滴定至终点为 pH=11 的水基缓冲溶液的电位时消耗的碱量，以 mgKOH/g 表示。

3. 2

清洁油/润滑剂 clean oil/lubricant

总酸值在 0. 05mgKOH/g 至 1. 5mgKOH/g 之间的油样。大部分的新油或较缓和条件下使用过的油的酸值将会在这个范围内。总酸值在这个范围内的称样量为 20g。但在实际操作时若样品不足可称取 2. 5g 样品。与 20g 样品相比，2. 5g 样品试验结果偏差更大（约小于 0. 1mgKOH/g）。

3. 3

降解油/润滑剂 degraded oil/lubricant

总酸值等于或大于 1. 5mg KOH/g 的油样。大部分苛刻条件下使用过的油的酸值将会在这个范围内，尤其是经过试验室氧化试验和发动机静态试验的油样。测定总酸值在这个范围内的油样需要 2. 5g。

4 方法概述

试样溶解在含有少量水的甲苯异丙醇混合溶剂中，以氢氧化钾异丙醇标准溶剂为滴定剂进行电位滴定，所用的电极对为玻璃指示电极-Ag/AgCl 参比电极或 Ag/AgCl 为参比的复合电极。以水基缓冲液 pH=11 的电位值作为滴定终点。

5 仪器

5.1 电位滴定仪：具有可变或固定滴定速率，且能够滴定至固定的终点的自动电位滴定仪。电位滴定仪所配置的滴定管最大体积为 10mL，精度为±0.01mL。

5.2 玻璃电极：铅笔状，建议使用专门设计的非水滴定玻璃电极。

5.3 参比电极：铅笔状，充满氯化锂电解液的 Ag/AgCl 电极。也可以使用能测出样品同等性能的其他充满氯化锂电解液的电极。电极应以玻璃制成，具有一个可移动的套筒或塞子，以方便清洗。当电解池中充满氯化锂电解液时，更适宜采用双液接电极。

5.3.1 复合电极：玻璃指示电极和 Ag/AgCl 参比电极被组合在一个电极套里，只需维护一支复合电极。复合电极应适用于非水滴定，在参比部分有可移动隔膜，且填充氯化锂电解液。

5.4 滴定烧杯：容量为 150mL 至 250mL 的烧杯，对试剂呈惰性。

5.5 搅拌器：可调速并装有化学惰性物质做成的螺旋桨或磁力搅拌器。搅拌器必须接地。

注：当操作者靠近仪器时，有些类型的仪器对静电很敏感，在这种情况下，滴定装置四周应该用接地铜网包裹起来。若有疑问请参考仪器说明书。

6 试剂/材料

6.1 试剂纯度：除 6.6 条以外，均采用分析纯。水符合 GB/T 6682 三级水规定或相当纯度的水。

6.2 pH 值分别为 4、7、11 的水基缓冲溶液。缓冲溶液应根据其稳定性要求定期更换，当发现溶液受到污染时也应更换。相关质量稳定性信息应从制造商获取。

6.3 无水乙醇。

6.4 氯化锂。

6.5 氯化锂参比电解液：配制 1moL/L 或 2moL/L 的氯化锂乙醇溶液。也可使用市购的缓冲溶液。氯化钾电解液不能添加在本方法的参比电极中。

6.6 邻苯二甲酸氢钾：基准试剂。

6.7 氢氧化钾。

6.8 氢氧化钾异丙醇标准溶液：浓度为 0.1moL/L。

6.8.1 在 2L 烧瓶中称取 6g~7g 的氢氧化钾，再加入 1000mL±10mL 异丙醇。回流加热 10min，加热过程中摇动烧瓶确保氢氧化钾完全溶解。冷却并盖上烧瓶。

6.8.2 将溶液放在暗处静置 48h，然后用 5μmPTFE 滤膜过滤上层清液后储存在棕色瓶里。

6.8.3 在配制过程中，用含有碱石灰或碱性非纤维硅酸盐吸收剂的防护管将溶液与大气中的二氧化碳隔绝。溶液不能与木塞、橡胶及可发生皂化反应的密封脂接触。

6.8.4 邻苯二甲酸氢钾在 105℃ 干燥 2h，冷却至室温后称取 0.1g~0.15g，称准至 0.0002g 并溶解于约 100mL 不含二氧化碳的蒸馏水中。定期对标准溶液浓度进行标定，以检出 0.001moL/L 的浓度变化。

注：也可以使用氢氧化钾甲醇、氢氧化钾乙醇（浓度标定按 SH/T 0079）或氢氧化钾丙醇溶液。

6.9 异丙醇。

6.10 滴定溶剂：在 495mL±5mL 异丙醇中加入 500mL±5mL 甲苯和 5mL±0.2mL 水。滴定溶剂最好大量配置，每天使用前应滴定空白值。

6.11 甲苯。

6.12 过硫酸铵。

6.13 硫酸，95% 至 98%。

6.14 过硫酸铵清洗溶液：在玻璃烧杯中称取 8g 过硫酸铵，小心加入浓硫酸至 100mL 并轻轻搅拌，在使用前应将溶液放置至少 10h 以保证硫酸铵固体能完全溶解。

7 电极系统的准备和维护

7.1 电极拿取注意事项

7.1.1 电极使用过程中注意要轻拿轻放。以下步骤非常重要，因为 pH 值的测量准确度仅与电极条件密切相关。

7.2 电极校准准备

7.2.1 玻璃电极：在使用前应该用一块干净的吸水纸巾将玻璃电极吸干。
7.2.2 参比电极：从贮存容器中将参比电极或复合电极取出，用一块干净的吸水纸巾将电极吸干，注意不要碰到下面的套筒或塞子。打开充液孔，轻轻移开下面的套管或塞子，排出几滴电解液，使电解液在使用过程中自由扩散。检查电解液液面，如果有必要则补充电解液。将电极放入水中浸泡 5min，以去除黏附在电极外面的电解液并将水吸去。

7.3 电极测试

7.3.1 按 7.2 所述准备电极。
7.3.2 将电极依次浸入 pH 值为 4、7 和 11 的水性缓冲溶液中以激活电极。每次浸入缓冲溶液后要用水将电极清洗干净。当电位显示的 pH 值为 7 的缓冲液的电位值，相对于另外两个缓冲液的电位值斜率，在电极制造商的公差允许范围内时，电极方可使用。应每日进行并保存记录。

7.4 校准要求

7.4.1 每天测定 pH=11 的缓冲溶液的电位。以此电位作为滴定终点并将读取的数据手动输入仪器程序中。

注：建议进行温度校正。由于温度对缓冲溶液 pH 值的显著影响，最好使温度尽可能接近缓冲液制造商的校准温度。

7.4.2 非水滴定电极的调整：将分体电极对或复合电极在滴定溶剂中浸泡 10min。再将玻璃电极的玻璃球放入水中活化电极，并使多余的水滴掉。

7.5 电极的保存

7.5.1 当电极不用时，将玻璃电极的下半部分浸入水中，将参比电极或复合电极浸入参比电解液中。保存过程中盖上参比电极或复合电极的充液孔。
7.5.2 不允许任何一支电极干掉，尤其是玻璃电极或复合电极。

7.6 电极的清洗

7.6.1 玻璃电极：常规使用时，每周将玻璃电极头浸入 0.1mol/L 的盐酸溶液中至少 12h。如果需要进一步清洁电极，将电极头浸入过硫酸铵清洁溶液中 5min，随后用水彻底冲洗干净。当电极正常使用时，每个月至少用过硫酸铵溶液浸泡一次。
7.6.2 参比电极或复合电极：如果需要用异丙醇冲洗电极，再用参比电解液冲洗。

8 试验步骤

8.1 按照 7.2，7.3 和 7.4 所述测试电极和校准自动电位滴定仪。

8.2 按7.4.2所述准备非水滴定电极。

8.3 调整滴定仪的总体滴定速率小于0.35mL/min，避免酯类油在氢氧根作用下水解。如果滴定仪只能以固定的滴定速率进行滴定，调整滴定速率至0.1mL/min。附录A和附录B给出了适合的滴定参数。

8.4 滴定管应装0.1moL/L的氢氧化钾异丙醇标准溶液并使滴定头浸入滴定溶液中约25mm处。

8.5 每日用125mL±2mL滴定溶剂进行空白值测定。取两次测定的平均值作为空白值。

注：用125mL滴定溶剂测得的空白值很小或测定结果差异较大时，可用更大体积的滴定溶剂测定并计算出相当于125mL滴定溶剂空白值。

8.6 确保试样具有代表性。称取20g±1g清洁油或2.5g±0.1g降解油在烧杯中，准确至0.001g。在烧杯中加入125mL±2mL滴定溶剂。清洁油不足时也可称取2.5g±0.1g，但2.5g样品试验结果偏差更大，强烈建议清洁油称取20g±1g。

8.7 按照仪器操作说明进行滴定，注意控制搅拌速度，避免飞溅或把空气搅入溶液中。

8.8 滴定完成后将电极和滴定头从烧杯中取出，并用滴定溶剂冲洗。将玻璃电极的玻璃球浸入水中2min活化玻璃电极，然后使多余的水滴掉。如果需要按照7.5条所述进一步清洗电极。

8.9 电极存放时间少于45min时，电极可放在滴定溶剂中，测定前应将玻璃电极放在水中活化。存放时间大于45min时，按照7.4条所述进行。不允许将电极长时间放在滴定溶剂中。这样会使玻璃电极处于极限脱水状态。

8.10 当总酸值测定结果在样品称量范围之外时，用正确的称样范围（3.2条）和（3.3条）重新试验。

9 结果表示

9.1 大部分现代自动电位滴定仪都有完整的计算方法，针对特定应用可编程。无论哪种情况，计算应和9.2所述一致。

9.2 用式（1）计算总酸值 H^+，单位：mgKOH/g。

$$H^+ = \frac{(V_1 - V_0) \times C \times 56.1}{M} \quad \cdots\cdots (1)$$

式中：

V_1——滴定试样消耗的氢氧化钾异丙醇标准溶液体积，mL。

V_0——滴定空白消耗的氢氧化钾异丙醇标准溶液体积，mL。

C——氢氧化钾异丙醇标准溶液的浓度，mol/L。

M——试样的质量，g。

10 精密度

按下述规定判断试验结果的可靠性（95%置信水平）。

10.1 清洁油样（20g和2.5g样品）

重复性：同一操作者，在同一实验室，用同一台仪器，对同一试样进行连续两次测定，所得到的两个结果之差不应超过式（2）或式（3）的计算值：

$$20g样品：0.066(X)^{0.35} \quad \cdots\cdots (2)$$

式中：

X——两次测定结果的平均值。

$$2.5g样品：0.047(X + 1.447) \quad \cdots\cdots (3)$$

式中：

X——两次测定结果的平均值。

再现性：不同操作者，在不同实验室，对同一试样进行测定，所得到的两个单一、独立测定结果之差不应超过式（4）或式（5）的计算值：

$$20\text{g 样品：}0.158\ (X)^{0.21} \qquad (4)$$

式中：

X——两次测定结果的平均值。

$$2.5\text{g 样品：}0.45 \qquad (5)$$

注：2.5g 样品的再现性与酸值测定结果无关，这一结论仅对酸值在 0.05mgKOH/g 与 1.5mgKOH/g 之间的样品是正确的。

10.2 降解油样（油样 2.5g）

重复性：同一操作者，在同一实验室，用同一台仪器，对同一试样进行连续两次测定，所得到的两个结果之差不应超过式（6）计算值。

$$0.060(X - 0.174) \qquad (6)$$

式中：

X——两次测定结果的平均值。

再现性：不同操作者，在不同试验室，对同一试样进行测定，所得到的两个单一、独立测定结果之差不应超过式（7）的计算值。

$$0.164\ (X)^{1.25} \qquad (7)$$

式中：

X——两次测定结果的平均值。

注：本试验中的精确度数据是参标制定机构在 2013 年的循环比对试验中得出的。这个试验包含了 4 个清洁和 4 个变质合成酯型润滑剂油样在 14 家实验室的分析数据。分体式电极 8 组数据，复合电极 9 组数据。

11 报告

报告结果精确到 0.01mgKOH/g。试验报告至少要包含以下信息：

a）试验样品的类型和标识。

b）提及本方法。

c）试验结果。

d）称样量。如果清洁油的称样量不为 20g 或变质油称样量不为 2.5g 时。

e）试验日期。

附 录 A
(规范性附录)
适合的滴定参数举例

A.1 使用可变滴定速率的情况

A.1.1 漂移控制(平衡滴定)

a)搅拌时间:120s;
b)漂移值:10mV/min~30mV/min;
c)最长滴定等待时间:60s。

注:搅拌时间应不小于60s,对黏性样品可延时。建议控制滴定的漂移值,以更好控制滴定的精确性和速度。过快的滴定速度会导致混合不充分。

A.1.2 固定的测定延时:

a)搅拌时间:120s;
b)延时测定:30s。

注:搅拌时间应不小于60s,对黏性样品可延时。建议控制滴定的漂移值,以更好控制滴定的精确性和速度。过快的滴定速度会导致混合不充分。

A.2 使用固定滴定速率的情况

A.2.1 漂移控制(平衡滴定)

a)搅拌时间:120s;
b)漂移值:10mV/min~30mV/min;
c)最长滴定等待时间:60s;
d)增加量:0.05mL。

注:搅拌时间应不小于60s,对黏性样品应延时。建议控制滴定的漂移值,以更好控制滴定的精确性和速度。过快的滴定速度会导致混合不充分。

A.2.2 固定的测定延时

a)搅拌时间:120s;
b)延时测定:30s;
c)增加量:0.05mL。

注:搅拌时间应不小于60s,对黏性样品应延时。建议控制滴定的漂移值,以更好控制滴定的精确性和速度。过快的滴定速度会导致混合不充分。

附 录 B
(资料性附录)
仪器设置终点模式推荐参数

B.1 滴定模式：设置终点滴定法（set）

B.1.1 搅拌时间：120s。

B.1.2 滴定速度：

B.1.2.1 最大滴定速度：0.1mL/min～0.35mL/min。

B.1.2.2 最小滴定速度：5μL/min～10μL/min。

B.1.3 动态范围：2～6。

B.1.4 最长滴定等待时间：60s。

注1：滴定空白或酸值较小样品最好选择较小的滴定速度和较大的动态范围。

注2：搅拌时间应不小于60s，对黏性样品应延时。建议控制滴定的漂移值，以更好控制滴定的精确性和速度。过快的滴定速度会导致混合不充分。

ICS 71. 100. 99
G 74

SH

中华人民共和国石油化工行业标准

NB/SH/T 0950—2017

催化裂化催化剂中氧化镧和氧化铈含量的测定　X 射线荧光光谱法

Standard test method for determination of lanthanum oxide and cerium oxide in catalytic cracking catalysts by X-ray fluorescence spectrometry (XRF)

2017-12-27 发布　　2018-06-01 实施

国家能源局　发布

前　　言

本标准按照 GB/T 1.1—2009 给出的规则起草。

本标准由中国石油化工集团公司提出。

本标准由全国石油产品和润滑剂标准化技术委员会石油燃料和润滑剂分技术委员会（SAC/TC 280/SC1）归口。

本标准起草单位：中国石油化工股份有限公司石油化工科学研究院。

本标准参加起草单位：中国石化催化剂有限公司。

本标准主要起草人：高萍、郭瑶庆、李叶、杨爱迪、蒋邦开、冒昕烨、陈时辉、杨凌、宿艳芳、唐晓红。

催化裂化催化剂中氧化镧和氧化铈含量的测定　X 射线荧光光谱法

警告：本标准的使用可能涉及某些有危险性的材料、操作和设备，但并未对与此有关的所有安全问题都提出建议。用户在使用本标准之前有责任制定相应的安全和保护措施，并确定相关规章限制的适用性。对于一些特殊的预防说明见第 3 章。

1　范围

本标准规定了采用 X 射线荧光光谱法（XRF）测定催化裂化催化剂中稀土氧化镧（La_2O_3）和氧化铈（CeO_2）的含量。

本标准适用于催化裂化新鲜剂、平衡剂和待生剂等。测定的稀土氧化镧和氧化铈质量分数范围分别为 La_2O_3：0.10%~6.0%；CeO_2：0.10%~4.0%。对于氧化镧和氧化铈含量超出这个质量分数范围的试样虽然可以按照本标准的试验过程进行测定，但是精密度可能不适用。

当样品的元素组成与用来建立校准曲线的标准校准样品的元素组成有显著差别时，应遵守第 5 章中的注意事项和建议，否则分析结果会受干扰。

2　规范性引用文件

下列文件对于本文件的应用是必不可少的。凡是注日期的引用文件，仅所注日期的版本适用于本文件。凡是不注日期的引用文件，其最新版本（包括所有的修改单）适用于本文件。

GB/T 6379.2　测量方法与结果的准确度（正确度与精密度）第 2 部分：确定标准测量方法重复性与再现性的基本方法

GB/T 6682—2008　分析实验室用水规格和试验方法

GB/T 16484.3　氯化稀土、碳酸轻稀土化学分析方法 第 3 部分：15 个稀土氧化物配分量的测定 电感耦合等离子体发射光谱法

NB/SH/T 0863 流化催化裂化催化剂中化学元素 X 射线荧光光谱法分析指南

NB/SH/T 0960　催化裂化催化剂、助剂和吸附剂采样法

ASTM D5258　用密闭容器微波加热法酸溶解抽提沉积物中元素的标准规程（Standard Practice for Acid-Extraction of Elements from Sediments Using Closed Vessel Microwave Heating）

ASTM D8088　用电感耦合等离子发射光谱法测定催化裂化催化剂、分子筛、添加剂和相关材料中六种主要稀土元素的标准规程（Standard Practice for Determination of the Six Major Rare Earth Elements in Fluid Catalytic Cracking Catalysts, Zeolites, Additives and Related Materials by Inductively Coupled Plasma Optical Emission Spectroscopy.）

3　方法概要

3.1　具有足够能量的原级 X 射线可以激发样品所含元素原子的内层电子，在轨道上形成空穴，原子处于不稳定状态。此时，外层高能级的电子自发向内层跃迁填补空位，使原子恢复到稳定态，同时辐射出具有该元素特征的二次 X 射线即 X 射线荧光。

3.2　原级 X 射线照射在经过压片处理的样品表面上，样品产生的特征光谱 X 射线（X 射线荧光）

根据波长的不同通过晶体分光。不同波长的X射线强度用相应的检测器测量，根据测量的X射线强度，通过由合适的参考物质建立的校准曲线来确定样品中元素的含量。

警告：接触过量的X射线有害健康，操作者应当采取适当的措施以防身体的任何部位受到一次以及二次或散射的X射线的照射，X射线光谱仪的操作必须符合仪器生产厂家的安全准则和国家及地方的安全规定。

4 方法应用

4.1 本标准可以快速、准确地测定催化裂化催化剂和平衡剂等样品中的稀土氧化镧和氧化铈的含量，样品准备和分析操作步骤简单，一般一个样品的分析时间是5min~10min。

4.2 了解催化剂等样品中稀土氧化镧和氧化铈含量可预测和评价催化剂的性能。

5 干扰

5.1 在本标准测定范围内的镧和铈共存时会发生元素间的干扰，可选用仪器厂商提供的软件对元素间的干扰进行校正。

5.2 待测样品和标准校准样品组成的不同会导致稀土含量测定的偏差。为了减少测定结果的偏差，应使用与待测样品具有相同或相似元素组成的基体物质配制标准校准标样，或使用已分析过有准确结果的与待测样品相同类型的样品作为标准校准样品。

注：待测样品中除氧化镧和氧化铈外还含有其他稀土氧化物，如氧化镨、氧化钕、氧化钐，若其质量分数小于0.5%，元素间的干扰可忽略，可用本标准对其中的氧化镧和氧化铈进行测定。

6 仪器

6.1 天平：感量为0.0001g。

6.2 样品盒：铝制（或其他材质），盛装压片用的样品粉末。

6.3 筛子：75μm。

6.4 压片机：能够可重复地维持至少276MPa的压力。

6.5 压片模具：用于将粉末样品压制成适合光谱仪的圆片。压片的大小应与X射线荧光光谱仪的样品盒匹配并满足测定的要求，一般为25mm~40mm。

6.6 波长色散X射线荧光光谱仪（WDXRF）：任何市售的波长色散X射线荧光光谱仪均可用于测定。为了提高灵敏度，仪器应配备以下部件。

6.6.1 分光晶体：所选的晶体应具备最佳的灵敏度，标准校准样品和待测样品使用相同的晶体。表1给出了推荐使用的晶体。

6.6.2 探测器：闪烁计数器。

6.6.3 光路：真空

6.6.4 脉冲高度分析器：或其他的能量检测方法。

6.6.5 X射线管：铑靶。

6.6.6 对波长色散X射线荧光光谱仪的更多规定参见NB/SH/T 0863。

7 试剂和材料

7.1 氧化镧、氧化铈：光谱纯，用于配制标准校准样品。

7.2 无水乙醇：分析纯，用作清洗剂。

7.3 标准校准样品：具有和待测样品相近的成分和物理性质，元素含量已知且涵盖了待测样品中元素的预测值。可从多个来源获得此类标准校准样品。

7.4 镧和铈标准溶液：用于配制标准校准样品。采用市售的或用 7.1 条中的试剂配制均可。

7.5 漂移校正样品：用来测定和校正仪器随时间的漂移，可选择各种稳定的含有待测元素的物质，标准校准标样也可以用作漂移校正样品。

7.6 校准检查样品：用于验证校准曲线的准确性。校准检查样品的氧化镧和氧化铈含量是已知的，并且在建立校准曲线时未使用过。与用来建立校准曲线的标准样品同批的标准样品也可以用作校准检查样品。

8 取样和样品制备

8.1 采用 NB/SH/T 0960《催化裂化催化剂、助剂和吸附剂采样法》进行取样。

8.2 取适量试样，确保试样处于干燥状态，以满足 XRF 的分析要求。

8.3 研磨试样，研磨后的粉末要能通过 75μm 的筛子。

8.4 在 276MPa~552MPa 的压力下对试样进行压制，具体的压力取决于使用的压片模具类型。

8.5 用适宜方法标注压片，拿压片时要避免接触分析表面。

8.6 将压制好的试样保存在真空干燥器中，避免在分析前吸水受潮或受到污染。

9 仪器的准备

确保按照制造商的说明书安装调试 XRF 分析仪。要有足够的时间让仪器稳定，完成所需的任何仪器检验程序，尽可能让仪器连续运转，以保持最佳的稳定性。

10 标准校准样品和校准

10.1 标准校准样品

校准用的标准校准样品可以购买或自制。

10.1.1 用催化剂样品做标准校准样品：收集至少 9 个氧化镧和氧化铈含量覆盖所需范围的催化剂样品，用一种可以用来比较的分析方法对这些样品进行测定，将测定值作为标准值。具体测量步骤可按照 GB/T 16484.3、ASTM D5258、ASTM D8088 或附录 A。

10.1.2 配制标准校准样品：用新鲜的 FCC 催化剂（不含要加入的稀土镧和铈）作载体，加入一定浓度的镧、铈标准溶液，按照所需要的氧化镧和氧化铈的含量范围，配制至少 9 个标准校准样品。

10.1.3 每一种方法制得的标准校准样品按照第 8 章的步骤和待测样品一样的条件处理准备。

10.2 测量条件

10.2.1 推荐使用的分析条件列于表 1 中。

表 1 推荐使用的分析条件

成分	分析线	晶体	准直器/μm	探测器	电压/kV	电流/mA	测量时间/s	谱峰/（°）	脉高
La_2O_3	L_α	LiF_{200}	300	SC	50	50	20	82.9362	100~300
CeO_2	L_α	LiF_{200}	300	SC	50	50	20	79.0450	100~300

10.2.2 也可以选择表 1 以外的分析线，新选的分析线在方法的适用范围内应有合适的灵敏度。不同仪器可根据实际情况通过优化选择合适的测量条件。

10.3 校准

10.3.1 在选定的工作条件下，测定已经准备好的标准校准样品，每个样品应至少测量两次。用仪器所配的软件，以标准校准样品中氧化镧、氧化铈的含量值和测量的 X 射线荧光强度平均值计算出校准曲线参数和基体校正系数。计算公式见式（1）：

$$W_i = (aI_i^2 + bI_i + c)(1 + \Sigma A_{ij} W_j) \quad (1)$$

式中：

W_i——分析元素 i 的质量分数，%；

I_i——分析元素 i 的 X 射线荧光相对强度；

A_{ij}——共存元素 j 对分析元素 i 的增强吸收校正因子；

W_j——共存元素 j 的质量分数，%；

a 、b 、c——分析元素 i 的校准曲线常数。

注 1：需注意校准方程系数的个数，每增加一个系数，应增加 3 个标准校准样品以确保该系数的可靠性。

注 2：稀土元素 La、Ce 元素原子结构相似，谱线波长相近，理论上它们之间存在基体效应。

10.3.2 建立校准曲线后，马上测定一个或多个校准检查样品的稀土氧化镧和氧化铈含量，得到的结果应该在其标准值加减本方法精密度的范围内，如果达不到这个标准，校准过程和标准校准样品可能有问题，要采取适当措施，重复校准过程。在评估校准时，要考虑到校准检查样品和标准样品之间基体的相符程度。

11 试验步骤

11.1 定期进行校准检查样品的分析，确认校准曲线的准确性。当曲线出现漂移时，通过测量漂移校正样品对曲线进行漂移校正。

11.2 按照仪器说明书上推荐的步骤，用 10.3.1 建立的校准曲线分析第 8 章中准备好的试样。

12 精密度和偏差

12.1 精密度

本标准的精密度是在 5 个实验室对稀土氧化镧（La_2O_3）和氧化铈（CeO_2）质量分数范围分别为 0.10%~5.38%和 0.10%~4.16%的 16 个催化裂化催化剂样品进行循环试验（粉末压片制样），并按 GB/T 6379.2 进行数据统计后确定。按下述规定判断试验结果的可靠性（95%置信水平）。

12.1.1 重复性 r

同一个操作者，在同一实验室，使用同一台仪器，对同一试样进行连续测定，所得两个试验结果之差不应超过式（2）和式（3）所得数值：

$$La_2O_3\text{重复性}(r) = 0.020X_1 + 0.017 \quad (2)$$

$$CeO_2\text{重复性}(r) = 0.001X_2^2 + 0.021X_2 + 0.008 \quad (3)$$

式中：

X_1——La_2O_3的两个重复试验结果的质量分数平均值，%；

X_2——CeO_2的两个重复试验结果的质量分数平均值，%。

12.1.2 再现性 R

由不同的操作者，在不同的实验室，使用不同的仪器，对同一试样进行测定，所得两个单一和独立的试验结果之差不应超过式（4）和式（5）所得数值：

$$La_2O_3再现性（R）=0.034X_1+0.026 \quad \cdots\cdots（4）$$

$$CeO_2再现性（R）=0.024X_2^2-0.040X_2+0.089 \quad \cdots\cdots（5）$$

式中：

X_1——La_2O_3的两个单一、独立试验结果的质量分数平均值，%；

X_2——CeO_2的两个单一、独立试验结果的质量分数平均值，%。

12.1.3 精密度的典型值

La_2O_3和 CeO_2测定的重复性和再现性的典型值见表 2 和表 3。

表 2 La_2O_3精密度典型值

La_2O_3质量分数/%	重复性 r/%	再现性 R/%
0.1	0.02	0.03
0.5	0.03	0.04
1	0.04	0.06
2	0.06	0.09
3	0.08	0.13
4	0.10	0.16
5	0.12	0.20
6	0.14	0.23

表 3 CeO_2精密度典型值

CeO_2质量分数/%	重复性 r/%	再现性 R/%
0.1	0.01	0.08
0.5	0.02	0.08
1	0.03	0.08
2	0.05	0.11
3	0.08	0.19
4	0.10	0.31

12.2 偏差

由于没有公认的参考物质来确定本方法的偏差，因此没有关于方法偏差的陈述。

13 报告

报告从第 11 章中得到的试样中稀土氧化镧和氧化铈含量，精确到质量分数 0.01%。

附 录 A
（规范性附录）
标准校准样品的定值

A.1 仪器及试剂

A.1.1 电感耦合等离子体原子发射光谱仪（ICP）。
A.1.2 微波消解炉。
A.1.3 高温炉：能够在1000℃下工作。
A.1.4 天平：感量为0.0001g。
A.1.5 容量瓶：50 mL、100mL、200mL。
A.1.6 移液管：0.5 mL、1mL、5mL、10mL。
A.1.7 水：符合GB/T 6682—2008的二级水。
A.1.8 La标准溶液：质量浓度为1000mg/L，国家一级标准物质。
A.1.9 Ce标准溶液：质量浓度为1000mg/L，国家一级标准物质。
A.1.10 Al标准溶液（质量浓度为10000mg/L）：将1.0000g铝片（光谱纯）溶解于50mL体积分数为50%盐酸溶液中，移入100mL容量瓶用水稀释至刻度，混合均匀后放入带有盖子的聚四氟乙烯瓶中储存。
A.1.11 盐酸：分析纯（质量分数为38%）。
A.1.12 氢氟酸：分析纯（质量分数为40%）。

A.2 配制ICP工作标准溶液

用A.1.7，A.1.8，A.1.9，A.1.10溶液配制四个标准工作溶液及一个空白溶液，标准工作溶液浓度见表A.1。

表A.1 ICP标准工作溶液

编号	La质量浓度/（mg/L）	Ce质量浓度/（mg/L）	Al质量浓度/（mg/L）
1	0	0	500
2	10	10	500
3	25	25	500
4	50	50	500
5	100	100	500

A.3 建立ICP标准工作曲线

采用La408.672nm和Ce413.764nm为分析谱线，吸喷工作标准溶液建立工作曲线，吸喷空白溶液作为标准曲线零点，确定4个工作标准溶液中La和Ce的光谱强度均为线型关系。

A.4 样品处理及测定

A.4.1 称取 0.1g 试样（精确至 0.0001g），每个样品称取两次，进行平行测定。

A.4.2 将称好的样品置于微波消解罐中，分别加入 15mL 体积分数为 50% 的盐酸溶液和 C.5mL 氢氟酸。

A.4.3 将微波消解罐放入微波消解仪中，在 185℃ 下消解 35min。

A.4.4 待消解得到溶液冷却后将澄清溶液转入 100mL 容量瓶中，用水定容至刻度。

A.4.5 用 A.3 的工作曲线测定 A.4.4 定容后的溶液，得到样品中 La 和 Ce 的含量。

编者注：本标准中引用标准的标准号和标准名称变动如下。

原标准号	现标准号	现 标 准 名 称
NB/SH/T 0863	NB/SH/T 0863	流化催化裂化催化剂中化学元素 X 射线荧光光谱法测定指南

ICS 71.100.99
G 74

中华人民共和国石油化工行业标准

NB/SH/T 0951—2017

催化裂化催化剂粒度分布的测定 激光散射法

Standard test method for particle size distribution of catalytic cracking catalyst by laser light scattering

2017-12-27 发布　　　　2018-06-01 实施

国家能源局　发布

前言

本标准按照 GB/T 1.1—2009 给出的规则起草。

本标准按照重新起草法修改采用 ASTM D4464-15，制定了《激光散射法测定催化裂化催化剂粒度分布的方法》。

本标准与 ASTM D4464-15 的技术性差异及原因如下：

——测量范围修改为粒径范围为 1μm～300μm，并且中位粒径为 60μm～110μm 的颗粒；

——本标准重新建立了精密度，精密度结果表达方式为中位粒径 D（V，0.5）和 0～20μm、0～40μm、0～149μm 的颗粒累积体积分数，符合国内行业内部常用的习惯性表达方式；

——增加了仪器测量参考条件，见附录 A。

本标准由中国石油化工集团公司提出。

本标准由全国石油产品和润滑剂标准化技术委员会石油燃料和润滑剂分技术委员会（SAC/TC 280/SC 1）归口。

本标准起草单位：中国石油化工股份有限公司石油化工科学研究院。

本标准参加起草单位：中国石化催化剂有限公司、中国石油天然气股份有限公司兰州石化分公司。

本标准主要起草人：郭瑶庆、朱玉霞、李家兴、陈妍、李叶、宿艳芳、唐晓红、吕佧娇、蒋邦开、蔡军平、陈时辉、曹颖。

催化裂化催化剂粒度分布的测定　激光散射法

警告：本标准的使用可能涉及某些有危险性的材料、操作和设备，但并未对与此有关的所有安全问题都提出建议。用户在使用本标准之前有责任制定相应的安全和保护措施，并确定相关规章限制的适用性。

1　范围

本标准规定了采用激光散射法测定催化裂化催化剂粒度分布的试验方法。

本标准适用于催化裂化、催化裂解催化剂及助剂颗粒粒径范围为1μm~300μm，并且中位粒径为60μm~110μm的微球状催化剂粒度分布的测定。本标准也适用于中位粒径超出本标谁范围的颗粒粒度分布的测量，但是没有考察结果的精密度。

2　规范性引用文件

下列文件对于本文件的应用是必不可少的。凡是注日期的引用文件，仅所注日期的版本适用于本文件。凡是不注日期的引用文件，其最新版本（包括所有的修改单）适用于本文件。

GB/T 6379.2　测量方法与结果的准确度（正确度与精密度）　第2部分：确定标准测量方法重复性与再现性的基本方法

GB/T 15445.1　粒度分析结果的表述　第1部分：图形表征

GB/T 19077—2016　粒度分布 激光衍射法

JJF 1211　激光粒度仪校准规范

NB/SH/T 0960　催化裂化催化剂、助剂和吸附剂采样法

3　术语和定义

下列术语和定义适用于本文件。

3.1

背景　background

流动分散中测量到的由非测量颗粒引起的激光散射强度。包括测量体系中污染物的散射。

3.2

米氏散射理论　Mie scattering

用于描述球形颗粒的激光散射的复杂电磁学理论。常应用于颗粒大小与激光光源波长接近的颗粒的激光散射理论。需要考虑不同颗粒的不同激光折射系数。

3.3

Fraunhofer 衍射理论　Fraunhofer diffraction

用于描述球形颗粒的激光散射的复杂电磁学理论。该理论描述颗粒大小大于入射光波长的粒子对光的小角度衍射。Fraunhofer 理论只准确描述了颗粒的衍射现象，而不考虑颗粒对激光的折射和反射。

3.4

多重散射　multiple scattering

指一个颗粒对另一颗粒所散射的激光再次散射。在浓度较高的样品测试中经常出现这种情况。

3.5

复折射率　complex refractive index

单个颗粒的折射率 n_p，由实部和虚部（吸收）组成，数学表达式为 $n_p=n_p-ik_p$。

[GB/T 19077—2016 定义 3.1.3]

3.6

遮光率/光学浓度　obscuration/optical concentration

由于颗粒消光（散射和/或吸收）而衰减的入射光部分，遮光率可以用百分数或分数表示。

[GB/T 19077—2016 定义 3.1.10]

3.7

光学模型　optical model

一种用于散射矩阵计算的理论模型，如夫琅和费（Fraunhofer）衍射模型和米氏（Mie）散射模型，散射颗粒为光学均匀且各向同性的球体，如有需要还需提供颗粒复折射率。

[GB/T 19077—2016 定义 3.1.11]

3.8

等效球径　the equivalent spherical diameter

与待测颗粒具有相同物理性质的球的直径。

[GB/T 15445.1—2008 4.2]

3.9

累计体积分数　the cumulative volume percentage

指每一个小于或等于 X_i 的这些颗粒的体积大小和占所有颗粒体积总和的百分比，其中 X_i 为颗粒的等效球径。

3.10

中位粒径　median particle diameter

颗粒的中位直径 D（V，0.5），占总体积 50%的所有颗粒直径小于这个值，另有占总体积 50%的所有颗粒直径大于这个值。

4　方法概要

制备好的样品颗粒在水或有机溶液中分散，分散剂携带样品颗粒循环通过激光光栏或某个合适的激光光源。颗粒通过激光光柱并散射激光。光电探测器收集被颗粒散射的激光光强分布并转换成电信号，假设前提是所有颗粒是球形的，采用米氏散射理论，计算得到颗粒的体积分布。

5　方法应用

5.1　采用这种测定方法与其他理论测定的颗粒粒径的结果可能不同。采用不同理论方法会得到不同测定结果。任何测量粒度的方法只能相对意义上比较，不应与其他测量方法做绝对比较。特别是对于细小颗粒（即中位粒径<20μm 的颗粒）而言，不同厂商的激光粒度仪得到的结果明显不同。这些差异包括激光的不同波长，检测器的构造以及将散射光强转为颗粒粒度分布的算法。因此，不同仪器间比较结果可能误导试验人员。

5.2　激光散射理论（Fraunhofer 衍射理论和米氏散射理论）用于测量颗粒粒径已经存在多年。一些颗粒粒度分析仪器也是基于这些理论。虽然每个型号的仪器都采用相同的激光散射理论作为粒径分布的分析基础，但是将收集到的散射激光光强转换成颗粒粒径结果时，不同的假设和不同的模型可能导致每台仪器的结果不同。那么，一旦有超出该仪器测量范围的颗粒被忽略时，就导致可测量范围内的颗粒含量的增加。颗粒粒径分布图的结尾在该仪器可测量范围内突然中止时，说明有可测量范围外的大颗粒存在。这样，采用这种测量方法得到的结果就不能与其他仪器结果相比较。

5.3 对于中位粒径<20μm 的细小颗粒，应使用米氏散射理论。输入包括该颗粒的复合折射率，即折射激光的折射率的实部和虚部值这些光学模型参数。“虚部”折射率也就是“吸收值”，透明材质如玻璃珠的吸收值为零。对于常规材质和自然界存在的矿物质（如高岭土），它们的折射率已经公开，包含在仪器操作手册中。例如，高岭土的在 589.3nm 的折射率为 1.55。矿物质和金属氧化物的吸收率（折射率的虚部值）通常取为 0.001、0.01 或 0.1。公开了很多材质在 589.3nm（钠光）下的折射率，也公布了其他激光波长下的折射率。可以通过外推、内插或估计激光波长。

6 干扰因素

6.1 分散剂循环所携带的气泡会散射激光，被认为是颗粒。通常循环分散剂时不需要脱气处理，但是目测测量系统时，应无气泡。

6.2 例如，附着在样品上的非水相溶剂、油或其他有机物，这些污染物可能在水相分散体系中乳化，散射激光，被认为是一部分颗粒粒度分布。这类被污染的样品可能需要在非水相溶剂中溶解这些污染物，或者用可兼容的溶剂先清洗去除污染物。

6.3 分析过程中颗粒的团聚或沉降会导致错误结果。整个分析过程中需要制备稳定的样品分散体系。

6.4 样品量不够可能导致电信噪干扰，数据再现性差。过多样品量可能导致激光衰减以及多重散射，导致错误的颗粒粒度分布结果。

7 试剂和材料

7.1 液相分散剂：蒸馏水或去离子水。

8 仪器

8.1 颗粒粒度分析仪：采用激光散射分析技术，基于米氏散射理论的分析仪。保证待分析样品在仪器的分析系统及附件系统处于最佳测量状态。需要根据仪器设置其测量条件在最佳测量状态，以确保测定结果符合方法精密度要求。

8.2 分样器：采用旋转离心分样技术的缩分仪。保证分选出的样品粒度分布一致。

8.3 超声探头或超声槽（可选）：如果需要，在试验前保证样品团聚颗粒的分散。

9 取样

9.1 按照 NB/SH/T 0960—2017《催化裂化催化剂、助剂和吸附剂采样法》的要求来取有代表性的样品。

9.2 用分样器分取样品。样品先经一个偏心设置的采样漏斗通过震动流入分样器顶冠的开口。顶冠以恒定的转动速率进行转动，进样样品被均一地分入接收容器中。得到粒度分布均一的几份样品。

9.3 根据颗粒中位粒径、颗粒密度和样品传输系统来选取有一定代表性的样品。

9.4 对于用液体分散的样品，应保证选取有代表性的样品。

10 仪器准备

10.1 根据仪器制造商推荐的条件预热仪器。

10.2 安装调试所需的样品分散传输系统，根据仪器制造商推荐，选择合适的仪器测试条件。

10.3 根据仪器制造商的要求，定期校准光路。

11 校准

11.1 根据仪器操作手册，标定仪器的光学组件的性能。

11.2 按照 JJF1211 对仪器进行校准。

12 试验步骤

12.1 分析每个试样前，保证测量池清洁。

12.2 试样分析条件下首先测量背景。测量背景时保证分散剂通过光路。背景值不应超过仪器制造商要求的值。如果背景值过高，按仪器制造商要求的操作降低背景值至允许范围。

12.3 根据本标准第 9 章所述获得有代表性样品。

12.4 选择合适的测量时间。选择测量时间非常重要。一般保证两次重复试验来估计测量时间。强烈推荐两次分析，有利于观察到单次测量中异常人为误差。

12.5 根据仪器制造商列出的参数，选择测量所需要的参数。

12.6 将有代表性的样品加入样品分散传输系统，循环至少 20s 或者在测试前固体均一分散。

12.7 分析试样。

12.8 排干样品分散系统，如有必要，清洗去除样品带来的污染物，然后用分散剂填充分散系统。

12.9 分析每个试样前需要重复 12.2 条步骤。

13 精密度

本标准的精密度数据是采用 6 种催化剂，在 6 个实验室进行协同实验得到的（每种样品在每个实验室各进行 3 次实验），然后采用 GB/T 6379.2 计算本标准的精密度。按下述规定判断试验结果的可靠性（95%置信水平）。

注：本标准的精密度试验所采用的仪器和参考试验条件参见附录 A，若采用其他不同仪器测定，结集的精密度可能达不到所规定的要求。

13.1 试验结果包括四个指数，分别是中位粒径 D（V，0.5）、0～20μm 颗粒累计体积分数、0～40μm 颗粒累计体积分数、0～149μm 颗粒累计体积分数来表示。

13.2 重复性，*r*

同一操作者，在同一实验室，使用同一仪器，对同一试样进行测定所得的两个连续试验结果之差不大于表 1 中规定的值。

13.3 再现性，*R*

不同操作者，在不同实验室，使用不同的仪器，按照相同的方法，对同一试验分别进行测定得到的两个单一、独立的试验结果之差不大于表 1 中规定的值。

表 1　重复性与再现性

粒度分析指标	重复性（r）	再现性（R）
D（V，0.5）/μm	2.6	0.4586x−26.559
ϕ（0~20μm）/%	—	—
ϕ（0~40μm）/%	1.5	4.3
ϕ（0~149μm）/%	−0.1406x+13.87	−0.4788x+46.98
注：x 为测量值的平均结果，参考的试验条件参见附录 A。		

14　结果报告

14.1　所报告的信息可以根据使用者不同的要求，提供不同粒度分级的累计体积分数值。

14.2　报告的结果包括累计体积分数为50%对应的中位粒径 D（V，0.5）、0~20μm 颗粒累计体积分数、0~40μm 颗粒累计体积分数、0~149μm 颗粒累计体积分数。如果所有颗粒密度一致，体积分布即为质量分布。

14.3　当采用激光散射法报告粒径数据时，应确保采用了仪器提供的相关折射率。

分别取两次样品做粒度分析，取两次重复测定结果的算术平均值为测定结果。中位粒径值 D（V，0.5）精确至小数点后一位。0~20μm 颗粒累计体积分数、0~40μm 颗粒累计体积分数、0~149μm 颗粒累计体积分数数值都分别精确至小数点后一位报出。

附 录 A
(资料性附录)
激光粒度仪参考测试条件

A.1 本附录提供了本标准精密度试验所采用的激光粒度分析仪的试验条件，以供参考，详见表 A.1。

表 A.1 激光粒度仪参考测试条件

<table>
<tr><td colspan="2">激光光源：红光光源为 He-Ne 激光发射器，632.8nm，最大功率 4mW；蓝光光源为：LED 灯发射器，最大功率 10mW。</td></tr>
<tr><td colspan="2">光学参数设定：按照米氏散射理论计算颗粒的激光散射强度与颗粒大小的关系。物质折射率设定为 1.53，物质吸收率设定为 0.1，分散剂折射率设定为 1.33。</td></tr>
<tr><td>激光粒度仪型号</td><td>测试条件</td></tr>
<tr><td>马尔文公司 MS2000，Hydro2000MU 分散器</td><td>遮光率 13%～18%，无超声预处理，搅拌速度 2500r/min～3000r/min。</td></tr>
<tr><td>马尔文公司 MS2000，Hydro2000G 分散器</td><td>遮光率 10%～20%，采用超声探头最大功率的 90%的超声功率超声预处理 60s，搅拌速度 900 r/min，泵输送速度 2400 r/min。</td></tr>
<tr><td>马尔文公司 MS3000，Hydro LV 分散器</td><td>遮光率 10%～15%，无超声预处理，搅拌速度 3000 r/min。</td></tr>
</table>

ICS 71.100.99
G 74

中华人民共和国石油化工行业标准

NB/SH/T 0952—2017

催化裂化催化剂微反活性指数测定法

Standard test method for the microactivity index of catalytic cracking catalyst

2017-12-27 发布　　2018-06-01 实施

国家能源局　发布

前　言

本标准按照 GB/T 1.1—2009 给出的规则起草。

本标准由中国石油化工集团公司提出。

本标准由全国石油产品和润滑剂标准化技术委员会石油燃料和润滑剂分技术委员会（SAC/TC280/SC1）归口。

本标准起草单位：中国石油化工股份有限公司石油化工科学研究院。

本标准参加起草单位：中国石化催化剂有限公司、中国石油天然气股份有限公司兰州石化分公司。

本标准主要起草人：唐立文、李叶、黄文军、朱玉霞、吕伟娇、唐成国。

催化裂化催化剂微反活性指数测定法

警告：本标准的应用可能涉及某些有危险性的材料、操作和设备，但并未对与此有关的所有安全问题都提出建议。用户在使用本标准之前有责任制定相应的安全和保护措施，并确定相关规章限制的适用性。

1 范围

本标准规定了催化裂化催化剂微反活性指数的测定方法。

本标准适用于催化裂化催化剂、催化裂解催化剂及助剂的微反活性指数的测定。

2 规范性引用文件

下列文件对于本文件的应用是必不可少的。凡是注日期的引用文件，仅所注日期的版本适用于本文件。凡是不注日期的引用文件，其最新版本（包括所有的修改单）适用于本文件。

GB/T 261 闪点的测定 宾斯基-马丁闭口杯法

GB/T 262 石油产品和烃类溶剂苯胺点和混合苯胺点测定法

GB/T 265 石油产品运动黏度测定法和动力黏度计算法

GB/T 510 石油产品凝点测定法

GB/T 6379.2 测量方法与结果的准确度（正确度与精密度） 第2部分：确定标准测量方法重复

性与再现性的基本方法

GB/T 6536 石油产品常压蒸馏特性测定法

NB/SH/T 0558 石油馏分沸程分布的测定 气相色谱法

NB/SH/T 0960 催化裂化催化剂、助剂和吸附剂采样法

SH/T 0604 原油和石油产品密度测定法（U形振动管法）

SH/T 0606 中间馏分烃类组成测定法（质谱法）

SH/T 0724 液体烃的折射率和折射色散测定法

3 术语和定义

下列术语和定义适用于本文件。

3.1

微反活性指数 microactivity index

在标准操作条件下，以标准油为原料油进行催化裂化反应，反应转化部分占总进料的质量百分比。

4 方法概要

将平衡剂或水蒸气老化处理后的新鲜催化剂及助剂装入固定床反应器内，以STDF-1标准油为

原料油，使其在反应器预热段充分汽化后进入催化剂及助剂床层，在规定的条件下进行裂化或裂解反应，得到的液体产物经色谱分析并通过公式计算求出催化剂及助剂微反活性指数。

5 方法应用

本标准方法应用于催化剂的性能评价、监控催化剂出厂的质量以及催化剂在装置中的性能变化。

6 仪器

6.1 微反活性指数测定装置

6.1.1 自动微反活性指数测定反应仪：流程示意图见图1，或使用性能相当的其他仪器。

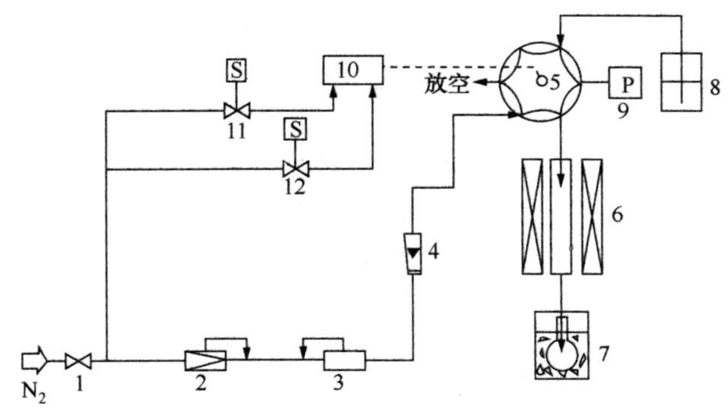

1—截止阀；
2—压力控制器；
3—流量控制器；
4—转子流量计；
5—六通阀；
6—反应炉及反应管；
7—冷阱及收集器；
8—原料油罐；
9—注射泵；
10—六通气动执行器；
11—电磁阀；
12—电磁阀。

图1 自动微反活性指数测定反应仪流程图

6.1.2 微型反应器：不锈钢制成，上端带有一铝质散热器，底部焊接两根规格为 ϕ3mm×0.5mm 的细管，一根与反应管相通，是反应产物出口，另一根供插热电偶用。尺寸要求见图2。

6.1.3 液体产物收集系统：由注射针头、收油瓶和冰水浴组成，收油瓶尺寸规定见图3和图4。

单位为毫米

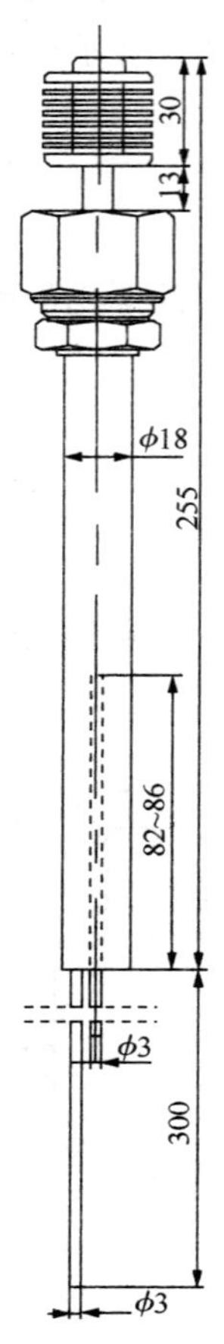

图2 微型反应器尺寸图

单位为毫米

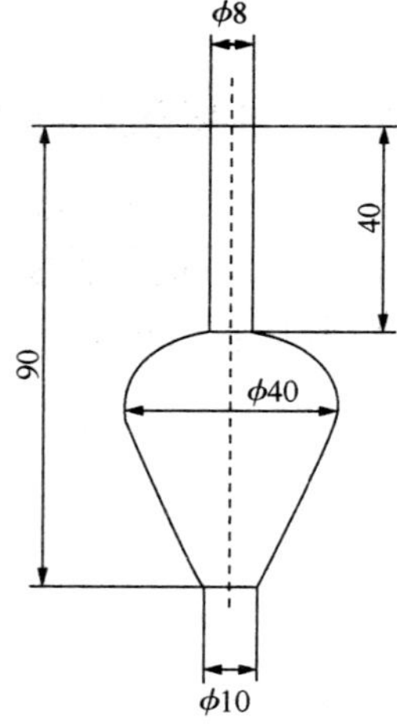

图3 催化裂化催化剂微反活性指数测定收油瓶尺寸图

单位为毫米

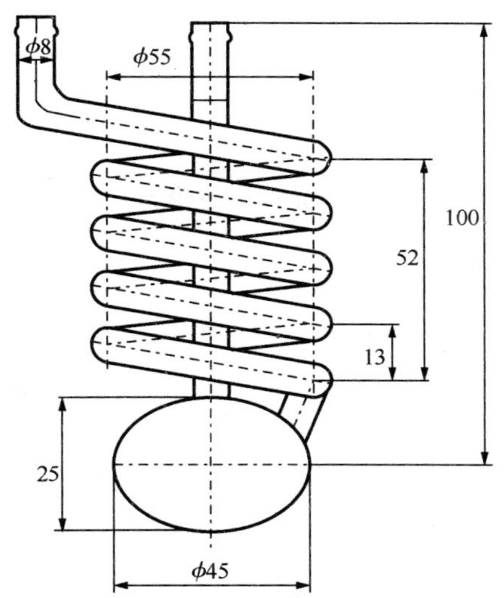

图 4　催化裂解催化剂微反活性指数测定收油瓶尺寸图

6.2　分析天平

感量为 1mg。

6.3　干燥器

干燥剂为变色硅胶。

7　试剂及材料

7.1　原料油

STDF-1 标准油，标准油技术要求见附录 A。

7.2　氮气

钢瓶装，纯度不低于 99.5%。

7.3　空气

压缩空气。

7.4　乙二醇

化学纯。

7.5　石英棉

纯度不低于 99.95%。

8 取样及样品处理

8.1 催化剂及助剂取样

按照 NB/SH/T 0960《催化裂化催化剂、助剂和吸附剂采样法》的要求取有代表性的样品。

8.2 催化剂及助剂的预处理

8.2.1 新鲜催化剂及助剂的预处理：

8.2.1.1 新鲜催化剂及助剂要求进行水蒸气老化 800℃、4h、100%水蒸气或 800℃、17h、100%水蒸气失活处理。

8.2.1.2 新鲜催化剂及助剂水蒸气老化失活处理后小心取出试样，放入干燥器中保存。

8.2.2 平衡催化剂的预处理：将平衡催化剂放入烘箱中，120℃烘烤 1h 后取出放入干燥器中保存。

9 试验步骤

9.1 催化裂化（催化裂解）反应

9.1.1 催化裂化（催化裂解）反应操作条件见表 1。

表 1 催化裂化（催化裂解）反应操作条件

操作条件	催化裂化反应	催化裂解反应
等温区长度/cm	≥7	≥7
催化剂装剂量/g	5.000±0.002	5.000±0.002
进油量/g	1.56±0.02	1.56±0.02
反应时间/s	70	70
反应温度/℃	460±1	520±1
剂油质量比	3.2	3.2
反应后氮气吹扫时间/min	10	15
吹扫气流量/（mL/min）	30	30
吹扫温度/℃	460±1	520±1

9.1.2 称取 5.000g ±0.002g 老化处理过的催化剂及助剂试样或平衡剂试样两份，分别装入两支反应管中，反应器底部预先放入少许石英棉，轻敲反应器使试样分散均匀，上紧压帽。

9.1.3 将反应管放入反应炉的铜铝合金套中，通电升温，此时系统进入准自动控制状态。催化裂化催化剂微反活性指数测定时的反应温度为 460℃±1℃。催化裂解催化剂微反活性指数测定时的反应温度为 520℃±1℃。

9.1.4 每次开机后，在进油之前，先开启微量泵使原料油进行循环，以排除油路中的气泡。为了保证进油量的准确性并克服环境温度所造成的误差，应对进油量进行标定。在 75s±1s 内进油量应在 1.56g±0.02g 之内，若不在要求范围内可调整油泵的注射速率进行标定直至进油量符合要求，记录进油质量（m）。

9.1.5 收油瓶开口处加上盖子后称量（记作 m_1），用耐油胶管将收油瓶与反应器出口连接好，并将其浸入冰水浴中（催化裂解催化剂微反活性指数测定时将其放入冰水乙二醇溶液中）。

9.1.6 系统试漏：关闭收油瓶出口，压力升至 0.1MPa，关闭供气阀门，1min 内压力变化不大于

0.001MPa 即为不漏。

9.1.7 当反应温度升至460℃（520℃）后，稳定15min。按启动键，系统自动进行吸油、排油、反应、吹扫等程序。

9.1.8 氮气吹扫后，取下收油瓶，擦去瓶外的水分后在收油瓶开口处加上盖子，称量收油瓶质量（记作 m_2），将液体收油移入色谱专用瓶中并将其放在冷柜内，做色谱分析用。

9.2 色谱分析

9.2.1 按照 NB/SH/T 0558 的方法用气相色谱仪分析液体产物。

9.2.2 使用216℃物料的保留时间作为产物终馏点的检测。

9.2.3 通过气相色谱仪数据处理工作站计算出馏程小于216℃物料色谱峰的面积占全部峰面积的分数（记作 G）。

10 计算

10.1 微反活性指数的计算

催化裂化催化剂微反活性指数（MA）和催化裂解催化剂微反活性指数（DMA）按式（1）计算：

$$MA\ (DMA) = 100 - \frac{(m_2 - m_1) \times (1 - G)}{m} \times 100 \quad \cdots\cdots (1)$$

式中：

m_1——空收油瓶的质量，单位为克（g）；

m_2——液体收油瓶的质量，单位为克（g）；

m——进原料油的质量，单位为克（g）；

G——汽油峰的面积分数。

11 精密度

11.1 概述

本标准平衡催化剂精密度数据是采用3种催化剂，在9个实验室进行协同试验得到的（每种样品在每个实验室各进行3次重复试验），然后采用 GB/T 6379.2 计算本标准的精密度；

本标准新鲜催化剂800℃、17h 老化后微反活性指数精密度数据是采用4种催化剂，在8个实验室进行协同试验（每种样品在每个实验室各进行3次重复试验），然后采用 GB/T 6379.2 计算本标准的精密度。

本标准新鲜催化剂800℃、4h 老化后微反活性指数精密度数据是采用3种催化剂，在8个实验室进行协同试验（每种样品在每个实验室各进行3次重复试验），然后采用 GB/T 6379.2 计算本标准的精密度。

按下述规定判断试验结果的可靠性（95%的置信水平）。

11.2 重复性（r）

同一操作者，在同一实验室，使用同一仪器，对同一样品进行测定所得的两个连续试验结果之差不大于表2的重复性 r。

11.3 再现性（R）

不同操作者，在不同实验室，使用不同的仪器，按照相同的方法，对同一样品分别进行测定得到的两个单一、独立的试验结果之差不大于表2的再现性 R。

表2 重复性（r）与再现性（R）

样品类型		重复性限（r）	再现性限（R）
平衡催化剂	反应温度460℃	2.0	3.1
	反应温度520℃	1.9	$-0.0109x+3.304$
新鲜催化剂	800℃、17h老化后微反活性指数	3.0	4.8
	800℃、4h老化后微反活性指数	$0.1358x-8.16$	$0.1061x-5.16$
注：x 是指两个结果的平均值。			

12 报告

取两次重复测定结果的算术平均值为测定结果，并取整数报出。

附 录 A
(规范性附录)
STDF-1 标准油

A.1 STDF-1 标准油技术规格见表 A.1。

表 A.1 STDF-1 标准油技术要求

项 目	技术要求	试验方法
密度(20℃)/(kg/m³)	841.0~842.0	SH/T 0604
折射率(20℃)	1.3300~1.4700	SH/T 0724
运动黏度(20℃)/(mm²/s)	7.660~7.760	GB/T 265
链烷烃(质量分数)/%	46.0~51.0	SH/T 0606
总环烷烃(质量分数)/%	30.0~32.0	
总芳烃(质量分数)/%	19.0~21.0	
凝点/℃	1~5	GB/T 510
苯胺点/℃	79.0~81.0	GB/T 262
闭口闪点/℃	100~103	GB/T 261
初馏点/℃	230.0~240.0	GB/T 6536
50%回收温度/℃	300.0~310.0	
终馏点/℃	337.0~351.0	

编者注:本标准中引用标准的标准号和标准名称变动如下。

原标准号	现标准号	现 标 准 名 称
SH/T 0606	NB/SH/T 0606	中间馏分烃类组成的测定 质谱法

ICS 71.100.99
G 74

中华人民共和国石油化工行业标准

NB/SH/T 0953—2017

催化裂化催化剂灼烧减量测定法

Standard test method for the loss on ignition of fluid catalytic cracking catalyst

2017-12-27 发布 2018-06-01 实施

国家能源局 发布

前　言

本标准按照 GB/T 1.1—2009 给出的规则起草。

本标准由中国石油化工集团公司提出。

本标准由全国石油产品和润滑剂标准化技术委员会石油燃料和润滑剂分技术委员会（SAC/TC 280/SC 1）归口。

本标准起草单位：中国石油化工股份有限公司石油化工科学研究院。

本标准参加起草单位：中国石化催化剂有限公司、中国石油天然气股份有限公司兰州石化分公司。

本标准主要起草人：郭瑶庆、李叶、朱玉霞、蒋邦开、陈时辉、宿艳芳、吕伟娇、唐晓红、曹颖、蔡军平。

催化裂化催化剂灼烧减量测定法

警告：本标准的应用可能涉及到某些有危险性的材料、操作和设备。但并未对与此有关的所有安全问题都提出建议。用户在使用本标准之前有责任制定相应的安全和防护措施，并确定相关规章限制的适用性。有关特殊安全警示详见第7章。

1 范围

本标准规定了采用重量法测定催化裂化催化剂灼烧减量的试验方法。

本标准适用于催化裂化、催化裂解催化剂和助剂等固体物质的灼烧减量的测定。本标准适用的测定范围（质量分数）为0.5%~13.0%。超过此范围的灼烧减量测定也可采用本方法，但未确定精密度试验。

2 规范性引用文件

下列文件对于本文件的应用是必不可少的。凡是注日期的引用文件，仅所注日期的版本适用于本文件。凡是不注日期的引用文件，其最新版本（包括所有的修改单）适用于本文件。

GB/T 6379.2 测量方法与结果的准确度（正确度与精密度） 第2部分：确定标准测量方法重复性与再现性的基本方法

NB/SH/T 0960 催化裂化催化剂、助剂和吸附剂采样法

3 方法概要

利用试验样品主体与对热、对氧不稳定的易挥发、易分解组分热稳定性的不同，将试样在800℃±10℃下恒温灼烧1h，待易挥发、易分解组分挥发后，测定其质量损失率作为试样的灼烧减量。

4 方法应用

本方法应用于催化裂化新鲜剂、催化裂化平衡剂、催化裂化助剂、催化裂解新鲜剂、催化裂解平衡剂等固体物质灼烧减量的测定。为催化剂生产质量检验，催化剂销售和研究提供检验标准。

5 仪器

5.1 带盖陶瓷坩埚：25mL。

5.2 马弗炉：使用温度不低于900℃，控温精度±10℃。

5.3 加热板：能满足加热板表面温度120℃，控温精度±5℃。

5.4 分析天平：感量0.1mg。

5.5 干燥器：干燥剂为变色硅胶。

5.6 磨口瓶：带磨口塞，100mL。

5.7 烘箱：室温~300℃。

6 取样

取样应按照 NB/SH/T 0960《催化裂化催化剂、助剂和吸附剂采样法》，选取有代表性的样品，放置于带磨口塞广口瓶中。

7 试验步骤

7.1 取洁净干燥的带盖陶瓷坩埚，放入 800℃±10℃马弗炉内灼烧 1h，取出，在空气中冷却 5min 后转移至装有干燥剂的干燥器内冷却至室温，取出并称量坩埚的质量，再重复灼烧、冷却、称量，直至两次连续称量，坩埚质量结果之差不大于 0.0003g，取最后一次测量值为坩埚质量，记为 m_0，称量精确至 0.0001g。

7.2 从磨口瓶中取样，准确称取 1g~3g（精确至 0.0001g）试样，记为 m。试样放入带盖陶瓷坩埚中，盖上坩埚盖。将带盖陶瓷坩埚放置加热板上，设定加热板板面温度为 120℃±5℃，在加热板上预热 30min 后，放入 800℃±10℃马弗炉中恒温灼烧 1h。

注：也可以将带盖陶瓷坩埚移入常温状态下的马弗炉中，马弗炉采用程序升温控制，1h 升温至 800℃，然后在 800℃±10℃下恒温灼烧 1h。

7.3 取出带盖陶瓷坩埚，在空气中冷却 5min 后放入干燥器中，冷却至室温后称量，直至两次称量结果之差不大于 0.0003g。记为 m_1，称量精确至 0.0001g。

警告：高温操作注意隔热保护，防止灼伤。

8 结果计算

试样的灼烧减量以质量分数 w 计，以百分数表示，按式（1）计算：

$$w=\frac{m-(m_1-m_0)}{m}\times 100 \qquad (1)$$

式中：

m_0——经过反复灼烧，最后一次得到的坩埚质量，单位为克（g）；

m_1——800℃灼烧后坩埚加试样的质量，单位为克（g）；

m——灼烧前试样的质量，单位为克（g）。

9 精密度

本标准的精密度数据是采用 5 种催化剂，在 3 个实验室进行协同实验得到的（每种样品在每个实验室各进行 6 次试验）。然后采用 GB/T 6379.2 计算本标准的精密度。按下述规定判断试验结果的可靠性（95%置信水平）。

9.1 重复性，*r*

同一操作者，在同一实验室，使用同一仪器，对同一试样进行测定所得的两个连续试验结果之差不大于 0.26%。

9.2 再现性，*R*

不同操作者，在不同实验室，使用不同的仪器，按照相同的方法，对同一试样分别进行测定得到的两个单一、独立的试验结果之差不大于0.70%。

10 报告

取两次重复测定结果的算术平均值为测定结果。若结果不大于10%，精确至小数点后两位；结果若大于10%，精确至小数点后一位。

ICS 71.100.99
G 74

SH

中华人民共和国石油化工行业标准

NB/SH/T 0954—2017

催化裂化催化剂表观松密度测定法

Standard test method for apparent bulk density of catalytic cracking catalysts

2017-12-27 发布　　　　2018-06-01 实施

国家能源局 发布

前　　言

本标准按照 GB/T 1.1—2009 给出的规则起草。

本标准由中国石油化工集团公司提出。

本标准由全国石油产品和润滑剂标准化技术委员会石油燃料和润滑剂分技术委员会（SAC/TC 280/SC1）归口。

本标准起草单位：中国石油化工股份有限公司石油化工科学研究院、中国石油天然气股份有限公司石油化工研究院。

本标准参加起草单位：中国石化催化剂有限公司、中国石油天然气股份有限公司兰州石化分公司。

本标准主要起草人：陈妍、马晨菲、朱玉霞、郭瑶庆、李叶、曹青、陈时辉、吕伟娇、蔡军平、蒋邦开、李家兴。

本标准为首次发布。

催化裂化催化剂表观松密度测定法

警示：本标准的使用可能涉及某些有危险性的材料、操作和设备，但并未对与此有关的所有安全问题都提出建议。用户在使用本标准之前有责任制定相应的安全和保护措施，并确定相关规章限制的适用性。

1 范围

本标准规定了一种测定催化裂化催化剂表观松密度的方法。

本标准适用于催化裂化催化剂、催化裂解催化剂及助剂。适用的测定范围为 0.6g/mL～0.9g/mL，适用范围超过此范围的表观松密度测定也可采用本方法，但精密度尚未考察。

2 规范性引用文件

下列文件对于本文件的应用是必不可少的。凡是注日期的引用文件，仅注日期的版本适用于本文件。凡是不注日期的引用文件，其最新版本（包括所有的修改单）适用于本文件。

GB/T 6379.2 测量方法与结果的准确度（正确度与精密度） 第 2 部分：确定标准测量方法重复性与再现性的基本方法

GB/T 6682—2008 分析实验室用水规格和试验方法

NB/SH/T 0960 催化裂化催化剂、助剂和吸附剂采样法

3 术语和定义

下列术语和定义适用于本标准。

3.1

表观松密度 apparent bulk density（*ABD*）

单位体积下处于自然堆积状态未经振实的固体催化剂颗粒的质量，其中所测催化剂的堆积体积包括固体颗粒中的固体所占体积、催化剂内部孔隙所占体积及催化剂颗粒间松散空隙体积，以克每毫升（g/mL）表示。

4 方法概要

将经过一定处理的催化裂化催化剂，在一定时间内通过一固定位置的漏斗，自然流入专用量筒中，单位体积内催化裂化催化剂的质量即为样品的表观松密度。

5 方法应用

本方法应用于催化裂化新鲜剂、催化裂化平衡剂、催化裂化助剂、催化裂解新鲜剂、催化裂解平衡剂等微球颗粒的表观松密度测定。为催化剂生产质量检验、催化剂的销售和研究提供检验标准。

6 仪器

6.1 玻璃漏斗：直径约 100mm，颈长约 25mm，颈内径约 8mm，颈口平整。

6.2　专用量筒：可以为金属材质或玻璃材质，内部呈筒状，内壁光滑，瓶口水平平整；体积约25mL，其中内径约20mm，高度约84mm（专用量筒底部至颈口）。

6.3　漏斗架：放置漏斗用。

6.4　分析天平：感量0.001g。

6.5　刮刀：金属或木质。

6.6　马弗炉：最高使用温度不低于750℃，温控精度不低于±10℃。

6.7　蒸发皿。

6.8　温度计：0~50℃，最小分度值0.1℃。

6.9　干燥器：干燥剂为变色硅胶。

6.10　毛刷。

7　试剂和材料

蒸馏水：符合GB/T 6682—2008中三级水的要求。

8　取样和制样

8.1　按照NB/SH/T 0960《催化裂化催化剂、助剂和吸附剂采样法》进行取样。

8.2　取适量试样于蒸发皿（6.7）中，置于马弗炉（6.6）中在650℃±10℃下灼烧1h。直接取出，在空气中冷却5min，放入干燥器（6.9）内冷却至室温，备用。

9　试验步骤

9.1　专用量筒体积的标定

取一干燥洁净的专用量筒（6.2），准确称量记为m_1，精确到0.001g，然后向其中缓缓注入蒸馏水，至液面与量筒口完全齐平，且没有外溢，称量专用量筒及蒸馏水的质量m_2，精确到0.001g。实验过程中量筒及蒸馏水处于同一实验室温度下（实验室温度为10℃~30℃），并用温度计测量蒸馏水温度，精确至0.1℃。

根据10.1条中的式（1）计算得到专用量筒的体积，精确到0.01mL。

专用量筒体积可以根据使用频次及使用环境温度变化情况，定期进行校准，经常使用时不必每次测量。

9.2　测量装置搭建

取9.1条干燥洁净的专用量筒放于水平台面上，垂直置于一漏斗架（6.3）下方，取一干燥洁净的玻璃漏斗（6.1）搁置在漏斗架上，并使漏斗和专用量筒同心，量筒水平口距漏斗颈底部约19mm，装置示意图见图1。

单位为毫米

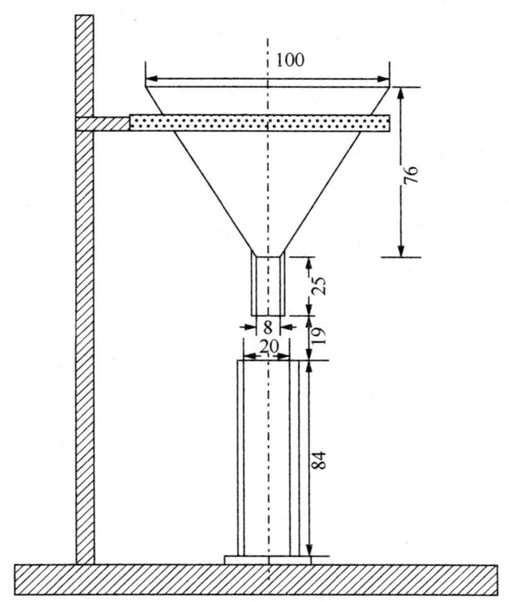

图1 表观松密度测试装置

9.3 试样测量

将约40g试样装入150mL烧杯中，将试样搅拌均匀后，将烧杯距漏斗上方2cm~5cm沿漏斗壁旋转倒入9.2条的漏斗中，围绕漏斗转3圈~5圈，使试样持续均匀流出约20s~30s，将烧杯中试样倒入专用量筒并溢出。

用刮刀沿量筒口刮平试样表层，小心不要使量筒晃动或振动。

用毛刷（6.10）小心清除黏附在量筒外壁的催化剂试样，将装满试样的量筒进行称重 m_3，精确到0.001g。

10 计算

10.1 按照式（1）计算专用量筒的体积（V），单位以毫升（mL）表示，精确到0.01mL。

$$V=\frac{m_2-m_1}{\rho}\times1000 \qquad (1)$$

式中：

m_1——专用量筒质量，单位为克（g）；

m_2——装满蒸馏水后，专用量筒和蒸馏水质量，单位为克（g）；

ρ——试验温度下的蒸馏水密度查阅附录A中表A.1，单位为千克每立方米（kg/m^3）。

10.2 按式（2）计算催化剂试样的表观松密度（ABD），单位为克每毫升（g/mL），计算结果取三位有效数字。

$$ABD=\frac{m_3-m_1}{V} \qquad (2)$$

式中：

m_1——专用量筒质量，单位为克（g）；

m_3——装满样品后，专用量筒和样品的总质量，单位为克（g）；

V——专用量筒体积，单位为毫升（mL）。

11 精密度

本标准的精密度数据是采用4种表观松密度为0.6g/mL~0.9g/mL的催化裂化、催化裂解催化剂样品，在9个实验室进行协同实验得到的（每种样品在每个实验室各进行3次实验）。然后采用GB/T 6379.2计算本标准的精密度。按下述规定判断试验结果的可靠性（95%的置信水平）。

11.1 重复性，*r*

由同一操作者，在同一实验室，用同一台仪器，按照相同的方法，短时间内对同一试样进行连续测定得到的两个结果之差，不应超出0.011g/mL。

11.2 再现性，*R*

不同操作者，在不同实验室，使用不同仪器，按照相同的方法，对同一试样进行测定得到的两个

单一和独立的试验结果之差，不应超出0.037g/mL。

12 报告

12.1 取两次重复测定结果的算术平均值为表观松密度（*ABD*）最终结果，结果取两位有效数字。

12.2 试验报告至少应该包括下述内容：

a）注明本标准编号；

b）被测产品的类型及相关信息；

c）试验结果；

d）注明按协议或其他原因，与规定试验步骤存在的任何差异；

e）试验日期和时间，实验室名称及操作者。

附 录 A
（规范性附录）
不同温度下的水密度

表 A.1　1990 年国际温标纯水密度表（0~30℃）　　单位为 kg/m³

t_{90}/℃	0.0	0.1	0.2	0.3	0.4	0.5	0.6	0.7	0.8	0.9
0	999.840	999.846	999.853	999.859	999.865	999.871	999.877	999.883	999.888	999.893
1	999.898	999.904	999.908	999.913	999.917	999.921	999.925	999.929	999.933	999.937
2	999.940	999.943	999.946	999.949	999.952	999.954	999.956	999.959	999.961	999.962
3	999.964	999.966	999.967	999.968	999.969	999.970	999.971	999.971	999.972	999.972
4	999.972	999.972	999.972	999.971	999.971	999.970	999.969	999.968	999.967	999.965
5	999.964	999.962	999.960	999.958	999.956	999.954	999.951	999.949	999.946	999.943
6	999.940	999.937	999.934	999.930	999.926	999.923	999.919	999.915	999.910	999.906
7	999.901	999.897	999.892	999.887	999.882	999.877	999.871	999.866	999.880	999.854
8	999.848	999.842	999.836	999.829	999.823	999.816	999.809	999.802	999.795	999.788
9	999.781	999.773	999.765	999.758	999.750	999.742	999.734	999.725	999.717	999.708
10	999.699	999.691	999.682	999.672	999.663	999.654	999.644	999.634	999.625	999.615
11	999.605	999.595	999.584	999.574	999.563	999.553	999.542	999.531	999.520	999.508
12	999.497	999.486	999.474	999.462	999.450	999.439	999.426	999.414	999.402	999.389
13	999.377	999.384	999.351	999.338	999.325	999.312	999.299	999.285	999.271	999.258
14	999.244	999.230	999.216	999.202	999.187	999.173	999.158	999.144	999.129	999.114
15	999.099	999.084	999.069	999.053	999.038	999.022	999.006	998.991	998.975	998.959
16	998.943	998.926	998.910	998.893	998.876	998.860	998.843	998.826	998.809	998.792
17	998.774	998.757	998.739	998.722	998.704	998.686	998.668	998.650	998.632	998.613
18	998.595	998.576	998.557	998.539	998.520	998.501	998.482	998.463	998.443	998.424
19	998.404	998.385	998.365	998.345	998.325	998.305	998.285	998.265	998.244	998.224
20	998.203	998.182	998.162	998.141	998.120	998.099	998.077	998.056	998.035	998.013
21	997.991	997.970	997.948	997.926	997.904	997.882	997.859	997.837	997.815	997.792
22	997.769	997.747	997.724	997.701	997.678	997.655	997.631	997.608	997.584	997.561
23	997.537	997.513	997.490	997.466	997.442	997.417	997.393	997.396	997.344	997.320
24	997.295	997.270	997.246	997.221	997.195	997.170	997.145	997.120	997.094	997.069
25	997.043	997.018	996.992	996.966	996.940	996.914	996.888	996.861	996.835	996.809
26	996.782	996.755	996.729	996.702	996.675	996.648	996.621	996.594	996.566	996.539
27	996.511	996.484	996.456	996.428	996.401	996.373	996.344	996.316	996.288	996.260
28	996.231	996.203	996.174	996.146	996.117	996.088	996.059	996.030	996.001	996.972
29	995.943	995.913	995.884	995.854	995.825	995.795	995.765	995.753	995.705	995.675
30	995.645									

1990 年国际温标（ITS-90）于 1989 年由第 77 届国际计量委员会议（CIPM）通过。

ICS 71.100.99
G 74

中华人民共和国石油化工行业标准

NB/SH/T 0955—2017

催化裂化催化剂孔体积测定　水滴法

Standard test method for pore volume of catalytic cracking catalysts by water titration

2017-12-27 发布　　2018-06-01 实施

国家能源局　发布

前 言

本标准按照 GB/T 1.1—2009 给出的规则起草。

本标准由中国石油化工集团公司提出。

本标准由全国石油产品和润滑剂标准化技术委员会石油燃料和润滑剂分技术委员会（SAC/TC 280/SC1）归口。

本标准起草单位：中国石油化工股份有限公司石油化工科学研究院。

本标准参加起草单位：中国石化催化剂有限公司、中国石油天然气股份有限公司兰州石化分公司。

本标准主要起草人：陈妍、吕伟娇、朱玉霞、郭瑶庆、李叶、蔡军平、李家兴、蒋邦开、陈时辉。

催化裂化催化剂孔体积测定　水滴法

警示：本标准的使用可能涉及某些有危险性的材料、操作和设备，但并未对与此有关的所有安全问题都提出建议。用户在使用本标准之前有责任制定相应的安全和保护措施，并确定相关规章限制的适用性。

1　范围

本标准规定了采用水滴法快速测定催化裂化催化剂孔体积（V_p）的方法。

本标准适用于催化裂化催化剂、催化裂解催化剂及助剂。水滴法孔体积的测定范围为 0.25mL/g~0.45mL/g，超过此范围的孔体积测定也可采用本方法，但精密度尚未考察。

2　规范性引用文件

下列文件对于本文件的应用是必不可少的。凡是注日期的引用文件，仅注日期的版本适用于本文件。凡是不注日期的引用文件，其最新版本（包括所有的修改单）适用于本文件。

GB/T 6379.2　测量方法与结果的准确度（正确度与精密度）　第 2 部分：确定标准测量方法重复性与再现性的基本方法

GB/T 6682—2008　分析实验室用水规格和试验方法

GB/T 12805—2011　实验室玻璃仪器　滴定管

NB/SH/T 0960　催化裂化催化剂、助剂和吸附剂采样法

3　术语和定义

下列术语和定义适用于本文件。

3.1

水滴法孔体积 pore volume by water titration（V_p）

水能够浸入单位质量催化剂粒子内孔的体积。

注：水滴法测出的孔体积为总的内孔体积，所以水滴法孔体积较其他方法测定结果略大。

4　方法概要

当催化裂化催化剂粒子的内孔吸满水达到饱和时，粒子表面覆盖一层水膜，由于水的表面张力作用，粒子互相粘结，使催化裂化催化剂突然失去流动性，依据此原理测定催化裂化催化剂的孔体积。

5　方法应用

本方法应用于催化裂化新鲜剂、催化裂化平衡剂、催化裂化助剂，催化裂解新鲜剂、催化裂解平衡剂等粉末颗粒的孔体积测定。为催化剂生产质量检验，催化剂的销售和研究提供检验标准。

6 仪器

6.1 具塞滴定管：25mL，符合 GB/T 12805—2011 中具塞滴定管的相关要求，准确等级为 A 级，或具有同样精度和功能的其他设备。
6.2 磨口锥形瓶：100mL。
6.3 分析天平：感量 0.001g。
6.4 马弗炉：最高使用温度不低于 750℃，温控精度不低于±10℃。
6.5 干燥器：干燥剂为变色硅胶。
6.6 蒸发皿。
6.7 玻璃棒。

7 试剂和材料

7.1 蒸馏水：符合 GB/T 6682—2008 中三级水的要求。

8 取样和样品制备

8.1 按照 NB/SH/T 0960《催化裂化催化剂、助剂和吸附剂采样法》进行取样。
8.2 取适量试样于蒸发皿（6.6）中，置于马弗炉（6.4）在 650℃±10℃下灼烧 1h。直接取出，在空气中冷却 5min，放入干燥器（6.5）内冷却至室温，备用。

9 试验步骤

9.1 称取经处理过的催化剂约 20g（精确至 0.001g），置于 100mL 磨口锥形瓶（6.2）中。
9.2 在具塞滴定管（6.1）中注入蒸馏水。
9.3 将 9.2 条具塞滴定管中的蒸馏水滴入 9.1 条的磨口锥形瓶，第一次可加入 4.0mL~4.5mL 蒸馏水（约占总滴定量的 80%），用玻璃棒搅拌，用手感觉到样品温度明显上升时，需要将锥形瓶快速冷却至接近室温，冷却时不停止搅拌。继续滴入蒸馏水，每加若干滴水后，用玻璃棒搅匀或盖紧磨口塞用力摇匀。此时应注意观察试样粒子的流动性。本步骤要在 15min 左右完成，不宜太快。
9.4 接近终点时，玻璃棒搅动感觉沉重。将锥形瓶在手上或桌上（桌面铺有防震的橡胶垫）蹾 10 次~20 次，翻转锥形瓶，试样能在瓶壁停留 1s~2s，用手轻碰锥形瓶试样能全部落下且没有散开，瓶壁上出现一层均匀的毛状物时，即为终点。记下滴定管中蒸馏水消耗体积 V，单位为毫升（mL），保留到小数点后两位。

10 计算

按式（1）计算试样的水滴法孔体积 V_p，以毫升每克（mL/g）表示，结果取三位有效数字：

$$V_p = \frac{V}{m} \qquad (1)$$

式中：
V——滴定过程消耗的蒸馏水体积，单位为毫升（mL）；
m——试样的质量，单位为克（g）。

11 精密度

本标准的精密度数据是采用 4 种孔体积范围为 0.25mL/g~0.45mL/g 的催化裂化、裂解催化剂样品，在 9 个实验室进行协同实验得到的（每种样品在每个实验室各进行 3 次实验）。然后采用 GB/T 6379.2 计算本标准的精密度。按下述规定判断试验结果的可靠性（95%置信水平）。

11.1 重复性，*r*

同一操作者，在同一实验室，使用同一台仪器，按照相同的方法，短时间内对同一试样进行连续测定得到的两个结果之差不应超出表 1 中重复性的要求。

11.2 再现性，*R*

不同操作者，在不同实验室，使用不同仪器，按照相同的方法，对同一试样进行测定得到的两个单一、独立的试验结果之差，不应超出表 1 中的再现性的要求。

表 1 水滴法孔体积的精密度数值

单位为 mL/g

孔体积范围	重复性 *r*	再现性 *R*
0.25~0.45	0.0108+0.0083*X*	0.025
X——两个结果的算术平均值，单位为毫升每克（mL/g）。		

12 报告

12.1 取两次重复测定结果的算术平均值作为试样的水滴法孔体积（V_p）结果，结果修约至两位有效数字。

12.2 试验报告至少应该包括下述内容

a）注明本标准编号；

b）被测产品的类型及相关信息；

c）试验结果和单位表示；

d）注明按协议或其他原因，与规定试验步骤存在的任何差异；

e）试验日期和时间，实验室名称及操作者。

ICS 75.080
E 30

SH

中华人民共和国石油化工行业标准

NB/SH/T 0956—2017

透明和不透明液体运动黏度的测定 折管式自动黏度计法

Standard test method for kinematic viscosity of transparent and opaque liquids by automated houillon viscometer

2017-12-27 发布　　2018-06-01 实施

国家能源局　发布

前　　言

本标准按照 GB/T 1.1—2009 给出的规则起草。

本标准使用重新起草法修改采用 ASTM D7279-14a《透明和不透明液体运动黏度的测定　折管式自动黏度计法》。

本标准与 ASTM D7279-14a 的技术性差异及原因如下：

——将 ASTM D7279-14a 第 2 章中的部分引用标准修改为相应的我国国家标准；

——增加了参考文献。

本标准由中国石油化工集团公司提出。

本标准由全国石油产品和润滑剂标准化技术委员会石油燃料和润滑剂分技术委员会（SAC/TC280/SC1）归口。

本标准起草单位：中国石油天然气股份有限公司大连润滑油研究开发中心。

本标准参加起草单位：上海润凯油液监测有限公司。

本标准主要起草人：谢平平、逄翠翠、李南、陈军。

本标准为首次发布。

透明和不透明液体运动黏度的测定　折管式自动黏度计法

警告：本标准的应用可能涉及到某些有危险性的材料、操作和设备，但是无意对与此有关的所有安全问题都提出建议。因此，使用者在应用本标准之前应建立适当的安全和保护措施，并确定相关规章限制的适用性。

1　范围

本标准规定了采用折管式自动黏度计测定透明和不透明液体运动黏度的方法。

本标准适用于透明和不透明液体（如基础油、调和润滑油、柴油、生物柴油、生物柴油调和燃料和在用润滑油），运动黏度测定范围为 $2mm^2/s \sim 1500mm^2/s$（见图 1），温度范围为 20℃～150℃。运动黏度测定范围与实际使用的黏度计常数有关。

本标准规定的精密度仅考察了以下运动黏度范围：对于基础油、调和润滑油、柴油、生物柴油和生物柴油调和燃料，40℃运动黏度范围为 $2mm^2/s \sim 478mm^2/s$；对于基础油和调和润滑油，100℃运动黏度范围为 $3mm^2/s \sim 106mm^2/s$；对于在用润滑油，40℃运动黏度范围为 $25mm^2/s \sim 150mm^2/s$，100℃运动黏度范围为 $5mm^2/s \sim 16mm^2/s$。

2　规范性引用文件

下列文件对于本文件的应用是必不可少的。凡是注日期的引用文件，仅所注日期的版本适用于本文件。凡是不注日期的引用文件，其最新版本（包括所有的修改单）适用于本文件。

GB/T 4756　石油液体手工取样法

GB/T 6379　（所有部分）测量方法与结果的准确度（正确度和精密度）

GB/T 27867　石油液体管线自动取样法

ASTM D445　透明和不透明液体运动黏度测定法及动力黏度计算法（Test method for kinematic viscosity of transparent and opaque liquids（and calculation of dynamic viscosity））

ASTM D2162　标准黏度计和黏度标准油基本校准规程（Practice for basic calibration of master viscometers and viscosity oil standards）

ASTM D6708　测量某种材料相同特性的两种试验方法间预期一致性的统计评估和改进规程（Practice for statistical assessment and improvement of expected agreement between two test methods that purport to measure the same property of a material）

ASTM D6792　石油产品和润滑油测试实验室质量体系指南（Practice for quality system in petroleum products and lubricants testing laboratories）

ASTM E1137　工业铂电阻温度计规范（Specification for industrial platinum resistance thermometers）

3　方法概要

3.1　使用有证黏度参考标准物质校准黏度计常数。

3.2　测定试样在一定温度下流过已校准体积的折管式黏度计的时间。操作如下：移取试样并将其充装入带有两个检测单元的黏度计，当试样达到测试温度，且当试样下弯月面流过第一个检测单元时，仪器自动启动计时程序。当试样弯月面流过第二个检测单元时，仪器停止计时。

样品体积/μL	黏度计			运动黏度/(mm²/s)																								
	常数	Min	Max	2	3	7	10	15	20	30	35	45	50	60	70	75	100	120	150	200	210	250	300	450	500	700	1000	1500
90	0.07	2	7																									
	0.1	3	10																									
180	0.2	7	20																									
	0.3	10	30																									
	0.5	15	50																									
	0.7	20	70																									
	1	30	100																									
	1.2	35	120																									
360	1.5	45	150																									
	2	60	200																									
	2.5	75	250																									
	3	100	300																									
	5	150	500																									
540	7	210	700																									
	10	300	1000																									
	15	450	1500																									

黏度范围

注：流动时间为30s~200s。

图1　典型折管式黏度计常数对应的黏度范围

3.3　所测定的流动时间与黏度计校准常数之积即为试样的运动黏度。按式（1）计算：

$$\nu = C \cdot t \qquad (1)$$

式中：

ν——运动黏度，单位为二次方毫米每秒（mm^2/s）；

C——黏度计校准常数，单位为二次方毫米每二次方秒（mm^2/s^2）；

t——流动时间，单位为秒（s）。

4　方法应用

4.1　石油产品和一些非石油基材料用于设备润滑剂时，设备的正常运转有赖于具有适当黏度的液体润滑剂。此外，黏度对许多石油燃料的存储、处理和操作条件的确定非常重要。因此，准确地测定黏度对产品规格的制定非常必要。

4.2　在用润滑油的黏度是一个常用测量参数，用于评价发动机磨损对在用润滑油的影响以及发动机运行过程中部件的工况。

4.3　折管式自动黏度计法可用于测定试样的运动黏度，所需的典型样品量小于1mL。

5　仪器

5.1　自动黏度计，包括以下部分：

5.1.1　恒温浴：应确保系统达到最佳的热平衡，可使用矿物油或硅油作为介质，且应配有搅拌装置。

5.1.2　温度控制系统：应确保恒温浴介质温度与设定温度之差不超过±0.02℃。

5.1.3　折管式玻璃黏度计（见图2）：校准体积和黏度计尺寸有关，可以覆盖较宽的黏度范围（见图1）。

5.1.4　清洗/真空系统：应包含一个或多个溶剂贮液器。清洗前先排出试样，再将溶剂填充到黏度计中，冲洗干净后排出废液，吹干黏度计。

5.1.5　自动黏度计控制系统：包括控制仪器的电子处理器、计时装置、浴温调节系统、清洗系统、记录及报告系统。

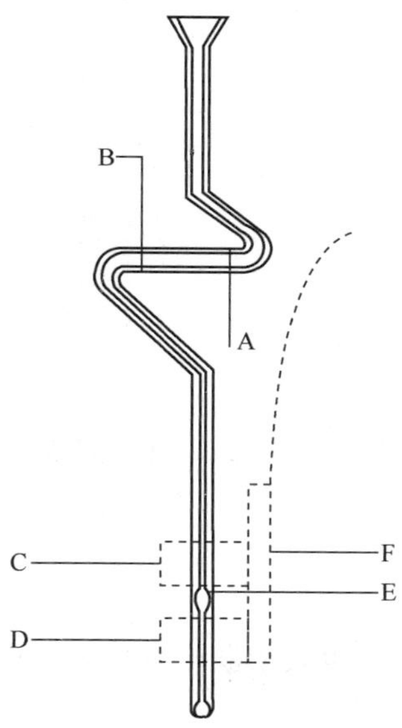

A、B—贮液区；

C、D—测定区域（校准体积）；

E—球泡；

F—检测单元。

图2　折管式黏度计示意图

5.1.6　按照仪器厂商的建议，选用兼容的计算机系统获取数据。

5.1.7　温度测量装置：可使用准确度为±0.02℃或更高的液体玻璃温度计，或者使用其他同等或更高准确度的温度测量装置，如5.1.7.1提及的数字接触式温度计。

5.1.7.1　数字接触式温度计应满足：（1）使用电阻传感器，如铂电阻或热敏电阻传感器；（2）最小分辨率为0.01℃；（3）显示和探头的最小刻度为±0.02℃；（4）响应时间不超过6s，见ASTM E1137工业铂电阻温度计规范；（5）漂移不超过10mK（0.01℃）/年；（6）线性范围大10mK；（7）电阻传感器的温度校准报告应溯源至国家标准，或有温度校准资质的计量标准化组织；（8）校准报告应包含一系列覆盖实际应用的典型测试点的数据。

5.1.7.2　对于手动黏度测试用的恒温浴，温度探头应至少浸入介质液面以下100mm，但不得超过传感器元件长度的三倍，且探头鞘末端不应超过黏度计底端。

5.1.7.3　建议感应元件的中心部位在满足最低浸没深度的情况下，保持与工作毛细管的下半部分在同一位置。

5.1.7.4　对于自动黏度测试仪器的恒温浴，使用者应遵循仪器厂商对电阻温度传感器位置的建议。

5.1.8　计时装置：应精确至0.01s或更高，在预期的最小和最大的流动时间范围内，准确度应在读数的±0.07%以内。

5.1.9　取样装置：可使用移液管，将试样（试样体积见图1）转移至折管式黏度计中。

6　试剂和材料

6.1　有证黏度参考标准物质的公认参考值应提供相应的不确定度（$k=2$；95%置信水平），见GB/T 6379。可溯源至ASTM D2162规定的标准黏度计程序的有证黏度参考标准物质可满足使用。

6.2　不含铬的强氧化性酸清洗液。

警告：不含铬的强氧化性酸清洗液具有强腐蚀性，对有机组织具有潜在危害，但是没有像含铬

一样的特殊处理问题。

6.3 清洗和干燥溶剂，分析纯，可遵循仪器厂商的建议，必要时使用前应过滤。典型溶剂如下：

6.3.1 甲苯。

警告：易燃，蒸气吸入有害。

6.3.2 溶剂油或石脑油。

警告：易燃，有害身体健康。

6.3.3 丙酮。

警告：高度易燃，有害身体健康。

6.3.4 庚烷。

警告：易燃，有害身体健康。

6.4 工业级硅油或白油，用于恒温浴介质，黏度适宜，建议25℃运动黏度为100mm^2/s或相当。

7 取样

按照GB/T 4756或GB/T 27867的规范要求获取有代表性的试样。

8 仪器准备

8.1 仪器应放置在稳定的水平台面上。遵循仪器厂商的建议连接好管路、排液和真空系统。

8.2 安装仪器测试单元（必要时）。

8.3 向恒温浴中加入适量的浴介质（见6.4），将黏度计放置于恒温浴中。

8.4 将适量的清洗和干燥溶剂加入溶剂贮存器中。

8.5 遵循仪器厂商的建议操作仪器。

8.6 选择清洁、干燥且已校准的黏度计，其黏度范围应覆盖试样预计的运动黏度值。黏度计的选择是否合适取决于试样的预计黏度是否准确，可通过如下计算（见8.6.1）选择合适的黏度计。

8.6.1 依据式（1），选择的黏度计常数（C）应落在（ν/200）<C<（ν/30）之间，流动时间（t）应在30s~200s之间。

注：在对本标准开展的实验室研究中，流动时间均在30s~200s之间。

8.6.2 若试样的运动黏度未知，应在第一次测试后选取另外一支合适的黏度计重新测试。

9 校准

9.1 校准应遵循仪器厂商的建议。市售的已校准的黏度计应按照9.4条进行确认。

9.2 使用有证黏度参考标准物质（见6.1）。

9.3 自动黏度计的校准应遵照第10章和仪器厂商的建议。

9.4 如果有证黏度参考标准物质运动黏度的测定结果与公认参考值之差超出±0.5%，应重新测试。如仍超出，应检查黏度计的所有控制系统设置，并重新检查试验的每一步，包括温度测量装置和黏度计是否校准，找到误差来源。

注：通常大部分的误差都是由于黏度计毛细管中有污染（尤其是在用润滑油）和温度测量误差导致的，可修改清洗参数增加清洗次数并延长溶剂抽吸时间（见11章）。

10 试验步骤

10.1 设定并维持黏度计恒温浴至设定温度。如使用温度计，应将其垂直悬挂在恒温浴中，且置于与校准时相同的浸没深度。

10.2　将试样用取样装置如移液管（见5.1.9）转移至折管式黏度计中。试样体积与黏度计常数有关（见图1）。测试过程中试样的填充体积和指定刻线位置见图2。测试开始时试样的上弯月面在A下方，试样的下弯月面在C位置开始计时，测试结束时试样的上弯月面在B上方，试样的下弯月面在D位置停止计时。

注：使用的取样装置应能够一次将全部所需试样转移至黏度计中。

10.3　启动测试程序。

10.4　黏度计处理系统自动测定流动时间，根据式（1）计算运动黏度并记录结果。

10.5　启动清洗程序（见11章）。

10.6　在进行下一次测试前，黏度计温度平衡时间约5min。

注：对于某些仪器，平衡时间可能远少于5min。

11　清洗黏度计

11.1　清洗黏度计时应先启动真空将黏度计中的残留试样排出，然后用溶剂进行清洗，去除黏度计内壁的试样痕迹，再启动真空排出溶剂。某些仪器还采用另外一种溶剂干燥黏度计。重复上述操作直至黏度计彻底清洗干净，且应定期检查黏度计的校准常数。

11.2　应根据浴温选择合适沸点的溶剂。使用的溶剂应足以彻底清洗整个黏度计的内部，可通过调节溶剂冲洗次数和流速来实现。

11.3　当一个恒温浴中有黏度计正在进行测试时，不应同时清洗其他黏度计。

注：对于一些包含多支黏度计的测试仪器，虽然未涵盖在对本标准获取的精密度和偏差开展的实验室研究中，但在其他黏度计进行黏度测试的同时可以进行黏度计的清洗。因此，此清洗过程不影响仪器黏度测试的有效性。

11.4　应定期检查黏度计是否破损和清洁，以确保其使用状态良好。黏度计是否清洁可根据黏度计的测试范围选择合适的参比油进行测试来确认。当测试结果与公认参考值超差时，应对存在问题的黏度计进行进一步的清洗，可使用不含铬的清洗溶剂（见6.2）。

11.5　使用参比油检查黏度计的频率应取决于黏度计的使用频次。

12　质量控制/质量保证（QC/QA）

12.1　通过测试质量控制样品以确认仪器的性能和测试程序。

12.2　如果无法获取合适的质量控制样品，可选取一合适油样作为质量控制样品，连续测定若干次后对数据进行统计分析，确定该油样的平均值和控制限值。

12.3　质量控制/质量保证程序可用于确保测试结果的可靠性。

12.4　如果测试仪器无相应的质量控制/质量保证程序，可参照附录A进行质量控制。更多的信息参见ASTM D6792。

13　报告

报告运动黏度的测试结果，取四位有效数字，同时报告试验温度和使用本方法。

14 精密度和偏差

14.1 精密度

在用润滑油的精密度数据是通过15家实验室在2004年对10个在用润滑油和5个新油试样进行测试，40℃运动黏度范围为25mm^2/s~150mm^2/s，100℃运动黏度范围为5mm^2/s~16mm^2/s，并经过对试验结果的统计分析得到的。基础油、调和润滑油、馏出燃料、生物柴油和生物柴油调和燃料40℃运动黏度的精密度数据是通过7家实验室在2008年对26个典型试样进行测试，40℃运动黏度范围为2mm^2/s~478mm^2/s，并经过对试验结果的统计分析得到的。基础油和调和润滑油100℃运动黏度的精密度数据是通过6家实验室在2008年对23个典型试样进行测试，100℃运动黏度范围为3mm^2/s~106mm^2/s，并经过对试验结果的统计分析得到的。按下述规定判断试验结果的可靠性（95%置信水平）。

14.1.1 重复性（r）：在同一实验室，由同一操作者，使用同一仪器，在相同试验条件下，对同一试样连续测定，得到的两个试验结果之差不应超过表1的要求。

14.1.2 再现性（R）：在不同实验室，由不同的操作者，使用不同仪器，对同一试样进行测定，得到的两个单一、独立的试验结果之差不应超过表1的要求。

表1 重复性和再现性

试样类型	温度/℃	重复性/（mm^2/s）	再现性/（mm^2/s）
在用润滑油	40	0.0068X或0.68%X	0.03Y或3.0%Y
	100	0.016X或1.6%X	0.056Y或5.6%Y
基础油、调和润滑油、馏出燃料、生物柴油和生物柴油调和燃料	40	0.0107X或1.07%X	0.0151Y或1.51%Y
基础油和调和润滑油	100	0.0095X或0.95%X	0.0201Y或2.01%Y

注：X为所比较的两个重复运动黏度试验结果的算术平均值，Y为所比较的两个单一、独立运动黏度试验结果的算术平均值，单位为mm^2/s。

14.2 偏差

14.2.1 因未对有公认参考值的试样依据本标准进行偏差测试，故本标准无法提供偏差信息。

14.3 相对偏差

14.3.1 在用润滑油

在用润滑油的相对偏差是通过2004年15家实验室依据本标准和10家实验室依据ASTM D445对10个在用润滑油和5个新油进行测试，40℃运动黏度范围为25mm^2/s~150mm^2/s，100℃运动黏度范围为5mm^2/s~16mm^2/s，并经过对试验结果的统计分析得到的。依据ASTM D6708，对本标准开展实验室研究所选试样应用本标准的黏度测试结果与应用ASTM D445黏度测试结果的一致性进行评估，见式（2）和式（3）。

40℃运动黏度： $Y=X-0.290$ ……（2）

100℃运动黏度： $Y=X-0.133$ ……（3）

式中：

Y——依据本标准测试结果预估的ASTM D445的测试结果，单位为二次方毫米每秒（mm^2/s）；

X——本标准的测试结果，单位为二次方毫米每秒（mm^2/s）。

14.3.2 基础油、调和润滑油、馏出燃料、生物柴油和生物柴油调和燃料

基础油、调和润滑油、馏出燃料、生物柴油和生物柴油调和燃料40℃运动黏度的相对偏差是通过2008年7家实验室依据本标准和6家实验室依据ASTM D445对26个典型试样进行测试，40℃运动黏度范围为$2mm^2/s \sim 478mm^2/s$，并经过对试验结果的统计分析得到的。依据ASTM D6708，对本标准开展实验室研究所选试样应用本标准的黏度测试结果与应用ASTM D445黏度测试结果的一致性进行评估，无显著偏差。本标准与ASTM D445测试结果的差值不应超出方法间再现性的数值（95%置信水平），见式（4）。

$$R_{xy} = (0.5R_x^2+0.5\,R_y^2)^{0.5} \quad (4)$$

式中：

R_{xy}——本标准与ASTM D445的方法间再现性；

R_x——本标准的再现性；

R_y——ASTM D445的再现性。

14.3.3 基础油和调和润滑油

基础油和调和润滑油100℃运动黏度的相对偏差是通过2008年6家实验室依据本标准和8家实验室依据ASTM D445对23个典型试样进行测试，100℃运动黏度范围为$3mm^2/s \sim 106mm^2/s$，并经过对试验结果的统计分析得到的。依据ASTM D6708，对本标准开展实验室研究所选试样应用本标准的黏度测试结果与应用ASTM D445黏度测试结果的一致性进行评估，见式（5），两种方法数据的一致性显著改善。本标准与ASTM D445测试结果的差值不应超出方法间再现性的数值（95%置信水平），见式（6）。

$$Y=0.9951X \quad (5)$$

式中：

Y——依据本标准测试结果预估的ASTM D445的测试结果，单位为二次方毫米每秒（mm^2/s）；

X——本标准的测试结果，单位为二次方毫米每秒（mm^2/s）。

$$R_{xy} = (4.92R_x^2+4.968R_y^2)^{0.5} \quad (6)$$

式中：

R_{xy}——本标准与ASTM D445的方法间再现性；

R_x——本标准的再现性；

R_y——ASTM D445的再现性。

附 录 A
(资料性附录)
质量控制(QC)

A.1 通过测定质量控制样品确认仪器的性能和测试程序。

A.2 本标准的使用者在对测试过程监控前，应先确定质量控制样品的平均值和控制限值，可参照NB/SH/T 0843、ASTM D6792 和 ASTM Manual MNL7。

A.3 记录质量控制样品的测试结果，通过控制图表或其他统计方法确定测试过程的统计控制状态，可参照 NB/SH/T 0843、ASTM D6792 和 ASTM Manual MNL7。当测试结果超出控制限值，应查找根本原因，必要时，需要对仪器进行重新校准。

A.4 当测试方法没有明确要求时，质量控制频率取决于测试结果的重要程度、测试过程的稳定性和客户的要求。通常每天进行日常测试前都应先测试质量控制样品，且当日常分析的试样数量较多时，应增加质量控制的频次。如果发现测试数据均在统计控制范围内，可减少质量控制的频次。为保证数据质量，应参照本标准的精密度要求检查质量控制样品测试结果的精密度。

A.5 建议选择能够代表日常分析典型试样类型的质量控制样品。应保证质量控制样品在使用周期内数量充足，且在预期的储存条件下保持均匀和稳定。关于质量控制和控制图表手段的更多信息可参见 NB/SH/T 0843、ASTM D6792 和 ASTM Manual MNL7。

参 考 文 献

[1] NB/SH/T 0843　石化行业分析测试系统的评价 统计技术法
[2] ASTM Manual MNL7　Manual on presentation of data and control chart analysis

ICS 75.100
E 34

SH

中华人民共和国石油化工行业标准

NB/SH/T 0957—2017

发动机油对水和模拟Ed85燃料乳化能力的评价方法

Standard test method for evaluation of the ability of engine oil to emulsify water and simulated Ed85 fuel

2017-12-27 发布 2018-06-01 实施

国家能源局 发布

前　言

本标准按照 GB/T 1.1—2009 给出的规则起草。

本标准使用重新起草法修改采用 ASTM D7563-10（2016）《评价发动机油乳化水和模拟 Ed85 燃料能力的试验方法》编制。

为了适应我国国情，本标准在采用 ASTM D7563-10（2016）时做了部分修改，本标准与 ASTM D7563-10（2016）的主要技术差异及其原因如下：

——为了使用方便，将引用标准修改为我国相应的国家标准。

——本标准增加规范性附录 A《参考汽油的技术要求和试验方法》，给出 Haltermann 公司的 HF003 参考汽油的详细规格要求。

——本标准将 ASTM D7563-10（2016）中的资料性附录 X1 修改为规范性附录 B。

本标准由中国石油化工集团公司提出。

本标准由全国石油产品和润滑剂标准化技术委员会石油燃料和润滑剂分技术委员会（SAC/TC280/SC1）归口。

本标准起草单位：中国石油天然气股份有限公司兰州润滑油研究开发中心。

本标准参加起草单位：中国石油化工股份有限公司石油化工科学研究院、中国石化润滑油有限公司北京研究院。

本标准主要起草人：王林春、汪利平、李静、谢欣、赵昕。

本标准为首次发布。

发动机油对水和模拟 Ed85 燃料乳化能力的评价方法

警告：本标准的应用可能涉及到某些有危险性的材料、操作和设备，但并未对与此有关的所有安全问题都提出建议。用户在使用本标准之前有责任制定相应的安全和保护措施，并确定相关规章制度的适用性。

1 范围

本标准规定了一定体积的发动机油与水和模拟 Ed85 燃料高速搅拌混合后乳液稳定性的评价方法。

本标准适用于发动机油对水和模拟 Ed85 燃料乳化能力的评价。

2 规范性引用文件

下列文件对于本文件的应用是必不可少的。凡是注日期的引用文件，仅所注日期的版本适用于本文件。凡是不注日期的引用文件，其最新版本（包括所有的修改单）适用于本文件。

GB/T 260 石油产品水分测定法

GB/T 503 汽油辛烷值的测定 马达法

GB/T 511 石油和石油产品及添加剂机械杂质测定法

GB/T 5096 石油产品铜片腐蚀试验法

GB/T 5487 汽油辛烷值的测定 研究法

GB/T 6536 石油产品常压蒸馏特性测定法

GB/T 8018 汽油氧化安定性的测定 诱导期法

GB/T 8019 燃料胶质含量的测定 喷射蒸发法

GB/T 8020 汽油铅含量的测定 原子吸收光谱法

GB/T 6682—2008 分析实验室用水规格和试验方法

GB/T 11132 液体石油产品烃类的测定 荧光指示剂吸附法

GB 18350—2013 变性燃料乙醇

SH/T 0020 汽油中磷含量测定法（分光光度法）

NB/SH/T 0663 汽油中醇类和醚类含量的测定 气相色谱法

SH/T 0689 轻质烃及发动机燃料和其他油品的总硫含量测定法（紫外荧光法）

SH/T 0794 石油产品蒸气压的测定 微量法

3 术语和定义

下列术语和定义适用于本文件。

3.1

变性燃料乙醇 denatured fuel ethanol

加入变性剂后用于调配车用乙醇汽油的燃料乙醇，不能食用。它可以按规定的比例与汽油混合作为车用点燃式内燃机的燃料。

[GB 18350—2013，定义 3.3]

3.2

乙醇燃料　fuel ethanol（Ed75～Ed85）

乙醇和碳氢燃料的调和物，其中乙醇是体积为 75%～85%的变性燃料乙醇。

3.3

发动机油　engine oil

能减少发动机内部运动部件的摩擦、磨损的液体，它能带走热量尤其是活塞底部的热量，也可作为活塞环的燃气密封剂。

注：油品中可能包含能改善某些性能的添加剂。这些性能包括阻止发动机产生锈蚀、形成沉积、阀系磨损、油品氧化和生成泡沫等。

3.4

模拟 Ed85 燃料　simulated Ed85

由体积为 85%的变性燃料乙醇和体积为 15%的汽油混合成的实验室用的模拟 Ed85 燃料。

3.5

试验油　test oil

需要该方法评定的发动机润滑油。

4　方法概要

将水、模拟 Ed85 燃料和试验油混合后通过高速搅拌进行乳化，并将乳化混合物分别储存在 20℃～25℃和−5℃～0℃的储藏柜中，24h 后观察乳化混合物底部是否有水层分离出来并记录。

5　方法应用

5.1　在发动机运行过程中，水分和燃料会进入油底壳污染发动机油，特别是在使用 Ed85 燃料情况下。污染后的油品会在油底壳底部分离出水层，从而影响发动机油的性能。为了避免这种情况的出现，发动机油应该与水进行完全的乳化而不出现水层的分离。

5.2　本方法用来评估发动机油的乳液稳定性能。通过将水、模拟 Ed85 燃料和试验油进行高速搅拌乳化，并将乳化混合物分别储存在 20℃～25℃和−5℃～0℃的储藏柜中，24h 后观察乳化混合物底部是否有水层分离出来评价油品的乳液稳定性能。

6　仪器和设备

6.1　搅拌器

能满足转速 10000r/min±2000r/min 的要求。

6.2　玻璃仪器

6.2.1　量筒：容量为 25mL，最小刻度为 0.2mL；容量为 250mL，最小刻度为 0.5mL。

6.2.2　具塞量筒：容量为 1L，最小刻度为 10mL；容量为 100mL，最小刻度为 1mL。

6.3　储藏柜

6.3.1　低温箱：要求温度能够稳定在−5℃～0℃范围内。

6.3.2　恒温箱：要求温度能够稳定在 20℃～25℃范围内。

6.4　计时器

秒表在 1min 测量范围内精度为±1s。其他计时器在 24h 测量范围内精度为±5s。

6.5　通风橱

适用于倾倒挥发性和易燃液体，如变性燃料乙醇和汽油，进入量筒容器作业。确保通风橱或开放空间没有点火源，特别是在低水平烃类物质挥发物倾向于聚集的地方。

7　试剂和材料

7.1　水：除非另有说明，使用的水应符合 GB/T 6682—2008 中规定的三级水的要求。

7.2　变性燃料乙醇：符合 GB 18350—2013 标准的产品。

警告：极度易燃。

7.3　参考汽油：具体要求详见附录 A。

警告：极度易燃，有害身体健康。

7.4　丙酮：化学纯。

警告：极度易燃。

7.5　异辛烷：化学纯。

警告：极度易燃。

8　试验步骤

8.1　先用异辛烷冲洗三次器皿的内表面，再用丙酮润洗三次并彻底干燥。

8.2　按下述要求制备模拟 Ed85 燃料。

8.2.1　用 1L 的量筒量取 850mL 的变性燃料乙醇（7.2）。

8.2.2　向装有 850mL 变性燃料乙醇（7.2）的量筒加入参考汽油（7.3）至 1000mL。

8.2.3　将配制好的模拟 Ed85 燃料放入-5℃～0℃的储藏柜中，10min 后拿出，按住瓶塞并颠倒 10 次进行混合后待用。

注：在封闭容器中进行两个液体的混合时，最好能够对容器进行冷却以确保不会由于蒸气压造成液体泄漏。在进行两个液体的颠倒混合时，不要对容器进行摇晃，这是因为变性乙醇燃料会产生一定的蒸气压，同时对较长具塞量筒摇晃并不能保证两个液体充分混合。

8.2.4　将已经制备好的 Ed85 储存在-5℃～0℃的储藏柜中。待下次使用时，先将其移出储藏柜，待恢复至环境温度颠倒 10 次进行混合。如果制备好的 Ed85 储存超过 3 个月，则不能使用。

注：这样的储存是为了避免模拟 Ed85 中的挥发组分的挥发流失，以确保试验准确性。

8.3　用 250mL 的量筒量取 185mL±2mL 的试验油，并倒入搅拌器中。

8.4　用 25mL 的量筒分别量取 18.5mL±0.3mL 的模拟 Ed85 燃料和水，并倒入装有试验油的搅拌器中。

8.5　盖上搅拌器的盖子，并在 10000r/min±2000r/min 的速度下搅拌 60s±1s。

8.6　混合结束后，将乳化混合物倒入两个 100mL 的具塞量筒或样品瓶（已标记 100mL 位置）中。盖上瓶盖后将其分别放入-5℃～0℃和 20℃～25℃的储藏柜中，静置 24h±0.5h。

8.7　储存结束后，将装有乳化混合物的量筒小心移出储藏柜，并观察和记录量筒底部是否有水层分离出来。

8.7.1　图 1 和图 2 为乳化混合物乳化和分水的典型示例。

8.7.1.1　图 1 为乳化混合物有水层分离和无水层分离的典型示例。

图 1 中（a）为油-水完全分离相，量筒上部为油相，量筒底部为水相；（b）为油-水完全乳化相，无油相、水相分离出来，也没有中间相的存在；（c）为油-水两相分离，上部为油相，中间为油-水的连续相，底部为水相；（d）为油-乳液的连续相，量筒的底部并不是水相的存在。因为此相并不是透明清晰的状态，它是一种介于乳白和白、透明和半透明状态，而且在底部上面并没有出现一个明显的另一相的存在。

(a)水层分离　　(b)无水层分离　　(c)水层分离　　(d)无水层分离

图 1　典型乳化混合物示例

8.7.1.2　图 2 为常见的典型水相被乳化的混合物示例。

图 2　水相乳化的混合物示例

8.7.2　水相存在认定标准：如果乳化混合物量筒底部为明显的透明、半透明分离相，则可认为有水相的存在。

8.7.3 无水相存在认定标准：如果乳化混合物量筒底部没有明显的透明、半透明分离相，则可认为无水相的存在。

8.7.4 如果需要对各分离相的比例进行计量，按照附录B进行。

8.8 在试验结束后做好记录（文字、影像），按照8.1条清洗试验器具。

9 评定

9.1 量筒底部明显水层

9.1.1 如果乳化混合物在20℃～25℃储存后出现8.7.2描述的量筒底部明显水层，则可报告在20℃～25℃出现水层分离。

9.1.2 如果乳化混合物在-5℃～0℃储存后出现8.7.2描述的量筒底部明显水层，则可报告在-5℃～0℃出现水层分离。

9.2 量筒底部无明显水层

9.2.1 如果乳化混合物在20℃～25℃储存出现8.7.3描述的量筒底部无明显水层，则可报告在20℃～25℃未出现水层分离。

9.2.2 如果乳化混合物在-5℃～0℃储存出现8.7.3描述的量筒底部无明显水层，则可报告在-5℃～0℃未出现水层分离。

10 结果报告

10.1 试验油乳化稳定性的定性结果：水层分离情况。

10.2 试验油乳化稳定性的定量结果（油、水和乳液的体积分数），见附录B。

10.3 根据方法记录的试验文字及影像，按第9章进行评定。

11 精密度和偏差

11.1 由于本试验结果是非定量性的，因此本方法没有精密度和偏差。

11.2 本标准在7个实验室，用代表5个不同添加剂技术的6个全配方油品进行试验，得到的试验结果有如下的趋势：

11.2.1 同一油品在25℃和0℃不出现水层的概率为100%。

11.2.2 同一油品在25℃出现水层的概率为100%。

11.2.3 同一油品在0℃出现水层的概率为93%。

附　录　A
（规范性附录）
参考汽油的技术要求

A.1　参考汽油的技术要求和试验方法见表 A.1。

表 A.1　参考汽油的技术要求和试验方法

项　　目	质量指标	典型值	试验方法
馏程：			
初馏点/℃	23.9~35.0	30.1	GB/T 6536
10%/℃	48.9~57.2	51.0	GB/T 6536
50%/℃	93.3~110.0	107.0	GB/T 6536
90%/℃	151.7~162.8	161.0	GB/T 6536
终馏点/℃	≤212.8	199.2	GB/T 6536
残留量（体积分数）/%	报告	0.9	GB/T 6536
氧含量（质量分数）/%	≤0.01	0.05	SH/T 0663
硫含量/（mg/kg）	3~15	3	SH/T 0689
铅含量[a]/（mg/L）	≤2.6	<1	GB/T 8020
磷含量/（mg/L）	≤1.3	<0.05	SH/T 0020
芳烃含量（体积分数）/%	26.0~32.5	27.9	GB/T 11132
烯烃含量（体积分数）/%	≤10.0	0.9	GB/T 11132
饱和烃含量（体积分数）/%	Report	71.2	GB/T 11132
诱导期/min	≥1000	1000+	GB/T 8018
铜片腐蚀（50℃，3h）/级	≤1	1a	GB/T 5096
溶剂洗胶质含量/（mg/100mL）	≤5.0	<0.5	GB/T 8019
研究法辛烷值（*RON*）	≥96.0	96.8	GB/T 5487
马达法辛烷值	报告	88.4	GB/T 503
雷德蒸气压/kPa	60.1~63.4	62.2	SH/T 0794
机械杂质及水分/（mg/L）	无	无	目测[b]

[a] 参考汽油中不得人为加入甲醇以及含铅、含铁和含锰的添加剂。

[b] 将试样注入 100mL 玻璃量筒中观察，应当透明，没有悬浮和沉降的机械杂质和水分。有异议时，以 GB/T 511 和 GB/T 260 测定结果为准。

附 录 B
（规范性附录）
试验结果定量方法

B.1 带有刻度的量筒容器

B.1.1 在24h±0.5h储存结束后，对试验样品各相体积进行精确计量至±1mL。

B.1.2 按式（B.1）计算样品每相的所占比例，Y_P（%）：

$$Y_P = 100V_P/V_T \quad \text{(B.1)}$$

式中：

V_P——每相的体积，单位为毫升（mL）；

V_T——试验样品的总体积，为100mL。

B.1.3 记录每个温度下的水层百分比（如果出现水层，水层将在底层存在；如果不出水层，底层将是乳化层）、乳化层百分比（如果底层不是水层，底层将是乳化层；如果水层存在，中间层将是乳化层）和油层（如果油层明显分离，将会出现在顶层）。

B.2 无刻度的样品容器

B.2.1 在24h±0.5h储存结束后，对试验样品总高度和各相高度进行精确计量至±1mm。

B.2.2 计算样品每相的所占比例，Y_P（%）：

$$Y_P = 100H_P/H_T \quad \text{(B.2)}$$

式中：

H_P——每相的高度，单位为毫米（mm）；

H_T——试验样品的总高度，单位为毫米（mm）。

B.2.3 记录每个温度下的水层百分比（如果出现水层，水层将在底层存在；如果不出水层，底层将是乳化层）、乳化层百分比（如果底层不是水层，底层将是乳化层；如果水层存在，中间层将是乳化层）和油层（如果油层明显分离，将会出现在顶层）。

B.3 定量结果的记录

按表B.1的规定记录试验结果。

表B.1 试验结果

0℃			25℃		
油/%	水/%	乳化液/%	油/%	水/%	乳化液/%

编者注：本标准中引用标准的标准号和标准名称变动如下。

原标准号	现标准号	现 标 准 名 称
GB/T 260	GB/T 260	石油产品水含量的测定 蒸馏法

ICS 71.100.99
G 74

SH

中华人民共和国石油化工行业标准

NB/SH/T 0958—2017

成型催化剂和催化剂载体机械振实堆积密度测定法

Standard test method for mechanically tapped packing density of formed catalyst and catalyst carriers

2017-12-27 发布　　2018-06-01 实施

国家能源局　发布

前　言

本标准按照 GB/T 1.1—2009 给出的规则起草。

本标准使用重新起草法修改采用美国试验与材料协会标准 ASTM D4164-13《成型催化剂和催化剂载体机械振实堆积密度测定方法》。

本标准与 ASTM D4164-13 的技术性差异及其原因如下：

——在第 2 章规范性引用文件中，采用了我国相应的国家标准。

——修改了对振动设备凸轮轴转速的要求（见 6.1），以适应我国市售仪器的情况；

——增加了对天平最大称量值的规定（6.5）；

——增加了第 7 章“取样”；

——在 8.2 条增加了“倒入过程控制在 20 s~30 s，倒入速度尽量均匀”的操作要求和一个关于实验细节的条文注解；

——增加了第 10 章“结果的表示”；

——对精密度章进行了部分修改；

——增加了第 12 章“试验报告”。

本标准由中国石油化工集团公司提出。

本标准由全国石油产品和润滑剂标准化技术委员会石油燃料和润滑剂分技术委员会（SAC/TC280/SC1）归口。

本标准起草单位：中国石油天然气股份有限公司石油化工研究院、中国石油天然气股份有限公司抚顺石化分公司、中国石油化工股份有限公司石油化工科学研究院。

本标准主要起草人：曹青、肖占敏、孙丽君、翟亚涛、刘学芬、马晨菲、王春燕、林骏、陈芬芬、邱丽兰、孙淑玲。

本标准为首次发布。

成型催化剂和催化剂载体机械振实堆积密度测定法

警告：本标准涉及某些有危险性的材料、操作和设备，但是无意对与此有关的所有安全问题都提出建议。因此，使用者在应用本标准之前应建立适当的安全和保护措施，并确定相关规章限制的适用性。

1 范围

本标准规定了成型催化剂和催化剂载体的机械振实堆积密度测定方法。

本标准适用于公称直径为0.8 mm~4.8 mm的挤出法制备的条状、球状或成型颗粒状催化剂或催化剂载体。

2 规范性引用文件

下列文件对于本文件的应用是必不可少的。凡是注日期的引用文件，仅所注日期的版本适用于本文件。凡是不注日期的引用文件，其最新版本（包括所有的修改单）适用于本文件。

GB/T 6379.2 测量方法与结果的准确度（正确度与精密度） 第2部分：确定标准测量方法重复性与再现性的基本方法

GB/T 6678 化工产品采样总则

GB/T 8170 数值修约规则与极限数值的表示和判定

3 术语和定义

下列术语和定义适用于本文件。

3.1

堆积密度 packing density

分散的固体催化剂或催化剂载体颗粒的质量与其所占体积之比，该体积为催化剂或催化剂载体颗粒中的固体体积、颗粒内部空隙体积和颗粒间空隙体积的总和。

4 方法概要

将处理过的成型催化剂或催化剂载体试样装入具刻度量筒中进行机械振动，通过测定催化剂或催化剂载体的质量和振实体积，计算得到机械振实堆积密度。

5 方法应用

本试验方法用于测量成型颗粒的机械振实堆积密度。在本方法规定的测定条件下，这些颗粒在取样、装样或振实过程中不会破碎。

6 仪器

6.1 振动设备：带有蜗杆传动的底板和量筒底座，减速比 15∶1，凸轮轴转速 260 r/min±2 r/min，振动冲程 3.2 mm。可调节振动次数。

6.2 量筒：具刻度，容量为 250mL，最小刻度值为 1mL，能安装在与振动设备（6.1）匹配的底座上。

6.3 干燥器：带有干燥剂。

6.4 干燥箱或马弗炉：温度可控制在 400℃±15℃。

6.5 天平：最大称量值不低于 800g，分度值为 0.1g。

7 取样

取样按照 GB/T 6678 进行。

8 试验步骤

8.1 取适量试样于预先准备好的洁净器皿中，放入干燥箱或马弗炉（见 6.4）中，在 400℃±15℃下干燥至少 3h。对于加热时可能与空气发生反应的试样，应在惰性气体保护下加热干燥。取出试样，迅速置于干燥器（见 6.3）中冷却至室温，备用。

注 1：该条件不一定适用于所有样品。不适用的样品包括但不限于氧化态催化剂、低温络合催化剂、预硫化催化剂、还原态催化剂。加热时也可根据不同的催化剂类型采用足以使催化剂干燥的其他温度。

注 2：由于许多催化剂都具有强吸附性，推荐在干燥器中放置 4A 分子筛作为干燥剂，并根据需要可在 220℃～260℃下对干燥剂进行再生。

8.2 取干燥洁净的量筒（见 6.2）称量其质量 m_1，精确至 0.1g。取 240mL～250mL 干燥后的试样（见 8.1），通过漏斗倒入预先称量过的量筒中，一边倾倒试样一边旋转漏斗，直至试样水平面至约 250mL，倒入过程控制在 20s～30s，倒入速度尽量均匀。迅速称量试样加量筒的总质量 m_2，精确至 0.1g。

注：通过漏斗向量筒加入试样，可以最大限度地避免因加入速度、量筒倾斜角度等因素造成的自然体积差异，减少试验误差。漏斗出口内径由使用者根据试样尺寸进行选择，以使试样能顺畅流入量筒为宜。

8.3 将量筒牢固地装入振动设备（见 6.1）的量筒底座上，将振动次数设定为 1000 次。

8.4 启动振动设备。

8.5 当振动结束后，读取量筒中试样的体积（V），精确到 1mL。

9 结果计算

试样的振实堆积密度记为 D，数值以克每毫升（g/mL）表示，按照公式（1）计算：

$$D = \frac{m_2 - m_1}{V} \qquad (1)$$

式中：

m_1——量筒质量，单位为克（g）；

m_2——试样加量筒的总质量，单位为克（g）；

V——量筒中试样振实后的体积，单位为毫升（mL）。

10 结果的表示

以两次重复测定结果的算术平均值作为最终分析结果，按照 GB/T 8170 的规定对分析结果进行修约，结果表示至小数点后第三位。

11 精密度

11.1 概述

表 1 和表 2 中振实堆积密度为 0.398g/mL~1.032g/mL 的精密度限值是由 11 个实验室、7 个样品根据 GB/T 6379.2 经统计计算得到的，1.533g/mL 的精密度限值为 ASTM 4164 标准中提供，由 3 个实验室、2 个样品得到。按下述规定判断试验结果的可靠性（95%置信水平）。

11.2 重复性

在同一实验室，由同一操作者，使用相同仪器，按照相同测试方法，对同一试样进行测试获得的两个重复测定结果的差值不应大于表 1 规定的值。

表 1 重复性

测定结果（平均值） g/mL	重复性 r g/mL	相对重复性（r'）（以平均值的百分数形式表示） %
0.398~1.032	0.013	1.84
1.533	0.005	0.47
注：相对重复性=（r/D）×100，其中 D 为两个重复测定结 果的算术平均值。		

11.3 再现性

在不同实验室，由不同操作者，使用不同仪器，按照相同测试方法，对同一试样获得的两个单一、独立测定结果的差值不应大于表 2 规定的值。

表 2 再现性

测定结果（平均值） g/mL	再现性 R g/mL	相对再现性（R'）（以平均值的百分数形式表示） %
0.398~1.032	0.031	3.38
1.533	0.055	4.73
注：相对再现性=（R/D）×100，其中 D 为两个单一、独立结果的算术平均值。		

12 试验报告

试验报告应包括如下内容：

a）本标准的编号；

b）关于样品的详细说明；

c）试验过程中观察到的任何异常现象；

d）试验结果和单位的表示；

e）本标准中未包括的任何自选操作，例如选择了不同的干燥温度；

f）试验日期。

ICS 71.100.99
G 74

SH

中华人民共和国石油化工行业标准

NB/SH/T 0959—2017

催化裂化催化剂比表面积的测定 静态氮吸附容量法

Determination of specific surface area of catalytic cracking catalyst by static volumetric method of nitrogen adsorption

2017-12-27 发布 2018-06-01 实施

国家能源局 发布

前　　言

本标准按照 GB/T 1.1—2009 给出的规则起草。

本标准由中国石油化工集团公司提出。

本标准由全国石油产品和润滑剂标准化技术委员会石油燃料和润滑剂分技术委员会（SAC/TC 280/SC1）归口。

本标准起草单位：中国石化催化剂有限公司、中国石油化工股份有限公司石油化工科学研究院。

本标准参加起草单位：中国石油天然气股份有限公司兰州石化分公司。

本标准主要起草人：殷喜平、朱玉霞、李叶、杨爱迪、吕伟娇、张雪静、谭祥明、宿艳芳、陈时辉、唐晓红、蒋邦开、曹颖、彭志华、蔡军平。

本标准为首次发布。

催化裂化催化剂比表面积的测定　静态氮吸附容量法

警告：本标准涉及某些有危险性的材料、操作和设备，但是无意对与此有关的所有安全问题都提出建议。因此，使用者在应用本标准之前应建立适当的安全和保护措施，并确定相关规章限制的适用性。

1　范围

本标准规定了用静态氮吸附容量法测定催化裂化催化剂的总比表面积和微孔比表面积的测定方法。

本标准适用于同时含有微孔和介孔的催化裂化催化剂、催化裂解催化剂以及助剂。其他类型的微介孔固体材料可参照采用。

2　规范性引用文件

下列文件对于本文件的应用是必不可少的。凡是注日期的引用文件，仅所注日期的版本适用于本文件。凡是不注日期的引用文件，其最新版本（包括所有的修改单）适用于本文件。

GB/T 6379.2　测量方法与结果的准确度（正确度和精密度）第2部分：确定标准测量方法重复性与再现性的基本方法

GB/T 21650.2—2008　压汞法和气体吸附法测定固体材料孔径分布和孔隙度 第2部分：气体吸附法分析介孔和大孔

NB/SH/T 0960　催化裂化催化剂、助剂和吸附剂采样法

3　术语和定义

GB/T 21650.2—2008 界定的以及下列术语和定义适用于本文件。为了便于使用，以下列出了 GB/T 21650.2—2008 中的相关术语和定义。

3.1

吸附等温线　adsorption isotherm

恒定温度下，气体吸附量与气体平衡压力之间的关系曲线。

[GB/T 21650.2—2008，定义3.10]

3.2

平衡吸附压力　equilibrium adsorption pressure（p）

吸附质与待吸附质呈平衡态时的压力。

[GB/T 21650.2—2008，定义3.7]

3.3

吸附体积　volume adsorbed（V）

标准状态下与吸附量等效的气体体积。

[GB/T 21650.2—2008，定义3.22]

3.4

单层吸附容量　monolayer capacity（V_m）

单层吸附量的等效标准状态气体体积。

[GB/T 21650.2—2008，定义 3.15]

3.5

介孔 mesopore

孔宽介于 2nm 和 50nm 之间的孔。

[GB/T 21650.2—2008，定义 3.12]

3.6

微孔 micropore

吸附分子可以到达的孔宽小于 2nm 的孔。

[GB/T 21650.2—2008，定义 3.13]

3.7

相对压力 relative pressure

平衡压力 p 与饱和蒸气压 p_0 的比值。

[GB/T 21650.2—2008，定义 3.18]

3.8

饱和蒸气压 stauration vapour pressure（p_0）

吸附温度下，吸附气体大量液化的蒸气压。

[GB/T 21650.2—2008，定义 3.20]

3.9

催化剂比表面积 specific surface area of a catalyst

催化剂孔的总比表面积，用 m^2/g 表示。

3.10

催化剂非微孔比表面积 non-micropore specific surface area of a catalyst

由 t-plot 的斜率确定，用 m^2/g 表示。包括外表面积以及介孔/大孔孔壁表面积之和。

3.11

催化剂微孔比表面积 micropore specific surface area of a catalyst

孔宽小于 2nm 的孔的比表面积。以催化剂总比表面积与催化剂非微孔表面积之差计，用 m^2/g 表示。

4 方法概要

采用静态氮吸附容量法测量样品在不同低压下所吸附的氮气体积。由测得的氮吸附量根据 BET 公式计算，可获得催化剂总比表面积。采用 t-plot 法计算非微孔比表面积，则微孔比表面积为催化剂比表面积与非微孔比表面积之差。

5 方法应用

5.1 催化裂化催化剂比表面积是催化剂孔结构的重要参数，是评定催化剂性能的重要指标。对于同时含有微孔和介孔的催化裂化催化剂、催化裂解催化剂和助剂，其比表面积分别由微孔部分和非微孔部分提供，客观、有效地表征催化剂总比表面积以及正确划分催化剂微孔比表面积和非微孔比表面积，对催化剂的生产和使用具有重要指导意义。

5.2 采用 BET 法测定催化剂比表面积和 t-plot 确定微孔比表面积时，本标准给出了最佳的线性范围和限制性的要求，应严格遵守。

6 仪器

6.1 全自动物理吸附仪：凡符合静态氮吸附容量法基本原理，具有微孔测定能力的仪器，均可作为本标准的测定仪器，要求真空度优于 1.3Pa，体积量管恒温控制不大于±0.1℃，体积测量精度 0.05cm^3，压力测量范围 0kPa~133.3kPa，精确到 13Pa。
6.2 分析天平：感量 0.1 mg。

7 试剂和材料

7.1 氮气：钢瓶装，纯度不低于 99.99%（体积分数）。
7.2 氦气：钢瓶装，纯度不低于 99.9%（体积分数）。
7.3 液氮：纯度不低于 99%（体积分数），蒸气压不高于当天大气压 2.7 kPa。
7.4 质控样品：结构和基体与催化裂化催化剂类似的微介孔固体材料，性质均匀稳定，有确定的接受参照值。

8 采样

按照 NB/SH/T 0960《催化裂化催化剂、助剂和吸附剂采样法》的方法采样。

9 试验步骤

9.1 脱气

9.1.1 将干净的空样品管置于仪器脱气系统，经抽真空后，充氦气或氮气达到常压。从脱气站口取下样品管，加塞子称量，精确至 0.1mg。此质量记为 m_1。
9.1.2 称取试样 0.15g~0.25g，装入已充氦气或氮气的样品管中。把样品管与仪器脱气站口连接。设定加热温度 300℃，升温速率设定为不超过 10℃/min。套好加热套，开始对试样加热抽真空。当加热温度达到 300℃，系统真空度达到 1.3Pa 时，再连续脱气至少 4h。
9.1.3 取下加热套，待样品管冷却到室温，用氦气或氮气回充样品达到常压。从脱气站口取下样品管，加塞子称量，精确至 0.1mg，此质量记为 m_2，由 m_2与 m_1之差得到试样质量 m。

9.2 吸附

9.2.1 向各试样杜瓦瓶中加入液氮。
9.2.2 将试样管移接到吸附装置分析站口。
9.2.3 按仪器说明书进行操作。吸附过程试验条件设置如下：

——在相对压力 p/p_0在 0.005~0.99 范围内实测不少于 20 个吸附试验点，其中 0.005~0.06 范围内不少于 10 点，0.1~0.3 范围内不少于 5 点；

——相对压力平衡时间设置为至少 60s，延迟时间设置为至少 180s。

10 数据分析和处理

10.1 吸附等温线

以相对压力 p/p_0为横坐标，以吸附体积 V_a为纵坐标，绘制得到样品吸附等温线。

10.2 催化剂总比表面积计算

10.2.1 BET 二参数方程式

催化剂表面积采用 BET 法计算获得，BET 二参数方程见式（1）：

$$\frac{p/p_0}{V_a(1-p/p_0)}=\frac{1}{V_mC}+\frac{C-1}{V_mC}p/p_0 \quad\cdots\cdots(1)$$

式中：

V_m——单层吸附容量，单位为立方厘米每克（cm^3/g）；

V_a——吸附体积，单位为立方厘米每克（cm^3/g）；

p/p_0——相对压力；

p_0——饱和蒸气压，单位为千帕（kPa）；

p——平衡压力，单位为千帕（kPa）；

C——吸附剂与吸附质之间的相互作用力的经验常数。

10.2.2 BET 图

令 p/p_0为 x，$\frac{p/p_0}{V_a(1-p/p_0)}$为 y，$\frac{C-1}{V_mC}$为 a，$\frac{1}{V_mC}$为 b，便得到一条斜率为 a，截距为 b 的直线方程 $y=ax+b$，此方程在相对压力 p/p_0为 0.01～0.06 范围内通常是线性的，计算时取此范围内的至少 5 点。

10.2.3 计算单层吸附容量和 C 值

由 BET 图或最小二乘法求出斜率 a，即 $\frac{C-1}{V_mC}$，截距 b，即 $\frac{1}{V_mC}$。并导出单层吸附容量 V_m和 BET 参数 C。

单层吸附容量 V_m（cm^3/g）按照式（2）计算：

$$V_m=\frac{1}{a+b} \quad\cdots\cdots(2)$$

常数 C 按照式（3）计算：

$$C=\frac{a}{b}+1 \quad\cdots\cdots(3)$$

通常在所选的 BET 方程线性范围内要求得到的 BET 曲线线性相关系数应达到或优于 0.9999，同时 C 值应为正值。当发现线性相关系数低于 0.9999 或 C 值为负值时，需重新选点进行计算。

10.2.4 计算催化剂比表面积

催化剂比表面积 S_{BET}，数值以平方米每克（m^2/g）表示，按照式（4）计算：

$$S_{BET}=\frac{a_m\times N\times V_m}{V_0} \quad\cdots\cdots(4)$$

式中：

a_m——氮分子的横截面积，单位为平方纳米（nm^2）（77K 温度下 $a_m=0.162\ nm^2$）；

N——阿伏伽德罗常数，$N=6.022\times10^{23}$；

V_m——单层吸附容量，单位为立方厘米每克（cm^3/g）；

V_0——标准状态下 1 摩尔氮气的体积，单位为升每摩尔（L/mol）（V_0取 22.41）。

式（4）可简化为式（5）：

$$S_{BET} = 4.353 \times V_m \qquad (5)$$

10.3 催化剂微孔分析

10.3.1 原理

将样品的气体吸附等温线与具有相似化学表面组成的非孔标准物质的气体吸附等温线（标准等温线）进行比较后，重新画作 t-plot 图，即将测试样品的氮气吸附量对非孔固体获得的参比材料的 t（吸附层厚度）作图，p/p_0到 t 的转化依据通用 t 曲线。t-plot 图线性部分的斜率对应于非微孔部分的比表面积。

10.3.2 催化剂非微孔比表面积的计算

采用 Lippens 和 deBoer 的 t-plot 法进行分析。催化剂非微孔比表面积 S_M（m^2/g）由 t-plot 图直线的斜率获得，按照式（6）计算得到：

$$S_M = 1.5468 \frac{dV}{dt} \qquad (6)$$

式中：

V——氮气吸附体积的数值，单位为立方厘米每克（cm^3/g）；

t——统计层厚，单位为纳米（nm）；

1.5468——标准状态下氮气体积转换为相应的液体体积并经单位换算后的转换因子。

t-plot 线性范围选择：对于常规催化裂化催化剂，p/p_0取 0.1~0.3 为宜，至少选取 5 点。在选取的线性范围内，回归直线应与 t-plot 图相切，且直线回归系数应达到或优于 0.999。其他类型催化剂需根据其结构和性质确定其最佳的 p/p_0范围。

10.3.3 催化剂微孔比表面积的计算

催化剂微孔比表面积 S_Z，数值以平方米每克（m^2/g）表示，按照式（7）计算：

$$S_Z = S_{BET} - S_M \qquad (7)$$

11 精密度

11.1 概述

本标准中微孔比表面积是催化剂比表面积的一部分，且微孔比表面积并不能直接测定得到，本标准仅对催化剂比表面积测定的精密度进行考察和确定。本标准的精密度是采用 5 个水平的催化裂化催化剂样品（总比表面积为 104 m^2/g~315 m^2/g），在 9 个实验室进行协同实验得到的（每个水平在每个实验室各进行 3 次平行实验），然后按照 GB/T 6379.2 进行数据统计后确定方法的重复性 r 和再现性 R。按下述规定判断试验结果的可靠性（95%置信水平）。

11.2 重复性，r

由同一操作者，在同一实验室，使用相同的仪器，按照相同的方法，短时间内对同一试样进行连续测定得到的两个结果之差，不应超出表 1 中的要求。

11.3 再现性，R

不同操作者，在不同实验室，使用不同仪器，按照相同的方法，对同一试样进行测定得到的两个单一、独立的结果之差，不应超出表 1 中的要求。

表 1　重复性（r）与再现性（R）

水平/（m^2/g）	重复性（r）/（m^2/g）	再现性（R）/（m^2/g）
104	4.4	9.3
156	5.5	6.8
215	5.3	16.5
288	11.3	26.8
315	9.0	23.8

12　质量保证与控制

应采用质控样品，使用时至少每三个月校核一次本方法标准的有效性，当过程失控时，应找出原因，纠正错误后，重新进行校核。

13　结果报告

催化剂比表面积结果保留整数位。

ICS 71.100.99
G 74

SH

中华人民共和国石油化工行业标准

NB/SH/T 0960—2017

催化裂化催化剂、助剂和吸附剂采样法

Sampling method of catalytic cracking catalyst, additive and adsorbent

2017-12-27 发布　　　　2018-06-01 实施

国家能源局　发布

前　　言

本标准按照 GB/T 1.1—2009 给出的规则起草。

本标准由中国石油化工集团公司提出。

本标准由全国石油产品和润滑剂标准化技术委员会石油燃料和润滑剂分技术委员会（SAC/TC 280/SC1）归口。

本标准起草单位：中国石化催化剂有限公司。

本标准参加起草单位：中国石油化工股份有限公司石油化工科学研究院、中国石油天然气股份有限公司兰州石化分公司。

本标准主要起草人：刘志坚、殷喜平、朱玉霞、李叶、吕伟娇、王晓文、蒋邦开、彭志华、方湘平、杨爱迪、蔡军平。

本标准为首次发布。

催化裂化催化剂、助剂和吸附剂采样法

警告：本标准涉及某些有危险性的材料、操作和设备，但是无意对与此有关的所有安全问题都提出建议。因此，使用者在应用本标准之前应建立适当的安全和保护措施，并确定相关规章限制的适用性。

1 范围

本标准规定了催化裂化催化剂、助剂和吸附剂的采样方法。

本标准适用于催化裂化催化剂、催化裂解催化剂、助剂和吸附剂。

2 规范性引用文件

下列文件对于本文件的应用是必不可少的。凡是注日期的引用文件，仅所注日期的版本适用于本文件。凡是不注日期的引用文件，其最新版本（包括所有的修改单）适用于本文件。

GB/T 3723 工业用化学产品采样安全通则

GB/T 4650—2012 工业用化学产品 采样 词汇

GB/T 6678—2003 化工产品采样总则

GB/T 10111 随机数的产生及其在产品质量抽样检验中的应用程序

3 术语和定义

GB/T 4650—2012 界定的术语和定义适用于本文件。为了便于使用，以下列出了 GB/T 4650—2012 中的相关术语和定义。

3.1

生产批 batch

一定量的物料，这可以是一个采样单元，或者假定其制造或生产条件相同而归在一起的若干个采样单元。

[GB/T 4650—2012，定义 3.2.2]

3.2

交货批 consignment

由具体的交货单据或装货单据所指明的一定数量的物料。

[GB/T 4650—2012，定义 3.1.6]

3.3

商品批 lot

按一定采样方案进行采样的物料总量，它可由若干交货批、生产批或采样单元组成。

[GB/T 4650—2012，定义 3.2.1]

3.4

采样单元 sampling unit

限定的物料量，其界限可能是有形的，如一个容器，也可能是设想的，如物料流的某一具体时间或间隔时间。

[GB/T 4650—2012，定义 3. 1. 1]

3. 5

份样　increment

用采样器从一个采样单元中一次取得的定量物料。

[GB/T 4650—2012，定义 3. 1. 2]

3. 6

大样　bulk sample

采集的不保持其个体性质的一组样品。

[GB/T 4650—2012，定义 3. 2. 5]

3. 7

实验室样品　laboratory sample

为送往实验室供检验或测试而制备的样品。

[GB/T 4650—2012，定义 3. 2. 10]

3. 8

保存样品　storage sample

与实验室样品同时同样制备的、日后有可能用作实验室样品的样品。

[GB/T 4650—2012，定义 3. 2. 12]

3. 9

样品缩分　sample size reduction

用以缩减样品量大小的过程。

[GB/T 4650—2012，定义 3. 3. 12]

3. 10

试样 test sample

由实验室样品制备的从中抽取试料的样品。

[GB/T 4650—2012，定义 3. 2. 13]

3. 11

试料　test portion

从试样中取得的（如试样与实验室样品两者相同，则从实验室样品中取得），并用以进行检验或观测的一定量的物料。

[GB/T 4650—2012，定义 3. 2. 14]

4　方法应用

4. 1　催化裂化催化剂、助剂和吸附剂属于流程性材料，其质量检验一般采取抽样检验的方式，即从组批的总体产品中抽取有代表性的样品，通过检验所抽样品而对产品的总体质量做出评价和判断。

4. 2　催化裂化催化剂、助剂和吸附剂为微球类固体颗粒，有很好的流动性，且由不同粒径的颗粒所组成，具有较宽的粒径分布，因此在输送和包装过程中，由于颗粒大小、轻重的不同会引起物料在垂直和水平方向的分离，属于一种不均匀物料，样品的代表性对分析检验结果、检验批的质量判定以及检验结果的再现性均有着至关重要的影响。

4. 3　为了对组批的总体产品的质量做出正确评价和判断，应严格遵守本标准的采样方案，以确保所采样品的代表性。

5 一般要求

5.1 为使采得的样品具有充分的代表性，应严格按照本标准的要求采样。

5.2 采样用的工具和容器应清洁、干燥，采样过程中不应带进杂质，不应造成产品的污染、偏析或损失。

5.3 采样过程中应避免引起样品性质的变化（如吸水等），对于有颗粒粒径分布测试的采样，不应破坏颗粒粒径，不应改变粒径分布，并应确保获得较大的样本。

5.4 样品量在满足需要的前提下，至少应满足以下要求：

a）至少满足三次重复检测的需求；

b）当需要留存保存样品时，应满足保存样品的需求；

c）对采得的样品物料如需做制样处理时，应满足加工处理的需要。

5.5 采样完成后及时填写采样记录，内容包括但不限于样品名称、样品批号、生产单位、总体物料量、采样单元（点）数、采样日期、采样人员等，若采用随机采样，应记录随机数的获取方案。

5.6 采样过程中安全要求执行 GB/T 3723。

6 仪器

6.1 窗口关闭式采样探子：由两根紧密配合的不锈钢管构成，外管的一侧切一组槽口，内管的一侧相应地切开一组槽口（或圆孔），采样时转动内外管使槽口封闭，插入物料，转动打开槽口，抽出时将槽口封闭，倒出物料完成操作。为确保采取到包装单元底部的样品，采样器的规格（直径、长度）以及内外管的槽口数量和大小依据产品的包装规格和样品量确定。典型的窗口关闭式采样探子示例图见图 1，典型的规格尺寸见表 1。

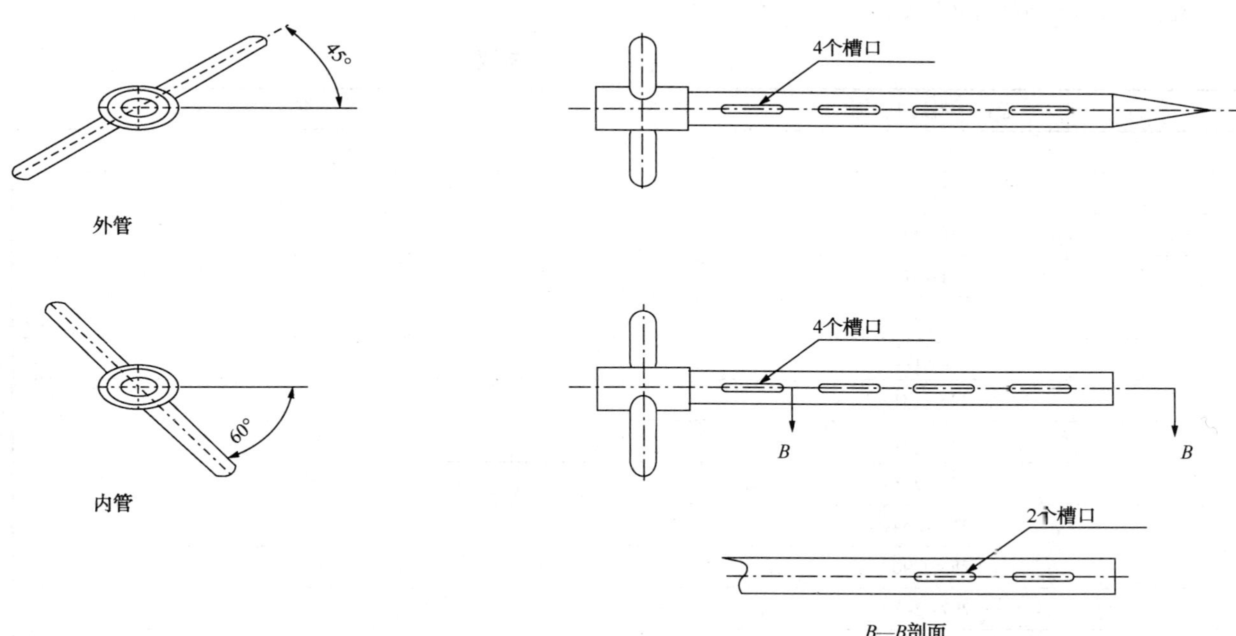

图 1 典型窗口关闭式采样探子示例图

表1　窗口关闭式采样探子典型的规格尺寸

项　　目		小包装（30kg、40kg、50kg）	大包装（600kg~1000kg）
长度/mm		800	1200
外管/mm	直径	19.5	19.5
	厚度	1.0	1.0
内管/mm	直径	16.0	16.0
	厚度	0.5	0.5
槽口	数量/个	4	6
	尺寸	100mm 长×10mm 宽	100mm 长×10mm 宽

6.2　自动分样器：用于样品缩分。旋转管式结构，分样份数 6 份~10 份，配带适合规格的接收瓶。具有相同功能的分样器也可使用。

6.3　样品收集器：玻璃磨口瓶、塑料瓶、自封塑料袋，1000mL、2500mL 等不同规格。

6.4　混样器：机械混合装置或玻璃磨口瓶。

6.5　样品容器：1000mL 玻璃磨口瓶。

7　单元物料的采样

7.1　采样单元数的确定

总体物料的单元数少于 500 的，采样单元的选取按照表 2 的规定确定。总体物料的单元数大于 500 的，采样单元数的确定，按总体单元数立方根的三倍数，即 $3\times\sqrt[3]{N}$（N 为总体的单元数），如遇有小数时，则进为整数。如单元数为 538，则 $3\times\sqrt[3]{538}\approx24.4$ 将 24.4 进为 25，即选用 25 个单元。

注：采样单元数的确定参考了 GB/T 6678—2003 中 7.6.1。

表2　采样单元数的选取

总体物料的单元数	选取的最少单元数
1~10	全部单元
11~49	11
50~64	12
65~81	13
82~101	14
102~125	15
126~151	16
152~181	17
182~216	18
217~254	19
255~296	20
297~343	21
344~394	22
395~450	23
451~512	24

7.2 采样单元的选取

7.2.1 总体单元数大于 50 时，将总体采样单元十字分割后，在十字线上均匀选取采样单元。

7.2.2 总体单元数小于等于 50 时，按照 GB/T 10111 标准，采用简单随机抽样的方法选取采样单元。随机数的确定可采用但不限于以下方法：

a）抽签法；

b）随机数骰子法；

c）随机数表法；

d）伪随机数法；

e）扑克牌法。

7.3 采样技术

选用窗口关闭式采样探子（6.1），采样时转动内外管使采样器槽口封闭，以对角线方式斜插入采样单元，确保采样单元中横向和纵向不同部位的样品均能被采到，然后转动打开槽口采取试样，抽出时将槽口封闭，倒出样品完成操作，可重复操作，直至满足所需样品量，此样品为份样。按此方式，完成所有采样单元中份样的采取。

8 流动物料的采样

8.1 总则

流动物料是指产品在装置流水线上、在包装过程中和集装箱装卸过程中的状态。

8.2 采样单元（点）的确定

a）批量少于 2.5t，采样不少于 7 个单元（或点）；

b）批量为 2.5t~80t，采样单元（或点）不少于 $\sqrt{批量(t) \times 20}$，如遇小数，则进为整数；

c）批量大于 80t，采样不少于 40 个单元（或点）。

8.3 采样时间间隔的确定

根据产品的流速和本批次产品的量，计算产品通过采样点的时间，该时间除以所需采样的采样单元（或点）数，即得采样的时间间隔。

8.4 采样技术

流动物料采样时，使用自动采样器或采用人工采样的方式按确定的时间间隔在物料流的某一截面采取定量份样。

9 样品制备

9.1 生产批大样

从生产批物料中所采取的所有份样直接置于适合规格的样品收集器中，立即盖上瓶盖或封好口。采用人工混合或机械混合的方式将样品收集器中的样品混合均匀后均分为两份，分别置于样品容器中，并加贴标签标明以下内容：样品名称、样品批号、生产单位、采样日期、采样人等信息，一份作为实验室样品，用于分析检验，另一份作为暂存样品，用于制备交货批/商品批大样。

9.2 交货批/商品批大样

9.2.1 交货批/商品批大样可由以下两种方式获得：

a）由生产批大样根据产量加权混合获得：根据交货批/商品批中所包含的各生产批的产量加权系数抽取各生产批大样中的暂存样品混合获得；

b）由交货批/商品批中的采样单元中所有份样混合获得。

9.2.2 将抽取的暂存样品或者份样置于混样器中混合均匀后将样品均分为等量的两份，分别装入两个玻璃磨口瓶中，加贴标签，标签内容应包括样品名称、样品批号、生产单位及混样日期等，一瓶为实验室样品，用于检验分析用；一瓶为保存样品，用于备检。

9.3 试样及试料

根据分析检验项目的要求，使用自动分样器将实验室样品等分为若干份，分别进行试样的制备（如烘干、焙烧、过筛等处理），并从中抽取试料进行各个项目的分析检验。抽取试料时，应将样品混匀后，用药勺取出，禁止直接倒出，以防止因颗粒不均匀发生偏析，影响试样的代表性。

10 样品的保存及撤销

保存样品应放置在干燥的室温下，密封保存，样品量不少于800g，保存期限不少于12个月。保存样品的撤销应采用回收、回用、资源化以及无害化处理等方式，避免对环境造成污染。

ICS 71.100.99
G 74

SH

中华人民共和国石油化工行业标准

NB/SH/T 0961—2017

催化裂化催化剂中氧化铝含量的测定 EDTA 容量法

Determination of alumina content of catalytic cracking catalyst by EDTA volumetric method

2017-12-27 发布　　2018-06-01 实施

国家能源局　发布

前　言

本标准按照 GB/T 1.1—2009 给出的规则起草。

本标准由中国石油化工集团公司提出。

本标准由全国石油产品和润滑剂标准化技术委员会石油燃料和润滑剂分技术委员会（SAC/TC 280/SC1）归口。

本标准起草单位：中国石化催化剂有限公司。

本标准参加起草单位：中国石油化工股份有限公司石油化工科学研究院、中国石油天然气股份有限公司兰州石化分公司。

本标准主要起草人：宿艳芳、吕伟娇、殷喜平、李叶、曾伟、郭瑶庆、杨爱迪、谭祥明、张如敏、邹会勇、蔡军平。

本标准为首次发布。

催化裂化催化剂中氧化铝含量的测定　EDTA 容量法

警告：本标准涉及某些有危险性的材料、操作和设备，但是无意对与此有关的所有安全问题都提出建议。因此，使用者在应用本标准之前应建立适当的安全和保护措施，并确定相关规章限制的适用性。

1　范围

本标准规定了用 EDTA 容量法测定催化裂化催化剂中氧化铝含量的方法。

本标准适用于催化裂化催化剂、催化裂解催化剂以及提高低碳烯烃产率和汽油辛烷值的助剂。本标准精密度建立的氧化铝质量分数范围为 38.5%~54.5%，超出此范围的本标准也可测定，但精密度未建立。

2　规范性引用文件

下列文件对于本文件的应用是必不可少的。凡是注日期的引用文件，仅所注日期的版本适用于本文件。凡是不注日期的引用文件，其最新版本（包括所有的修改单）适用于本文件。

GB/T 601—2002 化学试剂 标准滴定溶液的制备

GB/T 6682—2008　分析实验室用水规格和试验方法

GB/T 6379.2　测量方法与结果的准确度（正确度与精密度）第 2 部分：确定标准测量方法重复性与再现性的基本方法

GB/T 12805　实验室玻璃仪器　滴定管

GB/T 12806　实验室玻璃仪器　单标线容量瓶

GB/T 12808　实验室玻璃仪器　单标线吸量管

NB/SH/T 0960　催化裂化催化剂、助剂和吸附剂采样法

NB/SH/T 0953　催化裂化催化剂灼烧减量测定法

3　方法概要

试样经微波消解法分解后，试样溶液中的铝离子与已知过量的 EDTA 在加热煮沸下生成稳定的络合物，过量的 EDTA 以二甲酚橙为指示剂，六次甲基四胺为缓冲剂，在 pH 5~pH 6 的条件下，用氯化锌标准滴定溶液滴定。依据所消耗氯化锌标准滴定溶液的体积，计算出催化剂试样中氧化铝的含量。

4　方法应用

4.1　氧化铝是催化裂化催化剂的主要化学成分，准确测定其含量对于生产商和用户都是有意义的。

4.2　本标准提供了一种测定催化裂化催化剂中氧化铝含量的标准方法，为催化剂样品在多个实验室或实验室内部进行比较提供了基本原则。

5 仪器

5.1 微波消解炉：输出功率不低于1200W，能控温，可提供连续微波的微波消解炉。
5.2 消解罐：材质为TFM，可承受压力范围：0~10.3MPa，温度范围：0~300 ℃。
5.3 分析天平：感量0.1mg。
5.4 单标线吸量管：20mL，GB/T 12808 A类。
5.5 容量瓶：250mL、2000mL，GB/T 12806 A类。
5.6 滴定管：25mL，GB/T 12805 A类，或具有相同性能的其他设备。
5.7 盘式电炉及相同性能的其他仪器：不低于800W。

6 试剂

6.1 除非另有说明，本标准仅使用分析纯的试剂和符合GB/T 6682—2008所规定的三级水。
6.2 六次甲基四胺。
6.3 硝酸钾。
6.4 盐酸：质量分数36.0%~38.0%。
6.5 氨水：质量分数25%~28%。
6.6 盐酸溶液：1+1，将盐酸（6.4）注入等体积的水中，摇匀。
6.7 氨水溶液：1+1，将氨水（6.5）注入等体积的水中，摇匀。
6.8 氢氧化钠溶液：质量分数20%，称取20 g固体氢氧化钠溶于80mL水中。
6.9 EDTA标准滴定溶液：0.05mol/L，按GB/T 601—2002中4.15条配制。
6.10 氯化锌标准滴定溶液：0.05mol/L。
6.10.1 配制：称取氯化锌13.63g，溶于适量的蒸馏水中，加入盐酸溶液5mL，使白色混浊物消失，溶液完全澄清，然后过滤于2000mL的容量瓶中，用水稀释至刻度，摇匀。
6.10.2 标定：准确移取20.00mL 0.05 mol/L EDTA标准滴定溶液于250mL锥形瓶中。加入0.1g二甲酚橙指示剂，以氨水溶液调至紫色，再以盐酸溶液调至黄色，加入约1.5g六次甲基四胺，用配制好的氯化锌标准滴定溶液滴定，溶液由黄色变为酒红色为终点。

氯化锌标准滴定溶液浓度以氯化锌的摩尔浓度 c 计，数值以mol/L表示时，按式（1）计算：

$$c = \frac{c_{\mathrm{EDTA}} \times V_{\mathrm{EDTA}}}{V_{\mathrm{ZnCl_2}}} \qquad (1)$$

式中：

c_{EDTA}——EDTA标准滴定溶液浓度的准确数值，单位为摩尔每升（mol/L）；
V_{EDTA}——加入EDTA标准滴定溶液的体积的数值，单位为毫升（mL）；
$V_{\mathrm{ZnCl_2}}$——滴定消耗氯化锌标准滴定溶液的体积的数值，单位为毫升（mL）。

6.11 二甲酚橙指示剂：1+100固体，质量比，1份二甲酚橙+100份硝酸钾。
6.12 质控样品：结构和基体与催化裂化催化剂基本一致的样品，性质均匀稳定，有确定的接受参照值。

7 采样

按照NB/SH/T 0960《催化裂化催化剂、助剂和吸附剂采样法》采样。

8 干扰

试样经微波消解法分解后，得到的试样溶液中的主要元素为铝、铁、稀土和钠，采用 EDTA 容量法测定样品中的铝含量时，溶液中共存的铁离子和稀土离子同样会和 EDTA 发生络合反应而对测定结果产生干扰。本标准采用氢氧化钠沉淀分离法消除铁离子和稀土离子的干扰。

9 试验步骤

9.1 试液的制备

9.1.1 微波消解条件

微波消解条件按表 1 条件进行设定。

表 1 微波消解条件

试验阶段	升温时间/min	消解温度/℃	保持时间/min
阶段 1	5	120	3
阶段 2	5	165	8
阶段 3	5	195	25
注：升温时间长短及阶段 2 可根据各仪器情况进行选择。			

9.1.2 步骤

称取 0.18 g~0.22 g 试样放入微波消解罐中，精确至 0.1 mg。加入 15mL 盐酸溶液（6.6），加试样时不要使试样沾在容器壁上，如沾附请用盐酸溶液（6.6）或水洗入溶液内。按照表 1 的微波消解条件和仪器操作规程进行消解。消解完成后，将罐内溶液过滤于 250mL 容量瓶中，用温水冲洗消解罐及漏斗，确保溶液完全转移至容量瓶中，冷却至室温，用水稀释至刻度，摇匀，此溶液为“试液”，以备分析。备用期不超过 48 h。

注：使用温度传感器的微波消解炉应将称样量最多的消解罐作为主控消解罐。

9.2 测定

9.2.1 用单标线吸量管移取试液（9.1）20.00mL 于 250mL 锥形瓶中，滴加 20%的氢氧化钠溶液（6.8）至白色沉淀出现，继续滴至沉淀消失后再过量 3mL，煮沸，稍冷后过滤，滤液收集于锥形瓶中，以热水洗 5 次~6 次，控制溶液少于 100mL。

9.2.2 用滴定管以滴速加入 15.00mL ~20.00mL EDTA 标准滴定溶液（6.9），加入约 0.1 g 二甲酚橙指示剂（6.11），用盐酸溶液（6.6）调至黄色，再用氨水溶液（6.7）调至紫色，在电炉上加热煮沸 1min~2min，取下，冷却至室温。用盐酸溶液（6.6）调至黄色，加入约 1.5 g 六次甲基四胺（6.2），用氯化锌标准滴定溶液（6.10）滴定，溶液由黄色变为酒红色即终点。

注：分取试液和加入 EDTA 标准滴定溶液的体积，可根据催化剂中氧化铝含量不同而有所变更。

9.3 灼烧减量的测定

按照 NB/SH/T 0953《催化裂化催化剂灼烧减量测定法》测定试样的灼烧减量。

10 计算

试样中氧化铝的含量以 Al_2O_3 的质量分数 w 计，数值以%表示，按式（2）计算：

$$w = \frac{c_{EDTA} \times V_{EDTA} - c_{ZnCl_2} \times V_{ZnCl_2}}{1000 \times m(1 - w_{灼减}) \times 2} \times n \times M \times 100 \quad \cdots\cdots (2)$$

式中：

c_{EDTA}——EDTA 标准滴定溶液浓度的准确数值，单位为摩尔每升（mol/L）；

V_{EDTA}——加入 EDTA 标准滴定溶液的体积的数值，单位为毫升（mL）；

c_{ZnCl_2}——氯化锌标准滴定溶液浓度的准确数值，单位为摩尔每升（mol/L）；

V_{ZnCl_2}——滴定试液消耗氯化锌标准滴定溶液的体积的数值，单位为毫升（mL）；

m——试样的质量的数值，单位为克（g）；

M——氧化铝的摩尔质量的数值，单位为克每摩尔（g/mol）（M=101.96）；

$w_{灼减}$——试样的灼烧减量；

n——试液的稀释倍数。

11 精密度

11.1 概述

本标准的精密度是采用 5 个水平的催化裂化催化剂样品（氧化铝质量分数为 38.5%~54.5%），在 8 个实验室进行协同实验得到的（每个水平在每个实验室各进行 3 次平行实验），然后按照 GB/T 6379.2 进行数据统计后确定方法的重复性 r 和再现性 R。按下述规定判断试验结果的可靠性（95%置信水平）。

11.2 重复性，r

由同一操作者，在同一实验室，使用相同的仪器，按照相同的方法，短时间内对同一试样进行连续测定得到的两个结果之差，不应大于 1.67%。

11.3 再现性，R

不同操作者，在不同实验室，使用不同仪器，按照相同的方法，对同一试样进行测定得到的两个单一、独立的结果之差，不应大于 2.72%。

12 质量保证与控制

应用质控样品，至少每三个月校核一次本方法标准的有效性，当过程失控时，应找出原因，纠正错误后，重新进行校核。

13 结果报告

取两次重复测定结果的算术平均值为测定结果，结果保留三位有效数字。

ICS 71.100.99
G 74

SH

中华人民共和国石油化工行业标准

NB/SH/T 0962—2017

催化裂化催化剂中氧化钠含量的测定 火焰光度法

Determination of sodium oxide content of catalytic cracking catalyst by flame photometry

2017-12-27 发布　　　　2018-06-01 实施

国家能源局　发布

前　　言

本标准按照 GB/T 1. 1—2009 给出的规则起草。

本标准由中国石油化工集团公司提出。

本标准由全国石油产品和润滑剂标准化技术委员会石油燃料和润滑剂分技术委员会（SAC/TC 280/SC1）归口。

本标准起草单位：中国石化催化剂有限公司。

本标准参加起草单位：中国石油化工股份有限公司石油化工科学研究院、中国石油天然气股份有限公司兰州石化分公司。

本标准主要起草人：李叶、殷喜平、吕伟娇、郭瑶庆、林子森、陈时辉、袁暴平、安涛、周毅、蔡军平。

本标准为首次发布。

催化裂化催化剂中氧化钠含量的测定　火焰光度法

警告：本标准涉及某些有危险性的材料、操作和设备，但是无意对与此有关的所有安全问题都提出建议。因此，使用者在应用本标准之前应建立适当的安全和保护措施，并确定相关规章限制的适用性。

1　范围

本标准规定了用火焰光度法测定催化裂化催化剂中氧化钠含量的方法。

本标准适用于测定催化裂化催化剂、催化裂解催化剂以及提高低碳烯烃产率和汽油辛烷值的助剂。本标准的精密度建立在氧化钠质量分数0.065%~0.31%的范围内，超出此范围的本标准也可测定，但是精密度未建立。

2　规范性引用文件

下列文件对于本文件的应用是必不可少的。凡是注日期的引用文件，仅所注日期的版本适用于本文件。凡是不注日期的引用文件，其最新版本（包括所有的修改单）适用于本文件。

GB/T 6682—2008　分析实验室用水规格和试验方法

GB/T 6379.2　测量方法与结果的准确度（正确度和精密度）第2部分：确定标准测量方法重复性与再现性的基本方法

GB/T 12805　实验室玻璃仪器　滴定管

GB/T 12806　实验室玻璃仪器　单标线容量瓶

JJG 630　火焰光度计检定规程

NB/SH/T 0960　催化裂化催化剂、助剂和吸附剂采样法

NB/SH/T 0953　催化裂化催化剂灼烧减量测定法

3　方法概要

试样经分解提取钠后，用火焰光度计测钠的特征谱线的发射强度，根据钠含量与特征谱线发射强度成正比的原理，用已知浓度的系列标准样品与发射强度的线性相关性确定试样中氧化钠的含量。

4　方法应用

4.1　氧化钠是催化裂化催化剂中的杂质成分，其含量高低会对催化剂的活性和稳定性产生影响，准确测定其含量对于催化剂的生产和使用都是有意义的。

4.2　本标准提供了一种测定催化裂化催化剂中氧化钠含量的标准方法，为催化剂样品的测定结果在不同实验室或实验室内部进行比较提供了基本原则。

5 仪器

5.1 微波消解炉：输出功率不低于1200W，能控温，可提供连续微波的微波消解炉。
5.2 消解罐：材质为TFM，可承受压力范围：0~10.3 MPa，温度范围：0~300 ℃。
5.3 火焰光度计：技术性能应满足JJG 630的要求。
5.4 分析天平：感量0.1 mg。
5.5 微量滴定管：10 mL，GB/T 12805 A类。
5.6 容量瓶：250 mL，1000 mL，GB/T 12806 A类。

6 试剂

6.1 除非另有说明，本标准仅使用分析纯试剂和符合GB/T 6682—2008所规定的三级水。
6.2 氯化钠：基准试剂。
6.3 盐酸：质量分数36.0%~38.0%。
6.4 盐酸溶液：1+1，将盐酸（6.3）注入等体积的水中，摇匀。
6.5 盐酸溶液：1 mol/L，量取90 mL盐酸（6.3）溶于1000 mL水中，摇匀。
6.6 钠标准储备液：500 mg/L，将氯化钠（6.2）于500 ℃~600 ℃恒温干燥1 h，冷却至室温后，称取1.2711 g（精确至0.1 mg）于50 mL烧杯中，加水溶解，移至1000 mL容量瓶中，用水稀释至刻度，摇匀后移至塑料瓶中保存。
6.7 铝标准溶液：1000μg/mL，GSB 04-1713-2004。
6.8 钠标准工作溶液：1.0 mg/L、2.0 mg/L。用微量滴定管分别取钠标准储备液（6.6）2.00 mL、4.00 mL置于1000 mL容量瓶中，各加入1 mol/L的盐酸溶液（6.5）10 mL及铝标准溶液（6.7）210 mL，用水稀释至刻度，摇匀，移至塑料瓶中。即为1.0 mg/L、2.0 mg/L钠标准工作溶液。
6.9 质控样品：结构和基体与催化裂化催化剂基本一致的样品，性质均匀稳定，有确定的接受参照值。

7 采样

按照NB/SH/T 0960《催化裂化催化剂、助剂和吸附剂采样法》采样。

8 干扰

试样经微波消解法分解后，得到的试样溶液中的主要元素为铝、铁、稀土和钠，采用火焰光度法测定样品中的钠含量时，溶液中共存的大量的铝离子会影响钠离子的激发而对测定结果产生干扰。本标准采用在钠标准工作溶液中添加一定量的铝标准溶液，使钠标准工作溶液的基体与样品基体保持一致的方法消除铝离子的干扰。

9 试验步骤

9.1 试液的制备

9.1.1 微波消解条件

微波消解条件按表1条件进行设定。

表 1　微波消解条件

试验阶段	升温时间/min	消解温度/℃	保持时间/min
阶段 1	5	120	3
阶段 2	5	165	8
阶段 3	5	195	25
注：升温时间长短及阶段 2 可根据各仪器情况进行选择。			

9.1.2　步骤

称取 0.18 g~0.22 g 试样放入微波消解罐中，精确至 0.1 mg。加入 1+1 的盐酸溶液（6.4）15 mL，加试样时不要使试样沾在容器壁上，如沾附请用 1+1 的盐酸溶液（6.4）或水洗入溶液内。按照表 1 的微波消解条件和仪器操作规程进行消解。消解完成后，将罐内溶液过滤于 250 mL 容量瓶中，用温水冲洗消解罐及漏斗，确保溶液完全转移至容量瓶中，冷却至室温，用水稀释至刻度，摇匀，此溶液为“试液”，以备分析。备用期不超过 48 h。同时做空白。

注：使用温度传感器的微波消解炉应将称样量最多的消解罐作为主控消解罐。

9.2　仪器预热

开启火焰光度计，再启动空气压缩机，火焰光度计气压表读数恒定后点火，调节好火焰，预热稳定 3 min。

9.3　校正

用吸样管吸入蒸馏水，调整仪器零点 0，如需要，正式测量前，按仪器说明或操作规程校正仪器的零点、测量限等。更换吸入 2.0 mg/L 的钠标准工作溶液，使指针定位在 40±2；吸入蒸馏水清零，吸入 1.0mg/L 的钠标准工作溶液，指针应指示 20±1；吸入蒸馏水清零，更换吸入 1.0 mg/L 的钠标准工作溶液或 2.0 mg/L 的钠标准工作溶液，使指针定位在 20±1 或 40±2。

9.4　测定

吸入蒸馏水清零后，即可测定。分别测定空白和试液（9.1），记下显示读数 D_0和 $D_{读}$。试液测完后，用蒸馏水清洗仪器 2min，关闭空气压缩机让火焰自行熄灭，关主机电源，关闭各阀。

9.5　灼烧减量的测定

按照 NB/SH/T 0953《催化裂化催化剂灼烧减量测定法》测定试样的灼烧减量。

10　计算

10.1　试液中钠的浓度的计算

试液中钠的浓度 C，数值以 mg/L 表示，按照式（1）计算：

$$C = D_{读} \times \frac{C_{标}}{D_{定位}} \qquad (1)$$

式中：

$C_{标}$——2.0 mg/L 的钠标准工作溶液的浓度的数值，单位为毫克每升（mg/L）；

$D_{读}$——测定试液的读数的数值；

$D_{定位}$——2.0 mg/L 的钠标准工作溶液定位的数值。

10.2 空白液中钠的浓度的计算

空白液中钠的浓度 C_0，数值以 mg/L 表示，按照式（2）计算：

$$C_0 = D_0 \times \frac{C_{标}}{D_{定位}} \tag{2}$$

式中：

$C_{标}$——2.0 mg/L 的钠标准工作溶液的浓度的数值，单位为毫克每升（mg/L）；

D_0——测定空白液的读数的数值；

$D_{定位}$——2.0 mg/L 的钠标准工作溶液定位的数值。

10.3 试样中氧化钠含量的计算

试样中氧化钠含量以 Na_2O 质量分数 w 计，数值以%表示，按照式（3）计算：

$$w = \frac{(C - C_0) \times V \times 1.348}{10^6 \times m \times (1 - w_{灼减})} \times 100 \tag{3}$$

式中：

C——试液中钠的浓度的数值，单位为毫克每升（mg/L）；

C_0——空白试液中钠的浓度的数值，单位为毫克每升（mg/L）；

V——试样制备成试液的体积的数值，单位为毫升（mL）；

m——试样的质量的数值，单位为克（g）；

$w_{灼减}$——试样的灼烧减量；

1.348——钠含量与氧化钠含量的换算系数。

11 精密度

11.1 概述

本标准的精密度是采用 5 个水平的催化裂化催化剂样品（氧化钠质量分数为 0.065%~0.31%），在 8 个实验室进行协同实验得到的（每个水平在每个实验室各进行 3 次平行实验），然后按照 GB/T 6379.2 进行数据统计后确定方法的重复性 r 和再现性 R。按下述规定判断试验结果的可靠性（95%置信水平）。

11.2 重复性，r

由同一操作者，在同一实验室，使用相同的仪器，按照相同的方法，短时间内对同一试样进行连续测定得到的两个结果之差，不应大于 0.020%。

11.3 再现性，R

不同操作者，在不同实验室，使用不同仪器，按照相同的方法，对同一试样进行测定得到的两个单一、独立的结果之差，不应大于 0.040%。

12 质量保证与控制

应用质控样品，至少每三个月校核一次本方法标准的有效性，当过程失控时，应找出原因，纠正错误后，重新进行校核。

13　结果报告

取两次重复测定结果的算术平均值为测定结果，结果保留两位有效数字。

ICS 71.100.99
G 74

中华人民共和国石油化工行业标准

NB/SH/T 0963—2017

催化裂化催化剂中氧化铁含量的测定 邻菲罗啉分光光度法

Determination of iron oxide content of catalytic cracking catalyst by of *o*-phenanthroline spectrophotometric method

2017-12-27 发布　　2018-06-01 实施

国家能源局　发布

前　言

本标准按照 GB/T 1.1—2009 给出的规则起草。

本标准由中国石油化工集团公司提出。

本标准由全国石油产品和润滑剂标准化技术委员会石油燃料和润滑剂分技术委员会（SAC/TC 280/SC1）归口。

本标准起草单位：中国石化催化剂有限公司。

本标准参加起草单位：中国石油化工股份有限公司石油化工科学研究院、中国石油天然气股份有限公司兰州石化分公司。

本标准主要起草人：杨爱迪、彭志华、吕伟娇、殷喜平、李叶、郭瑶庆、林子森、张如敏、范华、蔡军平。

本标准为首次发布。

催化裂化催化剂中氧化铁含量的测定 邻菲罗啉分光光度法

警告：本标准涉及某些有危险性的材料、操作和设备，但是无意对与此有关的所有安全问题都提出建议。因此，使用者在应用本标准之前应建立适当的安全和保护措施，并确定相关规章限制的适用性。

1 范围

本标准规定了用邻菲罗啉分光光度法测定催化裂化催化剂中氧化铁含量的方法。

本标准适用于催化裂化催化剂、催化裂解催化剂以及提高低碳烯烃产率和汽油辛烷值的助剂。本标准的精密度建立在氧化铁质量分数0.25%~0.71%范围内，超出此范围的本标准也可测定，但是精密度未建立。

2 规范性引用文件

下列文件对于本文件的应用是必不可少的。凡是注日期的引用文件，仅所注日期的版本适用于本文件。凡是不注日期的引用文件，其最新版本（包括所有的修改单）适用于本文件。

GB/T 6682—2008 分析实验室用水规格和试验方法

GB/T 6379.2 测量方法与结果的准确度（正确度和精密度）第2部分：确定标准测量方法重复性与再现性的基本方法

GB/T 12805 实验室玻璃仪器 滴定管

GB/T 12806 实验室玻璃仪器 单标线容量瓶

GB/T 12807 实验室玻璃仪器 分度吸量管

GB/T 12808 实验室玻璃仪器 单标线吸量管

JJG 178 紫外、可见、近红外分光光度计

NB/SH/T 0960 催化裂化催化剂、助剂和吸附剂采样法

NB/SH/T 0953 催化裂化催化剂灼烧减量测定法

3 方法概要

试液中的三价铁在pH 4~pH 5的条件下，用盐酸羟胺还原成为二价铁，在pH 2~pH 9时，二价铁与邻菲罗啉形成红色络合物，在波长510 nm处，用分光光度计测其吸光值，根据标准系列浓度与吸光值的线性相关性确定未知比色液中铁的浓度，从而求得试样中的氧化铁含量。

4 方法应用

4.1 氧化铁是催化裂化催化剂中的杂质成分，其含量高低会对催化剂的活性和稳定性产生影响，准确测定其含量对于催化剂的生产和使用都是有意义的。

4.2 本标准提供了一种测定催化裂化催化剂中氧化铁含量的标准方法，为催化剂样品的测定结果在

不同实验室或实验室内部进行比较提供了基本原则。

5 仪器

5.1 微波消解炉：输出功率不低于1200W，能控温，可提供连续微波的微波消解炉。
5.2 消解罐：材质为TFM，可承受压力范围：0 ~10.3 MPa，温度范围：0~300 ℃。
5.3 分光光度计：7230型或其他性能相同的仪器，其计量性能应满足JJG 178的要求。
5.4 分析天平：感量0.1 mg。
5.5 微量滴定管：10 mL，GB/T 12805 A类。
5.6 容量瓶：100 mL、250 mL、1000 mL，GB/T 12806 A类。
5.7 分度吸量管：10 mL，GB/T 12807 A类。
5.8 单标线吸量管：10 mL、20 mL，GB/T 12808 A类。
5.9 量筒：10 mL。

6 试剂

6.1 除非另有说明，本标准仅使用分析纯试剂和符合GB/T 6682—2008所规定的三级水。
6.2 硫酸：质量分数95.0%~98.0%。
警示：硫酸具有极高的腐蚀性，可对人体造成灼伤，使用时应注意防护。
6.3 盐酸：质量分数36.0%~38.0%。
6.4 氨水：质量分数25%~28%。
6.5 乙酸（冰醋酸）。
6.6 盐酸溶液：1+1，将盐酸（6.3）注入等体积的水中，摇匀。
6.7 氨水溶液：1+1，将氨水（6.4）注入等体积的水中，摇匀。
6.8 乙酸-乙酸钠缓冲溶液：pH ≈4.5，称取164 g乙酸钠（$CH_3COONa \cdot 3H_2O$），溶于水，加84 mL乙酸（冰醋酸）（6.5），稀释至1000 mL。
6.9 盐酸羟胺溶液：10 g/L，称取10 g盐酸羟胺，溶于1000 mL蒸馏水中，摇匀。
6.10 邻菲罗啉溶液：1 g/L，称取1 g邻菲罗啉，加入2mL乙酸（冰醋酸）（6.5）使之溶解，溶于1000 mL蒸馏水中，摇匀。
6.11 硫酸铁铵：优级纯。
6.12 硫酸亚铁铵：优级纯。
6.13 铁标准储备液：1 mg/mL。准确称取8.6340 g硫酸铁铵［$NH_4Fe(SO_4)_2 \cdot 12H_2O$］或7.0218 g硫酸亚铁铵［$(NH_4)_2Fe(SO_4)_2 \cdot 6H_2O$］于100 mL烧杯中，依次加入50 mL蒸馏水，用量筒加入10 mL硫酸溶解，补加10 mL硫酸，冷却后，转入1000 mL容量瓶中，用水稀释至刻度，摇匀。
6.14 铁标准工作溶液：0.01 mg/mL。量取10.00 mL铁标准储备液（6.13）于1000 mL容量瓶中，以蒸馏水稀释至刻度，摇匀。
6.15 酚酞指示剂：10 g/L乙醇溶液，称取1g酚酞，溶于乙醇（95%），用乙醇（95%）稀释至100mL。
6.16 质控样品：结构和基体与催化裂化催化剂基本一致的样品，性质均匀稳定，有确定的接受参照值。

7 采样

按照 NB/SH/T 0960《催化裂化催化剂、助剂和吸附剂采样法》采样。

8 试验步骤

8.1 试液的制备

8.1.1 微波消解条件

微波消解条件按表 1 条件进行设定。

表 1 微波消解条件

试验阶段	升温时间/min	消解温度/℃	保持时间/min
阶段 1	5	120	3
阶段 2	5	165	8
阶段 3	5	195	25
注：升温时间长短及阶段 2 可根据各仪器情况进行选择。			

8.1.2 步骤

称取 0.18 g~0.22 g 试样放入微波消解罐中，精确至 0.1 mg。加入 15 mL 盐酸溶液（6.6），加试样时不要使试样沾在容器壁上，如沾附请用盐酸溶液（6.6）或水洗入溶液内。按照表 1 的微波消解条件和仪器操作规程进行消解。消解完成后，将罐内溶液过滤于 250 mL 容量瓶中，用温水冲洗消解罐及漏斗，确保溶液完全转移至容量瓶中，冷却至室温，用水稀释至刻度，摇匀，此溶液为“试液”，以备分析。备用期不超过 48 h。

注：使用温度传感器的微波消解炉应将称样量最多的消解罐作为主控消解罐。

8.2 工作曲线的绘制

用 10 mL 微量滴定管分别量取铁标准工作溶液（6.14）0.0 mL、2.0 mL、4.0 mL、6.0 mL、8.0 mL、10.0 mL 置于 100 mL 容量瓶中，然后用分度吸量管依次加入 10 mL 乙酸-乙酸钠缓冲溶液（6.8）、2.5 mL 盐酸羟胺溶液（6.9）、5 mL 邻菲罗啉溶液（6.10），用水稀释至刻度，摇匀放置 30 min；以同样试剂作参比，用 3 cm 比色皿，在 510 nm 波长处测其吸光值 Ai，以铁浓度（mg/100 mL）为纵坐标，吸光度为横坐标，绘制工作曲线。用回归方程求出曲线的斜率和截距，要求线性相关系数 0.999 以上。

8.3 测定

用单标线吸量管移取 20.00 mL 试液（8.1）于 100 mL 容量瓶中，加入 1 滴~2 滴酚酞指示剂，用氨水溶液（6.7）调至红色，再用盐酸溶液（6.6）调至红色消失，然后用分度吸量管依次加入 10 mL 乙酸-乙酸钠缓冲溶液（6.8）、2.5 mL 盐酸羟胺（6.9）、5 mL 邻菲罗啉（6.10），用水稀释至刻度，摇匀，放置 30 min，以同样试剂作参比，用 3 cm 比色皿在 510 nm 波长处测定其吸光值 A。

8.4 灼烧减量的测定

按照 NB/SH/T 0953《催化裂化催化剂灼烧减量测定法》测定试样的灼烧减量。

9 计算

试样中氧化铁含量以 Fe_2O_3 的质量分数 w 计，数值以%表示，按照式（1）计算：

$$w = \frac{(b + aA) \times 1.43}{1000 \times m(1 - w_{灼减})} \times n \times 100 \quad (1)$$

式中：

b——铁标准溶液系列浓度回归方程的截距；

a——铁标准溶液系列浓度回归方程的斜率；

A——溶液的吸光值；

m——试样的质量的数值，单位为克（g）；

$w_{灼减}$——试样的灼烧减量；

n——试液的稀释倍数；

1.43——铁含量与氧化铁含量的换算系数。

10 精密度

10.1 概述

本标准的精密度是采用 4 个水平（氧化铁质量分数为 0.25%～0.71%）的催化裂化催化剂样品，在 8 个实验室进行协同实验得到的（每个水平在每个实验室各进行 3 次平行实验），然后按照 GB/T 6379.2 进行数据统计后确定方法的重复性 r 和再现性 R。按下述规定判断试验结果的可靠性（95%置信水平）。

10.3 重复性，r

由同一操作者，在同一实验室，使用相同的仪器，按照相同的方法，短时间内对同一试样进行连续测定得到的两个结果之差，不应大于 0.031%。

10.4 再现性，R

不同操作者，在不同实验室，使用不同仪器，按照相同的方法，对同一试样进行测定得到的两个单一、独立的结果之差，不应大于 0.060%。

11 质量保证与控制

应用质控样品，至少每三个月校核一次本方法标准的有效性，当过程失控时，应找出原因，纠正错误后，重新进行校核。

12 结果报告

取两次重复测定结果的算术平均值为测定结果，结果保留两位有效数字。

编者注：本标准中引用标准的标准号和标准名称变动如下。

原标准号	现标准号	现 标 准 名 称
JJG 178	JJG 178	紫外、可见、近红外分光光度计检定规程

ICS 71.100.99
G 74

SH

中华人民共和国石油化工行业标准

NB/SH/T 0964—2017

催化裂化催化剂磨损指数的测定 直管法

Standard test method for attrition index of catalytic cracking catalysts by tube method

2017-12-27 发布　　2018-06-01 实施

国家能源局　发布

前　　言

本标准按照 GB/T 1.1—2009 给出的规则起草。

本标准由中国石油化工集团公司提出。

本标准由全国石油产品和润滑剂标准化技术委员会石油燃料和润滑剂分技术委员会（SAC/TC 280/SC 1）归口。

本标准起草单位：中国石油化工股份有限公司石油化工科学研究院。

本标准参加起草单位：中国石化催化剂有限公司、中国石油天然气股份有限公司兰州石化分公司。

本标准主要起草人：陈妍、郭瑶庆、蔡军平、吕伟娇、朱玉霞 、李叶、陈时辉、李家兴、蒋邦开。

本标准为首次发布。

催化裂化催化剂磨损指数的测定　直管法

警示：本标准的使用可能涉及某些有危险性的材料、操作和设备，但并未对与此有关的所有安全问题都提出建议。用户在使用本标准之前有责任制定相应的安全和保护措施，并确定相关规章限制的适用性。

1　范围

本标准规定了一种测定催化裂化催化剂磨损指数的方法。

本标准适用于测定催化裂化催化剂、催化裂解催化剂及助剂，适用的测定范围为 0.1%h^{-1}～4.0%h^{-1}，超出此范围的磨损指数也可采用本方法测定，但精密度尚未考察。

2　规范性引用文件

下列文件对于本文件的应用是必不可少的。凡是注日期的引用文件，仅注日期的版本适用于本文件。凡是不注日期的引用文件，其最新版本（包括所有的修改单）适用于本文件。

GB/T 6379.2 测量方法与结果的准确度（正确度与精密度）　第 2 部分：确定标准测量方法重复性与再现性的基本方法

GB/T 6682—2008　分析实验室用水规格和试验方法

GB/T 12805—2011　实验室玻璃仪器 滴定管

GB/T 22819—2008　高透气纸张透气性的测定

NB/SH/T 0960　催化裂化催化剂、助剂和吸附剂采样法

3　术语和定义

下列术语和定义适用于本文件。

3.1

磨损指数 attrition index（*AI*）

规定条件下，单位时间内催化剂颗粒由于磨损生成的细粉百分数。

4　方法概要

使用直管磨损设备，在控制条件下用高速气体进行喷吹 5h，使催化剂发生磨损。记录第一小时吹出的细粉量计算 1h 细粉损失率 AI_1，不进行磨损指数计算。收集并记录后 4h 吹入滤纸筒的细粉量，计算后 4h 平均每小时磨损百分数，作为试样的磨损指数，单位以每小时百分数（%h^{-1}）表示。

5　方法应用

本方法主要应用于催化裂化新鲜剂、催化裂解新鲜剂及相关助剂，也可用于催化裂化平衡剂和

催化裂解平衡剂等粉末颗粒的磨损指数的测定。为催化剂生产质量检验，催化剂的销售和研究提供检验标准。

6 仪器

6.1 磨损指数分析仪的主要部件和流程图（见图1）：

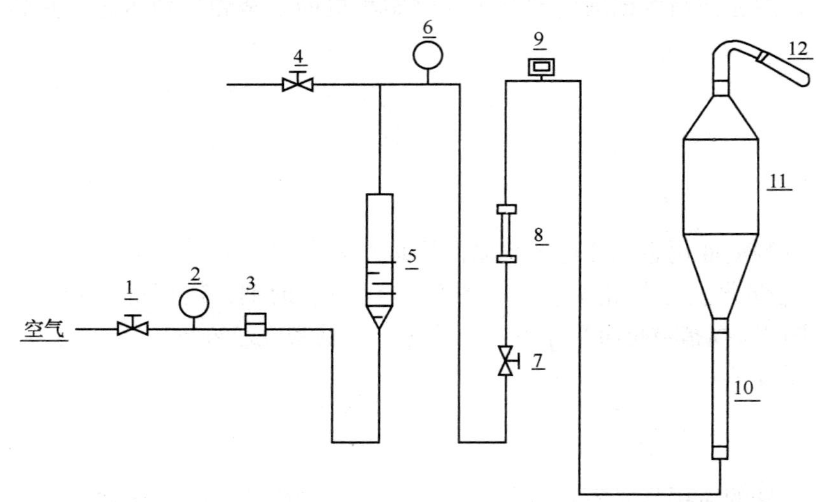

说明:

1—阀F_1；
2—压力表P_1；
3—定值器D_p；
4—放空阀F_3；
5—增湿器；
6—压力表P_H；
7—调节阀F_2；
8—流量计；
9—膜盒压力计；
10—直管；
11—沉降室；
12—滤纸筒。

图1 磨损指数分析仪流程示意图

6.2 直管：内径25mm，长440mm，直管底部中央有一个圆形喷嘴，喷嘴内径1.6mm±0.2mm。

6.3 沉降室：中间是圆柱体，内径230mm，长为640mm；两端是锥体。沉降室安装在直管的顶部。

6.4 乳胶引流管：半圆，周长40mm。

6.5 湿式流量计：精度为0.1L/min。

6.6 分析天平：感量0.001g。

6.7 称量瓶：50mL。

6.8 定时器。

6.9 橡胶塞：7号。

6.10 滤纸筒：内径33mm，长为110mm，材质为滤纸材料，按照GB/T 22819—2008测定透气量范围为6 L/（m^2·s）~14L/（m^2·s）。

6.11 细粉收集装置：包括1个滤纸筒和一根金属管或玻璃管。金属管或玻璃管的一端连接到滤纸筒的瓶口，一端连接到沉降室的出口。

6.12 蒸发皿。

6.13 马弗炉：最高使用温度不低于750℃，温控精度不低于±10℃。

6.14 干燥器：变色硅胶为干燥剂。

6.15 具塞滴定管：25mL，符合GB/T 12805—2011中具塞滴定管的相关要求，准确等级为A级，或具有同样精度和功能的其他设备。

7 试剂和材料

7.1 蒸馏水：符合 GB/T 6682—2008 中三级水的要求。

7.2 参比样品：取性质稳定、用量充足，且磨损指数在本标准方法适用范围内，经过多家实验室共同测试取得磨损指数平均值的催化裂化催化剂作为参比样品。

8 取样和制样

8.1 按照 NB/SH/T 0960《催化裂化催化剂、助剂和吸附剂采样法》进行取样。

8.2 取适量试样于蒸发皿（6.12）中，在 650℃±10℃的马弗炉（6.13）中焙烧 1h。直接取出，在空气中冷却 5min，放入干燥器（6.14）内冷却至室温，备用。

9 准备工作

9.1 向增湿器加水至高度 150mm。

9.2 检查湿式流量计的水位和水准。

9.3 将滤纸筒（6.10）与沉降室出口用橡胶塞（6.9）紧密连接，外套长 30mm 的乳胶引流管（6.4），使滤纸筒不落下，在操作流量（21.0 L/min ± 0.2 L/min）和增湿压力（0.06 MPa ± 0.002MPa）下对滤纸筒进行预加湿，加湿 15min 后，关闭调节阀 F_2，打开放空阀 F_3放空，最后关闭阀 F_1，取下滤纸筒，迅速称量，记录质量 m_1（精确至 0.001g）。

注：滤纸筒若重复使用，可不必再恒重。可在首次试验完毕清扫干净后，及时称量并记下质量，以备下次使用。

9.4 按正常操作方法将装置连接好，在操作流量和增湿压力下，不装样品及滤纸筒，将沉降室（6.3）出口堵塞。关闭放空阀 F_3，打开阀 F_1和调节阀 F_2，使系统压力（压力表）升到 24.5kPa，关闭调节阀 F_2。如 2min 内系统压力表指针不动，表明装置不漏气。如果下降，说明装置有泄漏，应对装置全面检查和调整，直至系统无泄漏为止。然后将系统压力降至零。

9.5 连接试验装置，先不装试样和滤纸筒，将沉降室出口与湿式流量计（6.5）相连接，对流量计进行校正。打开进气阀 F_1，用调节阀 F_2将气流调至所需流量，测量过程中维持流量计体积流量恒定。本标准对流量要求严格，每次试验时，都应校准流量计。

10 直管的校正

用已知磨损指数的参比样品对直管进行校正，操作方法与测定试样相同，每季度应至少一次。

11 试验步骤

11.1 用 50mL 称量瓶（6.7）称取约 10g 经处理后的试样，记录试样量 m（精确至 0.001g），用具塞滴定管（6.15）向试样中注入 0.5mL 蒸馏水，用玻璃棒轻轻搅匀。

11.2 将 11.1 条中已称量的试样转移到直管（6.2）内。将 9.3 条中预加湿后的滤纸筒装入沉降室上端橡胶塞（6.9）上，外套乳胶引流管（6.4），使两者紧密相连。

11.3 关闭放空阀 F_3，依次打开阀 F_1和调节阀 F_2，记下试验开始的时间。将流量调整到 21.0 L/min ±0.2 L/min，同时调节增湿压力为 0.06 MPa±0.002MPa，全面敲击一次沉降室。试验进行到 5min 和

15min 时再分别全面敲击一次沉降室，以后每隔 15min 全面敲一次，全过程维持流量计体积流量恒定，1h 后关闭调节阀 F_2，取下滤纸筒，迅速称量（精确至 0.001g），记下质量 m_2。将试样倒掉，再次迅速称量空滤纸筒的质量（精确至 0.001g），记下质量 m_3。敲击时要形成一定的震动，使沉降器内壁上黏附的细粉或催化剂落下。

11.4 将称量后的空滤纸筒迅速再按原来的位置装好，将流量调到 21.0 L/min±0.2L/min，增湿压力为 0.06 MPa±0.002MPa，记下开始时间，吹磨 4h，全过程维持流量计体积流量恒定，每 30min 要全面敲击一次沉降室。

11.5 试验结束前 10min 要全面敲击一次沉降室，此后应随时注意轻敲沉降室出口的玻璃管，不使物料存留在管中。

11.6 试验达 4h 后，停止敲击。关闭调节阀 F_2，打开放空阀 F_3，最后关闭阀 F_1。取下滤纸筒，迅速称量（精确至 0.001g），记下质量 m_4，然后全面敲击沉降室，将粘在壁上的试样全部收集到直管中，再将直管内的试样转移到 50mL 称量瓶中，称量（精确至 0.001g）称量瓶中的试样，记下质量 m_5。

12 计算

12.1 按式（1）计算 1h 细粉损失率 AI_1，计量单位为每小时百分数（%h^{-1}），结果取至小数点后两位：

$$AI_1 = \frac{m_2 - m_1}{m} \times 100 \qquad (1)$$

式中：

m——所称取试样质量的数值，单位为克（g）；

m_1——增湿后滤纸筒质量的数值，单位为克（g）；

m_2——滤纸筒加 1h 吹磨进滤纸筒中试样的质量的数值，单位为克（g）。

12.2 按式（2）计算磨损指数 AI，以单位时间质量分数计，单位以每小时百分数（%h^{-1}）表示，结果取三位有效数字：

$$AI = \frac{m_4 - m_3}{(m_4 - m_3) + m_5} \times \frac{1}{4} \times 100 \qquad (2)$$

式中：

m_3——用于收集后 4h 吹磨出试样的空滤纸筒质量的数值，单位为克（g）；

m_4——滤纸筒加后 4h 吹磨进滤纸筒中试样的质量的数值，单位为克（g）；

m_5——称量瓶收集的直管内剩余试样的质量的数值，单位为克（g）；

4——后 4 小时收集细粉时间的数值，单位为小时（h）。

13 精密度

本标准的精密度数据是采用 4 种磨损指数范围为 0.1%h^{-1}~4.0%h^{-1} 的催化裂化、裂解催化剂样品，在 9 个实验室进行协同实验得到的（每种样品在每个实验室各进行 3 次实验）。然后采用 GB/T 6379.2 计算本标准的精密度。按下述规定判断试验结果的可靠性（95%置信水平）。

13.1 重复性，*r*

由同一操作者，在同一实验室，用同一台仪器，按照相同的方法，短时间内对同一试样进行连续测定得到的两个结果之差，不应超出表 1 中的重复性的要求 。

13.2 再现性，*R*

不同操作者，在不同实验室，使用不同仪器，按照相同的方法，对同一试样进行测定得到的两个

单一的试验结果之差，不应超出表1中的再现性的要求。

表1 重复性和再现性

%h^{-1}

磨损指数（*AI*）范围	重复性 *r*	再现性 *R*
0.1~4.0	r=0.106+0.086x	R=0.044+0.214x
注：x——两次磨损指数的平均值。		

14 报告

14.1 取两次重复测定结果的算术平均值为磨损指数 *AI* 最终结果，结果取至两位有效数字。

14.2 试验报告至少应该包括下述内容：

a）注明本标准编号；

b）被测产品的类型及相关信息；

c）试验结果和单位表示；

d）注明按协议或其他原因，与规定试验步骤存在的任何差异；

e）试验日期和时间，实验室名称及操作者。

ICS 75.140
E 42

SH

中华人民共和国石油化工行业标准

NB/SH/T 0966—2017

白油中芳烃含量的测定 紫外分光光度法

Test method for total aromatics in white oil by ultraviolet spectrophotometry

2017-12-27 发布 2018-06-01 实施

国家能源局 发布

前　言

本标准按照 GB/T 1.1—2009 给出的规则起草。

本标准由中国石油化工集团公司提出。

本标准由全国石油产品和润滑剂标准委员会石油蜡类产品分技术委员会（SAC/TC280/SC3）归口。

本标准负责起草单位：中国石油化工股份有限公司抚顺石油化工研究院。

本标准参加起草单位：中国石油化工股份有限公司石油化工科学研究院、淮安清江石油化工有限责任公司、中国石油化工股份有限公司荆门分公司、中国石化上海高桥石油化工有限公司、中石化南阳能源化工有限公司、中国石油化工股份有限公司茂名分公司、中国石油化工股份有限公司济南分公司、中国石油天然气股份有限公司大庆炼化分公司、中国石油天然气股份有限公司大连石化分公司、抚顺市计量测试所。

本标准起草人：赵彬、耿晨晨、凌凤香、亢格平、杨婷婷、郑荣、潘绍静、桑国翠、侯玉梅、钟东标、国云霞、张爽、祝维倩、严益民、车达。

本标准为首次发布。

白油中芳烃含量的测定　紫外分光光度法

警示：使用本标准的人员应有正规实验室工作的实践经验。本标准的使用可能涉及到某些有危险的材料、设备和操作，本标准并未指出所有可能的安全问题。使用者有责任采取适当的安全和健康措施，并保证符合国家有关法规规定的条件。

1　范围

本标准规定了用紫外分光光度法测定白油中芳烃含量的原理、试剂和材料、仪器设备、取样、仪器测试条件、校正、试验步骤、结果计算、质量保证和控制、精密度和试验报告。

本标准适用于轻质白油和工业白油，且样品中烷基苯类含量至少应比萘类含量高 10 倍，所适用测定的芳烃质量分数为 0.0004%～10.5%。本标准也可用于芳烃含量超出上述范围样品的测定，但精密度未考察。

2　规范性引用文件

下列文件对于本文件的应用是必不可少的。凡是注日期的引用文件，仅所注日期的版本适用于本文件。凡是不注日期的引用文件，其最新版本（包括所有修改单）适用于本文件。

GB/T 1884　原油和液体石油产品密度实验室测定法（密度计法）

GB/T 4756　石油液体手工取样法

SH/T 0604　原油和石油产品密度测定法（U 形振动管法）

3　术语和定义

下列术语和定义适用于本文件。

3.1

芳烃 aromatics

白油中所含的烷基苯类和萘类化合物，以烷基苯类为主。

4　原理

将未稀释或经异辛烷稀释的白油试样装入石英比色皿中，在紫外-可见分光光度计上测定 270nm 附近最大吸光度、285.0nm 处吸光度和基线吸光度，用已知的平均吸光系数计算烷基苯类与萘类化合物的含量，将烷基苯类和萘类化合物含量之和作为试样的芳烃含量。

5　试剂和材料

5.1　异辛烷：分析纯，以空气为空白（即空白光路中不放置任何物质），用 10cm 比色皿在 260nm～400nm 范围内扫描，无明显外来杂质峰，且测定的基线以上每厘米最大吸光度应不大于 0.008。如果超出此要求，可用活化过的粒度为0.075 mm~0.150 mm细孔层析硅胶净化。

警示：异辛烷易燃，吸入有害，注意防护。

5.2　质控样品：已知准确烷基苯类和萘类化合物含量的白油样品。可将典型样品严格按标准操作，在规定条件下的仪器上至少测试20次，计算结果的平均值得到；或者购买相应的商品。质控样品应均匀、性质稳定，并确保具有足够的数量。

5.3　擦镜纸。

6　仪器设备

6.1　紫外-可见分光光度计：单光束或双光束，230nm~400nm范围全波长扫描；以氧化钬玻璃在279.4nm和287.5nm处的吸收光谱为标准谱线标定仪器的波长，波长准确度不大于±0.3nm（285nm波长误差≥0.2nm时应对该波长进行修正，试验时读取修正后285.0nm波长处的吸光度），波长重复性不大于±0.1nm，透射比准确度和重复性分别不大于±0.3%和±0.1%，吸光度在1.0时准确度和重复性分别不大于±0.004和±0.002；并配10cm比色皿架。

6.2　比色皿：配对的石英比色皿，光程1cm±0.05 mm，5cm±0.1 mm，10cm±0.1 mm。

6.3　容量瓶：25mL，A级，最大允许误差±0.03mL。

6.4　电子天平：感量0.1mg。

6.5　移液管：A级，5mL，10mL。

6.6　毛细滴管。

7　取样

取样按GB/T 4756方法进行。

8　仪器测试条件

8.1　波长

扫描范围230nm~400nm，采用中快速的扫描速度；波长采样数据间隔不大于0.5nm。

8.2　吸光度范围

测定吸光度时最大吸光度一般控制在0.2~1.0范围内。如果同一样品在最大吸光度1.0时测得的芳烃结果与在最大吸光度0.4时测得的芳烃结果相差超过后者的2%时，则测定样品时最大吸光度应控制在0.27~0.64范围内。

注：不同仪器呈线性的最大吸光度可能不同，最大吸光度根据仪器制造商的推荐执行或按上述方法确认。

8.3　狭缝宽度

应设定为不减少吸光度和不影响分辨率时的最大狭缝宽度，通常为1nm或0.5nm。

8.4　比色皿

根据样品的预期芳烃含量选用相应的比色皿。5cm或10cm比色皿不用于稀释试样吸光度的测定。

9 校正

本方法不用已知萘类和烷基苯类化合物直接校准紫外-可见分光光度计，而取 C_{10} ~ C_{13} 萘类化合物在 285nm 波长下的平均吸光系数 33.7L/（g・cm），在 270nm 附近的平均吸光系数 30.0L/（g・cm）。同样取常见的 C_{10} ~ C_{20} 烷基苯类化合物在 270nm 附近的平均吸光系数 3.01L/（g・cm）。部分萘类和烷基苯类化合物的吸光系数分别见表 1 和表 2。

表 1　部分萘类化合物的吸光系数

化合物	吸光系数/［L/（g・cm）］	
	270nm 附近	285nm
萘	32.6	28.5
1-甲基萘	32.0	32.0
2-甲基萘	31.8	22.9
1,2-二甲基萘	26.5	37.3
1,3-二甲基萘	26.5	36.4
1,4-二甲基萘	26.0	43.5
1,5 -二甲基萘	29.0	54.0
1,6-二甲基萘	35.0	36.4
1,7-二甲基萘	32.5	36.0
1,8-二甲基萘	30.0	46.0
2,3-二甲基萘	30.0	22.0
2,6-二甲基萘	27.5	21.3
2,7-二甲基萘	29.5	23.5
1-异丙基萘	31.7	31.7
平均值	30.0	33.7

表 2　部分烷基苯类化合物的吸光系数

化合物	270nm 附近吸光系数/［L/(g・cm)］
四氢萘	4.45
2-甲基四氢萘	3.83
5-甲基四氢萘	1.89
6-甲基四氢萘	5.41
6-正-庚基萘	4.96
正-丁基苯	1.82
1,4-二乙基苯	3.05
正-己基苯	1.40
1,4 -二异丙苯	2.19
正-辛基苯	1.40

表 2(续)

化合物	270nm 附近吸光系数/[L/(g·cm)]
正-十一烷基苯	2.50
正-十四烷基苯	2.39
1,1-二苯基乙烷	2.65
1,1-二苯基丁烷	2.72
1,4-二苯基丁烷	4.50
平均值	3.01

10 试验步骤

10.1 如果不能估计样品中芳烃的含量，先用 1cm 比色皿测定。

10.2 在比色皿中装入试样，以空气作空白(即空白光路中不放置任何物质)，测定试样在 230nm~400nm 范围的吸收光谱。

10.3 如果使用 1cm 比色皿测定的试样在 270nm 附近的最大吸光度大于 1.0，则试样需要稀释，按 10.5~10.8 步骤进行；否则，试样不需要稀释。

10.4 如果试样不需要稀释，按 GB/T 1884 或 SH/T 0604 测定试样在获得 10.2 吸收光谱温度条件下的密度。如果试样在 270nm 附近的最大吸光度小于 0.2，按 10.9 步骤进行；否则，按 10.10 步骤进行。

10.5 倒出 1cm 比色皿中的试样，用异辛烷将比色皿清洗干净。

10.6 参照表 3，称取一定量的试样(精确至 0.1mg)于 25mL 容量瓶中，用异辛烷稀释，接近标线时用毛细滴管准确滴加至溶液弯月面与刻线相切。盖上塞子，充分摇动使溶液混合均匀。

表 3 样品一次稀释的参考取样量

芳烃含量范围/%(质量分数)	取样量/g
0.020~0.036	8.0
0.036~0.054	5.4
0.054~0.081	3.6
0.081~0.12	2.4
0.12~0.18	1.6
0.18~0.27	1.08
0.27~0.40	0.73
0.40~0.60	0.49
0.60~0.88	0.33
0.88~1.3	0.22
1.3~1.9	0.15
1.9~2.9	0.10
2.9~4.1	0.070
4.1~6.2	0.048
6.2~10	0.035

10.7 对于双光束仪器，在配对的 1cm 试样皿和空白皿中装入异辛烷，置于仪器中，在 230nm～400nm 波长范围进行背景校正扫描；对于单光束仪器，在试样皿中装入异辛烷，在 230nm～400nm 波长范围进行背景校正扫描。

10.8 将试样皿从仪器中取出，倒出异辛烷后干燥，或者用待测的稀释试样洗涤 3 次；在试样皿中装入稀释的试样(10.6)，确保其透光面洁净，并盖上比色皿盖，立即置于仪器中，在 230nm～400nm 范围测定吸收光谱。如果试样最大吸光度不在 0.2～1.0 范围内，通过用异辛烷二次稀释或重新称取试样稀释的方法使其最大吸光度值在上述范围内。对符合最大吸光度值要求的稀释试样共连续进行 2 次吸光度测定；并进行 10.10 步骤。

10.9 如果使用 1cm 比色皿测定的试样在 270nm 附近的最大吸光度小于 0.1，应使用 10cm 比色皿；如果使用 1cm 比色皿测得的最大吸光度在 0.1～0.2 之间，或者样品量不足时，应使用 5cm 比色皿；并按 10.2 和 10.10 步骤进行。

10.10 读取吸收光谱 270nm 附近的最大吸光度值、285.0nm 处吸光度值和基线吸光度值。典型的轻质白油和工业白油紫外吸收光谱图分别见图 1 和图 2。

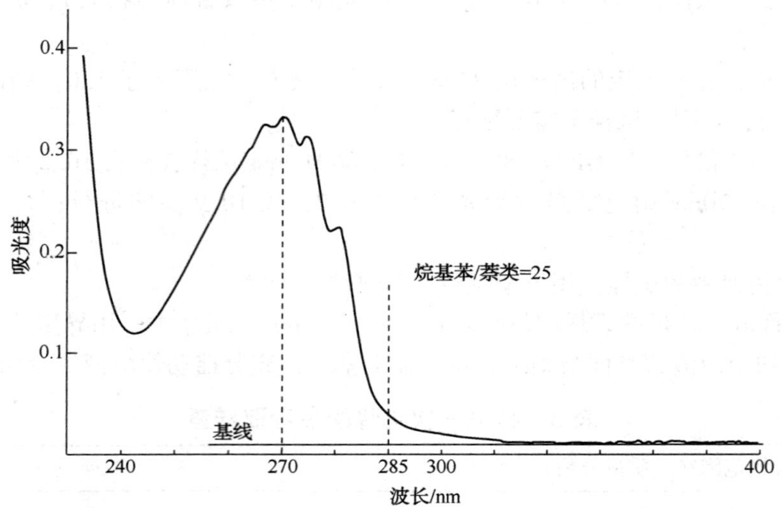

图 1 轻质白油的典型紫外吸收光谱图

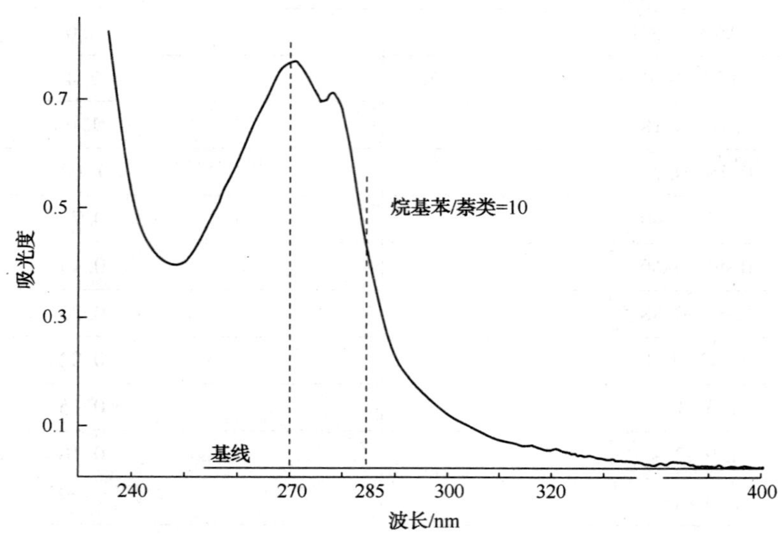

图 2 工业白油的典型紫外吸收光谱图

11 结果计算

11.1 使用以下公式计算时，在所有计算过程中至少保留3位有效数字。

11.2 萘类化合物的质量分数 W_N%按式(1)计算：

$$W_N = \frac{100A_b^{285}}{33.7BD} \quad \cdots\cdots (1)$$

式中：

100——换算成质量分数的因数；

A_b^{285}——285.0nm 波长处基线以上吸光度值(285.0nm 波长处吸光度与基线吸光度的差值)；

33.7——萘类化合物的平均吸光系数，见表1，单位为升每克每厘米(L/(g·cm))；

B——比色皿光程，单位为厘米(cm)；

D——未稀释试样的密度或稀释后试样的浓度，单位为克每升(g/L)。

11.3 萘类化合物对烷基苯类化合物的测定有干扰，计算烷基苯类含量时需要对它的干扰进行校正。烷基苯类化合物的质量分数 W_B%按式(2)计算：

$$W_B = \frac{(A_b^{270} - 0.89A_b^{285}) \times 100}{3.01BD} \quad \cdots\cdots (2)$$

式中：

A_b^{270}——270nm 附近基线以上最大吸光度值(270nm 波长附近最大吸光度与基线吸光度的差值)；

A_b^{285}——285.0nm 波长处基线以上吸光度值(285.0nm 波长处吸光度与基线吸光度的差值)；

0.89——常数，萘类在270nm与285nm吸光系数的比值(30.0/33.7)；

100——换算成质量分数的因数；

3.01——烷基苯类化合物的平均吸光系数，见表2，单位为升每克每厘米(L/(g·cm))；

B——比色皿光程，单位为厘米(cm)；

D——未稀释试样的密度或稀释后试样的浓度，单位为克每升(g/L)。

11.4 试样中芳烃的质量分数 W%按式(3)计算：

$$W = W_N + W_B \quad \cdots\cdots (3)$$

式中：

W_N——萘类化合物的含量(质量分数),%；

W_B——烷基苯类化合物的含量(质量分数),%。

取两次连续测定结果的平均值作为试样中芳烃含量的结果(结果报告见第14章)。

12 精密度

12.1 精密度：本方法精密度按 GB/T 6683 要求，由10家实验室间对芳烃质量分数为0.0004%～10.5%的7个轻质白油和5个工业白油样品进行测定，所得结果经统计计算后获得。按下述规定判断试验结果的可靠性(95%置信水平)。

12.2 重复性：在同一实验室，由同一操作者使用同一仪器设备，按相同的测试方法，并在短时间内对同一样品进行测试，所获得的两次重复测试结果之差不应大于平均值的2%。

12.3 再现性：在不同实验室，由不同的操作者使用不同的仪器设备，按相同的测试方法，对同一样品相互独立进行测试，所获得的两个独立测试结果之差不应大于平均值的8%。

12.4 偏差：由于不同来源样品中烷基苯类和萘类化合物组成不同，导致其吸光系数不同，因此无法确定本方法的偏差。

13 质量保证和控制

根据仪器稳定性和使用频率，定期(如每20个试样)使用质控样品(5.2)对试样测定结果进行质量控制；试验用的仪器设备、主要试剂材料和操作人员改变时也应使用质控样品进行质量控制。当质控样品测定结果与已知结果之差大于已知结果的5%时，表明试验操作过程或仪器设备可能有问题(如紫外分光光度计波长和吸光度准确性、天平和容量瓶误差等)，应做进一步的分析研究，并进行必要的修正。

14 试验报告

报告试样中芳烃的质量分数，芳烃质量分数小于0.01%时，结果报告两位有效数字，否则报告三位有效数字。

参 考 文 献

[1] GB/T 6683 石油产品试验方法精密度数据确定法

ICS 75.100
E 30

SH

中华人民共和国石油化工行业标准

NB/SH/T 0968—2017

无锌涡轮机油中受阻酚型和芳胺型抗氧剂含量测定 线性扫描伏安法

Standard test method for measurement of hindered phenolic and aromatic amine antioxidant content in non-Zinc turbine oils by linear sweep voltammetry

2017-12-27 发布　　2018-06-01 实施

国家能源局 发布

前　言

本标准按照 GB/T 1.1—2009 给出的规则起草。

本标准修改采用美国试验与材料协会标准 ASTM D6971-09（2014）《无锌涡轮机油中受阻酚型和芳胺型抗氧剂含量测定 线性扫描伏安法》。

为了适合我国国情，本标准在采用 ASTM D6971-09（2014）时进行了修改。

本标准与 ASTM D6971-09（2014）的主要差异及原因如下：

——将 ASTM D6971-09（2014）中的部分引用标准修改为我国相应的国家标准，以方便标准的使用；

——修改了 ASTM D6971-09（2014）中的图例，对 ASTM D6971-09（2014）中的典型伏安图进行了替换，以方便标准的使用。

本标准由中国石油化工集团公司提出。

本标准由全国石油产品和润滑剂标准化技术委员会在用润滑油应用及监控技术委员会（SAC/TC280/SC6）归口。

本标准起草单位：中国石油天然气股份有限公司大连润滑油研究开发中心。

本标准参加单位：中国石化润滑油有限公司上海研究院。

本标准主要起草人：孙大新、章仁毅、刘红辉。

本标准为首次发布。

无锌涡轮机油中受阻酚型和芳胺型抗氧剂含量测定 线性扫描伏安法

警告：本标准的应用可能涉及到某些有危险性的材料、操作和设备，但是无意对与此有关的所有安全问题都提出建议。因此，使用者在应用本标准之前应建立适当的安全和保护措施，并确定相关规章限制的适用性。

1 范围

1.1 本标准规定了无锌涡轮机油新油或在用油中受阻酚型和芳胺型抗氧剂含量的测定方法。
1.2 本标准采用线性扫描伏安法，适用于浓度在0.0075%（质量分数）至典型的涡轮机油新油中能测出伏安扫描响应的受阻酚型和芳胺型抗氧剂含量的测定。

2 规范性引用文件

下列文件对于本文件的应用是必不可少的。凡是注日期的引用文件，仅所注日期的版本适用于本文件。凡是不注日期的引用文件，其最新版本（包括所有的修改单）适用于本文件。

GB/T 4756 石油液体手工取样法

GB/T 6682 分析实验室用水规格和试验方法

GB/T 14541 电厂用运行矿物汽轮机油维护管理导则

SH/T 0193 润滑油氧化安定性的测定 旋转氧弹法

NB/SH/T0910 在用无锌涡轮机油中受阻酚型抗氧剂含量测定 线性扫描伏安法

ASTM D6224 辅助电厂设备用润滑油的实际使用监督规程（Standard Test Method for Measurement of Hindered Phenolic and Aromatic Amine Antioxidant Content in Non-zinc Turbine Oils by Linear Sweep Voltammetry）

3 概述

3.1 将测定量的样品注入到装有丙酮基电解液和一层细砂的样品瓶中。振荡样品瓶，油样中受阻酚、芳胺抗氧剂和其他溶解于试验液的组分被提取到试验液中，剩余的液滴通过砂聚集，悬浮在试验液中。液滴/砂悬浮液沉淀出来，溶解于电解液的受阻酚和芳胺抗氧剂可用伏安法定量分析。计算的结果新油以抗氧剂质量百分数或每升样品抗氧剂毫摩尔（mmol）报告，在用油以抗氧剂的剩余百分比报告。
3.2 伏安分析法是将待测样品溶解在含有电解质的试验液中，在电解池中应用电分析方法进行检测目标物的技术。在伏安分析中，随着电极上加载的电势的变化，测量通过电解池的电流，从而获得数据，根据电极上电流、电压和时间的关系得到试验结果。电解池是由一个小的、容易极化的工作电极和一个大的、非极化的参比电极组成的液体装置。参比电极应比工作电极更大一些，使它在分析过程中是非极化的，即使有很小电流通过也可以保持其性能不变。附加电极，例如辅助电极也应添加在电极系统中，用来消除高电阻试验液产生的阻抗效应。在伏安分析中，电极上加载的电势随时间呈线性变化，随着电势的变化，记录电流作为结果。随着电解池中样品电压的增加，油样中所含电化学活性物质将发生电化学氧化。氧化反应过程中所记录的数据可用来表征油品剩余的有效寿命。典型的伏安法测试的电流电压曲线见图 1。在初始电势下电化学反应的速度非常缓慢，几乎没有电流通过电解池；随着电压加大，如图 1 所示，电活性物质（如受阻酚）开始在工作电极表面发生氧化反应，电流变大；随着电压进一步增强，电极表面电活性物质浓度不断降低，氧化速度迅速增加，如图 1 所示，电流-电压曲线上出现最高峰。

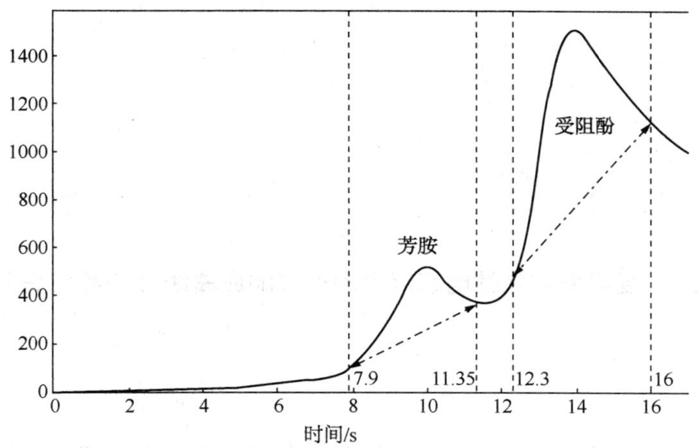

图 1 受阻酚和芳胺在中性电解液中的伏安响应曲线（扣除空白后）

4 意义和用途

4.1 本方法适用于为了防止新涡轮机油氧化而添加的受阻酚型和芳胺型抗氧剂的定量测定。除酚类物质，涡轮机油也添加其他抗氧剂，如胺类物质，以延长油品的寿命。本方法适用于经氧化抗氧剂的初始浓度减小后，测量在用油固有抗氧剂（受阻酚型和芳胺型）的剩余含量。本方法不适用于油品在热和氧化作用下产生的抗氧剂中间体的检测，这些中间体对在用油的剩余有效寿命也有贡献。本方法也不适用于测量油品整体的安定性，因为安定性是由油中所有物质对其全部贡献决定的。因此，在得出在用油剩余有效寿命的判断并可能导致换油之前，宜使用其他的分析手段（如参照 ASTM D6224 和 GB/T 14541；也可见 SH/T 0193）辅助考察在用油剩余氧化寿命。

4.1.1 本方法适用于无锌涡轮机油（一种含有防锈剂和抗氧剂，但不含抗磨剂的精制矿物油）。

4.2 本方法可用于生产控制和规格验收。

4.3 对于一个采用典型的受阻酚型和芳胺型抗氧剂复配的涡轮机油，在伏安分析中，在中性丙酮基电解液中，伏安图上 8s～12s（或 0.8V～1.2V 电压）间，芳胺型抗氧剂会出现电流突越（见注），在伏安图 13s～16s（或 1.3V～1.6V 电压）间，受阻酚型抗氧剂会出现电流突越（图 1：x 轴 1s 为 0.1V）。可检测到的受阻酚型抗氧剂，包括但不限于 2,6-二叔丁基-4-甲基酚、2,6-二叔丁基酚、4,4’-亚甲基双酚（2,6-二叔丁基酚）。可检测到的芳胺型抗氧剂，包括但不限于苯基-α-萘胺和烷基二苯胺。

注：电位示值取决于所选参比电极。图 1 和图 2 所示伏安图是以铂为参比电极，扫速为 0.1V/s 条件下得到的。

4.4 对于只含有芳胺型抗氧剂的无锌涡轮机油，在伏安分析中，在中性丙酮基电解液中，芳胺型抗氧剂在伏安图上只会在 8s～12s（或 0.8V～1.2V）间（见注）电流产生突越（图 1 中的第一个峰）。

4.5 对于只含有受阻酚型抗氧剂的无锌涡轮机油，宜使用碱性乙醇基电解液，不宜使用中性丙酮基电解液。在碱性乙醇基电解液中，受阻酚型抗氧剂在伏安图 3s～6s（或 0.3V～0.6V 电压）间（见

注）产生电流突越（图2：x 轴1s为0.1V），参照方法NB/SH/T 0910。

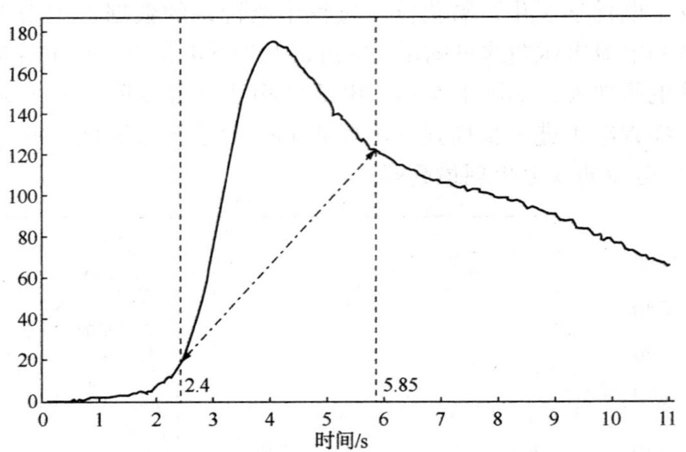

图2　受阻酚在碱性电解液中的伏安响应曲线（扣除空白后）

5　仪器

5.1　伏安分析仪：用来定量测量受阻酚型和芳胺型抗氧剂，配有三电极系统，输出数字或模拟伏安图。三电极系统包括一个工作电极（直径3mm的玻璃碳圆盘电极）、一个辅助电极（直径0.5mm的铂丝电极）和一个参比电极（直径0.5mm的铂丝电极）。伏安分析仪测定电压的线性范围覆盖0V～1.8V（以铂丝为参比电极），扫描范围0.01V/s～0.5V/s（优选0.1V/s）（相对于辅助电极）。工作电极的电流由伏安分析仪，以1V/20 μA增益率转化为电压输出，谱图在0.0V～1.0V满量程范围内经模拟或数字输出，如图1和图2的伏安图。

5.2　磁力搅拌器：转速2800r/min～3000r/min，底座大小适合测试杯或样品瓶。

5.3　移液管：量程0.10mL～0.50mL。

5.4　分液器：可分装本方法所需任意体积的液体，典型样品量为3.0mL和5.0mL。

5.5　玻璃样品瓶：带瓶帽，容量4mL～7mL，含有1g石英砂（色谱用），粒径范围（200 μm～300μm）±100 μm。

6　试剂和材料

6.1　试剂的纯度：除非另外规定，应使用分析纯或更高级别的试剂。

6.2　水的纯度：除非另外规定，本标准中所提到的水都应满足GB/T 6682中要求的二级水的要求。

6.3　分析材料

6.3.1　丙酮基电解液（中性）：绿色试剂，含中性电解质的丙酮试验液（其中丙酮试验液指蒸馏水/丙酮体积比1:10）。

警告：腐蚀，有毒，易燃，皮肤刺激，吸入有害。

6.3.2　乙醇基电解液（碱性）：黄色试剂，含碱性电解质的乙醇试验液（其中乙醇试验液指蒸馏水/乙醇体积比1:10）。

6.3.3　醇类清洗布：70%（体积分数）异丙醇饱和清洗布（在注射前接触皮肤的醇类清洗布（抗菌））

7 取样

7.1 新油取样方法可按照 GB/T 4756 第 7 章 7.3。
7.2 在用油取样方法可按照 GB/T 4756 第 7 章 7.4。

8 步骤

8.1 本方法中受阻酚和芳胺的线性范围为 2mmol/L～50mmol/L，方法是取 0.40mL 油样在 5.0mL 电解液混合均匀后用伏安分析仪测定。相应的质量百分数范围取决于受阻酚和芳胺的分子量及基础油的密度。例如，质量百分数在 0.044%～1.1 %，对应密度为 1 g/mL 的油中 2mmol/L～50mmol/L 的摩尔质量为 220g/mol 的含单酚羟基的受阻酚（2,6-二叔丁基-4-甲基酚）。对低于 2mmol/L 或噪音信号比高的新油，应将样品量增加至 0.60mL，同时将电解液量减少至 3.0mL。
8.2 典型的伏安测试步骤：空白校正、标样测试、样品（在用油）测试。
8.2.1 空白校正：（0mmol/L＝0 %（质量分数）；空白校正（伏安数）是对丙酮基电解液本身的分析测量。表征不含抗氧剂存在的空白（零基线）。
8.2.2 标样测试：（30mmol/L～150mmol/L——质量百分含量取决于标油的密度和所含抗氧剂的相对分子质量）。标样测试是新的、未使用的油（包含受阻酚型和芳胺型抗氧剂）与合适的分析试验液混合的测试。标样测试得到伏安读数（标样测试），表征对油中受阻酚型和芳胺型抗氧剂浓度有伏安响应。
8.2.3 样品（在用油）测试：是新油或在用油混合与标样测试时同样类型的电解液的测试。测试获得伏安读数在空白和标样测试正常范围之间，表征受阻酚型和芳胺型抗氧剂的浓度（新油）或剩余浓度（在用油）。在用油的伏安读数会随着受阻酚型和芳胺型抗氧剂的消耗而降低。
8.3 伏安读数：选定抗氧剂峰的开始和终止点（如图 1 所示），软件自动识别和计算峰面积。对比在用油和新油的峰面积（见图 3），并计算抗氧剂剩余含量（见第 9 章）。如果发生峰位移，宜在清洁电极后重复伏安测试。如果第二次测试依然出现峰位移，宜手动进行平移。

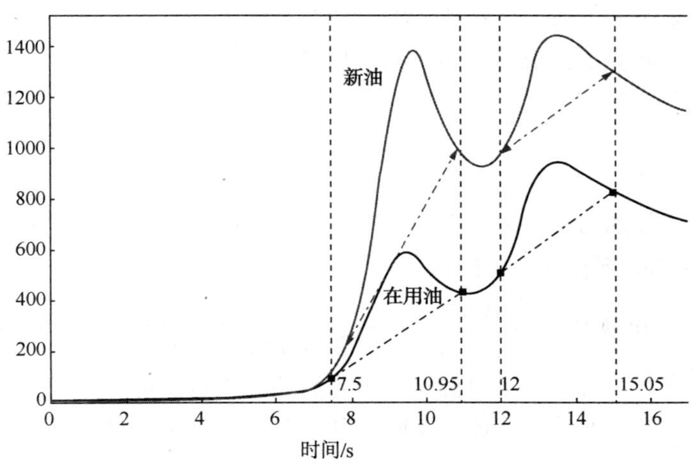

注：图中上部线为新油，下部线为在用油。

图 3 含受阻酚和芳胺的在用油伏安响应曲线（在中性电解液中）

8.4 校正过程（空白读数）：用移液管吸取 5.0mL 电解液至装有 1 g 细砂的 7mL 样品瓶或其他合适容器。将伏安分析仪的电极插入分析试验液润湿，移出，用无毛纸巾轻轻擦干电极底部表面。插入电极至样品瓶中，使电极表面完全浸入电解液，注意不要碰到样品瓶底部的砂层。将样品瓶/电极垂直放置在试验架或泡沫块上准备测试。进行伏安分析（见5.1）。在中性丙酮基电解液中（见图1），记录在芳胺在0.8V～1.2V（见注）电压范围的伏安读数，和受阻酚类在1.3V～1.6V（见注）电压范围的伏安读数。将联合电极从空白电解液中取出，用无毛纸巾轻轻擦干电极底部表面。重复至少两次操作确保电极表面清洁，以获得最低的空白值。

8.4.1 校正频次：在每个试验前或每次更换新电解液时都需要重新校正。

8.5 标样和在用油的准备步骤：

8.5.1 电解液准备步骤：解除密封打开试验液样品瓶，用移液管吸取5.0mL电解液至装有1 g细砂的7mL样品瓶或其他合适容器。用移液管吸取0.40mL待测油样品至7mL样品瓶。对低于2mmol/L或噪音信号比高的新油，应将样品量增加至0.60mL。

8.5.2 振荡试验液步骤：盖上样品瓶，放置合适的磁子后用磁力搅拌器搅拌20s或手动摇晃（振荡频率在50次/min～60次/min之间），直到砂彻底混合。将准备好的样品瓶垂直置于试验架或穿孔的泡沫块中，静置30s以使砂带着油沉降到瓶底。

8.5.3 清洗电极步骤：用醇类清洗布润湿电极底部表面。电极底部表面应立即用干净的镜头纸（或无毛纸巾）擦干。玻璃碳表面在每次测试前应有光亮的外观。釉状或雾状的外观表明可能有化学物质存在。如果电极表面没有正确彻底地清洁，可能导致伏安读数不准确。

8.5.4 试验步骤：将电极插入样品瓶使电极底部表面完全浸入电解液中，注意不要碰到瓶底部的砂层。将样品瓶/电极垂直置于试验架或穿孔的泡沫块中准备试验。进行受阻酚型和胺型抗氧剂的伏安分析（见5.1）。在中性电解液中（见图1）记录受阻酚和芳胺抗氧剂出峰区间，芳胺抗氧剂的电压扫描范围为0.8V～1.2V（见注），受阻酚的电压扫描范围为1.3V～1.6V（见注）。将联合电极从电解液中取出，重复清洗电极的步骤。对标准样或在用油样品进行至少两次试验，两次试验间需要重新清洗电极并振荡样品10s以确保数据稳定和可重复性。

8.5.5 应在电解液、待测样品和砂混合后5 min内完成所有测试。

8.6 当已知产品生产商并可获得无抑制剂的基础油时，可用它配制标样（mmol/L或%质量百分数抗氧剂）。配制的标样中受阻酚型和芳胺型抗氧剂浓度应覆盖30mmol/L～150mmol/L（0.5 %～3.0%（质量分数）），覆盖新油和在用油中受阻酚型和芳胺型抗氧剂的预期浓度范围。

8.7 新的润滑油应重新测量标样响应并定期监测贮存过程中的氧化情况。

8.8 当新油或在用油来源未知时，选择典型的涡轮机油作为标样（100%剩余抗氧剂计算）。

8.9 空白、标样和在用油的试验液和扫描时间应保持一致。

9 计算

9.1 受阻酚和芳胺抗氧剂的百分含量计算：如果受阻酚和芳胺抗氧剂在油样中的百分含量是已知的，那么受阻酚和芳胺抗氧剂在样品中的含量按下式计算：

$$\text{抗氧剂}\ \% = \frac{\text{样品读数} - \text{空白读数}}{\text{标样读数} - \text{空白读数}} \times \text{标样抗氧剂}\ \% \qquad (1)$$

式中：读数指在0.8V～1.6V范围内抗氧剂峰起始到终止点间的峰面积。

9.2 受阻酚和芳胺抗氧剂浓度计算：如果受阻酚和芳胺抗氧剂在油样中是未知的，那么受阻酚和芳胺抗氧剂在样品中的浓度按下式计算：

$$\text{抗氧剂浓度(mmol/L)} = \frac{\text{样品读数} - \text{空白读数}}{\text{标样读数} - \text{空白读数}} \times \text{标样抗氧剂浓度(mmol/L)} \qquad (2)$$

式中：读数指在0.8V～1.6V范围内各抗氧剂峰起始到终止点间的峰面积

9.3 剩余受阻酚和芳胺抗氧剂含量：以新油作100%标准，计算在用油中所剩抗氧剂含量按下式计算：

$$剩余抗氧剂\ \% = \frac{样品读数 - 空白读数}{标样读数 - 空白读数} \times 100\% \quad \cdots\cdots (3)$$

式中，读数指 0.8V~1.6V 区间范围内各抗氧剂峰起始到终止点间的峰面积。

10 精密度和偏差

10.1 按下列规定判断实验室间试验结果的可靠性（95%置信区间）：

10.1.1 重复性：在同一实验室，由同一操作者，使用同一仪器，在相同试验条件下，对同一试样连续测定，得到的两个试验结果之差不应超过下列数值：

$$重复性 = 1.5094 \times (x + 8.6662)^{0.46390}\% \quad \cdots\cdots (4)$$

式中：

x——剩余受阻酚和芳胺抗氧剂百分含量平均值，%。

10.1.2 再现性：在不同实验室，由不同的操作者，使用不同仪器，对同一试样进行测定，得到的两个单一、独立的试验结果之差不应超过下列数值：

$$再现性 = 3.0067 \times (x + 8.6662)^{0.46390}\% \quad \cdots\cdots (5)$$

式中：

x——剩余受阻酚和芳胺抗氧剂百分含量平均值，%。

11 关键词

11.1 2,6-二叔丁基对甲酚；2,6-二叔丁基酚；烷基二苯胺；芳胺抗氧剂；受阻酚抗氧剂；在用油；线性扫描伏安法；无锌涡轮机油；苯基 α 萘胺；涡轮机油

编者注：本标准中引用标准的标准号和标准名称变动如下。

原标准号	现标准号	现标准名称
GB/T 14541	GB/T 14541	电厂用矿物涡轮机油维护管理导则
NB/SH/T 0910	NB/SH/T 0910	无锌涡轮机油中受阻酚型抗氧剂含量测定法　线性扫描伏安法

ICS 75.080
E 30

中华人民共和国石油化工行业标准

NB/SH/T 0969—2018

石油产品二烯值的测定　顺丁烯二酸酐加成反应法

Standard test method for determination of diene value of petroleum products by maleic anhydride addition reaction

2018-10-29 发布　　2019-03-01 实施

国家能源局　发布

前　　言

本标准按照 GB/T 1.1—2009 给出的规则起草。

本标准由中国石油化工集团公司提出。

本标准由全国石油产品和润滑剂标准化技术委员会石油燃料和润滑剂分技术委员会（SAC/TC280/SC1）归口。

本标准起草单位：中国石油天然气股份有限公司兰州润滑油研究开发中心。

本标准参加起草单位：中国石油天然气股份有限公司兰州石化公司、中国石油天然气股份有限公司兰州润滑油厂、中国石油天然气股份有限公司兰州化工研究中心、中国石油天然气股份有限公司润滑油西北销售分公司。

本标准主要起草人：郎需进、张大华、魏晓娜、魏本海、赵冬芹。

本标准为首次发布。

石油产品二烯值的测定　顺丁烯二酸酐加成反应法

警示：本标准涉及某些有危险性的材料、操作和设备，但无意对与此有关的所有安全问题都提出建议。因此，用户在使用本标准之前应建立适当的安全和保护措施，并确定相关规章限制的适用性。

1　范围

本标准规定了用电位滴定法测定石油产品二烯值的方法。

本标准适用于脱丁烷轻质馏分和中间馏分及有关产品，测定二烯值的范围为 0.6 $gI_2/100g$ ~ 148 $gI_2/100g$。对于二烯值小于 1.2 $gI_2/100g$ 的样品采用改进步骤（见 10.2）进行测定。

本测定方法属于经验方法，因为有些共轭二烯烃的反应并不完全。同时，有些不是共轭二烯烃的化合物也可能参与反应。例如，蒽及其大多数同系物和烷基取代化合物，还有某些乙烯基芳烃化合物，都能与顺丁烯二酸酐发生反应。因此，对本标准所得到结果的解读应考虑以上限制。

如果共轭二烯烃的平均分子量已知或者可以估算出来，据此可以计算试样中共轭二烯烃的质量分数。

2　规范性引用文件

下列文件对于本文件的应用是必不可少的。凡是注日期的引用文件，仅所注日期的版本适用于本文件。凡是不注日期的引用文件，其最新版本（包括所有的修改单）适用于本文件。

GB/T 4756　石油液体手工取样法

GB/T 6682—2008　分析实验室用水规格和试验方法

GB/T 6683　石油产品试验方法精密度数据确定法

GB/T 27867　石油液体管线自动取样法

3　术语和定义

下列术语和定义适用于本文件。

3.1.1

二烯值　diene value

又称共轭二烯值或顺丁烯二酸酐值。指在特定的条件下与 100 g 试样反应所需的顺丁烯二酸酐的量，并等摩尔换算成碘的质量数（基于一个顺丁烯二酸酐分子与两个碘原子反应），以 $gI_2/100g$ 表示。

4　方法概要

试样和顺丁烯二酸酐在沸腾的甲苯中回流 3 h。未参与反应的顺丁烯二酸酐被水解为顺丁烯二酸后从反应混合物中抽提出来，然后用氢氧化钠标准溶液进行滴定。用同样量的顺丁烯二酸酐进行空白试验。与试样反应的顺丁烯二酸的量为空白和试样在电位滴定时消耗的氢氧化钠量的差值，并由此差值计算二烯值或共轭二烯烃质量分数。

5 方法应用

随着石油加工技术的进步，催化裂化装置掺炼的渣油量不断增加，并且催化裂化原料质量越来越低劣，导致催化裂化所生产的油品安定性变差。表现为催化裂化相关石油产品的诱导期变短，实际胶质含量增大，影响产品质量。研究表明：共轭二烯烃是影响催化裂化石油产品诱导期的主要原因之一。因此，衡量油品中共扼二烯烃含量的二烯值可以作为油品生产过程中的控制指标之一。利用本标准方法测定的二烯值对于指导我国油品生产、储运以及油品质量评价都有广泛的应用价值。

6 仪器

6.1 电位滴定仪：测量范围为±2000 mV，分辨率 1 mV，具备动态滴定模式。读出体积为 0.00 mL~99.9 mL，滴定管的最小分度为 0.0001 mL。
6.2 复合玻璃电极：带有套筒隔膜，不用时保存在蒸馏水中。
6.3 天平：感量 0.1 mg。
6.4 电热板。
6.5 干燥烘箱：能够在 120 ℃恒温。
6.6 氮气减压表：两级，调压范围为 15 kPa~200 kPa。
6.7 烧杯：250 mL，高型，不带斜口。
6.8 移液管：2 mL、3 mL、5 mL、10 mL 和 20 mL，A 级。
6.9 试剂瓶：聚乙烯材料，1000 mL。
6.10 冷凝器：直型，24/40 玻璃磨口。
6.11 陶瓷坩埚：高型，10 mL，带盖。
6.12 量筒：10 mL，精度 0.2 mL；25 mL，精度 0.5 mL；100 mL，精度 1 mL。
6.13 干燥器：内径 160 mm，内有陶瓷隔板。
6.14 锥形瓶：250 mL 及 500 mL，24/40 磨口。
6.15 容量瓶：1000 mL，A 级。
6.16 过滤漏斗：玻璃或陶瓷。
6.17 分液漏斗：250 mL。
6.18 磁力搅拌棒。
6.19 研钵：直径 120 mm，带有研杵。
6.20 洗耳球。
6.21 带刻度的吸量管。
6.22 圆环及夹具：用于固定设备。
6.23 不锈钢坩埚钳。

7 试剂和材料

7.1 试剂

7.1.1 水：符合 GB/T 6682—2008 的三级水或蒸馏水。
7.1.2 脱二氧化碳水：将水（7.1.1）加热沸腾 10 min，然后在氮气保护状态下冷却到室温；或者将水（7.1.1）置于真空环境下足够长的时间来进行脱气。例如，500 mL 的水如果要做到充分脱气，需要在真空环境中放置至少 90 min。

注：试验中所用水均指脱二氧化碳水。

7.1.3 甲苯：99.8%以上。

7.1.4 甲基叔丁基醚（MTBE）：沸点范围 53℃ ~56 ℃。

7.1.5 氢氧化钠：分析纯。

7.1.6 顺丁烯二酸酐：纯度 99%以上，熔点 52℃ ~55 ℃。

7.1.7 邻苯二甲酸氢钾：基准物质。

7.1.8 电解液：3 mol/L 氯化钾溶液。

7.1.9 顺丁烯二酸酐甲苯溶液：将 60 g 顺丁烯二酸酐溶解在热的甲苯中，冷却后将其转移到 1 L 的容量瓶中，并稀释至刻线。该溶液应该至少静置 24 h 并在使用前过滤。

7.1.10 0.1 mol/L 氢氧化钠标准溶液、1.0 mol/L 氢氧化钠标准溶液：市售或自行配制。自行配制时，配制和标定过程见 9.1 条。

7.1.11 酚酞指示剂溶液：1 g 酚酞溶解于 100 mL 水（7.1.2）中。

7.2 材料

7.2.1 沸石：若干。

7.2.2 干燥剂：烧碱石棉、变色硅胶等均可，至于干燥器内。

7.2.3 中速定量滤纸：不含酸，未经过酸洗。

7.2.4 氮气：高纯氮气。

7.2.5 铅笔：软质。

8 取样

按照 GB/T 4756 或 GB/T 27867 进行取样。

9 准备工作

9.1 氢氧化钠标准溶液的配制和标定

9.1.1 按照设备制造商提供的操作指南装配和操作滴定仪及电极。

9.1.2 在脱二氧化碳水（7.1.2，下同）中溶解 40.0 g（准确称至 0.01 g）氢氧化钠，并在容量瓶中用水稀释至 1000 mL，此为 1 mol/L 的氢氧化钠标准溶液。

注：如果配制 0.1 mol/L 的氢氧化钠标准溶液，氢氧化钠的称取量为 4.0 g（准确称至 0.001 g）。

9.1.3 将 1 mol/L 的氢氧化钠标准溶液装入滴定仪的储液瓶中，并在试剂瓶上安装装有烧碱石棉等吸附剂的防护管以阻止氢氧化钠标准溶液与空气中的二氧化碳接触。

注：如果要测定的二烯值低于 1.2gI_2/100g，用同样的方法标定 0.1 mol/L 的氢氧化钠标准溶液。

9.1.4 用研钵和研杵将 3 g 左右的邻苯二甲酸氢钾仔细研碎。

9.1.5 将研碎的邻苯二甲酸氢钾转移到一个干净的坩埚中，并在 120 ℃的烘箱中干燥 2 h。

9.1.6 用坩埚钳将坩埚从烘箱中取出，将其置于放有干燥剂的干燥器中，加盖，使其冷却至室温。

9.1.7 在三个 250 mL 的烧杯中分别放入搅拌磁子。

9.1.8 向每个 250 mL 烧杯中称取约 0.5 g 干燥后的邻苯二甲酸氢钾，精确到 0.1 mg，记录每个烧杯中邻苯二甲酸氢钾的质量。

注：标定 0.1 mol/L 的氢氧化钠标准溶液时，应称取大约 0.1 g 干燥的邻苯二甲酸氢钾，精确到 0.1 mg。

9.1.9 用量筒向每个烧杯中加入 100 mL 水（7.1.2）。

9.1.10 将烧杯置于滴定台上，将电极以及滴定管的管尖浸入溶液中，打开氮气开关使氮气以 100 mL/min 左右的流速充满烧杯液面以上的空间，打开磁力搅拌。调节搅拌的速度使溶剂表面产生明显的漩涡，但不能产生气泡。

9.1.11 滴定仪读数稳定后，调节滴定参数使滴定速率在滴定平台阶段达到 0.3 mL/min，在接近滴定终点的突跃阶段，调节滴定速度降低到 0.1 mL/min。用 1.0 mol/L 的氢氧化钠标准溶液滴定邻苯二甲酸氢钾溶液，记录滴定到达终点时所用的氢氧化钠标准溶液的体积，精确到 0.001 mL。

注：滴定终点为突跃拐折的中点，即滴定曲线由凹型向凸型转变的点。

9.1.12 用同样的方式对其余两个烧杯中的邻苯二甲酸氢钾溶液进行滴定。

9.1.13 每次滴定，用式（1）计算氢氧化钠标准溶液的浓度，精确到 0.001 mol/L。

$$M = \frac{1000 \times m}{204.2 \times V} \qquad (1)$$

式中：

m——烧杯中邻苯二甲酸氢钾的质量，单位为克（g）；

V——滴定到终点时所消耗氢氧化钠溶液的体积，单位为毫升（mL）；

M——氢氧化钠溶液的浓度，单位为摩尔每升（mol/L）；

204.2——邻苯二甲酸氢钾的摩尔质量，单位为克每摩尔（g/mol）；

1000——升与毫升的倍数。

9.1.14 求出三次测量结果的平均值，精确到 0.001 mol/L。三次测定结果之间的偏差不应大于 0.001 mol/L，如果出现了较大的偏差，请核实试验设备和操作步骤是否存在问题，然后重复试验步骤直到三次平行试验的重复性满足要求。

9.1.15 每周至少重新标定氢氧化钠标准溶液一次，以确定其摩尔浓度的变化。两次标定之间，每天应测定质量控制样品以确认滴定标准溶液的稳定性。

10 试验步骤

10.1 对于二烯值大于和等于 1.2 $gI_2/100g$ 的试样

10.1.1 称取 5 g~10 g 试样于 250 mL 干燥的锥形瓶中。

10.1.2 用移液管向烧瓶中加入 20 mL 过滤过的顺丁烯二酸酐甲苯溶液，放入少量沸石以防暴沸。

10.1.3 向另一空的 250 mL 锥形瓶中加入与 10.1.2 等量的顺丁烯二酸酐甲苯溶液，此为空白。空白应与试样采用同样的处理方式。

10.1.4 用软芯铅笔对冷凝器的磨口进行石墨润滑。

10.1.5 将锥形瓶与冷凝器连接起来并将其固定在电热板上，调节电热板的温度使锥形瓶中的溶液处于中度沸腾状态，回流 3 h。

10.1.6 等待其冷却到室温。

10.1.7 用量筒从冷凝器顶部向锥形瓶中加入 5 mL 水，然后再使其微沸 15 min。

10.1.8 再使其冷却到室温。

10.1.9 用量筒从冷凝器顶部向锥形瓶中加入 5 mL 甲基叔丁基醚，然后再加入 20 mL 水。

10.1.10 移去冷凝器，小心地将锥形瓶中的溶液转移到 250 mL 的分液漏斗中，分别用 20 mL 甲基叔丁基醚和 25 mL 的水分三次洗涤锥形瓶，每次的洗涤液均加入到分液漏斗中。

10.1.10.1 有时反应后会有部分不溶物形成，从而为顺丁烯二酸的回收增加了困难，这时可用搅拌棒将不溶物捣碎，然后用热水进行抽提：

a）用量筒量取 15 mL 水注入锥形瓶中，加热到沸腾并保持几分钟；

b）冷却并将抽出物转移到分液漏斗中；

c）重复 a）和 b）的步骤至少两次，将每次的抽出物均转移到分液漏斗中。

10.1.11 1 充分摇动分液漏斗中的溶液 4 min~5 min，然后静置 2 h~3 h 使两相充分分离。

10.1.12 在烧杯中放入一颗搅拌磁子。将分液漏斗中的下层水相放入滴定烧杯中，分别用 25 mL、10 mL、10 mL 的水（7.1.2）按照步骤 10.1.11 的操作洗涤分液漏斗中的液体三次，每次分离所得到的水相均加入到烧杯中。

10.1.13 将烧杯置于滴定台上，打开氮气开关使氮气以 100 mL/min 左右的流速充满烧杯液面以上的空间，打开搅拌。调节搅拌的速度使溶液表面产生明显的旋涡，但不能产生气泡。在整个滴定过程中持续向烧杯中通入氮气。

10.1.14 将电极浸入烧杯中的溶液中并等待电位滴定仪读数稳定。

10.1.15 用 1.0 mol/L 的氢氧化钠标准溶液进行滴定。调节滴定参数使滴定速率在滴定的平台阶段达到 0.3 mL/min，在接近滴定终点的突跃阶段，使滴定速度降低到 0.1 mL/min。

注：可以用一滴酚酞指示剂来帮助判断滴定是否已到达终点，当溶液的颜色从无色转变为粉色时，表明滴定已完成。当滴定中出现两个滴定突跃时这会非常有用。需要注意的是电位滴定的终点可能会出现在颜色指示的终点之后。另外，酚酞指示剂的加入量一定要小，如果加入量超过一滴，可能会导致较高的终点。

10.1.16 记录滴定到达终点时所用氢氧化钠标准溶液的体积，精确到 0.001 mL。

注：滴定终点为突跃拐折的中点，即滴定曲线由凹型向凸型转变的点。如果滴定曲线上有两个突跃，在计算过程中应使用达到第二突跃点时所使用的滴定剂的体积。

10.1.17 每次滴定之后，用水冲洗电极以及滴定管的管尖。

10.2 对于二烯值小于 1.2 $gI_2/100g$ 的试样（改进步骤）

10.2.1 称取 20 g 试样于 250 mL 干燥的锥形瓶中。

10.2.2 用移液管向锥形瓶中加入 2 mL 过滤过的顺丁烯二酸酐甲苯溶液，然后加入 18 mL 甲苯及少量沸石以防暴沸。

10.2.3 向另一空的 250 mL 锥形瓶中加入与 10.2.2 等量的顺丁烯二酸酐甲苯溶液和甲苯，此为空白。空白应与试样采用同样的处理方式。

10.2.4 用软芯铅笔对冷凝器的磨口进行石墨润滑。

10.2.5 将锥形瓶与冷凝器连接起来并将其固定在电热板上，调节电热板的温度使锥形瓶中的溶液处于中度沸腾状态，回流 3 h。

10.2.6 等待其冷却到室温。

10.2.7 用量筒从冷凝器顶部向锥形瓶中加入 5 mL 水，然后再使其微沸 15 min。

10.2.8 再使其冷却到室温。

10.2.9 用量筒从冷凝器顶部向锥形瓶中加入 5 mL 甲基叔丁基醚，然后再加入 20 mL 水。

10.2.10 移去冷凝器，小心地将锥形瓶中的溶液转移到 250 mL 的分液漏斗中，分别用 20 mL 甲基叔丁基醚和 25 mL 的水分三次洗涤锥形瓶，每次的洗涤液均加入到分液漏斗中。

10.2.10.1 有时反应后会有部分不溶物形成，从而为顺丁烯二酸的回收增加了困难，这时可用搅拌棒将不溶物捣碎，然后用热水进行抽提：

a）用量筒量取 15 mL 水注入锥形瓶中，加热到沸腾并保持几分钟；

b）冷却并将抽出物转移到分液漏斗中；

c）重复 a）和 b）的步骤至少两次，将每次的抽出物均转移到分液漏斗中。

10.2.11　充分摇动分液漏斗中的溶液 4 min~5 min，然后静置 2 h~3 h 使两相充分分离。

10.2.12　在烧杯中放入一颗搅拌磁子。将分液漏斗中的下层水相放入滴定烧杯中，分别用 25 mL、10 mL、10 mL 的水按照步骤 10.2.11 的操作洗涤分液漏斗中的液体三次，每次分离所得到的水相均加入到烧杯中。

10.2.13　将烧杯置于滴定台上，打开氮气开关使氮气以 100 mL/min 左右的流速充满烧杯液面以上的空间，打开搅拌。调节搅拌的速度使溶液表面产生明显的漩涡，但不能产生气泡。在整个滴定过程中持续向烧杯中通入氮气。

10.2.14　将电极浸入烧杯中的溶液中并等待电位滴定仪读数稳定。

10.2.15　用 0.1 mol/L 的氢氧化钠标准溶液进行滴定。调节滴定参数使滴定速率在滴定的平台阶段达到 0.3 mL/min，在接近滴定终点的突跃阶段，使滴定速度降低到 0.1 mL/min。

10.2.16　记录滴定到达终点时所用氢氧化钠标准溶液的体积，精确到 0.001 mL。

10.2.17　每次滴定之后，用水冲洗电极以及滴定管的管尖。

11　计算

11.1　用式（2）计算试样的二烯值（$gI_2/100g$）：

$$D = \frac{(V_2 - V_1) \times M \times 100 \times 126.9}{1000 \times W} \qquad (2)$$

式中：

D——试样二烯值，单位为克碘每一百克样品（$gI_2/100g$）；

V_1——滴定试样所使用的氢氧化钠溶液的体积，单位为毫升（mL）；

V_2——滴定空白所使用的氢氧化钠溶液的体积，单位为毫升（mL）；

M——氢氧化钠标准溶液的浓度，单位为摩尔每升（mol/L）；

W——试样的质量，单位为克（g）；

100——来自二烯值的定义，100 g 试样；

1000——来自升与毫升的倍数；

126.9——碘分子量的二分之一，单位为克每摩尔（g/ mol）。

11.2　如果共轭二烯的平均分子量是已知的，可以用式（3）计算共轭二烯烃的浓度。

$$S = \frac{C \times D}{2 \times 126.9} \times 100 \qquad (3)$$

式中：

S——共轭二烯烃浓度（质量分数），%；

C——共轭二烯烃的平均分子量，单位为克每摩尔（g/mol）；

D——二烯值，由式（2）得到；

2——每摩尔顺丁二酸酐反应需要氢氧化钠的摩尔数；

126.9——碘摩尔质量的二分之一，单位为克每摩尔（g/ mol）。

12　报告

12.1　报告试样的二烯值并精确到 0.1，或者保留三位有效数字，以较低者为准。

12.2　如果可能，报告共轭二烯烃的浓度，精确到 0.1%（质量分数）。

13 精密度和偏差

本标准的精密度是按照 GB/T 6683，通过 5 个实验室、11 个样品（二烯值范围为 0.6 gI_2/100g ~ 148 gI_2/100g）的统计分析结果确定的。样品具体情况：1 号为催化裂化汽油；2 号为加入双烯的重整汽油馏分；3 号为重催汽油；4 号为加入双烯的煤油馏分；5 号为加入双烯的煤油；6 号为加入双烯的柴油；7 号为 2,5-二甲基-2,4-己二烯的稀释液；8 号为 2,4-己二烯的稀释液；9 号为重质馏分油；10 号为加入双烯的汽油；11 号为柴油。

按下述规定判断试验结果的可靠性（95%置信水平）。

13.1 重复性（*r*）

同一操作者使用同一仪器、在相同的试验条件下对同一试样连续测定，所得的两个结果之差应不大于 0.2 gI_2/100g。

13.2 再现性（*R*）

不同操作者，在不同实验室，使用不同仪器，按照相同的试验方法，对同一试样进行测定，所得到的两个单一、独立结果之差应不大于 0.3 gI_2/100g。

13.3 偏差

本标准偏差尚未确定。

ICS 75.160.20
E 31

中华人民共和国石油化工行业标准

NB/SH/T 0970—2018

轻质馏分中砷含量的测定 原子荧光光谱法

Determination of arsenic in light distillates by atomic fluorescence spectrometry

2018-10-29 发布　　2019-03-01 实施

国家能源局　发布

前　言

本标准按照 GB/T 1.1—2009 给出的规则起草。

本标准由中国石油化工集团公司提出。

本标准由全国石油产品和润滑剂标准化技术委员会石油燃料和润滑剂分技术委员会（SAC/TC280/SC1）归口。

本标准起草单位：中国石油天然气股份有限公司石油化工研究院、中国石油化工股份有限公司石油化工科学研究院。

本标准主要起草人：王飞、肖占敏、何沛、高萍、何京、姚远、张天琪、王轲。

轻质馏分中砷含量的测定
原子荧光光谱法

警告：本标准涉及某些有危险性的材料、操作及设备，但是无意对与此有关的所有安全问题提出建议。因此，使用者在使用本标准以前，应建立适当的安全和保护措施，并确定相关规章限制的适用性。特殊的安全注意事项详见6.5、6.6、6.7、6.8、6.11、7.8、9.3.8。

1 范围

本标准规定了采用原子荧光光谱法（AFS）测定轻质馏分中砷含量的方法。

本标准适用于石脑油、催化裂化汽油、重整汽油等常压馏程在35℃~230 ℃之间的轻质馏分，砷含量的测定范围为3 μg/L~280 μg/L。超过此范围的砷含量也可测定，但精密度未考察。

2 规范性引用文件

下列文件对于本文件的应用是必不可少的。凡是注日期的引用文件，仅所注日期的版本适用于本文件。凡是不注日期的引用文件，其最新版本（包括所有的修改单）适用于本文件。

GB/T 4756　石油液体手工取样法

GB/T 6682—2008　分析实验室用水规格和试验方法

GB/T 6683　石油产品试验方法精密度数据确定法

GB/T 12807　实验室玻璃仪器 分度吸量管

SH/T 0604　原油和石油产品密度测定法（U形振动管法）

3 方法原理和概要

在试样中依次加入一定浓度的硫酸和过氧化氢，与试样中的砷化物反应，并将反应混合物转移至无机相酸溶液中。加热酸溶液，将各种形态的砷全部转化为砷酸（As^{5+}）；再加入硫脲和抗坏血酸混合溶液，在一定的酸性条件下，对消解液进行预还原，将As^{5+}还原为As^{3+}。然后将还原后的含As^{3+}的溶液导入到原子荧光光谱仪中，在一定的仪器条件下，以盐酸为载流、硼氢化钾溶液为还原剂，将As^{3+}转化为AsH_3。再由载气携带进入原子化器中，砷化氢分解为原子态砷，在砷空心阴极灯激发下产生特征波长的荧光，其荧光强度在一定范围内与砷含量成正比，与同样检测条件下标定得到的砷标准工作曲线比较进行定量分析。主要反应如下：

预还原：$As^{5+}+2e \rightarrow As^{3+}$

还原：$KBH_4+3H_2O+H^+ \rightarrow H_3BO_3+K^++8H\cdot$

$6H\cdot+AsO_2^-+H^+ \rightarrow AsH_3\uparrow+2H_2O$

原子化：$2AsH_3 \rightarrow 2As+3H_2$

4 方法应用

轻质石油馏分中的砷元素是石油加工过程中非常重要的痕量杂质元素，易与加氢、重整工艺等贵金属催化剂的活性组分（铂、钯等）化合，导致催化剂发生永久性中毒、活性降低甚至完全失活。

本标准采用原子荧光光谱法进行轻质馏分中痕量砷的测定，结果准确可靠。此方法可应用于石化行业各企业中对轻质馏分中砷含量的测定需求。

5 仪器

5.1 原子荧光光谱仪：采用氢化物原子化器，配备砷空心阴极灯。
5.2 分析天平：感量 0.0001 g。
5.3 控温加热板：温度控制范围 50 ℃~300 ℃，温度控制精度±5 ℃。
5.4 烧杯：100 mL。
5.5 容量瓶：100 mL，250 mL，500 mL，1000 mL。
5.6 分液漏斗：125 mL。
5.7 移液管：1 mL，5 mL，20 mL。符合 GB/T 12807 相关要求。
5.8 量筒：50 mL，100 mL。

6 试剂与材料

6.1 氢氧化钠：优级纯。
6.2 硼氢化钾：原子荧光专用（99%）。
6.3 硫脲：分析纯。
6.4 抗坏血酸：分析纯。
6.5 盐酸：质量分数为 36.0%~38.0%，优级纯。

警告：盐酸为强腐蚀性物质，全部反应过程应在通风橱内或通风良好处进行，并做好防护措施。

6.6 硫酸：质量分数为 95.0%~98.0%，分析纯。

警告：硫酸为强腐蚀性物质，全部反应过程应在通风橱内或通风良好处进行，并做好防护措施。

6.7 硝酸：质量分数为 65.0%~68.0%，分析纯。

警告：硝酸为强腐蚀性物质，全部反应过程应在通风橱内或通风良好处进行，并做好防护措施。

6.8 过氧化氢：质量分数为 30%，分析纯。

警告：过氧化氢为强氧化性物质，全部反应过程应在通风橱内或通风良好处进行，并做好防护措施。

6.9 去离子水：符合 GB/T 6682—2008 规定的二级水。
6.10 高纯氩气：纯度 99.99%
6.11 三氧化二砷：纯度 99.999%。

警告：三氧化二砷为剧毒物质，全部反应过程应在通风橱内或通风良好处进行，并做好防护措施。

6.12 砷标准溶液 A：100 μg/mL，可以是市售的商品化的标准溶液或按照 7.6 条配制。

7 准备工作

7.1 还原剂（20 g/L 硼氢化钾）溶液配制：用分析天平称取 1.25 g±0.001 g 氢氧化钠，溶于去离子水中，待完全溶解后再加入 5.0 g±0.01 g 硼氢化钾，定量转移至 250 mL 容量瓶中，用去离子水定容至刻度，摇匀。配制当天使用。

7.2 预还原剂（硫脲和抗坏血酸）溶液配制：用分析天平称取 25.0 g±0.01 g 硫脲和 25.0 g±0.01 g 抗坏血酸溶解于去离子水中，定容到 500 mL 容量瓶中，混匀。配制当天使用。

7.3 载流溶液（盐酸溶液）配制：用量筒量取 50 mL 盐酸（6.5）缓慢倒入 950 mL 去离子水中，

边倒边搅拌。

7.4　硫酸溶液配制：用量筒取 30 mL 去离子水倒入 100 mL 烧杯中，再用量筒取 70 mL 硫酸（6.6），倒于此烧杯中，边倒边搅拌。

7.5　硝酸溶液配制：用 1 体积硝酸（6.7）：4 体积去离子水配制而成。

7.6　砷标准溶液 A 配制：准确称取三氧化二砷 0.1320 g，置于 1000 mL 容量瓶中，加入 10 mL 硝酸（6.7），用去离子水定容。得到含量为 100.0 μg/mL 的砷标准溶液。

7.7　砷标准溶液 B 配制：用移液管准确量取 1 mL 砷标准溶液 A（6.12）于 100 mL 容量瓶中，用去离子水定容。得到含量为 1000.0 μg/L 的砷标准溶液。

7.8　砷标准系列溶液配制：取 6 个 100 mL 容量瓶，用移液管依次准确加入 1000.0 μg/L 砷标准溶液 B（7.7）0 mL、0.10 mL、0.20 mL、0.40 mL、0.80 mL 和 1.00 mL。用移液管再各加入 5 mL 盐酸（6.5），再分别加入用量筒量取的 40 mL 预还原剂溶液（7.2），用去离子水定容至刻度，摇均匀，得到空白溶液（砷含量为 0 μg/L）及砷含量为 1.00 μg/L、2.00 μg/L、4.00 μg/L、8.00 μg/L、10.00 μg/L 的标准溶液。

注：砷标准系列溶液配制后需放置 2h 再使用。低砷含量标准溶液需要在测试当天配制；砷标准系列溶液建议两周更换一次。

警告：砷标准溶液为剧毒物质，全部反应过程应在通风橱内或通风良好处进行，并做好防护措施。

7.9　容器清洗：全部玻璃器皿使用前用硝酸溶液（7.5）浸泡 24 h，使用前取出，再用去离子水反复冲洗。

8　取样

按照 GB/T 4756 进行取样。所取试样应在 24 h 内分析测定。样品应密闭储存在 5 ℃冷藏柜中。

9　试验步骤

9.1　仪器操作条件

用原子荧光光谱仪进行检测，原子荧光光谱仪典型操作条件见表 1。

表 1　原子荧光光谱仪典型操作条件

工作条件	操作参数
光电倍增管负高压	300 V
原子化器高度	8 mm
总灯电流	50 mA
分电流	25 mA
Ar 载气流量	300 mL/min
Ar 屏蔽气流量	800 mL/min
读数时间	12 s
读数延迟时间	2 s
测量方式	荧光强度或浓度直读

9.2 标准工作曲线绘制

将7.1和7.3所配溶液分别装入还原剂容器和载流容器中。进入空白值测量状态，连续用砷含量为0.00 μg/L的标准溶液（7.8）进样，待读数稳定后，记录下空白值，并开始测定其他砷标准系列溶液（7.8）。以扣除空白值后的砷荧光强度为纵坐标，对应含量为横坐标，绘制砷定量标准工作曲线，标准工作曲线相关系数应不小于0.999。标准工作曲线最后一点的荧光强度应保持在2000~4000之间，如果高出这一范围，则需要降低负高压和灯电流值。

注：如果仪器有自动扣除空白值功能，可以在测定标准系列溶液前将仪器设为自动扣除模式；如果仪器没有此功能，在完成标准系列溶液测定后，再手动扣除。

9.3 试样溶液与空白溶液的准备

9.3.1 根据试样砷含量，用移液管移取10 mL~40 mL试样于125 mL分液漏斗中，用移液管分别加入4 mL过氧化氢和5 mL硫酸溶液（7.4）。推荐取样量见表2。

表2 推荐取样量

推荐取样量（mL）	试样砷含量（μg/L）
10	>200
20	10~200
40	<10

9.3.2 将分液漏斗倾斜，缓慢开启分液阀放气。关闭分液阀，轻微振荡后再放气，直至无明显气体产生后再振荡4 min，静置10 s，放出下层酸液于100 mL烧杯中。

9.3.3 用5 mL移液管加入4 mL过氧化氢和5 mL硫酸溶液（7.4）至分液漏斗（9.3.2）中，将分液漏斗倾斜，缓慢开启分液阀放气，关闭分液阀，轻微振荡后再放气，直至无明显气体产生后再剧烈振荡4 min，静置10 s，于烧杯（9.3.2）中放出下层酸液和前次的酸液合并。

9.3.4 再用5 mL移液管加入5 mL去离子水于分液漏斗（9.3.3）中，洗涤油相中残存的酸液，振荡4 min,将清洗液与前两次酸液合并于100 mL烧杯（9.3.3）中，并混合摇匀。

9.3.5 用20 mL移液管分别加入8 mL过氧化氢、10 mL硫酸溶液（7.4）和10 mL去离子水于100 mL烧杯（5.4）中制作试样空白溶液。

9.3.6 将盛有酸溶液的100 mL烧杯（9.3.4）和装有试样空白溶液（9.3.5）的烧杯同时置于控温加热板上加热消解，加热板控制温度为250 ℃±10 ℃。待消解液冒白烟后继续加热约1 h，直至溶液浓缩到3 mL~5 mL。若试样溶液消解液变成黄色或产生积炭时，可逐滴加入过氧化氢，直至黄色消失。

注：控制消解液浓缩至规定体积（3mL~5mL），防止蒸干。

9.3.7 关闭控温加热板，取下两个烧杯，冷却烧杯至室温。

9.3.8 用量筒分别量取40 mL预还原剂溶液（7.2）倒入冷却后的两个消解液中，并分别将此溶液移至两个100 mL容量瓶中，再用少量去离子水反复清洗两个烧杯，将清洗液分别合并移至两个容量瓶中，用去离子水定容，摇匀、静置1 h。

警告：试验须在通风橱中进行，并佩戴手套及护目镜。

9.4 试样溶液测定

测完标准工作曲线后，应用载流溶液（7.3）反复清洗进样器，再依次测试试样空白溶液（9.3.8）和试样溶液（9.3.8）。如果试样溶液中砷元素的荧光强度超出砷标准工作曲线的上限，应将试样溶液定量稀释至砷标准工作曲线范围内再进行测定。所得试样溶液中砷元素的含量使用浓度直读方式读取，也可在砷标准工作曲线上查出试样溶液中砷元素的含量，该含量也可根据测定的荧光强度用回归方程法计算。

10 计算

试样中砷含量 C_v（μg/L）按式（1）计算，砷含量 C_m（μg/kg）按式（2）计算：

$$C_v=\frac{(c_1-c_0)\cdot v}{v_1}\cdot a \quad \cdots\cdots (1)$$

$$C_m=\frac{(c_1-c_0)\cdot v}{v_1\rho}\cdot a \quad \cdots\cdots (2)$$

式中：

C_v——试样中砷元素的含量，单位为微克每升（μg/L）；

C_m——试样中砷元素的含量，单位为微克每千克（μg/kg）；

c_0——试样空白溶液中砷元素的含量，单位为微克每升（μg/L）；

c_1——试样溶液中砷元素的含量，单位为微克每升（μg/L）；

v——试样溶液的体积（9.3.8 中容量瓶的体积），单位为毫升（mL）；

v_1——试样取样量，单位为毫升（mL）；

ρ——试样在试验温度下的密度（按照 SH/T 0604 测定），单位为千克每升（kg/L）；

a——稀释倍数。

11 精密度

本标准的精密度协作试验在 5 个实验室，对 11 个不同砷含量（3.2μg/L ~280.3μg/L）的催化裂化汽油和石脑油样品进行测试，所得试验结果依据 GB/T 6683 方法，经统计计算后，确定本方法的精密度数据。按下述规定判断试验结果的可靠性（95%置信水平）。

11.1 重复性

由同一操作者，用同一仪器，在相同的操作条件下，对同一试样进行连续两次重复测定，所得两个结果的差值不应大于式（3）所得的计算值和表 3 中的重复性典型值。

$$r=0.383X_1^{0.616} \quad \cdots\cdots (3)$$

式中：

X_1——两次重复测定结果的平均值，单位为微克每升（μg/L）。

11.2 再现性

在不同实验室，由不同操作者，用不同仪器，对同一样品所得两个单一、独立测试结果之差，不应超过式（4）所得的计算值和表 3 中的再现性典型值。

$$R=0.557X_2^{0.709} \quad \cdots\cdots (4)$$

式中：

X_2——两个单一、独立测定结果的平均值，单位为微克每升（μg/L）。

表 3　精密度典型值

含量（μg/L）	重复性（μg/L）	再现性（μg/L）
3. 0	0. 8	1. 2
10. 0	1. 6	2. 9
50. 0	4. 3	8. 9
100. 0	6. 6	14. 6
150. 0	8. 4	19. 5
200. 0	10. 0	23. 9
250. 0	11. 5	27. 9
280. 0	12. 4	30. 3

11. 3　偏差

本方法的偏差未确定。

12　报告

取重复测定两个试验结果的算术平均值作为测定结果，并以 μg/kg 或 μg/L 表示，结果保留一位小数。

ICS 71.100.99
G 85

SH

中华人民共和国石油化工行业标准

NB/SH/T 0971—2018

SAPO-11 分子筛相对结晶度的测定 粉末 X 射线衍射法

Standard test method for relative crystallinity of zeolite SAPO-11 by powder X-ray diffractometry

2018-10-29 发布　　2019-03-01 实施

国家能源局　发布

前　　言

本标准按照 GB/T 1.1—2009 给出的规则起草。

请注意本文件的某些内容可能涉及专利。本文件的发布机构不承担识别这些专利的责任。

本标准由中国石油化工集团公司提出。

本标准由全国石油产品和润滑剂标准化技术委员会石油燃料和润滑剂分技术委员会（SAC/TC280/SC1）归口。

本标准起草单位：中国石油天然气股份有限公司石油化工研究院。

本标准参加起草单位：中国石油化工股份有限公司石油化工科学研究院、中国石油大学（华东）、北京理化赛思科技有限公司。

本标准主要起草人：李瑞峰、邴淑秋、于静、王斯晗、张春燕、王磊、忻睦迪、刘振、阎子峰、杨晓东、谢彬、赵吉娜。

SAPO-11 分子筛相对结晶度的测定　粉末 X 射线衍射法

1　范围

本标准规定了用粉末 X 射线衍射法测定 SAPO-11 分子筛相对结晶度的试验方法。

本标准适用于 SAPO-11（空间群 Icm2）分子筛相对结晶度的测定，测定相对结晶度范围质量分数为 7%～95%。

2　规范性引用文件

下列文件对于本文件的应用是必不可少的。凡是注日期的引用文件，仅注日期的版本适用于本文件。凡是不注日期的引用文件，其最新版本（包括所有的修改单）适用于本文件。

GB/T 3723　工业用化学产品采样安全通则

GB/T 6379.2　测量方法与结果的准确度（正确度与精密度）第 2 部分：确定标准测量方法重复性与再现性的基本方法

GB/T 6679　固体化工产品采样通则

GB 18871　电离辐射防护与辐射源安全基本标准

3　方法概要

根据试样中某结晶相 X 射线衍射强度与该结晶相含量成正比这一原理，采用粉末 X 射线衍射法进行定量分析。在相同试验条件下，分别收集 2θ 角度 10 °～40 °范围内 SAPO-11 分子筛对照品和试样的铜 K_α X 射线衍射数据，采用粉末 X 射线衍射数据处理软件的化学计量学分峰程序（Pearson Ⅶ）获得试样（002）晶面衍射峰的面积（强度计数值），用外标法计算试样的相对结晶度。

4　仪器

4.1　X 射线衍射仪

配置铜靶 K_α X 射线源，仪器整机稳定度≤0.1%，被测峰的面积（强度计数值）≥10000 s^{-1}，安装粉末 X 射线衍射数据处理软件。

4.2　高温炉

温控范围：100℃～1000℃；温度稳定性（满量程）：0.2%。恒温 400℃，用于活化 SAPO-11 分子筛。

4.3　分析天平

感量 0.0001 g。

4.4 恒湿器

内盛氯化钙或氯化镁过饱和溶液的玻璃干燥器，室温使用。

5 试剂与材料

5.1 X 射线衍射硅粉末标样（NIST，SRM 640 系列）。

5.2 SAPO-11 分子筛对照品（相对结晶度≥95%）。

6 取样

按照 GB/T 6679 和 GB/T 3723 规定取样。

7 标样与样品预处理

用分析天平（4.3）称量 SAPO-11 分子筛对照品（5.2）和待测样品各约 0.2 g，人工湿法研磨 30 min 或按样品研磨机操作说明机械湿法研磨规定时间，收集粒径 D_{50}约 1 μm 的粉末，置于石英或陶瓷坩埚中，放入高温炉（4.2）于 400℃活化 4 h，待高温炉温度降至约 125℃时，用坩埚钳子将坩埚转移至恒湿器（4.4）中，室温吸水 16 h~24 h。

注：湿法研磨通常采用 0.5 nm 分子筛脱水的乙醇或异丙醇。

8 试验步骤

8.1 仪器典型工作条件

仪器典型工作条件见表 1。

表 1 仪器典型工作条件

参 数 项	设 定 值
铜靶 K_α X 射线/nm	0.1542
扫描速度/（°·min^{-1}）	1
步长/（°）	0.02
2θ 扫描范围/（°）	10~40
注：在进行试样分析前，X 射线衍射仪应进行管电压、管电流、发散狭缝、接收狭缝和防散射狭缝等工作条件优化。	

8.2 仪器验证

启动 X 射线衍射仪（4.1），待仪器稳定后，用硅粉末标样（5.1）、SAPO-11 分子筛试样分别验证仪器，以核查整机稳定度（≤0.1%）、被测峰的面积（强度计数值）≥10000 s^{-1}符合测定要求。

注：按照 GB 18871 规定进行辐射防护。

8.3 试样片制作

将经过预处理的 SAPO-11 分子筛对照品和待测样品压入样品架中，制作试样片。

8.4 试样测定

在 X 射线衍射仪上装调样品架，在推荐的表 1 工作条件下进行试样测定并收集其粉末 X 射线衍射数据。

9 计算

9.1 对所获得的试样粉末 X 射线衍射数据采用 Savitzky-Golay 9 点抛物平滑、自动剥除 $K_{\alpha2}$ 处理，应用粉末 X 射线衍射数据处理软件的化学计量学分峰程序（Pearson Ⅶ）分别计算分子筛对照品和试样（002）晶面衍射峰面积（强度计数值）。分子筛对照品（002）晶面衍射峰面积（强度计数）平均值进行定量计算。SAPO-11 分子筛典型化学计量学分峰拟合图见图 1。

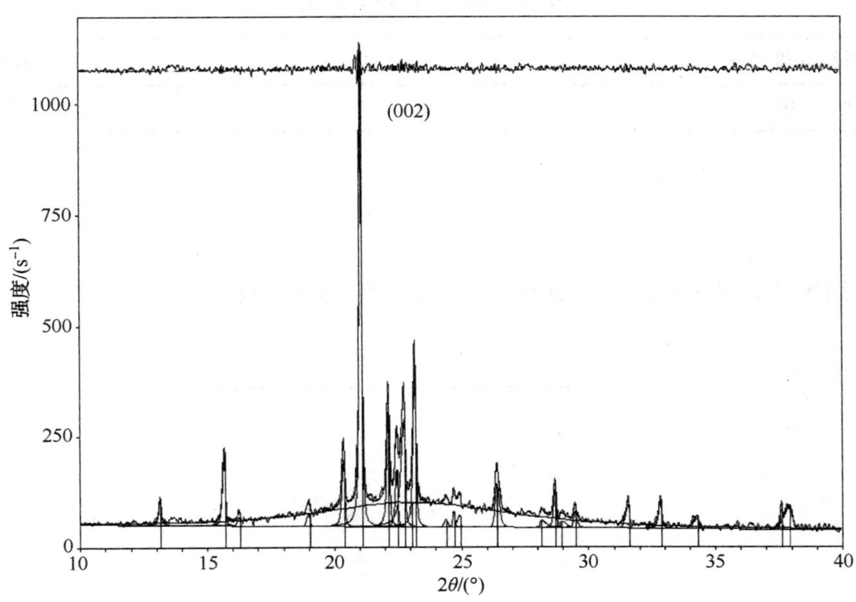

图 1　SAPO-11（空间群 Icm2）分子筛典型的化学计量学分峰拟合图

9.2 SAPO-11 分子筛相对结晶度按式（1）计算，计算结果以质量分数表示：

$$C_i = \frac{C_s \times A_i}{A_s} \qquad (1)$$

式中：

A_i——SAPO-11 分子筛试样（002）晶面衍射峰面积（强度计数值），单位为每秒计数（s^{-1}）；

A_s——SAPO-11 分子筛对照品（002）晶面衍射峰面积（强度计数值），单位为每秒计数（s^{-1}）；

C_s——SAPO-11 分子筛对照品相对结晶度，单位为质量分数（%）；

C_i——SAPO-11 分子筛相对结晶度，单位为质量分数（%）。

10 精密度和偏差

10.1 概述

本标准精密度是在 9 个实验室，由 9 名操作人员，采用 9 台 X 射线衍射仪，对 7 个不同 SAPO-11 分子筛（结晶度范围质量分数 7%~95%）样品各测定 2 次，按照 GB/T 6379.2 进行数据统计后确定的。按下述规定判断试验结果的可靠性（95%置信水平）。

10.2 精密度

10.2.1 重复性

在同一实验室，由同一操作者，使用同一仪器，按照相同的试验方法，对同一试样连续测定，所得两次独立测定结果的绝对差值不大于表2规定的数值。

10.2.2 再现性

在不同实验室，由不同操作者，使用不同仪器，按照相同的试验方法，对同一试样进行测定，所得两次单一、独立测定结果的绝对差值不大于表2规定的数值。

10.3 偏差

本方法的偏差尚未确定。

表2 重复性和再现性

相对结晶度范围	重复性	再现性
7%（质量分数）~95%（质量分数）	2%（质量分数）	4%（质量分数）

11 结果报告

取两次测定结果的算术平均值作为分析结果，结果保留至整数。

ICS 71.100.99
G 85

中华人民共和国石油化工行业标准

NB/SH/T 0972—2018

SAPO-11 分子筛晶胞参数的测定 粉末 X 射线衍射法

Standard test method for determination of lattice parameters of zeolite SAPO-11 by powder X-ray diffractometry

2018-10-29 发布　　　　2019-03-01 实施

国家能源局　发布

前　　言

本标准按照 GB/T 1.1—2009 给出的规则起草。

请注意本文件的某些内容可能涉及专利。本文件的发布机构不承担识别这些专利的责任。

本标准由中国石油化工集团公司提出。

本标准由全国石油产品和润滑剂标准化技术委员会石油燃料和润滑剂分技术委员会（SAC/TC280/SC1）归口。

本标准起草单位：中国石油天然气股份有限公司石油化工研究院。

本标准参加起草单位：中国石油化工股份有限公司石油化工科学研究院、中国石化上海石油化工研究院、布鲁克（北京）科技有限公司、上海思百吉仪器系统有限公司（帕纳科）、岛津企业管理（中国）有限公司、北京理化赛思科技有限公司。

本标准主要起草人：李瑞峰、邴淑秋、赵吉娜、王斯晗、于宏伟、于静、王磊、忻睦迪、杨晓东、刘丽军。

SAPO-11 分子筛晶胞参数的测定　粉末 X 射线衍射法

1　范围

本标准规定了用粉末 X 射线衍射法测定 SAPO-11 分子筛晶胞参数 a、b、c 的试验方法。

本标准适用于 SAPO-11（空间群 Icm2 和 Pna21）分子筛晶胞参数 a、b、c 的测定，测定范围为 0.8131 nm～1.8694 nm。

2　规范性引用文件

下列文件对于本文件的应用是必不可少的。凡是注日期的引用文件，仅注日期的版本适用于本文件。凡是不注日期的引用文件，其最新版本（包括所有的修改单）适用于本文件。

GB/T 3723　工业用化学产品采样安全通则

GB/T 6379.2　测量方法与结果的准确度（正确度与精密度）第 2 部分：确定标准测量方法重复性与再现性的基本方法

GB/T 6679　固体化工产品采样通则

GB 18871　电离辐射防护与辐射源安全基本标准

3　方法概要

在规定试验条件下，收集 2θ 角 7°～28°范围内添加云母粉末标样的 SAPO-11 分子筛试样的粉末 X 射线衍射数据，采用粉末 X 射线衍射数据处理软件计算云母 8.853°、17.759°衍射峰和 SAPO-11（Icm2）分子筛（020）、（200）、（002）晶面或 SAPO-11（Pna21）分子筛（200）、（020）、（002）晶面衍射峰的峰位置数据。用云母 8.853°、17.759°衍射峰的峰位置数据分别校正 SAPO-11（Icm2）分子筛（020）、（200）与（002）晶面或 SAPO-11（Pna21）分子筛（200）、（020）与（002）晶面衍射峰的峰位置数据。将校正后的 SAPO-11 分子筛衍射角 θ_{hkl} 按照布拉格（Bragg）公式换算成晶面间距 d_{hkl}，再根据正交晶系晶面间距与晶胞参数的关系式分别计算 SAPO-11 分子筛晶胞参数 a、b、c。

4　仪器

4.1　X 射线衍射仪

配置铜靶 K_α X 射线源，角度准确度±0.02°测角仪，仪器整机稳定度≤0.1%，被测峰的面积（强度计数值）≥1000 s^{-1}，安装粉末 X 射线衍射数据处理软件。

4.2　高温炉

温控范围：100℃～1000℃；温度稳定性（满量程）：0.2%。恒温 400℃，用于活化 SAPO-11 分子筛。

4.3 分析天平

感量 0.0001 g。

4.4 恒湿器

内盛氯化钙或氯化镁过饱和溶液的玻璃干燥器，室温使用。

5 试剂与材料

5.1 X 射线衍射硅粉末标样（NIST，SRM 640 系列）。

5.2 X 射线衍射云母粉末标样（NIST，SRM 675）。

6 取样

按照 GB/T 6679 和 GB/T 3723 规定取样。

7 样品预处理

用分析天平（4.3）称量 SAPO-11 分子筛样品约 0.2 g，置于石英或陶瓷坩埚中，放入高温炉（4.2）于 400℃活化 4 h，待高温炉温度降至约 125℃时，用坩埚钳子将坩埚转移至恒湿器（4.4）中，室温吸水 16 h~24 h。

8 试验步骤

8.1 仪器典型工作条件

仪器典型工作条件见表 1。

表 1 仪器典型工作条件

参 数 项	设 定 值
铜靶 K_α X 射线/nm	0.1542
扫描速度/（°·min^{-1}）	1
步长/（°）	0.02
2θ 扫描范围/（°）	7~28
注：在进行试样分析前，X 射线衍射仪应进行管电压、管电流、发散狭缝、接收狭缝和防散射狭缝等工作条件优化。	

8.2 仪器验证

启动 X 射线衍射仪（4.1），待仪器稳定后，用硅粉末标样（5.1）、SAPO-11 分子筛试样分别验证仪器，以核查测角仪的角度准确度（±0.02°）和整机稳定度（≤0.1%）、被测峰的面积（强度计数值）≥ 1000 s^{-1}符合测定要求。

注：按照 GB 18871 规定进行辐射防护。

8.3 试样制备

用分析天平称量经过预处理的 SAPO-11 分子筛约 0.1 g，向其中添加云母粉末标样（5.2）约 0.01 g，研细，收集 48 μm 以下粒径的粉末供制备试样。

8.4 试样测定

8.4.1 将添加云母粉末标样并研磨、混匀的试样压入样品架中，在推荐的表 1 工作条件下进行试样测定并收集其粉末 X 射线衍射数据。

8.4.2 SAPO-11 分子筛典型的粉末 X 射线衍射图见图 1、图 2。

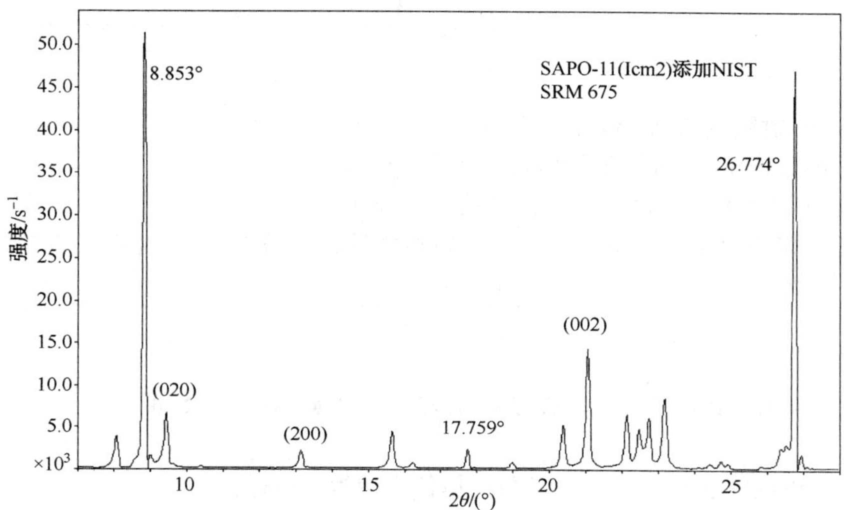

图 1 SAPO-11（空间群 Icm2）分子筛添加云母粉末标样的 X 射线衍射图

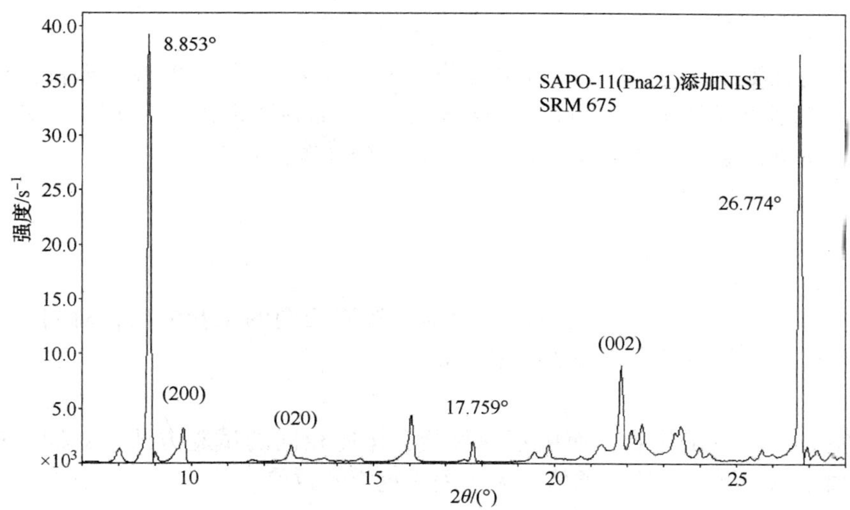

图 2 SAPO-11（空间群 Pna21）分子筛添加云母粉末标样的 X 射线衍射图

9 计算

9.1 对所获得的试样粉末X射线衍射数据采用自动剥除 $K_{\alpha 2}$、扣除背底、Savitzky-Golay 9点抛物平滑处理。

9.2 用云母粉末标样的铜靶 $K_{\alpha 1}$ X射线衍射角的标准值（8.853°、17.759°）与测量值之差校正SAPO-11分子筛衍射峰的位置。采用云母8.853°、17.759°衍射峰的峰位置数据分别校正SAPO-11（Icm2）分子筛（020）、（200）与（002）晶面或SAPO-11（Pna21）分子筛（200）、（020）与（002）晶面衍射峰的峰位置数据。

9.3 将校正后的SAPO-11分子筛衍射角 θ_{hkl} 换算成晶面间距 d_{hkl}，根据布拉格（Bragg）式（1）计算：

$$d_{hkl}=\frac{\lambda}{2\times\sin\theta_{hkl}} \qquad (1)$$

式中：

λ——铜靶 $K_{\alpha 1}$ X射线波长0.1541，单位为纳米（nm）；

θ_{hkl}——校正后的SAPO-11分子筛衍射角，单位为度（°）；

d_{hkl}——SAPO-11分子筛晶面间距，单位为纳米（nm）。

9.4 SAPO-11分子筛属于正交晶系，在校正衍射角之后，根据式（2）计算晶胞参数 a、b、c：

$$\frac{1}{d_{hkl}^2}=\frac{h^2}{a^2}+\frac{k^2}{b^2}+\frac{l^2}{c^2} \qquad (2)$$

式中：

h、k、l——分别为SAPO-11分子筛某衍射峰米勒（Miller）指数的第一位、第二位、第三位数值；

a、b、c——SAPO-11分子筛的晶胞参数，单位为纳米（nm）；

d_{hkl}——SAPO-11分子筛的晶面间距，单位为纳米（nm）。

10 精密度和偏差

10.1 概述

本标准精密度是在14个实验室，由14名操作人员，采用14台X射线衍射仪，对6个不同SAPO-11分子筛（晶胞参数范围0.8131 nm~1.8694 nm）样品各测定2次，按照GB/T 6379.2进行数据统计后确定的。按下述规定判断试验结果的可靠性（95%置信水平）。

10.2 精密度

10.2.1 重复性

在同一实验室，由同一操作者，使用同一仪器，按照相同的试验方法，对同一试样连续测定，所得两次测定结果的绝对差值不大于表2规定的数值。

10.2.2 再现性

在不同实验室，由不同操作者，使用不同仪器，按照相同的试验方法，对同一试样进行测定，所得两个单一、独立测定结果的绝对差值不大于表2规定的数值。

10.3 偏差

本方法的偏差尚未确定。

表2 重复性和再现性

晶胞参数	重复性	再现性
0.8131nm~1.8694 nm	0.0022 nm	0.0039 nm

11 结果报告

取两次测定结果的算术平均值作为报告结果，结果保留小数点后四位。

ICS 75.100
E 30

SH

中华人民共和国石油化工行业标准

NB/SH/T 0974—2018

涡轮机油中芳胺型抗氧剂含量的测定 差分脉冲伏安法

Standard test method for measurement of aromatic amine antioxidant in turbine oils by differential pulse voltammetry

2018-10-29 发布　　　　2019-03-01 实施

国家能源局 发布

前　　言

本标准按照 GB/T 1.1—2009 给出的规则起草。

本标准由中国石油化工集团公司提出。

本标准由全国石油产品和润滑剂标准化技术委员会在用润滑油液应用及监控分技术委员会（SAC/TC280/SC6）归口。

本标准起草单位：中国石化润滑油有限公司上海研究院。

本标准参加起草单位：华东师范大学、上海师范大学、陆军勤务学院、励强科技（上海）有限公司。

本标准主要起草人：章仁毅、吕文继。

本标准参与起草人：何品刚、张帆、杨海峰、史永刚、雷涛、杜文朝。

本标准为首次发布。

涡轮机油中芳胺型抗氧剂含量的测定　差分脉冲伏安法

警告：本标准的应用可能涉及到某些有危险性的材料、操作和设备，但并未对与此有关的所有安全问题都提出建议。用户在使用之前应建立相应的安全和防护措施，并确定其使用范围。

1　范围

本标准规定了用差分脉冲伏安法测定涡轮机油新油或在用油中芳胺型抗氧剂含量的方法概述、意义和用途、仪器、试剂和材料、校准、样品准备、试验步骤计算、报告和精密度。

本标准适用于浓度 100mg/kg～5000 mg/kg（以 *N*-苯基-1-萘胺计）芳胺型抗氧剂含量的测定，也可以以新油中芳胺型抗氧剂作为 100%，评价在用油中芳胺型抗氧剂的剩余百分含量。

2　规范性引用文件

下列文件对于本文件的应用是必不可少的。凡是注日期的引用文件，仅所注日期的版本适用于本文件。凡是不注日期的引用文件，其最新版本（包括所有的修改单）适用于本文件。

GB/T 4756　石油液体手工取样法

GB/T 6682　分析实验室用水规格和试验方法

GB/T 7602.3　变压器油、汽轮机油中 T501 抗氧化剂含量测定法　第 3 部分：红外光谱法

GB 11120　涡轮机油

3　方法概述

取一定质量的涡轮机油于样品瓶中，加入一定体积的电解液充分振荡溶解。以同样的方式制备参考溶液。将与电化学工作站相连的电极放置到溶液中，采用差分脉冲伏安法测定溶液中芳胺型抗氧剂的电化学氧化峰面积，通过比较试样与参考溶液峰面积，计算试样油液中芳胺型抗氧剂的浓度。

4　意义和用途

4.1　涡轮机油中常添加受阻酚型和芳胺型抗氧剂以延长油品寿命。当涡轮机油中存在芳胺型抗氧剂时，通过对涡轮机油中该抗氧剂的定量可用来衡量油品的抗氧化能力。测量在用油中抗氧剂的保留含量并以新油中芳胺型抗氧剂的浓度作为 100%进行比较可确定在用油抗氧剂消耗情况，以此作为涡轮机油剩余抗氧化能力及寿命的参考依据。

4.2　干扰：2500 mg/kg（以 2，6-二叔丁基对甲酚计）浓度以上的受阻酚型抗氧剂对检测存在干扰。

4.3　对于典型的芳胺型或受阻酚型和芳胺型复配的涡轮机油，在差分脉冲伏安分析中，使用电解液溶解的待测液在特定电压作用下会发生氧化反应产生电流突跃（见图 1），典型的氧化电位为 0.3 V～0.7 V。本方法可检测到的芳胺型抗氧剂，包括但不限于 *N*-苯基-1-萘胺和烷基二苯胺。检测结果以 *N*-苯基-1-萘胺的质量浓度表示。

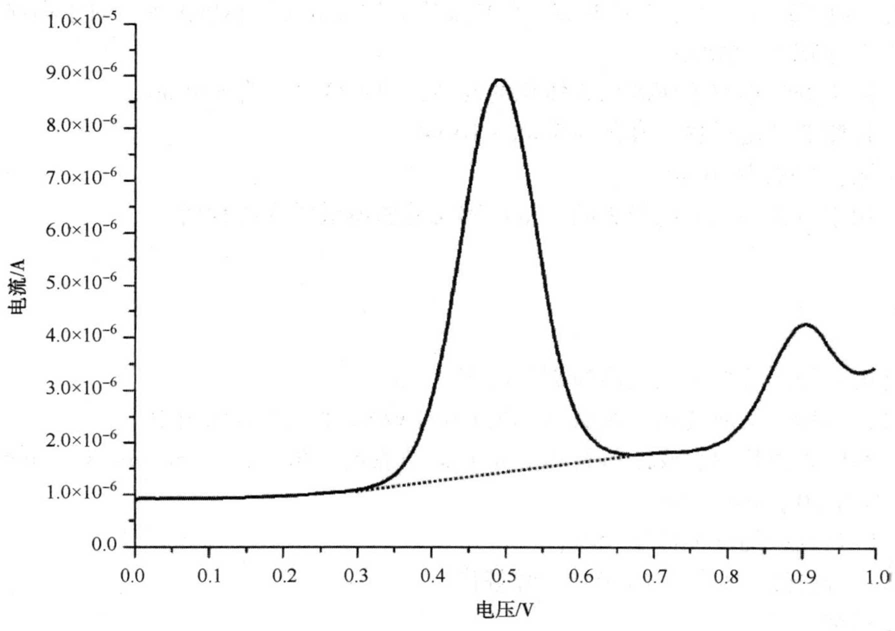

图1 芳胺型抗氧剂的电化学氧化峰

5 仪器

5.1 电化学工作站：用来定量检测芳胺型抗氧剂，配置三电极系统。三电极系统包括一个工作电极（直径3 mm的玻碳圆盘电极），一个参比电极（直径0.5 mm的铂丝电极）和一个对电极（直径0.5 mm的铂丝电极），也可使用复合电极（带有一个3 mm直径的玻碳电极，两个0.5 mm直径铂盘电极，见图2）。电化学工作站的电压扫描范围覆盖0.0 V~1.0 V（以铂电极为参比电极），电压随着脉冲周期渐次提高，电压增幅为0.005 V，脉冲周期为0.2 s，脉冲电压为0.1 V，脉冲时间为0.02 s。使用差分脉冲伏安法扫描，记录每次电压变化（施加脉冲电压）前后的电流值，并将脉冲电压下获得的两次电流差值与对应的电压值作图。通过差减脉冲电压施加前后获得的电流值可抵消电容电流对测量的影响。

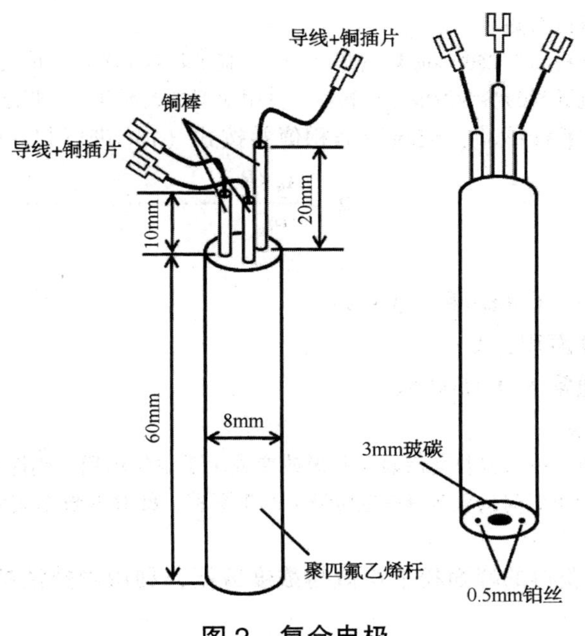

图2 复合电极

5.2 电子天平：对于称样量不小于 0.1000 g 的样品需采用万分之一精度天平，对于称样量小于 0.1000 g 的样品需采用十万分之一精度天平。

5.3 分液器：用于分装本方法所需任意体积的液体，典型样品量为 5.0 mL。

5.4 样品瓶：带瓶盖及密封垫，容积在 7 mL~10 mL。

5.5 高型称量瓶：容积为 10 mL。

5.6 电极布：用于清洗和抛光电极表面，也可用无毛擦镜纸或麂皮替代。

6 试剂和材料

6.1 试剂的纯度：使用分析纯或更高级别的试剂。

6.2 水的纯度：本标准中所提到的水必须满足 GB/T 6682 中二级水的要求。

6.3 稀释油：API Ⅱ类基础油或液体石蜡，40℃运动黏度一般不高于 50 mm^2/s，同时 20℃密度在 0.8200 g/cm^3~0.8700 g/cm^3之间。

6.4 *N*-苯基-1-萘胺：纯度不低于 98%。

6.5 无水乙醇：分析纯，亦可使用 95%乙醇替代。

6.6 丙酮：分析纯。

6.7 异丙醇溶液：含有 75%异丙醇（体积分数）的水溶液。

6.8 无水高氯酸锂：纯度不低于 98%。

6.9 专用 Ketox 电解液试剂：每瓶电解液试剂中含有 5.0 g±0.05 g 无水高氯酸锂。

警告：腐蚀，易燃，皮肤刺激，吸入有害。

7 校准

7.1 参考溶液的配制：至少包括 5 个浓度的 *N*-苯基-1-萘胺稀释油溶液，浓度范围 100 mg/kg~5000 mg/kg（以 *N*-苯基-1-萘胺计）。可准备一个浓度为 10000 mg/kg 的 *N*-苯基-1-萘胺稀释油储备液，检测前按质量分数逐级稀释获得各参考溶液。准备参考溶液或储备液时，建议加热并搅拌溶液以促进 *N*-苯基-1-萘胺充分溶解，加热温度建议低于 60℃以避免可能的抗氧剂分解。

注 1：最低检出限取决于所使用的仪器和电极的灵敏度，若对于低于 100 mg/kg 浓度溶液进行电化学扫描仍可见氧化峰的可配制更低浓度的标准溶液进行检测。对于浓度高于 5000 mg/kg 的样品建议通过减少进样量或使用稀释油稀释后进行检测。

注 2：若待检测的溶液中含有高于 2500 mg/kg（以 2，6-二叔丁基对甲酚计）的受阻酚型抗氧剂，建议配制含有相应浓度受阻酚型抗氧剂的参考溶液进行检测。受阻酚型抗氧剂含量的测定建议使用 GB/T 7602.3。

7.2 取参考溶液进行三次平行试验，记录峰面积值并按式（1）进行归一化处理。

$$A_S=\frac{A_0\times R}{m_0} \qquad (1)$$

式中：

A_S——芳胺型抗氧剂归一化峰面积，A·V；

A_0——芳胺型抗氧剂峰面积，A·V；

R——标准化系数，通常为 0.1500 g；

m_0——所加样品质量，g。

注：由于样品中可能存在水、电极经打磨后表面状况改变或由于空气作用、热挥发使有机电解液组分产生细微差异，以上情况将导致测定时抗氧剂峰在电位轴上产生平移，此时可根据实际情况平移或修正氧化峰起始和终止的位置。

7.3 通过平行试验归一化获得的峰面积平均值与浓度数据，利用内插法按式（2）确定样品溶液中芳胺型抗氧剂的浓度：

$$C_S = C_1 + \frac{(C_2 - C_1)(A_S - A_1)}{A_2 - A_1} \qquad (2)$$

式中：

C_S——样品溶液中芳胺型抗氧剂的浓度，mg/kg；

C_1——N-苯基-1-萘胺参考溶液浓度，对应于 A_1，mg/kg（N-苯基-1-萘胺）；

C_2——N-苯基-1-萘胺参考溶液浓度，对应于 A_2，mg/kg（N-苯基-1-萘胺）；

A_S——样品溶液中芳胺型抗氧剂归一化峰面积，A·V；

A_1——参考溶液中芳胺型抗氧剂归一化峰面积小的标准溶液的峰面积，A·V；

A_2——参考溶液中芳胺型抗氧剂归一化峰面积大的标准溶液的峰面积，A·V。

8 样品准备

8.1 称量 0.15 g±0.01 g 样品至样品瓶中，记录样品质量精确至 0.1mg。使用 0.1500 g 作为标准化系数。若无合适的样品瓶，可使用高型称量瓶代替，但需加入合适的搅拌子，使用磁力搅拌器完成后续的振荡步骤。

8.2 向样品瓶中加入 5 mL 有机电解液并旋紧瓶盖。

8.3 剧烈摇晃样品瓶大约 10 s，样品将充分溶解到有机电解液中。样品未充分溶解情况下进行差分脉冲分析将无法获得可靠结果。

9 试验步骤

9.1 在电化学工作站上设置 5.1 条所述操作参数。典型的操作参数见表 1。

表 1 典型的操作参数

项　　目	数　　值
初始电位，V	0.0
终止电位，V	1.0
电压增幅，V	0.005
脉冲电压，V	0.1
脉冲周期，s	0.2
脉冲时间，s	0.02
采样宽度，s	0.01

9.2 使用无水乙醇或 75%（体积分数）异丙醇水溶液润湿的电极布清洗、擦拭（抛光）玻碳工作电极至镜面光洁。将电极在空气中自然干燥备用。电极表面釉状或雾状显示存在污染物残留，此时可依次使用丙酮、乙醇或异丙醇水溶液润湿的电极布清洁玻碳电极。使用同样的步骤清洁铂丝电极。

9.3 将玻碳工作电极、铂丝参比电极、铂丝对电极（或复合电极）插入样品瓶中，确保工作电极表面完全浸没且铂丝电极头伸入液面以下。若无法将玻碳工作电极、铂丝参比电极、铂丝对电极同时插入样品玻璃瓶中，也可将溶解样品的有机电解液小心转移至 10 mL 高型称量瓶中并尽快进行检测。

9.4 将电极与电化学工作站连接，使用电化学工作站进行差分脉冲分析。典型的差分脉冲伏安曲线见图 1。试验应在样品溶解后 30 min 内完成。

9.5 每次扫描完成后需按 9.2 条重新清洗电极。

9.6　至少进行两次平行试验以确保峰面积数据可重复，峰面积保留三位有效数字。

10　计算

10.1　记录抗氧剂的峰面积，按式（1）计算平行试验归一化峰面积，将峰面积值代入式（2）中计算抗氧剂浓度。

10.2　若新油可得，可以新油中芳胺型抗氧剂的浓度作为100%，按式（3）计算在用油中剩余抗氧剂百分含量（%）：

$$\text{剩余抗氧剂百分含量} = \frac{\text{在用油芳胺型抗氧剂的浓度}}{\text{新油芳胺型抗氧剂的浓度}} \times 100\% \quad \cdots\cdots\cdots\cdots (3)$$

11　报告

11.1　计算抗氧剂浓度：报告样品中芳胺型抗氧剂含量，精确至1 mg/kg（N-苯基-1-萘胺）；

11.2　计算剩余抗氧剂百分含量：精确至0.1%。

12　精密度

12.1　按下列规定判断试验结果的可靠性（95%置信区间）。

12.2　重复性：同一操作者，使用同一仪器，按相同的试验方法，对同一试样测得的两个连续试验结果之差不超过下列数值：

$$r = 0.806 \times \bar{X}^{0.614} \quad \cdots\cdots\cdots\cdots (4)$$

式中：

$\bar{X}$——两个重复结果的平均值，mg/kg（N-苯基-1-萘胺）。

12.3　再现性：不同操作者，在不同实验室，使用不同的仪器，用相同的方法对同一试样测得的两个单一、独立试验结果之差不超过下列数值：

$$R = 5.085 \times \bar{X}^{0.463} \quad \cdots\cdots\cdots\cdots (5)$$

式中：

$\bar{X}$——两个重复结果的平均值，mg/kg（N-苯基-1-萘胺）。

13　关键词

13.1　烷基二苯胺；N-苯基-1-萘胺；芳胺型抗氧剂；差分脉冲伏安法；涡轮机油。

ICS 75.100
E 30

SH

中华人民共和国石油化工行业标准

NB/SH/T 0975—2018

在用涡轮机油中漆膜生成倾向值的测定 膜片比色法（MPC法）

Standard test method for measurement of lubricant generated insoluble color bodies in in-service turbine oils using membrane patch colorimetry

2018-10-29 发布　　2019-03-01 实施

国家能源局　发布

前　言

本标准按照 GB/T 1.1—2009 给出的规则起草。

本标准修改采用 ASTM D7843-16《用膜片比色法测量使用中透平油里润滑油生成的不溶性彩色物体的试验方法—MPC 法》。

——引用标准采用我国现行的国家标准和行业标准；

——在原标准“滤膜，直径 47 mm、孔径 0.45 μm 的硝酸纤维素膜。”中增加注“油液监测时也可选直径 47 mm、孔径 0.8 μm 的硝酸纤维素膜。仲裁或实验室比对时应选用直径 47 mm、孔径 0.45 μm 的硝酸纤维素膜。”；

——增加了所使用的石油醚的种类，将原标准“石油醚，馏程 35℃～60℃”修改为“石油醚，馏程为 35℃～60℃或 60℃～90℃。”；删除了原标准中“科尔曼营地燃油”；

——在原标准“施加真空，保持真空度为 71kPa±5kPa。”中增加注“可根据检测油品实际情况降低真空度，但使用者应可证明改变后不影响试验数据的准确性。”

——本标准重新建立了精密度。

本标准由中国石油化工集团公司提出。

本标准由全国石油产品和润滑剂标准化技术委员会在用润滑油液应用及监控分技术委员会（SAC/TC280/SC6）归口。

本标准起草单位：中国石化润滑油有限公司上海研究院。

本标准参加起草单位：中国石油天然气股份有限公司大连润滑油研究开发中心、通标标准技术服务（上海）有限公司润滑油检测中心、北京润道油液监测技术有限公司、中国石化润滑油有限公司茂名分公司、中国石化润滑油有限公司燕化分公司。

本标准主要起草人：孔吉霞、章仁毅、吕文继。

本标准参与起草人：孙大新、张代娣、朱虹、徐东辉、张敏。

本标准为首次发布。

在用涡轮机油中漆膜生成倾向值的测定　膜片比色法（MPC 法）

警告：本标准的应用可能涉及到某些有危险性的材料、操作和设备，但并未对与此有关的所有安全问题都提出建议。用户在使用之前应建立相应的安全和防护措施，并确定其使用范围。

1　范围

本标准规定了在用涡轮机油中漆膜生成倾向值的测定　膜片比色法（MPC 法）的术语和定义、方法概述、意义和用途、仪器与设备、试剂、取样和样品准备、程序、数据计算和精密度。

本检测方法适用于不含染料涡轮机油 ΔE 值的测定。

2　规范性引用文件

下列文件对于本文件的应用是必不可少的。凡是注日期的引用文件，仅所注日期的版本适用于本文件。凡是不注日期的引用文件，其最新版本（包括所有的修改单）适用于本文件。

GB/T 4756　石油液体手工取液法

SN/T 0975　进出口石油及液体石油产品取样法（自动取样）

3　术语和定义

3.1　CIE LAB 色度坐标：CIE 1976 $L^*a^*b^*$ 对立色坐标，其中 a^* 是红/绿色轴（其中正轴为红色，负轴为绿色）；b^* 是黄/蓝色轴（其中正轴为黄色，负轴为蓝色）；L^* 是明度色轴（其中正轴为明场，负轴为暗场）。

3.2　色度法：色度测量技术，也可称为分光光度法。

3.3　在用油：机器（如：发动机、变速箱、变压器或涡轮机）中在工作温度下至少已运行 1h 的润滑油。

3.4　滤膜色度：根据 CIE LAB 颜色标准得到的滤膜上微粒的视觉评价。

3.5　膜过滤器：严格控制孔径大小的多孔滤材，当液体通过时可以分离溶液中的悬浮物。

3.6　本标准特定词条定义：

漆膜：薄、硬、有光泽且油不溶性的沉积物，主要由有机残留物组成，多数可以彩色亮度来定义其颜色。通常不易被一个干净、干燥、柔软、无毛的擦拭材料所清理，耐饱和烃溶剂。漆膜的颜色是多样化的，常见有灰色调，棕色调或琥珀色调。

4　方法概述

使用硝酸纤维素滤膜将在用涡轮机油样品中的不溶性沉积物进行过滤。然后用分光光度计分析滤膜的颜色，结果按 CIE LAB 坐标，以色差 ΔE 值的形式报告。

5 意义和用途

5.1 本测试方法可作为终端用户研究润滑油中生成的不溶性沉淀结构的指南。

5.2 本测试方法可应用于基于油液分析的设备状态监测趋势分析的整体监测方案。

6 仪器与设备

6.1 滤膜：白色，直径 47 mm、孔径 0.45 μm 硝酸纤维素膜。

注：油液监测时也可选直径 47 mm、孔径 0.8 μm 硝酸纤维素膜，并在报告中注明；仲裁或实验室比对时应选用直径 47mm、孔径 0.45μm 的硝酸纤维素膜。

6.2 滤膜专用镊子：平头无齿不锈钢制。

6.3 过滤器：一般包括抽滤瓶，漏斗式过滤杯、砂芯过滤头、不锈钢制固定夹、杯盖。过滤后滤膜上不溶物的直径为 36mm。

6.4 可通气安全洗瓶：配备 0.22 μm PTFE 滤膜。

6.5 真空泵：可提供 71kPa±5 kPa 的真空条件。

6.6 刻度量筒：量程 150 mL~200 mL，亦可使用符合量程的具塞量筒。

6.7 烧杯/锥形瓶：容积 100 mL~250 mL。

6.8 培养皿。

6.9 分光光度计：分光光度计，或称色差仪，能够在可见光谱范围 400 nm~700 nm 之间，用半宽度小于 10nm 单色光，波长间隔 10nm，0/45 的照明和观测条件下，以 10°视角分析标准 15 mm 视场并给出 CIE LAB 测量指标。

7 试剂

7.1 试剂的纯度：分析纯或更高级别的试剂。

7.2 石油醚：馏程为 35℃~60℃或 60℃~90℃。

8 取样和样品准备

8.1 取样：按照 GB/T 4756 或 SN/T 0975 要求，量取至少 60 mL 具有代表性的待测样品。

注：由于油样易受室内外紫外光影响，因此所使用的样品瓶应避免暴露在光线下。荧光中含有紫外光成分，可导致油品中沉积物含量增高，在样品传递及预处理期间都有可能暴露在光线下。高密度聚乙烯制棕色广口瓶被证明可避免油品受到紫外光照射。如果样品瓶在样品传递和加热/老化过程中能够确保迅速被放置在避光的包装物或储存容器中，半透明或透明的瓶子亦可使用。

8.2 样品需要先加热到 60℃~65℃并维持 24h±1h，然后在室温、无紫外线的环境下储存 72h±4h 进行老化。若样品的老化期短于这一过程，滤膜上产生的有色物将变少，由此得到的 ΔE 值可能会较低，可能会降低趋势分析的价值。

注：当得到最终用户认可时，样品检测周期可延长或缩短，试验也将受到所选时间间隔长短而影响沉积物水平及因此获得的结果。一般建议在不同老化时间下多进行几次分析，以充分了解操作体系。

9 程序

9.1 样品和原材料的准备

9.1.1 记录试验开始日期及时间。

9.1.2 充分震荡经过前处理的样品至少 15 s 使得不溶物重新均匀悬浮于样品中。取样前目测检查取样瓶内壁是否有物质黏着于表面。

注：如果黏附物质在多次剧烈震荡后，仍不能从瓶壁上移除，应在报告中注明。

9.1.3 移取 50 mL±1 mL 的样品到一个干净的烧杯或锥形瓶中。

9.1.4 加入大约 50mL 的石油醚到含有样品的烧杯或锥形瓶中。

9.1.5 搅拌或振荡样品大约 30 s 确保其混合均匀。

9.1.6 混合均匀后尽快将样品完全倒入过滤杯中。

9.2 过滤过程

9.2.1 用镊子将滤膜压盖在过滤头中心部位。

9.2.2 将过滤杯压盖在过滤头上并用固定夹夹紧。

9.2.3 施加真空，保持真空度为 71 kPa±5 kPa。

注：可根据检测油品实际情况降低真空度，并在报告中注明，但使用者应可证明改变后不影响试验数据的准确性。

9.2.4 使用至少 35 mL 的石油醚冲洗烧杯两次，并将冲洗液倒入过滤杯中。

9.2.5 确保滤液过滤完全。

9.2.6 小心松开固定夹和过滤杯，用石油醚将所有黏附在过滤杯内的不溶物冲洗到滤膜上。用石油醚轻轻地冲洗滤膜，特别是其边缘位置。

注：如果任何沉积物未能保留在（或掉落）干燥的滤膜上，需要重新试验。

9.2.7 小心释放真空。

9.2.8 松开夹子和过滤器。

9.2.9 用镊子小心的将滤膜从过滤器上揭起并放在干净、干燥的培养皿中。为了方便取放，培养皿中可放置若干个玻璃棒，并将滤膜置于玻璃棒上。

9.2.10 将滤膜放在干燥、无尘的环境中干燥一段时间（通常为 3 h）。干燥情况可以通过比较测试滤膜边缘和新滤膜两者的白色来判断。

9.3 滤膜的色度判定

9.3.1 使用干净溶剂处理过的滤膜来建立白色背景，将测量结果用于仪器的标准化。

9.3.2 遵从仪器厂家定义的标准化程序进行操作。

9.3.3 按照仪器厂家推荐的方法来分析滤膜。

9.3.4 按仪器厂家提供的指南分析滤膜颜色，得到 CIE LAB 值。

10 数据计算

10.1 CIE 1976 $L^*a^*b^*$ 均匀色空间和色差公式：在一个直角坐标系里制图，定量 L^*，a^*，b^* 值，计算公式如下所示：

$$L^*=116\ (Y/Y_n)^{1/3}-16 \quad (1)$$

$$a^* = 500\left[(X/X_n)^{1/3} - (Y/Y_n)^{1/3}\right] \quad (2)$$

$$b^* = 200\left[(Y/Y_n)^{1/3} - (Z/Z_n)^{1/3}\right] \quad (3)$$

$$X/X_n;\ Y/Y_n;\ Z/Z_n > 0.01 \quad (4)$$

三刺激值 X_n，Y_n，Z_n是白色物体（CIE 标准照明体）的刺激色，在本标准中即新滤膜的颜色，即 X_n，Y_n，Z_n是在 10°视角，使用标准照明体 D_{65}光源获得的三刺激值。

10.1.1 由两种颜色的 L^*，a^*，b^*值计算得到总差值 ΔE，计算方法如下：

$$\Delta E = \left[(\Delta L^*)^2 + (\Delta a^*)^2 + (\Delta b^*)^2\right]^{1/2} \quad (5)$$

10.2 报告

10.2.1 用分光光度计测定同一膜片上均匀分布的三个点得到三个 ΔE 值数据，取其算数平均值，报告至小数点后 1 位。

10.2.2 ΔE 值的报告应包括加热后的老化时长。

10.2.3 任何与标准方法的偏离都应在报告中注明。

11 精密度

按下列规定判断试验结果的可靠性（95%置信区间）

11.1 重复性：同一操作者，在同一实验室，使用同一仪器，按相同的试验方法，对同一试样连续测得的两个试验结果之差不超过以下计算结果：

$$r = 1.146 \times \overline{X}^{0.235}$$

式中：

$\overline{X}$——两个试验结果的平均值。

11.2 再现性：不同操作者，在不同实验室，使用不同的仪器，按相同的试验方法对同一试样测得的两个单一、独立的试验结果之差不超过以下计算结果：

$$R = 1.714 \times \overline{X}^{0.416}$$

式中：

$\overline{X}$——两个试验结果的平均值。

12 关键词

膜片比色法；涡轮机油；漆膜。

ICS 75.100
E 34

SH

中华人民共和国石油化工行业标准

NB/SH/T 0976—2019

发动机油氧化安定性的测定 ROBO 试验法

Standard test method for bench oxidation of engine oils by ROBO apparatus

2019-06-04 发布 2019-10-01 实施

国家能源局 发布

前　言

本标准按照 GB/T 1.1—2009 给出的规则起草。

本标准使用重新起草法修改采用美国试验与材料协会标准 ASTM D7528-17《发动机油氧化安定性的测定　ROBO 试验法》。

本标准与 ASTM D7528-17 的技术性差异及原因如下：

——将部分引用标准修改为我国相应的国家标准或石化行业标准。

——删除了 ASTM D7528-17 中 10.8.2 注 6 关于馏出物的作用还在讨论中尚未明确的信息说明，馏出物的作用与本标准的建立无关。

——增加附录 C（资料性附录）TMC 相关信息，保留原文中参比油的数字名称和校验试验部分；原文中关于参考油管理和 TMC 成员实验室内容在附录 C 中。

本标准由中国石油化工集团有限公司提出。

本标准由全国石油产品和润滑剂标准化技术委员会石油燃料和润滑剂分技术委员会（SAC/TC280/SC1）归口。

本标准起草单位：中国石油天然气股份有限公司大连润滑油研究开发中心。

本标准参加起草单位：赢创德固赛（中国）投资有限公司上海分公司油品技术中心。

本标准主要起草人：孙瑞华、邵志华。

本标准为首次发布。

发动机油氧化安定性的测定　ROBO 试验法

警告：本标准的应用可能涉及某些有危险性的材料、操作和设备，但并未对与此有关的所有安全问题都提出建议。用户在使用本标准前有责任制定相应的安全和保护措施，并确定相关规章限制的适用性。

1　范围

本标准规定了一种模拟程序ⅢG 发动机台架试验油品老化的过程，并按照ⅢGA 发动机试验中的规定测试老化油运动黏度和低温泵送性能。

本标准适用于评价老化特征的汽油机油或柴油机油。

2　规范性引用文件

下列文件对于本文件的应用是必不可少的。凡是注日期的引用文件，仅所注日期的版本适用于本文件。凡是不注日期的引用文件，其最新版本（包括所有的修改单）适用于本文件。

GB/T 265　石油产品运动黏度测定法和动力黏度计算法

GB/T 6538　发动机油表观黏度的测定　冷启动模拟机法

NB/SH/T 0562　低温下发动机油屈服应力和表观黏度测定法

NB/SH/T 0896　汽车发动机油性能的评定　程序ⅢG 法

ASTM D4485　发动机油性能规格（Specification for Performance of Active API Service Category Engine Oils）

SAE J300　发动机油黏度分类（Engine Oil Viscosity Classification）

3　术语和定义

下列术语和定义适用于本文件。

3.1

参考油 reference oil

已知性能的油品，作为试验对比的基础。用于校正试验设备，对比其他油品的性能或评价与其相关材质的性能（如密封材料）。

3.2

非参考油 non-reference oil

除参考油之外的油，例如配方研究油、工业化油或试样油。

3.3

试验油 test oil

按试验程序进行评价的油。

3.4

老化油 aged oil

在 ROBO 设备中已经进行了 40h 老化过程的试验油。

3.5

ROBO

Romaszewski Oil Bench Oxidation 首字母的缩写。

4 方法概要

将试验油和少量二茂铁催化剂加入到1L的反应容器中搅拌，在170℃条件下加热40 h，并在负压状态下，持续在试验油液面进行空气吹扫，同时将二氧化氮和空气通入到试验油液面下。试验结束，老化油冷却后做相关的黏度测试，蒸发出的油品冷凝后称重计算蒸发损失。

5 方法应用

5.1 本试验方法的目的是获得老化油的老化特征，该特征和程序ⅢG发动机台架试验（采用NB/SH/T 0896）产生的老化油的老化特征具有相关性。

5.2 在某种程度上，本方法产生的老化油和程序ⅢG发动机台架试验产生的老化油具有相关性，其运动黏度的黏度增长率和MRV表观黏度（采用NB/SH/T 0562）都表明了由于蒸发和氧化而使油品黏度变稠的趋势。

5.3 本试验程序对发动机油的规格分类有潜在的用途，如ASTM D4485规格。

6 仪器

6.1 天平

6.1.1 天平：量程200 g，感量0.1 g。

6.1.2 分析天平：量程100 mg，感量1 mg。

6.2 通风橱

具有排空阀的试验橱柜。

6.3 反应容器

容量为1 L、内径100 mm的厚壁玻璃容器，其底部有一个样品或废液排出阀。反应容器的下半部分有功率为400 W加热外套，用于加热试验混合物。详见附录A中图A.1。

6.4 反应容器顶盖

直径能够覆盖下面的玻璃容器，足够坚固可以支撑安装系统的不锈钢圆盘。反应容器顶盖按附录A中A.2所述组装。圆盘中心的端孔安装搅拌浆，螺纹端孔安装空气和二氧化氮管线、真空控制阀和调节阀、温度探测仪。附录A中图A.2标明了端孔的位置。按附录A中A.3所述不锈钢盘底部用聚四氟乙烯环和反应容器密封连接。

6.5 搅拌马达

带卡盘钳夹，可连续运行，转速能达到（200±5）r/min的电动马达。

6.6 搅拌器

在直径为8 mm，长为300 mm的不锈钢圆杆的底部安装一组涡轮叶片，叶片直径为65.5 mm，厚度为 1.4 mm，倾斜角为45°，垂直高度为 25.0 mm。搅拌器的涡轮叶片尺寸规格详见附录 A 中图 A.4。通过填料压盖方式把搅拌棒连接到反应容器顶盖上，详见附录 A 中 A.5。在容器顶盖开口处插入搅拌棒且系到搅拌马达上，用聚四氟乙烯绳密封，使叶片处于距反应容器底部 6.0 mm 的位置。

6.7 空气供给系统

试验期间连续往试验油中通干燥空气。在空气管线上安装干燥剂保持系统干燥，试验过程中保持供气管开口在试验油液面下。

注：在试验开始时由于不知道试验结束时试验油剩余的量，可根据实际应用情况建议安装空气管，即空气管的开口端尽可能接近搅拌棒和反应容器的底部位置（但不要接触到搅拌棒或堵塞空气管的开口）。

6.8 刻度管

容积为 12 mL，刻度为 0.1 mL 的玻璃管。从气瓶接收液态二氧化氮，通过微量调节阀将二氧化氮气体通到反应液面下，通过刻度管测量反应过程中二氧化氮的消耗量，详见附录 A 中 A.5。

6.9 温度控制系统

6.9.1 利用不大于 40 V 低输出功率和一个操作滞后 0.1℃的开关算法，也可选择利用比例积分导数（PID）的算法，通过控制器和热电偶程序控制反应温度。热电偶尖端的位置和底部的涡轮叶片水平，探头距离叶片边缘 8.0 mm。

6.9.2 由于反应容器中的温度并不均匀，在反应容器的特定位置检测与控制温度十分重要，因此在重新组装反应容器进行新的试验时，如果热电偶弯曲了一定要复位以保持试验的精度。

6.10 流量计

6.10.1 丙烯酸浮子流量计

流量范围为 11.33 L/min~113.33 L/min（0.4SCFM~4.0SCFM），中间是圆锥形的螺纹量规，用于测量 10.3.2 中的空气流量。流量计顶部安装从冷凝管到反应容器的内径不小于 9.53 mm 真空管线，底部安装内径为 6.35 mm 真空控制阀。

注：SCFM 是英制单位，即标准立方英尺每分钟，表示的是标准温度、压力、相对湿度条件下气体的体积流量，也可表示精确的质量流速。

6.10.2 空气流量计

测量反应中 185 mL/min 的空气流量，最小刻度为 1 mL/min。

6.11 真空系统

采用流量不小于 160 L/min 的真空泵，确保在 40 h、扫气量为（56.64±2.83）L/min（(2.0±0.1) SCFM）条件下真空度能保持在 61 kPa。附录 A 中 A.7 是建立真空管线的说明，一定要准确地按说明进行。

6.12 真空控制阀

内径为 6.35 mm、流动系数为 0.37、采用外径连接的不锈钢针型阀。

6.13 真空冷凝回收系统

向真空系统提供冷却剂，冷却剂入口温度不高于 20℃，用于冷却进入真空系统的气体，回收馏出物并称重。冗长的冷凝器有利于维持穿过试验油液面所需的空气流量。关于两个系统相关信息见附录 A 中 A. 8。

6. 14 时间控制器

自动控制加热时间的计时装置，精度为 1min。

6. 15 精密针型阀

精确控制二氧化氮流量的低速针形阀。针形阀的使用参见附录 B 中 B. 3。

6. 16 烧杯

300 mL 的烧杯。

6. 17 玻璃缸

250 mL 可以密封的烧杯。

6. 18 混合器

可以摇晃混合的容器。

6. 19 ROBO 设备的组装

附录 B 中的图 B. 1 是一个组装好的 ROBO 设备。由于是由不同配件组装而成，有的配件做了特别规定（如：通风橱的尺寸；具体的安全措施；温度控制器等不同配件的使用等），有的没有特别说明。

7 试剂和材料

7. 1 液态二氧化氮

浅褐色有刺激性气味的物质。

警告：剧毒！勿吸入或咽下。与可燃性物质混合会发生爆炸，对眼睛和呼吸道系统有刺激性，对人体的损害不可恢复。

7. 2 二茂铁

纯度 98%以上的二茂铁溶液。

警告：不要吸入蒸汽，不要吞食。

7. 3 稀释油

API Ⅱ类基础油 100 N，用来稀释和溶解二茂铁催化剂。

7. 4 清洗溶剂

工业庚烷或类似的挥发后没有残留物的溶剂。

警告：庚烷具有可燃性。

7. 5 丙酮

用挥发后没有残留物的工业级丙酮进行最后清洗后漂洗。丙酮会使氟橡胶密封物降解，使丙烯酸材料溶解或变质。

警告：丙酮具有可燃性。

7.6 干燥空气

干燥的空气即可。

7.7 参考油

建立 ROBO 试验需要三种参考油，代号分别为 434、435、438（参见附录 C）。参考油储存温度为 32℃，有效期为 5 年。

8 安全事项

二氧化氮有剧毒，除了称重，10.3 条～10.8 条的操作步骤均要求在通风橱中进行，详见 7.1 条后警告。

9 参考油校正试验及设备校准

9.1 参考油 434、435、438 的相关信息参见附录 C。
9.2 用 434、435、438 三个参考油按照第 10 章所述的步骤进行试验。
9.3 按照第 12 章和第 13 章所述确定参考油老化后的黏度特性（不包含试验过程中蒸发出的物质）。
9.4 按照表 1 的指导数据比较老化参考油的黏度特性。

表 1 ROBO 设备/实验台建立指南

参考油代号	40℃运动黏度[a] mm²/s	屈服应力（-30℃）[b] Pa	表观黏度（-30℃）[b,c] mPa·s
438	97～122	<35	22000～35000
434	107～138	<35	29000～50000
435	135～178	>35[d]	>70000

[a]用 GB/T 265 方法分析。
[b]用 SH/T 0562 方法分析。
[c]用 GB/T 6538 方法分析。
[d]由于 NB/SH/T 0562 方法精密度的原因可能没有屈服应力。

9.5 如果三个老化参考油的黏度特性在表 1 的数据范围内，可以认为 ROBO 设备是满足要求的。
9.6 如果一个老化油黏度明显落在表 1 的数据外，则要检查试验操作过程，改正错误，用该参考油重复进行 9.2 条～9.4 条步骤。
9.7 如果不满足要求，重新检查黏度的测量及所有和试验相关的设备（如流量计、真空表、温度控制器、热电偶、真空泵、管道的完整性、有无泄漏等），也可以按照附录 A 中 A.9.4 检查控制阀设置是否和开始设置一致，然后按照 9.2 条～9.4 条步骤重复进行参考油试验。
9.8 如果控制阀设置改变，直接重复进行三个参考油 9.2 条～9.4 条步骤。

10 试验步骤

10.1 真空控制阀阀位的设置

对于一个新的ROBO试验设备，按照附录A中A.9的说明设置真空控制阀阀位，真空控制阀阀位的设置非常关键，它影响试验的苛刻度。在随后所有样品试验中，应与附录A中A.9中初始设置的阀位完全一致，对于TMC成员试验室，可使用上次成功校准时的阀位或试验最后成功校正确定的阀位，之后所有试验油都用相同阀位。

10.2 催化剂准备

10.2.1 称取（0.1±0.001）g的二茂铁催化剂，加入到250 mL的玻璃瓶或其他适当的容器中。
10.2.2 加入（99.9±0.1）g的稀释油100 N，得到浓度为（0.100±0.001）%的二茂铁溶液。
10.2.3 在往复振荡器上震荡至少10 min或用椭圆形瓶子至少震荡5 min，充分混合直到催化剂完全溶解。

10.3 密封检查

10.3.1 向试验油液面下通入185 mL/min的干燥空气。
10.3.2 在上方，在真空控制阀和真空源连接处顶部安装流量计，在空气流量为185 mL/min的情况下，对反应容器抽真空同时限制真空缓释孔阀的开度保证系统压力为85 kPa，丙烯酸浮子流量计（6.10.1）的读数应小于16.99 L/min（0.6SCFM）。

10.4 预先设置好真空流量

对反应容器抽真空，通过调节扫气量为（56.64±2.83）L/min［（2.0±0.1）SCFM］设定空气流量，如果有必要对真空源和冷凝器之间的真空管线也抽真空。通过真空调节阀保持真空压力在（61±1.7）kPa之间。这些参数一旦设定好，则切断真空，从系统中移走丙烯酸浮子流量计（6.10.1）。

10.5 样品准备和二氧化氮的加入

注：完成10.5.1~10.5.3步骤，可不分先后顺序。

10.5.1 样品准备：在反应容器中加入（3.0±0.1）g预先准备好的二茂铁催化剂溶液和（197±1.0）g试验油，混合步骤参见附录B中B.1。

注：反应容器中液体混合物的质量为（200±1.0）g［其中，（197.0±1.0）g试验油和3.0g二茂铁催化剂溶液］。

10.5.2 打开搅拌器电源，调节搅拌速度为（200±5）r/min。
10.5.3 打开加热器电源。

警告：为避免触电和产生火花，需检查设备电源是否安全接地。

10.5.4 将（2.0±0.1）mL的二氧化氮导入到刻度管内（见第8章和7.1条）。具体操作可参见附录B中B.2。

10.6 试验油的老化

10.6.1 通常情况下设定好时间、温度，打开真空阀，试验油开始老化。不分先后顺序，在1 min内完成10.6.2~10.6.5步骤。
10.6.2 设定计时器的时间为40 h，试验油开始老化。
10.6.3 设定控制温度170℃，开始加热。
10.6.4 调节温度控制器输出电压为25 V~40 V。

10.6.5 打开真空系统。

10.6.6 调节二氧化氮的针型阀，使二氧化氮缓慢地进入进气气流中，控制二氧化氮流速，使其在（12±1）h 内缓慢地从刻度管完全导入反应容器中。

10.6.7 由于二氧化氮流速的变化影响精密度，二氧化氮应以可控而平缓的速度进入到反应容器中，在开始的 2 h~4 h 内密切监控二氧化氮以 0.167mL/h 的流速消耗，保证在这个时间段二氧化氮消耗 0.5 mL，剩下的 1.5 mL 以相同的速度加入，保证 2.0 mL 的二氧化氮在 11 h~13 h 之内加完。

10.7 试验结束

10.7.1 40 h 后，在继续通空气、并搅拌的条件下使系统冷却到室温。

10.7.2 关闭真空（40 h 试验完成后随时关闭真空流量），打开反应容器顶盖上样品加入口等任一孔缓慢泄压；将老化油导入试剂瓶中。

10.8 馏出物的计算

10.8.1 把从真空系统中冷凝下来的液体倒入一个去皮重的容器内，确定并记录冷凝液体的质量，精确到 0.1 g。

10.8.2 按如式（1）计算试验油蒸发量：

$$P = 100\frac{M(\mathrm{V})}{M(\mathrm{F})} \qquad (1)$$

式中：

P——蒸发量，以%表示；

$M(\mathrm{F})$——200 g，在 10.5.1 中加入到反应容器中的新试验油质量，单位为克（g）；

$M(\mathrm{V})$——10.8.1 中收集到的馏出物，单位为克（g）。

11 清洗

11.1 用清洗溶剂或汽化器清洗反应容器。擦洗玻璃表面的残留物，小心不要擦伤容器内壁，最后用丙酮漂洗。

11.2 按照下述方法清洗真空控制阀：

11.2.1 用溶剂或汽化器冲洗控制阀，随后用丙酮漂洗除去积炭以免堵塞阀孔。

11.2.2 如果操作 10.4 条时管线不畅通，则需要完成下面的额外清洗过程，如果管线畅通可略过下面的清洗过程直接进行 11.3 条操作。

11.2.2.1 拆开阀，除去阀座和塞子里的炭沉积物。

11.2.2.2 按照 11.2.1 冲洗。

11.2.2.3 重新组装真空控制阀，确保阀位在附录 A 中 A.9 初始设置确定的位置，或最后成功校准设定的位置。

11.3 用清洗溶剂和轻质不起毛的毛巾清洗盖底部、搅拌棒或热电偶，最后用丙酮冲洗。

11.4 为保证空气干净，用溶剂清洗管线，干燥后重新装配。

11.5 用清洗溶液清洗丙烯酸酯浮子流量计，不应用丙酮，丙酮能使丙烯酸材料溶解或变质。

12 试验结果的计算和确定

12.1 用式（2）计算试验油的 40℃运动黏度（采用 GB/T 265 方法测定）的增长率：

$$PVIS = 100\frac{K_{\mathrm{v}}(\mathrm{A}) - K_{\mathrm{v}}(\mathrm{F})}{K_{\mathrm{v}}(\mathrm{F})} \qquad (2)$$

式中：

PVIS——黏度增长率，以%表示；

K_v（A）——老化油40℃运动黏度，单位为平方毫米每秒（mm^2/s）；

K_v（F）——新试验油40℃运动黏度，单位为平方毫米每秒（mm^2/s）。

12.2 低温黏度特性按下述规定进行计算：

12.2.1 按新试验油的SAE W等级规定的温度，采用GB/T 6538方法测定老化油的低温动力黏度（CCS），此温度要求详见SAE J300黏度分类。

12.2.2 如果测定的老化油低温动力黏度（CCS）值小于或等于SAE J300中规定的新试验油的SAE W黏度级别的低温动力黏度最大值时，采用NB/SH/T 0562方法测定老化油的边界泵送（MRV）表观黏度，其测试温度按SAE J300中规定的SAE W黏度级别的测定温度。

12.2.3 如果测定的老化油低温动力（CCS）黏度值大于SAE J300中规定的新试验油的SAE W黏度级别的低温动力（CCS）黏度最大值，采用NB/SH/T 0562方法测定老化油的边界泵送（MRV）表观黏度，其测试温度按比SAE J300中规定的SAE W黏度级别高5℃的测定温度（按SAE J 300中规定的下一个SAE W黏度级别的边界泵送（MRV）表观黏度的测试温度）。

13 报告

13.1 报告格式

对于参考油试验，按表1形式报告数据。

13.2 试验报告

13.2.1 验油老化前和老化后的40℃运动黏度，黏度值在10 mm^2/s~100 mm^2/s时，试验结果报告保留至小数点后两位，黏度值>100mm^2/s时，试验结果报告保留至小数点后一位。

13.2.2 老化油40℃运动黏度增长率（见12.1条），精确到0.1%。

13.2.3 新试验油的SAE W黏度级别。

13.2.4 老化油的低温动力（CCS）黏度值。

13.2.5 老化油的边界泵送（MRV）表观黏度值、屈服应力。

14 精密度和偏差

14.1 精密度

14.1.1 按下述规定判断试验结果的可靠性（95%置信水平）。

表 2　精密度[a]

变量	中间精密度（i. p.）		再现性（R）	
	$S_{i.p.}$ [b]	i. p. [c]	S_R [b]	R[c]
黏度增长率[d]（$PVIS$）	0. 191	0. 535	0. 267	0. 748
MRV 黏度[d]	0. 25	0. 70	0. 40	1. 12

[a]这些数据是以多个实验室试验结果为基础，7 个样品，7 个实验室，10 台试验台架。样品有 SAE 5 W-XX 和 10 W-30 多级发动机油，包括参考油 434，435 和 438。

[b] S 为标准偏差。

[c] 此值是通过标准偏差 S 乘以 2. 8 得到的。

[d] $PVIS$ 原单位是黏度增加百分率。MRV 黏度原单位是 mPa · s。这些参数使用 ln（结果）转换。当用这些参数比较两个测试结果时，首先转换每个试验结果。转换试验结果之后，使用适当的精密度（中间精密度或再现性）限值来比较转换后的测试结果。

14. 1. 2　中间精密度条件：在相同实验室，使用相同的试验方法，可以改变操作者、测量设备和时间，对同一试验测定得到的试验结果。

14. 1. 3　中间精密度限值（i. p.）：在中间精密度试验条件下，对同一试样测定得到的两个结果之差不能超过表 2 中规定的值。如果仅得到单个试验结果，中间精密度限值还可用于计算试验结果测量值范围，可表示为试验结果±中间精密度限值，第二次试验的结果不能超出第一次试验结果测量值范围。

14. 1. 4　再现性条件：不同实验室的不同操作者，使用不同的设备，按相同试验方法对同一试样测定得到的单一、独立的试验结果。

14. 1. 5　再现性限值（R）：在再现性试验条件下，对同一试样测定得到的两个单一、独立的结果之差不能超出表 2 中规定的值。

14. 2　偏差

本标准得到的试验结果仅为本标准所定义的，因此本标准无偏差。

附　录　A
(规范性附录)
试验设备

A.1　反应容器

反应容器图片见图 A.1。

注：反应容器为 ACE 玻璃公司，零件号码 D120676。

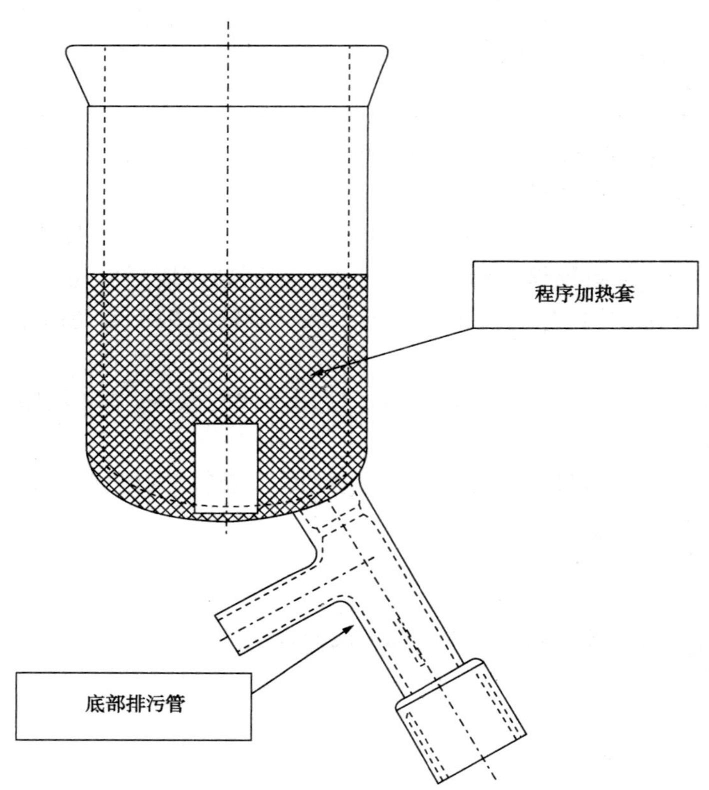

图 A.1　反应容器

A.2 反应容器顶盖

按图 A.2 所述建立反应容器顶盖。

注：反应容器顶盖为 REIMEI 机械公司，零件号码 RMI-1002-DH。

单位为毫米

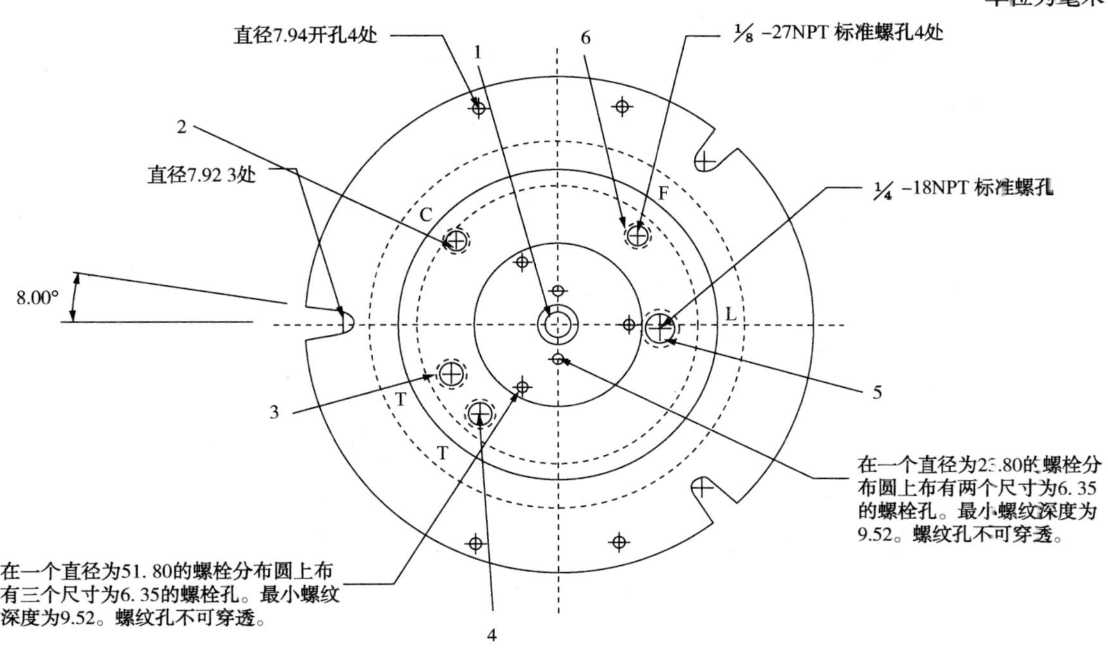

说明：

1— 搅拌棒；

2—空气和二氧化氮加入孔；

3—热电偶；

4—真空控制阀；

5—加料孔；

6—真空缓解阀。

单位为毫米

X-49.17 Y-61.70
X-55.90 Y-71.91
X-64.34 Y-64.47
X-55.04 Y-56.50
X-76.91 Y-3.91
X-90.88 Y-5.89
F
C
L
X-55.04 Y-56.50
X-90.88 Y-5.89
T
X-76.91 Y-3.91
T
X-64.95 Y-63.86
Y
X
X-56.41 Y-71.50
X-49.17 Y-60.73

单位为毫米

X-29.67 Y-78.49
X-22.38 Y-79.91
X-28.07 Y-33.02
X-52.48 Y-27.74
X-37.03 Y-29.87
F
C
X-77.47 Y-0.00
L
T
T
X-37.16 Y-1.02
X-38.56 Y-17.72
X-52.48 Y-51.82
X-28.37 Y-32.51
Y
X
X-29.67 Y-80.11
X-22.38 Y-78.84

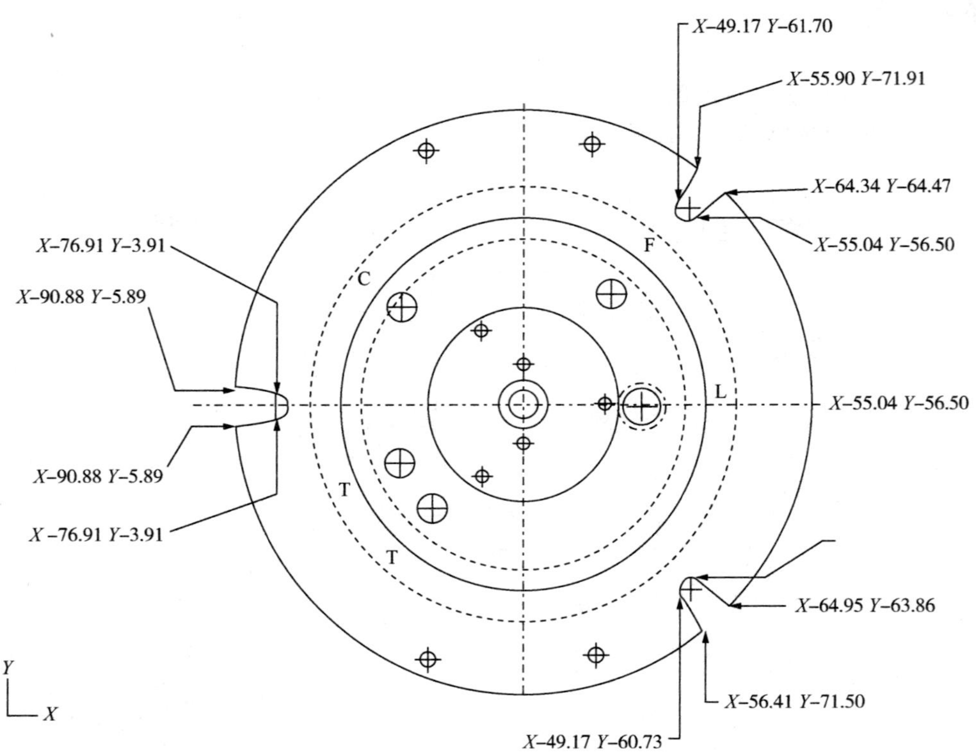

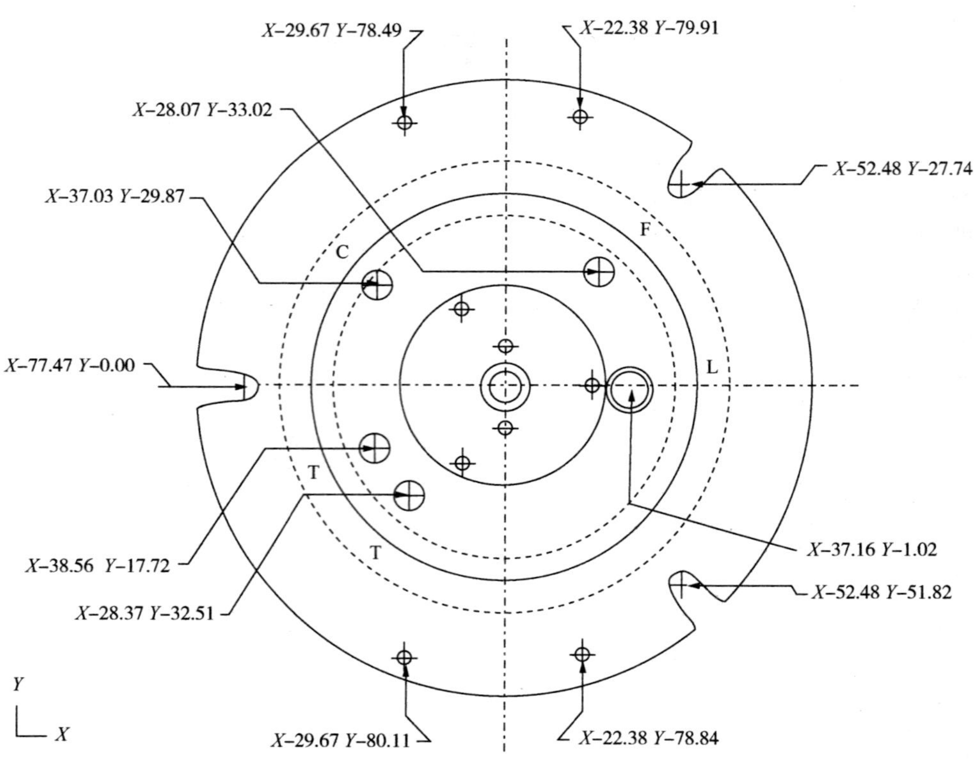

主体(车床线)
去掉边缘毛刺0.40高,允许误差±0.13,除非特殊说明用S/S/制成。
单位为毫米
ϕ 182.17+0.076
ϕ113.92
ϕ 59.69+0.076
ϕ 101.60+0.076
ϕ 133.73
D+
Z
18.42
8.10
3.099−0.076
1.778
12.700
ϕ14.351+0.038
ϕ 9.525
倒角
1.64rad(弧度)

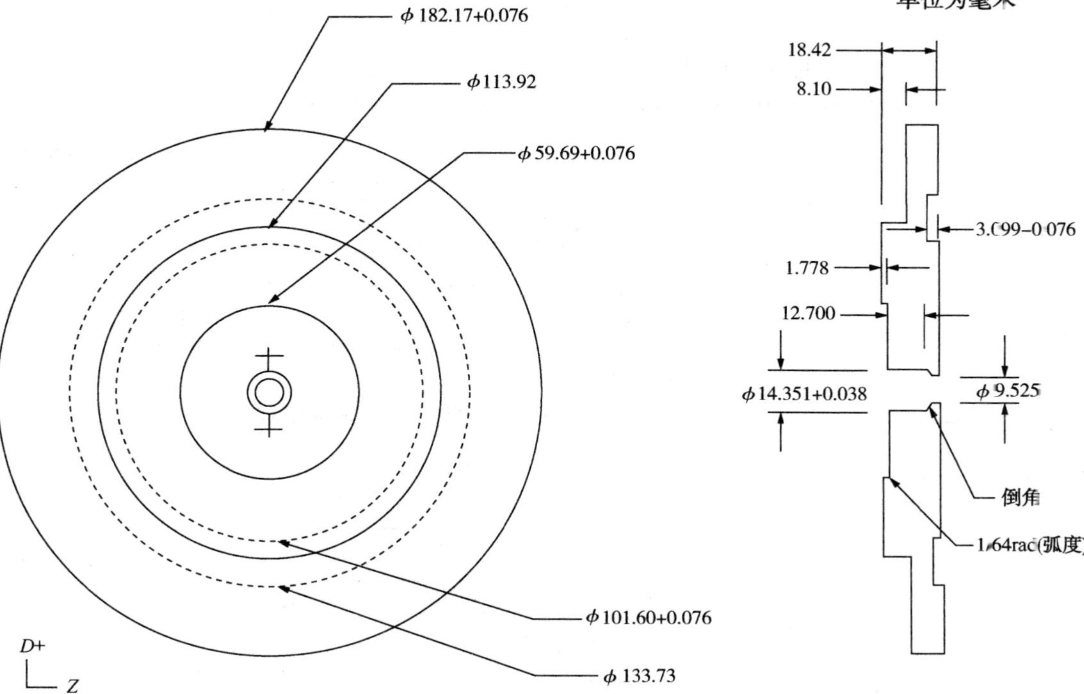

图 A.2 反应容器顶盖

A.3 反应容器顶盖密封环

反应容器顶盖密封环处的视图和尺寸见图 A.3。

注：反应容器顶盖密封环为 REIMEL 机械公司产品，零件号码 RMI-1007-DH。

单位为毫米

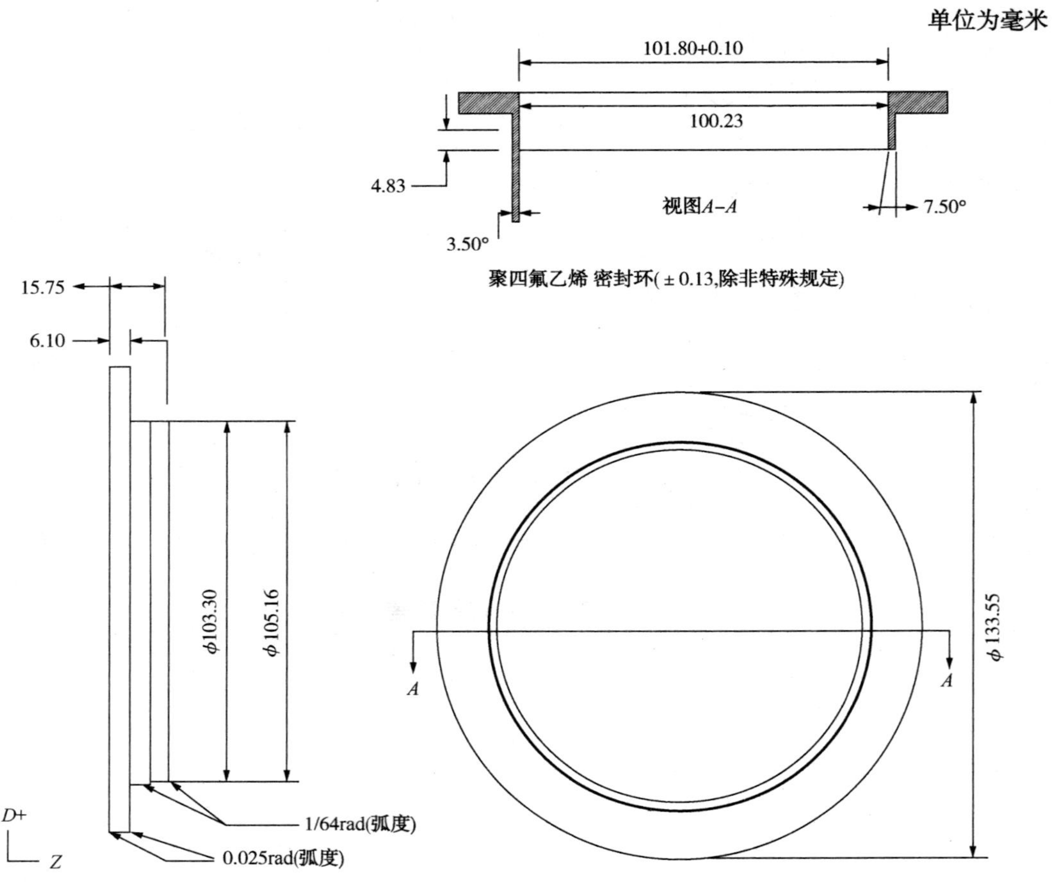

图 A.3 反应容器顶盖的密封环

A.4 搅拌涡轮叶片

不锈钢搅拌涡轮叶片的视图和尺寸见图 A.4。

注：不锈钢搅拌涡轮叶片为 REIMEL 机械公司产品，零件号码 RMI-1001-DH。

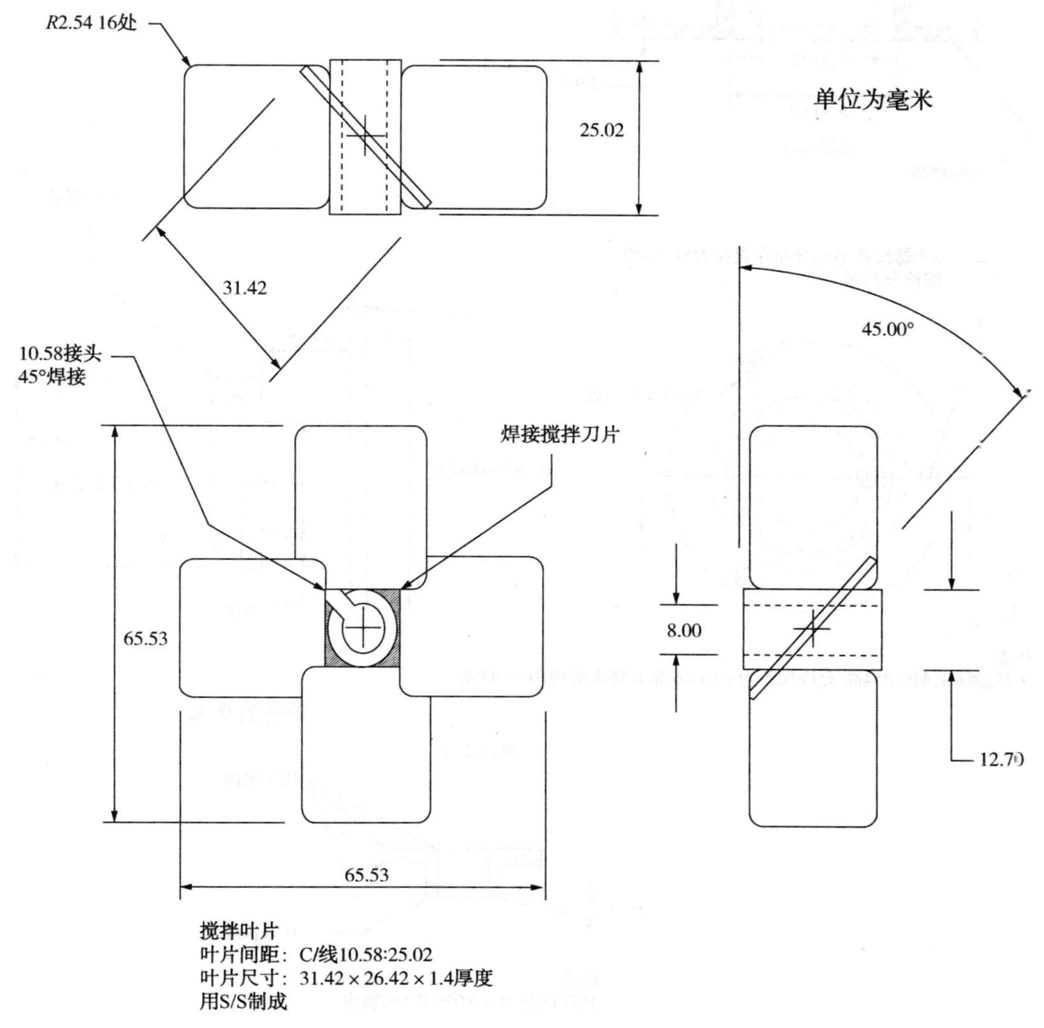

图 A.4 搅拌涡轮叶片的规格

A.5 搅拌器的组成

搅拌器组成的视图和尺寸见图 A.5。

注：搅拌器为 REIMEL 机械公司产品，零件号码 RMI-1004-DH。

单位为毫米

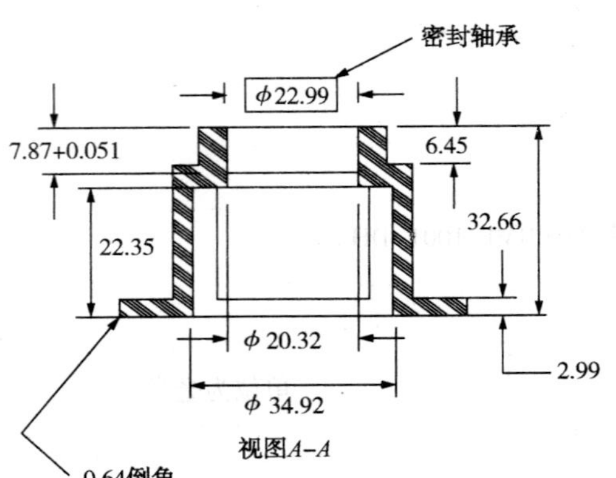

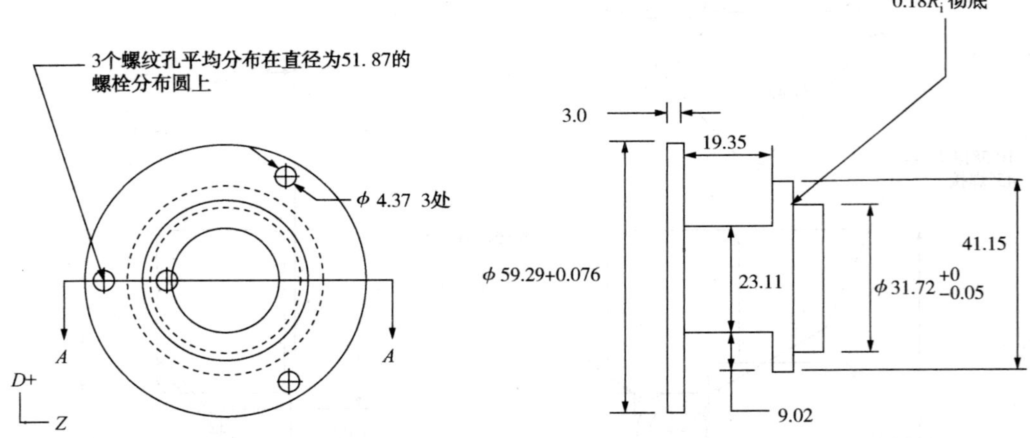

压盖

去掉边缘毛刺0. 254高,允许误差为±0.076,除非特殊说明用S/S制成。

单位为毫米

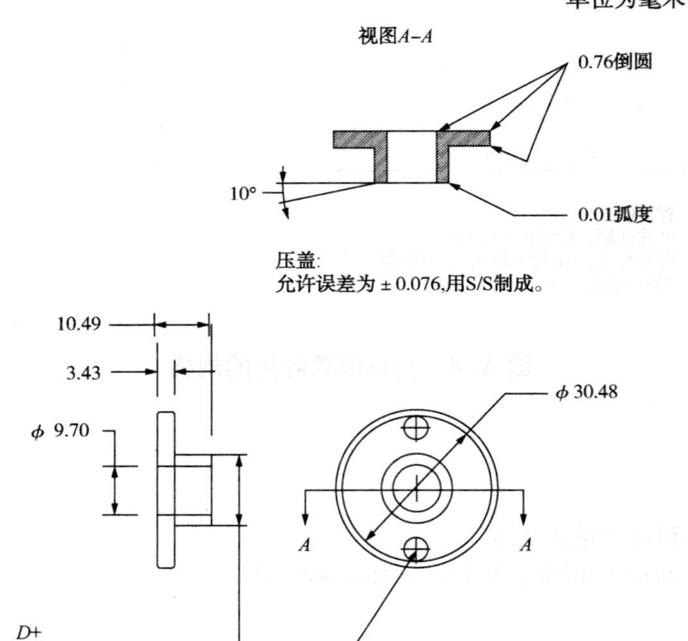

图 A.5　搅拌器的组成

A.6 二氧化氮贮存管

标有刻度的2mL离心管见图A.6。

注：二氧化氮贮存管为ACE玻璃公司产品，零件号码为D120677。

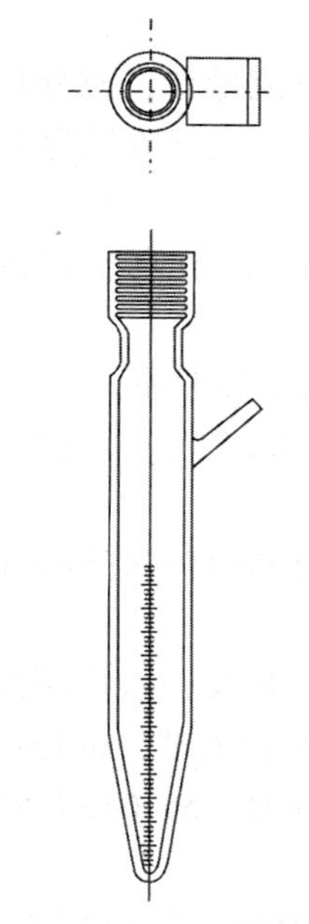

图A.6 二氧化氮刻度管

A.7 真空管道系统

A.7.1 概述

在建立反应容器的真空系统操作时，准确地遵循操作说明是至关重要的。这是因为真空系统类似于一个部分关闭的阀门，因此调节真空系统的真空控制阀不能被完全打开；否则调节范围可能不足以允许使用9.1条中的所有三种参考油进行校准。

A.7.2 建立真空管线

A.7.2.1 从真空源到冷凝器用内径为9.53mm的管建立真空管线（柔性或硬质不锈钢）。如果是硬管结构，弯曲时采用弯头，不能采用弯管。

A.7.2.2 从冷凝器到顶部真空控制阀连接处，真空管线内径由9.53mm变为6.35mm，用内径为4.57mm的管连接到控制阀上。如果是硬管结构，弯曲时采用弯头，不能采用弯管。保证从反应容器到冷凝管的硬质真空管线是梯度向下的，从反应容器到冷凝器的柔性管线没有凹陷变形。

A.7.2.3 从真空控制阀底部连接处到反应容器连接处，所用管线的内径由6.35mm变为4.57mm，长度不超过25mm。

A.8 冷凝器真空阱

A.8.1 真空冷凝器的作用是保护真空系统不受反应气污染，同时收集蒸发出的油品。

A.8.2 用ACE玻璃公司的三个配件号为8748-12、7506-15、8751-20的元件装配，组成双元陷阱充分保护真空系统。

A. 8. 3 冷凝管/真空冷凝回收系统可以用 ACE 玻璃公司的 6. 35 mm 的管线组成，冷凝管（配件号 D127507）和陷阱（配件号 D127590）适用，两配件的连接处直径比 A. 8. 2 规定的要略大。

A. 9 设置真空控制阀位置

A. 9. 1 在安装好的反应装置上部安装真空流量计，充分打开真空控制阀，控制真空缓释开孔的长度以保证系统压力为 85 kPa，同时保持液面下空气流量为 185 mL/min，空气流量应小于 16. 99 L/min（0. 6SCFM）。

A. 9. 2 保持真空压力为（61 ± 1. 7）kPa，调节真空控制阀和真空缓释口使通过的空气流量为（56. 64±2. 83）L/min［（2. 0±0. 1）SCFM］。

A. 9. 3 现在系统准备按第 9 章所述开始校正参考油，校正期间不要改变控制阀的设置，否则会影响试验的苛刻度。如果系统得出的是“在校正状态”，以后所有的试验油的运行都用相同的真空控制阀设置。

A. 9. 4 如果没有得出“校正状态”，首先检查真空管线布置是否严格遵守附录 A 中 A. 7 的说明，如果已严格遵守，做如下调整：

A. 9. 4. 1 如果参考油结果显示微小差别，开大一点控制阀；如果参考油结果偏差较大，进一步关小真空控制阀。反复试验是重新设置真空阀的关键，也是可以随时进行的操作循环。重新设置真空控制阀后，调整真空缓解阀使通过空气流量为（56. 64±2. 83）L/min［（2. 0±0. 1）SCFM］，同时保持真空系统压力为（61±1. 7）kPa。

A. 9. 4. 2 如果实验室使用的是真空泵，为保证试验所需的条件，应安装放气阀。

附　录　B
（资料性附录）
试验操作及设备安装的辅助信息

B.1　样品的准备和加入

B.1.1　预混合程序

B.1.1.1　用6.1.1所述天平称量干净的300 mL烧杯，去皮重加入（3.0±0.1）g二茂铁催化剂。
B.1.1.2　把试验油加入到烧杯中使其总质量达到（200.0±1.0）g。
B.1.1.3　用玻璃棒搅拌1 min，使催化剂和试验油充分混合。
B.1.1.4　通过加料口把油剂混合物加入到反应容器中。
B.1.1.5　用螺纹塞封住加料口。

B.1.2　直接称量程序

B.1.2.1　将反应容器从设备中取下，清洗干净（如果有必要，按11.1条清洗），用6.1.1所述天平称其质量（去皮重）。
B.1.2.2　将（3.0±0.1）g事先准备好并称重的二茂铁催化剂加入到反应容器中。
B.1.2.3　将试验油加至反应容器中直至质量达到（200.0±0.1）g。
B.1.2.4　重新把装有油剂混合物的反应容器安装到设备上。
B.1.2.5　按10.3条所述检查密封性。
B.1.2.6　按10.4条所述预设置流量和压力。

B.2　二氧化氮调节

B.2.1　用一个三通阀或四通阀调节。
B.2.2　把冰、水混合物放在刻度管底部或把干冰放在刻度管顶部以减小管内的压力。
注：二氧化氮沸点为21.1℃。
B.2.3　关闭所有进设备的阀。
B.2.4　打开二氧化氮转向阀，在三通的情况下二氧化氮流入刻度管，四通的情况下二氧化氮流入反应容器。
B.2.5　打开二氧化氮气瓶的阀几秒钟，让部分液态二氧化氮集中在阀上部的连接管处。
B.2.6　关上二氧化氮气瓶阀，慢慢打开二氧化氮控制阀，允许部分二氧化氮进入到刻度管。
警告：由于二氧化氮有剧毒，缓慢打开控制阀严格控制二氧化氮流入量。
B.2.7　重复冷却程序、开阀和关阀直到刻度管内有2.0mL的二氧化氮。
B.2.8　或者用真空度控制刻度管内二氧化氮的量。
注：如果利用真空度移走过量二氧化氮，要特别小心操作避免抽出所有的二氧化氮。

B.3　二氧化氮精密针型阀

针型阀位于反应容器和二氧化氮刻度管之间，控制二氧化氮进入进气口的量，由于每小时需要很少的量，所以需要严格控制流量，使针型阀的 C_v 很小，经验证明手动微针型阀打开10圈 C_v 为

0.004，打开 20 圈 C_v 为 0.019。

B.4 ROBO 仪器装配的案例

如 6.19 条所述没有安装 ROBO 仪器的标准操作步骤，附录 B 中图 B.1 仅是安装好的 ROBO 设备案例。

图 B.1 装配好的 ROBO 试验设备图

B.5 建立新的 ROBO 仪器的信息包

B.5.1 本标准中提供的资料内容对于初次建立 ROBO 仪器者足够用，在 TMC 网站有一个信息包可以参考，对于初次建立和安装 ROBO 仪器者有帮助。这个信息包中提供的信息（资料性）是对标准中第 6 章的补充，对于初次建立 ROBO 仪器在配件和技术上非常适用。

B.5.2 这个信息包是建立 ROBO 设备的一种方法，供试验者参考，但当有争议时第 6 章中包含的改进和说明的内容优先于信息包。

B.5.3 表 B.1 为 ASTM TMC 网站上的信息包。

表 B.1　ASTM TMC 信息包

项　　目	ASTM D7528-2017 对应的章条编号
搅拌系统： 概述 辅件的安装 搅拌系统组成	6.6 条
空气供给系统： 概述 空气供给和液面下的供给 空气供给系统的示意图 空气供给系统各种元件 操作设备的常规预防措施 紧急关闭程序 在发生二氧化氮泄漏时实验室紧急关闭程序	6.7 条
二氧化氮： 概述 二氧化氮物化特性 二氧化氮到反应器的控制 图解视图 调整从刻度管出来的二氧化氮的水平 二氧化氮系统组成	6.15 条、10.5.3 和 10.6.5
温度控制系统 ： 概述 参数的初始设置 温度控制系统 J-热电偶在反应器中的放置 温度控制系统元件	6.9 条
真空系统： 概述 真空陷阱组成 真空陷阱 水的安全性 真空压力测量 水流动图解 真空流动图解 真空系统检查 真空系统元件	6.10 条和 6.11 条
容器头和容器元件： 概述 容器头的图解及照片 更多照片 容器和容器头元件	6.4 条

附 录 C
（资料性附录）
ASTM TMC 相关信息

C.1 ASTM TMC 参考油

C.1.1 参考油 434、435、438 为 ASTM TMC 参考油，代号分别为 TMC434、TMC435、TMC438 参考油。ASTM TMC 组织保有并分配这些参考油。这些参考油是按配方调制而成，代表了特定的化学类型或性能水平，或两者兼而有之。

C.1.2 为保证参考油配方和性能的一致性，ASTM TMC 负责管理参考油。

C.1.3 如果没有 ASTM TMC 明确授权，不要用物理的或化学的方法分析参考油。实验室按惯例同意使用 ASTM TMC 参考油，完全按照 ASTM TMC 公开的政策使用和分析参考油，按照 ASTM TMC 指导进行试验并报告参考油试验结果。

C.2 维持 ASTM TMC 成员实验室 ROBO 试验时的检定状态（非 TMC 成员的实验室可忽略）

C.2.1 参考油的检测频率：ASTM TMC 要求定期校正，按 ASTM 试验监测中心的要求在 ROBO 设备上进行其中一个参考油试验。

C.2.1.1 在进行参考油试验前首先从 ASTM TMC 直接购买参考油盲样，参考油盲样以数字代码提供给实验室。为保证评定时不受以前试验结果的影响，ASTM TMC 决定实验室所要进行试验的参考油盲样。

C.2.1.2 每个 ROBO 试验分配一个试验编号。

C.2.1.3 在设备上评定一个参考油期间，其他非参比油可以在其他以前校正过的设备上进行评定。

C.2.1.4 报告参考油的试验结果：按如下指示向 ASTM TMC 报告所有参考油的试验结果。

C.2.1.5 试验完成 5 天内按照数据通信委员会模版将试验结果的报告通过邮件传送给 ASTM TMC。

C.2.2 参考油试验结果的评价：ASTM TMC 对参考油试验结果评价分操作的有效性和统计可接受性两部分，如果有疑问 ASTM TMC 可以咨询实验室。

C.2.2.1 收到参考油的试验结果后，ASTM TMC 按目前认可的试验方法评价报告中操作参数是否有效。对于操作有效的试验，ASTM TMC 将根据 ROBO 校正指南来评价通过或失败，以此证实数据是否有效。ASTM TMC 将给实验室发一个测试确认报告，证明测试结果的整体有效性，同时公开参考油的代号。

C.2.2.2 如果参考油试验失败，实验室需要解释失败的原因。如果问题不明显按 9.7 条重新进行检查，之后 ASTM TMC 重新提供另一参考油进行试验，如果参考油试验还是失败，应按 9.7 条和 9.8 条重新校正设备。

C.2.2.3 ASTM TMC 根据需要召开一个由工业专家（由实验室、ASTM 技术指导委员会成员和监督委员会等）组成的讨论会，讨论参考油的失败原因，是假警报，还是试验设备、实验室测试或其他相关的工业问题。ROBO 监督委员会裁决所有的工业问题。

ICS 75.080
E 30

SH

中华人民共和国石油化工行业标准

NB/SH/T 0977—2019

轻质油品中氯含量的测定 单波长色散X射线荧光光谱法

Test method for determination of chlorine in light petroleum products by monochromatic wavelength dispersive X-ray fluorescence spectrometry

2019-06-04 发布　　2019-10-01 实施

国家能源局　发布

前　言

本标准按照 GB/T 1.1—2009 给出的规则起草。

本标准由中国石油化工集团有限公司提出。

本标准由全国石油产品和润滑剂标准化技术委员会石油燃料和润滑剂分技术委员会（SAC/TC280/SC1）归口。

本标准起草单位：中国石油化工股份有限公司石油化工科学研究院。

本标准参加起草单位：山东京博石油化工有限公司、中国石油化工股份有限公司大连石油化工研究院、中国石油天然气股份有限公司广西分公司、山东东明石化集团润泽化工有限公司、中化弘润石油化工有限公司、中国石油化工股份有限公司济南分公司。

本标准起草人：何沛、高萍、范艳璇、李太衬、高波、曹晶、张庆国、马新凤、李化泽。

本标准为首次发布。

轻质油品中氯含量的测定　单波长色散 X 射线荧光光谱法

警示：使用本标准的人员应有正规实验室工作的实践经验。本标准的使用可能涉及某些有危险的材料、设备和操作，本标准并未指出所有可能的安全问题。使用者有责任采取适当的安全和健康措施，并保证符合国家有关法规规定的条件。

1　范围

本标准规定了采用单波长色散 X 射线荧光光谱法（MWDXRF）测定轻质油品中氯含量的方法。

本标准适用于汽油、柴油、石脑油、航空燃料及馏分油等轻质油品中氯含量。本标准也可用于测定氧质量分数小于 5%的含氧汽油及生物柴油调和燃料，但本标准并未对其精密度进行考察。氯含量测定范围为 4.2 mg/kg~430 mg/kg。对于氯含量大于 430 mg/kg 轻质油品，可用溶剂稀释至此范围再进行测定，但本标准未考察稀释后样品中氯含量测定结果的精密度和偏差。

测定干扰情况见第 5 章。

注：具有高挥发性的样品如高蒸气压汽油或者较轻的碳氢化合物，由于分析过程中轻组分的挥发，有可能造成测定结果精密度达不到标准的要求。

2　规范性引用文件

下列文件对于本文件的应用是必不可少的。凡是注日期的引用文件，仅所注日期的版本适用于本文件。凡是不注日期的引用文件，其最新版本（包括所有的修改单）适用于本文件。

GB/T 4756 石油液体手工取样法

GB/T 27867 石油液体管线自动取样法

NB/SH/T 0843 石化行业分析测试系统的评价 统计技术法

3　方法原理和概要

由 X 射线源发出的 X 射线经入射光单色器衍射形成一束能够激发氯元素 K 层电子的单色激发光束；其照射到试样上，试样中的氯元素发出波长为 0.473 nm 的 Kα 特征 X 射线荧光；此波长的 X 射线荧光由一固定通道单色器收集并聚集到探测器上，即可得到试样的 X 射线荧光强度（计数/s），如图 1 所示。用校准曲线所拟合的校准方程将试样 X 射线荧光强度转换成被测量试样中氯的含量（mg/kg）。

警告：接触过量的 X 射线有害健康，操作者应当采取适当的措施以防身体的任何部位受到一次以及二次或散射的 X 射线的照射，X 射线光谱仪的操作应符合仪器生产厂家的安全准则和国家及地方的安全规定。

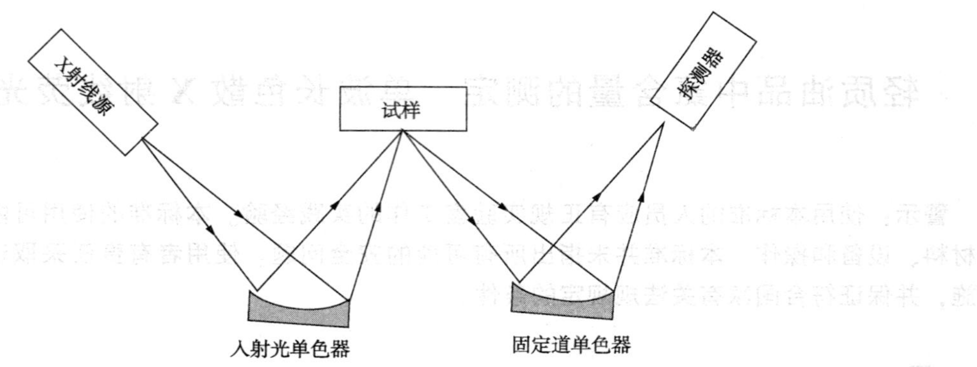

图 1　MWDXRF 分析原理示意图

4　方法应用

4.1　油品中的氯元素可造成炼油生产装置腐蚀、氯化铵盐堵塞、发动机腐蚀及环境污染等问题。所以，及时监测油品中的氯含量，有针对性地采取措施，对减缓或避免氯腐蚀、防止环境污染均具有重要意义。

4.2　轻质油品中的氯包括有机氯和无机氯，但长期试验考察发现轻质油品中无机氯含量很低，通常其含量不足以影响测定结果的准确性。如果样品中有无机氯化物存在，并且均匀的分布在油品中，则本方法测定结果是无机氯和有机氯的总含量。

4.3　本标准方法测定速度快、分析操作步骤简单，单个样品的分析时间是 5 min~10 min。适用于轻质油品中氯含量的快速测定。

5　干扰

5.1　待测样品与标准样品的元素组成不同会导致氯含量测定结果的偏差。为减少测定结果的偏差，应使用与待测样品具有相同或相似元素组成的无氯溶剂配制标准样品。稀释样品所用溶剂也要与标准样品所用溶剂的元素组成相同或相似。

5.2　本方法适用于测定氟含量小于 100 mg/kg，溴含量小于 1000 mg/kg 的试样。当氟含量大于 100 mg/kg 时，会导致结果偏高。

5.3　本方法适用于测定氧质量分数小于 5%的试样。试样中氧质量分数大于 5%时，可能会导致测定结果偏低。此时需使用与待测样品含有相同类型和相同含量的含氧化合物配制的标准样品建立工作曲线，再进行待测样品分析，但是本标准并未考察其精密度和偏差。

5.4　试样中硫质量分数小于 1.0%、氮质量分数小于 0.2%时，对氯含量的测定结果没有显著影响。

6　仪器

6.1　单波长色散 X 射线荧光光谱仪：配置 0.473 nm X 射线探测器，任何符合下面条件以及测定结果能达到第 15 章精密度要求的此类仪器均可以使用。

6.1.1　X 射线源：可产生能激发氯元素的 X 射线。推荐使用能够产生 RhLα、PdLα、AgLα、TiKα、ScKα 和 Cr Kα 辐射的 X 射线管。

6.1.2　入射光单色器：具有选择和聚焦功能，可将从 X 射线源产生的多条波长光束选择出具有特定波长的 X 射线，并投射到样品上。

6.1.3 光路：真空或通氦气，以便对激发光和荧光X射线的吸收最小。建立校准曲线和测定样品均应在相同的光路、真空度或氦气压力条件下进行。

6.1.4 固定通道单色器：能色散分离氯元素 KαX 射线 。

6.1.5 探测器：能有效探测氯元素 KαX 射线 。

6.2 样品盒：装样品用，其形状要与单波长色散X射线荧光光谱仪的要求相符。建议样品盒为一次性使用。

6.3 样品膜：用来盛载并支撑样品盒中的试样，同时提供一个对X射线低吸收的窗口，允许激发光穿透样品膜照射到样品，并且样品发射的特征X射线荧光也能穿透样品膜。任何能够耐样品化学反应、不含氯、不吸收X射线的薄膜都可以使用。

7 试剂和材料

7.1 试剂纯度：试验过程中所使用的试剂均为分析纯，在不降低测定结果精密度的前提下，可使用其他纯度的试剂。

7.2 异辛烷：用于配制标准溶液，氯含量应小于 0.1mg/kg。

警告：易燃。

7.3 氦气：纯度大于 99.9%。

7.4 六氯苯：相对分子质量为 284.78，氯质量分数为 74.69%。

7.5 氯标准储备溶液 1000mg/kg：可以购买市售的能够满足使用要求的储备液；也可以按下述方法进行配制。准确称取六氯苯 0.1339g 至锥形瓶中，再向锥形瓶中加入 100.0g 异辛烷。储备液可进一步稀释到不同浓度的标准工作溶液。

注1：根据储备液使用频率和有效期，需定期重新配制。

注2：也可以使用对测定无干扰的其他含氯化合物配制标样，但都需对试剂纯度进行校正。

7.6 氯标准工作溶液：可以购买市售的能够满足使用要求的氯标准工作溶液；也可以由标准储备溶液（见 7.5）进一步稀释而得到的不同浓度的溶液，用于建立校准曲线。具体需配制浓度见 10.1。

7.7 校准检查样品：用于确认校准曲线的准确性。校准检查样品可以是由氯标准储备溶液（见 7.5）进一步稀释而得到的标准工作溶液，亦可以是已知浓度的市售样品。使用标准工作溶液作为校准检查样品时，需注意校准检查样品所用浓度不应是建立校准曲线时所用的浓度。选用的校准检查样品浓度还应在校准曲线范围内。

7.8 漂移监测样品（选用）：用来测定和校正仪器随时间的漂移情况（见 10.4、11.1、12.2 和 12.3）。不同类型的、稳定的含氯物质均可用作漂移监测样品，如：液态样品、固态样品和粉末压片样品。在合适的计数时间条件下，监测样品所显示的计数率应满足相对标准偏差（RSD）小于 1%的要求（参见附录 A）。

注1：若仪器需要进行漂移校正，应按仪器要求测定漂移监测样品。如果仪器没有自动漂移校正功能，也可采用手动方法进行漂移校正，具体操作步骤见 10.4、11.1、12.2 和 12.3。

注2：可使用校准检查样品（见 7.7）作为漂移监测样品。漂移校正对于本标准精密度和偏差的影响尚未研究。

7.9 质量控制样品（QC）：稳定的、具有代表性的轻质油品。用于验证整个实验过程的准确性，见第 14 章。可使用校准检查样品（见 7.7）作为 QC 样品。

8 取样

8.1 按照 GB/T 4756 或 GB/T 27867 规定的方法取样。

警告：低于室温采取的样品，在室温下会发生样品膨胀，甚至出现损坏装样容器的情况，因此采取此类样品时，不要将样品装满容器，应在样品上方留有充分的膨胀空间。

8.2　样品采集到容器后，如不立刻使用，对于汽油样品应存储在密闭的容器中，并在0℃～4℃条件下存放。测定前再打开装样容器，取出样品后应尽快分析。

9　仪器和试样的准备

9.1　仪器准备

9.1.1　按照仪器制造商的说明书安装和调试光谱仪。打开仪器，完成仪器自检程序。

注：尽可能让仪器连续运转，以保证最佳的稳定性。

9.1.2　计数时间（T）：使用仪器厂家推荐的计数时间，一般是 5 min～10 min，或参照附录 A 中的步骤来确定计数时间，以满足精密度要求。

注：对于高挥发性的样品，建议减少分析时间。

9.2　试样的准备

9.2.1　将试样从样品盒开口端倒入盒中，一般试样装入量为样品盒的 3/4 高度处，最小为 5mm 高度。

9.2.2　将新的样品膜盖在样品盒开口端上，并固定牢固。装好后要确保样品盒中的试样不渗漏，如有任何情况的渗漏均需重新制备试样。分析试样和用来建立校准曲线的标准工作溶液应使用相同批次的样品膜和样品盒。测定每一个样品都要使用新的样品膜，避免用手接触样品盒内壁、样品膜、样品及仪器的 X 射线透光窗。手指上的油污和样品膜上的褶皱都会使氯测定结果产生偏差，因此，为了确保测定结果的准确，样品膜要绷紧，保证膜上没有气泡、褶皱，并且保持干净。如果样品膜的种类和厚度发生变化，要用校准检查样品（见 7.7）重新检查校准曲线的有效性。

注：样品膜和样品盒生产批次发生变化时，建议检查校准曲线的有效性，如果需要，需重新建立校准曲线。

9.2.3　试样倒入样品盒并用样品膜封好后，在样品盒上开一个小气孔以防止样品挥发造成样品膜弯曲。

9.2.4　试样装入样品盒后，需立即分析。试样或标准工作溶液在样品盒中的存放时间越短越好。

9.2.5　二级窗上的样品膜应保持干净，并定期更换。更换时，样品膜要绷紧，保证膜上没有气泡、褶皱，并且保持干净。更换后需要测定校准检查样品（见 7.7）重新检查校准曲线的有效性。

10　校准

10.1　根据试样浓度，选择表 1 推荐的标准工作曲线范围和标准工作溶液浓度建立工作曲线。建立标准工作曲线用的标准工作溶液浓度应能涵盖试样的浓度。在精密度能达到方法要求的前提下，也可根据试样的浓度适当调整标准工作曲线浓度范围，所建立的标准工作曲线应是线性的。

注：曲线Ⅰ适用于测定氯含量较低的样品，建立标准工作曲线时，建议最低浓度为 0 mg/kg。曲线Ⅱ适用于测定氯含量较高的样品。

表 1　推荐的标准工作曲线范围和标准工作溶液浓度

曲线Ⅰ W_{Cl}/（mg/kg）	曲线Ⅱ W_{Cl}/（mg/kg）
0	0
1	30
3	50

表1 推荐的标准工作曲线范围和标准工作溶液浓度（续）

曲线Ⅰ W_{Cl}/（mg/kg）	曲线Ⅱ W_{Cl}/（mg/kg）
5	100
10	300
30	500

10.2 按照下列步骤分析氯标准工作溶液。

10.2.1 准备氯标准工作溶液，见9.2。

10.2.2 将装有氯标准工作溶液的样品盒放入仪器中。

10.2.3 测定每个标准工作溶液中氯元素的荧光强度（总计数），将总计数除以计数时间（见9.1.2，以计数每秒为单位）得到计数率（R_s）。

10.3 用以下两种方法之一建立线性校准曲线。

10.3.1 用仪器制造商提供的软件建立校准曲线。

10.3.2 对校准测量数据做线性回归，线性回归方程见式（1）：

$$R_s = Y + (E \times C) \quad (1)$$

式中：

R_s——氯荧光强度总计数率，单位为计数每秒（计数/s）；

Y——校准曲线的截距，单位为计数每秒（计数/s）；

E——校准曲线的斜率；

C——氯含量，单位为毫克每千克（mg/kg）。

10.4 若使用漂移校正，则在校准时测量漂移监测样品的氯荧光强度总计数，用总计数除以计数时间得到计数率。在校准时由漂移监测样品得到的计数率是12.2中式（2）的A因子。

10.5 测定标准工作溶液后，立刻测定一个或多个校准检查样品（见7.7）的氯含量，得到的测定结果与校准检查样品氯含量浓度值之差不大于方法重复性要求。如果未达到要求，则需检查校准过程或校准样品，采取适当措施，重复校准过程。在评估校准曲线时，要考虑校准检查样品和氯标准工作溶液之间基体的相符程度。

11 试验步骤

11.1 若使用漂移校正，则分析试样前要对校准时测定的漂移监测样品进行分析。用所测得的总计数除以计数时间得到计数率，此计数率即为12.2条中式（2）的B因子。

11.2 按照10.2条的步骤测定试样，得到试样氯荧光强度的总计数。用总计数值除以总计数时间，得到试样的计数率。

11.3 如果试样的计数率大于校准曲线上最大的计数率，则用与制备校准样品相同的溶剂稀释试样，使其计数率在校准曲线的范围内。对稀释后的试样重复11.2条的步骤。但本标准未考察稀释后试样中氯含量测定结果的精密度。

12 结果计算

12.1 如果仪器自带标定用软件，则仪器将自动给出试样中氯的含量。

12.2 如果使用漂移监测样品，应根据式（2）计算漂移校正因子（F），F代表每日仪器灵敏度的变化。如果没有使用漂移监测样品，F就等于1。

$$F = A/B \quad (2)$$

式中：

A——漂移监测样品在校准时所得的计数率（见10.4）；

B——漂移监测样品在分析测试时所得的计数率（见11.1）。

12.3 试样经过漂移校正修正过的计数率（R_{corr}）按式（3）计算。

$$R_{corr} = F \times R_s \quad (3)$$

式中：

F——漂移校正因子，由式（2）计算得到；

R_s——试样的总计数率。

12.4 用R_{corr}代替10.3.2式（1）中的计数率，计算试样的氯含量。

13 报告

取重复测定两个结果的算术平均值作为测定结果，单位为mg/kg。测定结果大于或等于10.0 mg/kg时，结果保留至1 mg/kg；测定结果小于10.0 mg/kg时，结果保留至0.1 mg/kg。

14 质量控制

14.1 每次开机后，在分析样品前至少测定一次QC样品（见7.9）。分析QC样品是为了验证仪器性能及确保试验过程的准确。

14.2 如果实验室建立了质量控制及质量保证程序，可用其确认测定结果的可靠性。

14.3 如果实验室没有建立质量控制及质量保证程序，可参考附录B作为评价系统。

15 精密度和偏差

15.1 通过7个实验室对氯含量在4.2mg/kg~430mg/kg之间的17个不同类型样品（如：汽油、柴油、石脑油、航空燃料、馏分油等轻质油品）进行测定，氯含量测定结果按照GB/T 6683方法的要求，经统计计算得到本标准的精密度（95%置信水平）。

注：如果没有妥善保存含有易挥发组分的试样，则其测定精密度会降低。

15.2 重复性（r）：同一操作者，在同一实验室，使用同一仪器，对同一试样进行测定所得两个重复测定结果之间的差值，不应超过式（4）所得数值。

$$r = 0.131X^{0.577} \quad (4)$$

式中：

X——两个重复试验测定结果的平均值，单位为毫克每千克（mg/kg）。

15.3 再现性（R）：不同操作者，在不同实验室，使用不同仪器，对同一试样进行测定，所得两个单一和独立的结果之差不应超过式（5）所得数值。

$$R = 0.222X^{0.717} \quad (5)$$

式中：

X——两个单一、独立试验测定结果的平均值，单位为毫克每千克（mg/kg）。

15.4 试样氯含量按上述精密度计算所得典型值见表2。

表2　重复性 r 和再现性 R

氯含量/（mg/kg）	r/（mg/kg）	R/（mg/kg）
5	0.33	0.70
10	0.5	1.2
30	0.9	2.5
50	1.3	3.7
100	1.9	6
300	3.5	13
430	4.3	17

15.5　偏差：目前还没有可用于测试本方法偏差的参考材料，故本标准尚未给出偏差。

附　录　A
（资料性附录）
计数时间

A.1　X射线荧光分析的质量是计数精度的函数，增加计数时间（T）可提高计数精度。当灵敏度和含量允许时（见A.3），建议收集足够多的计数以使荧光净强度的相对标准偏差（RSD）达到1.0%或更好。

A.2　为了确定达到预期的相对标准偏差（RSD）所需的计数时间T，使用T=100s来分析试样，测定试样总计数率和空白试样背景计数率，用式（A.1）计算RSD（%）。

$$\mathrm{RSD}=\left[100T^{-0.5}\left(R_s+R_B\right)^{0.5}/\left(R_s-R_B\right)\right]\times 100 \tag{A.1}$$

式中：

R_s——试样的总计数率，单位为计数每秒（计数/s）；

R_B——不含氯的空白试样的背景计数率，单位为计数每秒（计数/s）。

A.2.1　如果大概知道待测样品的氯含量，则可用现有的校准方程来估计R_s。式（A.1）中的背景计数率R_B可以用最近期的线性回归校准中的截距Y来估计（10.3.2）。

A.2.2　如果使用T能达到预期的精密度，则T也适用于那些与用来决定T的样品有相同或更高氯含量的样品。

A.2.3　因为用单道分析器来测量氯，R_B不能直接从含氯的样品来决定。R_B可由测量不含氯的空白试样而得到，或者用最近期的校准曲线中的截距Y来代替。

A.3　当氯含量较低时，为达到预期精度，应增加计数时间。如果实际操作中需要对所有的样品使用相同的计数时间，那么由预期的最低氯含量的样品决定计数时间。

附 录 B
（资料性附录）
质量控制

B.1 通过定期分析质量监控（QC）样品（见7.9）来监测和控制仪器的稳定性和精密度。

B.2 QC样品的种类应该与日常仪器分析的样品类似。QC样品应供应充足，以用作长时间内的质量控制，在所预期的储存条件下能够保持均匀、稳定。进一步的QC和控制表技术见NB/SH/T 0843。

B.3 QC样品的分析频率取决于被测试样的重要程度、检测过程的稳定性及客户的要求。通常情况下，QC样品的测试应该在每天样品分析之前进行测定。如果当天待测试样数量增加，则QC分析频率也应增加。如果测试结果在统计控制范围内，则可相应减少QC分析频率。为保证数据质量，QC数据的精度应定期检测。

B.4 记录QC样品的测试结果，并通过控制图表或其他统计技术分析，以确定总体试验过程的统计控制状态（见NB/SH/T 0843）。调查任何一个不受控数据的产生原因，调查的结果可能（但不一定）需要重新校正仪器或采取其他的补救措施。

参　考　文　献

[1] GB/T 6683 石油产品试验方法精密度数据确定法

ICS 75.140
E 43

中华人民共和国石油化工行业标准

NB/SH/T 0978—2019

乳化沥青表观黏度测定法　旋转桨黏度计法

Standard test method for determining the viscosity of emulsified asphalts using a rotational paddle viscometer

2019-06-04 发布　　2019-10-01 实施

国家能源局　发布

前　言

本标准按照 GB/T 1.1—2009 给出的规则进行起草。

本标准使用重新起草法修改采用美国材料与试验协会标准 ASTM D7226-11《用旋转桨黏度计测定乳化沥青黏度的试验法》(英文版)。

本标准与 ASTM D7226-11 相比在结构上有所调整。

本标准与 ASTM D7226-11 的主要差异如下：

——本标准按照中国标准的表述形式进行表述；

——本标准删除 ASTM D7226-11 中的规范性引用文件 ASTM D7496；

——本标准中涉及的其他 ASTM 标准，凡与中国的标准相对应者均采用中国的标准；

——本试验法采用 SI 制，删除 ASTM D7226-11 中的非 SI 制单位；

——本标准删除 ASTM D7226-11 表 1；

——本标准删除 ASTM D7226-11 的非强制性附录。

本标准由中国石油化工集团有限公司提出。

本标准由全国石油产品和润滑剂标准化技术委员会石油沥青分技术委员会归口。

本标准起草单位：中国石油大学（华东）重质油研究所。

本标准参加起草单位：山东石大科技集团公司、泰州出入境检验检疫局、中海油（青岛）重质油加工工程技术研究中心有限公司、中油燃料油股份有限公司青岛技术研发中心、中国石油化工股份有限公司齐鲁分公司胜利炼油厂、中国石油大学（华东）重质油国家重点实验室。

本标准主要起草人：刘国祥、贾少磊、才洪美、李福起、李玉环、常玉艳、张小英。

本标准为首次发布。

乳化沥青表观黏度测定法　旋转桨黏度计法

警示：本标准涉及某些危险性的材料、操作和设备，但是无意对与此有关的所有安全问题都提出建议。因此，使用者在应用本标准之前应建立适当的安全和保护措施，并确定相关规章限制的适用性。

1　范围

本标准规定了使用旋转桨黏度计测定乳化沥青表观黏度的方法。

本标准适用于测定规定温度下黏度范围为 30 mPa·s～1500 mPa·s 的乳化沥青的表观黏度。本试验法适用于 SH/T 0624 和 SH/T 0798 所述的乳化沥青。

本试验法采用 SI 制。

2　规范性引用文件

下列文件对于本文件的应用是必不可少的。凡是注日期的引用文件，仅所注日期的版本适用于本文件。凡是不注日期的引用文件，其最新版本（包括所有的修改单）适用于本文件。

GB/T 514　石油产品试验用玻璃液体温度计技术条件

GB/T 11147　沥青取样法

SH/T 0624　阳离子乳化沥青

SH/T 0798　阴离子乳化沥青

3　方法概要

采用旋转桨黏度计测定规定温度下黏度范围为 30 mPa·s～1500 mPa·s 的乳化沥青的表观黏度。桨浸在乳化沥青试样中，并以给定的速率旋转。5 min 内测得试样的表观黏度，从数字显示器读取结果。

4　意义与用途

乳化沥青的黏度表征其流动性和效用。乳化沥青的洒布性与和易性直接与其黏度相关。乳化沥青的黏度必须在合适的范围内，既满足喷洒，又不致从路的顶部和斜坡流下。拌合型乳化沥青的黏度会影响其可拌合性，并影响集料上的膜厚。本标准对于测定乳化沥青 50℃、25℃或其他商定温度下的表观黏度是有用的。

5　仪器

5.1　**黏度计**：由测量部分和显示部分组成。桨与试样杯的尺寸符合 ASTM D7226-11，示于图 1 和图 2，桨转速可调，范围 6 r/min～100 r/min，桨与试样杯的配合示于图 3。

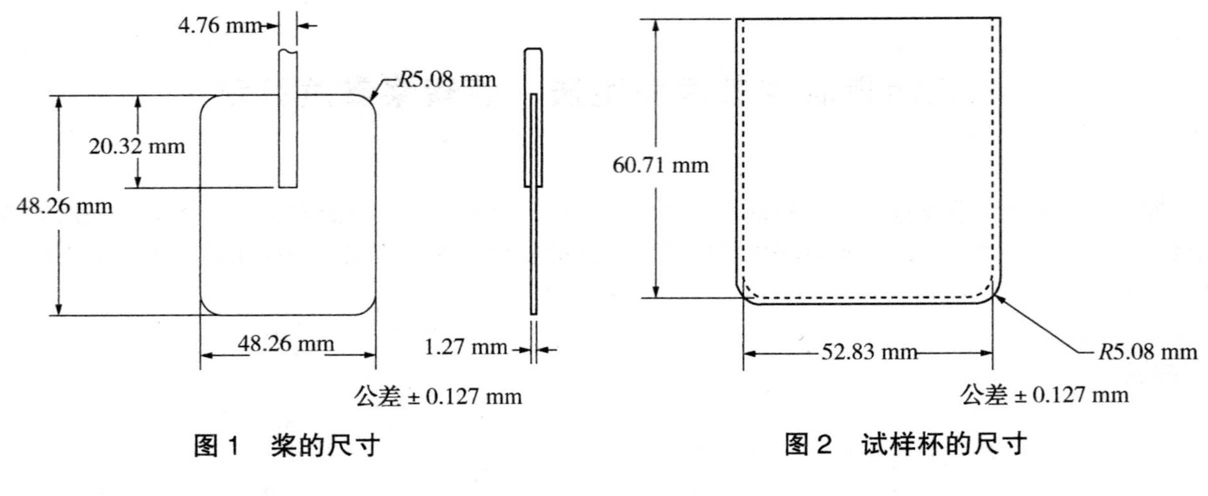

图1　桨的尺寸　　　　**图2　试样杯的尺寸**

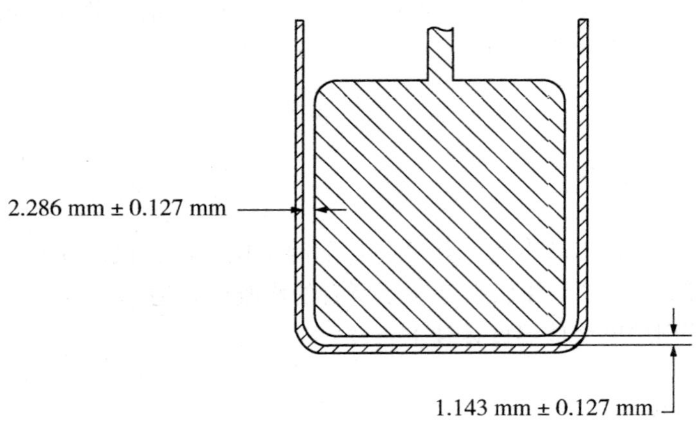

图3　桨与试样杯装配示意图

5.2　**恒温系统**：由恒温水浴、保温夹套组成，控制精度±0.1℃。

5.3　**温度计**：符合 GB/T514 GB-6 的规定。可以使用其他具有相同精度的测温装置。

5.4　**筛**：0.85 mm 筛或金属网。

5.5　**烘箱或水浴**：能保持所需测试温度±3℃范围内的烘箱或水浴。

6　试样准备

6.1　按照 GB/T 11147 规定的程序取样。

6.2　将乳化沥青样品在水浴或烘箱内加热到设定的试验温度±3℃，样品达到温度后，搅拌样品使之均匀。用 0.85 mm 筛或筛网过滤样品。

7　试验步骤

7.1　将黏度计调至水平，固紧保温夹套，连接已恒温至设定温度的恒温水浴和保温夹套；接通黏度计电源；将桨连接到黏度计上。仪器预热至少 30 min。

7.2　将试样杯置于保温夹套内，转动试样杯使之锁定在适当的位置。

7.3　将试样注入干净的试样杯至标志处。

7.4　调节升降旋钮使桨叶全浸在试样中。调整桨的位置使之能自由转动，与试样杯无摩擦。盖上试样杯盖。

7.5 开启恒温水浴至少 10 min。

7.6 保温夹套中温度达到试验温度±0.1℃，启动试验程序进入运行。5 min 内从显示器上读取测定结果。

注：若显示的数值超出黏度计的测量范围，黏度计将报警，需复位键后重设旋转速度，再进行测定。

8 结果报告

8.1 报告表观黏度，单位为 mPa·s，精确到 0.1 mPa·s。

8.2 报告试验温度，精确到 0.1℃。

8.3 报告黏度计桨的转速，r/min。

9 精密度和偏差

按以下标准判断试验结果的可接受性（95%置信水平）。

9.1 重复性

同一操作者在同一实验室内，使用同一仪器，按照相同的方法，对同一试样测定的两个试验结果之差不大于表 1 中重复性数据认为可信。

9.2 再现性

多个实验室间各自提交的结果之差不大于表 1 中再现性要求数据则认为可信。

表 1 重复性与再现性要求

试验温度/℃	黏度/（mPa·s）	重复性，平均值的百分数/%	再现性，平均值的百分数/%
25	25～200	8.2	22
50	100～1000	12.9	64

9.3 偏差

本标准尚未确定偏差。

10 关键词

乳化沥青；桨式黏度计；旋转；黏度

ICS 75.080
E 30

中华人民共和国石油化工行业标准

NB/SH/T 0980—2019

石油馏分中碱性氮含量的测定 电位滴定法

Determination of basic nitrogen content in the petroleum fractions—Potentiometric titration method

2019-06-04 发布　　2019-10-01 实施

国家能源局　发布

前　　言

本标准按照 GB/T 1.1—2009 给出的规则起草。

本标准由中国石油化工集团有限公司提出。

本标准由全国石油产品和润滑剂标准化技术委员会石油燃料和润滑剂分技术委员会（SAC/TC 280/SC1）归口。

本标准起草单位：中国石油天然气股份有限公司兰州石化分公司。

本标准参加起草单位：中国石油天然气股份有限公司大庆化工研究中心、中国石油化工股份有限公司石油化工科学研究院、兰州三叶公司、中国石油天然气股份有限公司大连石化分公司。

本标准主要起草人：戴颖娟、徐元德、钱梅、王俊梅、艾宏承、朱冬梅、李佳丽、关旭、蔺玉贵、范希伟、于婴。

本标准为首次发布。

石油馏分中碱性氮含量的测定　电位滴定法

警示：本标准涉及某些有危险性的材料、操作和设备，但是无意对与此有关的所有安全问题都提出建议。因此，使用者在应用本标准之前应建立适当的安全和保护措施，并确定相关规章限制的适用性。

1　范围

本标准规定了用电位滴定法测定石油馏分中碱性氮含量的方法。

本标准适用于碱性氮含量不大于2000 mg/kg的石油馏分的测定。本标准也适用于大于2000 mg/kg的样品的测定。对于大于2000 mg/kg的样品，可经适当稀释后进行测定，但未给出精密度。

2　规范性引用文件

下列文件对于本文件的应用是必不可少的。凡是注日期的引用文件，仅注日期的版本适用于本文件。凡是不注日期的引用文件，其最新版本（包括所有的修改单）适用于本文件。

GB/T 4756 石油液体手工取样法

GB/T 27867 石油液体管线自动取样法

3　术语和定义

下列术语和定义适用于本文件。

3.1

碱性氮　basic nitrogen

以碱的形式存在的氮，例如烃基胺、芳烃胺、杂环胺（如吡啶）、醇胺（如乙醇胺）、酰胺等胺类物质中的氮。

4　方法概要

将试样溶解于二甲苯-冰乙酸混合溶剂中，用高氯酸-冰乙酸标准滴定溶液进行电位滴定。根据滴定电位变化率的大小确定拐点位置。通过终点消耗的高氯酸-冰乙酸标准滴定溶液的浓度和体积，计算试样中碱性氮的含量。

5　方法应用

5.1　本标准的制定，旨在建立简便、准确可靠的试验方法来满足炼油化工工艺运行中对石油产品，特别是深色石油馏分碱性氮的检测需要。

5.2　相较SH/T 0162颜色指示剂测定氮含量的方法，本标准避免了蜡油、重油等深色石油产品，因颜色深无法通过指示剂颜色变化判断终点的情况；本方法使用二甲苯替代了毒性较大的苯作为溶剂。

6 仪器

6.1 电位滴定仪：电池系统由玻璃电极、甘汞电极和铂电极组成，电位测量范围为±1999.5 mV；或配置了玻璃参比电极，电极填充为氯化锂-乙醇溶液的；或配置了复合电极等其他电位滴定仪，可以进行滴定参数和电位评估设置；滴定管体积为 10 mL，滴定管精度为±0.1%（F·S）；电磁搅拌器的速度可调。
6.2 天平：感量为 0.01 g。
6.3 分析天平：感量为 0.1 mg。
6.4 烘箱：控温精度±1℃。
6.5 微量滴定管：5 mL，精度 0.01 mL。
6.6 容量瓶：1000 mL。
6.7 烧杯：150 mL。
6.8 锥形瓶：250 mL。
6.9 量筒：50 mL、100 mL。
6.10 移液管：2 mL、20 mL、50 mL。

7 试剂与材料

7.1 冰乙酸：分析纯。
7.2 高氯酸：分析纯。
7.3 乙酸酐：分析纯。
7.4 二甲苯：分析纯。
7.5 邻苯二甲酸氢钾：工作基准试剂。
7.6 1 g/L 甲基紫（结晶紫）指示剂：将 0.1 g 甲基紫（结晶紫）溶于 100 mL 冰乙酸中。
7.7 二甲苯-冰乙酸混合溶剂：将二甲苯和冰乙酸按体积比 1∶1 混合。
7.8 高氯酸-冰乙酸标准滴定溶液：浓度 0.02 mol/L。
7.8.1 配制：在 1000 mL 容量瓶中加入 2 mL 高氯酸与 250 mL 冰乙酸，充分混合后，加入 20 mL 乙酸酐，并用冰乙酸稀释至刻度，放置 24 h。
7.8.2 标定：称取 0.02 g（精确至 0.1 mg）于 105℃±5℃的烘箱中干燥至恒重的工作基准试剂邻苯二甲酸氢钾，置于干燥的锥形瓶中，加入 50 mL 冰乙酸，温热溶解。冷却后，加入 50 mL 二甲苯及 5 滴甲基紫指示剂，用高氯酸-冰乙酸标准滴定溶液滴定至紫色变为蓝色。同时做空白试验。
7.8.3 高氯酸-冰乙酸标准滴定溶液的浓度 c（mol/L）按式（1）计算：

$$c=\frac{m}{0.2042\times(V_1-V_0)} \qquad (1)$$

式中：

m——邻苯二甲酸氢钾的质量，单位为克（g）；

0.2042——与 1.00 mL 高氯酸-冰乙酸标准滴定溶液［$c(HClO_4)=1.000$ mol/L］相当的以克表示的邻苯二甲酸氢钾的质量，单位为克每毫摩尔（g/mmol）；

V_0——空白试验消耗的高氯酸-冰乙酸标准滴定溶液的体积，单位为毫升（mL）；

V_1——滴定邻苯二甲酸氢钾消耗的高氯酸-冰乙酸标准滴定溶液的体积，单位为毫升（mL）。

7.8.4 高氯酸-冰乙酸标准滴定溶液浓度修正

使用时，高氯酸-冰乙酸标准滴定溶液的温度应与标定时的温度相同；若其温差小于 4℃，应按式（2）将高氯酸-冰乙酸标准滴定溶液的浓度修正到使用温度下的温度；若其温差大于4℃，应重新标定。

$$c_1=\frac{c}{1+0.0011\times(t_1-t)} \quad\cdots\cdots(2)$$

式中：

c_1——高氯酸-冰乙酸标准滴定溶液修正后浓度，单位为摩尔每升（mol/L）；

c——标定温度下高氯酸-冰乙酸标准滴定溶液浓度，单位为摩尔每升（mol/L）；

t_1——使用时高氯酸-冰乙酸标准滴定溶液温度，单位为摄氏度（℃）；

t——标定时高氯酸-冰乙酸标准滴定溶液温度，单位为摄氏度（℃）；

0.0011——高氯酸-冰乙酸标准滴定溶液每改变1℃时的体积膨胀系数，单位为每摄氏度（$℃^{-1}$）。

8 取样和样品准备

8.1 按照 GB/T 4756 或 GB/T 27867 规定取样。

8.2 含蜡油或重油的样品可在加热（不高于80℃）熔化后，先加入 40 mL 二甲苯完全溶解，再加入 40 mL 冰乙酸混合均匀。

8.3 大于 2000 mg/kg 的样品，可用二甲苯经适当稀释后测定。

9 仪器准备工作

9.1 按照仪器使用说明书装配仪器，排空滴定管线气泡。

9.2 按照仪器说明书设置滴定参数。

10 试验步骤

10.1 空白试验

10.1.1 取 80 mL 二甲苯-冰乙酸混合溶剂于 150 mL 清洁、干燥的烧杯中，放入搅拌子，在磁力搅拌器上进行搅拌并将电极及滴定头移至液面下。

注：建议采用使混合液平稳且不产生气泡的最大搅拌速度。

10.1.2 待电位稳定后，用高氯酸-冰乙酸标准滴定溶液进行电位滴定，滴定拐点位置出现，电位变化小于 8 mV/min 后，停止滴定，记录消耗的高氯酸-冰乙酸标准滴定溶液的体积。

10.2 试样测定

10.2.1 按照表 1 中规定称取适量试样（精确至 0.01 g）于 150 mL 清洁、干燥的烧杯中，加入 80 mL 二甲苯-冰乙酸混合溶剂，放入搅拌子，在磁力搅拌器上进行搅拌使其溶解，再将电极及滴定头移至液面下。

表1 称 样 量

碱性氮含量，mg/kg	试样量，g
<10	10~20
10~ <50	5~10
50~ <100	2~5

表 1（续）

碱性氮含量，mg/kg	试样量，g
100～ <500	1～2
500～ <1000	0.5～1
1000～ <2000	0.2～0.5

10.2.2 待电位稳定后，用高氯酸-冰乙酸标准滴定溶液进行电位滴定，滴定拐点位置出现，电位变化小于 8 mV/min 后，停止滴定，记录消耗的高氯酸-冰乙酸标准滴定溶液的体积。

11 计算

试样中碱性氮含量 X（mg/kg）按式（3）计算：

$$X=\frac{c_1(V_3-V_2)\times 0.014\times 10^6}{m} \quad (3)$$

式中：

c_1——高氯酸-冰乙酸标准滴定溶液修正后浓度，单位为摩尔每升（mol/L）。

V_2——空白试验消耗的高氯酸-冰乙酸标准滴定溶液的体积，单位为毫升（mL）；

V_3——滴定试样消耗的高氯酸-冰乙酸标准滴定溶液的体积，单位为毫升（mL）；

0.014——与 1.00 mL 高氯酸-冰乙酸标准滴定溶液［$c(HClO_4)$ = 1.000mol/L］相当的以克表示的氮的含量，单位为克每毫摩尔（g/mmol）；

m——试样的质量，单位为克（g）。

12 报告

取两次重复测定结果的算术平均值报告结果，计算结果精确至 1 mg/kg。

13 精密度

13.1 概述

共有 5 个单位参加实验室间精密度协作试验，试验样品为 9 个碱性氮含量不大于 2000 mg/kg 的石油馏分，分别来自炼油常减压装置常顶油、常一线、常三线、减一线、减三线、减四线、脱氮蜡油、渣油、焦化蜡油。依据 GB/T 6683 进行数据的分析统计。按下述规定判断试验结果的可靠性（95%置信水平）。

13.2 重复性

在同一实验室，由同一操作者使用同一仪器，对同一样品进行测试，所得的两次重复测试结果的绝对差值不应大于式（4）计算的 r 值，其典型值见表 2。

$$r=0.2850X^{0.7781} \quad (4)$$

式中：

X——两个连续试验结果的算术平均值，单位为毫克每千克（mg/kg）。

13.3 再现性

在不同实验室，由不同操作者使用不同仪器，对同一样品进行测试，所得的两个单一、独立测试结果的绝对差值不应大于式（5）计算的 R 值，其典型值见表 2。

$$R = 1.5044X^{0.6884} \quad (5)$$

式中：

X——两个单一、独立试验结果的算术平均值，单位为毫克每千克（mg/kg）。

13.4 精密度典型值

精密度的典型值详见表 2。

表 2 精密度典型值

碱性氮范围，mg/kg	重复性（r），mg/kg	再现性（R），mg/kg
5	1.0	4.6
10	1.7	7.3
50	6.0	22.2
100	10.3	35.8
200	17.6	57.7
300	24.1	76.3
400	30.2	93.0
500	35.9	108.5
1000	61.5	174.8
1500	84.4	231.1
2000	105.5	281.7

参 考 文 献

[1] GB/T 6683 石油产品试验方法精密度数据确定法
[2] SH/T 0162 石油产品中碱性氮测定法

ICS 75.080
E 60

中华人民共和国石油化工行业标准

NB/SH/T 0982—2019

润滑油金属清净剂浊度测定法

Standard test method for turbidity of lubricating oil metallic detergents

2019-06-04 发布 2019-10-01 实施

国家能源局 发布

前　言

本标准按照 GB/T 1.1—2009 中给出的规则起草。

本标准由中国石油化工集团有限公司提出。

本标准由全国石油产品和润滑剂标准化技术委员会石油燃料和润滑剂分技术委员会（SAC/TC280/SC1）归口。

本标准起草单位：中国石油化工股份有限公司石油化工科学研究院。

本标准参加起草单位：中国石化润滑油有限公司上海研发中心。

本标准主要起草人：刘依农、刘枫林。

本标准为首次发布。

润滑油金属清净剂浊度测定法

警告：本标准可能涉及某些有危险性的材料、操作和设备，但并未对与此有关的所有安全问题都提出建议。因此，用户在使用本标准之前，应建立相应的安全和防护措施，并确定相关规章限制的适用性。

1 范围

本标准规定了润滑油金属清净剂浊度的测定方法。

本标准适用于测定润滑油金属清净剂的浊度，金属清净剂包括磺酸盐、烷基水杨酸盐、硫化烷基酚盐和环烷酸盐等，浊度单位为NTU。

2 规范性引用文件

下列文件对于本文件的应用是必不可少的。凡是注日期的引用文件，仅注日期的版本适用于本文件。凡是不注日期的引用文件，其最新版本（包括所有的修改单）适用于本文件。

GB/T 260 石油产品水含量的测定 蒸馏法

GB/T 265 石油产品运动黏度测定法和动力黏度计算法

GB/T 511 石油和石油产品及添加剂机械杂质测定法

GB/T 1995 石油产品黏度指数计算法

GB/T 3535 石油产品倾点测定法

GB/T 3536 石油产品闪点和燃点的测定 克利夫兰开口杯法

GB/T 4472 化工产品密度、相对密度的测定

GB/T 4756 石油液体手工取样法

GB/T 6488 液体化工产品 折光率的测定（20℃）

GB/T 6540 石油产品颜色测定法

GB/T 6682—2008 分析实验室用水规格和试验方法

GB/T 6683 石油产品试验方法精密度数据确定法

3 术语和定义

下列术语和定义适用于本文件。

3.1

润滑油金属清净剂 lubricating oil metallic detergents

由烷基水杨酸、硫化烷基酚、烷基芳基磺酸、烷基环烷酸等有机酸和碱土金属或碱金属的氧化物或氢氧化物生成的油溶性表面活性剂，包括由该表面活性剂和碳酸盐等无机盐一起生成的胶体化合物。

3.2

浊度 turbidity

光束通过介质时，因散射而产生的每单位光程上入射光束的能量衰减率。

3.3

浊度单位 turbidity units（NTU）

散射光浊度仪垂直测量散射光时，1 L 水中含有 1 mg 福尔马肼（formazine）聚合物的浊度为 1NTU。

4 方法概要

将润滑油金属清净剂试样用稀释油配制成质量分数 20%的溶液，置于经标准样品标定过的散射光浊度仪中，测定其浊度，浊度单位为 NTU。

5 方法应用

本标准主要通过检测润滑油金属清净剂胶体溶液对于入射光的散射及透射程度，来反映润滑油金属清净剂胶体颗粒的数量、大小及均匀程度，进而评价润滑油金属清净剂的产品质量。

6 仪器

6.1 浊度计：浊度测量范围为 0～10000NTU 的浊度仪，其光散射方式包括 90°散射、前向散射、后向散射及透射；配有浊度过滤器。

注：美国 HACH 公司生产的 2100AN 浊度仪符合本标准的使用要求，其他可满足测试要求的浊度计也可使用。

6.2 样品瓶：直径 24 mm，高 100 mm 的带盖玻璃瓶，容积约 30 mL。

6.3 样品箱：可容纳并固定 6 个样品瓶的带盖箱子（塑料材质）。

6.4 天平：感量为 0.1 mg。

6.5 烧杯：100 mL。

6.6 烧瓶：1 L。

6.7 移液管：1 mL，5 mL，25 mL。

6.8 容量瓶：100 mL，200 mL。

6.9 恒温磁力搅拌仪：功率为 600 W，转速为 0 r/min～2000 r/min，最高加热温度为 250℃。

7 试剂和材料

7.1 蒸馏水：符合 GB/T 6682—2008 中二级水要求。

7.2 硫酸肼：分析纯。

7.3 六次甲基四胺：分析纯。

7.4 标准样品：由<0.1NTU 水和四种不同浓度的福尔马肼标准样品组成。

7.4.1 <0.1NTU 水：将蒸馏水用 0.2 μm 滤膜过滤，收集于用过滤水洗涤两次的烧瓶中。

7.4.2 福尔马肼标准样品：按照附录 A 配制浊度标准值为 20NTU、200NTU、1000NTU 和 4000NTU 的福尔马肼标准样品。也可以使用以上浓度的市售福尔马肼标准样品。此标准样品应避光保存在 4℃～10℃环境下，保质期为一个月。

7.5 稀释油：HVI150 基础油（Ⅰ类油），具体要求见附录 B 中表 B.1。

7.6 硅油：二甲基硅油，CAS 号为 63148-62-9，具体要求见附录 B 中表 B.2。

7.7 软布：普通纤维布。

7.8 滤膜：0.2 μm。

8 仪器的校准

8. 1 建议每次测定前用与待测样品浊度范围相近的标准样品进行检测，标准样品处理步骤见 8. 2、8. 3，试验步骤见第 10 章，若测试标准样品的显示读数误差大于 10%，应对仪器进行重新校准。仪器在首次使用前应进行校准；仪器每使用三个月应进行校准。

8. 2 将<0. 1NTU 水，20NTU、200NTU、1000NTU 和 4000NTU 福尔马肼标准样品分别转移至样品瓶中，除浊度值<0. 1NTU 水标准样品外，将其余装有福尔马肼标准样品的样品瓶放到样品箱中，盖好箱盖，晃动 2 min~3 min 后，将福尔马肼标准样品静置 5 min。

8. 3 按 10. 1 和 10. 2 所述，待仪器稳定后，依下述步骤进行校准。

8. 3. 1 按浊度仪面板上的校准键，CAL 模式指示灯变亮，且面板上的小绿色 LED 数据位闪烁“00”字样。

8. 3. 2 选择<0. 1NTU 水标准样品，在其样品瓶外表面涂上硅油，以软布擦拭，将其放入样品池中，插入浊度过滤器并盖上样品池盖，按下 ENTER 键。仪器开始倒计时测试，当屏幕上显示“20NTU”字样，并且标准样品号 01 出现在模式显示屏上时，从样品池中取出<0. 1NTU 水标准样品。

8. 3. 3 依次选择 20NTU、200NTU、1000NTU 和 4000NTU 的福尔马肼标准样品，按照 8. 3. 2 方式操作。当屏幕上显示“200NTU”或“1000NTU”或“4000NTU”字样，且标准样品号 02 或 03 或 04 出现在模式显示屏上时，替换相应的福尔马肼标准样品进行测定。

8. 3. 4 以上工作结束后，按浊度仪面板上的校准键，从样品池中取出标准样品，仪器校准结束。

9 取样和试样配制

9. 1 金属清净剂样品取样按照 GB/T 4756 方法进行，称取 10. 0 g±0. 01 g 金属清净剂样品置于 100 mL 烧杯中，加入 40. 0g±0. 01g 稀释油。

9. 2 将上述加有稀释油的试样采用恒温磁力搅拌仪搅拌并加热至 60℃~80℃，恒温搅拌 20 min，使金属清净剂试样完全溶解于稀释油中。

9. 3 将试样静置 60 min，待其温度降至室温。

10 试验步骤

10. 1 控制测试环境温度在 20℃~25℃。

10. 2 打开浊度仪电源，仪器稳定时间不少于 60 min。

10. 3 试样调好并静置 60 min 后，在 60 min 内倒入样品瓶，试样量应在样品池刻度线位置（约 30 mL）。检查样品瓶壁，如果有划痕，在样品瓶顶部滴加一小滴硅油，再以软布擦拭瓶壁，使硅油分布均匀。盖上样品池盖。将样品瓶静置 40 min。

10. 4 40 min 后，打开浊度仪样品池盖，插入测定浊度过滤器，盖上样品池盖。在 20 min 内完成浊度测试。

10. 5 测试时选择自动测量模式，采用信号转换系数开启模式，此时浊度仪的 90°检测器、前向检测器、透射光检测器处于工作状态。

10. 6 选择 NTU 为测试单位，测量试样浊度值，并记录试验结果。

11　报告

报告试样的浊度（见 10.6），结果取至 3 位有效数字。

12　精密度

12.1　概述：本方法的精密度协作试验是在 7 个实验室，采用 12 个样品所完成的，样品包括低碱值磺酸钙、中碱值磺酸钙、高碱值磺酸钙、烷基水杨酸钙、硫化烷基酚钙、环烷酸钙，样品浊度范围为 2NTU～82NTU，试验数据按照 GB/T 6683 精密度统计计算得到本方法精密度。按下述规定判断试验结果的可靠性（95%置信水平）。

12.1.1　重复性（r）：同一操作者使用同一台仪器，对同一样品，所得两次连续测定的结果之差，不应超过式（1）计算的数值。

$$r=0.0286m^{0.815} \tag{1}$$

式中：

m——两次连续试验结果的平均值。

12.1.2　再现性（R）：在不同实验室，不同的操作者，采用不同的仪器，对同一样品，所得两个单一、独立的结果之差，不应超过式（2）计算的数值。

$$R=0.262m^{0.786} \tag{2}$$

式中：

m——两个单一独立试验结果的平均值。

12.2　重复性和再现性典型值见表 1。

表 1　重复性和再现性典型值

浊度值/NTU	重复性 r/NTU	再现性 R/NTU
2	0.05	0.452
5	0.106	0.928
10	0.186	1.60
20	0.329	2.41
30	0.457	3.87
40	0.578	4.03
50	0.694	4.75
60	0.805	5.44
70	0.912	6.10
80	1.02	6.74
82	1.04	6.86

附 录 A
（规范性附录）
福尔马肼标准样品的配制

A.1 1 g/100 mL 硫酸肼溶液的配制

称取 1.000 g 硫酸肼加入到 100 mL 烧杯中，加入 30 mL 的<0.1NTU 水溶解，然后定量转入 100 mL 容量瓶中，并用<0.1NTU 水稀释到刻度。

A.2 10 g/100 mL 六次甲基四胺溶液的配制

称取 10.00 g 六次甲基四胺加入到 100 mL 烧杯中，加入 30 mL 的<0.1NTU 水溶解，然后定量转入 100 mL 容量瓶中，并用<0.1NTU 水稀释到刻度。

A.3 4000NTU 标准样品的配制

准确移取上述的硫酸肼溶液和六次甲基四胺溶液各 100 mL，倒入 200 mL 容量瓶中摇匀。避光静置 24 h 后即制成 4000NTU 标准样品。

A.4 20NTU、200NTU 和 1000NTU 标准样品的配制

准确移取 4000NTU 标准样品各 0.5 mL、5 mL、25 mL，分别倒入 100 mL 容量瓶中，用<0.1NTU 水稀释至标线，摇匀后即得浊度为 20NTU、200NTU、1000NTU 的标准样品。

附　录　B
（规范性附录）
稀释油和硅油的技术规格

稀释油和二甲基硅油的技术规格见表 B.1 和表 B.2。

表 B.1　稀释油的技术要求

项目		指标	试验方法
运动黏度（40℃）/（mm^2/s）		28～34	GB/T 265
色度/号	不大于	1.5	GB/T 6540
黏度指数	不小于	90	GB/T 1995
闪点（开口）/℃	不低于	200	GB/T 3536
倾点/℃	不高于	-12	GB/T 3535
水质量分数/%	不大于	0.03	GB/T 260
机械杂质质量分数/%	不大于	0.08	GB/T 511

表 B.2　二甲基硅油技术要求

项目	指标	试验方法
外观	无色透明液体	目测
折射率（20℃）	1.403～1.410	GB/T 6438
密度（20℃）/（kg/m^3）	963～980	GB/T 4472

ICS 75.100
E 34

SH

中华人民共和国石油化工行业标准

NB/SH/T 0983—2019

传动系统润滑油低温黏度的测定 恒剪切应力黏度计法

Standard test method for low temperature viscosity of drive line lubricants in a constant shear stress viscometer

2019-06-04 发布　　　　2019-10-01 实施

国家能源局 发布

前　言

本标准按照 GB/T 1.1—2009 给出的规则起草。

本标准使用重新起草法修改采用美国试验与材料协会标准 ASTM D6821-18《恒剪切应力黏度计测定传动系统润滑油低温黏度的标准试验方法》。

为了适合我国国情，本标准在采用 ASTM D6821-18 时进行了修改。本标准与 ASTM D6821-18 主要技术性差异如下：

——为了使用方便，将部分引用标准修改为我国现行国家标准或行业标准，没有对应标准的，直接列出了具体技术要求。

——6.4 条中对有关接触式数字温度计的内容根据我国的实际情况作了部分修改。将显示分辨率规定为 0.01℃；删除了浸没深度的注；校验周期按照我国有关计量检定规程进行统一要求。

——删除 ASTM D6821-18 中 13.2 条实验室间评价程序部分，该部分是对精密度确定过程中的样品构成及参加实验室的情况给出的说明，无具体技术内容。

——由于降温程序的变化可能会影响到测定结果，因此将 ASTM D6821-18 中规定降温程序的资料性附录在本标准中转化为规范性附录，以保证测定结果的一致性。

本标准由中国石油化工集团有限公司提出。

本标准由全国石油产品和润滑剂标准化技术委员会燃料油和润滑剂分技术委员会（SAC/TC280/SC1）归口。

本标准起草单位：中国石油天然气股份有限公司兰州润滑油研究开发中心。

本标准参加起草单位：太仓市出入境检验检疫局、中国石油华东润滑油厂。

本标准主要起草人：张大华、刘红、宋昌盛、满国瑜。

本标准为首次发布。

传动系统润滑油低温黏度的测定　恒剪切应力黏度计法

警告：本标准的应用可能涉及某些有危险性的材料、操作和设备，但并未对与此有关的所有安全问题都提出建议。用户在使用本标准之前有责任制定相应的安全和防护措施，并确定相关规章限制的适用性。

1　范围

本标准规定了使用恒定剪切应力的黏度计测定传动系统润滑剂（齿轮油和自动变速器油等）低温黏度的试验方法。

本标准适用于-40℃～10℃温度范围内传动系统润滑剂（齿轮油、自动变速器油等）低温黏度的测定，但本标准的精密度适用温度范围为-40℃～-26℃。本标准对传动系统润滑剂以外的石油产品的适用性尚未确定。

2　规范性引用文件

下列文件对于本文件的应用是必不可少的。凡是注日期的引用文件，仅注日期的版本适用于本文件。凡是不注日期的引用文件，其最新版本（包括所有的修改单）适用于本文件。

GB/T 9171 发动机油边界泵送温度测定法

GB/T 11145 润滑剂低温黏度的测定　勃罗克费尔特黏度计法

NB/SH/T 0562 低温下发动机油屈服应力和表观黏度测定法

NB/SH/T 0862 用过发动机油低温下屈服应力和表观黏度测定法

3　术语和定义

下列术语和定义适用于本文件。

3.1

表观黏度　apparent viscosity

使用本方法所测得的黏度。

3.2

接触式数字温度计　digital contact thermometer（DCT）

由数字显示部分与温度传感探头组成的一套电子装置。该装置包括一个与测量装置及与之相连的温度传感器，装置可以测量传感器的温变量，然后通过温变量计算出当前温度值，并分别或同时提供温度的数字显示或输出，温度传感探头需要与被测物质相接触，这种设备有时被叫做数字式温度计。

3.3

牛顿型油或流体　Newtonian oil or fluid

在给定温度下，黏度不随剪切速率或剪切应力变化的流体。

3.4

非牛顿型油或流体　non-Newtonian oil or fluid

在给定温度下，黏度随剪切速率或剪切应力变化的流体。

3.5

剪切速率　shear rate

液体流动的速度梯度。对于牛顿型流体，在同心圆筒旋转黏度计中，在内筒表面测量剪切速率，并忽略任何边界效应，转子表面的剪切速率 G_r（s^{-1}）按式（1）或式（2）计算：

$$G_r=\frac{2\Omega R_s^2}{R_s^2-R_r^2} \tag{1}$$

$$G_r=\frac{4\pi R_s^2}{t\ (R_s^2-R_r^2)} \tag{2}$$

式中：

G_r——转子表面的剪切速率，以 s 的倒数 s^{-1} 表示；

Ω——角速度，单位为转每秒（r/s）；

R_s——定子半径，单位为毫米（mm）；

R_r——转子半径，单位为毫米（mm）；

t——转子转动一圈的时间，单位为秒（s）。

对 6.1.1 所述的仪器，可使用式（3）计算：

$$G_r=\frac{33}{t} \tag{3}$$

3.6

剪切应力　shear stress

单位面积上推动液体流动的力。对于 6.1 所述的旋转黏度计，其转子表面是受剪切的面或剪切面。本方法忽略任何边界效应。扭矩和剪切应力分别按式（4）、式（5）计算：

$$T_r=9.81\times M\times\ (R_o+R_t)\ \times10^{-6} \tag{4}$$

$$\tau=\frac{T_r}{2\pi R_r^2 h}\times10^9 \tag{5}$$

式中：

T_r——施加在转子上的扭矩，单位为牛米（N·m）；

M——施加的砝码质量，单位为克（g）；

R_o——轴的半径，单位为毫米（mm）；

R_t——棉线的半径，单位为毫米（mm）；

τ——施加在转子表面上的剪切应力，单位为帕（Pa）；

h——转子高度，单位为毫米（mm）。

对 6.1.1 中规定尺寸的仪器，扭矩和剪切应力可按式（6）、式（7）计算：

$$T_r=32\times M\times10^{-6} \tag{6}$$

$$\tau=4.5\times M \tag{7}$$

3.7

黏度　viscosity

施加于流动液体上的剪切应力与剪切速率的比值，有时也叫动力黏度系数。这个值也表示液体在一定剪切应力下流动时内摩擦力的量度。在国际单位制［SI］中以帕·秒（Pa·s）表示，千分之一分数单位为毫帕·秒（mPa·s）。

3.8

校准油　calibration oils

用于校准仪器黏度计池常数，即确定表观黏度与角速度关系的油品。通过黏度计池常数可测得试样的表观黏度。

3.9

试验油　test oil

用本标准测定其表观黏度的油。

3.10

屈服应力　yield stress

流体刚刚开始流动所需的剪切应力。对于牛顿流体和一些非牛顿流体，其屈服应力为0，有些油品可能会有屈服应力，这与其所受的降温冷却速率、恒温时间以及所处的温度有关。

4　方法概要

试样在规定的时间内加热至50℃，接着在程序控制的冷却速率（见附录A中表A.1）下冷却至最终试验温度并恒温一定时间。然后给转子施加一定的扭矩，测量转子的旋转速度，从而测得样品的表观黏度。

5　方法应用

5.1　低温下传动系统润滑油的黏度对于齿轮润滑和自动变速器油的循环是至关重要的。对于齿轮油，在浸没的齿轮开始旋转时，应确保油液进入齿轮的沟槽，在齿轮继续旋转时能重新润滑齿轮。对于自动变速器油、扭矩传动油，问题的关键在于，油液能否流进泵，并快速地通过分配系统在设备中起作用。

5.2　传动系统润滑油的低温流动性能最初通过成沟试验来评价。在这个试验中，向一个盘子中加入约2.5cm高的油样，然后冷却至试验温度并保持一定时间，然后沿盘子的长轴方向从油液底部刮一个沟槽，记录并报告沟槽消失的时间。该试验在1971年被勃罗克费尔特黏度计法所取代。

5.3　本标准的测定结果与GB/T 11145的测定结果相关。二者相互关系的回归方程见式（8），该方程强制通过零点，变异系数（R^2）为0.9948：

$$V=0.941\times V_{11145} \tag{8}$$

式中：

V——本标准的测定结果；

V_{11145}——GB/T 11145的测定结果。

6　仪器

6.1　小型旋转黏度计（MRV）：由一个可以控温的铝块中的一个或多个黏度计池组成的仪器。每个黏度计池均配有专属的转子，从而形成一个校准的转子-定子组合。将棉线的线环套在转子轴顶部的横梁上，通过在棉线上施加负载来实现转子的旋转。仪器顶部的支架上装有锁定销用于固定转子轴。通过安装在计时轮盘上的电子装置测量转子的旋转时间。

6.1.1　本方法所用的小型旋转黏度计池尺寸见表1。

表1 小型旋转黏度计池尺寸

项　　目	尺寸要求
转子直径	15.00mm±0.08mm
转子高度	20.00mm±0.14mm
黏度计池内径	19.07mm±0.08mm
轴半径	3.18mm±0.13mm
棉线半径	0.1mm

6.2　砝码：用以施加重量的砝码片，每个的质量为2.5g±0.025g，本方法至少需要8个砝码片，其中一个砝码片上带有支架。

6.3　温度控制系统：能按照附录A中表A.1所述的冷却速率将黏度计池中的试样温度调节至允许温差范围内。

6.4　温度测量装置：可以使用满足6.4.1要求的接触式数字温度计或满足6.4.3要求的液体玻璃温度计。将一个经过校正的接触式数字温度计或低温液体玻璃温度计插在温度计插孔中，用于在低于25℃时测量实验温度，这个温度计独立于仪器的温度控制系统。

注：数字温度计的显示部分和传感器要正确配对，不正确的配对可能会给温度测量带来偏差，甚至可能会损坏电子显示部件。

6.4.1　接触式数字温度计要求见表2。

表2 接触式数字温度计要求

项　　目	最低要求
接触式数字温度计	测量偏差小于0.02℃
温度范围	-45℃~100℃
显示分辨率	0.01℃
传感器类型	热电阻，例如铂电阻或热敏电阻
传感器，金属封装	3mm直径，传感元件部分长度不超过30mm
传感器，玻璃封装	6mm直径，传感元件部分长度小于12mm
显示准确度	±0.05℃
响应时间	不大于8s
漂移	每年小于0.05℃
校准误差	使用温度范围内小于0.05℃
校准范围	-45℃~85℃
校准数据	在-40℃~-1℃范围内，至少要有均匀分布的四个温度点的校准数据，以上各点校准数据应包含在校准报告中
校准报告	应出自于有资质能够开展温度校准业务的校准实验室，并可溯源至国家校准实验室或计量标准

6.4.2　接触式数字温度计至少每年要校正一次。

6.4.3　玻璃液体温度计：要求使用两支温度计，一支为浸没深度为76mm的局浸式玻璃液体温度计，测量范围为5℃到比最低测量温度还低1℃，分度值为0.2℃；对于低于-35℃温度下的测量，使用测量范围至少比最终试验温度低2℃，分度值为0.2℃的温度计。另一只为浸没深度为76mm的局浸式玻璃液体温度计，测量范围为40℃~90℃、分度值为1℃，主要用于确认预加热温度。玻璃液体温度计校正按照我国有关计量检定规程的要求进行。

6.5 干燥气源：干燥的气体主要用于减少湿气在仪器上部的冷凝。

6.5.1 对于半导体制冷的仪器：它使用了黏度计池盖，干燥气体连接在盖子上，当打开盖子进行测量时，应切断气体供应。

6.6 锁定销：一个防止转子过早发生转动的装置，同时也能够通过与转子上的十字臂相互作用而使转子在转过半圈后停下来。

7 试剂与材料

7.1 低浊点牛顿油：一种-25℃时黏度约为60 Pa·s的校准油，用于校准黏度计池。校准油的黏度值应能够溯源。

7.2 油溶剂：正庚烷或类似溶剂，化学纯，无挥发残留。

警告：易燃，有毒，佩戴防护用具。

7.3 丙酮：分析纯，无挥发残留。

警告：易燃，有毒，佩戴防护用具。

7.4 甲醇：分析纯。

警告：易燃，有毒，佩戴防护用具。

7.5 乙二醇：分析纯。

警告：易燃，有毒，佩戴防护用具。

8 取样

测试黏度的试样应不含悬浮固体杂质和水分。如果容器内试样的温度在室内露点温度以下，应将试样升温至室温后再打开容器取样。

9 校准

9.1 温度控制校准方法：通过比较仪器显示的温度值与温度计插孔中温度计的读数来对MRV的温度控制器进行校准，所使用的温度计需满足6.4条的要求。

9.1.1 在每个黏度池中加入10mL试验油，然后放入转子，然后盖上仪器的盖子，如果有黏度计池帽，此时也应盖上。

9.1.2 将温度计插在温度计插孔中，当试验温度在25℃以下时，温度计应一直插在温度计插孔中。

注：在插入温度计或接触式数字温度计前，在仪器的温度计插孔中加入几滴（约3滴）热传导液，可以是50/50的甲醇/乙二醇混合物、CCS参考油CL100或者脱蜡的矿物油。

9.1.3 至少每隔5℃测量一次温度，同时应包含-5℃和最低测试温度点，建立温度传感器和温度控制器之间的校准曲线时，至少校准三个温度点，每个温度点至少测定两次，两次测量的时间间隔不少于10min。

9.1.4 按照仪器制造商的操作指南校正仪器的测定温度，或者，建立温度传感器和温度控制器之间的校准曲线，然后根据校准曲线计算得到的每个温度点的补正值修改降温程序。

注：本试验中所说的温度均指实际温度，而非显示温度。

9.2 黏度计池校准：黏度计池常数（黏度计常数）的校准在-25℃温度下用校准油进行校准。

9.2.1 将校准油作为测试样品，按照10.1条的步骤准备黏度计池。

9.2.2 使用仪器自带的校准降温程序文件，或者直接使用 GB/T 9171 方法中-25℃测量温度点的降温程序，按照仪器操作手册初始化降温程序。

9.2.3 试样在黏度计池内于-25℃±0.2℃条件下恒温至少 1 h。

9.2.4 在执行 9.2.6 操作步骤之前，温度计应至少在温度计插孔中保持 30min，参见 9.1 2 的注，这个温度计插孔主要用于校准温度和在实验中监控试验温度。

9.2.5 温度程序运行结束，用温度计检查此时的试验温度应该在设定温度±0.1℃范围内。

9.2.6 按照 10.7 条的规定进行下一步操作。

9.2.7 对其余每个测量池按顺序重复 9.2.6 的操作。

9.2.8 按式（9）计算每个黏度计池的黏度计常数 C：

$$C=\frac{\eta_0}{t} \qquad (9)$$

式中：

η_0——-25℃时校准油的黏度，单位为毫帕秒（mPa·s）；

C——挂 20g 砝码的黏度计池常数，单位为帕（Pa）；

t——转子转动三整圈的时间，单位为秒（s）。

10 试验步骤

10.1 按如下要求准备黏度计池。

10.1.1 如果黏度计池没有清洗，按照 10.8 条的方法清洗黏度计池。

10.1.2 在干净的黏度计池注入 10 mL±1 mL 试样。每个黏度计池应均有测试样品和转子，当样品量少于黏度计池数目时，在剩余黏度计池中加入 10 mL 其他同类试样。

10.1.3 重复 10.1.2 的操作直至所有的试样均被装入样品池中。

10.1.4 将转子放入相应的黏度计池中，并安装上面的中心销。包括那些没有使用的黏度计池也要按照相同的步骤执行。

注 1：本标准所用的转子与其他 MRV 方法所使用的转子大小是不一样的，本方法的转子在轴上部有一个白色环作为标记，不宜使用 GB/T 9171、NB/SH/T 0562 以及 NB/SH/T0862 标准中的大尺寸转子，对于这两种转子均有使用的实验室，保证这两种转子在视觉上有明显的区分性，以最大程度地降低转子被误用的可能性。

注 2：在将转子放入黏度计池前，检查每个转子确认其轴没有发生弯曲，表面光洁，没有出现凹痕、刮痕以及其他瑕疵，对于轴下端的转子的轴承点，确保其尖锐并居中，如果以上条件不能满足，需要维修或更换转子。

10.1.5 对配备了黏度计池盖的仪器，在所有黏度计池上安装黏度计池盖，包括没有使用的黏度计池。

10.1.6 除未使用的之外，对其余每个黏度计池，把 700mm 长棉线上的线环套在转子轴顶端的横梁上，将棉线跨过计时轮并在其下端悬挂一个较轻的物体如一个大号纸夹，将棉线缠绕在转子轴上直到计时轮下留出 100mm 左右时停止，绕线不得重叠。

注：棉线也可以在安装转子的 10.1.4 操作步骤之前预先缠在转子轴上。

10.1.6.1 装上锁定销以防止转子转动。

10.1.6.2 把剩余棉线跨过仪器上部的支架并悬在支架后面。

10.1.6.3 对所有装有样品的黏度计池重复 10.1.6 的操作。

注：每个黏度计池均有测试样品和转子，当样品数量少于黏度计池数目时，在剩余黏度计池中加入其他同类试样。

10.1.7 在黏度计池上盖上室盖。

10.1.8　将 6.5 条描述的干燥气体源连接到室盖上，将气体流量设置为大约 1L/min，必要时可以增加或减小气体的流量以减轻结雾或湿气在黏度计池周围的冷凝。

10.2　选择需要测试温度点的降温程序文件，并按照仪器的提示初始化程序。如果降温程序文件不可用，可以利用软件的自定义文件功能进行输入，仪器操作手册提供了关于增加用户自定义文件的指导，用户自定义程序文件的内容见附表 A.1。

10.3　在降温程序结束前，将温度计插入温度计插孔中（见 9.1.2 注）至少 30min，所使用的温度计应该与校准温度时使用的是同一支。

10.4　降温程序结束完成后，检查整个运行过程的时间-温度曲线，确保时间-温度曲线在容许偏差之内，并且在温度计插孔中测得的温度与试验温度之差不大于±0.2℃。在有些仪器上，软件程序可以自动进行以上检查。试验的最终测试温度需要用独立于仪器的温度控制系统之外，并在温度计插孔中至少保持 30min 的温度计进行确认，见 9.1.2 的注。如果最终测得的温度与设定温度的偏差在连续两次运行中都大于 0.1℃，需要对仪器的温度控制系统按照 9.1 条进行重新校准。

10.5　如果温度程序在容许偏差之内，开始进行测试，否则，取消本次试验，并按照 9.1 条进行重新校准仪器的温度控制系统。

10.6　屈服应力的测量（可选项）按如下进行。

10.6.1　在测量开始之前，首先取下黏度计池上的盖子。

10.6.2　屈服应力的测量：从仪器最左边的黏度计池开始，依次对每一个黏度计池进行以下操作，跳过没有使用的黏度计池。

10.6.3　使滑轮与进行试验的黏度计池转子轴在同一条线上。

10.6.4　将棉线通过滑轮悬挂在仪器的前面，在进行试验时确保砝码离开试验台的边缘。

10.6.5　从支架上取下棉线，十分小心地搭在滑轮上，同时注意不能搅动测试样品（不能使转子发生转动）。

10.6.6　在棉线下端小心地挂上 2.5 g 的带支架砝码片。

10.6.7　对于配备自动计时功能的仪器，启动计时器然后拔起锁定销，对于手动计时的仪器，拔起锁定销，然后立即启动计时器。

10.6.8　仔细观察转子横臂末端在 15 s 内是否转动超过 3 mm（近似横臂直径的两倍），还有一个观察办法是计时的滑轮转过 3 mm 也就是等于横臂末端转动 3 mm。

10.6.9　有些仪器上装有电子或计时轮转动传感装置，可以代替人工观察。

10.6.10　如果在 10.6.8 操作中观察到转子在 15 s 内转动超过 3 mm，记录此时砝码的总质量，从棉线上取下所有砝码，并执行 10.7 的操作。

10.6.11　如果在 10.6.8 操作中观察到转子在 15 s 内转动不超过 3 mm，停止计时，并从细线上提起砝码使其不再对棉线施加重力，然后在带支架砝码片上再加一个 2.5 g 的砝码片。

10.6.11.1　在进行屈服应力测定时，当需要在砝码支架上添加另外的砝码片时，可以提住细线，然后添加砝码片并开始计时，而不使用锁定销。当所使用的仪器配备工作软件时，所施加的砝码质量应是程序要求的质量。

10.6.12　轻轻放开添加了砝码片的细线并重新开始计时。

10.6.13　重复 10.6.8~10.6.12 的操作，直到细线下加挂的砝码能够使转子发生转动，然后，从细线上移走所有的砝码。

10.6.14　如果细线下端砝码的质量达到 20 g 时仍然未观察到转动，则记录屈服应力大于 90Pa，然后执行 10.7 条。

10.7　按下述规定测定表观黏度。

10.7.1　将 20 g 的砝码轻轻挂在细线的下端（砝码支架及七个砝码片）。

10.7.2　如果砝码能够使转子发生转动，转子横臂转过锁定销位置后，立即重新插入锁定销，转子继续转动直到转子横臂碰到锁定销而停止转动，如果没有明显的转动，则执行 10.7.7 操作。

10.7.3 如果使用的仪器具有自动计时功能，开始计时并初始化黏度测量，然后释放锁定销。如果使用手动计，则释放锁定销，并立即开始计时。

10.7.4 转子从被释放起转动三圈后，停止计时，如果转动一圈的时间大于 60s，则只记录转子转动一圈的时间。

注：转动三圈所用的时间也可以自动计时。

10.7.5 转动三圈完成之后（如果转动一圈的时间大于 60s，则只转动一圈），从细线上取下砝码。

10.7.6 记录转动时间以及转动的圈数。

10.7.7 如果在细线上挂 20g 砝码后转子不发生转动，则将样品的测定结果记录为：“黏度太大，无法检测”。

10.7.8 按照从左到右的顺序对其余每个黏度计池重复 10.6 条（可选）和 10.7 条的操作。

10.8 按如下要求对黏度计进行清洗。

10.8.1 待全部黏度计池测定完成后，结束温度控制程序。打开加热开关，将黏度计池加热到室温或稍高的温度，但不要超过 50℃。

10.8.2 当黏度计池温度升高后，取下转子上面的中心销和转子。

10.8.3 利用真空泵抽出试样，用油溶剂冲洗黏度计池几次，再用丙酮冲洗两次，每一次冲洗后都要用真空泵吸出溶剂。最后一次丙酮冲洗后，让丙酮挥发干。

10.8.4 用相同方法清洗转子。

11 计算

11.1 屈服应力（可选项）

11.1.1 按式（10）计算屈服应力

$$S_{ri} = 4.5 \times M \qquad (10)$$

式中：

S_{ri}——屈服应力，单位为帕（Pa）；

M——转子旋转时所施加砝码的质量，单位为克（g）。

11.1.2 将计算结果修约至 1Pa，报告屈服应力小于该数值。

11.2 表观黏度

采用式（9）得到黏度计池常数，按式（11）计算表观黏度：

$$\eta_a = \frac{3 \times C \times t}{r} \qquad (11)$$

式中：

η_a——试样的表观黏度，单位为毫帕秒（mPa·s）；

C——按式（9）得到的黏度计池常数，单位为毫帕（mPa）；

t——转子转动整圈的圈数（r）所需时间，单位为秒（s）；

r——计时的圈数。

12 报告

报告最终试验温度、表观黏度和屈服应力（可选项）。

13 精密度和偏差

用下述规定判断试验结果的可靠性（95%置信水平）。

13.1 精密度

13.1.1 屈服应力的精密度

屈服应力精密度未确定。

13.1.2 表观黏度的精密度

13.1.2.1 重复性（*r*）

同一操作者，在同一实验室，使用同一仪器，按照相同的方法，对同一试样进行测定所得到的两个连续试验结果之差不大于平均值的 10.3%。

13.1.2.2 再现性（*R*）

不同操作者，在不同实验室，使用不同的仪器，按照相同的方法，对同一试样分别进行测定得到的两个单一、独立的试验结果之差不大于平均值的 17.2%。

13.2 偏差

由于本实验方法尚无可接受的参比物质，因此偏差无法确定。

附 录 A
（规范性附录）
小型旋转黏度计的温度控制程序

A.1 不同试验温度的温度控制程序见表 A.1。

表 A.1 不同试验温度的温度控制程序

最终温度	-12℃	-26℃	-35℃	-40℃	允许温差，℃
累计时间，min	黏度计池温度，℃				
开始	室温				
30	50.0	50.0	50.0	50.0	/
90	50.0	50.0	50.0	50.0	1
96	26.4	21.0	17.6	15.7	/
102	11.7	3.1	-2.5	-5.5	/
108	2.7	-8.0	-14.9	-18.7	/
114	-2.9	-14.9	-22.5	-26.8	/
122	-6.4	-19.1	-27.3	-31.8	0.5
130	-8.5	-21.7	-30.2	-34.9	0.5
138	-9.8	-23.4	-32.0	-36.9	0.5
146	-10.7	-24.4	-33.2	-38.1	0.5
154	-11.2	-25.0	-33.9	-38.8	0.3
162	-11.5	-25.4	-34.3	-39.3	0.2
210	-12.0	-26.0	-35.0	-40.0	0.2
240	-12.0	-26.0	-35.0	-40.0	0.2
270	-12.0	-26.0	-35.0	-40.0	0.2
300	-12.0	-26.0	-35.0	-40.0	0.2
330	-12.0	-26.0	-35.0	-40.0	0.2
1050	-12.0	-26.0	-35.0	-40.0	0.2

ICS 75.160.20
E 31

SH

中华人民共和国石油化工行业标准

NB/SH/T 0984—2019

柴油和喷气燃料中芳烃和多环芳烃含量的测定　超临界流体色谱法

Standard test method for determination of the aromatic content and polynuclear aromatic content of diesel fuels and aviation turbine fuels by supercritical fluid chromatography

2019-06-04 发布　　2019-10-01 实施

国家能源局　发布

前　言

本标准按照 GB/T 1.1—2009 规则起草。

本标准使用重新起草法修改采用美国试验与材料协会标准 ASTM D5186-15《超临界流体色谱法测定柴油和航空煤油中单环芳烃和多环芳烃的方法》。

本标准与 ASTM D5186-15 的技术性差异及原因如下：

——规范性引用文件中采用我国相应的行业标准；

——删除了 ASTM D5186-15 中 5.2 条、5.3 条和 5.4 条；相应增加了对添加剂的测定影响未做考察的说明，作为 5.2 条；

——增加了关于典型色谱柱及仪器操作条件的资料性附录 A。

本标准由中国石油化工集团有限公司提出。

本标准由全国石油产品和润滑剂标准化技术委员会石油燃料和润滑剂分技术委员会归口（SAC/TC280/SC1）。

本标准起草单位：中国石油天然气股份有限公司石油化工研究院。

本标准主要起草人：梁迎春、史得军、林骏、王春燕、霍明辰、喻昊。

本标准为首次发布。

柴油和喷气燃料中芳烃和多环芳烃含量的测定　超临界流体色谱法

警告：本标准的应用可能涉及某些有危险性的材料、操作和设备，但并未对与此有关的所有安全问题都提出建议。用户在使用本标准之前有责任制定相应的安全和防护措施，并确定相关规章制度的适用性。

1　范围

本标准规定了用超临界流体色谱法（SFC）测定柴油和喷气燃料中单环及多环芳烃含量的方法。

本标准适用于车用柴油、喷气燃料及其调和组分，所测定的芳烃质量分数范围为 1%～75%，多环芳烃质量分数范围为 0.5%～50%。

2　规范性引用文件

下列文件对于本文件的应用是必不可少的。凡是注日期的引用文件，仅所注日期的版本适用于本文件。凡是不注日期的引用文件，其最新版本（包括所有的修改单）适用于本文件。

NB/SH/T 0843—2010 石化行业分析测试系统的评价 统计技术法

3　术语和定义

下列术语和定义适用于本文件。

3.1

临界压力　critical pressure

在临界温度下，气体冷凝成液体所需要的压力。

3.2

临界温度　critical temperature

气体通过压缩转化为液体的最高温度。

3.3

单环芳烃　mononuclear aromatic hydrocarbons

仅含有一个芳环的烃类化合物。这类化合物包括苯、甲基苯、茚、四氢萘、烷基茚和烷基四氢萘类化合物。

3.4

多环芳烃　polynuclear aromatic hydrocarbons

含有两个或多个苯环的烃类化合物。这类化合物中苯环可能是以缩合形式存在于萘、蒽中，也可能是以桥连形式存在的联苯。

3.5

限流器　restrictor

连接在分离柱出口处的一种装置，保证流动相在通过分离柱时，流体处于超临界流体状态。

3.6

超临界流体　supercritical fluid

一类保持在其热力学临界温度和临界压力之上状态的流体。

3.7

超临界流体色谱　supercritical fluid chromatography

用超临界流体作为流动相的一类色谱。

3.8

氢火焰离子化检测器　flame ionizaiton detector

能检测有机化合物在氢火焰中燃烧生成离子流的检测器。

4　方法概要

4.1　将一定量待测试样注入到硅胶填充柱上，采用超临界二氧化碳流体洗脱填充柱。试样中单环芳烃和多环芳烃与非芳烃组分分离，并使用氢火焰离子化检测器检测。

4.2　检测器记录分析时间内烃类物质的响应信号。计算单环芳烃、多环芳烃和非芳烃组分对应的色谱峰峰面积，采用面积归一化法计算待测试样中各组分质量分数。

5　方法应用

5.1　柴油中芳烃含量会影响其十六烷值及排放性能，喷气燃料中芳烃特别是萘系烃含量会影响燃烧性能和烟点。本标准在测定柴油样品时不受油品颜色影响。

5.2　本标准未考察柴油和喷气燃料中各种添加剂对总芳烃和多环芳烃测定结果的影响。

6　仪器

6.1　超临界流体色谱仪（SFC）：具备以下功能并符合第8章性能测试要求的超临界流体色谱仪均适用于本标准。

6.2　泵：超临界流体色谱仪应配置一台泵，使超临界二氧化碳通过分离柱，输送过程无压力波动且流速稳定。该泵为单向（注射）泵或高脉冲往复式泵，在工作压力下压力波动不超过±0.3%。

6.3　检测器：本标准应使用氢火焰离子化检测器（FID）。检测器应有足够高的灵敏度，能够检测出正庚烷中质量分数为0.1%的甲苯。

6.4　柱温控制：在操作过程中，色谱分析采用恒温操作，温度波动控制在±0.5℃以内。

6.5　进样系统：配置一个液体进样阀，可以注入0.05μL~0.50μL样品，并确保重现性。进样系统操作温度为25℃~30℃。进样系统应直接与分离柱连接，避免色谱分离能力损失。

6.6　柱后限流器：连接在分离柱末端的装置，保证流动相在分离柱内和检测器进样口端处于超临界状态。

6.7　分离柱：可以使用任何能够提供非芳烃、单环芳烃和多环芳烃分离功能的液相或超临界流体分离柱，并且满足第8章所述操作要求。

6.8　积分器：在色谱中可以测量离散色谱峰面积并累计所有色谱峰峰面积的设备，可以使用计算机或电子积分器完成。计算机或电子积分器在工作时，应具备基线漂移校正功能。

7　试剂和材料

7.1　试剂纯度：若未做说明，测试所用的试剂纯度应为分析纯。试剂应具有足够高的纯度，保证结果的准确性不受影响。

7.2　压缩空气：纯度≥99.99%（不含烃类化合物），用作FID助燃剂。

警告：空气通常在高压下为压缩气体并支持燃烧。

7.3　二氧化碳（CO_2）：超临界流体等级，纯度至少为99.99%，使用带压气瓶供气，配置虹吸管吸取液态二氧化碳。

警告：二氧化碳在高压下为液态。释压时释放极冷的固态和气态二氧化碳，可用大气中氧气稀释。

7.4　检验标准物：依照NB/SH/T 0843—2010第6章，具有认可参考值的市售标准参考物质。另外，通过实验室循环对比实验测试的样品也可以用作检验标准物。重要的是，实验室交换项目标准偏差在统计学上不应大于测试方法的再现性。

7.5　氢气：纯度≥99.99%（不含烃类化合物），用作FID燃气。

警告：高压气体，极易燃。

7.6　性能测试标准溶液：该标准溶液正十六烷质量分数为75%、甲苯质量分数为20%、四氢萘（1,2,3,4-四氢化萘）质量分数为3%和萘质量分数为2%，用于FID性能测试。

7.7　质量控制样品（QC样品）：与待测试样有相似物理和化学性质的均一材料。这种材料的选择应遵循NB/SH/T 0843—2010第6章的规定。车用柴油、喷气燃料及其他含有芳烃及多环芳烃的典型样品都可以用作QC样品。

8　仪器准备及系统性能测试

8.1　按照制造商的说明书安装SFC仪器。操作条件取决于所用的分离柱和优化的操作参数。仪器典型操作条件参见附录A。可以通过调整柱温、压力，流动相流速来达到8.2条所述关于保留时间重复性和分离度要求。若分离柱活性降低，可用液相色谱活化技术活化分离柱。

注：若单环芳烃和多环芳烃之间的分辨率不满足试验要求，可以通过提高柱温（最高达40℃）进行优化。通常建议采用较低的柱温以增加非芳烃和单环芳烃色谱峰之间的分离度。

8.2　系统性能测试

8.2.1　填充柱分离度评价：分析7.6条性能测试标准溶液。非芳烃和单环芳烃的分离度（R_{NM}）不小于4，单环芳烃和多环芳烃的分离度（R_{MD}）不小于2，分离度按式（1）和式（2）计算：

$$R_{NM}=\frac{2\times(t_2-t_1)}{1.699\times(y_2+y_1)} \qquad (1)$$

$$R_{MD}=\frac{2\times(t_4-t_3)}{1.699\times(y_4+y_3)} \qquad (2)$$

式中：

t_1——正十六烷色谱峰保留时间，单位为秒（s）；

t_2——甲苯色谱峰保留时间，单位为秒（s）；

t_3——四氢萘色谱峰保留时间，单位为秒（s）；

t_4——萘色谱峰保留时间，单位为秒（s）；

y_1——正十六烷色谱峰半峰宽，单位为秒（s）；

y_2——甲苯色谱峰半峰宽，单位为秒（s）；

y_3——四氢萘色谱峰半峰宽，单位为秒（s）；

y_4——萘色谱峰半峰宽，单位为秒（s）。

8.2.2　保留时间重现性测试：性能测试标准溶液重复进样，要求n-C_{16}峰和甲苯峰保留时间重复性（即重复进样之间的最大差异）不大于0.5%。

8.2.3　检测器精确性测试：本标准假定烃类化合物在 FID 响应值接近理论单位碳响应。通过分析性能测试标准溶液中甲苯、四氢萘、萘相对于正十六烷的相对响应因子的实测值与理论值的差值来验证这一假设。相对响应因子按式（3）和式（4）计算：

$$RF_i=\frac{A_i}{M_i} \tag{3}$$

$$RRF_i=\frac{RF_i}{RF_{C_{16}}} \tag{4}$$

式中：

A_i——性能测试标准溶液中组分 i 的峰面积占总谱峰面积的百分数，%；

M_i——性能测试标准溶液中组分 i 的已知质量分数，%；

RF_i——组分 i 的响应因子；

$RF_{C_{16}}$——性能测试标准溶液中正十六烷的响应因子；

RRF_i——组分 i 的相对响应因子。

性能测试标准溶液中每个组分的理论相对响应因子由式（5）计算：

$$RRF_{theo}=\frac{12.01\times n}{MW}\times\frac{226.4}{12.01\times 16} \tag{5}$$

式中：

12.01——碳相对原子质量；

n——组分 i 分子的碳原子数；

MW——组分的相对分子质量；

226.4——正十六烷的相对分子质量；

16——正十六烷分子的碳原子数。

性能测试标准溶液中各组分的 RRF 实测值应在由式（5）所算的理论值或表 1 所列值的±10%范围内。如果达不到上述要求，则须调整进样量、限流器的位置或检测器的气流量，或者这些操作的组合，直到满足标准对相对响应因子的要求。

表 1　理论响应因子

组　　分	碳　　数	相对分子质量	RRF_{theo}
甲苯	7	92.13	1.075
四氢萘	10	132.2	1.070
萘	10	128.2	1.104

8.2.4　检测器线性响应检测

8.2.4.1　使用以下试验验证检测器是否线性响应。建议验证样品的芳烃含量范围覆盖待测试样。正十六烷（n-C_{16}）峰高会超出 FID 的线性范围。一旦发生这种情况，可以根据检测器精确性测试（见 8.2.3）判定检测器是否线性响应。

8.2.4.2　选择一个总芳烃含量等于或大于仪器芳烃测定范围的车用柴油或喷气燃料作为验证样品。准确称量两份验证样品溶于正十六烷（n-C_{16}）中。通常验证样品与 n-C_{16} 的稀释质量比例应为 1∶1 和1∶3。

8.2.4.3　按照第 9 章分析所选验证样品及其两个稀释液，确定验证样品和其两个稀释液中总芳烃的质量分数。

8.2.4.4　计算两个稀释液中总芳烃的理论浓度，见式（6）：

$$B=A\times\frac{D}{C+D} \tag{6}$$

式中：

A——原燃料样品中的总芳烃质量分数,%；

B——燃料样品稀释液中的理论总芳烃质量分数,%；

C——稀释液中正十六烷添加量，单位为克（g）；

D——稀释液中原燃料样品添加量，单位为克（g）。

8.2.4.5 将两个稀释液中总芳烃含量的实测值与理论值相比较，两者之间的误差应满足13.1.1中所规定的总芳烃重复性测定要求。如果无法满足该要求，则须调整限制器位置、FID气流量，清洗FID，或者采取减少进样量等措施，以便满足重复性要求。

9 试验步骤

9.1 按照第8章确定的试验条件分析试样并记录色谱数据。当检测器信号返回基线并保持稳定时表明测试结束。通常在三环芳烃从色谱柱流出后，基线稳定。

9.2 对色谱图进行积分处理，即从色谱图开始出峰起至色谱图信号回到基线为止的所有区域（见图1）。

9.2.1 色谱图由一系列色谱峰组成，包含非芳烃和一个或多个芳烃的谱峰。

9.2.1.1 指定非芳烃区域，即从色谱图开始出峰起至性能测试标准溶液中正十六烷和甲苯的保留时间之间的最低峰谷处为止的所有积分区域。

9.2.1.2 指定单环芳烃区域，即从非芳烃结束区域起至萘开始出峰处为止的所有积分区域。

9.2.1.3 指定多环芳烃区域，即从萘开始出峰时起至色谱图信号回到基线处为止的所有积分区域。

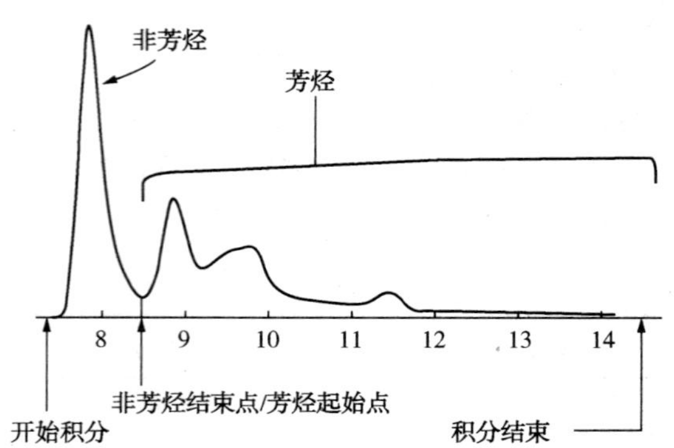

图1 典型超临界流体色谱图

10 结果计算

10.1 按式（7）、式（8）和式（9）计算试样中单环芳烃、多环芳烃和总芳烃的质量分数：

$$M=100\times\frac{AM}{AN+AM+AP} \qquad (7)$$

$$P=100\times\frac{AP}{AN+AM+AP} \qquad (8)$$

$$A=M+P \qquad (9)$$

式中：

M——试样中单环芳烃的质量分数,%；

P——试样中多环芳烃的质量分数,%；

A——试样中总芳烃的质量分数,%；

AM——试样中单环芳烃的面积；

AN——试样中非芳烃组分的面积；

AP——试样中多环芳烃的面积。

11 准确度和精密度的测定

11.1 定期评估超临界色谱的准确度和精密度，具体步骤如下：

11.1.1 准确度测定：按照第 8 章和第 9 章要求，每月测定检验标准物一次。测试结果中总芳烃和多环芳烃含量应符合公认的参考值。参照 NB/SH/T 0843—2010 中第 6 章规定，实验室之间要循环交换样品进行测试。在此情况下，不同实验室间分析结果中芳烃和多环芳烃的含量应满足 13.1 中表 2 和表 3 列出的再现性要求。若结果差值不能满足再现性要求，在分析试样前，应采取纠正措施，并对结果准确性评估进行核查。

11.1.2 精密度测定：执行本方法时，参照 NB/SH/T 0843—2010 第 6 章参考物质规定，可选择一个连续重复测定样品作为 QC 样品，按照第 9 章步骤，在 24h 测试周期内应至少测试 QC 样品一次。测定结果的重复性不得超过 13.1 中表 2 和表 3 列出的重复性限值。若不能满足重复性要求，应采取纠正措施，并重新评价结果精确性。记录样品在不同时间内的分析结果，用来判断该仪器是否符合 NB/SH/T 0843—2010 附录 A 统计学质量控制工具中统计控制的要求。

12 报告

12.1 报告试样中单环芳烃、多环芳烃和总芳烃的质量分数，精确到 0.1%。

13 精密度和偏差

13.1 精密度数据是由实验室之间测试结果的统计数据来确定。按下述规定判断试验结果的可靠性（95%置信水平）。

13.1.1 重复性：同一操作者用同一台仪器在相同的操作条件下测定同一样品，所得两个重复测定结果之差不应超过下述计算值（见表 2 和表 3 的重复性典型值）。

总芳烃：$0.16X^{0.23}$

多环芳烃 ：$0.16X^{0.16}$ （$X \leqslant 5\%$）

多环芳烃 ：$0.36X^{0.13}$ （$X \geqslant 10\%$）

其中，X 为两个重复测定结果的平均值,%（质量分数）。

13.1.2 再现性：不同操作者在不同实验室使用不同仪器测定同一样品，所得两个单一、独立测定结果之差不应超过下述计算值（见表 2 和表 3 的再现性典型值）。

总芳烃 ：$0.75X^{0.23}$

多环芳烃 ：$0.47X^{0.45}$ （$X \leqslant 5\%$）

多环芳烃 ：$1.77X^{0.50}$ （$X \geqslant 10\%$）

其中，X 为两个单一独立测定结果的平均值,%（质量分数）。

表 2　总芳烃精密度典型值　　　　% （质量分数）

总芳烃	重复性	再现性
1	0.2	0.8
5	0.2	1.1
10	0.3	1.3
15	0.3	1.4
20	0.3	1.5
25	0.3	1.6
35	0.4	1.7
50	0.4	1.8
75	0.4	2.0

表 3　多环芳烃精密度典型值　　　　% （质量分数）

多环芳烃	重复性	再现性
0.5	0.1	0.3
1	0.2	0.5
2	0.2	0.6
3	0.2	0.8
5	0.2	1.0
10	0.5	5.6
15	0.5	6.9
25	0.5	8.9
50	0.6	12.5

13.2　偏差：衡量本试验方法偏差的参考样品正在建立中。

附 录 A
(资料性附录)
典型色谱柱及仪器操作条件

表 A.1 中给出了典型的色谱柱参数及仪器操作条件。

表 A.1 典型色谱柱参数及仪器操作条件

参 数	填充柱 1	填充柱 2
色谱柱供应商	Princeton SFC	Viridis
填充物	硅胶	硅胶
颗粒尺寸，Å	60	98
长度，mm	250	250
内径，mm	4.6	4.6
温度，℃	40	40
CO_2压力，MPa	20	20
流速，mL/min	1	1
进样体积，μL	0.5	0.5
FID 温度，℃	300	300
空气，mL/min	300	300
氢气，mL/min	20	20
分析时间，min	8~15	8~15

ICS 75.160.20
E 31

中华人民共和国石油化工行业标准

NB/SH/T 0986—2019

汽油、柴油和甲醇燃料中总氧含量的测定 还原裂解法

Standard test method for determination of total oxygen in gasoline, diesel and methanol fuels by reductive pyrolysis

2019-06-04 发布　　2019-10-01 实施

国家能源局　发布

前　　言

本标准按照 GB/T 1.1—2009 给出的规则起草。

本标准使用重新起草法修改采用美国试验与材料协会标准 ASTM D5622-17《还原裂解法测定汽油和甲醇燃料中的氧含量》。

本标准在采用 ASTM D5622-17 时进行了修改。本标准与 ASTM D5622-17 的主要技术差异及其原因如下：

——ASTM D5622-17 只适用于汽油和甲醇燃料中氧含量的测定，本标准增加了柴油中氧含量测定的内容；

——第 2 章规范性引用文件中引用了我国相应的国家标准和行业标准，以适应我国的技术条件；

——删除了有关《空气洁净法（1992）》的相关应用说明，此内容不适用于我国标准；

——增加了测定方法 E 的仪器、材料、试验步骤、质量控制、精密度等相关内容；

——第 5 章中增加了分析天平、锡纸、锡囊、封口器和注射器的技术要求；

——第 6 章中增加了质量控制（QC）样品的有关内容；

——第 6 章中加入了汽油标准校准样品、柴油空白样品和柴油标准校准样品的规定；

——第 7 章中增加了样品准备时除去样品中可溶水的有关内容。

本标准由中国石油化工集团有限公司提出。

本标准由全国石油产品和润滑剂标准化技术委员会石油燃料和润滑剂分技术委员会（SAC/TC280/SC1）归口。

本标准起草单位：中国石油化工股份有限公司石油化工科学研究院。

本标准主要起草人：冒昕烨、高萍。

本标准为首次发布。

汽油、柴油和甲醇燃料中总氧含量的测定 还原裂解法

警告：本标准的使用可能涉及某些有危险的材料、操作和设备，但并未对与此有关的所有安全问题都提出建议。用户在使用本标准之前有责任建立相应的安全和防护措施，并确定相关规章限制的适用性。

1 范围

本标准规定了采用还原裂解法测定汽油、柴油和甲醇燃料中总氧含量的方法。

本标准适用于测定氧质量分数范围为1.0%~5.0%的汽油，氧质量分数范围为1.0%~10%的柴油样品和氧质量分数范围为40%~50%的甲醇燃料样品。汽油中可包含以下一种或几种含氧化合物：异丁醇、正丁醇、仲丁醇、叔丁醇、二异丙醚、乙醇、乙基叔丁基醚、甲醇、甲基叔丁基醚、正丙醇、异丙醇、叔戊基甲基醚。柴油中可包括以下一种或几种含氧化合物：甘油、甲醇、单油酸甘油酯、三油酸甘油酯以及油酸甲酯。但本标准对柴油中总氧含量测定的精密度未作考察。

本标准包括A、B、C、D、E五种方法步骤，多种仪器适用（仪器由于含氧物质被检测的方式和定量方式的不同而有所区别）。这些仪器的共同之处在于处理样品时，样品都应在富碳环境中高温裂解。

2 规范性引用文件

下列文件对于本文件的应用是必不可少的。凡是注日期的引用文件，仅所注日期的版本适用于本文件。凡是不注日期的引用文件，其最新版本（包括所有的修改单）适用于本文件。

GB/T 1884 原油和液体石油产品密度实验室测定法（密度计法）

GB/T 1885 石油计量表

GB/T 4756 石油液体手工取样法

GB/T 27867 石油液体管线自动取样法

SH/T 0604 原油和石油产品密度测定法（U形振动管法）

3 方法概要

3.1 将1 μL~10 μL试样注射到含有镀金属碳粉高温裂解管中，裂解管温度为950℃~1300℃，高温裂解后，将氧元素完全转换成一氧化碳或二氧化碳，通过检测一氧化碳或二氧化碳的含量从而得到氧的含量。汽油、柴油和甲醇燃料分别用不同的物质做空白样品和校准样品来建立校准曲线进行试样分析。

3.2 载气（氮气，氦气，氩气或氦气和氢气的混合气体）将裂解气载入以下任意一个系统：反应系统、过滤系统、分离系统和检测系统。检测系统可测定一氧化碳或二氧化碳的含量，从而得到试样中的氧含量。

4 方法应用

汽油和柴油中的含氧化合物可使油品燃烧更充分，减少一氧化碳的排放。向汽油中掺入含氧化

合物如甲基叔丁基醚、乙基叔丁基醚和乙醇，向柴油中加入生物柴油可满足这一要求。本方法可用于产品质量检测。

5 仪器

5.1 氧元素分析仪：多种类型仪器均可满足要求，但均要求采用还原法裂解试样，并将试样中的氧转化为一氧化碳或二氧化碳。

5.1.1 方法A：采用氦气为载气将裂解产物带入组合过滤器中以除去酸性气体和水蒸气。然后裂解产物进入分子筛气相色谱柱，色谱柱将一氧化碳与其他裂解产物分离。TCD检测器所产生的信号值与一氧化碳浓度成比例。

5.1.2 方法B：采用氮气为载气将裂解产物带入组合过滤器中除去酸性气体和水蒸气。然后裂解产物被载气先后带入两个红外检测器分别检测一氧化碳和二氧化碳的含量。

5.1.3 方法C：采用氦气和氢气混合气（95%：5%）、氦气或氩气为载气将裂解气带入两个串连的反应器。第一个反应器中装填加热的铜用来除去含硫化合物。第二个反应器包括一个除酸过滤器和一个将一氧化碳氧化为二氧化碳的反应器（此反应器可选）。随后产物气体在混合室中混合均匀，这样可使气体处在一个温度、压力和体积恒定的绝对条件下。随后混合室通过一根柱子泄压，在柱子中一氧化碳（或在富氧环境下生成的二氧化碳）从其他干扰物中分离出来。TCD检测器产生的信号与一氧化碳或二氧化碳浓度成比例。

5.1.4 方法D：采用氮气为载气将裂解产物带入组合过滤器中除去酸性气体和水蒸气。在325℃下，通过一个装有氧化铜的反应器将一氧化碳氧化为二氧化碳，随后气体进入二氧化碳库仑检测器中，利用库仑滴定产生的碱滴定二氧化碳与单乙醇胺反应生成的酸。

5.1.5 方法E：采用氦气为载气将裂解产物带入组合过滤器中以除去酸性气体、水蒸气等裂解产物，只留下待检测的一氧化碳气体。红外检测器所产生的信号值与一氧化碳浓度成比例。

5.2 分析样品时，需要相应的技术以保证试样能够定量地进入检测器进行检测。装样品的小瓶和转移样品用的实验器具应干净、干燥。

5.3 对于只能测定一氧化碳的仪器，裂解条件应确保能将氧完全转化为一氧化碳。

5.4 仪器配备过滤系统和分离系统，以便有效地去除干扰一氧化碳或二氧化碳检测的裂解产物。

5.5 通常检测器响应值与浓度成线性关系。若是非线性关系，响应值应能检测，并与浓度准确相关。

5.6 相关配件如下：

5.6.1 裂解管。

5.6.2 过滤器。

5.6.3 吸收管。

5.7 分析天平：感量为0.000001 g。

5.8 锡纸。

5.9 锡囊。

5.10 封口器。

5.11 注射器：10μL。

6 试剂与材料

6.1 试剂纯度

除另有说明，所有试验使用分析纯试剂。如果要使用其他级别的试剂，应证实该试剂有足够的纯度，使用后不会降低检测准确性。

6.2 标准校准样品

6.2.1 2,5-双（5-叔丁基-2-苯并噁唑基）噻吩：英文缩写为BBOT，分子式为$C_{26}H_{26}N_2O_2S$，纯度不低于99.0%。也可使用其他氧含量已知、性质稳定、纯度符合要求的烃类物质，用于汽油类样品的仪器校准。
6.2.2 油酸甲酯：纯度不低于99.0%，用于柴油类样品的仪器校准。
6.2.3 无水甲醇：纯度不低于99.8%，用于甲醇燃料样品的仪器校准。
6.2.4 异辛烷或其他烃类化合物纯度符合要求，可作汽油类样品和甲醇燃料样品空白使用。
6.2.5 十六烷或其他烃类化合物纯度符合要求，可作柴油类样品空白使用。

6.3 其他试剂和材料

6.3.1 方法A

6.3.1.1 无水高氯酸镁。
6.3.1.2 烧碱石棉Ⅱ（硅土上负载氢氧化钠）。
6.3.1.3 氦气：纯度不低于99.995%。
6.3.1.4 分子筛：5A，177 μm~297 μm。
6.3.1.5 镍毛。
6.3.1.6 镀镍碳：镍的质量分数为20%。
6.3.1.7 石英砂。
6.3.1.8 石英毛。

6.3.2 方法B

6.3.2.1 无水高氯酸镁。
6.3.2.2 高温裂解碳粉。
6.3.2.3 氮气：纯度不低于99.99%。

6.3.3 方法C

6.3.3.1 无水高氯酸镁。
6.3.3.2 烧碱石棉Ⅱ（硅土上负载氢氧化钠）。
6.3.3.3 载气：纯度不低于99.99%的氮气（95%）和氢气（5%）的混合气；纯度不低于99.995%的氦气或者纯度不低于99.98%的氩气。
6.3.3.4 线状铜。
6.3.3.5 镀铂碳。

6.3.4 方法D

6.3.4.1 无水高氯酸镁。
6.3.4.2 烧碱石棉Ⅱ（硅土上负载氢氧化钠）。
6.3.4.3 氧化铜。
6.3.4.4 库仑池中的溶液包括阴极溶液和阳极溶液。阴极溶液是含乙醇胺的二甲亚砜溶液，阳极溶液是含水和碘化钾的二甲亚砜溶液。
6.3.4.5 镀镍碳：镍的质量分数为20%。
6.3.4.6 氮气：纯度不低于99.99%。

6.3.5 方法 E

6.3.5.1 无水五氧化二磷。
6.3.5.2 高温裂解碳粉。
6.3.5.3 氦气：纯度不低于 99.995%。
6.3.5.4 石英砂。
6.3.5.5 石英毛。
6.3.5.6 烧碱石棉Ⅱ（硅土上负载氢氧化钠）。

6.4 质量控制（QC）样品

采用稳定且有代表性的样品作为质量控制（QC）样品，通过分析 QC 样品来确定试验过程的可靠性。汽油、柴油和甲醇燃料分别采用不同的 QC 样品。

7 取样和样品准备

7.1 依照 GB/T 4756 或 GB/T 27867 采取样品。
7.2 目测样品，如发现不均匀应重新采样。
7.3 样品需保存在阴凉的房间，或放在可储存化学药品的实验室冰箱中。
7.4 如试样中含有可溶水，需先将可溶水除去再进行测定，有关含氧汽油中水的影响及脱水处理方法参见附录 A。

8 仪器准备

8.1 按照仪器生产厂商的建议设定仪器设备。所有的测定方法都要求在各自的分析模式下遵守正确的操作程序。操作条件会因为仪器设计的差异而有所不同。
8.2 载气经过滤以除去其中的微量氧气和含氧化合物。

9 校准和标定

9.1 汽油中氧含量的测定：方法 A、B、C 和 E 的校准

9.1.1 用注射器准确移取 1 μL~10 μL，或 1 mg~10 mg 的空白样品（6.2.4），样品的加入量准确可知，测定仪器响应值。重复移取空白样品进行测定，直到响应值稳定。

注：移取样品时应选择适合的锡囊封装样品，封口时尽量减少锡囊内空气的进入，以减少空气中氧气对测定结果的影响。

9.1.2 用同样的方式，取 1 μL~10 μL，或 1 mg~10 mg 范围内不同质量的汽油标准校准样品（6.2.1），测定其仪器响应值，每个样品重复测定两次。若扣除空白后两次测定的响应值相对偏差大于 2%，需重新进行校准操作。
9.1.3 按照式（1）计算校正因子 K

$$K=\frac{C_{std}m_{std}}{R_{avg}} \qquad (1)$$

式中：

C_{std}——标准校准样品中氧的质量分数，%；

m_{std}——标准校准样品的质量，或标准校准样品的体积（μL）×标准校准样品的密度（g/mL）

（密度可用方法 GB/T 1884、GB/T 1885 或 SH/T 0604 进行测定），单位为毫克（mg）；

R_{avg}——扣除空白后标准校准样品响应值的平均值。

9.2 方法 A、B、C、E 测定柴油中氧含量的校准

重复步骤 9.1；测定相应的空白样品（6.2.5），用油酸甲酯作为标准校准样品（6.2.2）。对于柴油样品，需要一个相应的校正因子 K。

9.3 方法 A、B、C、E 测定甲醇燃料中氧含量的校准

重复步骤 9.1；测定相应的空白样品（6.2.4），用无水甲醇作为标准校准样品（6.2.3）。对于甲醇燃料，需要一个相应的校正因子 K。

9.4 方法 D 的校准

本测定方法不需要校准，只需要分析一个质量控制样品以确保仪器的正常运行。定期分析空白样品以保证其响应值稳定。

10 质量控制

10.1 将质量控制样品进样测定，按第 12 章所述的方法计算氧的含量。

10.2 对于方法 A、B、C、E，若质量控制样品测定值与标准值偏差大于 2%，需进行校准操作，重做校准曲线和质量控制。

10.3 对于方法 D，如果质量控制样品氧的回收率低于 85%，需进行校准操作并且重做质量控制。若回收率在 85%~100%之间，可用质量控制样品校准测定结果（涉及的回收率参数见第 12 章）。

11 试验步骤

11.1 将 1 μL~10 μL，或 1 mg~10 mg 试样进样分析，记录仪器响应值，按照第 12 章所述计算结果，使用适当的校正因子 K 对汽油、柴油和甲醇燃料中的氧含量进行校准。

11.2 每做十个试样用合适的校准样品对仪器重新进行校准。

12 计算和报告

12.1 试样中氧的质量分数 X（%）按式（2）计算：

$$X=\frac{RK}{mr} \tag{2}$$

式中：

R——仪器校正后的试样的响应值；

K——校正因子，按式（1）计算，对方法 D 其值为 1；

m——试样的质量，或试样的体积（μL）×密度（g/mL）（密度可用方法 GB/T 1884、GB/T 1885 或 SH/T 0604 进行测定），单位为毫克（mg）；

r——回收率（见 10.3），对方法 A、B、C 和 E 其值为 1。

12.2 如果仪器配备计算机数据处理系统，校正因子 K 和氧含量的计算均可由数据处理系统自动完成。

12.3 报告试样中总氧的质量分数，结果精确至 0.01%。

13 精密度和偏差

13.1 精密度

用下述规定判断试验结果的可靠性（95%置信水平）。

本标准的精密度数据由不同实验室的分析结果统计分析得出。12 家实验室重复分析 8 个不同样品，其中有一个实验室使用两种不同的方法，共给出 13 组数据。各组试验数据根据检测方法分为：方法 A，3 组；方法 B，2 组；方法 C，3 组；方法 D，5 组。由于还原裂解技术对于这四种测定方法并无差别，因此可将这 13 组数据进行统一处理分析。方法 E 给出 3 组验证数据，数据符合以上方法所得出的精密度要求。特殊分析方法的数据统计不做规定。这些样品包括无水甲醇和掺有以下一种或多种成分的汽油：异丁醇、正丁醇、仲丁醇、叔丁醇、二异丙醚、乙醇、乙基叔丁基醚、甲醇、甲基叔丁基醚、正丙醇、异丙醇、叔戊基甲基醚。柴油样品精密度未作考察。

13.1.1 重复性

同一操作者使用同一台仪器在相同的操作条件下，对同一试样连续测定，所得的两个试验结果之差不应超过表 1 所规定的重复性数值。

13.1.2 再现性

不同实验室的不同操作者，采用不同的仪器，对同一试样进行测定，所得的两个单一且独立的试验结果之差不应超过表 1 所规定的再现性数值。

表 1 重复性和再现性

样品类型	氧的质量分数范围/%	重复性/%	再现性/%
汽油	1.0~5.0	0.06	0.26
甲醇燃料	40~50	0.81	0.81

13.2 偏差

偏差是由不同实验室通过对含乙醇的汽油标准样品 NIST SRM1838 进行检测来确定的。检测的零假设为：测定的平均结果和 NIST 标准值之间的差异为零。假设测试结果显示如果确实差异为零，则测定出现差异的概率约为 50%。因此，无差异或无偏差的零假设可被接纳。

附　录　A
(资料性附录)
含氧汽油中水的影响

A.1　汽油中总氧含量相关规定明确指出汽油中的氧含量不包括水中的氧。试验数据表明，某些特别的含氧汽油可溶水含量接近0.1%，相应的可溶水中的氧含量可达到0.09%，该数据与方法的重复性数据十分接近，对总氧含量的分析结果影响无法忽略。为了消除可溶水对分析结果的影响，汽油可用碳酸钾或3A型分子筛进行预处理后再进行分析。

A.2　据专利文献记载，汽油可用碳酸钾进行处理以除去可溶水。方法B用来分析了五种被掺入0.1%水分的汽油。汽油中含有一种或多种以下含氧化合物：甲基叔戊基醚，乙醇，乙基叔丁基醚，仲丁醇，正丙醇，甲醇，二异丙醚，正丁醇。几毫升的含水汽油可用200 mg碳酸钾先进行处理再分析。处理后的含水汽油所测得的总氧含量分析结果与无水汽油所测得的总氧含量分析结果之差不超过0.02%，符合方法的重复性要求。

A.3　文献描述的另一个除去汽油中水的方法是：用3A型分子筛处理汽油。实验过程与A.2中描述类似，注水的含氧汽油先经过3A型分子筛处理后再用检测方法B进行分析。用分子筛处理后的含水汽油所测得的总氧含量分析结果与无水汽油所测得的总氧含量分析结果一致，均符合方法的重复性要求。

ICS 75.100
E 34

SH

中华人民共和国石油化工行业标准

NB/SH/T 0987—2019

高频线性振动（SRV）标准试验件磨损体积测定法

Standard practice for determining the wear volume on standard test pieces used by high-frequency, linear-oscillation（SRV）test machine

2019-06-04 发布　　　　2019-10-01 实施

国家能源局　发布

前　　言

本标准按照 GB/T 1.1—2009 给出的规则起草。

本标准使用重新起草法修改采用美国试验与材料学会标准 ASTM D7755-11（2017）《高频线性振动（SRV）标准试验件磨损体积的测定方法》。

为了更适合我国国情，本标准在采用 ASTM D7755-11（2017）时进行了修改。本标准与 ASTM D7755-11（2017）的主要技术性差异如下：

——将部分引用标准改为我国相应的国家标准和行业标准；

——增加了光学轮廓仪及操作步骤；

——将清洗溶剂改为符合 GB/T 15894—2008 中沸程为 90℃～120℃的石油醚；

——完善了试验步骤中的内容，包括增加了显微镜的使用以及各参数的测量方法；

——增加了方法测定精密度，并修改了偏差的表述。

本标准由中国石油化工集团有限公司提出。

本标准由全国石油产品和润滑剂标准化技术委员会石油燃料和润滑剂分技术委员会（SAC/TC280/SC1）归口。

本标准起草单位：中国石油化工股份有限公司石油化工科学研究院。

本标准参加起草单位：清华大学、北京理工大学、中国石油天然气股份有限公司兰州润滑油研究开发中心、中国科学院兰州化学物理研究所。

本标准主要起草人：杨鹤、薛颖、郝丽春、宋海清、秦力、王文中、李小刚、王云霞。

本标准为首次发布。

高频线性振动（SRV）标准试验件磨损体积测定法

警告：本标准涉及某些有危险的材料、操作及设备，但并未对所有的安全问题提出建议。因此，用户在使用本标准前应建立适当的安全防护措施，并确定相关规章限制的适用性。

1 范围

本标准规定了采用探针式轮廓仪或光学轮廓仪，测定高频线性振动（SRV）试验机的试验件在摩擦试验后试验球磨斑和试验盘磨痕的磨损体积的方法。

本标准适用于高频线性振动（SRV）标准试验件磨损体积的测定。

2 规范性引用文件

下列文件对于本文件的应用是必不可少的。凡是注日期的引用文件，仅注日期的版本适用于本文件。凡是不注日期的引用文件，其最新版本（包括所有的修改单）适用于本文件。

GB/T 15894—2008 化学试剂 石油醚

GB/T 17754—2012 摩擦学术语

NB/SH/T 0721 润滑脂摩擦磨损性能的测定 高频线性振动试验机（SRV）法

NB/SH/T 0847 极压润滑油摩擦磨损性能的测定 SRV 试验机法

NB/SH/T 0920 高赫兹接触压力下润滑脂抗微动磨损能力的测定 高频线性振动试验机法

3 术语和定义、缩略语

下列术语和定义、缩略语适用于本文件。

3.1 术语和定义

3.1.1

赫兹接触面积 Hertzian contact area

按赫兹弹性变形方程计算两个非共形接触固体在负荷作用下的表观接触面积。

3.1.2

赫兹接触压力 Hertzian contact pressure

在赫兹接触面积上任何指定位置上的压力值，由赫兹弹性变形方程式计算。赫兹接触压力可按接触中心的最大值 P_{max} 也可按总接触面积的平均值 $P_{average}$ 来计算和报告。

3.1.3

咬死 seizure

在摩擦表面产生粘着或材料转移，使相对运动停止或断续停止的严重磨损。

［GB/T 17754—2012，定义 5.37 条］

注：咬死通常表现为摩擦系数、磨损、非正常噪声和振动的急剧增加。本标准中，摩擦系数在记录表上显示为比稳态值急剧增加。

3.1.4

磨损 wear

由于摩擦造成表面的变形、损伤或表层材料逐渐流失的现象和过程。

[GB/T 17754—2012，定义 2.3 条]

3.1.5

面磨损 W_q planimetric wear

试验结束后，在试验盘磨损痕迹中间位置垂直于滑动方向的磨损，可以理解为试验盘磨损痕迹的横截面积。

3.1.6

磨损体积 W_v wear volume

试验结束后试验球或试验盘体积的不可逆材料损失。

3.2 缩略语

SRV（德文）

Schwingung（往复运动），Reibung（摩擦），VerschleiB（磨损）。

4 方法概要

4.1 本标准适用于不同的高频线性振动试验方法中用到的 SRV 试验机的试验件，即试验球在试验盘上振动的体系。

4.2 如图 1 所示，具有相同的磨斑直径的试验球并不表示具有相同的材料磨损，不同体积的材料损失量可能恰恰对应的是相同的磨斑直径。

注：在理想的状态下，通常润滑油充分保护表面不被磨损，磨斑直径仅有明显可见的化学磨损，此时球表面发生了弹性变形，磨斑直径相当于最初的赫兹接触直径。采用试验球直径为 10 mm，弹性指数对应 AISI 52100 钢（100Cr6H）并且载荷为 200 N 时，最初的赫兹接触直径通过计算为 0.374 mm，载荷为 300 N 时赫兹接触直径为 0.428 mm。当试验结束卸载后，弹性变形消失，初始形状恢复，表明没有产生材料磨损，但有一个明显的磨斑，需要报告其磨斑直径，但是通过探针式轮廓仪检测不出或有很少、轻微的磨损。

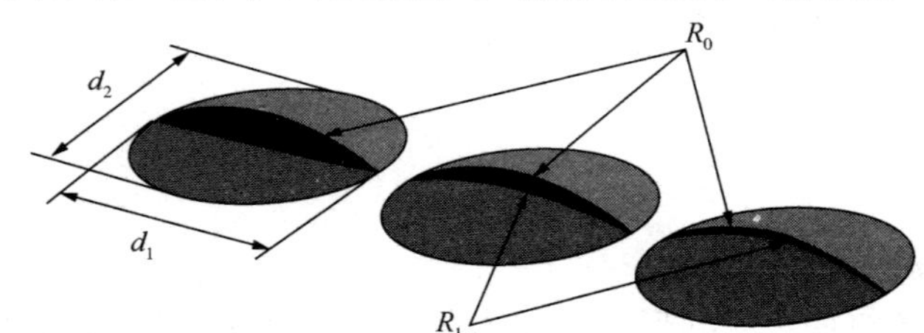

d_1—试验球平行于滑动方向的磨斑直径；

d_2—试验球垂直于滑动方向的磨斑直径；

R_0—初始球半径；

R_1—试验后磨斑曲率半径，R_0 比 R_1 小；

磨损体积见图中深蓝色部分。

图 1 磨斑直径相同而磨损体积不同的试验球

4.3 试验球磨斑直径通过显微镜测量。试验盘上磨痕可以用探针式轮廓仪或光学轮廓仪在磨痕的中央部位进行测定（见图 2），测定的轨迹垂直于滑动方向。

4.3.1 磨损体积（$W_{v,球}$和 $W_{v,盘}$）可以根据轮廓仪得到的数据通过公式计算，并假定试验件是一个理想的形状。

注：一般来说，磨损体积是通过在不同磨痕长度上积分多个横截面积计算得到的。本标准中的磨损体积是根据磨痕中间的横截面积（即面磨损）计算得到。

4.3.2 试验盘的面磨损 $W_{q,盘}$是由轮廓仪测得的二维轮廓曲线得到的。

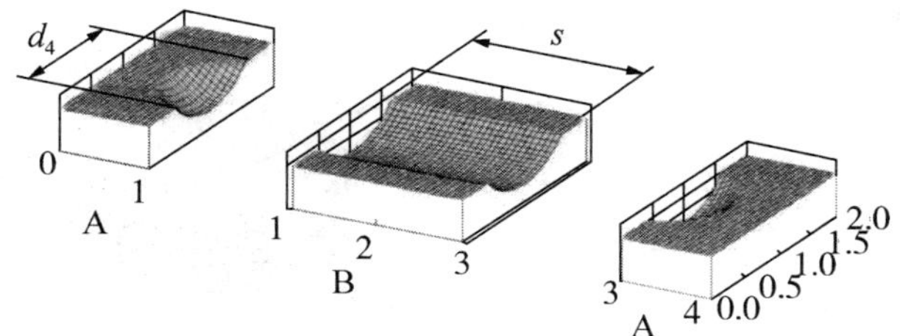

d_4—试验盘磨痕宽度；

s—线性往复试验中设定的冲程。

图2 试验盘磨痕的组成示意图

5 方法应用

5.1 磨损体积的测定已成为摩擦学测试的一个重要部分，它比磨斑直径更有区分性。探针轮廓仪是常见的用以测定最真实形貌的仪器，而光学轮廓仪也有很多实验室使用，所以本标准同时对两种仪器都进行了考察和应用。本标准的使用者应确定其结果与现场性能或其他应用是否相关联。

5.2 采用标准 NB/SH/T 0721、NB/SH/T 0847 和 NB/SH/T 0920 进行 SRV 试验后的试验球和试验盘均可采用本标准测定磨损体积。

5.3 对于表面无法进行光反射以及其他表面形貌复杂的特殊样品，光学轮廓仪可能无法反映试验球和试验盘磨损的不可逆材料损失情况，可采用探针轮廓仪进行测定。

6 仪器

6.1 显微镜：应配有微米级可精确至 0.005 mm 的测微计，要有足够的放大倍数，如 1～10 倍。

6.2 探针式轮廓仪：仪器包括花岗岩底板、立柱、横向导轨、可以无轨提取的测量头及测量软件。探针针尖的半径为 2 μm，可变角度为 60°，可变方向（探针位置）角度为 90°。横向导轨的精度至少为 0.1 μm。

6.3 光学轮廓仪：包括减震台、立柱、样品台及测量软件。光源为白光或绿光，具有不同放大倍数的物镜和目镜，放大倍数应不低于 10 倍，能够测定样品表面形貌等信息。

7 试剂与材料

清洗溶剂：符合 GB/T 15894—2008 中沸程为 90℃～120℃的石油醚，分析纯。

警告：易燃，有害健康。

8 仪器的准备

8.1 大多数 SRV 的试验方法均采用试验球在试验盘上滑动，试验后在试验球上会产生磨斑，在试验盘上会产生磨痕，如图 3 所示。

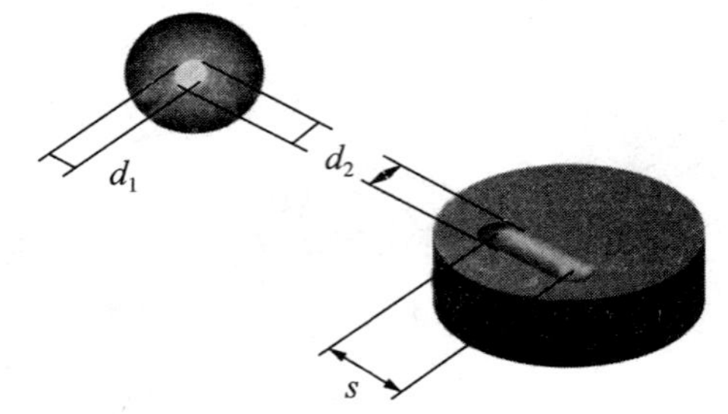

图 3　试验球的磨斑和试验盘的磨痕

9　试验步骤

9.1　试验件的清洗

用试验纸巾蘸取清洗溶剂擦拭试验球和试验盘的表面，重复擦拭直至试验纸巾上没有黑色残留物。将试验件浸于盛有清洗溶剂的烧杯中，进行 10 min 的超声清洗，然后用干净的试验纸巾擦干确保表面没有条纹等污渍。

9.2　显微镜

用显微镜分别测定试验球上平行于滑动方向的磨斑直径 d_1 和垂直于滑动方向的磨斑直径 d_2。

9.3　探针式轮廓仪

9.3.1　试验件上的磨斑和磨痕应无明显的咬死迹象。

9.3.2　测量长度应离磨痕每一侧边缘至少 0.500 mm 以确定表面形貌的测量基线。测量速度可以采用 0.15 mm/s。

9.3.3　根据屏幕上显示的轮廓曲线，手动设置磨痕左边和右边的条形光标以确定边界，手动设置水平光标以确定表面形貌基线（参见附录 A 中图 A.1），用软件可拟合计算出面磨损面积，并量取磨痕滑动方向的总长度 d_3 和磨痕宽度 d_4。

9.4　光学轮廓仪

采用光学轮廓仪的白光或绿光光源在一定物镜倍数下，对样品表面进行扫描，得到完整的试验盘磨痕的表面形貌信息。对于得到的表面形貌图像，用光标量取如图 4 所示的轮廓曲线，由软件得到相应的面磨损面积，并量取磨痕滑动方向的总长度 d_3 和磨痕宽度 d_4。

10　磨损体积的计算

10.1　式（1）~式（4）中用到的变量如图 2 和图 4 所示。

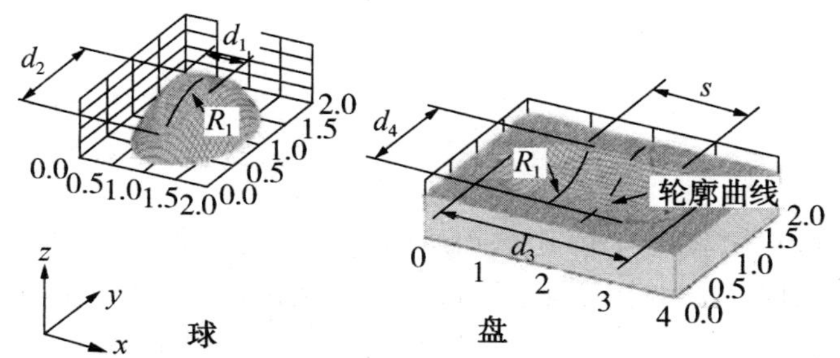

图 4　用于计算试验球和试验盘磨损体积的变量示意图

10.2　试验球的磨损体积 $W_{v,球}$按式（1）和式（2）计算。

$$W_{v,球}=\frac{\pi\cdot d_1^2\cdot d_2^2}{64}\left(\frac{1}{R_0}-\frac{1}{R_1}\right) \quad (1)$$

$$R_1=\frac{d_2^3}{12W_{q,盘}} \quad (2)$$

式中：

R_0——试验球的初始半径，单位为毫米（mm）；

R_1——试验后磨斑的曲率半径，单位为毫米（mm）；

d_1——试验球平行于滑动方向的磨斑直径，单位为毫米（mm）；

d_2——试验球垂直于滑动方向的磨斑直径，单位为毫米（mm）；

$W_{q,盘}$——磨痕总长度中点处并且垂直于滑动方向的面磨损，单位为平方毫米（mm^2）。

10.3　试验盘的磨痕由图 2 所示的三个部分组成，即包含了代表试验球磨斑直径的两个 A 部分和一个 B 部分，可据此进行式（3）的计算。试验盘磨痕的磨损体积 $W_{v,盘}$可用式（3）和式（4）计算。

$$W_{v,盘}=\frac{\pi\cdot d_4^2\ (d_3-s)^2}{64}\cdot\frac{1}{R_1}+S\cdot W_{q,盘} \quad (3)$$

$$R_1=\frac{d_4^3}{12\cdot W_{q,盘}} \quad (4)$$

式中：

d_3——磨痕滑动方向的总长度，单位为毫米（mm）；

d_4——试验盘磨痕宽度，数值上与 d_2相等，单位为毫米（mm）；

S——冲程，单位为毫米（mm）。

注 1：这些公式对于冲程小于 2 mm~2.5 mm 的情况是近似值，并且假设 $R_0<R_1$，磨斑的磨损高度$\ll R_0$。

注 2：由冲程小于 2 mm 的其他振动试验方法得到的磨痕也可根据本方法评价。本方法的数学近似不能正确反映更长的磨痕的特性和形状。

11　结果报告

11.1　本方法规定的用于评价润滑剂的所有参数。

11.2　试验球的两个磨斑直径 d_1和 d_2。

11.3　试验盘磨痕的面磨损面积 $W_{q,盘}$。

11.4　试验球的磨损体积 $W_{v,球}$和试验盘的磨损体积 $W_{v,盘}$。

11.5　若探针式轮廓仪和光学轮廓仪两种方法的试验结果有争议，以探针式轮廓仪的结果为准。

12 精密度和偏差

12.1 精密度

12.1.1 利用 SRV 摩擦磨损试验获得 10 组磨损后的样品（包括磨损试验盘和磨损试验球），本精密度是采用这 10 组磨损后的样品在 9 个实验室进行循环测量试验并依据 GB/T 6379.2 和 GB/T 6379.6 进行统计计算得到的。按下述规定判断试验结果的可靠性（95%置信水平）。

12.1.2 试验球的磨损体积

12.1.2.1 重复性 r

同一操作者，在同一实验室，使用同一仪器，对同一试样进行测定所得的两个连续试验结果之差不大于式（5）的计算值：

$$r_{球} = 0.045m \tag{5}$$

式中：

m——两次试验结果的平均值，单位为立方毫米（mm^3）。

12.1.2.2 再现性 R

不同操作者，在不同实验室，使用不同的仪器，按照相同的方法，对同一试验分别进行测定得到的两个单一、独立的试验结果之差不大于式（6）的计算值：

$$R_{球} = 0.064m^{0.77} \tag{6}$$

式中：

m——两次试验结果的平均值，单位为立方毫米（mm^3）。

12.1.3 试验盘的磨损体积

12.1.3.1 重复性 r

同一操作者，在同一实验室，使用同一仪器，对同一试样进行测定所得的两个连续试验结果之差不大于式（7）的计算值：

$$r_{盘} = 0.062m^{0.85} \tag{7}$$

式中：

m——两次试验结果的平均值，单位为立方毫米（mm^3）。

12.1.3.2 再现性 R

不同操作者，在不同实验室，使用不同的仪器，按照相同的方法，对同一试验分别进行测定得到的两个单一、独立的试验结果之差不大于式（8）的计算值：

$$R_{盘} = 0.31m^{0.88} \tag{8}$$

式中：

m——两次试验结果的平均值，单位为立方毫米（mm^3）。

12.2 偏差

因没有已知的标准试验件磨损体积参考值，本方法的偏差未确定。

附 录 A
(资料性附录)
磨损体积的测量

A.1 图 A.1 显示了用屏幕上的条形光标来设定软件所拟合的面磨损面积的方法。这两个垂直的光标设定了磨痕宽度的左右两端（见直径或宽度 d_4），水平光标为形貌表面的平均水平线，拟合的面磨损面积见黑色标记部分，拟合的结果如图 A.1 所示。

单位为毫米

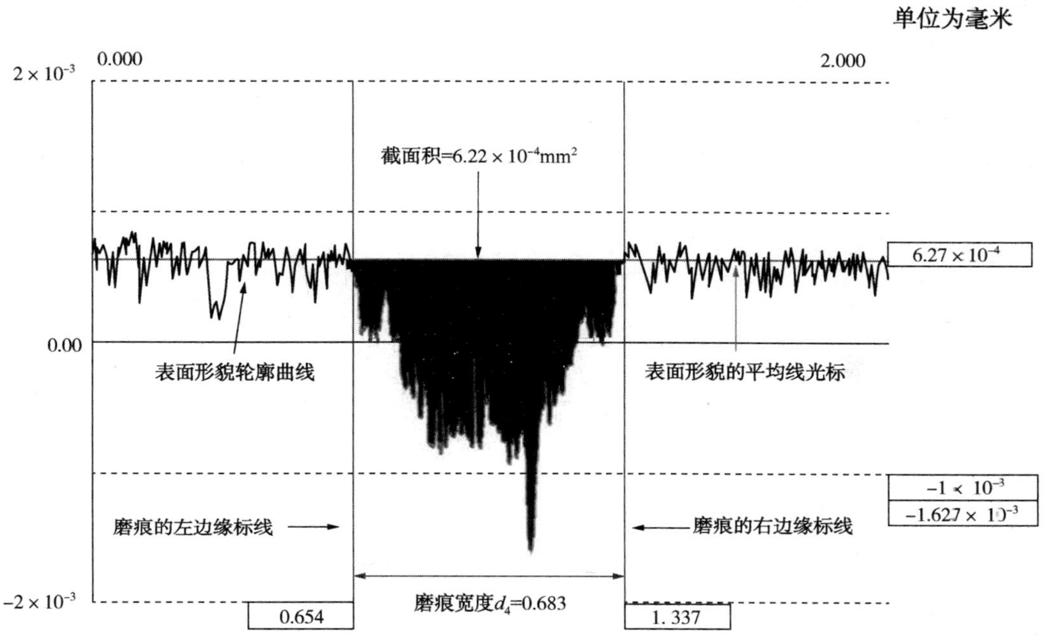

图 A.1 屏幕上显示的 SRV 试验盘磨痕中间的垂直截面轮廓图

参 考 文 献

[1] GB/T 6379.2 测量方法与结果的准确度（正确度与精密度） 第2部分：确定标准测量方法重复性与再现性的基本方法
[2] GB/T 6379.6 测量方法与结果的准确度（正确度与精密度） 第6部分：准确度值的实际应用

ICS 75.140
E 42

SH

中华人民共和国石油化工行业标准

NB/SH/T 0989—2019

汽车底盘防腐蜡抗石击性测试方法

Underbody corrosion preventative waxes—Determination of stone-chip resistance of coatings

2019-06-04 发布　　2019-10-01 实施

国家能源局　发布

前　言

本标准按照 GB/T 1.1—2009 给出的规则起草。

本标准使用重新起草法非等效采用 DIN EN ISO 20567-1：2007-01《涂料和清漆—涂层抗石击性测试方法—第 1 部分：多次冲击测试》。

请注意本文件的某些内容可能涉及专利。本文件的发布机构不承担识别这些专利的责任。

为了更适合我国国情，本标准非等效采用 DIN EN ISO 20567-1：2007-01 时进行了修改。本标准与 DIN EN ISO 20567-1：2007-01 的主要技术性差异如下：

——将部分引用标准改为我国相应的国家标准和行业标准。

——增加了空气压缩泵及其压力范围，并将蓄压器体积由 90L 改为 130L；

——规定了测试板采用 GB/T 700 中 Q215 的冷轧钢板；

——取消使用胶带清除已受损但未完全脱落的涂层；

——缩小了冲击材料重量的误差范围；

——结果判断中增加进行盐雾实验后进行观察；

——规定了 C 法进行盐雾实验并完善了实验步骤；

——删除仪器校准步骤。

本标准由中国石油化工集团有限公司提出。

本标准由全国石油产品和润滑剂标准化技术委员会石油蜡类产品分技术委员（SAC/TC280/SC3）归口。

本标准起草单位：江苏泰尔新材料股份有限公司。

本标准参加起草单位：苏州领标检测技术有限公司、郑州宇通客车股份有限公司、上汽通用五菱汽车股份有限公司、浙江吉利控股集团有限公司、山西吉利汽车部件有限公司、宝鸡吉利汽车部件有限公司、威马汽车制造温州有限公司、国能新能源汽车有限责任公司、上海涵潮试验设备有限公司。

本标准主要起草人：朱恒山、李毅、李华、孟庆龙、黄盛洋、邢兵兵、刘强强、完颜培培、牛建文、杨银君、张娜娜、程明、陈林、马学军。

本标准为首次发布。

汽车底盘防腐蜡抗石击性测试方法

警示：本标准使用中可能涉及有危险的材料、操作和设备。本标准没有指出在使用中所有涉及的安全问题，因此用户在使用本标准前应建立适当的安全和防护措施并确定有使用性的管理制度。

1 范围

本标准规定了汽车底盘防腐蜡抗石击性的测试方法。

本标准适用于以蜡类材料为基体材料，添加补强材料，经过特殊的调制工艺而制得的汽车底盘防腐蜡抗石击性的测定。

2 规范性引用文件

下列文件对于本文件的应用是必不可少的。凡是注日期的引用文件，仅注日期的版本适用于本文件。凡是不注日期的引用文件，其最新版本（包括所有的修改单）适用于本文件。

GB/T 700 碳素结构钢

GB/T 1727 漆膜一般制备法

GB/T 6458 金属覆盖层—中性盐雾试验（NSS 试验）

GB/T 13452.2 色漆和清漆　漆膜厚度的测定

DIN ENISO 11124-2 涂料和相关产品应用前钢基材的制备—金属喷砂清理磨料的规范—第 2 部分：冷硬铸铁颗粒（Preparation of steel substrates before application of paints and related products—Specifications for metallic blast-cleaning abrasives—Part 2：Chilled-iron grit）

EN ISO 21227-2 油漆和清漆—利用光学成像对涂层表面缺陷的评估—第 2 部分：多次碎石冲击测试的评价方法（Paints and varnishes-Evaluation of defects on coated surfaces using optical imaging—Part 2：Evaluation procedure for multi-impact stone-chipping test）

DIN EN ISO 11125-2 油漆和相关产品应用前钢铁基材的准备—金属喷射材料的测试方法—第 2 部分：粒径分布的测定（Preparation of steel substrates before application of paints and related products—Test methods for metallic blast-cleaning abrasives—Part 2：Determination of particle size distribution）

3 方法概要

利用压缩空气使特定的冲击材料快速连续且相互独立地射向干燥后的蜡膜来测试汽车底盘防腐蜡的抗石击性，冲击材料特指有棱角的冷硬铸铁颗粒。通过对比标准板确定等级来评价汽车底盘防腐蜡的抗石击性。

4 仪器与设备

4.1　湿膜制备器。

4.2　秒表。

4.3 冲击检验设备：见图1。

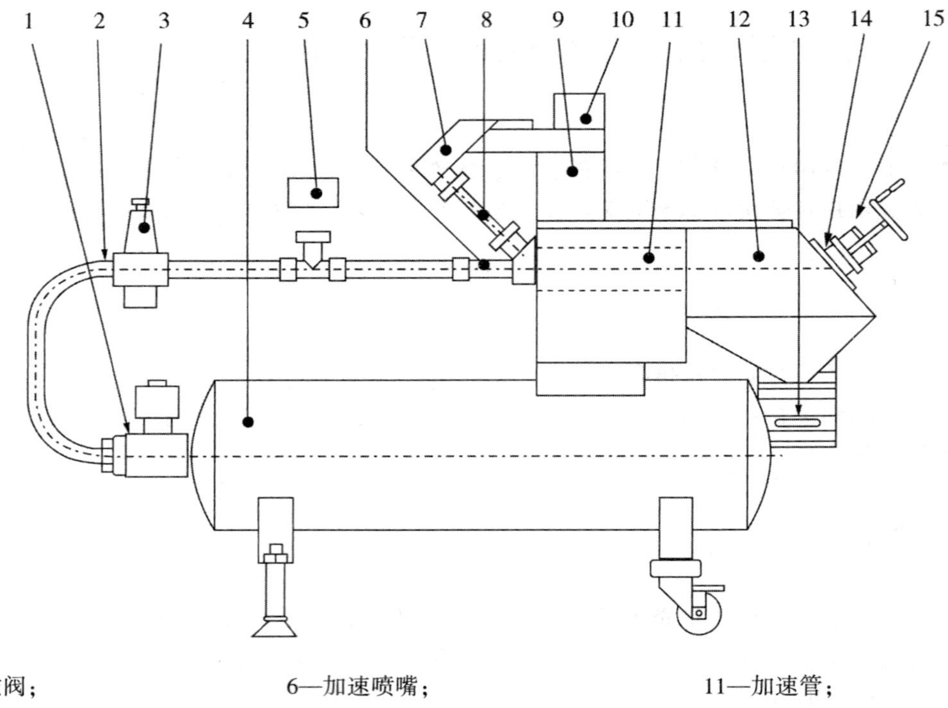

说明：

1—电磁阀；
2—压缩空气管；
3—减压器；
4—蓄压器（体积130L）；
5—压力测量表；
6—加速喷嘴；
7—粒料滑道；
8—输送管；
9—振动输送机；
10—粒料加料漏斗；
11—加速管；
12—保护罩；
13—粒料贮槽；
14—测试板；
15—测试板夹紧装置。

图1 冲击检验设备示意图

4.4 分析天平：精度0.1g。

4.5 空气压缩泵：压力≥800kPa。

4.6 喷样室以及喷射装置：形状及参数见图2。

5 试剂与材料

5.1 冲击材料[1)]：符合ISO 11125-2要求，粒径为4mm~5mm的冷硬铸铁颗粒。

5.2 测试板：200mm×100mm，厚度0.7mm~1.0mm，采用GB/T 700中Q215的冷轧钢板。

5.3 标准板[2)]：80mm×80mm。

6 试验步骤

6.1 取4块测试板（其中一块作测量膜厚用），先用无水乙醇，后用石油醚清洗测试板，清洗完后将测试板在温度（23±2）℃，湿度（50±5）%的标准条件下放置16h。

1）冲击材料是由德国Eisenwerk Würth公司提供的产品的冷硬铸铁颗粒。给出这一信息是为了方便本标准的使用者，并不表示对该产品的认可。如果其他等效产品具有相同的效果，则可使用这些等效产品。

2）标准板是由苏州领标检测技术有限公司提供的LSI-B1标准板。给出这一信息是为了方便本标准的使用者，并不表示对该产品的认可。如果其他等效产品具有相同的效果，则可使用这些等效产品。

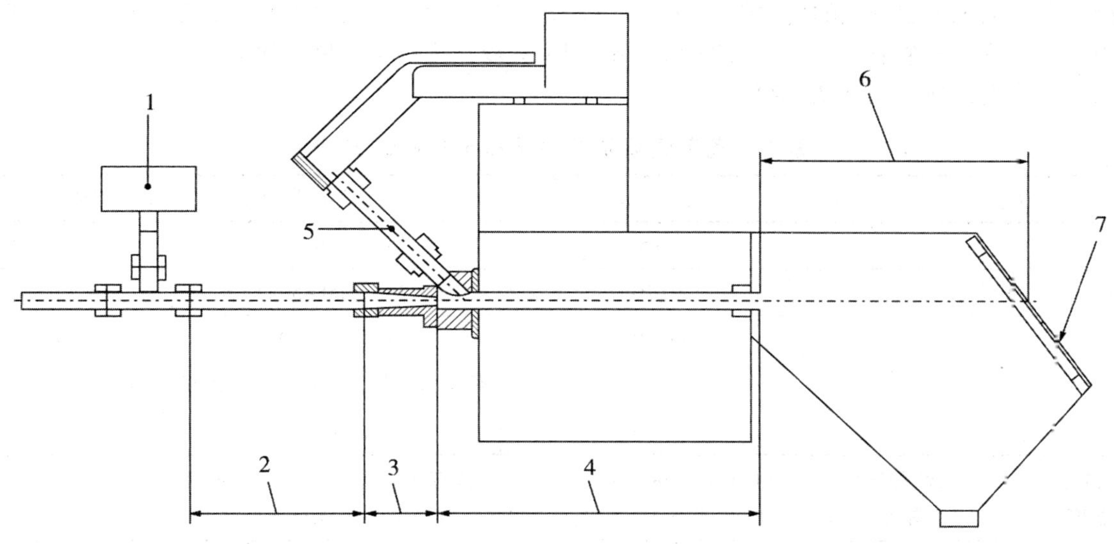

说明：
1—压力测量仪表
测量范围：≥400kPa；
刻度直径：100mm；
准确度：1.0 级；
2—中心管
长度：（190±1）mm；
内部直径：（19±0.2）mm；
3—加速喷管
长度：（80±1）mm；
入口内部直径：（19±0.2）mm；
出口内部直径：（7±0.2）mm；
4—法兰盘和加速管
总长：（352±2）mm；
内部直径：（30±0.2）mm；
5—输送管
长度：（205±3）mm；
内部直径：（19±1）mm；
进料管与粒料加速管呈（45 ±1）°连接，连接处与加速喷嘴的距离为（35±1）mm；
6—喷样室
加速管与测试板中心之间的间隔为（290±1）mm；
光线轴与测试板之间的角度为 54°±1°；
7—测试板夹紧装置
测试板测试面积为 80mm×80mm。

图 2　喷射装置以及喷样室示意图

6.2　将测试板放在平台上，并予以固定。按产品规定湿膜厚度，选用适宜间隙的漆膜制备器，将其放在测试板的一端，制备器的长边与测试版的短边大致平行或放在测试版规定的位置上。

6.3　刮去待测样品表面 5mm 蜡层，然后在制备器的前面均匀地放上适量试样，握住制备器，用一定的向下压力，匀速划过测试板，即涂布成需要厚度的湿膜。

6.4　除另有规定外，涂覆后的测试板需在温度（23±2）℃，湿度（50±5）%的标准条件下干燥 7 天及以上，干燥至实干后采用 GB/T 13452.2 中的方法测定测试板上蜡膜的干膜厚度。

6.5　称取 500g～505g 冲击材料放入粒料加料漏斗，利用秒表校验冲击材料的击打时间。

6.6　将测试板放入冲击检验设备内进行抗石击性测试，每次检测后应对冲击材料进行称重（也就是每一次冲击），使其重量保持在 500g～505g。每测试 100 次需更换全新的冲击材料，更换材料的过程不能在一个系列的测试过程中进行。

6.7　按照表 1 的方法进行测试，具体使用哪一种测试方法需根据客户要求进行。

7　结果判断

将测试板与标准板（见图 3）对比确定等级，如不易对比观察，可以将测试板按照 GB/T 6458 中的方法进行 48h 盐雾实验，盐雾实验完成后除去测试板上的底盘防腐蜡涂层与标准板进行对比确定等级。在目测也无法判定的情况下，按照 ISO 21227-2 标准中的光学成像方法进行受损面积评估确定等级。一组测试 3 个平行样品，取 2 个相同的判定等级作为测试结果，如果 3 个平行样品判定等级大于 0.5 个等级，则重新测试。

表 1　汽车底盘防腐蜡抗石击性测试方法

方法	压力/kPa	击打次数×重量/g	击打次数×击打时间/s
A	100±5	2×（500~505）	2×（10±2）
B	200±10	2×（500~505）	2×（10±2）
C[a]	200±10	1×（500~505）	10±2
	随后进行盐雾实验，然后进行下一步测试		
	200±10	1×（500~505）	10±2

[a]进行一次抗石击性测试后，按照 GB/T 6458 进行盐雾实验，盐雾实验的时间由双方协商决定，盐雾实验完毕后在温度（23±2）℃，湿度（50±5）%的标准条件下放置至少 24h，再进行一次抗石击性测试。

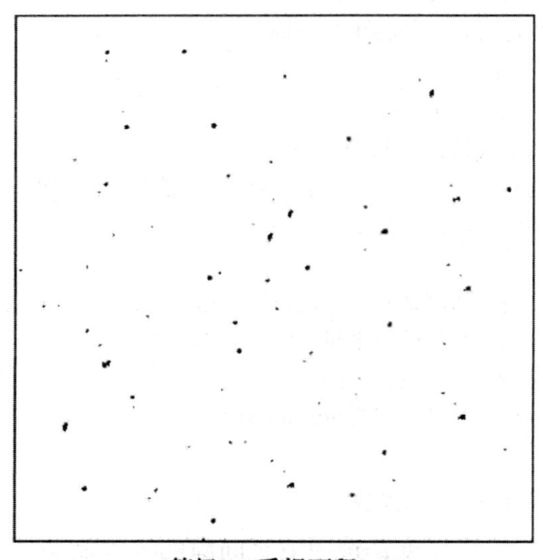
等级0.5(受损面积0.2%)

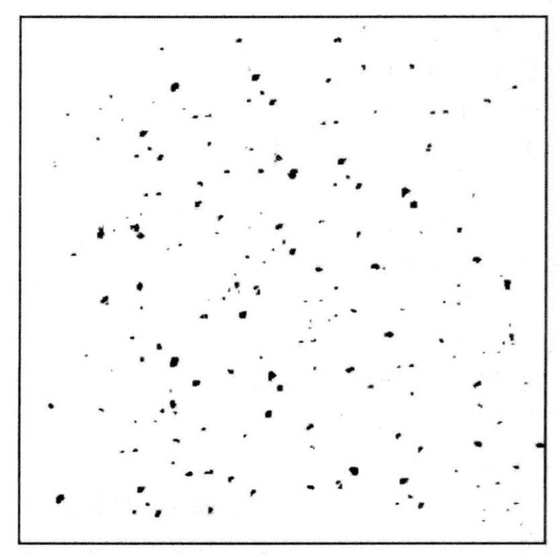
等级1.0(受损面积1.0%)

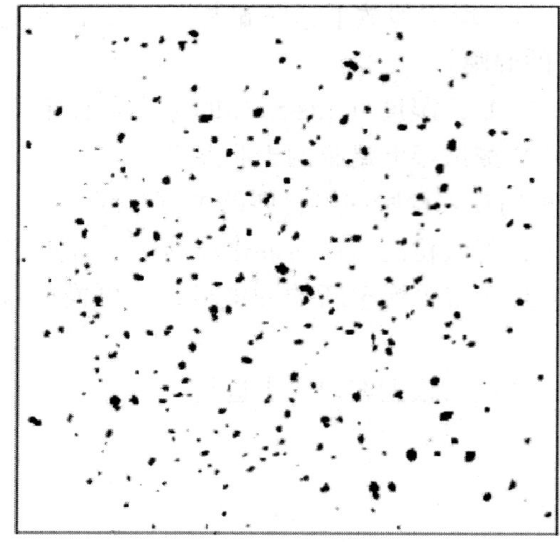
等级1.5(受损面积2.5%)

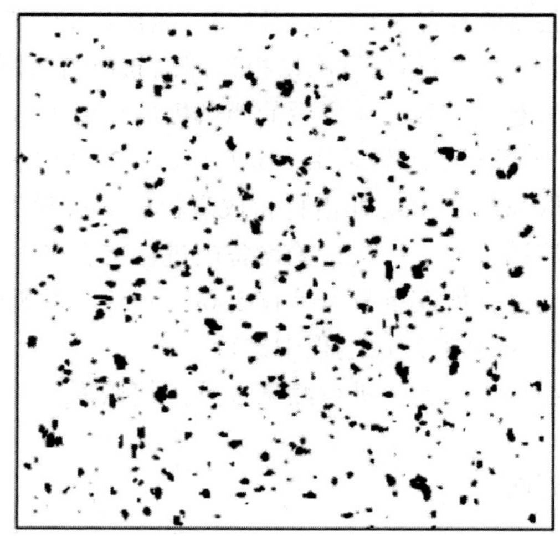
等级2.0(受损面积5.5%)

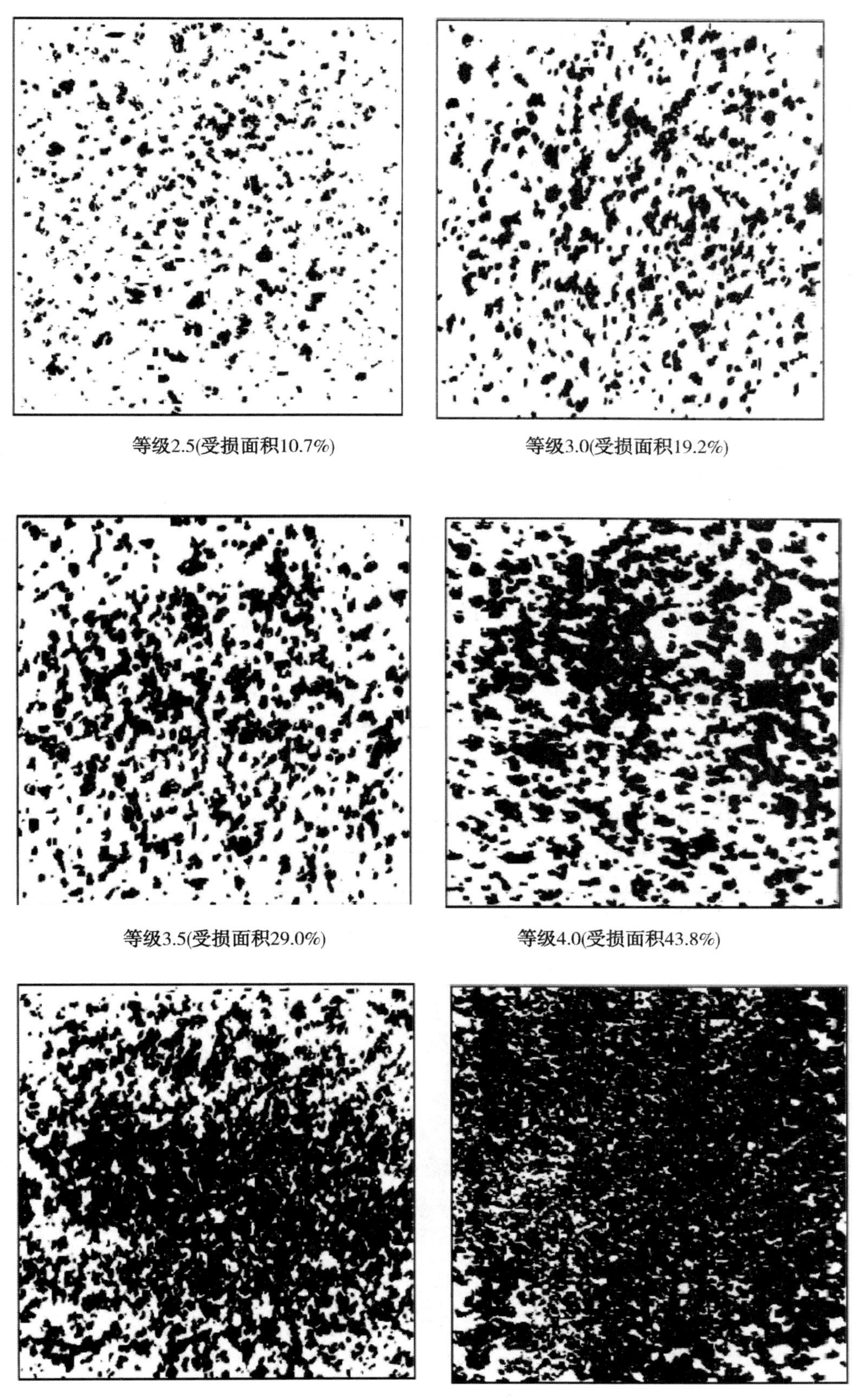

图3　汽车底盘防腐蜡抗石击性等级标准示意图（图片大小 80mm×80mm）

8 精密度

8.1 重复性

同一操作者在同一实验室对同一个试样重复测定的结果不能大于0.5个等级。

8.2 再现性

不同操作者在不同实验室对同一试样测定的结果不能大于1.0个等级。

9 报告

抗石击性测试报告一般应包括下列内容：

a）底盘防腐蜡名称、牌号；

b）测试温度及湿度；

c）测试板材质；

d）干燥时间及条件；

e）干膜厚度；

f）测试方法（A、B或C），选用C法需注明盐雾实验时间；

g）测试结果。

编者注：本标准中引用标准的标准号和标准名称变动如下。

原标准号	现标准号	现标准名称
GB/T 6458	GB/T 10125	人造气氛腐蚀试验 盐雾试验

ICS 75.140
E 43

中华人民共和国石油化工行业标准

NB/SH/T 0990—2019

乳化沥青残留物含量测定法　水分仪法

Determination of residue in asphalt emulsions by moisture analyzer

2019-06-04 发布　　2019-10-01 实施

国家能源局　发布

前　　言

本标准按照 GB/T 1.1—2009 给出的规则起草。

本标准使用重新起草法修改采用美国材料与试验协会标准 ASTM D7404-07《乳化沥青残留物测定法（水分仪法）》（英文版）。

本标准与 ASTM D7404-07 相比，主要技术变化如下：

——将 ASTM 编排格式修改为符合我国标准的编排格式，并在语言文字上进行了编辑性修改。

——本标准删除了 ASTM D7404-07 中规范性引用文件（ASTM D977 和 ASTM D2397）。

——ASTM D7404-07 适用于不含溶剂的乳化沥青，本标准取消了此限制。

——本标准规范性引用文件增加了 GB/T 11147《沥青取样法》（见第 2 章）。

——本标准增加了试验用到的烘箱、玻璃纤维滤纸、镊子、干燥器（见第 5 章）。

——本标准将 ASTM D7404-07 中第 7 章仪器校准合并到试验步骤中（见第 7.1 章）。

——本标准修改了乳化沥青样品的测试方法：ASTM D7404-07 把乳化沥青直接滴加在水分仪样品盘上；本标准修改为在水分仪样品盘上放置两层玻璃纤维滤纸，把乳化沥青样品滴加在两层玻璃纤维滤纸之间（见第 7.3、7.4 章）。

——本标准修改了水分仪的测试温度：ASTM D7404-07 中水分仪的测试温度分别设定为 100℃和 163℃，本标准中全部设定为 130℃。

——本标准删除了 ASTM D7404-07 中“质量变化为 1mg、保持时间为 140s”这一试验结束条件。

——本标准将 ASTM D 7404 中的第 9 章计算和第 10 章报告合并为一章（见第 8 章）。

——本标准修改了精密度的重复性：ASTM D7404-07 规定重复性不超过 0.1%；本标准规定重复性不超过 0.4%，增加了试验结果再现性要求（见第 10 章）。

——本标准删除了 ASTM D7404-07 中的第 12 章关键词。

——本标准删除了 ASTM D7404-07 中的资料性附录及 ASTM D6997《乳化沥青蒸馏的试验方法》。

本标准由中国石油化工集团有限公司提出。

本标准由全国石油产品和润滑剂标准化技术委员会石油沥青分技术委员会（TC280/SC4）技术归口。

本标准起草单位：中国石油大学（华东）重质油研究所、山东石大科技集团有限公司、中海油重质油加工技术研究中心、中国石油化工股份有限公司抚顺石油化工研究院、中国石油天然气股份有限公司辽河石化分公司。

本标准主要起草人：林元奎、李福起、冯庆春、范思远、黄鹤、郭宁。

本标准为首次发布。

乳化沥青残留物含量测定法　水分仪法

警示：本标准涉及某些危险性的材料、操作和设备，但是无意对与此有关的所有安全问题都提出建议。因此，使用者在应用本标准之前应建立适当的安全和保护措施，并确定相关规章限制的适用性。

1　范围

本标准规定了利用水分仪快速测定乳化沥青残留物含量的方法。

本标准采用 SI 国际单位制。

2　规范性引用文件

下列文件对于本文件的应用是必不可少的。凡是注日期的引用文件，仅所注日期的版本适用于本文件。凡是不注日期的引用文件，其最新版本（包括所有的修改单）适用于本文件。

GB/T 11147　沥青取样法

3　意义与用途

本标准用于快速测定乳化沥青中水与沥青的组成比例，适用于乳化沥青生产过程中测定其残留物含量。

4　方法概要

在水分仪的样品盘中放置两层玻璃纤维滤纸，把 1 g～3 g 乳化沥青样品转移到玻璃纤维滤纸之间，启动水分仪，把样品加热到 130℃，至水分仪自动停止，得出残留物含量。

5　仪器与材料

5.1　水分仪：有样品盘，可以设定加热温度、加热模式、质量变化以及加热结束时间等参数。在运行停止后，通过称量样品失水前后的质量，根据其差值，自动计算、显示残留物的含量，并得到水分的蒸发曲线。分度值不大于 1 mg。

5.2　烘箱：能恒温在 105℃～110℃之间。

5.3　玻璃纤维滤纸：直径略小于水分仪的样品盘，在 105℃～110℃烘箱中干燥 3 h 后放入干燥器中备用。

5.4　干燥器：存放干燥后的玻璃纤维滤纸。

5.5　玻璃棒：搅拌乳化沥青样品。

5.6　滴管：转移乳化沥青样品。

5.7　镊子：夹取玻璃纤维滤纸。

6 取样

按 GB/T 11147 要求取得适量乳化沥青试样。

7 试验步骤

7.1 按照仪器说明书对水分仪进行校准。

7.2 设定水分仪工作参数：温度 130℃，等温运行模式，质量变化为 1 mg，保持时间 50 s。

7.3 用镊子把两张干燥好的玻璃纤维滤纸放在样品盘上，清零后夹起一张玻璃纤维滤纸。

7.4 用滴管转移 1 g~3 g 搅拌均匀的乳化沥青样品，均匀滴在样品盘中玻璃纤维滤纸上，再用夹起的玻璃纤维滤纸盖好样品。

7.5 启动水分仪至自动停止运行。

8 计算与报告

水分仪在运行停止后，自动显示残留物的含量，并得到水分的蒸发曲线。报告水分仪显示的乳化沥青残留物含量作为试验结果，精确到 0.1%。如果需要水分的蒸发曲线，也可以附加到报告中。

9 精密度

按照以下标准判断试验结果的可靠性（95%置信度）。

9.1 重复性：同一操作者重复试验结果的差数不应超过下面的值：

蒸发残留物含量，%	重复性，%
40~75	0.4

9.2 再现性：不同实验室之间的再现性试验结果的差数不应超过下面的值：

蒸发残留物含量，%	再现性，%
40~75	1

ICS 75.160.20
E 31

SH

中华人民共和国石油化工行业标准

NB/SH/T 0991—2019

汽油中苯胺类化合物的测定 气相色谱-氮化学发光检测法

Standard test method for aniline compounds in gasoline by gas chromatography-nitrogen chemiluminescence detection

2019-06-04 发布　　2019-10-01 实施

国家能源局　发布

前　　言

本标准按照 GB/T 1.1—2009 给出的规则起草。

本标准由中国石油化工集团有限公司提出。

本标准由全国石油产品和润滑剂标准化技术委员会石油燃料和润滑剂分技术委员会（SAC/TC 280/SC 1）归口。

本标准负责起草单位：中国石油化工股份有限公司石油化工科学研究院。

本标准参加起草单位：中国石油天然气股份有限公司石油化工研究院、中国石油化工股份有限公司上海石油化工研究院、中国神华煤制油化工有限公司上海研究院、北京低碳清洁能源研究所。

本标准主要起草人：张月琴、史得军、李诚炜、姜元博、盖青青。

本标准为首次发布。

汽油中苯胺类化合物的测定　气相色谱-氮化学发光检测法

警告：本标准的使用可能涉及某些有危险性的材料、操作和设备，但并未对与此有关的所有安全问题都提出建议。用户在使用本标准之前有责任制定相应的安全和保护措施，并确定相关规章限制的适用性。

1　范围

本标准规定了气相色谱-氮化学发光检测法（GC-NCD）测定汽油中苯胺类化合物类型及含量的方法。

本标准适用于汽油馏分、车用汽油、乙醇汽油以及其他在常压下沸点不大于230℃的石油馏分及产品。单体苯胺类化合物氮质量浓度测定范围为1 mg/L~3000 mg/L，单体苯胺类化合物质量浓度测定范围为6 mg/L~3%；可估算总氮质量浓度范围为10 mg/L~5000 mg/L。

本标准并不旨在对所有单体苯胺类化合物进行定性。在方法规定的测定范围内，检测器应对氮线性响应且所有单体苯胺类化合物均为等摩尔响应（以氮计），对已定性的单体苯胺类化合物和未定性的单体含氮化合物均可进行定量测定。对已定性的单体苯胺类化合物，可通过其测定的氮质量浓度，换算得到苯胺类化合物的质量浓度。样品中的总氮质量浓度可通过测得的单体苯胺类化合物和未定性的单体含氮化合物氮质量浓度加和估算，但本标准不作为测定总氮质量浓度的推荐方法。

注：本标准可估算总氮质量浓度范围为10 mg/L~5000 mg/L，总氮质量浓度指样品中已定性的单体苯胺类化合物和未定性的单体含氮化合物的氮质量浓度的加和。与SH/T 0704石油和石油产品中氮含量的测定的结果相比，结果有一定偏差。

2　规范性引用文件

下列文件对于本文件的应用是必不可少的。凡是注日期的引用文件，仅所注日期的版本适用于本文件。凡是不注日期的引用文件，其最新版本（包括所有的修改单）适用于本文件。

GB/T 4756　石油液体手工取样法

GB/T 27867　石油液体管线自动取样法

3　方法概要

3.1　试样采用配有氮化学发光检测器的气相色谱仪进行分析，选择合适的外标化合物进行定量计算。所有的苯胺类化合物有相同的摩尔响应（以氮计）。

3.2　将汽油试样注入气相色谱仪，经过汽化、色谱柱分离，当苯胺类化合物从气相色谱柱流出后，能够被对氮线性响应和等摩尔响应的氮化学发光检测器定量检测。

3.3　对试样中已定性的单体苯胺类化合物，通过其所测定的氮质量浓度，可换算得到苯胺类化合物的质量浓度。

4　方法应用

4.1　配备氮化学发光检测器的气相色谱法提供了一种快速定性与定量汽油馏分、组分油、车用汽油、乙醇汽油等汽油样品中苯胺类化合物的方法。既可用于炼厂生产过程中的质量控制，也可用于识别汽油中人为添加的苯胺类化合物，对汽油质量的有效控制及监督具有重要意义。

4.2 本标准采用GC-NCD作为汽油中苯胺类化合物的分析检测手段，主要依据NCD检测器在方法规定的测定范围内，对氮线性响应且所有含氮化合物均为等摩尔响应（以氮计），所以可以对未定性的单体含氮化合物的氮质量浓度进行定量测定。对汽油中已知单体苯胺类化合物含量的定量测定可用于产品质量监测。

5 仪器

5.1 气相色谱仪：具有下列特点的气相色谱仪均可使用。

5.1.1 程序升温系统：色谱仪应具有在室温～250℃柱箱温度范围内线性程序升温能力，且程序升温速率可重复。

5.1.2 进样系统：进样系统须具有温度控制系统。进样方式采用注射针或自动进样器，应保证进样体积的重复性。

5.1.3 载气和检测器气体的控制系统：可稳定地控制载气和检测器气体。

5.1.4 检测器：氮化学发光检测器（NCD）。

5.2 色谱柱：60 m×0.25 mm×0.25 μm聚二甲基硅氧烷色谱柱、50 m×0.20 mm×0.5 μm聚二甲基硅氧烷色谱柱，或者其他类似性能毛细管色谱柱。

5.3 数据采集系统：色谱工作站。

5.4 分析天平：精确到0.0001 g。

6 试剂及材料

6.1 试剂

6.1.1 所有试验用化学试剂除另有说明外，均为分析纯。如果其他纯度的试剂可确保不降低测定结果的准确度，则可以使用。

6.1.2 甲苯。

6.1.3 *N*-甲基苯胺：纯度≥99.9%。

6.1.4 16种苯胺类化合物混合溶液（单体苯胺类化合物氮质量浓度≤50 mg/L）：苯胺、*N*-甲基苯胺、2-甲基苯胺、3-甲基苯胺、4-甲基苯胺、*N*,*N*-二甲基苯胺、2-乙基苯胺、2,4-二甲基苯胺、2,6-二甲基苯胺、2,5-二甲基苯胺、3,5-二甲基苯胺、3,4-二甲基苯胺、2,3-二甲基苯胺、2-乙基-6-甲基苯胺、2,4,6-三甲基苯胺、2,4,5-三甲基苯胺。

6.1.5 系统测试混合物：包括苯胺、*N*-甲基苯胺、2-乙基苯胺和2,4,6-三甲基苯胺，单体苯胺类化合物氮质量浓度约为50 mg/L。

6.2 材料

6.2.1 载气：高纯氦气，纯度≥99.999%。

6.2.2 检测器气体：高纯氢气，高纯氧气，纯度≥99.999%。

6.2.3 变色硅胶：用于净化载气。

7 准备工作

7.1 推荐的 GC-NCD 分析条件

7.1.1 色谱柱：60 m×0.25 mm×0.25 μm 聚二甲基硅氧烷色谱柱。
7.1.2 进样量：条件 1 为进样量 2 μL，分流比 20∶1；条件 2 为进样量 0.2 μL，分流比 100∶1。
7.1.3 汽化室：温度 250℃。
7.1.4 柱温：初始柱温 35℃，保持 15 min，以 2℃/min 的速率升至 180℃，保持 20 min。
7.1.5 载气：高纯氦气，恒流操作，0.8 mL/min。
7.1.6 检测器：氮化学发光检测器。接口温度 200℃，燃烧器温度 900℃，氢气 5 mL/min，氧气 10 mL/min。采样频率 10 Hz。

注：上述是推荐条件，所列条件经过验证。用户可根据仪器系统情况调整。

7.2 仪器系统评价

以 6.1.5 中的系统测试混合物作为测试样品，按照 7.1 推荐条件，7.1.2 中条件 1 进行分析。这四种苯胺类化合物峰形对称且应具有等摩尔响应。测试混合物中每种苯胺类化合物的氮相对校正因子按式（1）计算：

$$R_i = \frac{m_i \times A_r}{m_r \times A_i} \qquad (1)$$

式中：

R_i——被测苯胺类化合物的氮相对校正因子；
m_i——苯胺类化合物的氮质量浓度，单位为毫克每升（mg/L）；
A_i——苯胺类化合物的色谱峰面积；
m_r——苯胺的氮质量浓度，单位为毫克每升（mg/L）；
A_r——苯胺的色谱峰面积。

N-甲基苯胺、2-乙基苯胺和 2,4,6-三甲基苯胺这三种苯胺化合物与苯胺的氮相对校正因子的偏差应在±10%之内，校正因子的偏差超过±10%，表明色谱系统或检测器存在问题，应校准仪器，以保证仪器系统正常运行。

7.3 *N*-甲基苯胺标准溶液储备液配制

量取 *N*-甲基苯胺（6.1.3）2.3 mL（称重准确到 0.1 mg），于 100 mL 容量瓶中，用甲苯（6.1.2）定容至刻度，制得氮质量浓度约 3000 mg/L 的 *N*-甲基苯胺标准溶液储备液。

7.4 工作曲线的绘制

7.4.1 配制系列标准工作溶液：采用氮质量浓度为 3000 mg/L 的 *N*-甲基苯胺标准溶液储备液（7.3），用甲苯（6.1.2）逐级稀释，配制氮质量浓度分别为 1.0 mg/L、10 mg/L、50 mg/L、150 mg/L、500 mg/L、1000 mg/L、3000 mg/L 的系列 *N*-甲基苯胺标准工作溶液。
7.4.2 校正因子 f_1 的确定：采用 7.1 条推荐的 GC-NCD 分析条件，7.1.2 条件 1 测定氮质量浓度为 1.0 mg/L、10 mg/L、50 mg/L、150 mg/L 的 *N*-甲基苯胺标准工作溶液。以 GC-NCD 色谱峰面积为横坐标，氮质量浓度为纵坐标，过原点绘制工作曲线 1，计算该曲线线性回归方程的斜率 k 值和线性相关系数 r 值，其中线性相关系数 r 值应≥0.995，斜率 k 值即为氮质量浓度为 0~150 mg/L 的单体苯胺类化合物的氮校正因子 f_1。如果此曲线的线性相关系数 r 值在 0.995 以下，则重新实验绘制曲线。
7.4.3 校正因子 f_2 的确定：采用 7.1 条推荐的 GC-NCD 分析条件，7.1.2 条件 2 测定氮质量浓度为

150 mg/L、500 mg/L、1000 mg/L、3000 mg/L 的 *N*-甲基苯胺标准工作溶液。以 GC-NCD 色谱峰面积为横坐标，氮质量浓度为纵坐标，过原点绘制工作曲线 2，计算该曲线线性回归方程的斜率 k 值和线性相关系数 r 值，其中线性相关系数 r 值应≥0.995。斜率 k 值即为氮质量浓度为 150 mg/L～3000 mg/L 的单体苯胺类化合物的氮校正因子 f_2。如果此曲线的线性相关系数 r 值在 0.995 以下，则重新实验绘制曲线。

8 取样

取样按 GB/T 4756 或 GB/T 27867 进行。汽油样品易挥发，取出样品后应尽快分析。如不能尽快分析，应在 0℃～4℃储存。

9 试验步骤

9.1 定性

16 种苯胺类化合物混合溶液（6.1.4）按照 7.1 条中 GC-NCD 工作条件 1 进行分析，其 GC-NCD 色谱图见图 1。图 2 为实际汽油试样中苯胺类化合物的 GC-NCD 色谱图。在色谱柱类似的情况下，可以参考图 1 苯胺类化合物的出峰顺序进行定性。如果条件具备，可自行配制或购买含图 1 中苯胺类化合物的混合溶液，确定化合物的保留时间，按照图 1 或图 2 顺序依次识别试样中的苯胺类化合物。

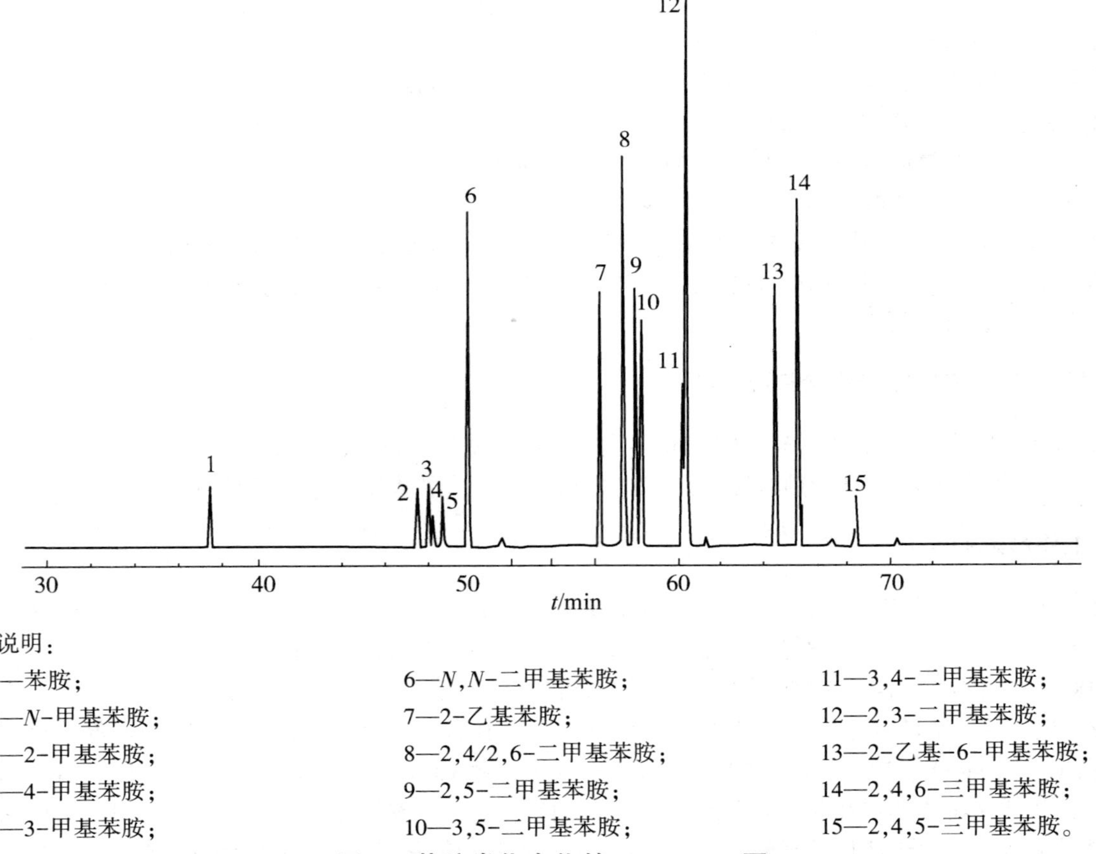

说明：

1—苯胺；
2—*N*-甲基苯胺；
3—2-甲基苯胺；
4—4-甲基苯胺；
5—3-甲基苯胺；
6—*N*,*N*-二甲基苯胺；
7—2-乙基苯胺；
8—2,4/2,6-二甲基苯胺；
9—2,5-二甲基苯胺；
10—3,5-二甲基苯胺；
11—3,4-二甲基苯胺；
12—2,3-二甲基苯胺；
13—2-乙基-6-甲基苯胺；
14—2,4,6-三甲基苯胺；
15—2,4,5-三甲基苯胺。

图 1 苯胺类化合物的 GC-NCD 图

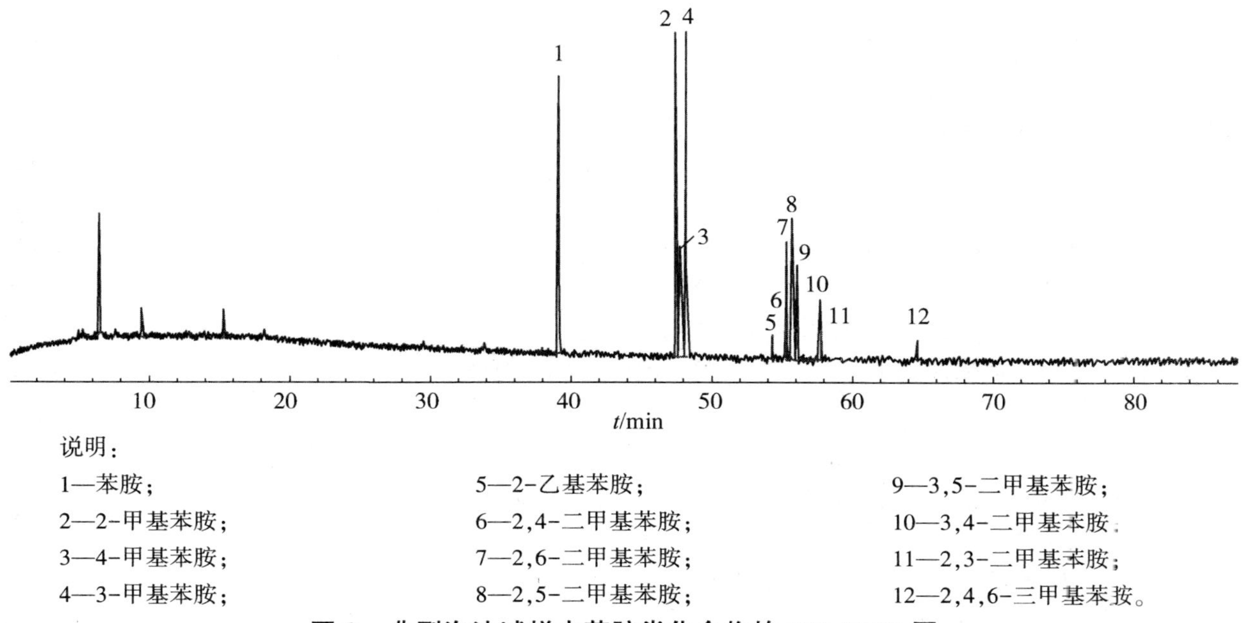

说明：

1—苯胺；
2—2-甲基苯胺；
3—4-甲基苯胺；
4—3-甲基苯胺；
5—2-乙基苯胺；
6—2,4-二甲基苯胺；
7—2,6-二甲基苯胺；
8—2,5-二甲基苯胺；
9—3,5-二甲基苯胺；
10—3,4-二甲基苯胺；
11—2,3-二甲基苯胺；
12—2,4,6-三甲基苯胺。

图2　典型汽油试样中苯胺类化合物的 GC-NCD 图

9.2　定量

9.2.1　单体苯胺类化合物的定量（以氮计）

待测汽油试样采用7.1条 GC-NCD 工作条件分析。

9.2.1.1　采用7.1.2条件1分析氮质量浓度小于150 mg/L 的单体苯胺类化合物，采用7.4.2条校正因子f_1计算单体苯胺类化合物的氮质量浓度。

9.2.1.2　采用7.1.2条件2分析氮质量浓度大于等于150 mg/L 的单体苯胺类化合物，采用7.4.3条校正因子f_2计算单体苯胺类化合物的氮质量浓度。

9.2.2　未知含氮化合物的定量

待测汽油试样中未知含氮化合物的 GC-NCD 工作条件的选择以单体氮质量浓度150 mg/L 为界，具体方法同9.2.1。

9.2.3　总氮质量浓度的估算

由试样中所有单体苯胺类化合物和未知含氮化合物的氮质量浓度的加和，得到总氮质量浓度。

9.2.4　已知单体苯胺类化合物的定量

试样中已知单体苯胺类化合物，通过所测定的氮质量浓度（9.2.1），可换算得到苯胺类化合物的质量浓度。

9.3　质量控制

可每批次运行10个试样后，取7.4.1条氮质量浓度与试样中单体苯胺类化合物最大值相近的N-甲基苯胺标准工作溶液，完成质量控制分析，以检查仪器状态是否正常。测定结果与N-甲基苯胺标准工作溶液的参比值之差应小于再现性要求，否则应确定误差源，并对方法操作和仪器状态进行必要检查。

10 计算和结果表示

10.1 试样中单体苯胺类化合物的氮质量浓度按式（2）计算：

$$c_i = f \cdot A_i \quad \cdots\cdots (2)$$

式中：

c_i——试样中单体苯胺类化合物的氮质量浓度，单位为毫克每升（mg/L）；

A_i——试样中单体苯胺类化合物的色谱峰面积；

f——试样中单体苯胺类化合物的氮校正因子。

10.2 试样中未知单体含氮化合物的氮质量浓度按式（3）计算：

$$m_i = f \cdot B_i \quad \cdots\cdots (3)$$

式中：

m_i——试样中未知单体含氮化合物的氮质量浓度，单位为毫克每升（mg/L）；

B_i——试样中未知单体含氮化合物的色谱峰面积；

f——试样中未知单体含氮化合物的氮校正因子。

10.3 试样中总氮质量浓度按式（4）计算：

$$c = \sum c_i + \sum m_i \quad \cdots\cdots (4)$$

式中：

c——试样中总氮质量浓度，单位为毫克每升（mg/L）；

$\sum c_i$——试样中单体苯胺类化合物的氮质量浓度之和，单位为毫克每升（mg/L）；

$\sum m_i$——试样中未知单体含氮化合物的氮质量浓度之和，单位为毫克每升（mg/L）。

10.4 试样中已知单体苯胺类化合物的质量浓度按式（5）计算：

$$\alpha = c_i \cdot \beta \quad \cdots\cdots (5)$$

式中：

α——试样中已知单体苯胺类化合物的质量浓度，单位为毫克每升（mg/L）；

c_i——试样中已知单体苯胺类化合物的氮质量浓度，单位为毫克每升（mg/L）；

β——试样中已知苯胺类化合物氮质量浓度与化合物质量浓度之间的换算系数。取值详见表1。

表1 换算系数 β 的取值表

组分	β	组分	β	组分	β
苯胺	6.7	乙基苯胺	8.7	三甲基苯胺	9.7
甲基苯胺	7.7	二甲基苯胺	8.7	四甲基苯胺	10.7

11 精密度和偏差

11.1 精密度

精密度是在6个实验室，采用不同的仪器，分别选取单体苯胺类化合物氮质量浓度范围为1 mg/L~3000 mg/L、总氮质量浓度范围为10 mg/L~5000 mg/L的16个样品进行实验室间协作试验。按照GB/T 6683的规定，对试验结果进行统计计算得到的。按照下述规定判断试验结果的可靠性（95%置信水平）。

11.1.1 重复性（r）：同一操作者，使用同一台仪器，在同一操作条件下，对同一试样连续测定所得两个结果之差不应超过表 2 中 r 值。

11.1.2 再现性（R）：不同实验室工作的不同操作者，采用不同仪器，对同一试样测定所得的两个单一、独立的试验结果之差不应超过表 2 中 R 值。

表 2 方法的精密度

组分	重复性（r）/（mg/L）	再现性（R）/（mg/L）
单体苯胺类化合物（以氮计）	$0.2486X_1^{0.7237}$	$0.8248X_2^{0.6774}$
总氮	$0.0744X_1^{0.9543}$	$0.8316X_2^{0.6925}$
注：X_1——两次重复测定结果的平均值；X_2——两个单一、独立结果的平均值。		

11.2 偏差

由于没有合适的参考物质，本方法偏差尚未确定。

12 报告

报告包括下述信息：

a）试样中已知的单体苯胺类化合物的类型；

b）试样中所有含氮化合物的氮质量浓度，若氮质量浓度小于 100 mg/L，则精确到 0.1 mg/L；若氮质量浓度大于等于 100 mg/L，则精确到 1 mg/L；

c）试样中估算总氮质量浓度，若氮质量浓度小于 100 mg/L，则精确到 0.1 mg/L；若氮质量浓度大于等于 100 mg/L，则精确到 1 mg/L；

d）试样中已知单体苯胺类化合物的质量浓度，若质量浓度小于 100 mg/L，则精确到 0.1 mg/L；若质量浓度大于等于 100 mg/L，精确到 1 mg/L。

参 考 文 献

[1] GB/T 6683 石油产品试验方法精密度数据确定法
[2] SH/T 0704 石油和石油产品中氮含量的测定 舟进样化学发光法

ICS 75.160.20
E 31

SH

中华人民共和国石油化工行业标准

NB/SH/T 0992—2019

脂肪酸甲酯中钠、钾、钙、镁含量的测定 电感耦合等离子体发射光谱法

Standard test method for determination of Na, K, Ca and Mg in fatty acid methyl ester by inductively coupled plasma optical emission spectrometry (ICP-OES)

2019-06-04 发布　　2019-10-01 实施

国家能源局 发布

前　言

本标准按照 GB/T 1.1—2009 给出的规则起草。

本标准使用重新起草法修改采用欧洲标准 EN 14538：2006《脂肪和油脂衍生物—脂肪酸甲酯中钙、钾、镁、钠含量的测定 电感耦合等离子体发射光谱法》。

本标准与 EN 14538：2006 的主要技术性差异及其原因如下：

——将标准名称修改为《脂肪酸甲酯中钠、钾、钙、镁含量的测定 电感耦合等离子体发射光谱法》，以简化并符合我国标准名称的编写要求；

——为使用方便，将部分引用标准修改为我国相应的国家标准；

——删除了第 5 章试剂的供应商，增加了白油和煤油的产品技术要求；

——将第 9.2 条的“对钠和钾的分析宜采用三次独立吸入测定结果的算术平均值”改为“对各元素的测定，宜以三次独立吸入试样所得读数的算术平均值作为测定结果”；

——在第 10 章中加入了计算公式；

——在第 11 章中加入 11.2 条“当某种待测元素由于质量分数小于 1 mg/kg 而不计入加和计算结果时，应在结果报告中予以说明”。

本标准由中国石油化工集团有限公司提出。

本标准由全国石油产品和润滑剂标准化技术委员会石油燃料和润滑剂分技术委员会（SAC/TC280/SC1）归口。

本标准起草单位：中国石油化工股份有限公司石油化工科学研究院、中国石油天然气股份有限公司石油化工研究院。

本标准主要起草人：王杰明、徐茜、杨晓彦、王轲、吴梅、杨德凤、何京、郑煜。

本标准为首次发布。

脂肪酸甲酯中钠、钾、钙、镁含量的测定 电感耦合等离子体发射光谱法

警告：本标准的使用可能涉及某些有危险性的材料、操作和设备，但并未对与此有关的所有安全问题都提出建议。用户在使用本标准之前有责任制定相应的安全和保护措施，并确定相关规章限制的适用性。

1 范围

本标准规定了采用电感耦合等离子体发射光谱仪（ICP-OES）测定脂肪酸甲酯中钠、钾、钙、镁含量的试验方法。

本标准适用于测定脂肪酸甲酯中钠、钾、钙、镁元素，测定范围均为 1 mg/kg~10 mg/kg。超出此含量范围的试样仍然可以使用本方法进行测定，但是尚未确定这些条件下的精密度。

2 规范性引用文件

下列文件对于本文件的应用是必不可少的。凡是注日期的引用文件，仅注日期的版本适用于本文件。凡是不注日期的引用文件，其最新版本（包括所有的修改单）适用于本文件。

GB/T 4756 石油液体手工取样法

GB/T 27867 石油液体管线自动取样法

3 方法概要

准确称取一定量的试样，用煤油按质量稀释一倍。稀释后的溶液直接使用电感耦合等离子体发射光谱仪检测。为了进行参比与校准，配制质量分数为 0.5 mg/kg~10 mg/kg 标准溶液，用于建立标准曲线。报告以钠加钾的总含量和钙加镁的总含量的形式作为结果给出。

4 仪器

4.1 电感耦合等离子体发射光谱仪

4.1.1 概述

ICP-OES 仪（全谱直读或者单道扫描）应配备有机进样系统用于分析有机液体。仪器的设置和操作都应遵循仪器厂家的指导意见。

注 1：对于不同型号和构造的光谱仪（例如径向观测、轴向观测、检测器灵敏度等），元素的检测波长可能与本标准所推荐的波长不同。这种情况下，建议对仪器参数和稀释因子（见 9.1）进行优化试验。

注 2：可以用 1 mg/kg 的标准溶液（7.4）来检验仪器的分析性能。

4.1.2 钠和钾的推荐波长

推荐检测波长为：钠 588.995 nm 或者 589.592 nm、钾 769.897 nm 或者 766.490 nm。这些波长在日常实验中受到的干扰最小。

4.1.3 钙和镁的推荐波长

推荐检测波长为：钙 422.673 nm、镁 279.553 nm。这些波长在日常实验中受到的干扰最小。

根据仪器的光学构造，在保证不受到其他谱线干扰的情况下，也可以选用其他检测波长（见 4.1.1 注 1），例如钙 317.933 nm、393.366 nm、396.847 nm，镁 285.213 nm。

4.2 带盖瓶子

容积为 100 mL 和 250 mL，宜为聚乙烯材质的棕色瓶子。

注：为减少污染，所有溶液均宜使用聚乙烯瓶子称装。不应用手接触瓶子内部或其他会与溶液接触的地方。新的玻璃容器应装满无钠水静置两天以去除可溶性的钠离子，当测定钠和钾的时候，这个步骤尤其重要。

4.3 分析天平

感量为 0.1 mg。

5 试剂与材料

5.1 白油

动力黏度（20℃）为 25.0 mPa·s~80.0 mPa·s，运动黏度（40℃）不高于 33.5 mm^2/s，密度（20℃）为 830 kg/m^3~870 kg/m^3，待测金属元素的质量分数均应低于仪器检出限。

5.2 煤油

馏程范围在 150℃~325℃，待测金属元素的质量分数均应低于仪器检出限。

5.3 元素标准母液

油溶性，每种元素的质量分数均为 500 mg/kg。这些元素标准母液可以是单种元素标准溶液，也可以是包含这些元素的混合标准溶液。

5.4 氩气

纯度（体积分数）不小于 99.996%。

6 取样

按照 GB/T 4756 或 GB/T 27867 方法取样。取样瓶应使用聚乙烯或者聚四氟乙烯材质的瓶子。

7 标准溶液和空白溶液的制备

7.1 概述

标准溶液在使用前应剧烈摇动以避免不均匀性。

7.3、7.4、7.5、7.6 中的母液均为单种元素质量分数为 500 mg/kg 的标准母液（5.3）。每次均应准确称量，然后计算出准确的含量，配好后应剧烈摇动均匀。

注 1：标准溶液宜当天配制。如果条件不允许，可在溶液中加入适量稳定剂 2-乙基己酸，其不应含有待测金属元素，日常经验表明这样的溶液可使用两周。但是目前已经有足够证据表明像 7.3 中的这种低浓度标准溶液不够稳定，因此宜使用新配制的标准溶液建立标准曲线。

注2：在配制空白溶液、标准溶液、试样溶液时，均会进行稀释。通常情况下试样溶液的稀释因子可以高一些，因为这样可保证这些溶液之间的黏度更加接近。

7.2 空白溶液

称取约 30 g（精确到 0.01 g）白油到 250 mL 带盖瓶子（4.2），加入煤油至总质量约为 100 g（精确到 0.01 g）。

7.3 元素质量分数均为 0.5 mg/kg 的标准溶液

对于各种元素，称取约 0.1 g（精确到 0.1 mg）元素标准母液（5.3）到 250 mL 带盖瓶子（4.2），再加入约 30 g（精确到 0.01 g）白油，最后加入煤油至总质量约为 100 g（精确到 0.01 g）。

使用此标准溶液应格外注意，因为元素含量越低，稳定性可能会更差。

7.4 元素质量分数均为 1 mg/kg 的标准溶液

对于各种元素，称取约 0.2 g（精确到 0.1 mg）元素标准母液（5.3）到 250 mL 带盖瓶子（4.2），再加入约 30 g（精确到 0.01 g）白油，最后加入煤油至总质量约为 100 g（精确到 0.01 g）。

7.5 元素质量分数均为 5 mg/kg 的标准溶液

对于各种元素，称取约 1 g（精确到 0.1 mg）元素标准母液（5.3）到 250 mL 带盖瓶子（4.2），再加入约 30 g（精确到 0.01 g）白油，最后加入煤油至总质量约为 100 g（精确到 0.01 g）。

7.6 元素质量分数均为 10 mg/kg 的标准溶液

对于各种元素，称取约 2 g（精确到 0.1 mg）元素标准母液（5.3）到 250 mL 带盖瓶子（4.2），再加入约 30 g（精确到 0.01 g）白油，最后加入煤油至总质量约为 100 g（精确到 0.01 g）。

8 校准

8.1 概述

仪器的设置和检查都要遵循仪器厂家的指导意见。对每种元素应建立各自的标准曲线。

8.2 标准曲线的建立

应依次测定空白溶液和 7.3~7.6 所规定的四种含量的标准溶液，建立标准曲线，并且使用第 4 章中所推荐的测定波长。应确认标准溶液测定和试样检测使用的是同一波长。

对于每种待测元素，以含量作为自变量 X、以信号值作为变量 Y，采用线性回归分析，手动或者计算机自动建立标准曲线。标准曲线方程形式为 $Y=mX+b$，其中 m 为回归曲线的斜率，b 为回归曲线在 Y 轴的截距。

8.3 标准曲线的核查

标准曲线应定期核查。实际中，每天试验前应选择两个浓度的标准溶液进行核查，如果标准溶液的核查值与建立标准曲线时测定值之间的差值大于方法的重复性（12.1），应建立新的标准曲线（见 7.1 后注 1）。

9 试验步骤

9.1 试样预处理

首先将试样摇匀，称取约 10 g（精确到 1 mg）试样到 100 mL 的带盖瓶子（4.2），再加入煤油至总质量约为 20 g（精确到 1 mg），并将溶液摇匀。通过准确的质量来计算试样的稀释因子（F，即试样与煤油质量之和除以试样质量），得到的稀释因子用于第 10 章中的计算，其值一般约为 2.000。

注：此条中未如第 7 章加入白油，是为了缩小标准溶液和试样溶液之间的黏度差异。

9.2 测定

钠、钾、钙、镁的分析测定应遵循仪器厂家的指导意见，宜使用 4.1.2 与 4.1.3 中推荐的分析谱线。对各元素的测定，宜以三次独立吸入试样所得读数的算术平均值作为测定结果。

10 计算

将试样溶液的信号值与标准溶液的信号值进行比较，并带入稀释因子计算得到每种元素的含量（可以手动计算或者通过仪器软件直接计算）。试样中的各种金属元素的质量分数按式（1）计算。然后将未修约的钠和钾的含量进行相加，将未修约的钙和镁的含量进行相加。当某种待测元素的质量分数小于 1 mg/kg 时，则这种元素的含量不计入加和计算结果（见 11.2）。

$$X = (Y - Y_B) \times F / S \quad (1)$$

式中：

X——试样溶液中单种金属元素的质量分数，单位为毫克每千克（mg/kg）；

Y——试样溶液中单种金属元素的仪器响应信号值；

Y_B——空白溶液中单种金属元素的仪器响应信号值；

F——稀释因子，试样与煤油质量之和除以试样质量；

S——标准曲线斜率。

11 结果表示

11.1 结果以钠加钾（Na+K）含量、钙加镁（Ca+Mg）含量作为结果报告，精确到 0.1 mg/kg。

11.2 当某种待测元素由于质量分数小于 1 mg/kg 而不计入加和计算结果时，应在结果报告中予以说明。

12 精密度

按下述规定判断试验结果的可靠性（95%置信水平）。

12.1 重复性（r）

当由同一操作者、同一实验室、使用同一仪器，测定同一试样的钠加钾含量或钙加镁含量时，所得的两次试验结果之差分别不应超过式（2）或式（3）的计算值。

$$\text{Na+K} \quad r = 0.020X + 0.193 \quad (2)$$

$$\text{Ca+Mg} \quad r = 0.023X + 0.271 \quad (3)$$

式中：

X——两次重复测定结果的平均值，单位为毫克每千克（mg/kg）。

12.2 再现性（R）

由不同的操作者、在不同的实验室、使用不同的仪器，测定同一试样的钠加钾含量或钙加镁含量时，所得的两个单一且独立的结果之差分别不应超过式（4）或式（5）的计算值。

$$\text{Na+K} \quad R=0.191X+0.941 \tag{4}$$

$$\text{Ca+Mg} \quad R=0.149X+1.186 \tag{5}$$

式中：

X——两个单一、独立测定结果的平均值，单位为毫克每千克（mg/kg）。

13 试验报告

测试报告中应明确指出以下内容：

a）对本标准的引用；

b）样品相关信息；

c）取样方法（见第6章）；

d）测试结果（见第11章）；

e）在本标准规定之外的操作步骤，或可能影响测试结果的现象；

f）试验日期。

ICS 75.160.20
E 31

SH

中华人民共和国石油化工行业标准

NB/SH/T 0993—2019

汽油及相关产品中硅含量的测定 单波长色散X射线荧光光谱法

Standard test method for silicon in gasoline and related products by monochromatic wavelength dispersive X-ray fluorescence spectrometry

2019-06-04 发布　　2019-10-01 实施

国家能源局　发布

前　言

本标准按照 GB/T 1.1—2009 给出的规则起草。

本标准使用重新起草法修改采用美国试验与材料协会标准 ASTM D7757-17《汽油及相关产品中硅含量的测定单波长色散 X 射线荧光光谱法》。

本标准与 ASTM D7757-17 的主要技术性差异如下：

——为使用方便，将部分引用标准修改为我国相应的国家标准或行业标准；

——为适应我国国情，对第 1 章范围中样品种类作适当修改，增加“小于 3mg/kg 的样品也可以测量，但本标准未考察其测定结果的精密度”；

——在第 6 章中增加 6.2 条分析天平；

——在第 7 章中增加 7.10 条有关 500mg/kg 硅标准储备溶液的制备步骤；依据 ASTM D7757-17 中 5.3.2 内容，增加 7.11 条“稀释剂”；

——在第 7 章中增加 7.12 条有关硅标准工作溶液的制备步骤；

——依据 ASTM D7757-17 中 9.3 条、9.4 条和 10.2 条内容，重新编写 8.3 条和 8 4 条。

本标准由中国石油化工集团有限公司提出。

本标准由全国石油产品和润滑剂标准化技术委员会石油燃料和润滑剂分技术委员会（SAC/TC280/SC1）归口。

本标准起草单位：中国石油化工股份有限公司大连石油化工研究院。

本标准参加起草单位：广州能源检测研究院。

本标准主要起草人：赵荣林、凌凤香、秦平、张萍、孙振国、葛琳、马涛、关雎。

本标准为首次发布。

汽油及相关产品中硅含量的测定　单波长色散 X 射线荧光光谱法

警告：使用本标准的人员应有正规实验室工作的实践经验。本标准的使用可能涉及某些有危险的材料、设备和操作，本标准并未指出所有可能的安全问题。使用者有责任采取适当的安全和健康措施，并保证符合国家有关法规规定的条件。

1　范围

本标准规定了用单波长色散 X 射线荧光光谱法（MWDXRF）测定汽油及相关产品中硅含量的试验方法。

本标准适用于测定石脑油、车用汽油及车用汽油调和组分、车用乙醇汽油（E10）及车用乙醇汽油调和组分油、乙醇和车用乙醇汽油 E85，以及甲苯等产品中的硅含量。本标准测定硅质量分数的范围为 3 mg/kg～100 mg/kg。用合适的溶剂稀释后，硅含量超过 100 mg/kg 的样品也可以用本标准测定，但本标准未考察稀释后样品中硅含量测定的精密度和偏差。硅含量小于 3 mg/kg 的样品也可以测量，但本标准并未考察其测定结果的精密度。

注 1：具有高挥发性的样品如高蒸气压汽油或较轻的烃类化合物，由于分析过程中轻组分的挥发，有可能造成结果精密度达不到标准的要求。

注 2：芳香族化合物如甲苯属于芳香烃及相关化合物范畴。然而，甲苯可能是汽油中硅污染来源之一（见 4.4），所以将甲苯纳入此标准范围。

如果试样的基体与所用标准样品的基体相符，或者将附录 A 的基体校正应用在分析结果上，则添加了乙醇及其他氧化物的汽油样品同样适用于本标准。基体相符和基体校正的条件见第 5 章。

本标准前提是样品基体与标样基体良好匹配，或者基体差异在 12.5 条所述范围之内。基体差异可能是由样品与标样的 C/H 值差异或存在其他干扰元素造成的。注意事项及推荐方法见第 5 章。

2　规范性引用文件

下列文件对于本文件的应用是必不可少的。凡是注日期的引用文件，仅注日期的版本适用于本文件。凡是不注日期的引用文件，其最新版本（包括所有的修改单）适用于本文件。

GB/T 4756　石油液体手工取样法

GB 18350　变性燃料乙醇

GB 18351　车用乙醇汽油（E10）

GB/T 27867　石油液体管线自动取样法

GB 35793　车用乙醇汽油 E85

NB/SH/T 0843　石化行业分析测试系统的评价统计技术法

ASTM D 7343　石油产品和润滑剂元素分析用 X 射线荧光光谱测定法的优化、试样处理、校准与确认的规程（Standard Practice for Optimization, Sample Handling, Calibration, and Validation of X-ray Fluorescence Spectrometry Methods for Elemental Analysis of Petroleum Products and Lubricants）

3　方法概要

如图 1 所示，由 X 射线源发出的 X 射线经入射光单色器形成一束能够激发硅元素 K 层电子的单色激发光束；该光束照射到试样上，试样中的硅元素发出波长为 0.713 nm 的 Kα 特征 X 射线荧光；此波长的 X 射线荧光由一固定的单色器收集并聚焦到检测器上，即可得到试样的 X 射线荧光强度（计数/s）。用校准曲线所拟合的校准方程将试样 X 射线荧光强度转换成被测试样中硅的含量（mg/kg）。

警告：接触过量的 X 射线有害健康，操作者应当采取适当的措施以防身体的任何部位受到一次以及二次或散射的 X 射线的照射，X 射线光谱仪的操作应符合仪器生产厂家的安全准则和国家及地方的安全规定。

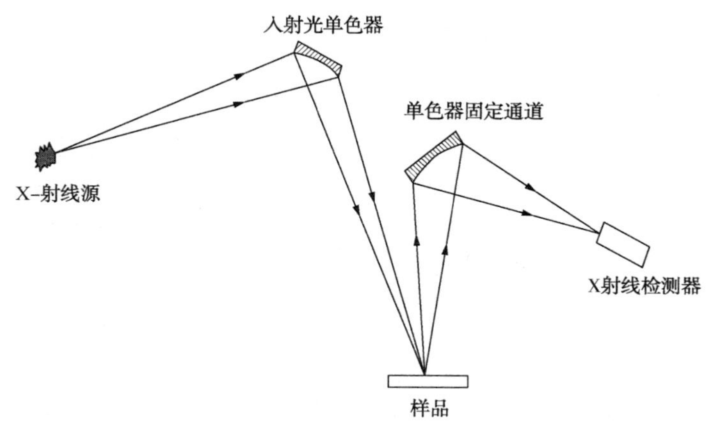

图 1　MWDXRF 分析仪示意图

4　方法应用

4.1　本方法是一种快速而准确的硅含量测定方法，适用于测定石脑油、车用汽油及车用汽油调和组分、车用乙醇汽油（E10）及车用乙醇汽油调和组分油、乙醇和车用乙醇汽油 E85，以及甲苯等产品中的硅含量。样品准备和分析操作步骤简单，每个样品测量时间为 5min~10min。

4.2　与传统的波长色散 X 射线荧光分析技术相比，单色 X 射线激发方式降低了背景，简化了基体校正过程，提高了硅含量测量的灵敏度。

4.3　在焦化加工过程中添加硅油消泡剂可减少泡沫。而焦化汽油中残留的硅会对下游石脑油的催化过程产生不利影响。本标准为石脑油中硅含量提供了一种检测手段。

4.4　汽油、乙醇汽油、变性燃料乙醇和高乙醇含量汽油中含有污染物硅，会引起汽车部件（如火花塞、尾气氧传感器、催化转化器等）堵塞，导致维修或者更换部件。硅污染物可经多种途径引入成品汽油与高乙醇含量汽油中。如向汽油中添加甲苯等含溶解态硅化合物的废烃溶剂、含硅消泡剂的乙醇，这都会导致硅残留在油品中。本标准可测定汽油、乙醇汽油及乙醇调和燃料中的硅含量。

4.5　本标准中涉及的易挥发形态的硅化合物是指比标准溶液中含有的硅化合物挥发性强的硅化合物。由于分析过程中易挥发物质选择性损失，分析数据不能达到方法指定的精密度。

5　干扰因素

5.1　待测样品与标准样品元素组成不同会导致硅含量测定结果的偏差。对于在本标准范围内的样品，引起偏差的主要因素是待测样品与标准样品的基体中碳、氢、氧元素含量的差异。基体校正系数（C）可用来校正此偏差，计算方法见附录 A。对于一般的测试，当基体校正系数 C 值在 0.95~1.05 之间时，待测样品与标准样品的基体可以认为是相符的，此时不需进行基体校正。当 C 值不在 0.95~1.05 之间时则需进行基体校正。对于大多数测试，选择合适的标准样品可避免基体校正。例如，图 2 及附录 A. 1 的计算结果显示，当用碳质量分数为 87. 5%、氢质量分数为 12. 5%的标样测定 C/H 比值在 5. 0~11. 0 内的无氧样品时，其对应的 *C* 值在 0. 95~1. 05 之间，此时不需进行基体校正。

5. 2　含有大量乙醇的燃料，如车用乙醇汽油（E10）（GB 18351）、变性燃料乙醇（GB 18350）、车用乙醇汽油 E85（GB 35793），其氧含量高，会导致硅 Kα 辐射被大量吸收，从而使测量的硅含量偏低。对于此类燃料，可在计算结果中使用校正系数校正（见表 1 和表 2），或者使用与待测样品基体吻合良好的校正标样。对于含氧的汽油样品，当测试样品与校正标样有相同的 C/H 比时，最高允许氧质量分数为 3. 1%。

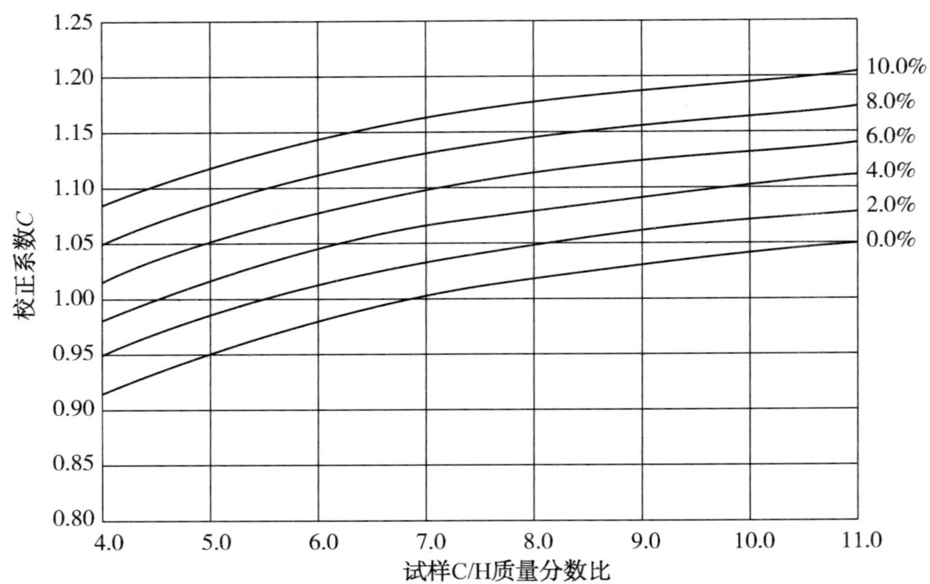

图 2　在不同氧含量时基体校正系数与 C/H 比的关系曲线（使用 Cr Kα 辐射激发光谱）

5. 3　对于氧化物含量高的样品，车用乙醇汽油（E10）（GB 18351）、变性燃料乙醇（GB 18350）、车用乙醇汽油 E85（GB 35793），可使用乙醇基体标准样品按 5. 1 条所述校正系数对结果进行校正。若使用异辛烷校准曲线或乙醇校准曲线，则用表 1 和表 2 中的校正系数对乙醇汽油和变性燃料乙醇样品测量结果进行校正。

注：测定高含氧化合物的样品建议使用乙醇基体校准标准曲线。

5. 4　为了减少测定结果的偏差，应使用与待测样品具有相同或相似元素组成的无硅的基体材料配制标准样品。

5. 4. 1　当样品稀释时，所用溶剂组成要与用来配制标准样品所用基体物质的元素组成相同或相似。

5. 4. 2　2,2,4-三甲基戊烷（异辛烷）和甲苯混合可得到类似汽油组成的基体物质，混合比例要与待测样品具有相似的芳烃含量。

表 1　用异辛烷校准曲线测定乙醇汽油和变性燃料乙醇样品的校正系数

乙醇质量分数	0%	1%	2%	3%	4%	5%	6%	7%	8%	9%
0%	1. 0000	1. 0056	1. 0112	1. 0169	1. 0225	1. 0281	1. 0337	1. 0394	1. 0450	1. 0506
10%	1. 0562	1. 0619	1. 0675	1. 0731	1. 0787	1. 0844	1. 0900	1. 0956	1. 1012	1. 1069
20%	1. 1125	1. 1181	1. 1237	1. 1294	1. 1350	1. 1406	1. 1462	1. 1519	1. 1575	1. 1631
30%	1. 1687	1. 1744	1. 1800	1. 1856	1. 1912	1. 1969	1. 2025	1. 2081	1. 2137	1. 2194
40%	1. 2250	1. 2306	1. 2362	1. 2419	1. 2475	1. 2531	1. 2587	1. 2644	1. 2700	1. 2756

表 1（续）

乙醇质量分数	0%	1%	2%	3%	4%	5%	6%	7%	8%	9%
50%	1.2812	1.2868	1.2925	1.2981	1.3037	1.3093	1.3150	1.3206	1.3262	1.3318
60%	1.3375	1.3431	1.3487	1.3543	1.3600	1.3656	1.3712	1.3768	1.3825	1.3881
70%	1.3937	1.3993	1.4050	1.4106	1.4162	1.4218	1.4275	1.4331	1.4387	1.4443
80%	1.4500	1.4556	1.4612	1.4668	1.4725	1.4781	1.4837	1.4893	1.4950	1.5006
90%	1.5062	1.5118	1.5175	1.5231	1.5287	1.5343	1.5400	1.5456	1.5512	1.5568

注：查表方法：根据样品的已知乙醇含量（例如：乙醇的质量分数 15%）查看第一列和第一行的加和（例如：15=10+5），两个值的交点即是校正系数（例如：1.0844）。按照 12.5 条运用校正系数。见 7.6 条和 10.1 条。

表 2　用乙醇校准曲线测定乙醇汽油和变性燃料乙醇样品的校正系数

乙醇/质量分数	0%	1%	2%	3%	4%	5%	6%	7%	8%	9%
0%	0.6400	0.6436	0.6472	0.6508	0.6544	0.6580	0.6616	0.6652	0.6688	0.6724
10%	0.6760	0.6796	0.6832	0.6868	0.6904	0.6940	0.6976	0.7012	0.7048	0.7084
20%	0.7120	0.7156	0.7192	0.7228	0.7264	0.7300	0.7336	0.7372	0.7408	0.7444
30%	0.7480	0.7516	0.7552	0.7588	0.7624	0.7600	0.7696	0.7732	0.7768	0.7804
40%	0.7840	0.7876	0.7912	0.7948	0.7984	0.8020	0.8056	0.8092	0.8128	0.8164
50%	0.8200	0.8236	0.8272	0.8308	0.8344	0.8380	0.8416	0.8452	0.8488	0.8524
60%	0.8560	0.8596	0.8632	0.8668	0.8704	0.8740	0.8776	0.8812	0.8848	0.8884
70%	0.8920	0.8956	0.8992	0.9028	0.9064	0.9100	0.9136	0.9172	0.9208	0.9244
80%	0.9280	0.9316	0.9352	0.9388	0.9424	0.9460	0.9496	0.9532	0.9568	0.9604
90%	0.9640	0.9676	0.9712	0.9748	0.9784	0.9820	0.9856	0.9892	0.9928	0.9964

注：查表方法：根据样品的已知乙醇含量（例如：乙醇的质量分数 85%）查看第一列和第一行的加和（例如：85=80+5），两个值的交点即是校正系数（例如：0.9460）。按照 12.5 条运用校正系数。见 7.8 条和 10.1 条。

6　仪器

6.1　单波长色散 X 射线荧光光谱仪（MWDXRF）：配置 0.713 nm X 射线检测器。任何符合下列条件并且测定结果能够达到第 15 章所述的精密度要求的此类仪器均可使用。

6.1.1　X 射线源：可产生能激发硅元素的 X 射线。推荐使用功率大于 20 W，能产生 Rh Lα、Pd Lα、Ag Lα、Ti Kα 、Sc Kα 和 Cr Kα 辐射的 X 射线管。

6.1.2　X 射线单色器：能聚焦且能选择一个单一波长的特征 X 射线作为激发源。

6.1.3　光路：真空或通氦气，使激发光和 X 射线荧光在光路中被吸收最少。

6.1.4　固定通道单色仪：波散硅元素 Kα X 射线。

6.1.5　检测器：能有效检测硅 Kα X 射线。

6.1.6　单通道分析器：能量分析器，只检测硅辐射。

6.1.7　样品杯：装样品用，其形状与大小要与 MWDXRF 光谱仪的要求相符。建议使用一次性样品杯。

6.1.8　样品膜：用于盛载并支撑样品杯中的试样，同时提供一个对 X 射线较低吸收的窗口，允许激发光穿透样品膜照射到试样，并且试样发射的特征 X 射线荧光也能穿透样品膜。任何能够耐试样化学腐蚀、不含硅、不吸收 X 射线的薄膜都可以使用。

6.2 分析天平：感量 0.1 mg。

7 试剂和材料

7.1 试剂的纯度：如无特殊说明，试验过程中所使用的试剂均为分析纯及以上试剂，在不降低测量结果精确度的前提下，可以使用其他纯度的试剂。

7.2 校准检查样品：用于验证校准曲线的准确性。校准检查样品的硅含量是已知的，并且在建立校准曲线时未使用过。与用来建立校准曲线的标准样品同批的标准样品也可以用作校准检查样品。

7.3 八甲基环四硅氧烷（D4）：纯度不低于 98%。分子式：$C_8H_{24}O_4Si_4$，相对分子质量：296.62，硅质量分数为 37.88%。适用于配制硅的标准样品。用其已知硅浓度和纯度可计算出标准样品中精确的硅含量。

7.4 漂移监测样品（选项）：用来测定和校正仪器随时间的漂移（见 10.4，11.1 和 12.1）。各种状态稳定的含硅物质都适用于做漂移监测样品，例如，液体样品、固体样品、粉末压片、金属合金和熔融玻璃片。在合适的计数时间下，检测样品所显示的计数率应该满足相对标准偏差小于 1%（参见附录 B）。

注 1：标准样品也可用作漂移校正监测样品。因为每次测试结束都会丢弃测试样品，所以建议使用便宜的材料。

注 2：任何一种在 7.4 条中推荐的稳定材料都可用于样品分析时的漂移校正。

注 3：漂移校正对于本标准的精密度和偏差的影响尚未研究。

注 4：如果仪器配有漂移校正功能，只需通过一般的数据计算处理，漂移校正可以自动完成。

7.5 质量控制（QC）样品：用于建立和检验分析仪器的稳定性和精密度（见第 14 章）。使用组成与被测样品相近、均匀的、可以大量获取并能保持长时间稳定的样品。

注 1：推荐使用质量控制样品和控制图来验证系统控制。

注 2：合适的质量控制样品可以通过混合典型样品来制备。

7.6 2,2,4-三甲基戊烷（异辛烷）：分子式：C_8H_{18}，相对分子质量：114.23。当计算标准样品的硅含量时，要考虑其中的硅含量。

警告：易燃，吞食和吸入有害健康。对眼睛有刺激作用，也可能导致皮肤过敏。

7.7 甲苯：当计算标准样品的硅含量时，要考虑其中的硅含量。

警告：易燃，吞食和吸入有害健康。对眼睛有刺激作用，也可能导致皮肤过敏。

7.8 乙醇：当计算标准样品的硅含量时，要考虑其中的硅含量。

警告：易燃，吞食或吸入有害健康。对眼睛和皮肤有刺激作用。

7.9 氦气：纯度大于 99.9%，用于光路系统净化。

7.10 硅标准储备溶液：用分析天平准确称取八甲基环四硅氧烷（D4）0.1320g（精确到 0.0001g）于烧杯中，加入稀释剂至 100 g，混合均匀，得到硅浓度为 500 mg/kg 标准储备溶液。贮存在聚乙烯塑料瓶中，冷藏保存。此溶液用于制备标准工作溶液和待测样品。

7.11 稀释剂：标准样品与分析样品的稀释溶剂，在元素组成上应当相同或相似。一般将甲苯和异辛烷按照一定体积比混合，得到与汽油元素组成相似的有机溶液即稀释剂。

7.12 硅标准工作溶液：用稀释剂稀释上述标准储备溶液，得到以稀释剂为介质的硅标准工作溶液。标准工作溶液浓度见 10.1。

注：根据储备液使用频率和有效期，需定期配制标准工作溶液。

8 取样和样品准备

8.1 按照 GB/T 4756 或 GB/T 27867 规定的方法取样。

8.2 对汽油样品，在取样和处理样品时，要特别留意以防止样品挥发导致硅含量的变化。汽油样品应置于 0℃~4℃ 条件下密封保存。如果可能，任何转移或处理过程中均保持此温度。在测量前允许样品从原来维持的 0℃~4℃升至室温，样品只有在取样分析时才暴露于环境中。在取样后，应尽可能快地完成样品测试。在二次取样时，不要让容器敞口时间过长。

8.3 测定每个样品都要使用新的样品膜，避免用手直接接触样品杯内壁、样品膜、样品及仪器 X 射线透光窗（建议在准备测试样品时使用干净的一次性无粉橡胶或塑料手套）。手指上的油污和样品膜上的褶皱都会导致硅含量的测定结果产生偏差，因此，为了确保得到可靠的测定结果，样品膜要绷紧，保证膜上没有气泡、褶皱，并且保持干净。如果样品膜的种类和厚度发生变化，要用校准检查样品（见 7.2）来重新检查校准曲线的有效性。当试样装入样品杯并用样品膜封好后，在样品杯上面开一个小气孔以防止样品挥发使薄膜弯曲。如果使用的是可重复使用的样品杯，那么在使用前应确保样品杯的清洁和干燥。一次性的样品杯不能重复使用。

8.4 由于市场上薄膜材料所含杂质及厚度有差别，而且可能差别很大。因此，在开始使用每批新薄膜时，或者窗口薄膜的类型和厚度发生改变时，应用校准检查样品（见 7.2）重新检查校准曲线的有效性。

9 仪器和测试样品的准备

9.1 分析仪器的准备：确保按照制造商的说明书安装调试 MWDXRF 分析仪。要有足够的时间让仪器稳定。完成所需的任何仪器检验程序。尽可能让仪器连续运转，以保持最佳的稳定性。操作人员认真阅读附录 C 内容。

9.1.1 根据样品预期的最低硅含量，使用仪器制造商推荐的计数时间（T），一般每次测量时间为 5min~10min。

9.1.2 也可以参照附录 B 中的步骤来确定计数时间（T）以达到所要求的精密度。

9.2 样品的准备：按下列方法准备测试样品或校准样品。

9.2.1 小心地将足量的液体样品转移到样品杯中，填充至样品杯最小深度，超过此深度不会影响结果，一般来说，测试样品装入样品杯三分之二深度即可。

9.2.2 将一张新的 X 射线薄膜安装在样品杯开口端上，并固定牢固。分析试样和用来建立校正曲线的标样都使用同一批次的薄膜。避免触摸样品杯内壁、样品膜、样品及仪器 X 射线透光窗（建议在准备测试样品时使用干净的一次性无粉橡胶或塑料手套）。油性指纹对硅分析产生偏差。应确保样品膜整洁不起皱，以及测试样品不泄漏。

9.2.3 样品杯上方要开一个小孔以防止样品膜因为液体样品挥发而发生弯曲。市场上可买到预留可开口的样品杯。

9.2.4 标准样品或测试样品装好后要马上进行测定。在测定之前，标准样品或测试样品在样品杯中的存放时间尽可能短。

10 校准

10.1 选择适当的基体材料（BM）（见第 5 章）来稀释八甲基环四硅氧烷（D4）（见 7.3）制备系列标准样品，硅质量分数要覆盖分析样品预期的含量范围（最高为 100 mg/kg）。一般来说，常用的基体材料是异辛烷和稀释剂（见 7.6 和 7.11）。分析中使用的所有标准物质应有可靠而又稳定的来源，包括采购的标准样品。在 3 mg/kg~100 mg/kg 范围内，推荐标准样品硅含量为：0.0 mg/kg（基体），10 mg/kg，25 mg/kg，100 mg/kg 和 250 mg/kg。

10.1.1 计算每个标准样品中硅含量时，应将基体材料中的硅的质量分数考虑进去，见式（1）：

$$Si = [(D4 \times Si_{D4}) + (BM \times Si_{BM})] / (D4 + BM) \quad (1)$$

式中：

Si——制备的校准标样中硅含量，单位为毫克每千克（mg/kg）；

D4——八甲基环四硅氧烷的质量，单位为克（g）；

Si_{D4}——八甲基环四硅氧烷中硅含量（一般为37.88%），单位为毫克每千克（mg/kg）；

BM——基体材料的质量，单位为克（g）；

Si_{BM}——基体材料中硅含量，单位为毫克每千克（mg/kg）。

10.2 按照仪器生产商的说明书和11.2条、11.3条及11.4条中的说明，测量每个标准样品中硅的X射线荧光强度N（总计数），将总计数N除以计数时间T（s）得到计数率R_S（见9.1.1、9.1.2及式（2））。

$$R_S = N / T \quad (2)$$

式中：

R_S——从10.2条得到的硅的X射线荧光总计数率，计数/s；

N——在0.713nm波长处的总计数；

T——计数时间，单位为秒（s）。

10.3 采用下述任一方式建立线性校准模型：

10.3.1 使用仪器厂商提供的软件。

10.3.2 对校准测量进行线性回归计算，线性回归方程见式（3）：

$$R_S = Y + (E \times Si) \quad (3)$$

式中：

R_S——从10.2条得到的硅的X射线荧光总计数率，计数/s；

Y——校准曲线的截距，计数/s；

E——校准曲线的斜率，计数·kg/（s·mg）；

Si——硅含量，mg/kg。

10.4 如果使用漂移校正，则在校正时测量漂移监控样品的硅X荧光强度总计数，用总计数除以计数时间（T）得到R_S。在校正时由漂移监测样品得到的R_S就是12.1条中式（4）的A因子。

10.5 测定校准标样后，马上测定一个或多个校准检查样品（见7.2）的硅含量，得到的结果应该在本方法要求的精密度范围之内，如果达不到这个标准，校准过程和校准标样可能有问题，要采取适当措施，重复校准过程。在评估校准时，要考虑到校准检查样品和标准样品之间基体的相符程度。

11 试验步骤

11.1 如果使用漂移校正，则测定试样前要对校正时测定的漂移监控样品进行测定。用所得的总计数除以T得到R_S，此R_S即为12.1条中式（4）中的B因子。

11.2 按9.2所述准备试样。

11.3 按仪器制造商的说明书将装有试样的样品杯放入仪器中，让X射线光路达到平衡。

11.4 测量硅荧光强度的总计数（N），然后除以计数时间T，得到R_S（见式（2））。

11.5 如果试样的R_S值大于校准曲线上最大的计数率，则用与制备校准标样相同的基体材料来定量稀释试样，使其计数率在校准曲线的范围内。对稀释后的待测试样重复11.2条的步骤。

11.6 按第12章所述方法计算试样中硅的质量分数。

12 计算

12.1 当使用漂移监测样品时，按式（4）计算设备灵敏度变化的漂移校正因子（F），F代表每天仪器灵敏度的变化。如果没有使用漂移监控样品，F 就等于 1 。

$$F=A/B \tag{4}$$

式中：

A——漂移监控样品在校正时所测得的 R_S 值（见 10.4）；

B——漂移监控样品在测量时所测得的 R_S 值（见 11.1）。

12.2 试样经过漂移校正过的计数率（R_{cor}）按式（5）计算：

$$R_{cor}=F\times R_S \tag{5}$$

式中：

F——漂移校正因子，由式（4）计算得到；

R_S——试样的总计数率，计数/s。

12.3 用 R_{cor} 代替 10.3.2 式（3）中的 R_S，计算试样中硅含量。

12.4 如试样是经过定量稀释的，计算原试样中硅含量，按式（6）计算：

$$Si_o=[Si_d\times(M_o+M_b)/M_o]-[Si_b\times(M_b/M_o)] \tag{6}$$

式中：

Si_o——原试样中硅的含量，单位为毫克每千克（mg/kg）；

Si_d——稀释后试样中硅的含量，单位为毫克每千克（mg/kg）（从 12.3 条得到）；

M_o——初始试样的质量，单位为克（g）；

M_b——稀释剂的质量，单位为克（g）；

Si_b——稀释剂中硅的质量分数，单位为毫克每千克（mg/kg）。

12.5 如果使用校正因子对待测试样和校准标样的基体差异（见第 5 章）进行了校正，则用式（6）中得到的硅的含量 Si_o 应乘以校正因子。

13 报告

报告从第 12 章中计算得到的试样的硅含量，单位为 mg/kg。对于含量小于 100 mg/kg 的试样，精确到 0.1 mg/kg，对于含量大于或等于 100 mg/kg 的试样，精确到 1 mg/kg。

14 质量保证和控制

14.1 为了验证仪器性能和确保测定过程准确，每次开机后，在分析样品前至少测定一次 QC 样品（见 7.5）。建议每个实验室应至少分析一种 NB/SH/T 0843 标准所述的具有代表性的质量控制样品。

14.2 如果实验室已经建立质量控制或质量保证措施，只要它们包括了监测测试结果可靠性的步骤，也可以使用。

14.3 除了测试 QC 样品（见 7.5）外，建议每天分析样品前都要进行空白样品（例如，异辛烷）分析。

14.4 测量的空白样品硅含量应该小于 1mg/kg。如果测量的空白样品硅含量大于 1mg/kg，则需要重新校准仪器，并使用新的空白样品和样品杯重新测量空白。如果测量结果超出可接受范围，则需进行全面校准。如果样品装载台受到污染，尤其是在测定硅含量小于 20mg/kg 的样品时，在使用之前需要按仪器操作说明书打开样品室并清理。

14.5 结果确认：测量试样或标准样品后，应按程序对结果进行确认。这需要操作者检查样品是否有明显破坏迹象（如样品杯泄漏），且对二级膜进行检查。

14.6 结果观察分析：如果结果超出正常范围，则需重新进行检测以验证结果是否可靠。

14.7 应对净化气体进行定期检查，以确保其合乎仪器制造商的说明书要求。

14.8 漂移校正和质量控制标准/监测应定期运行。如果结果落在规定的偏差范围之外，则需进行漂移校正和全面的重新校准。如果当前检测结果超出了范围，则校正后，从上一次可接受的检测结果到当前这个点之间的所有测试结果都要重新测量。

15 精密度和偏差

15.1 精密度

本标准的精密度由多个实验室间协作试验结果的统计分析获得，有 7 个不同实验室的 7 台新仪器参与试验，每台仪器分析了 24 个硅含量在 3 mg/kg~100 mg/kg 的样品；包括 6 个汽油样品、4 个含有 10%体积分数乙醇的汽油样品、2 个石脑油样品、2 个甲苯样品、4 个车用乙醇汽油 E85 样品和 6 个乙醇燃料 E100 样品。每种样品都进行了两次分析。所有样品种类的合并测定极限值（PLOQ）为 3 mg/kg。用下述规定判断试验结果的可靠性（95%置信水平）。

15.1.1 重复性

同一个操作者，在同一实验室，使用同一仪器，在相同的操作条件下，对同一试样进行重复测定，所得两个试验结果之差不应超过式（7）所得数值：

$$r=0.5582X^{0.5471} \quad \cdots\cdots (7)$$

式中：

X——两个重复试验结果的平均值，单位为毫克每千克（mg/kg）。

典型的硅浓度值对应的重复性值见表 3。

15.1.2 再现性

不同实验室的不同操作人员，使用不同的仪器，使用正确的测试方法，对同一试样进行测定，所得两个单一且独立的试验结果之差不应超过式（8）所得数值：

$$R=1.0535X^{0.5471} \quad \cdots\cdots (8)$$

式中：

X——两个独立试验结果的平均值，单位为毫克每千克（mg/kg）。

典型的硅浓度值对应的再现性值见表 3。

表 3 典型浓度值对应的重复性和再现性值

硅含量/（mg/kg）	重复性（r）/（mg/kg）	再现性（R）/（mg/kg）
3.0	1.0	1.9
5.0	1.3	2.5
10.0	2.0	3.7
25.0	3.2	6.1
50.0	4.7	9.0
100.0	6.9	13.1

15.2 偏差

目前还没有可用于本方法偏差的参考物质，故本标准未给出偏差。

附　录　A
（规范性附录）
基体校正

A.1　对于试样和标准样品之间碳、氢、氧成分的不同，可按式（A.1）、式（A.2）、式（A.3）计算出一个基体校正因子（C），如果没有基体校正，C 就是 1。下标“cal”是指标准样品，下标“test”是指试样。变量 μ 是指质量吸收系数的平均值。

$$C=\left[{}^{\lambda 0}\mu_{test}+{}^{\lambda Si}\mu_{test}G\right]/\left[{}^{\lambda 0}\mu_{cal}+{}^{\lambda Si}\mu_{cal}G\right] \qquad (A.1)$$

$${}^{\lambda 0}\mu={}^{\lambda 0}\mu_C X_C+{}^{\lambda 0}\mu_O X_O+{}^{\lambda 0}\mu_H X_H \qquad (A.2)$$

$${}^{\lambda Si}\mu=454.7X_C+1034.0X_O+1.18X_H \qquad (A.3)$$

式中：

G——常数，由样品表面和入射、反射 X 射线之间的角度来确定。仪器生产商提供 G 的数值。对如图 1 所示的分析仪器 G 的值一般为 0.87；

${}^{\lambda 0}\mu$——试样或标准样品对波长为 λ_0 的入射光的质量吸收系数平均值，单位为平方厘米每克（cm^2/g）；

${}^{\lambda Si}\mu$——试样或标准样品对波长为 0.713nm 的硅辐射的质量吸收系数平均值，单位为平方厘米每克（cm^2/g）；

${}^{\lambda 0}\mu_C$——碳对波长为 λ_0 的入射光的质量吸收系数，单位为平方厘米每克（cm^2/g）（对 Cr Kα 激发光谱为 14.8）；

${}^{\lambda 0}\mu_O$——氧对波长为 λ_0 入射光的质量吸收系数，单位为平方厘米每克（cm^2/g）（对 Cr Kα 激发光谱为 37.7）；

${}^{\lambda 0}\mu_H$——氢对波长为 λ_0 入射光的质量吸收系数，单位为平方厘米每克（cm^2/g）（对 Cr Kα 激发光谱为 0.34）；

X_C——标准样品或试样中碳的质量分数，%；

X_O——标准样品或试样中氧的质量分数，%；

X_H——标准样品或试样中氢的质量分数，%。

A.2　试样的吸收校正后的计数率（R_C）用式（A.4）计算：

$$R_C=C\times R_S \qquad (A.4)$$

式中：

R_C——试样校正后的计数率，计数/s；

C——由式（A.1）计算出的基体校正因子；

R_S——试样的总计数率，计数/s。

A.3　将经基体校正的计数率 R_S（由式 A.4 获得）代入 10.3 条的式（3）中，计算出试样中的硅含量。

A.4　图 2 给出了一个用 Cr Kα 作为激发光的基体校正的例子，其中试样 C/H 质量分数比为 5~11，总的氧含量为 0%~10%。校正因子是用式（A.1）计算的，标准样品的 C/H 质量分数比为 7.0 且不含有氧化合物。

附　录　B
(资料性附录)
确定计数时间

B.1　X 射线荧光分析的质量是计数精度的函数，增加计数时间（*T*）可提高计数精度。当灵敏度和含量允许时（见 B.3），建议收集足够多的计数以使荧光净强度的相对标准偏差（*RSD*）达到 1.0%或更好。

B.2　为了确定达到预期的相对标准偏差 *RSD*（%）所需的计数时间，使用 100s 来分析样品以确定 R_S 和 R_B。然后用式（B.1）来计算 *T*：

$$RSD = 100T^{-0.5}(R_S+R_B)^{0.5}/(R_S+R_B) \quad \cdots\cdots (B.1)$$

式中：

R_S——样品的总计数率，计数/s；

R_B——不含硅的空白样品的背景计数率，计数/s。

B.2.1　如果可能知道待测样品的硅含量，那么可以用现有的校准方程来估计 R_S 值。式（B.1）中的背景计数率 R_B 可用最近期的线性回归校准中的截距来估算（见 10.3.2）。

B.2.2　如果使用 *T* 能获得预期的精密度，则 *T* 也适用于那些与用来决定 *T* 的样品有相同或更高硅含量的样品。

B.2.3　因为使用单通道分析仪检测硅辐射，R_B 不能直接由含硅的样品来决定。R_B 可通过测量不含硅的空白样品得到，或者用最近期的校准曲线中的截距 *Y* 来代替。

B.3　随着硅浓度的减少，获取预期精度所需的计数时间增加。如果要用相同的计数时间去分析所有样品的话，需要选择预期含硅量最低的样品决定计数时间。

附 录 C
（资料性附录）
对分析人员帮助的信息

C.1 为获得准确的测量结果最佳试验操作包括：减少样品污染步骤、正确的样品制备和测量，以及仪器的质量控制。当测定低浓度样品时，这些步骤尤为重要。

C.1.1 关于X射线荧光光谱法的优化、样品处理、校准和验证的进一步指导，请参见相关方法ASTM D 7343。

C.2 始终保持样品制备区域清洁，以最大限度地减少样品污染。应将样品池、X射线透明膜和移液管始存放在无尘区域内，如塑料袋、有盖容器或抽屉中。如果使用扎孔工具（不必将样品杯预先开孔），应将其存放在无尘环境中，并且在每次使用后，用合适的溶剂处理，处理后可重复使用。

C.3 咨询仪器生产商有关怎样正确清洁仪器以及允许使用的清洁溶剂。按步骤每天清洗一次样品区域，视需要可每天清洗多次。如果出现可疑的测量结果，则随时进行清洗。

C.3.1 在清洁仪器和样品制备过程中，强烈建议使用罐装或压缩空气，但不强制要求。罐装空气在清洁后还可用作干燥剂，帮助去除空气污染物（比如粉尘）。在使用前不要晃动空气罐，否则可能导致空气从罐中喷出，形成一层污染物覆盖层，则需再次按照清洁步骤清除污染物或适时更换一次性窗膜。

C.3.2 一般来说，可以用干净的、不起球的、异丙醇润湿的布来清洁样品室区域，包括盖子内部、样品架和相邻区域，但不包括任何窗口膜。请用罐装空气烘干该区域。

C.3.3 不能清洁一级和二级窗口薄膜，应该按仪器使用说明书对其进行更换。组装后，请用空气吹扫新膜，并确保贴好的窗口膜没有褶皱。在启用新一批的样品膜之后，应重新校正仪器。

C.3.4 应按照仪器说明书仔细清洁非一级窗口。可以用异丙醇润湿的海绵尖头或无绒的棉签清洁聚酰亚胺材质的主窗口。摇动棉签来去除多余的溶剂，然后将棉签平行放置于分析仪的顶部，并用棉签小心地擦拭一级窗口。聚酰亚胺材质的主窗口很精密，在清洁这些主窗口时应加倍小心，以避免破损。用罐装空气干燥主窗口。如果在烘干窗口时，可看见罐装空气中的推进剂，请重复一级窗口清洁过程。

C.4 严格按照第9章采样和样品处理要求及第10章仪器和样品制备说明操作。除了这些说明外，建议在样品准备中使用罐装空气。在准备样品前使用罐装空气吹扫样品杯（不必预先吹扫样品池）。

C.4.1 遵循恰当的样品储存和混合程序。在将样品转移到样品池之前，确保样品均匀。如有必要，过滤样品以去除颗粒物质。建议使用一次性移液管将样品加入样品杯，而不是从样品容器中倒出。不要重复使用一次性移液管。

C.4.2 将薄膜覆盖在样品池上之前，使用罐装空气吹扫薄膜接触样品的一侧。当翻转样品池进行扎孔时，一定将其放在样品架或无绒布上以防止薄膜污染。如果使用预先组装的预通气孔的样品池，则不需要这些步骤。

C.4.3 使用罐装空气吹扫样品杯薄膜。在将样品放入分析仪之前，肉眼检查薄膜表面是否有泄漏、皱纹或颗粒物质。在启用新一批的覆膜之前，应进行仪器校准。请在制备样品后立即进行测量；完成测量后则立即将样品从仪器中取出。目视检查样品是否泄漏，如果样品泄漏，请清理漏出样品，并根据需要更换或清洁一级和二级窗口膜，然后重新测量样品。

C.5 为了确保分析仪性能满意，除非在测试设备中另行确立了质控/质检协议，否则请完全执行第14章质量控制的内容。

ICS 75.160.20
E 31

中华人民共和国石油化工行业标准

NB/SH/T 0994—2019

汽油中含氧和含氮添加物的分离和测定 固相萃取/气相色谱-质谱法

Standard test method for separation and determination of oxygenates and nitrogenous compounds in gasoline by solid-phase extraction and gas chromatography-mass spectrometry

2019-06-04 发布 2019-10-01 实施

国家能源局 发布

前　　言

本标准按照 GB/T 1.1—2009 给出的规则起草。

本标准由中国石油化工集团有限公司提出。

本标准由全国石油产品和润滑剂标准化技术委员会石油燃料和润滑剂技术委员会（SAC/TC280/SC1）归口。

本标准起草单位：中国石油化工股份有限公司石油化工科学研究院。

本标准参加起草单位：中国石油化工股份有限公司上海石油化工研究院、中国石油天然气股份有限公司石油化工研究院、国家油品质量监督检验中心、中国海洋石油总公司炼油化工科学研究院、深圳市计量质量检测研究院、广东省惠州市石油产品质量监督检验中心、北京石油产品质量监督检验中心。

本标准主要起草人：刘泽龙、李颖、李诚炜、史得军、孙悦超、黄少凯、赵彦、闻环、王朝。

本标准为首次发布。

汽油中含氧和含氮添加物的分离和测定　固相萃取/气相色谱-质谱法

警告：本标准涉及某些有危险性的材料、操作和设备，但是无意对与此有关的所有安全问题都提出建议。因此，使用者在应用本标准之前应建立适当的安全和保护措施，并确定相关规章限制的适用性。

1　范围

本标准规定了用固相萃取/气相色谱-质谱法分离和测定汽油中含氧和含氮添加物的方法。

本标准适用于分离识别汽油（包括含乙醇体积分数不大于15%的乙醇汽油）中二甲氧基甲烷（又名甲缩醛）、乙二醇二甲醚、甲基叔丁基醚、乙基叔丁基醚、甲基叔戊基醚、乙酸乙酯、碳酸二甲酯、乙酸仲丁酯、丙二酸二甲酯、苯胺、*N*-甲基苯胺、邻甲基苯胺、间甲基苯胺、对甲基苯胺、甲醇、乙醇、异丙醇、丙醇、2-丁醇、异丁醇、叔丁醇、丁醇、叔戊醇等添加物并测定它们的含量，以及所测含氧化合物总的氧含量。本标准测定单个添加物的浓度范围为0.2g/L~130.0g/L。超出含量范围的样品本标准也能测定，但没有给出精密度数据。

本标准也可分离识别并测定乙酸异丁酯、碳酸二乙酯、丙二酸二乙酯、二甲基苯胺和二异丁胺等含氧和含氮化合物，但没有给出精密度数据。

本标准提供了将各组分浓度转变为体积分数或质量分数和所测含氧化合物总氧的质量分数的计算公式。

2　规范性引用文件

下列文件对于本文件的应用是必不可少的。凡是注日期的引用文件，仅所注日期的版本适用于本文件。凡是不注日期的引用文件，其最新版本（包括所有的修改单）适用于本文件。

GB/T 4756　石油液体手工取样法

SH/T 0604　原油和石油产品密度测定法（U形振动管法）

3　方法概要

将适量试样滴加到固相萃取柱中，采用不同极性的溶剂洗脱，使烃类组分与含氧和含氮添加物组分分离，在萃取分离出的含氧和含氮添加物组分中加入一定体积的内标溶液，再导入气相色谱-质谱仪分别采用全扫描和选择离子扫描方式进行定性和定量分析。

4　方法应用

本标准可测定汽油中醚类、酯类、苯胺类和醇类添加物，既可用于汽油调和的质量控制，也可用于识别汽油中人为添加的含氧和含氮化合物并测定其含量。对汽油质量的有效控制及监督、进一步提高汽油产品质量有着重要的意义。

5 仪器

5.1 固相萃取分离系统

5.1.1 固相萃取柱：如图1所示，固相萃取柱为加入约1.5g固定相的3mL固相萃取柱，固定相为改性硅胶。固相萃取的作用是使汽油中的烃类化合物与含氧和含氮化合物进行有效分离，因此，采用合适分离效率的固相萃取柱可获得满意的分析结果。固相萃取柱分离效率详细的验证过程及标准见附录A。

注1：符合本标准要求的固相萃取柱可由中国石油化工股份有限公司石油化工科学研究院提供，其他满足本标准要求的固相萃取柱也可使用。

注2：固相萃取柱应密封保存。

注3：固相萃取柱不可重复使用。

注4：可使用满足分离条件的自动固相萃取仪进行分离。

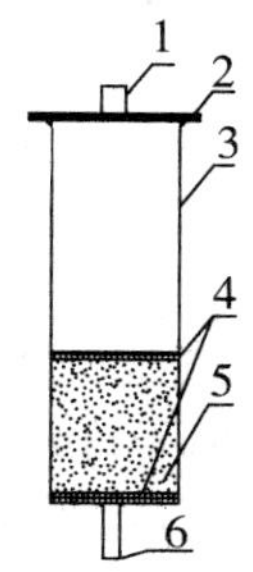

1—样品入口；
2—压盖；
3—萃取柱；
4—筛板；
5—固定相；
6—样品出口。

图1 固相萃取柱示意图

5.1.2 锥形瓶：25mL。

5.1.3 注射器：5mL，1mL。

5.1.4 移液枪或移液管：1000μL。

5.1.5 移液枪：100μL。

5.1.6 容量瓶：25mL或50mL。

5.2 气相色谱-质谱分析系统：符合表1所列性能和参数要求的任何气相色谱-质谱仪均可使用。

5.2.1 色谱柱：固定相为100%二甲基聚硅氧烷的非极性石英毛细管色谱柱，使试样按沸点进行分离。

5.2.2 汽化系统：可采用分流进样，但要保证进入气相色谱-质谱系统的实际样品量满足柱效和检测器线性范围的要求。

5.2.3 质谱离子源：电子轰击电离源。

5.2.4 扫描方式：具备全扫描和选择离子扫描功能。

5.2.5 色谱-质谱工作站：可获得采集的总离子流和选择离子色谱图，显示色谱峰的质谱图并测量色谱峰的峰面积。

6 试剂与材料

除非另有规定，本标准使用的试剂均为分析纯，允许使用其他更高纯度的试剂。

6.1 试剂

6.1.1 正庚烷：色谱纯。

表1 典型色谱-质谱仪操作参数

色谱	
色谱柱	石英毛细管色谱柱
尺寸	柱长 30m、内径 0.25mm、膜厚 0.25μm
固定相	非极性，100%二甲基聚硅氧烷
温度	
汽化室/℃	250
柱箱	40℃保持 2min，再以 40℃/min 升至 250℃，保持 2min
载气	氦气
柱流速/（mL/min）	1.0
分流比	150∶1
进样量/μL	0.2
质谱	
离子源	电子轰击电离源
电离能量	70eV
扫描方式	全扫描/选择离子扫描。全扫描的质量范围：20 amu～200amu； 选择离子扫描的检测离子见表 3 和表 4 中的定量离子
注：表中所给出的仪器参数为可选的参数条件，合适的仪器条件按照第 8 章的要求确定。	

6.1.2 二氯甲烷

警告：有毒，若摄取或通过皮肤吸收将对人体产生伤害。

6.1.3 丙酮：色谱纯。

警告：有毒，若摄取或通过皮肤吸收将对人体产生伤害。

6.1.4 二甲苯。

警告：有毒，若摄取或通过皮肤吸收将对人体产生伤害。

6.1.5 正十五烷：纯度应不低于 99.0%。

6.1.6 内标溶液：正十五烷溶于正庚烷中，质量浓度为 10.00g/L。

6.1.7 用于定性和定量的试剂：二甲氧基甲烷、乙二醇二甲醚、甲基叔丁基醚、乙基叔丁基醚、甲基叔戊基醚、乙酸乙酯、碳酸二甲酯、乙酸仲丁酯、丙二酸二甲酯、苯胺、*N*-甲基苯胺、邻甲基苯胺、间甲基苯胺、对甲基苯胺、甲醇、乙醇、异丙醇、丙醇、2-丁醇、异丁醇、叔丁醇、丁醇、叔戊醇。试剂纯度应不低于 98.0%。

6.1.8 质量控制检查样品（一）：用于常规检测方法可靠性的样品，含有二甲氧基甲烷、甲基叔丁基醚、碳酸二甲酯、乙基叔丁基醚、乙二醇二甲醚、甲基叔戊基醚、乙酸仲丁酯、丙二酸二甲酯、苯胺、*N*-甲基苯胺、邻甲基苯胺、间甲基苯胺的汽油试样，各化合物质量浓度均为 10g/L，由这些化合物含量均小于 0.10g/L 的汽油试样中定量加入上述化合物配制而成或购买得到。质量控制检查样品应采用密封包装并在 0℃～5℃下保存，在储存期间化合物组成应保持不变。

6.1.9 质量控制检查样品（二）：用于常规检测方法可靠性的样品，含有甲醇、乙醇、异丙醇、叔丁醇、丙醇、2-丁醇、乙酸乙酯、异丁醇、叔戊醇、丁醇的汽油试样，各化合物质量浓度均为 10g/L，由这些化合物含量均小于 0.10g/L 的汽油试样中定量加入上述化合物配制而成或购买得到。质量控制检查样品应采用密封包装并在 0℃～5℃下保存，在储存期间化合物组成应保持不变。

6.1.10 校正样品（一）：在 25mL 或 50mL 容量瓶中，按照纯化合物的挥发性由低到高的次序准确称量和混合各化合物，配制表2中序号为1~6的校正样品（一）。校正样品（一）包括的化合物及称量顺序为正十五烷、间甲基苯胺、邻甲基苯胺、N-甲基苯胺、苯胺、丙二酸二甲酯、乙酸仲丁酯、甲基叔戊基醚、乙二醇二甲醚、乙基叔丁基醚、碳酸二甲酯、甲基叔丁基醚和二甲氧基甲烷，用正庚烷定容，建议各组分的浓度见表2。校正样品应采用密封包装并在0℃~5℃下保存，在储存期间化合物组成应保持不变。

6.1.11 校正样品（二）：在25mL或50mL容量瓶中，按照纯化合物的挥发性由低到高的次序准确称量和混合各化合物，配制表2中序号为1~6的校正样品（二）。校正样品（二）包括的化合物及称量顺序为正十五烷、丁醇、叔戊醇、异丁醇、乙酸乙酯、2-丁醇、丙醇、叔丁醇、异丙醇、乙醇和甲醇，用正庚烷定容，各组分的建议浓度见表2。校正样品应采用密封包装并在0℃~5℃下保存，在储存期间化合物组成应保持不变。

6.2 材料

6.2.1 载气：氦气，纯度不小于99.99%。

警告：高压气体，注意安全。

表2 校正样品配制表

序号	单个化合物浓度/（g/L）	单个化合物质量/正十五烷质量
1	3.0	6.0
2	2.0	4.0
3	1.0	2.0
4	0.5	1.0
5	0.2	0.4
6	0.1	0.2
注：正十五烷浓度：0.50g/L。		

7 取样

除非另有规定，取样应按GB/T 4756进行。样品应储存于密闭容器中。储存温度要求为0℃~5℃。

8 气相色谱-质谱仪的准备及条件的建立

8.1 一般情况下，气相色谱-质谱仪连续运转时，分析试样前不需其他准备工作。如果仪器刚启动，则需按本标准及仪器说明书检查仪器状态，以确保仪器稳定。

8.2 按照表1中的条件对6.1.10中序号为1的校正样品（一）进行分析，采用全扫描方式得到如图2的总离子流色谱图。检验各化合物的分离效果。如有必要，调整色谱柱升温程序或更换色谱柱使各化合物达到完全分离。确定各化合物峰的保留时间，见表3。

8.3 按表3中各化合物的保留时间和定量离子，确定各化合物选择离子扫描的起始和结束时间，设置选择离子扫描条件A。对6.1.10中序号为1的校正样品（一）采用选择离子扫描条件A进行气相色谱-质谱分析，得到如图3的选择离子色谱图。选择离子色谱图中所检测出化合物个数应为13个。如有缺失，则调整所缺失化合物的选择离子扫描的起始和结束时间。

注：选择离子扫描条件A用于选择性检测二甲氧基甲烷、甲基叔丁基醚、碳酸二甲酯、乙基叔丁基醚、乙二醇二甲醚、甲基叔戊基醚、乙酸仲丁酯、丙二酸二甲酯、苯胺、N-甲基苯胺、邻/对甲基苯胺、间甲基苯胺等化合物。

8.4 用选择离子扫描条件A对6.1.11中序号为1的校正样品（二）进行分析，得到如图4的选择离子色谱图。确保除内标峰外，没有其他明显的峰出现，如有其他明显的峰出现，则调整相应峰对应的扫描离子起始和结束时间。

注：保证选择离子扫描条件A除可选择性检测表3中的含氧和含氮化合物外，无法检测表4中的含氧化合物。

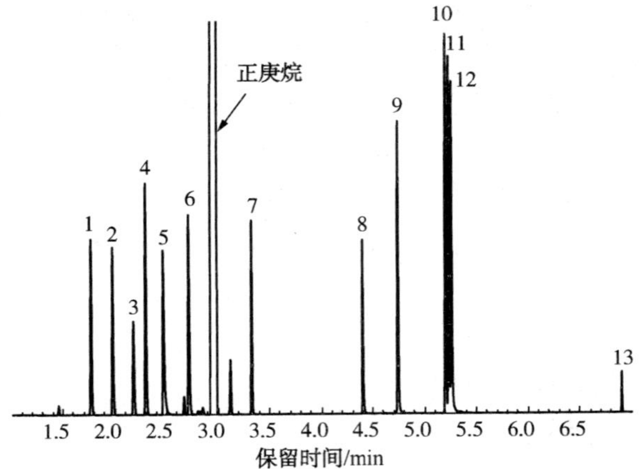

说明：峰序号见表3。

图2　6.1.10中序号为1的校正样品（一）的总离子流色谱图

表3　扫描条件A测定化合物名称及定量离子

峰序号	化合物	定量离子	保留时间/min	扫描定量离子起始至结束时间/min
1	二甲氧基甲烷	75	1.77	1.60~1.90
2	甲基叔丁基醚	73	1.98	1.90~2.05
3	碳酸二甲酯	59	2.18	2.15~2.25
4	乙基叔丁基醚	87	2.30	2.25~2.40
5	乙二醇二甲醚	60、90	2.47	2.40~2.60
6	甲基叔戊基醚	87	2.71	2.60~2.80
7	乙酸仲丁酯	101、87	3.30	3.20~3.40
8	丙二酸二甲酯	101	4.40	4.30~4.60
9	苯胺	93	4.74	4.60~5.00
10	*N*-甲基苯胺	106	5.20	5.00~6.50
11	邻/对甲基苯胺	106	5.23	5.00~6.50
12	间甲基苯胺	106	5.26	5.00~6.50
13	正十五烷（内标）	57	6.90	6.50~7.50
注：可根据各化合物实际的出峰保留时间更改选择离子扫描的起始和结束时间。				

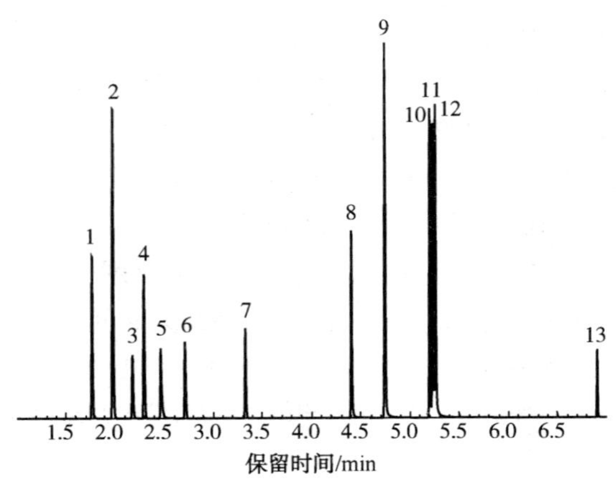

说明：峰序号见表3。

图3　6.1.10中序号为1的校正样品（一）选择离子扫描条件A的色谱图

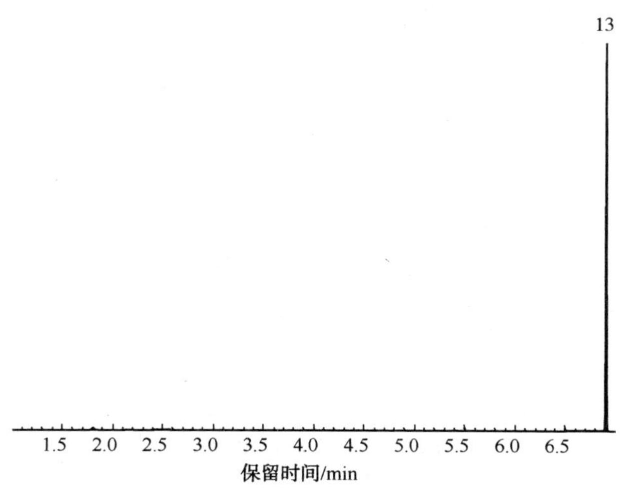

说明：峰序号见表3。

图4　6.1.11 中序号为1的校正样品（二）选择离子扫描条件A的色谱图

8.5　按照表1中的条件对6.1.11中序号为1的校正样品（二）进行分析，采用全扫描方式得到如图5的总离子流色谱图。检验各化合物的分离效果。如有必要，调整色谱柱升温程序或更换色谱柱使各化合物达到完全分离。确定各化合物峰的保留时间，见表4。

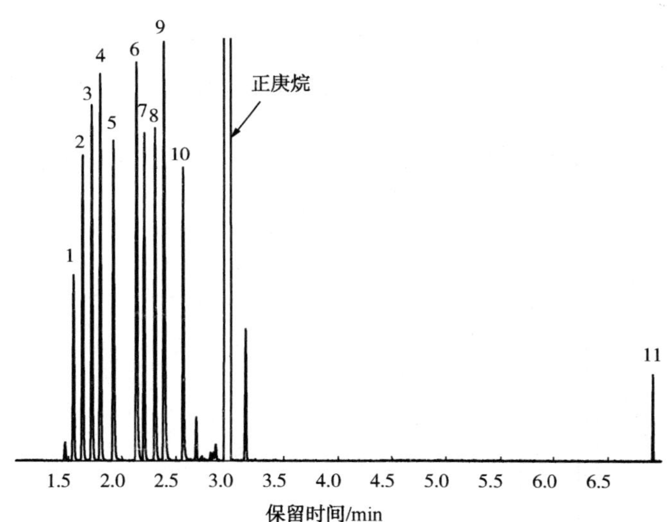

说明：峰序号见表4。

图5　6.1.11 中序号为1的校正样品（二）总离子流色谱图

表4　扫描条件B测定化合物名称及定量离子

峰序号	化合物	定量离子	保留时间/min	扫描定量离子起始至结束时间/min
1	甲醇	31	1.55	1.50～1.60
2	乙醇	45	1.63	1.60～1.70
3	异丙醇	45	1.71	1.70～1.75

表 4　扫描条件 B 测定化合物名称及定量离子（续）

4	叔丁醇	59	1.79	1.75~1.85
5	丙醇	59	1.91	1.85~1.96
6	2-丁醇	59	2.13	2.10~2.15
7	乙酸乙酯	70	2.20	2.18~2.25
8	异丁醇	74	2.30	2.25~2.35
9	叔戊醇	73	2.38	2.35~2.45
10	丁醇	56	2.56	2.45~2.60
11	正十五烷（内标）	57	6.90	6.50~7.50
注：可根据各化合物实际的出峰保留时间更改选择离子检测的起始和结束时间。				

8.6　按表 4 中各化合物的保留时间和定量离子，确定各化合物选择离子扫描的起始和结束时间，设置选择离子扫描条件 B，对 6.1.11 中序号为 1 的校正样品（二）采用选择离子扫描条件 B 进行气相色谱-质谱分析，得到如图 6 的选择离子色谱图。选择离子色谱图中所检测出化合物个数应为 11 个。如有缺失，则调整所缺失化合物的选择离子扫描的起始和结束时间。

注：选择离子检测扫描条件 B 用于选择性检测甲醇、乙醇、异丙醇、叔丁醇、丙醇、2-丁醇、乙酸乙酯、异丁醇、叔戊醇、丁醇等化合物。

8.7　用选择离子扫描条件 B 对 6.1.10 中序号为 1 的校正样品（一）进行分析，得到如图 7 的选择离子色谱图。确保除内标峰外，没有其他明显的峰出现，如有其他明显的峰出现，则调整相应峰对应的扫描离子起始和结束时间。

注：保证选择离子扫描条件 B 除可选择性检测表 4 中的含氧化合物外，无法检测表 3 中含氧和含氮的化合物。

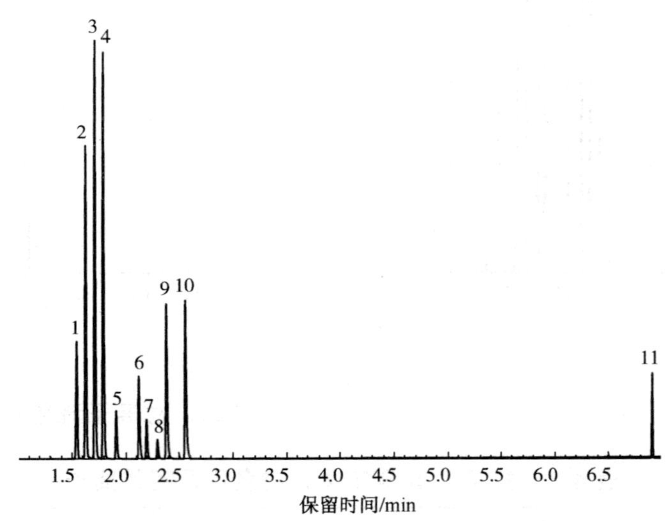

说明：峰序号见表 4。

图 6　6.1.11 中序号为 1 的校正样品（二）选择离子扫描条件 B 的色谱图

9　校正

9.1　按 8.3 条确定的选择离子扫描条件 A 分析 6.1.10 中每一个校正样品，测得二甲氧基甲烷、甲基叔丁基醚、碳酸二甲酯、乙基叔丁基醚、乙二醇二甲醚、甲基叔戊基醚、乙酸仲丁酯、丙二酸二甲酯、苯胺、*N*-甲基苯胺、邻甲基苯胺、间甲基苯胺和内标峰的峰面积，按照式（1）和式（2）计

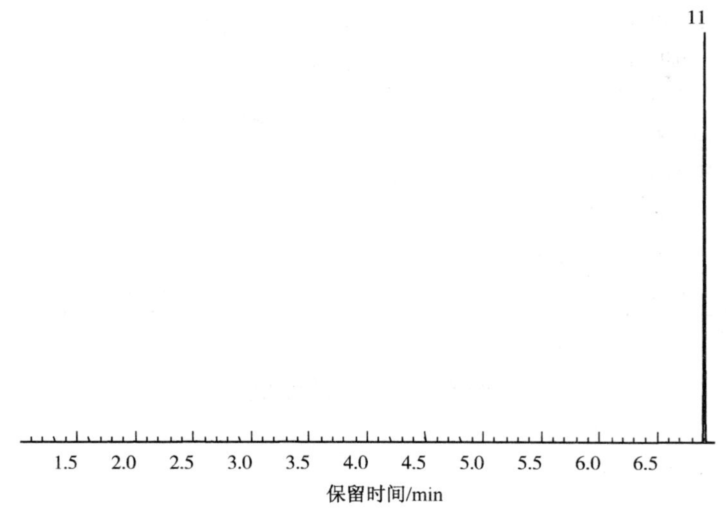

说明：峰序号见表4。

图7　6.1.10中序号为1的校正样品（一）选择离子扫描条件B的色谱图

算每一个校正样品中每一个组分的响应比（X_i）和质量比（Y_i）。

9.2　按8.6条确定的选择离子扫描条件B分析6.1.11中每一个校正样品，测得甲醇、乙醇、异丙醇、叔丁醇、丙醇、2-丁醇、乙酸乙酯、异丁醇、叔戊醇、丁醇和内标峰的峰面积，按照式（1）和式（2）计算每一个校正样品中每一个组分的响应比（X_i）和质量比（Y_i）。

9.3　以X_i为横坐标，Y_i为纵坐标，根据最小二乘法作出每个待测组分的定量校正曲线，示例见图8，组分的校正曲线可以按照式（3）表示。为保证定量的准确性，定量校正曲线的相关系数的平方（R^2）不应小于0.995。

$$X_i = \frac{A_i}{A_s} \quad (1)$$

式中：

A_i——待测组分（化合物i）的峰面积；

A_s——内标物的峰面积。

$$Y_i = \frac{M_i}{M_s} \quad (2)$$

式中：

M_i——待测组分（化合物i）的质量，单位为克（g）；

M_s——内标物的质量，单位为克（g）。

$$Y_i = a_i \times X_i + b_i \quad (3)$$

式中：

a_i——待测化合物i线性方程的斜率；

b_i——待测化合物i线性方程的截距。

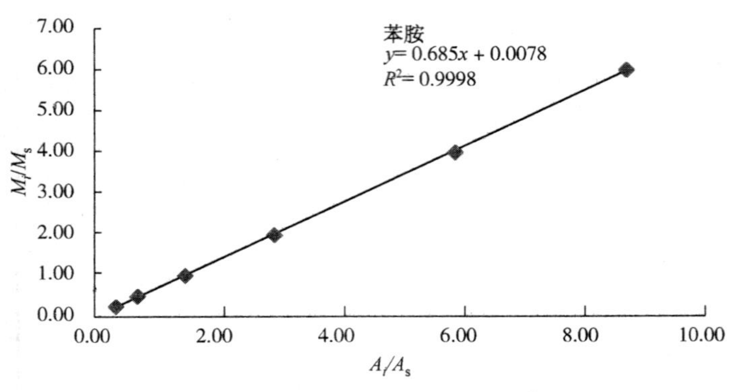

图 8　校正曲线示例

10　试验步骤

10.1　固相萃取分离步骤

10.1.1　取一支固相萃取柱，用移液枪或移液管准确吸取 500μL 试样滴入固相萃取柱中的上部筛板上并被完全吸附。

10.1.2　依次用 5mL 正庚烷与二氯甲烷体积比为 8∶2 的混合溶液和 1mL 丙酮冲洗固定相，待丙酮溶液刚刚完全进入到固相萃取柱中的上部筛板后，舍弃此烃类化合物洗脱液。洗脱速度约为 5mL/min。

10.1.3　在固相萃取柱的样品出口下端放置一个 25mL 锥形瓶，用 5mL 丙酮冲洗固定相，洗脱出所吸附的含氧和含氮化合物组分，含氧和含氮化合物组分洗脱液收集于此 25mL 锥形瓶中。洗脱速度约为 5mL/min。

注：可在固相萃取柱上部的适配器上连接一个注射器加压，以控制溶剂流出速度。

10.1.4　用移液枪准确吸取 100μL 内标物溶液加入到接收有含氧和含氮化合物组分洗脱液的 25mL 锥形瓶中，摇匀。

注：此含氧和含氮化合物组分洗脱液若不及时进行气相色谱-质谱分析，则应密封并在 0℃～5℃下保存。

10.2　气相色谱-质谱分析

10.2.1　气相色谱-质谱仪的准备：分析试样前需按分析步骤将仪器空运行一次，以除去气相色谱仪内的残留物质。

10.2.2　将 10.1.4 已加入内标物的含氧和含氮化合物组分的洗脱液进行气相色谱-质谱分析，采用全扫描方式进行定性分析，分别采用选择离子扫描条件 A 和条件 B 进行定量分析。如仪器功能许可，建议同时采用全扫描和选择离子检测方式进行气相色谱-质谱分析。

10.2.2.1　定性分析：按照表 1 中的操作参数对 10.1.4 已加入内标物的含氧和含氮化合物组分洗脱液进行气相色谱-质谱分析，采用全扫描方式进行定性分析，若含氧和含氮化合物组分的洗脱液的总离子流色谱图中色谱峰保留时间和 6.1.10 中序号为 1 的校正样品（一）总离子流色谱图（见图 2）或 6.1.11 中序号为 1 的校正样品（二）总离子流色谱图（见图 5）中色谱峰的保留时间重叠，且质谱图与附录 B 中相对应的质谱图匹配，则可判定样品中存在对应的待测化合物。更详细的定性分析说明见附录 B。

10.2.2.2　定量分析：分别按 8.3 条确定的选择离子扫描条件 A 和 8.6 条确定的选择离子扫描条件 B 对 10.1.4 已加入内标物的含氧和含氮化合物组分的洗脱液进行气相色谱-质谱分析，得到每个待测化合物的峰面积和内标峰面积。

注：在选择离子扫描条件 B 的选择离子色谱图中，会出现丙酮溶剂峰。如果待测样品中含有异丙醇，可能造成丙酮和异丙醇的色谱峰部分重叠，可采用垂线积分的方式获取异丙醇的峰面积。

11 质量控制检查

为了确认分析系统的可靠性，在仪器运行三个月或仪器进行维护和维修后，应分别对质量控制检查样品（一）和质量控制检查样品（二）进行分析，质量控制检查样品的分析步骤与汽油样品的分析步骤一致。测定各组分的含量应和参考值一致，如果测定结果超出参考值±（$R/\sqrt{2}$）范围（R 为 13.1.2 中再现性要求），则检查固相萃取柱的分离效率和仪器操作条件。

12 计算和报告

12.1 化合物的质量浓度计算：对谱峰定性后，由选择离子扫描条件 A 和选择离子扫描条件 B 分析得到的选择离子色谱图确定待测化合物的峰面积和内标峰面积，根据由式（3）求出的待测化合物的方程斜率和截距，按式（4）计算试样中每个待测化合物的质量浓度（C_i），单位为 g/L。

$$C_i = \left(a_i \times \frac{A_i}{A_s} + b_i\right) \times \left(N \times \frac{V_1}{V_2}\right) \quad \cdots\cdots (4)$$

式中：

a_i——待测化合物 i 线性方程的斜率；

A_i——待测化合物 i 的峰面积；

A_s——内标物的峰面积；

b_i——待测化合物 i 线性方程的截距；

N——内标物质量浓度，单位为克每升（g/L）；

V_1——内标物加入体积；单位为微升（μL）；

V_2——待测试样体积，单位为微升（μL）。

12.2 化合物的体积分数计算：如有需求，可按式（5）计算试样中每个待测化合物的体积分数 V_i（%）。

$$V_i = \frac{C_i}{10 \times d_i} \quad \cdots\cdots (5)$$

式中：

C_i——由式（4）计算的每个含氧和含氮化合物的质量浓度，单位为克每升（g/L）；

d_i——由表 5 中查得的每个含氧化合物的密度，单位为克每毫升（g/mL）。

表 5 含氧和含氮化合物的相关物理常数

化合物	化学式	相对分子质量	氧含量（质量分数）/%	密度/（g/mL）[a]
二甲氧基甲烷	$C_3H_8O_2$	60.10	26.62	0.8560
甲基叔丁基醚	$C_5H_{12}O$	88.15	18.15	0.7406
碳酸二甲酯	$C_3H_6O_3$	90.08	53.28	1.0690
乙基叔丁基醚	$C_6H_{14}O$	102.18	15.66	0.7399
乙二醇二甲醚	$C_4H_{10}O_2$	90.12	35.51	0.8670
甲基叔戊基醚	$C_6H_{14}O$	102.18	15.66	0.7707
乙酸仲丁酯	$C_6H_{12}O_2$	116.16	27.55	0.8700

表 5 含氧和含氮化合物的相关物理常数（续）

化合物	化学式	相对分子质量	氧含量（质量分数）/%	密度/（g/mL）[a]
丙二酸二甲酯	$C_5H_8O_4$	132.11	48.44	1.1560
甲醇	CH_4O	32.04	49.93	0.7918
乙醇	C_2H_6O	46.07	34.73	0.7894
异丙醇	C_3H_8O	60.10	26.62	0.7855
叔丁醇	$C_4H_{10}O$	74.12	21.58	0.7866
丙醇	C_3H_8O	60.10	26.62	0.8038
2-丁醇	$C_4H_{10}O$	74.12	21.58	0.8069
乙酸乙酯	$C_4H_8O_2$	88.11	36.32	0.9020
异丁醇	$C_4H_{10}O$	74.12	21.58	0.8016
叔戊醇	$C_5H_{12}O$	88.15	18.15	0.8090
丁醇	$C_4H_{10}O$	74.12	21.58	0.8097
苯胺	C_6H_7N	93.14	0	1.0217
N-甲基苯胺	C_7H_9N	107.15	0	0.9891
邻/对甲基苯胺	C_7H_9N	107.15	0	0.9984
间甲基苯胺	C_7H_9N	107.15	0	0.9990
[a]在 20℃下的密度。				

12.3 化合物的质量分数计算：如有需求，可按式（6）计算试样中每个待测化合物的质量分数 W_i（%）。

$$W_i = \frac{C_i}{10 \times d} \qquad (6)$$

式中：

C_i——由式（4）计算的每个含氧和含氮化合物的质量浓度，单位为克每升（g/L）；

d——所测汽油试样的密度（按 SH/T 0604 测定），单位为克每毫升（g/mL）。

12.4 氧的质量分数计算：如有需求，可按式（7）计算所测汽油试样中含氧化合物的总氧含量 W_{tot}（%）。

$$W_{tot} = \sum (W_i \times N_i)/100 \qquad (7)$$

式中：

W_i——由式（6）计算的每个含氧化合物的质量分数，%；

N_i——由表 5 查得的每个含氧化合物的氧含量，%。

12.5 报告试样中待测化合物的质量浓度，结果精确到 0.01g/L。如有需求，可报告待测化合物的体积分数、质量分数以及所测汽油试样中含氧化合物总氧的质量分数，结果精确到 0.01%。

13 精密度和偏差

13.1 本标准确定含氧和含氮化合物测定的精密度是在 8 个实验室，对 26 个汽油中含氮和含氧化合物含量范围为 0.2g/L～130g/L 的样品进行协作试验得到的；协作试验结果均按照 GB/T 6683 方法进行统计分析和计算。按下述规定判断试验结果的可靠性（95%置信水平）。

13.1.1 重复性：由同一操作者用相同仪器，对同一样品重复测定的两个结果之差不应大于表 6 中规定的重复性数值。

13.1.2 再现性：不同实验室的不同操作者，用不同仪器，对同一样品各自测定的两个单一、独立结果之差不应大于表 6 中规定的再现性数值。

13.2 偏差：由于没有用于确定偏差的参考物质，因此该方法的偏差无法确定。

表 6 方法精密度

组分	含量范围/（g/L）	重复性（r）	再现性（R）
二甲氧基甲烷	0.2～130	$0.118X^{0.870}$	$0.289X^{0.922}$
甲基叔丁基醚	0.2～130	$0.134X^{0.837}$	$0.288X^{0.944}$
碳酸二甲酯	0.2～130	$0.111X^{0.909}$	$0.310X^{0.919}$
乙基叔丁基醚	0.2～130	$0.144X^{0.885}$	$0.329X^{0.844}$
乙二醇二甲醚	0.2～130	$0.118X^{0.928}$	$0.281X^{0.886}$
甲基叔戊基醚	0.2～130	$0.138X^{0.790}$	$0.323X^{0.805}$
乙酸仲丁酯	0.2～130	$0.118X^{0.944}$	$0.258X^{0.899}$
丙二酸二甲酯	0.2～130	$0.096X^{0.881}$	$0.261X^{0.857}$
苯胺	0.2～130	$0.111X^{0.788}$	$0.258X^{0.837}$
N-甲基苯胺	0.2～130	$0.080X^{0.905}$	$0.232X^{0.845}$
邻/对甲基苯胺	0.2～130	$0.075X^{0.893}$	$0.196X^{0.817}$
间甲基苯胺	0.2～130	$0.111X^{0.804}$	$0.299X^{0.699}$
甲醇	0.2～130	$0.156X^{0.886}$	$0.340X^{0.861}$
乙醇	0.2～130	$0.117X^{0.900}$	$0.319X^{0.903}$
异丙醇	0.2～130	$0.106X^{0.876}$	$0.233X^{0.895}$
叔丁醇	0.2～130	$0.079X^{1.013}$	$0.222X^{0.882}$
丙醇	0.2～130	$0.105X^{0.887}$	$0.239X^{0.889}$
2-丁醇	0.2～130	$0.055X^{1.080}$	$0.221X^{0.934}$
乙酸乙酯	0.2～130	$0.077X^{0.900}$	$0.219X^{0.997}$
异丁醇	0.2～130	$0.062X^{0.997}$	$0.225X^{0.919}$
叔戊醇	0.2～130	$0.062X^{1.000}$	$0.199X^{0.940}$
丁醇	0.2～130	$0.078X^{0.982}$	$0.233X^{0.925}$
注：X 为两个结果的平均含量，单位为克每升（g/L）。			

附　录　A
(规范性附录)
固相萃取柱分离效率的评价过程及标准

A.1　目的

此附录描述了用于此标准方法的固相萃取柱（5.1.1）分离效率的评价过程及评价标准。提供了评价样品的配制、分析、计算过程及分离效率评价标准。

A.2　分离效率评价样品的配制

在25mL或50mL容量瓶中，按照表A.1各组分的浓度配制分离效率评价样品，用正庚烷定容。

表A.1　分离效率评价样品

样品编号	乙基叔丁基醚含量/（g/L）	苯胺含量/（g/L）	二甲苯含量（体积分数）/%
1	130		40
2		100	40

A.3　分析过程

A.3.1　1号样品分析过程

A.3.1.1　样品分离：取一支固相萃取柱，用移液枪准确吸取500μL表A.1中的1号样品滴入固相萃取柱中的上部筛板上并被完全吸附。在固相萃取柱的样品出口下端放置一个25mL锥形瓶，依次用5mL正庚烷与二氯甲烷体积比为8：2的混合溶液和1mL丙酮冲洗固定相，洗脱出其中吸附的烃类化合物组分，洗脱速度约为5mL/min，烃类化合物组分洗脱液收集于此25mL锥形瓶中。在固相萃取柱的样品出口下端放置另一个25mL锥形瓶，用5mL丙酮冲洗固定相，洗脱出所吸附的乙基叔丁基醚组分，洗脱速度约为5mL/min，乙基叔丁基醚洗脱液收集于此25mL锥形瓶中。用移液枪分别准确吸取100μL内标物溶液加入到接收有烃类化合物组分和乙基叔丁基醚组分洗脱液的25mL锥形瓶中，摇匀。

A.3.1.2　气相色谱-质谱分析：按照表1中的条件，采用表A.2中各化合物定量离子及选择离子检测的起始和结束时间设定选择离子检测方法，分别对A.3.1.1的烃类化合物组分和乙基叔丁基醚组分洗脱液进行分析，得到如图A.2的选择离子色谱图。

表A.2　测定化合物名称及选择离子

序号	化合物	定量离子	保留时间/min	选择离子扫描起始~结束时间/min~min
1	乙基叔丁基醚	87	2.30	2.25~2.40
2	二甲苯	106	4.11、4.12、4.32	4.00~4.50
3	C_{15}（内标）	57	6.90	6.50~7.50
注：可根据各组分的保留时间更改选择离子检测的起始和结束时间。				

A. 3. 2 2 号样品分析过程

A. 3. 2. 1 样品分离：取一支固相萃取柱，用移液枪准确吸取 500μL 表 A. 1 中的 2 号样品滴入固相萃取柱中的上部筛板上并被完全吸附。依次用 5mL 正庚烷与二氯甲烷体积比为 8∶2 的混合溶液和 1mL 丙酮冲洗固定相，洗脱出其中吸附的烃类化合物，舍弃此洗脱液。在固相萃取柱的样品出口下端放置一个 25mL 锥形瓶，用 5mL 丙酮冲洗固定相，洗脱液收集于此 25mL 锥形瓶中，命名为第一个 5mL 丙酮洗脱液。在固相萃取柱的样品出口下端放置另一个 25mL 锥形瓶，再用 5mL 丙酮冲洗固定相，洗脱液收集于此 25mL 锥形瓶中，命名为第二个 5mL 丙酮洗脱液。用移液枪分别准确吸取 100μL 内标物溶液加入到第一个和第二个 5mL 丙酮洗脱液中，摇匀。

A. 3. 2. 2 气相色谱-质谱分析：按 8. 3 条确定的选择离子扫描方法 A 分别对 A. 3. 2. 1 的第一个和第二个 5mL 丙酮洗脱液进行分析，得到如图 A. 1 的选择离子色谱图。

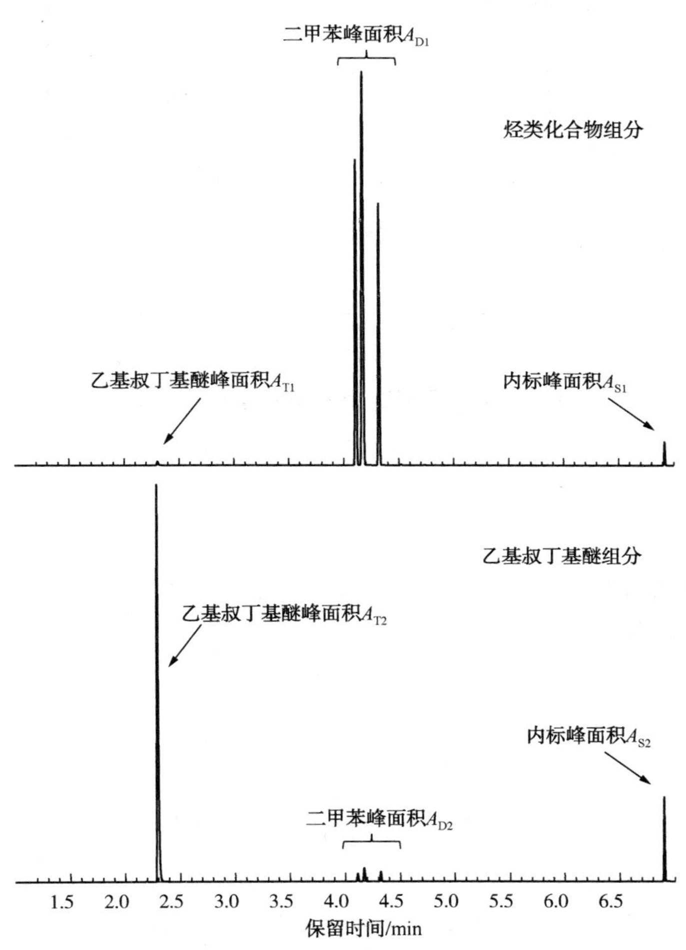

图 A. 1 烃类化合物组分和乙基叔丁基醚组分选择离子色谱图

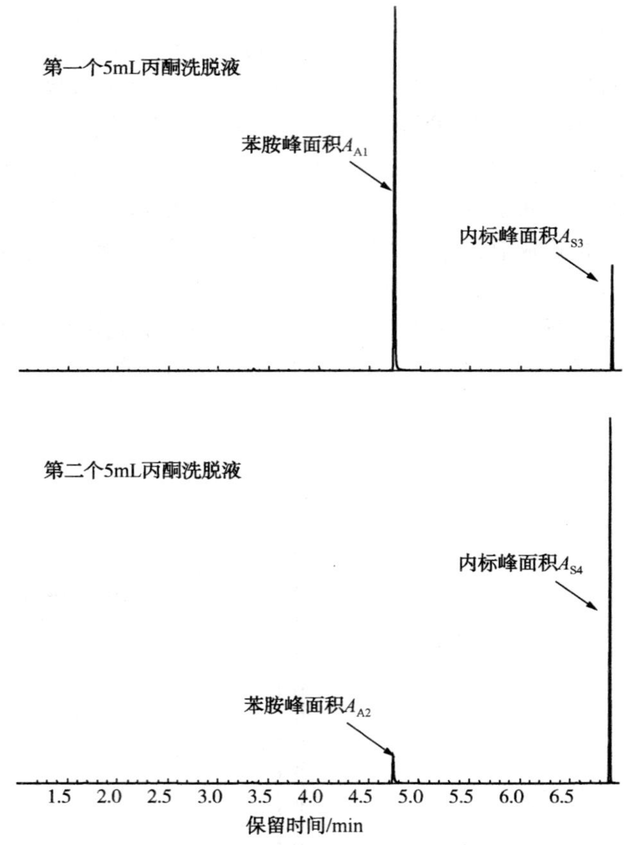

图 A.2 丙酮洗脱液选择离子色谱图

A.4 计算

A.4.1 二甲苯和乙基叔丁基醚在乙基叔丁基醚组分洗脱液中的分布计算：按式（A.1）计算二甲苯在乙基叔丁基醚组分洗脱液中的分布（B_1），按式（A.2）计算乙基叔丁基醚在乙基叔丁基醚组分洗脱液中的分布（B_2）。

$$B_1 = \frac{A_{D2}/A_{S2}}{A_{D2}/A_{S2} + A_{D1}/A_{S1}} \times 100 \quad \cdots\cdots (A.1)$$

$$B_2 = \frac{A_{T2}/A_{S2}}{A_{T2}/A_{S2} + A_{T1}/A_{S1}} \times 100 \quad \cdots\cdots (A.2)$$

式中：

A_{D1}——烃类化合物组分洗脱液选择离子色谱图中二甲苯峰面积；

A_{T1}——烃类化合物组分洗脱液选择离子色谱图中乙基叔丁基醚峰面积；

A_{S1}——烃类化合物组分洗脱液选择离子色谱图中内标峰面积；

A_{D2}——乙基叔丁基醚组分洗脱液选择离子色谱图中二甲苯峰面积；

A_{T2}——乙基叔丁基醚组分洗脱液选择离子色谱图中乙基叔丁基醚峰面积；

A_{S2}——乙基叔丁基醚组分洗脱液选择离子色谱图中内标峰面积。

A.4.2 苯胺在第一个 5mL 丙酮洗脱液中的分布计算：按式（A.3）计算苯胺在第一个 5mL 丙酮洗脱液中的分布（B_3）。

$$B_3 = \frac{A_{A1}/A_{S3}}{A_{A1}/A_{S3} + A_{A2}/A_{S4}} \times 100 \quad \cdots\cdots\cdots\cdots (A.3)$$

式中：

A_{A1}——第一个 5mL 丙酮洗脱液选择离子色谱图中苯胺峰面积；

A_{S3}——第一个 5mL 丙酮洗脱液选择离子色谱图中内标峰面积；

A_{A2}——第二个 5mL 丙酮洗脱液选择离子色谱图中苯胺峰面积；

A_{S4}——第二个 5mL 丙酮洗脱液选择离子色谱图中内标峰面积。

A.5 分离效率评价标准

固相萃取柱评价标准见表 A.3。

表 A.3 分离效率评价标准

项目	分离效率评价标准	分离效率评价目的
B_1	不大于 0.5%	烃类和含氧和含氮化合物的分离效率
B_2	大于 96.0%	烃类和含氧和含氮化合物的分离效率
B_3	大于 98.0%	含氧和含氮化合物的回收率

附 录 B
(资料性附录)
化合物定性分析及典型含氧和含氮化合物质谱图

B.1 定性分析步骤

将待测汽油试样按 10.1 条和 10.2.2 进行分析，得到含氧和含氮化合物组分的总离子流色谱图（见图 B.1）、选择离子扫描条件 A 的选择离子色谱图（见图 B.2）和选择离子扫描条件 B 的选择离子色谱图（见图 B.3）。表 B.1 为每个含氧和含氮化合物的保留时间及定性离子。

注： 图 B.1、图 B.2 和图 B.3 为含有二甲氧基甲烷、乙二醇二甲醚、甲基叔丁基醚、乙基叔丁基醚、甲基叔戊基醚、乙酸乙酯、碳酸二甲酯、乙酸仲丁酯、丙二酸二甲酯、苯胺、*N*-甲基苯胺、邻甲基苯胺、间甲基苯胺、对甲基苯胺、甲醇、乙醇、异丙醇、丙醇、2-丁醇、异丁醇、叔丁醇、丁醇、叔戊醇组分，每个化合物含量约为 10g/L 的汽油样品的含氧和含氮化合物组分的谱图。

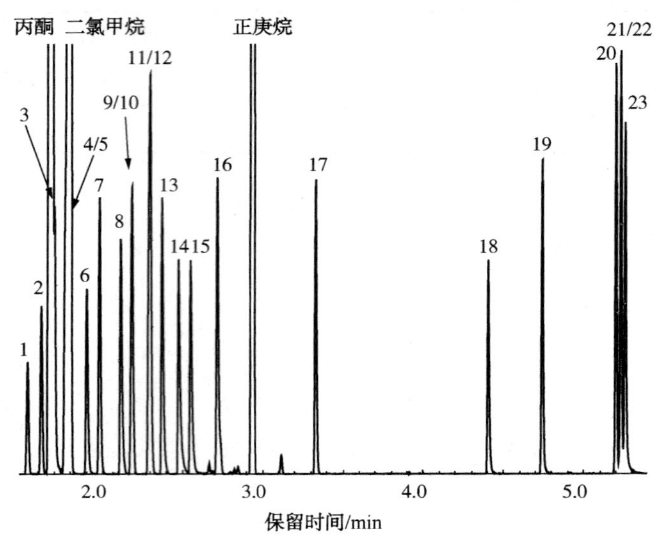

说明：峰序号见表 B.1。

图 B.1 含氧和含氮化合物组分总离子流色谱图

B.1.1 定性的原则

确定化合物的存在需同时满足以下两个条件：(1) 含氧和含氮化合物组分的洗脱液的总离子流色谱图或者选择离子色谱图中色谱峰保留时间和相同色谱条件下校正样品（一）和校正样品（二）的色谱峰的保留时间重叠；(2) 质谱图与 B.2 中相对应的质谱图匹配或质谱图包含表 B.1 中对应化合物的定性离子。

例如，图 B.1 中 19 号峰的保留时间为 4.74min，与图 2 中 9 号峰（苯胺峰）的保留时间重叠，而且 19 号峰的质谱图（图 B.4）与 B.2 中苯胺的质谱图（图 B.19）相匹配，包含 m/z=66 和 93 定性离子，则判定样品中存在苯胺。通过相同的原则来对其他含氧和含氮化合物进行定性分析。

表 B.1 含氧和含氮化合物的保留时间及定性离子

序 号	化合物	保留时间/min	定性离子
1	甲醇	1.55	31
2	乙醇	1.63	31、45

表 B.1 含氧和含氮化合物的保留时间及定性离子（续）

序号	化合物	保留时间/min	定性离子
3	异丙醇	1.71	45、59
4	二甲氧基甲烷	1.77	45、75
5	叔丁醇	1.79	31、59
6	丙醇	1.91	31、59
7	甲基叔丁基醚	1.98	57、73
8	2-丁醇	2.13	45、59、73
9	碳酸二甲酯	2.18	45、59、90
10	乙酸乙酯	2.20	43、70
11	异丁醇	2.30	31、43、74
12	乙基叔丁基醚	2.30	59、87
13	叔戊醇	2.38	31、59、73
14	乙二醇二甲醚	2.47	45、60、90
15	丁醇	2.56	31、56、73
16	甲基叔戊基醚	2.71	73、87
17	乙酸仲丁酯	3.30	43、87、101
18	丙二酸二甲酯	4.40	59、74、101
19	苯胺	4.74	66、93
20	*N*-甲基苯胺	5.20	77、106、107
21	邻甲基苯胺	5.23	77、106、107
22	对甲基苯胺	5.23	77、106、107
23	间甲基苯胺	5.26	77、106、107
注：仪器条件可能造成各化合物保留时间存在差异。			

B.1.2 重叠峰的定性

采用非极性毛细管色谱柱对含氧和含氮化合物组分的洗脱液进行气相色谱-质谱分析时，二甲氧基甲烷和叔丁醇、碳酸二甲酯和乙酸乙酯、异丁醇和乙基叔丁基醚、邻甲基苯胺和对甲基苯胺这四对化合物如果各自间同时存在，每对化合物可能会产生峰重叠，在这种情况下，采用以下方式来进行定性分析。

B.1.2.1 碳酸二甲酯和乙酸乙酯重叠峰的定性

查看图 B.1 中保留时间为 2.18min 色谱峰前部半峰高处和后部半峰高处的质谱图，确定此色谱峰的纯度。如果两个质谱图中的主要离子峰和分布基本一致，则说明此色谱峰只包含一个化合物，与附录 B 中相对应的质谱图匹配，则可确定样品中存在碳酸二甲酯还是乙酸乙酯。如果两个质谱图（见图 B.5 和图 B.6）中的主要离子峰和分布存在差别，并且主要离子分别包含表 B.1 中碳酸二甲酯和乙酸乙酯的定性离子，则判断为碳酸二甲酯和乙酸乙酯同时存在。

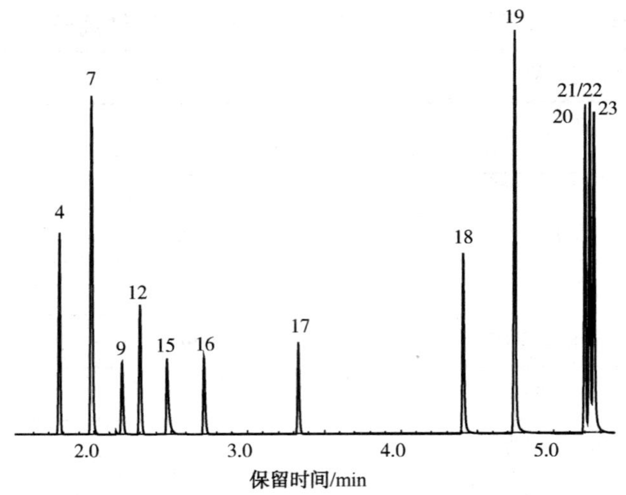

说明：峰序号见表 B.1。

图 B.2　含氧和含氮化合物组分用选择离子扫描条件 A 的色谱图

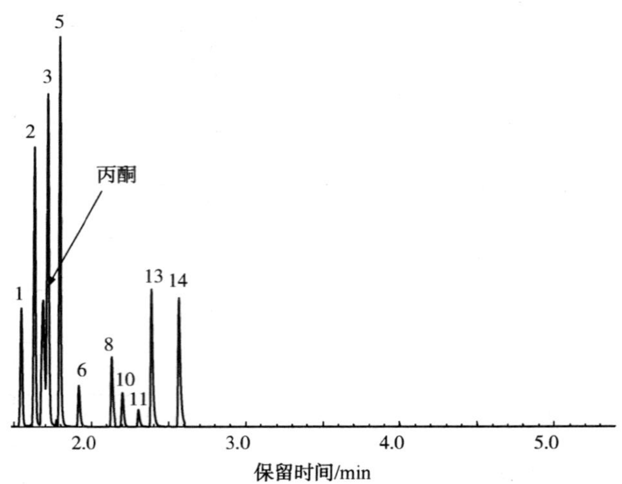

说明：峰序号见表 B.1。

图 B.3　含氧和含氮化合物组分用选择离子扫描条件 B 的色谱图

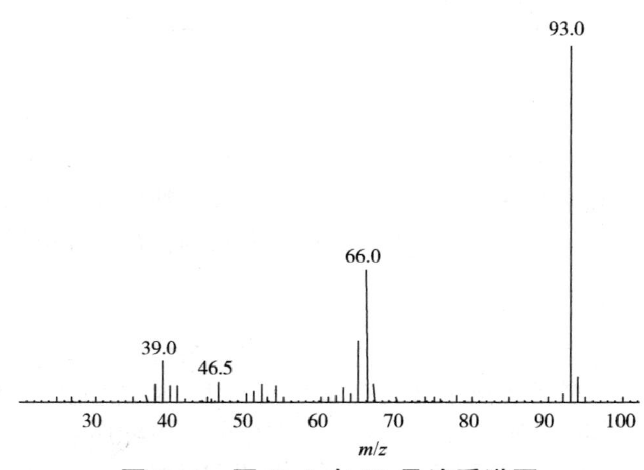

图 B.4　图 B.1 中 19 号峰质谱图

B.1.2.2　异丁醇和乙基叔丁基醚重叠峰的定性

按B.1.2.1的方法，对图B.1中保留时间为2.30min色谱峰进行分析来判断碳酸二甲酯和/或乙酸乙酯存在。图B.7和图B.8分别为图B.1中保留时间为2.30min色谱峰前部半峰高处和后部半峰高处的质谱图。

B.1.2.3　二甲氧基甲烷和叔丁醇重叠峰的定性

二甲氧基甲烷和叔丁醇峰重叠，又和二氯甲烷溶剂峰重叠，对于此现象，采用选择离子扫描结合与化合物定性离子匹配的方式进行定性分析。如在含氧和含氮化合物组分用选择离子扫描条件A的选择离子色谱图（见图B.2）和用选择离子扫描条件B的选择离子色谱图中在保留时间1.77min附近均有峰出现，而且，在总离子流色谱图相应保留时间的质谱图（见图B.9和图B.10）中包含表B.1中二甲氧基甲烷和叔丁醇峰的定性离子，则说明所检测的汽油样品中同时含有二甲氧基甲烷和叔丁醇。

B.1.2.4　邻甲基苯胺和对甲基苯胺重叠峰的定性

对于邻甲基苯胺和对甲基苯胺，由于属于同分异构体，出峰保留时间和特征峰相同，因此无法用特征峰的差异进行区分，在该方法中对邻甲基苯胺和对甲基苯胺不予区分。

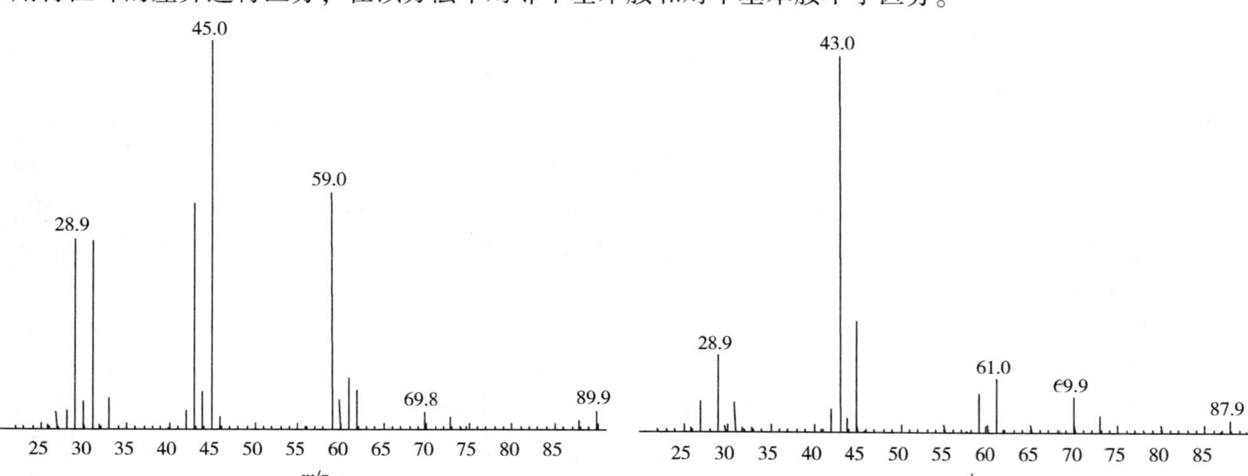

图B.5　图B.1中保留时间为2.17min色谱峰前部半峰高处的质谱图

图B.6　图B.1中保留时间为2.17min色谱峰后部半峰高处的质谱图

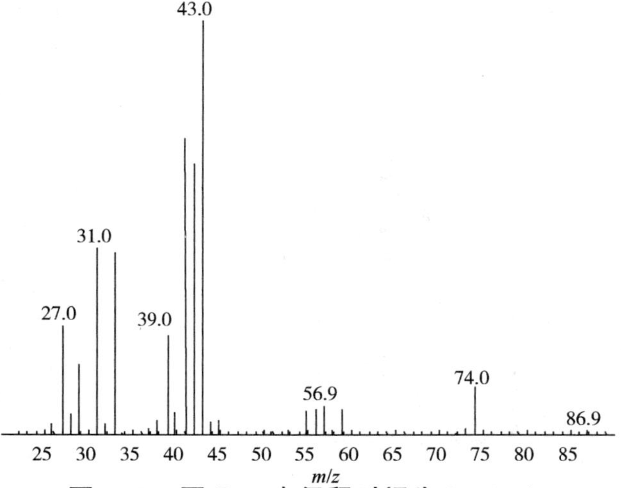

图B.7　图B.1中保留时间为2.30min色谱峰前部半峰高处的质谱图

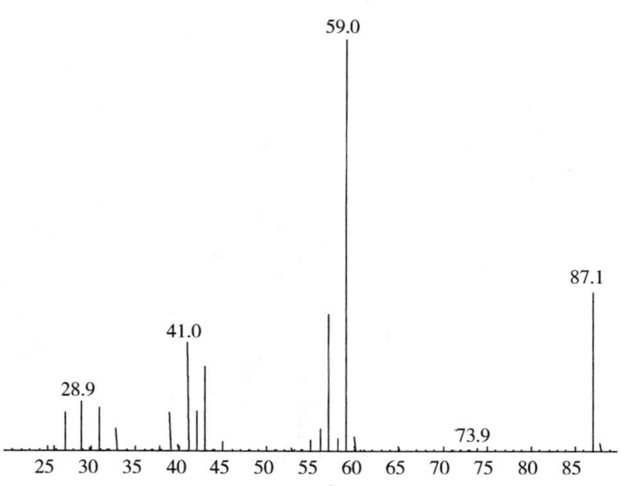

图B.8　图B.1中保留时间为2.30min色谱峰后部半峰高处的质谱图

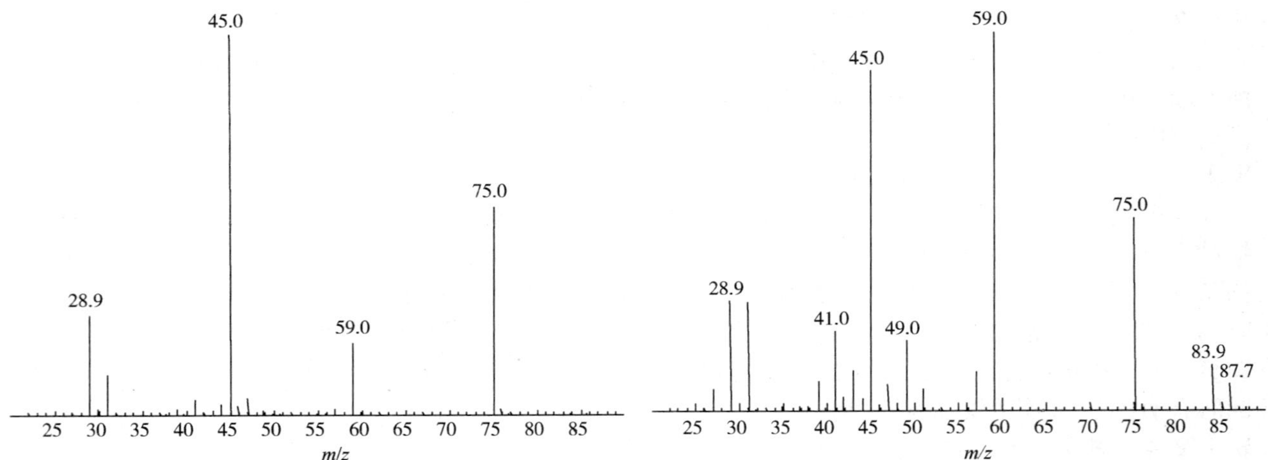

图 B.9 图 B.1 中保留时间为 1.771min 处的质谱图

图 B.10 图 B.1 中保留时间为 1.773min 处的质谱图

B.1.3 其他含氧和含氮添加物的识别

本标准除可识别二甲氧基甲烷（又名甲缩醛）、乙二醇二甲醚、甲基叔丁基醚、乙基叔丁基醚、甲基叔戊基醚、乙酸乙酯、碳酸二甲酯、乙酸仲丁酯、丙二酸二甲酯、苯胺、*N*-甲基苯胺、邻甲基苯胺、间甲基苯胺、对甲基苯胺、甲醇、乙醇、异丙醇、丙醇、2-丁醇、异丁醇、叔丁醇、丁醇、叔戊醇等含氧和含氮添加物外，具有识别其他含氧和含氮添加物的能力，也可采用内标选择离子方式进行定量分析，但没有给出精密度数据。

汽油试样含有二甲氧基甲烷、乙二醇二甲醚、甲基叔丁基醚、乙基叔丁基醚、甲基叔戊基醚、乙酸乙酯、碳酸二甲酯、乙酸仲丁酯、丙二酸二甲酯、苯胺、*N*-甲基苯胺、邻甲基苯胺、对甲基苯胺、甲醇、乙醇、异丙醇、丙醇、2-丁醇、异丁醇、叔丁醇、丁醇、叔戊醇、乙酸异丁酯、碳酸二乙酯、丙二酸二乙酯、3，5-二甲基苯胺、2，4-二甲基苯胺和二异丁胺等组分，按 10.1 条和 10.2.2 条进行分析，得到含氧和含氮化合物组分的总离子流色谱图（见图 B.11）。按 B.1.1 条定性的原则，也可对乙酸异丁酯、碳酸二乙酯、丙二酸二乙酯、3，5-二甲基苯胺、2，4-二甲基苯胺和二异丁胺等含氮和含氧化合物进行定性分析，表 B.2 为这些含氧和含氮化合物的保留时间及定性离子，相对应的质谱图列于 B.2 中。

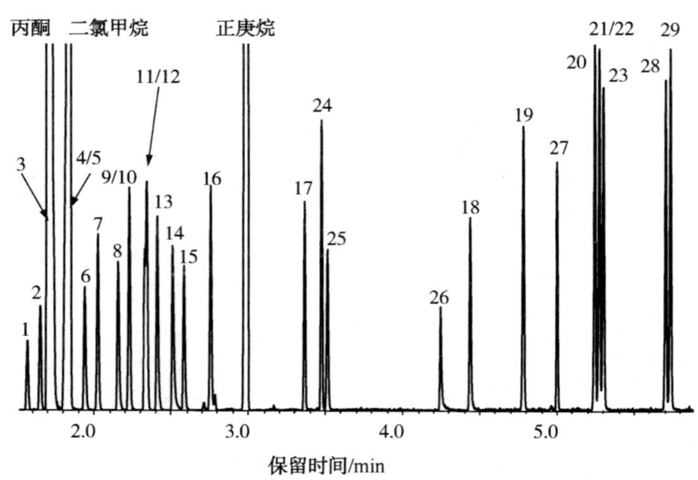

说明：峰序号见表 B.1 和表 B.2。

图 B.11 含氧和含氮化合物组分总离子流色谱图

表 B.2 其他含氧和含氮化合物的保留时间及定性离子

序号	化合物	保留时间	定性离子
24	乙酸异丁酯	2.48	56、73
25	碳酸二乙酯	2.52	45、63、91
26	二异丁胺	4.25	57、86、129
27	丙二酸二乙酯	5.00	60、88、115、133
28	2，4-二甲基苯胺	5.70	106、120、121
29	3，5-二甲基苯胺	5.74	106、120、121
注：仪器条件可能造成各化合物保留时间存在差异。			

B.2 典型含氧和含氮添加物质谱图

本标准可检测的含氧和含氮化合物的质谱图列于图 B.12~图 B.39。

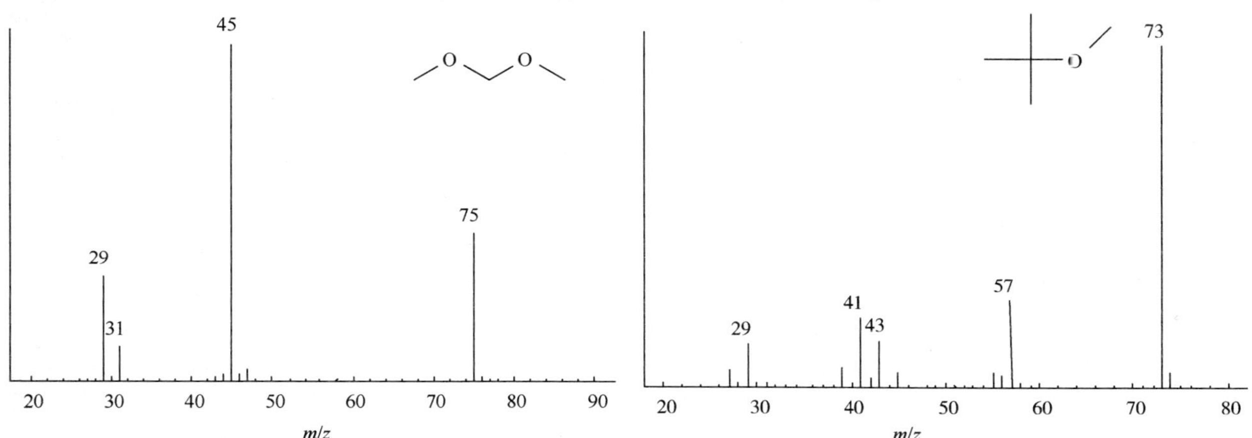

图 B.12 二甲氧基甲烷质谱图

图 B.13 乙基叔丁基醚质谱图

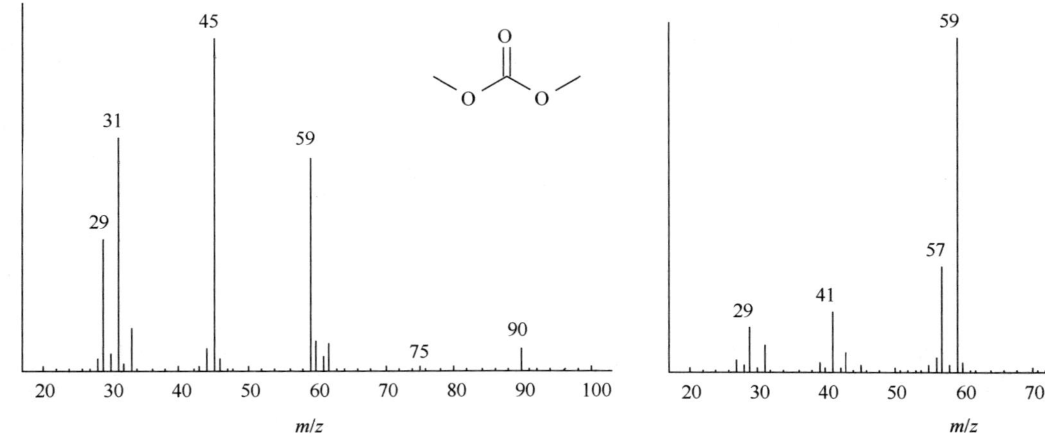

图 B.14 碳酸二甲酯质谱图

图 B.15 甲基叔丁基醚质谱图

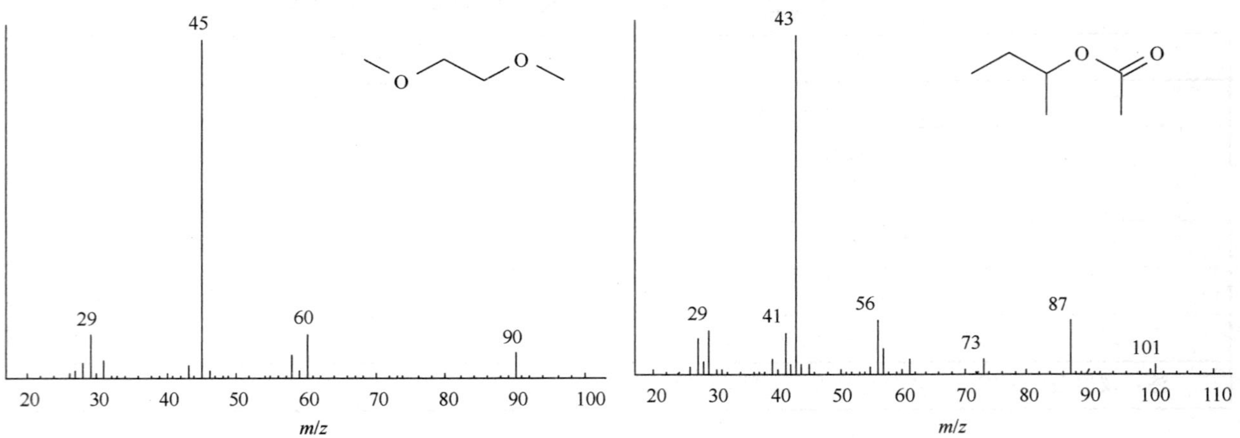

图 B.16　乙二醇二甲醚质谱图

图 B.17　乙酸仲丁酯质谱图

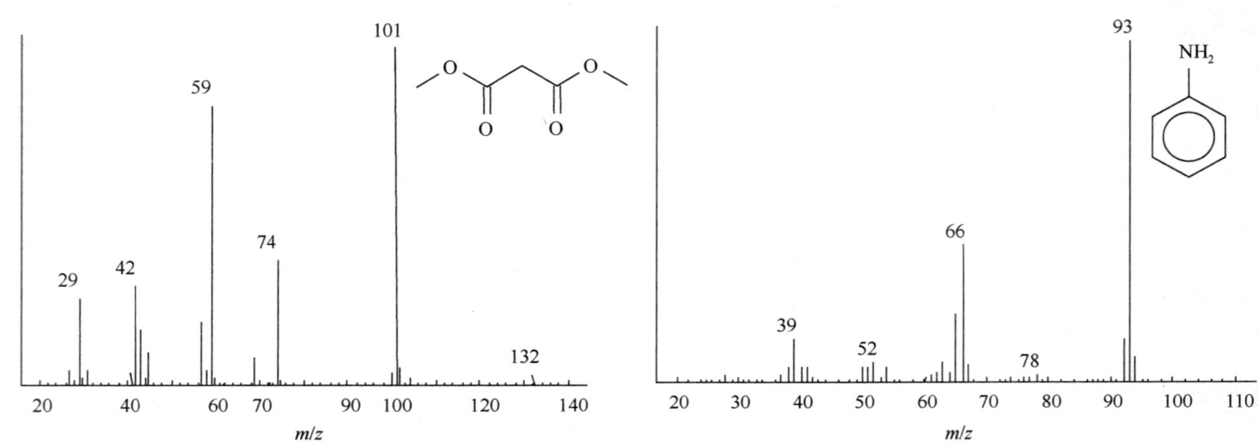

图 B.18　丙二酸二甲酯质谱图

图 B.19　苯胺质谱图

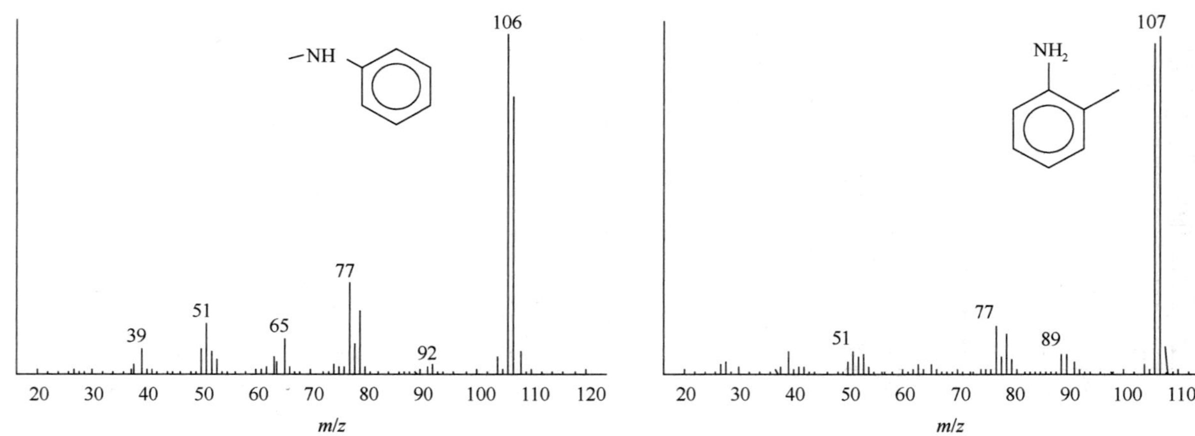

图 B.20　*N*-甲基苯胺质谱图

图 B.21　邻甲基苯胺质谱图

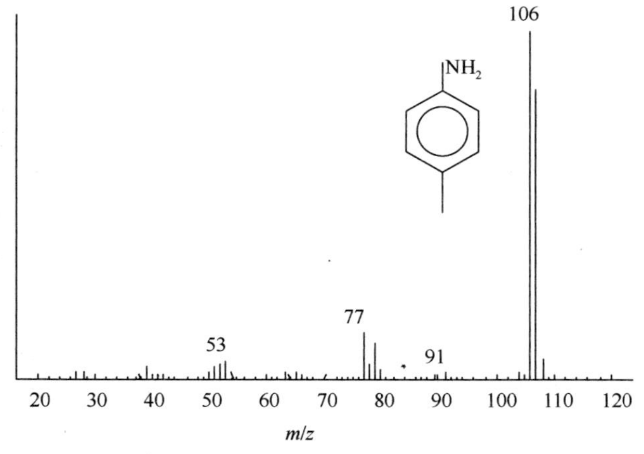

图 B.22 对甲基苯胺质谱图

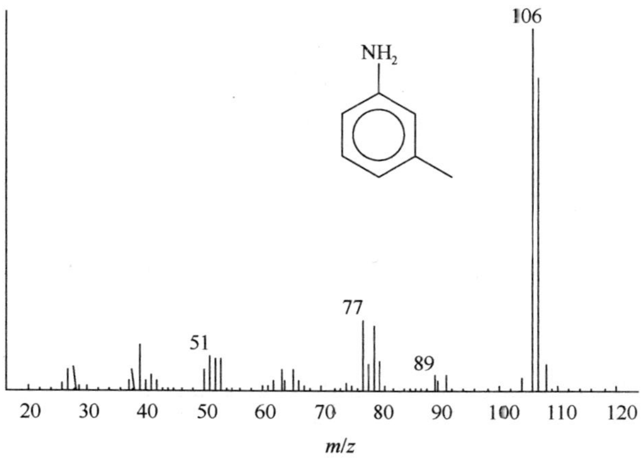

图 B.23 间甲基苯胺质谱图

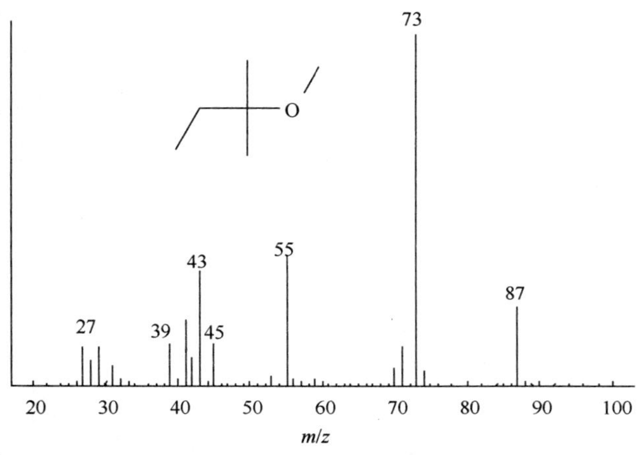

图 B.24 甲基叔戊基醚质谱图

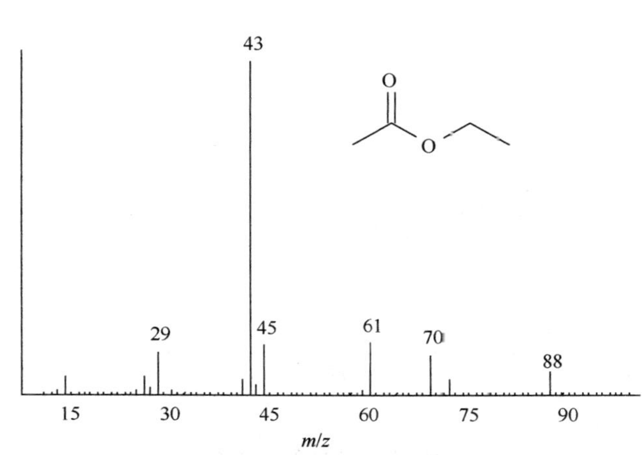

图 B.25 乙酸乙酯质谱图

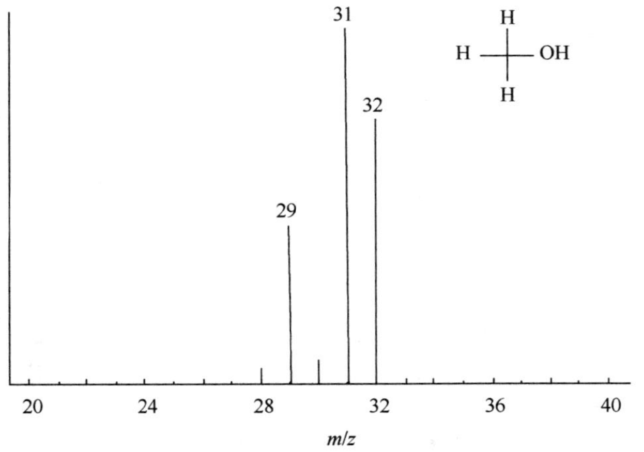

图 B.26 甲醇质谱图

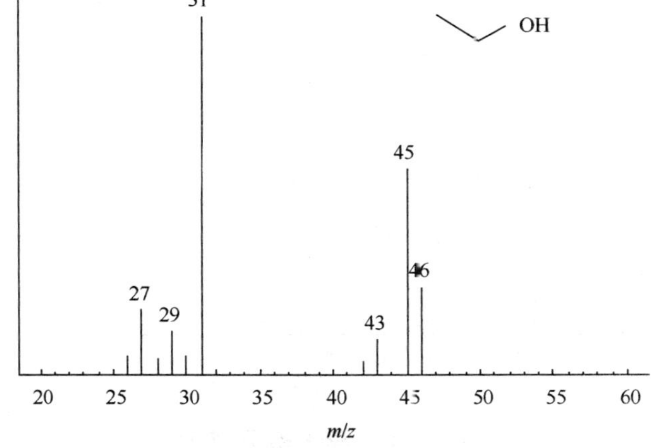

图 B.27 乙醇质谱图

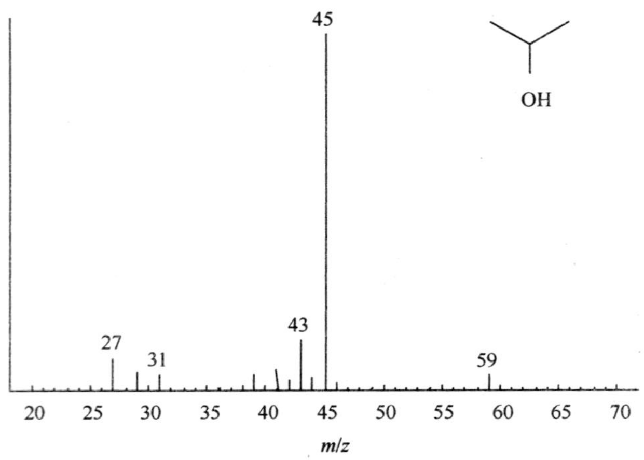

图 B.28 异丙醇质谱图

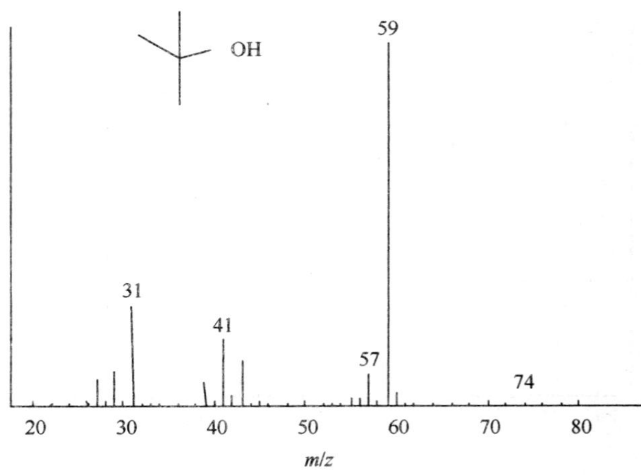

图 B.29 叔丁醇质谱图

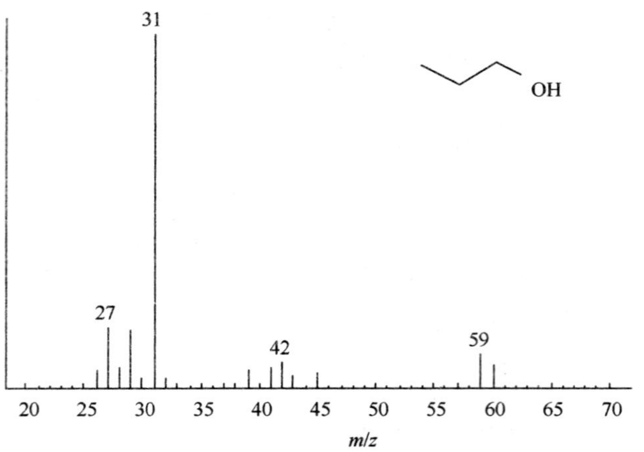

图 B.30 丙醇质谱图

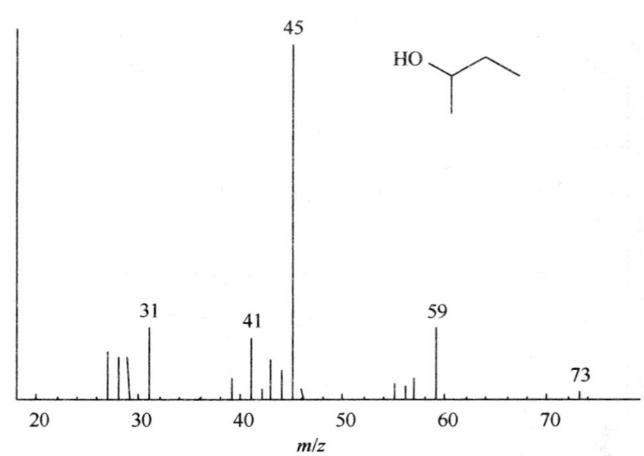

图 B.31 2-丁醇质谱图

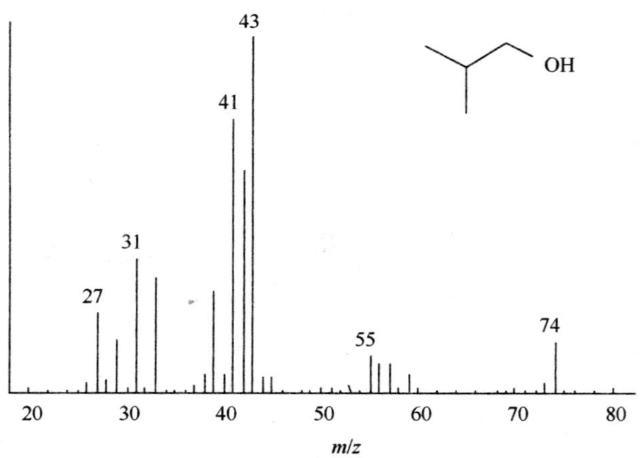

图 B.32 异丁醇质谱图

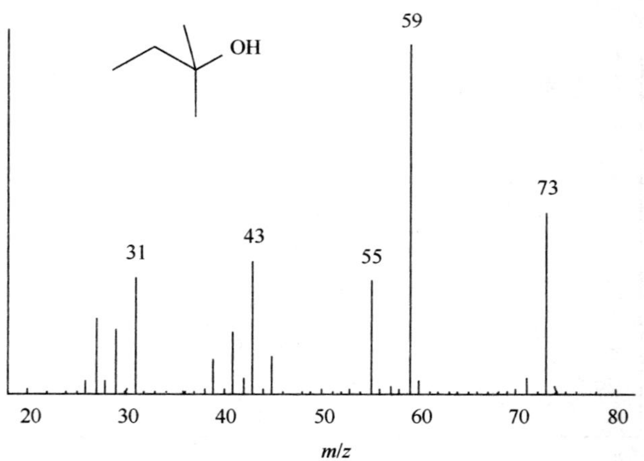

图 B.33 叔戊醇质谱图

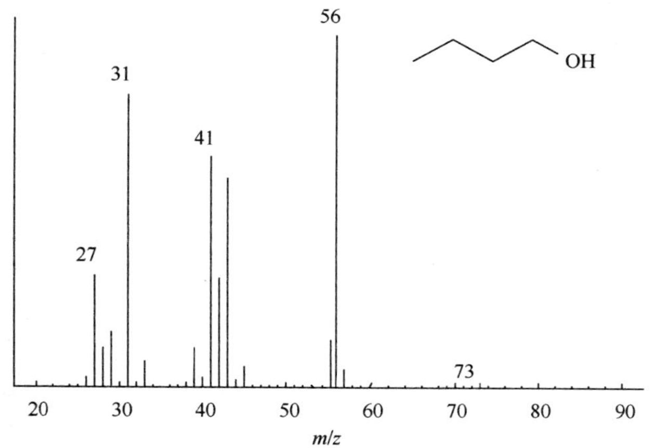

图 B.34　丁醇质谱图

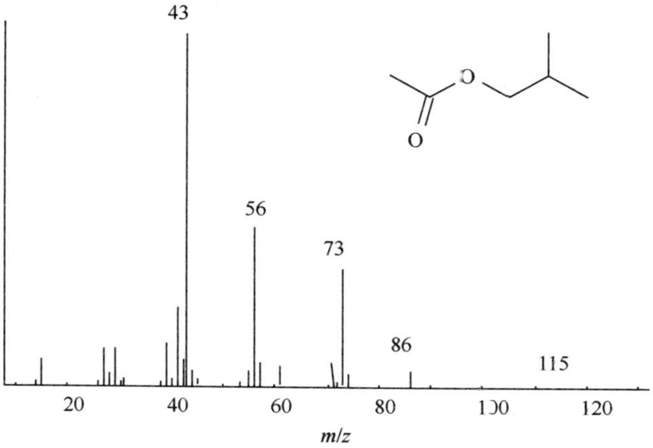

图 B.35　乙酸异丁酯质谱图

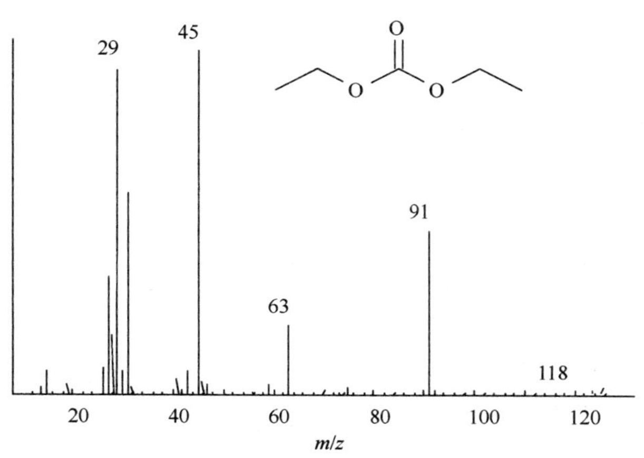

图 B.36　碳酸二乙酯质谱图

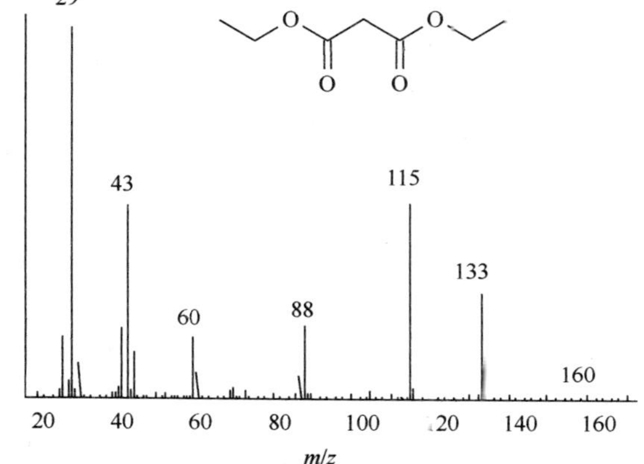

图 B.37　丙二酸二乙酯质谱图

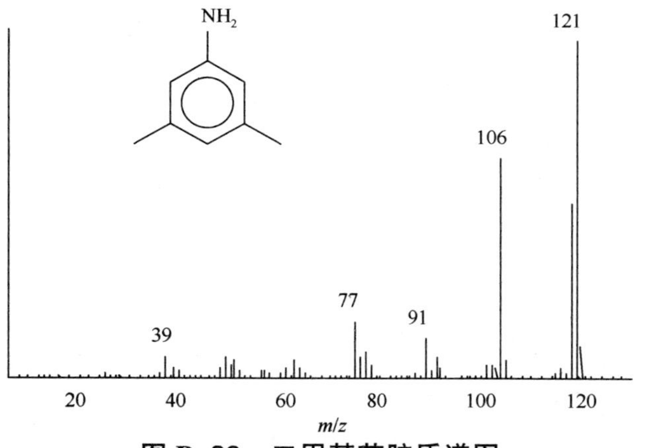

图 B.38　二甲基苯胺质谱图

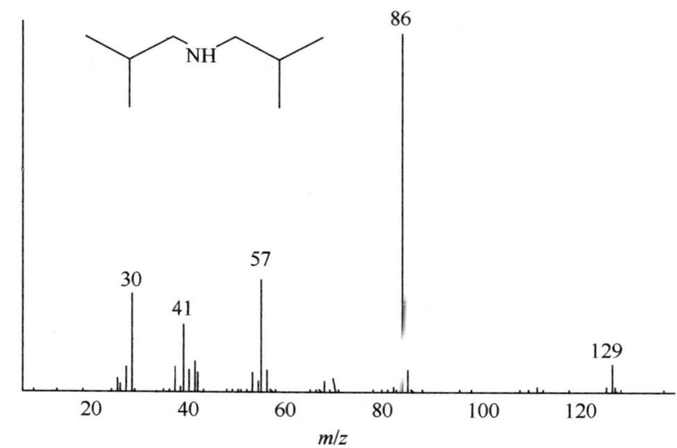

图 B.39　二异丁胺质谱图

参 考 文 献

[1] GB/T 6683 石油产品试验方法精密度数据确定法

ICS 75.080
E 30

SH

中华人民共和国石油化工行业标准

NB/SH/T 0995—2019

液体石蜡、白油溴指数的测定 电位滴定法

Standard test method for determination of bromine index for liquid paraffin, white oil by potentiometric titration

2019-11-04 发布　　2020-05-01 实施

国家能源局　发布

前　言

本标准按照 GB/T 1.1—2009 给出的规则起草。

本标准由中国石油化工集团有限公司提出。

本标准由全国石油产品和润滑剂标准化技术委员会石油蜡类产品分技术委员会（SAC/TC280/SC3）归口。

本标准负责起草单位：中国石油化工股份有限公司大连石油化工研究院、中国石油天然气股份有限公司抚顺石化分公司。

本标准参与单位：中国石油化工股份有限公司抚顺石油化工研究院、中国石油天然气股份有限公司锦西石化分公司、沈阳石蜡化工有限公司。

本标准主要起草人：王诗语、张雁玲、凌凤香、雒亚东、尚延华、陈浩、魏颖、连毓琪、崔玉冲。

本标准为首次发布。

液体石蜡、白油溴指数的测定　电位滴定法

警示：使用本标准的人员应有正规实验室工作的实践经验。本标准的使用可能涉及某些有危险的材料、设备和操作，本标准并未指出所有可能的安全问题。使用者有责任采取适当的安全和健康措施，并保证符合国家有关法规规定的条件。

1　范围

1.1　本标准规定了用电位滴定法测定液体石蜡、白油及其他石油产品中溴指数的试验方法。

1.2　本标准适用于液体石蜡及白油，溴指数测定范围 5mg/100g~1000mg/100g。

注：其他石油产品可参考此标准。

2　规范性引用文件

下列文件对于本文件的应用是必不可少的。凡是注日期的引用文件，仅注日期的版本适用于本文件。凡是不注日期的引用文件，其最新版本（包括所有的修改单）适用于本文件。

GB/T 601　化学试剂 标准滴定溶液的准备

GB/T 4756　石油液体手工取样法

GB/T 6682　分析实验室用水规格和试验方法

GB/T 6683　石油产品试验方法精密度数据确定法

GB/T 27867　石油液体管线自动取样法

NB/SH/T 0843　石化行业分析测试系统的评价统计技术法

3　定义

溴指数　bromine index

在规定条件下，与 100 g 试样反应所消耗的溴的质量，以 mg/100g 表示。

4　方法概要

将样品溶解在滴定溶剂中，在室温下用溴化钾-溴酸钾标准溶液进行电位滴定，由电位滴定仪记录滴定终点，通过记录达到滴定终点所消耗的滴定溶液体积计算溴指数。

5　仪器设备

5.1　天平：精度 0.1 mg。

5.2　烧杯：150 mL。

5.3　量筒：10 mL，20 mL，100 mL。

5.4　容量瓶：100 mL，1000 mL。

5.5　碘量瓶：500 mL。

5.6 移液管：20 mL，50 mL。

5.7 碱式滴定管：25 mL，50 mL。

5.8 电位滴定仪：任何具有高阻极化电流源的可完成滴定至预设终点的仪器均可使用，仪器两个铂电极间电压能维持在0.8 V左右，灵敏度满足50 mV左右电位变化时电极可指示出滴定终点。

5.9 电极：一个双铂电极或由一个玻璃参比电极、一个铂指示电极组成的电极对。

5.10 烘箱：可控温度120℃±1℃。

6 试剂与材料

6.1 试剂纯度：本标准除另有规定外，试验过程中所使用试剂的纯度均为分析纯。

6.2 水：符合GB/T 6682中三级水的要求。

6.3 环己烯，色谱纯。

6.4 甲苯。

6.5 二氯甲烷。

6.6 冰乙酸。

6.7 浓盐酸。

6.8 无水乙醇。

6.9 重铬酸钾：基准物，120℃烘箱中干燥2h。

6.10 硫酸溶液（1∶4）：将1体积浓硫酸倒入4体积的水中，冷却、摇匀。

6.11 硫酸溶液（1∶5）：将1体积浓硫酸倒入5体积的水中，冷却、摇匀。

警告：硫酸有毒，强腐蚀性，强氧化性，需在通风橱内操作，勿溅到眼睛、皮肤及衣服。

6.12 碘化钾溶液（150 g/L）：在80 mL水中溶解15 g±0.01 g碘化钾于100 mL容量瓶中，用水稀释到刻度，摇匀。

6.13 淀粉溶液（10 g/L）：将1 g水溶性淀粉与3mL~5 mL水混合，将此糊状物加到100 mL煮沸的水中，继续煮沸10min并冷却回流，之后冷却至室温，将上层澄清溶液转移到磨口瓶中，并密封保存。

6.14 溴值标准样品：根据需要称取一定量的环己烯，用甲苯稀释配制不同浓度的溴值标准样品，置于可密封容器于冰箱中保存，溴值计算公式见式（1）。或者购买市售的溴值标样。

$$\text{标样溴值} = \frac{194.6 \times m_1}{m_2} \qquad (1)$$

式中：

m_1——环己烯质量，单位为克（g）；

m_2——环己烯质量+甲苯质量，单位为克（g）；

194.6——转换系数，100g标样中所含的溴的质量（g）的转换系数，由159.808（Br_2的相对分子质量）除以82.14（环己烯的相对分子质量），再乘以100（由g/g转化为g/100g的系数）所得。

6.15 溴指数标样：根据需要称取一定量的溴值标准样品，用甲苯稀释配制不同浓度的溴指数标准样品，置于可密封容器于冰箱中保存，溴指数计算公式见式（2）。或者购买市售的溴指数标样。

$$\text{标样溴指数} = \frac{1000 \times \text{标样溴值} \times m_3}{m_4} \qquad (2)$$

式中：

m_3——溴值标样质量，单位为克（g）；

m_4——溴值标样质量+甲苯质量，单位为克（g）；

1000——标样中所含的溴的质量（由g转换成mg）的转换系数。

6.16 硫代硫酸钠标准溶液（0.1000 mol/L）：称取 25 g 硫代硫酸钠（$Na_2S_2O_3 \cdot 5H_2O$）溶解于水中，再加入 0.1g 无水碳酸钠（Na_2CO_3），稀释至 1000mL，缓缓煮沸 10min，冷却。放置两周后用 4 号耐酸碱漏斗过滤。

标定方法：称取 0.18g 经 120℃±2℃ 干燥至恒重的基准试剂重铬酸钾置于碘量瓶中，溶于 25mL 水，加 2g 碘化钾及 20mL 硫酸溶液（体积比为 1∶5），摇匀，放于暗处 10min，加 150mL 水，用配制的硫代硫酸钠溶液进行滴定，临近终点时加 1mL 淀粉指示剂，继续滴定至溶液由蓝色变为亮绿色，同时做空白试验。按式（3）计算硫代硫酸钠标准溶液浓度。或者购买市售的硫代硫酸钠标准溶液。

$$c_{Na_2S_2O_3} = \frac{20.395m_5}{V_{Na_2S_2O_3} - V_0} \quad (3)$$

式中：

m_5——重铬酸钾的质量，单位为克（g）；

$V_{Na_2S_2O_3}$——滴定重铬酸钾溶液所消耗的 0.1mol/L 硫代硫酸钠标准溶液的体积，单位为毫升（mL）；

V_0——空白试验消耗硫代硫酸钠标准溶液体积，单位为毫升（mL）；

20.395——每毫升硫代硫酸钠标准溶液消耗的重铬酸钾的质量（g）换算到摩尔浓度的换算系数，即 1000（L 到 mL 的换算系数）乘以 6（氧化还原滴定中重铬酸钾的电子转移个数）再除以 294.19（重铬酸钾的摩尔质量）所得。

6.17 溴化钾-溴酸钾标准溶液（Br_2 含量为 0.01250 mol/L）：将溴化钾和溴酸钾在 105℃±5℃ 条件下烘干 30min，然后称取约 0.70g 溴酸钾和 2.55g 溴化钾（精确到 0.01g）于烧杯中，加水溶解后转移至 1000mL 容量瓶中，用水定容至刻线，摇匀。

标定方法：取 50mL 冰乙酸和 1mL 浓盐酸至 500mL 碘量瓶中，在冰浴上放置 10min。然后，不断摇动瓶子并用 50mL 滴定管以每秒 1～2 滴的速度准确加入 50mL 溴化钾-溴酸钾溶液，立即盖上瓶塞并剧烈摇动，再放入冰浴。在瓶口处用量筒加 5mL 碘化钾溶液作液封，5min 后，从冰浴上取下碘量瓶，慢慢打开瓶塞，让碘化钾流入瓶中，立即剧烈摇瓶。用 100mL 水冲洗瓶塞、瓶边缘和瓶壁。然后迅速用 0.1mol/L 硫代硫酸钠溶液进行滴定，当溶液变为淡黄色时即接近终点，加入 1mL 淀粉指示剂，滴定至溶液蓝色消失。按式（4）计算溴化钾-溴酸钾溶液的摩尔浓度：

$$c_1 = \frac{V_1 c_{Na_2S_2O_3}}{2V_2} \quad (4)$$

式中：

c_1——溴化钾-溴酸钾溶液浓度，单位为摩尔每升（mol/L）；

V_1——消耗的硫代硫酸钠体积，单位为毫升（mL）；

$c_{Na_2S_2O_3}$——硫代硫酸钠溶液的浓度，单位为摩尔每升（mol/L）；

V_2——加入的溴化钾-溴酸钾溶液的体积，单位为毫升（mL）；

2——每毫升溴化钾-溴酸钾标准溶液消耗的硫代硫酸钠标准溶液的换算系数。

6.18 滴定溶剂：按顺序将 714mL 冰乙酸、134mL 二氯甲烷、134mL 乙醇、18mL 硫酸溶液（体积比为 1∶5）混合均匀。

7 实验步骤

7.1 打开电位滴定仪（5.8），使仪器趋于稳定。按照仪器说明书设置滴定参数。

7.2 取适量溴化钾-溴酸钾标准溶液（6.17）于电位滴定仪的滴定瓶中。

7.3 按照 GB/T 4756 或 GB/T 27867 规定的方法取样。参照表 1 称取适量的试样于 150mL 清洁、干燥的烧杯中，精确至 0.01g，用量筒加入 100mL 滴定溶剂（6.18）。

表 1　溴指数测定试样取样量

溴指数/（mg/100g）	取样量/g
1～10	20～40
10～100	10～20
100～500	1
500～800	0.5
注：通常试样的溴指数是未知的，先取 5g 试样进行滴定，粗略测出样品的溴指数后，再根据表 1 准确选择取样量重新进行分析，以得到一个准确的分析结果。	

7.4　将装有样品及溴指数滴定溶剂的烧杯放置在滴定台上，放入搅拌棒，打开搅拌器。插入铂复合电极，调整搅拌速度，以不产生气泡为宜。调节电极位置，使铂片浸入到液面下 1cm 处。

7.5　按照仪器生产厂商的说明设置电位滴定仪的终点电位。记录消耗的溴化钾-溴酸钾标准滴定溶液的体积。

7.6　空白试验：每批滴定溶剂都需要进行空白测定，不加试样，按照 7.1～7.5 试验步骤进行测定，所消耗的溴化钾-溴酸钾标准滴定溶液应少于 0.1mL，否则更换试剂，重新进行空白试验。每次空白试验进行两次，取算术平均值作为结果。

8　计算

8.1　试样溴指数（mg/100g）BI 按式（5）计算：

$$BI = \frac{15980.8 \times (V - V_0) \times c_1}{m} \quad (5)$$

式中：

V——消耗的溴化钾-溴酸钾标准滴定溶液的体积，单位为毫升（mL）；

V_0——滴定空白溶剂消耗溴化钾-溴酸钾标准滴定溶液的体积，单位为毫升（mL）；

c_1——溴化钾-溴酸钾标准溶液浓度，单位为摩尔每升（mol/L）；

m——样品质量，单位为克（g）；

15980.8——根据溴（以 Br_2 计）的相对分子质量和由毫升（mL）转化为升（L）的系数，导出每 100g 试样所消耗溴的质量（mg）的换算系数。

9　报告

9.1　取重复测定两个结果的算术平均值，作为试样的测定结果。

9.2　溴指数小于 100mg/100g 时，结果取至 0.1mg/100g；溴指数不小于 100mg/100g 时，结果取整数。

10　质量控制

10.1　通过分析质量控制（QC）样品确认仪器性能和试验方法的运行情况。质量控制样品应是具有代表性的典型试剂。

10.2　在监控测量过程前，本标准的使用者需要确定质量控制的平均值和控制限（见 NB/SH/T 0843）。

10.3　记录 QC 结果，根据控制图或其他统计手段确定总的测试过程的统计控制状态（见 NB/SH/T 0843）。研究任何超出控制限的数据，找出超出原因。这个调查结果可能要求仪器进行重校准，但不是必要的。

10.4　QC 检测的频率取决于分析质量控制的临界点，测试过程的稳定性和客户的要求。通常，进行日常测试的试验当天应分析 QC 样品。当日常分析大量样品时，QC 分析的频率应该提高。当证明测试是在统计控制下时，QC 测试的频率可以降低。QC 样品检测的精密度应定期检查，与本标准的精密度比较。以确认数据质量（见 NB/SH/T 0843）。

10.5　如果可能，推荐采用有代表性的日常分析样为 QC 样品，要有充足的 QC 样品量，以满足一段时间的分析需求，QC 样品在当前的储存条件下应均匀和稳定。

10.6　有关 QC 和控制图的统计分析技术的详情参见 NB/SH/T 0843。

11　精密度

本方法精密度按 GB/T 6683 要求，按下述规定判定试验结果的可靠性（95%置信水平）。

11.1　重复性

在同一实验室，由同一操作者使用同一仪器设备，按相同的测试方式，并在短时间内对同一样品进行测试，所获得的溴指数两次重复测试结果之差不应大于式（6）的计算值。

$$r = 0.255X^{0.634} \tag{6}$$

式中：

X——两次试验结果的算术平均值，单位为毫克每一百克（mg/100g）。

11.2　再现性

在不同实验室，由不同操作者，使用不同的仪器设备，使用相同的方法，对同一样品测得的两个单一、独立试验结果之差溴指数不应大于式（7）的计算值。

$$R = 0.627X^{0.764} \tag{7}$$

式中：

X——两次试验结果的算术平均值，单位为毫克每一百克（mg/100g）。

表 2　典型溴指数浓度值对应的重复性和再现性值　　单位为 mg/100g

溴指数	重复性（r）	再现性（R）
10.0	1.1	3.6
50.0	3.0	12.4
100	5	21
200	7	36
400	11	61
800	18	103

11.3　偏差

目前还没有可用于本方法偏差的参照材料，故本标准未给出偏差。

ICS 75.100
E 40

SH

中华人民共和国石油化工行业标准

NB/SH/T 0996—2019

航空涡轮发动机润滑油相容性测定法

Test method for determining the compatibility of aircraft turbine lubricants

2019-11-04 发布 2020-05-01 实施

国家能源局 发布

前　　言

本标准按照 GB/T 1.1—2009 给出的规则起草。

本标准由中国石油化工集团有限公司提出。

本标准由全国石油产品和润滑剂标准化技术委员会合成油脂分技术委员会（SAC/TC280/SC5）归口。

本标准由中国石化润滑油有限公司合成油脂分公司负责起草。

本标准主要起草人：石国辉、杜云仙。

本标准为首次发布。

航空涡轮发动机润滑油相容性测定法

警告：本标准可能涉及某些危险性的材料、操作和设备，但是无意对与此有关的所有安全问题都提出建议，因此，使用者在应用本标准之前应建立适当的安全和防护措施，并确定相关规章限制的适用性。

1 范围

本标准规定了航空涡轮发动机润滑油相容性测定方法。

本标准适用于测定航空涡轮发动机润滑油与特定参考油的相容性。

2 规范性引用文件

下列标准对于本标准的应用是必不可少的。凡是注日期的引用文件，仅所注日期的版本适用于本文件。凡是不注日期的引用文件，其最新版本（包括所有的修改单）适用于本文件。

GB/T 6682—2008 分析实验室用水规格和试验方法

JJG 196—2006 常用玻璃量器

3 方法概要

用试验润滑油与符合相关标准要求的参考油，按规定比例配制成3种不同浓度的混合液。将混合液在规定温度下放置168h，然后将混合液以10min时间间隔离心分离，直到沉淀物的体积在连续3次的分离过程中保持不变为止。取平行测定的2支离心管沉淀物体积的平均值作为试样的相容性测定值。

4 仪器

4.1 烘箱：自然对流式，能维持105℃±1℃，具有容纳3只250mL三角瓶的容积。

4.2 三角瓶：250mL，具塞，3只。

4.3 离心管：锥形，100mL。尺寸如图所示，材质为退火玻璃，刻度要清晰明显，管口的形状适合于用聚氯乙烯薄膜包裹的软木塞塞紧。刻度的允许误差见表1。离心管的校准见本标准的附录A（参照JJG 196—2006相关技术内容编制）。

表1 相容性离心管刻度允许误差 单位：mL

范围	最小刻度分度	最大刻度误差
0~0.01	0.005	0.01时为0.001
0.01~0.05	0.01	0.005
0.05~0.15	0.05	0.01
0.15~0.30	0.05	0.02
0.30~0.50	0.05	0.03
0.50~50	无	1.0
50~100	无	1.0

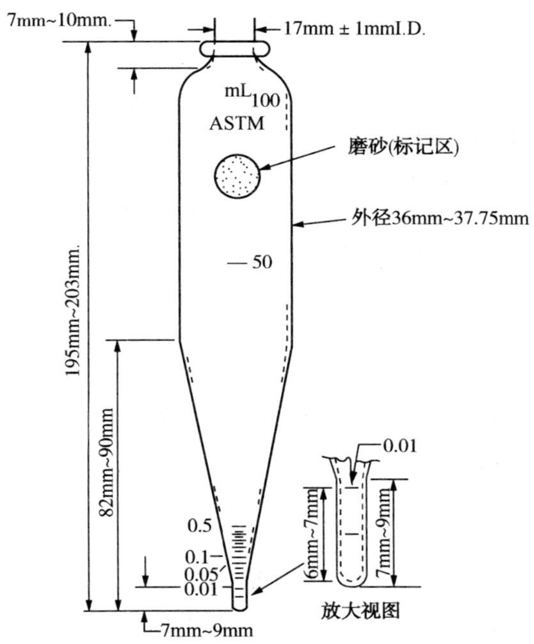

图 1　相容性离心管

4.4　离心机：能在控制速度下旋转 2 个或多个离心管，其速度应能使离心管的末端产生 600～700 的相对离心力，转速按式（1）计算。

$$rpm = 1337\sqrt{\frac{rcf}{d}} \quad \cdots\cdots (1)$$

式中：

rpm——离心机转速，r/min；

rcf——相对离心力；

d——在旋转状态时，2 个相对应的管底间的旋转直径，mm。

4.5　恒温水浴：至少能容纳 2 只离心管，温度能控制在 93℃±2℃。

4.6　量筒：2 只，量出式，标称容量 200mL。

5　试剂和材料

5.1　参考油：300mL，符合 GJB 1263A、GJB 135B、GJB 2377、MIL-PRF-23699 和 MIL-PRF-7808 标准的航空涡轮发动机润滑油。

5.2　石油醚：分析纯，60℃～90℃。

注：仲裁试验应使用化学纯的 1，1，1-三氯乙烷，1，1，1-三氯乙烷有毒，切勿吸入体内或与皮肤接触。

5.3　浓硫酸：化学纯，质量分数为 98%。

5.4　重铬酸钾：化学纯。

5.5　蒸馏水：符合 GB/T 6682—2008 中三级水的规定。

5.6　重铬酸钾洗液：建议按重铬酸钾（g）：水（mL）：浓硫酸（mL）= 1：2：18 配制。

6　试样

试验用航空涡轮发动机润滑油 300mL。

7 准备工作

7.1 将所需的三角瓶、量筒和离心管用石油醚清洗并晾干。

7.2 将晾干后的三角瓶、量筒和离心管用重铬酸钾洗液浸泡 2h。

7.3 将浸泡后的三角瓶、量筒和离心管先用自来水冲洗，再用蒸馏水清洗后，其中三角瓶和离心管放入恒温 105℃的烘箱中烘干，量筒用热空气吹干。

8 试验步骤

8.1 在 3 只 250mL 的三角瓶中，用量筒按下述比例分别配制 200mL 混合液：

——试油 180mL，参考油 20mL。

——试油 100mL，参考油 100mL。

——试油 20mL，参考油 180mL。

8.2 塞上瓶塞，注记每只三角瓶，并记录瓶子中混合液比例。

8.3 将每只三角瓶剧烈摇动 1min 后，打开瓶塞，将瓶子放入恒温至 105℃的烘箱中恒温 168h。

8.4 取出三角瓶，塞上瓶塞，冷却至室温。

8.5 将三角瓶剧烈摇动 1min 后，立即将瓶中混合液分别倒入 2 只清洁的离心管中，至 100mL 刻度线处，并标记每只离心管，同时记录其混合液比例（每只三角瓶只准摇 1 次）。

8.6 将盛有混合液的离心管放入 93℃的恒温水浴中加热 5min 后，小心地放入离心机的对称位置上，使离心机达到平衡。

8.7 启动离心机，并在相对离心力达到 600～700 时的转速下运转 10min，然后记录每个管子的沉淀物体积，准确至 0.001mL。

8.8 自前次离心机停止运转 10min 内，再次启动离心机离心分离 10min，并记录沉淀物体积，直到连续 3 次所记录的沉淀物体积不变为止。

9 计算

计算每对离心管中沉淀物体积的平均值（准确至 0.001mL）。

10 报告

报告每对离心管沉淀物体积的平均值。

11 精密度

本方法的精密度数据尚未建立。

附 录 A
(规范性附录)
离心管的校准

A.1 离心管的通用技术要求

A.1.1 材质

A.1.1.1 离心管通常采用钠钙玻璃或硼硅玻璃制成。

A.1.2 外观

A.1.2.1 离心管不允许有影响计量读数及使用强度等缺陷。

A.1.2.2 分度线与量的数值应清晰、完整、耐久。

A.2 离心管校准所需的计量器具

A.2.1 环境条件

A.2.1.1 室温 (20±5)℃，且室温变化不得大于 1 ℃/h。

A.2.1.2 蒸馏水温度与室温之差不得大于 2 ℃。

A.2.1.3 校准介质为蒸馏水，应符合 GB/T 6682—2008 要求。

A.2.2 校准设备

A.2.2.1 双量程精密电子天平：精度 0.01 mg，量程不低于 100 g；精度 0.1 mg，量程不低于 200 g。

A.2.2.2 精密温度计：分度值 0.1 ℃，用于记录校准时的蒸馏水水温，测量范围至少包括10 ℃~30 ℃。

A.3 校准

A.3.1 离心管校准前需用重铬酸钾洗液进行清洗，然后依次用自来水和蒸馏水冲净，器壁上不应有挂水等沾污现象，使液面与器壁接触处形成正常弯月面。清洗干净后放入恒温 105℃ 的烘箱中烘干，干燥后的离心管在校准前 4 h 放入实验室内。

A.3.2 校准时，向离心管注入蒸馏水分别至 0.01 mL、0.05 mL、0.15 mL 、0.30 mL 、0.50 mL 、50mL、100 mL 刻度处，分别称得蒸馏水质量 m。

注：0.01 mL、0.05 mL、0.15 mL 、0.30 mL 、0.50 mL 刻度的校准选择天平精度 0.01 mg。

A.3.3 离心管在标准温度 20 ℃时的实际容量 V_{20}（mL）按式（A.1）计算：

$$V_{20} = m \times K(t) \qquad (A.1)$$

式中：

m——称取的蒸馏水质量，g；

$K(t)$ ——校正因子，值见表 A.1 和表 A.2。

A.3.4 离心管的刻度误差：标称容量减去实际容量，取两次校准的平均值。

表 A.1 钠钙玻璃

水温 t/℃	0.0	0.1	0.2	0.3	0.4	0.5	0.6	0.7	0.8	0.9
15	1.00208	1.00209	1.00210	1.00211	1.00213	1.00214	1.00215	1.00217	1.00218	1.00219
16	1.00221	1.00222	1.00223	1.00225	1.00226	1.00228	1.00229	1.00230	1.00232	1.00233
17	1.00235	1.00236	1.00238	1.00239	1.00241	1.00242	1.00244	1.00246	1.00247	1.00249
18	1.00251	1.00252	1.00254	1.00255	1.00257	1.00258	1.00260	1.00262	1.00263	1.00265
19	1.00267	1.00268	1.00270	1.00272	1.00274	1.00276	1.00277	1.00279	1.00281	1.00283
20	1.00285	1.00287	1.00289	1.00291	1.00292	1.00294	1.00296	1.00298	1.00300	1.00302
21	1.00304	1.00306	1.00308	1.00310	1.00312	1.00314	1.00315	1.00317	1.00319	1.00321
22	1.00323	1.00325	1.00327	1.00329	1.00331	1.00333	1.00335	1.00337	1.00339	1.00341
23	1.00344	1.00346	1.00348	1.00350	1.00352	1.00354	1.00356	1.00359	1.00361	1.00363
24	1.00366	1.00368	1.00370	1.00372	1.00374	1.00376	1.00379	1.00381	1.00383	1.00386
25	1.00389	1.00391	1.00393	1.00395	1.00397	1.00400	1.00402	1.00404	1.00407	1.00409

表 A.2 硼硅玻璃

水温 t/℃	0.0	0.1	0.2	0.3	0.4	0.5	0.6	0.7	0.8	0.9
15	1.00200	1.00201	1.00203	1.00204	1.00206	1.00207	1.00209	1.00210	1.00212	1.00213
16	1.00215	1.00216	1.00218	1.00219	1.00221	1.00222	1.00224	1.00225	1.00227	1.00229
17	1.00230	1.00232	1.00234	1.00235	1.00237	1.00239	1.00240	1.00242	1.00244	1.00246
18	1.00247	1.00249	1.00251	1.00253	1.00254	1.00256	1.00258	1.00260	1.00262	1.00264
19	1.00266	1.00267	1.00269	1.00271	1.00273	1.00275	1.00277	1.00279	1.00281	1.00283
20	1.00285	1.00286	1.00288	1.00290	1.00292	1.00294	1.00296	1.00298	1.00300	1.00303
21	1.00305	1.00307	1.00309	1.00311	1.00313	1.00315	1.00317	1.00319	1.00322	1.00324
22	1.00327	1.00329	1.00331	1.00333	1.00335	1.00337	1.00339	1.00341	1.00343	1.00346
23	1.00349	1.00351	1.00353	1.00355	1.00357	1.00359	1.00362	1.00364	1.00366	1.00369
24	1.00372	1.00374	1.00376	1.00378	1.00381	1.00383	1.00386	1.00388	1.00391	1.00394
25	1.00397	1.00399	1.00401	1.00403	1.00405	1.00408	1.00410	1.00413	1.00416	1.00419

ICS 75.100.20
E 40

SH

中华人民共和国石油化工行业标准

NB/SH/T 0997—2019

合成酯类润滑剂中一元酸组成测定 气相色谱法

Monobasic acid components of synthetic ester lubricants by gas chromatography

2019-11-04 发布　　2020-05-01 实施

国家能源局　发布

前　　言

本标准按照 GB/T 1.1-2009 给出的规则起草。

请注意本文件的某些内容可能涉及专利。本文件的发布机构不承担识别这些专利的责任。

本标准由中国石油化工集团有限公司提出。

本标准由全国石油产品和润滑剂标准化技术委员会合成油脂分技术委员（SAC/TC280/SC5）归口。

本标准起草单位：中国石化润滑油有限公司合成油脂分公司。

本标准主要起草人：吴春艳、李春秀、陈鹏真。

本标准为首次发布。

合成酯类润滑剂中一元酸组成测定　气相色谱法

警告：本标准可能涉及某些危险性的材料、操作和设备，但是无意对与此有关的所有安全问题都提出建议。因此，使用者在应用本标准之前应建立适当的安全和防护措施，并确定相关规章限制的适用性。

1　范围

本标准规定了用气相色谱法测定酯类润滑剂中一元酸组成的试验方法。

本标准适用于测定新戊基多元醇酯润滑剂中 C_4 ~ C_{10}的一元酸组成。

2　规范性引用文件

下列文件对于本文件的应用是必不可少的。凡是注日期的引用文件，仅所注日期的版本适用于本文件。

凡是不注日期的引用文件，其最新版本（包括所有的修改单）适用于本文件。

GB/T 6682—2008 实验室用水规格

3　方法概要

3.1　试样用氢氧化钾水解，水解后用盐酸处理生成一元酸，经无水乙醚抽提后备用。

3.2　用气相色谱法对无水乙醚液中的一元酸进行分析。在相同条件下，用已知成分的标准酸混合物进行比较鉴定。用峰面积归一化法对试样中各组分进行定量，结果用摩尔分数表示。

4　仪器与设备

4.1　仪器

4.1.1　气相色谱仪。

4.1.2　FID 检测器。

4.1.3　极性毛细管色谱柱。

4.1.4　进样器：5 μL 注射器，分度值为 0.1 μL。

4.2　设备

4.2.1　蛇形冷凝管。

4.2.2　电热板或电加热套，电压可调节，范围为 0V ~ 250 V。

4.2.3　量筒：50 mL，100 mL。

4.2.4　梨形分液漏斗：250 mL。

4.2.5　水浴，温度控制在 80℃ ±2℃ ~ 100℃ ±2℃。

4.2.6　锥形瓶：19mm 标准磨砂口，250mL。

4.2.7　容量瓶：50mL。

4.2.8　带塞磨口烧瓶：100mL。
4.2.9　托盘天平：量程250g，感量0.1g。
4.2.10　分析天平：量程200g，感量0.1mg。

5　材料与试剂

5.1　氢气，氮气，纯度99.99%。
5.2　干燥空气。
5.3　润滑剂试样20g。
5.4　氢氧化钾：化学纯。
5.5　无水乙醇：化学纯。
5.6　蒸馏水，符合GB/T 6682—2008中三级水。
5.7　盐酸：化学纯。
5.8　无水乙醚：化学纯。
5.9　丁酸：色谱纯。
5.10　异戊酸：色谱纯。
5.11　戊酸：色谱纯。
5.12　己酸：色谱纯。
5.13　庚酸：色谱纯。
5.14　辛酸：色谱纯。
5.15　壬酸：色谱纯。
5.16　癸酸：色谱纯。

6　试验步骤

6.1　标准酸混合物的制备

6.1.1　用分析天平将5.9至5.16所列的酸按表1所示的量逐次地称入一个50mL带塞容量瓶中。
6.1.2　将混合标样摇匀。
6.1.3　表1中列出混合酸的浓度，用各自的摩尔分数来表示。

表1　标准酸混合物的制备

酸	酸中碳原子数	质量（g）	摩尔分数（%）
丁　酸	4	1.08	15
异戊酸	5	0.88	10
戊　酸	5	1.55	18
己　酸	6	1.42	15
庚　酸	7	1.27	12
辛　酸	8	1.21	10
壬　酸	9	1.30	10
癸　酸	10	1.33	9

6.2 色谱仪的准备

6.2.1 按下述要求设置色谱仪的参数，并保存：

——初始柱温 130℃，最终柱温 200℃，升温速率 16℃/min，在最终柱温下保持 4.5min；

——汽化室温度 220℃；

——分流比 30：1；

——检测室温度 260℃；

——氮气流速 2.8mL/min；

——空气流速 300 mL/min；

——氢气流速 40 mL/min。

6.3 试样水解

6.3.1 6.3 跟 6.4 操作在通风橱内进行。

6.3.2 在 250mL 锥形瓶内依次加入 3g 试样、3g 氢氧化钾、15mL 水和 60mL 乙醇，混合均匀。

6.3.3 接回流冷凝器，开冷却水，将锥形瓶放在电热板上（或电热套内），调节变压器使溶液加热到微沸。

6.4 回流水解 16h，直至水解完全。水解装置简图见图 1。

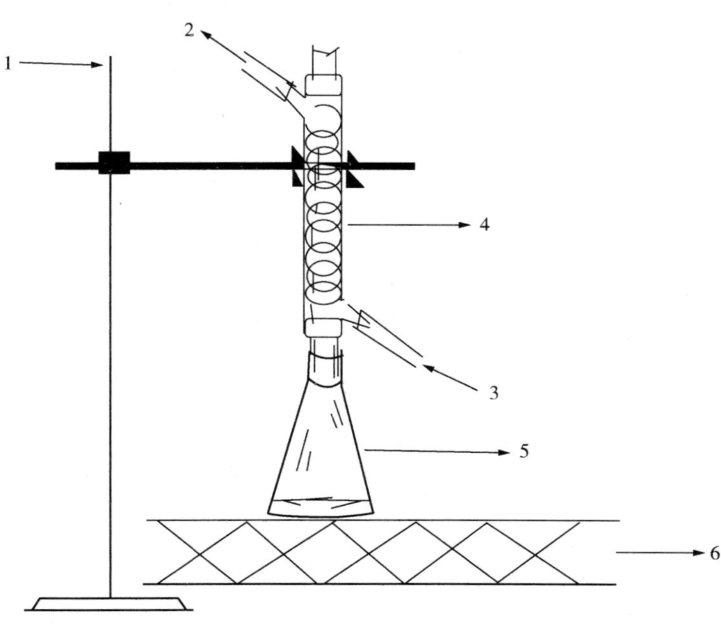

说明：

1—铁架台；

2—出水口；

3—进水口；

4—蛇形冷凝管；

5—三角锥瓶；

6—电热板。

图 1 水解装置简图

6.5 酸的回收

6.5.1 酸的回收%1.49 把锥形瓶内的混合物转移到 100mL 容量瓶中，用 15mL 水将瓶冲洗 3～4 次，将洗出物加入容量瓶，在热水浴上将乙醇完全蒸干。

6.5.2 蒸完乙醇后，再将 15mL 水加入容量瓶中，震荡使有机酸盐溶解。

6.5.3 将溶液移入分液漏斗中，加入 30mL 无水乙醚，反复摇动后静置，待分层后，将下层液体放入小烧杯中，加入 20mL 稀盐酸（体积比为盐酸：水 = 1 ∶ 1），在冰浴中搅拌反应 10min。

6.5.4 反应完全的溶液转入分液漏斗，再加入 30mL 无水乙醚并用力摇动 2min，不断放气以解除压力。静置至完全分层，把下面的水相放出。溶有润滑剂试样回收酸的无水乙醚层收集在带塞磨口烧瓶中，塞上瓶塞留作分析用。

6.6 色谱分析

将 0.2μL 标准混合酸注入色谱仪，对各组分进行面积积分。在同样色谱条件下，用同样方法注入 1μL 溶有回收酸的无水乙醚液，得到色谱图，并按上述方法操作，直到峰面积百分含量平行为止。

6.7 样品回收酸的鉴定

在标准混合物的色谱图上，从第一个色谱峰到最后一个色谱峰，依次为 C_4，*iso*-C_5、C_5 ~ C_{10}酸。在回收酸的色谱图上，可以根据保留时间与标准混合酸对照，鉴定出每一种回收酸。

6.8 回收酸的定量测定

汇总标准酸混合物所有的峰面积，通过峰面积求出归一化结果并确定每一种酸的校正因子（见表 2）。

表 2 标准酸混合物—色谱保留时间和相对摩尔校正因子

酸[a]	保留时间（min）	归一化峰面积[b]	校正因子[b]
C_4	2.447	8.36	1.38
iso-C_5	2.648	8.00	1.02
C_5	2.997	14.32	1.00
C_6	3.588	13.78	0.84
C_7	4.200	13.28	0.70
C_8	4.855	12.64	0.63
C_9	5.671	14.64	0.53
C_{10}	6.719	15.00	0.49

[a] 本标准用碳元素符号并在此符号的右下角注上碳原子数来表示某一元酸的名称。例如：C_4表示丁酸，iso- C_5表示异戊酸。

[b] 归一化峰面积和校正因子的计算见本标准 7 章。

在润滑剂试样回收酸的色谱图上，按上述方法计算出每一组分酸的校正峰面积含量，最后求出每种酸的摩尔分数（见表 3）。

表 3 回收酸混合物—摩尔分数计算

鉴定的酸	保留时间（mim）	归一化峰面积[a]	校正因子[a]	校正峰面积[a]	摩尔分数（%）[a]
C_4	—	0	1.38	0	0
iso- C_5	—	0	1.02	0	0
C_5	2.990	2.04	1.00	2.04	3.2
C_6	3.577	4.53	0.84	3.81	6.0
C_7	4.194	24.22	0.70	16.95	26.7

续表

鉴定的酸	保留时间（mim）	归一化峰面积[a]	校正因子[a]	校正峰面积[a]	摩尔分数（%）[a]
C_8	4.864	37.01	0.53	23.32	36.8
C_9	5.674	29.70	0.53	15.74	24.8
C_{10}	—	0	0.49	0	0
其他杂质	—	2.50	1.00	—	2.5
[a]归一化峰面积、校正因子、校正峰面积和每种酸的摩尔分数的计算见本标准7章。					

7 计算

7.1 归一化峰面积（A_{gi}）按式（1）计算：

$$A_{gi}=\frac{A_i}{\sum A_i} \tag{1}$$

式中：

A_i——每一组分峰面积；

$\sum A_i$——所有组分峰面积总和。

7.2 相对摩尔校正因子（F_{sm}）按式（2）计算：

$$F_{sm}=\frac{A_{gc5}}{A_{ig}} \tag{2}$$

式中：

A_{gc5}——每摩尔 C_5酸归一化峰面积；

A_{ig}——每摩尔组分酸归一化峰面积。

7.3 校正峰面积（A_{ji}）按式（3）计算：

$$A_{ji}=A_{gi}\times F_{sm} \tag{3}$$

7.4 每种酸的摩尔分数（%）按式（4）计算：

$$\text{摩尔分数}(\%)=\frac{A_{ji}}{\sum A_{ji}} \tag{4}$$

8 精密度

8.1 重复性：重复测定两个结果之差（摩尔分数）不大于±1%。

8.2 再现性：还未建立再现性的评价标准。

9 报告

9.1 报告每一个组分的含量，用摩尔分数表示，精确至小数后两位。

ICS 75.100
E 30

SH

中华人民共和国石油化工行业标准

NB/SH/T 0998—2019

在用石油基和烃基润滑油硝化状态监测傅里叶变换红外光谱(FT-IR)趋势分析法

Standard test method for condition monitoring of nitration in in-service petroleum and hydrocarbon-based lubricants by trend analysis using fourier transform infrared (FT-IR) spectrometry

2019-11-04 发布　　　　2020-05-01 实施

国家能源局　发布

前　　言

本标准按照 GB/T 1.1—2009 给出的规则起草。

本标准修改采用美国材料与试验协会标准 ASTM D7624-18《在用石油基和烃基润滑油硝化状态监测 傅里叶变换红外光谱（FT-IR）趋势分析法》。

本标准与 ASTM D7624-18 的主要差异如下：

——引用标准采用我国现行的国家标准和行业标准；

——删除了引用标准 E131。

本标准将 ASTM 编排格式修改为符合我国标准的编排格式，并在语言文字上进行了编辑性修改：

——删除了 3.1 中“本试验方法中相关的红外光谱术语定义请参阅 E131”的叙述；

——增加 11.4 注。

本标准由中国石油化工集团有限公司提出。

本标准由全国石油产品和润滑剂标准化技术委员会在用润滑油液应用及监控分技术委员会（SAC/TC280/SC6）归口。

本标准起草单位：中国石化润滑油有限公司上海研究院。

本标准参加起草单位：中国石化润滑油有限公司合成油脂分公司、中国石油天然气股份有限公司兰州润滑油研究开发中心、中国石油天然气股份有限公司大连润滑油研究开发中心。

本标准主要起草人：丁义丽、章仁毅、吕文继。

本标准参与起草人：李春秀、郎需进、谢平平、丁冬梅。

本标准为首次发布。

在用石油基和烃基润滑油硝化状态监测傅里叶变换红外光谱（FT-IR）趋势分析法

警告：本标准涉及某些与标准使用有关的安全问题，但是无意对所有安全问题都提出建议。因此，用户在使用本标准之前应建立适当的安全和保护措施，并制定相关的管理制度。

1 范围

1.1 本标准适用于监测发动机油的硝化状态，以及在燃烧过程中或者其他途径产生硝化物的润滑油的硝化状态。

1.2 本标准利用傅里叶变换红外（FT-IR）光谱监测设备正常运行中所使用的石油基和烃基润滑油中不断产生的硝化产物。由于废气的再循环和发动机窜气，燃烧副产物与发动机油反应，使得油中的硝化物水平（硝化值）逐渐升高。本标准提供了一种快速、简单的光谱检查方法，监控在用石油基和烃基润滑油硝化状态，帮助诊断设备运行工况。

1.3 本标准按照 NB/SH/T 0911—2015 对在用石油基和烃基润滑油的红外光谱数据进行采集。本标准提供了硝化状态监测数据的直接趋势分析法和差谱（光谱差减）趋势分析法。

1.4 本标准的基础是在用石油基和烃基润滑油与硝化有关的吸收光谱的变化趋势。对于直接趋势分析，用吸收光谱所记录的数值进行分析，报告的单位为 100Abs/0.100 mm（相当于 Abs/cm）。对于差谱趋势分析，用差谱得到的数值进行分析（差谱是由在用油的谱图减去参比油的谱图获得），数值报告的单位为 100×Abs/0.100 mm（相当于 Abs/cm）。可以设定单次测定值的下限或测定值的变化速率作为警示或报警值。无论直接趋势分析还是差谱趋势分析，都必须根据相同或相似设备的历史经验、循环比对试验结果、数据统计结果或其他能反映硝化值变化与设备性能关系的方法，来确定需要维护保养的限值。

注：本标准不推荐任何机械设备的正常、警告、预警或报警限值，该限值应由机械设备生产商和维护团队建立或指导建立。

1.5 本标准适用于石油基和烃基润滑油，不适用于酯基（包括多元醇酯或磷酸酯）润滑油。

1.6 本标准采用国际单位制［SI］单位，不含其他计量单位。

注：例外，波数的单位是 cm^{-1}。

2 规范性引用文件

下列文件对于本文件的应用是必不可少的。凡是注日期的引用文件，仅所注日期的版本适用于本文件。凡是不注日期的引用文件，其最新版本（包括所有的修改单）适用于本文件。

GB/T 11133 石油产品、润滑油和添加剂中水含量的测定 卡尔费休库伦滴定法

GB/T 11137 深色石油产品运动粘度测定法（逆流法）和动力粘度计算法

GB/T 17476 使用过的润滑油中添加剂元素、磨损金属和污染物以及基础油中某些元素测定法（电感耦合等离子体发射光谱法）

SH/T 0251 石油产品碱值测定法（高氯酸电位滴定法）

NB/SH/T 0853 在用润滑油状态监测法 傅里叶变换红外（FT-IR）光谱趋势分析法

NB/SH/T 0907　在用石油产品和烃基润滑油中磷酸盐（酯）抗磨剂状态监测试验法 傅里叶变换红外光谱法

NB/SH/T 0911—2015　在用油状态监测用傅里叶变换红外（FT-IR）光谱仪的设置和操作规程

NB/SH/T 0931　在用石油基和烃基润滑油氧化状态监测 傅里叶变换红外光谱（FT-IR）趋势分析法

NB/SH/T 0935　在用石油基和烃基润滑油磺化状态监测 傅里叶变换红外光谱（FT-IR）趋势分析法

3　术语和定义

3.1　机械状态　machinery health

机械的零部件、部件和整机的运行状况的定性表述。用于表明保养和操作建议或操作要求，以确定机械是否继续运行，或制定维护计划，或立即维修。

4　方法概要

本标准采用 FT-IR 光谱监测在用石油基和烃基润滑油的硝化值。在用油 FT-IR 光谱采集根据 NB/SH/T 0911—2015 规定的直接趋势分析或差谱趋势分析方法获取，采用峰高表达润滑油的硝化值。

5　意义和应用

在发动机燃烧过程中，润滑油与气态的硝化物发生反应时，会产生大量的硝化产物。润滑油的硝化产物可能引起黏度增加、酸值增加和不溶物的形成，导致活塞环黏结和过滤器堵塞。因此，硝化值监测成为判断整个机械状态的重要参数，并应结合其他试验方法所得结果进行考察，如磨损金属元素分析（GB/T 17476），物理性能（GB/T 11137，GB/T 11133，SH/T 0251），以及红外光谱法测定的氧化值（NB/SH/T 0931）、磺化值（NB/SH/T 0935）、添加剂的损耗（NB/SH/T 0907），分解产物和外来污染物（NB/SH/T 0853）也是评价油液状态的参数。

6　干扰因素

6.1　高含量的水会干扰硝化值的测量。

6.2　共轭酮类、醌类、不饱和羧酸盐（由酸与高碱性油添加剂反应形成）也是干扰源。

6.3　一些芳香族化合物也会对测量有影响。

7　仪器

7.1　傅里叶变换红外光谱仪，配样品池、过滤器（可选）和自动进样系统（可选），符合 NB/SH/T 0911—2015 中第 5 章要求。

7.2　FT-IR 光谱采集参数——依据 NB/SH/T 0911—2015 中第 6 章要求设定 FT-IR 光谱采集参数。

8　样品

8.1　按照 NB/SH/T 0911—2015 中第 7 章采集在用油和参比油样品（仅差谱趋势分析时需要）。

9 仪器的准备

9.1 按照 NB/SH/T 0911—2015 中 8.1 条和 8.2 条的规定冲洗样品池、管路和过滤器。

9.2 按照 NB/SH/T 0911—2015 中 8.3 条规定测定样品池的光程。

10 操作步骤

10.1 按照 NB/SH/T 0911—2015 中 9.1 条规定程序采集背景光谱。

10.2 差谱趋势分析：按照 NB/SH/T 0911-2015 中 9.2 条规定程序采集参比油的光谱。

10.3 按照 NB/SH/T 0911—2015 中 9.3 条规定程序采集在用油的光谱。

10.4 数据处理：按照 NB/SH/T 0911—2015 中 10.2 条的规定步骤，将所有数据的光程标准化为 0.100 mm。

11 硝化值计算

11.1 方法 A（直接趋势分析）：利用直接趋势法计算硝化值。所采用的测量峰高和基线点见表 1。

11.2 方法 B（差谱趋势分析）：利用在用油的谱图减去参比油的谱图获得差谱图计算硝化值。所采用的测量峰高和基线点见表 1。图 1 举例说明了柴油机油差谱图中硝化值测定的波长范围。

表 1 在用石油基和烃基润滑油硝化值的测量参数

方法	测量范围，cm^{-1}	基线点，cm^{-1}
方法 A（直接趋势分析）	直接谱图 1630 最大峰高点	1655～1640 和 1620～1595 最小吸收点
方法 B（差谱趋势分析）	差谱谱图 1630 最大峰高点	1655～1640 和 1620～1595 最小吸收点

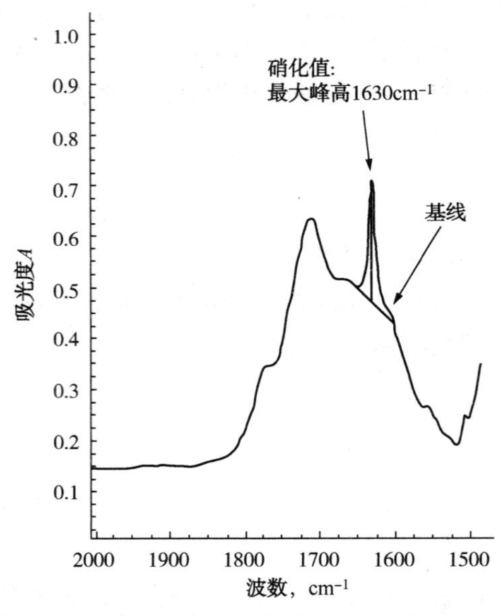

图 1 柴油机油硝化值差谱趋势分析（方法 B）的测量

11.3 结果计算

11.3.1　方法 A（直接趋势分析）：测量值以 Abs/cm 为单位报告，计算方法如下：

$$A = A_0 \times 100 \quad \cdots\cdots (1)$$

11.3.2　方法 B（差谱趋势分析）：测量值以 Abs/cm 为单位报告，计算方法如下：

$$A = A_1 \times 100 \quad \cdots\cdots (2)$$

式中：

A ——硝化值，Abs/cm；

A_0——直接谱图硝化值，Abs/0.100mm；

A_1——差谱谱图硝化值，Abs/0.100mm。

11.4　样品残留：为了防止样品间交叉污染和确保样品残留量降到最低，用少量的下一个样品或易挥发溶剂冲洗前一个样品。冲洗效果可以通过以下方式评估：依次分析一个低水平硝化值油样 A（L_1）和一个高水平硝化值的在用油样 B（H_1）后，再次分析低水平硝化值的油样 A（L_2），按下式计算残留百分含量（PC）。

$$PC = \frac{L_2 - L_1}{H_1} \times 100 \quad \cdots\cdots (3)$$

式中：

L_1、H_1 和 L_2——按表 1 条件和规定顺序测定油样所得的硝化值，PC 值应小于 5%。

注：一般采用高挥发性有机溶剂清洗样品池后再采用以上操作步骤和公式进行样品冲洗效果评估。

12　报告

12.1　趋势：尽管其他指标可能指示需要早换油，理论上，硝化值应该与新油进行比较，并标绘硝化值随时间的变化曲线，以便直观地观察其相对变化，确定何时换油。取样及报告的时间间隔应根据设备类型和该参数相关的历史经验来确定。

12.2　统计分析和界限值：对于数据的统计分析和设定界限值，请参考标准 NB/SH/T 0853 附录 C“分布图和统计学分析”。

12.3　润滑油配方的影响：不同的润滑油配方会对硝化值产生影响，不同配方的润滑油的测量值无法进行比较。所得结果应与新油做对比，或与历史数据作对比，看变化情况。

13　精密度和偏差

13.1　精密度：按下述规定判断实验结果的可靠性（95%的置信水平）。

13.1.1　重复性：同一操作者，在同一实验室，用同一台仪器，对同一试样进行两次测定，无论是直接趋势分析还是差谱趋势分析，所得到的两个结果之差不应超过下列要求。

$$r = 0.1783X + 0.0758$$

式中：

X——两个连续试验结果的算术平均值。

13.1.2　再现性：不同操作者，在不同的实验室，对同一试样进行测定，无论是直接趋势分析还是差谱趋势分析，所得到的两个结果之差不应超过下列要求。

$$R = 0.0987X + 0.2796$$

式中：

X——两个独立、单一试验结果的算术平均值。

13.2　偏差：本标准方法无偏差。因为硝化值只能用本标准方法进行测定，没有其他可用的参考方法和参考值。

14 关键词

14.1 在用油状态监测；趋势分析；傅里叶变换红外光谱；烃基润滑油；硝化值。

ICS 75.100
E 30

SH

中华人民共和国石油化工行业标准

NB/SH/T 0999—2019

在用发动机油中烟炱含量的测定 傅里叶变换红外光谱（FT-IR）法

Standard test method for condition monitoring of soot in in-service lubricants using Fourier transform infrared (FT-IR) spectrometry

2019-11-04 发布　　2020-05-01 实施

国家能源局　发布

前　言

本标准按照 GB 1.1—2009 给出的规则起草。

本标准由中国石油化工集团有限公司提出。

本标准由全国石油产品和润滑剂标准化技术委员会在用润滑油液应用及监控分技术委员会（SAC/TC280/SC6）归口。

本标准起草单位：中国石油天然气股份有限公司兰州润滑油研究开发中心。

本标准主要起草人：张凤媛、郎需进、张大华、刘佳，张莹。

本标准为首次发布。

在用发动机油中烟炱含量的测定　傅里叶变换红外光谱（FT-IR）法

警告：本标准涉及某些与标准使用有关的安全问题，但是无意对所有安全问题都提出建议。因此，用户在使用本标准之前应建立适当的安全和保护措施，并制定相关的管理制度。

1　范围

本标准规定了用傅里叶变换红外光谱法测量在用发动机油中烟炱含量的方法。

本标准适用于在用发动机油烟炱含量的测定，其中烟炱含量（质量分数）大于2.80%的样品，可采用稀释油进行稀释后测定。本方法适用于现场快速检测，仲裁时建议采用NB/SH/T 0867。

注：本标准虽然可用于测定烟炱含量（质量分数）大于2.80%的在用发动机油样品，但是仅给出了烟炱含量（质量分数）为0.20%~2.00%的精密度数据。

2　规范性引用文件

下列文件对于本文件的应用是必不可少的。凡是注日期的引用文件，仅所注日期的版本适用于本文件。凡是不注日期的引用文件，其最新版本（包括所有的修改单）适用于本文件。

NB/SH/T 0867　柴油机油烟炱含量的测定 热重分析法

NB/SH/T 0911—2015　在用油状态监测用傅里叶变换红外光谱仪的设置和操作规程

3　术语和定义

下列术语和定义适用于本文件。

3.1

烟炱　soot

柴油发动机燃烧过程中产生的高度碳质类物质，它主要是烃类物质不完全燃烧的产物。

3.2

傅里叶变换红外光谱（FT-IR）　Fourier transform infrared（FT-IR）spectrometry

一种获得干涉图的红外光谱形式，干涉图经过傅里叶变换后获得振幅-波数（或波长）光谱。

4　方法概要

将摇晃均匀的在用油样品注入透射池或敷于透射晶体上，用傅里叶红外光谱仪进行检测。以基线在2000 cm^{-1}的漂移来测量烟炱，根据不同浓度的标准烟炱样品建立的校准标准曲线，计算被测样品中烟炱的浓度。对于烟炱含量（质量分数）大于2.80%的样品，可先用稀释油进行稀释后测定。

5　意义和应用

本标准采用傅里叶红外光谱仪监测在用发动机油中的烟炱含量，方法操作简单、快速，可用于在用发动机油中烟炱含量的现场监测，本方法很好地扩展了实验室测定烟炱含量的方法。

6 干扰因素

6.1 粉尘或设备磨损物可能引起正的偏差。

6.2 油品中混入的水和乙二醇会对烟炱的测量产生干扰，引起正的偏差。

7 仪器

7.1 傅里叶变换红外（FT-IR）光谱仪：仪器配有光源、分束器和包含 4000 cm^{-1} ~550 cm^{-1} 中红外区域的检测器。典型配置包括室温检测器、空气冷光源和镀锗的溴化钾（Ge/KBr）分光镜（ZnSe 分光镜也可使用）。傅里叶变换红外（FT-IR）光谱仪的红外光源和干涉仪应置于密闭舱内，以免有害、易燃或易爆气体接触光源。

7.2 红外液体透过样品池：样品池可以由硒化锌（ZnSe）、氟化钡（BaF_2）、溴化钾（KBr）或其他在 4000 cm^{-1} ~550 cm^{-1} 红外区没有吸收的窗片材料制成，光程范围为 0.080 mm~0.120 mm。

7.3 数据采集系统：和傅里叶变换红外（FT-IR）光谱仪相匹配的数据采集及数据分析软件。

7.4 振荡器：能够调节至频率 50 Hz、转速为 250 r/min 的可调速震荡仪。

8 试剂和材料

8.1 烟炱标准样品：VHG 公司定制烟炱含量标准油，其他市售有证的烟炱含量标准油也可以使用。

8.2 稀释油：15W-40 柴油机油新油。

8.3 校准标准样品：校准标准样品由稀释油（8.2）和烟炱标准样品（8.1）配制而成，至少配制 5 个不同烟炱含量的校准标准样品并完全混合均匀，烟炱含量范围取 0.20%~2.80%。

8.4 石油醚，分析纯，30℃~60℃。

9 样品的准备

利用本方法进行样品测试时，建议按照 NB/SH/T 0911 标准中条款 7 的叙述进行取样。确保样品测试前免受高温。如发现样品容器泄漏，应重新取样进行测试。利用本方法进行样品测试时，剧烈摇晃样品直至样品完全均匀，容器底部和侧壁不能有沉淀。

10 校准

10.1 按照 8.3 条准备校准标准样品。

10.2 测试前使样品处于室温环境中并达到温度平衡。将样品固定于振荡器上，设置振荡器的振荡频率 为 50 Hz，转速为 250 r/min，振荡时间不小于 30 min，保证样品充分混合均匀。

10.3 测试前使仪器预热至少 1 h。

10.4 用石油醚（8.4）清洗透射池或透射晶体。对于透射晶体，擦拭时应朝一个方向，杜绝来回擦拭以免再次污染透射晶体。

10.5 将稀释油（8.2）引入透射池或透射晶体，确保透射池或透射晶体被样品完全充满，如发现有气泡则需排出。

10.6 按照仪器操作规程采集透射池内或透射晶体上样品的基线检测响应值（零点值）。该响应值应在设备使用前和每连续使用 2h 后重新采集。

10.7 测试完成后将透射池内或透射晶体上的样品清洗擦拭干净。

10.8 按照浓度从低到高顺序依次抽取8.3中配制的校准标准样品，摇晃均匀，容器底部和侧壁不能有沉淀。

10.9 将校准标准样品引入透射池或透射晶体，确保透射池或透射晶体被样品完全充满，如发现有气泡则需将其排出。当使用透射池时，为避免因透射池厚度不同带来测量偏差，此处最好与10.6使用同一透射池。

10.10 按照仪器操作规程采集红外检测响应值，并将其减去零点值（见10.6）得到一个数值。此数值有可能是仪器自动给出。采集数据程序应在样品放入仪器10 s内开始，以免样品变动引起误差。

10.11 记录10.10数值以便后期用于确定校准曲线。

10.12 用石油醚（8.4）清洗透射池或透射晶体。

10.13 对于其余校准标准样品的测试，重复操作10.8条~10.12条。

10.14 重复操作10.4条~10.12条2次，则每个校准标准样品被测试3次。求出每个校准标准样品3次检测响应值的平均值。

10.15 计算出各个烟炱浓度水平的平均响应值，以不同响应值对相应浓度作曲线。此条曲线也可由仪器生成，用于仪器响应值和烟炱浓度的换算。工作曲线应为直线，相关系数要大于0.995。

10.16 工作曲线至少每3个月应重新绘制，同时在每次进行样品测试前，用重新配置的一个浓度在标准曲线范围内的标准样品对工作曲线进行检查，如发现偏差超出重复性要求，需重新绘制工作曲线。

11 样品测试步骤

11.1 测试前使样品处于室温环境中并达到温度平衡。将样品固定于振荡器上，设置振荡器的振荡频率为50 Hz，转速为250 r/min，振荡时间不小于30 min，保证样品充分混合均匀。

11.2 用待测样品的新油按照10.3条~10.7条采集仪器零点值。

11.3 剧烈摇晃待测样品直至完全均匀，容器底部和侧壁不能有沉淀。

11.4 将待测样品引入透射池或透射晶体，确保透射池或透射晶体被样品完全充满，如发现有气泡则需将其排出。当使用透射池时，为避免因透射池厚度不同带来测量偏差，此处最好与11.2使用同一透射池。

11.5 按照10.10条测试样品。

11.6 测试完成后将透射池内或透射晶体上的样品用石油醚（8.4）清洗擦拭干净。

11.7 根据10.15得到的校准标准曲线计算烟炱浓度，有可能仪器的微处理器能自动计算此值。

11.8 重复操作11.3条~11.7条，两次测量结果之差应不大于13.2中规定的重复性值。

11.9 重复操作11.3~11.8完成其他样品测试。

11.10 如果在用发动机油油样的烟炱含量超过2.8%，可用稀释油稀释一定倍数后，按照11.1条充分混合均匀后再进行测试。

12 报告

报告在用润滑油中烟炱含量的质量分数（%），结果精确至0.01%。

13 精密度

13.1 按下述规定判断试验结果的可靠性（95%的置信水平）。

13.2 重复性：由同一操作者，在同一实验室，使用同一台仪器，对同一试样连续测定的两个试验结果之差，不应超过式（1）的计算值。

$$r = 0.042X^{0.149} \quad (1)$$

式中：

X——两个连续试验结果的算术平均值,%。

13.3 再现性：不同操作者，在不同实验室，使用不同的仪器，用相同的方法对同一试样测得的两个单一、独立试验结果之差，不应超过式（2）的计算值。

$$R = 0.100X^{0.564} \quad (2)$$

式中：

X——两个独立、单一试验结果的算术平均值,%。

14 关键词

14.1 状态监测；柴油机油；润滑油；红外；在用润滑油；IR；傅里叶变换红外；FT-IR；烟炱。

附录一　石油产品行业标准 2020 目录

一、燃料

二、溶剂和化工原料

三、润滑油

四、润滑脂

五、石油蜡

六、石油沥青

七、油品应用

八、添加剂

九、其他

附录二 石油和石油产品试验方法行业标准 2020 第一～第十分册总目录

第一分册目录

第二分册目录

第三分册目录

第四分册目录

第五分册目录

第六分册目录

第七分册目录

第八分册目录

第九分册目录

第十分册目录